The Computing Technology Industry Association

CompTIA Network$^+$

배 동 규 저

CompTIA Network$^+$ 취득에 지침이 되는 활용서!!

- 모든 IT 자격증의 기본이 되는 Network$^+$
- 무선 네트워크, 원격접속 등 최신기술 포함
- 네트워크의 개념을 확실히 잡아주는 최적의 지침서

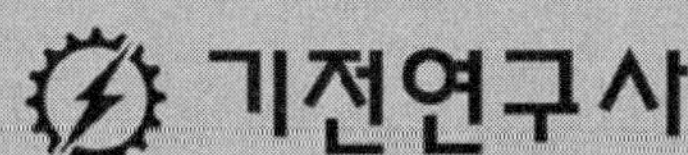

Introduce | 머리말

컴퓨터 네트워크를 설치하고 구성하여 문제를 해결한다는 것은 멋진 일이다. 이 책은 네트워크에 관해 기본요소인 프로토콜, 토폴로지, 하드웨어 등으로부터 Windows와 UNIX, Linux, 그리고 Mac OS X와 NetWare 네트워크 운영시스템에 이르기까지 소개하려고 애썼고, 중요한 네트워킹 요소인 서버/클라이언트 개념과 TCP/IP, 이더넷, 무선통신 그리고 보안 등도 다뤘다. 이 책을 끝까지 읽게 되면 자신의 시스템에 맞는 네트워크 설계와 하드웨어, 소프트웨어를 선택할 수 있을 것이다. 그리고 네트워크 관리자로써 알아야 할 시스템 도구들도 설명했다. 네트워크를 잘 이해하면 이와 관련된 Microsoft의 MCSE나 Cisco의 CCNE, 그리고 Novell의 CNE 등의 과정으로 발전해 나아가기 쉬워진다. 사실 네트워크 개념이 튼튼하면 최근 각광받고 있는 네트워크 보안이나 UNIX 혹은 Linux 시스템, 라우터 등 장비, 그리고 각종 무선통신 등에 관해 잘 이해할 수 있다.

사실 네트워크에 관한 여러 사항들을 이 작은 책 한 권으로 커버한다는 것 자체가 모순일 수 있다. 책을 보아나가면서 느끼겠지만 스위치, 라우터 등 하드웨어에 관해 벤더별 각종 장비들, 그리고 컴퓨터 머신과 그 실행 프로세스, Windows, UNIX, Mac, NetWare 등 각 운영체제의 이해와 조직법, 소프트웨어와 하드웨어, 인프라를 업그레이드하기 위한 프로젝트 기획, 장기적인 안목에서의 네트워크 설계 등 너무나 그 범위가 광범위하다. 이들을 함축시켜 여러 자료들을 참고해서 꼭 필요한 부분들만 압축해 놓았을 뿐이다.

예전과 다르게 최근 CompTIA Network+ 시험 내용이 훨씬 어려워졌다. 네트워크라는 과목이 폭넓은 범위를 커버해서 그런 것 같다. 사실 네트워크에 대해 자세히 학습하려면 이 책의 몇 배 두께의 양으로도 부족할 것이다. 운영체제만 봐도 예전에는 주로 Windows만 취급했었지만 지금은 UNIX와 Linux, 그리고 NetWare, Mac OS X 등에 관한 문제도 심도 있게 다뤄지고 있으며, 네트워크 보안이나 무선네트워크의 비중 또한 커졌다. 사실 제대로 많은 량을 찾아서 학습한다면 끝이 없지만 CompTIA Security+로 보안 부분에 좀 더 학습비중을 두어도 좋을 수 있고, CompTIA Linux+로 UNIX와 Linux에 대한 지식을 좀 더 얻어도 좋겠다. 하드웨어에 대한 지식을 좀 더 원한다면 CompTIA A+를 추천하고, 프로젝트 부분에선 CompTIA Project+를 권한다. 라우터나 스위치, VLAN을 위해서는 Cisco의 CCNA과정, Windows 서버 관리에서는 MCSE나 MCP, 그리고 Novell 서버 관리엔 CNE 학습이 도움이 될 것이다.

CompTIA의 Network+는 세계적인 비영리 단체인 미국 CompTIA에서 주관하는 시험으로 전 세계에서 인지도가 매우 큰 자격증이다. CompTIA는 미국 컴퓨터공업협회로 시험출제도 MS, SUN, HP 등 여러 회사가 공동으로 출제하고, 감수도 Oracle, Fujitsu, MS 등이 실시하므로 자격증에 대한 긍지가 매우 크다. 시험은 한 과목만 보면 되는데, 이 책은 N10-003과 004 취득을 염두에 두고 썼다. 시험을 보고자 하는 사람들은 시험센터에 미리 응시를 알려 날짜를 받은 뒤 컴퓨터로 시험을 치르면 되는데, 국제자격시험은 원래 영어로 보지만 Network+는 한국어로도 볼 수 있다. 국내에도 여러 종류의 기술 자격증이 있으나, 세계 어디서나 인정받고 해외 유학이나 취업, 이민 시 100% 효과를 거둘 수 있는 자격증이 바로 이 CompTIA 자격증이기도 하다. 국내 여러 기업체에서도 이제 CompTIA의 자격증을 딴 기술자들을 매우 선호하고 있다. 공개적으로 밝힐 수는 없지만 몇몇 대기업에서는 수년에 걸쳐 이 자격증 과정을 교육하고 있고 또 여러 회사가 고려중에 있다. 나중에 이민이나 유학을 갔을 때나 국내에서 회사에 취직했을 때 CompTIA 자격증은 정말 좋은 +α가 되고도 남을 좋은 자격증이라고 말할 수 있다. 아무쪼록 열심히 학습해서 좋은 결과가 있기를 기대한다. 또한 기술을 배우면 반드시 시행착오를 겪더라도 실습하는 자세가 중요하다. 이런 실습이 완성을 가져다준다는 것을 잊지 말아야 한다.

끝으로 책을 출간하게 한 중앙일보 HTA의 정 사장님과 CompTIA 부사장이며 일본 지국장이신 맥 기시다 씨, 우리 가족과, 출판을 해주신 기전연구사 사장님께도 감사드린다.

여러분을 발전을 기원하며…, IT 강국을 꿈꾸며….

2011. 09

배 동 규 씀

Contents | 차 례

CHAPTER 1 네트워크 기초 ▪ 17

CHAPTER 4 TCP/IP 네트워킹 ▪ 133

CHAPTER 5 네트워크 하드웨어 ▪ 158

CHAPTER 7 WAN과 인터넷, 원격접속 ▪ 221

CHAPTER 8 네트워크 운영체제(part Ⅰ) ■ 263

CHAPTER 9 네트워크 운영체제(part Ⅱ) ■ 300

CHAPTER 12 네트워크 보안 ■ 430

CHAPTER

01 네트워크 기초

CompTIA Network+

네트워크란 대략 정의하자면 여러 컴퓨터나 프린터와 같은 장비들이 모여 어느 타입의 전송매체에 연결되어 있는 것이라고 말할 수 있다. 그렇지만 네트워크의 구성 요소들과 디자인에 따라 무한히 다른 형태를 띨 수 있다. 한 두 대가 케이블로 연결된 홈 네트워크부터 수천의 머신과 프린터, 플로터(plotter), 전화, 팩스 등이 다양한 형태의 케이블로 연결된 대규모 네트워크도 있다. 연결 방식도 회선, 광케이블, 무선, 적외선, 위성 등이 있을 수 있다.

1 왜 네트워크를 사용하나?

모든 네트워크는 다른 머신과 연결되어 있지 않고 모든 응용프로그램을 로컬머신에 저장하고 실행하는 단독 컴퓨터에 비해서 여러 가지 이익을 줄 수 있다. 가장 큰 이점은 프린터와 같은 장치나 월급명세가 들어 있는 데이터와 같은 네트워크 리소스(resource)를 공유하는 데 있다. 20명의 직원을 위해서 20대의 프린터를 살 필요가 없으며, 여러 명이 공동으로 작업하는 급료작성을 한 사람 한 사람이 작성하고 복사해서 서로 합치는 작업(이를

Sneakernet라고 했다)을 생각해보라. 네트워크를 사용하면 운영비용뿐만 아니라 작업효율과 속도도 훨씬 빠를 수 있다. 예전에는 플로피디스켓이 유일한 데이터 이동 방법이었다.

또 다른 네트워킹의 이점은 여러 머신에 흩어져 있는 리소스들의 관리를 중앙지점 한 곳에서 손쉽게 일관되게 할 수 있다는 것이다. 글로벌한 은행에서 각 국에 흩어져 있는 수만 대의 머신에 바이러스 프로그램을 업데이트한다고 했을 때, 네트워킹되어 있지 않으면 여러 나라를 돌며 각 머신을 일일이 업데이트하는 것은 생각할 수도 없는 일이다. 단지 네트워크 관리자가 중앙의 한 머신에서 업데이트 서버를 통해 업데이트 파일을 다운받은 뒤, 각국의 모든 머신들은 관리자가 중앙에서 통제하게 설정되어져 있고 장비가 공유되어 있으므로, 관리자의 머신에서 여러 머신들을 점검해서 자동으로 업데이트시킬 수 있다.

2 네트워크 종류

컴퓨터 머신들은 여러 가지 계획에 의해 통신방법과 리소스 공유에 따라서 보통 Peer-to-Peer 방식과 Server-Clients 방식으로 나뉜다.

2.1 Peer-to-Peer 네트워크

보통 P2P라고도 알려진 이 단순한 네트워크에서는 모든 머신이 다른 머신과 직접적으로 통신할 수 있고, 어느 머신이 다른 머신에 대해서 더 큰 권한(authority)을 가지고 있지 않다. 그렇지만 원하는 파일이나 폴더만 공유시켜 다른 머신들의 접근을 제한할 수 있다. 각 머신은 서로 상대에게 파일을 줄 수도 있고 받을 수도 있다.

P2P의 장점은 구성하기 쉽고 유지 관리에 비용이 적게 든다는 것이며, 단점은 시스템에 융통성이 적고 보안에 약하다는 것과 중앙화된 통제가 불가하므로 소수의 머신들이 있는 곳에서만 사용될 수 있다는 것이다.

예를 들어 5대의 머신이 있는 곳에서 워드작업을 공동으로 하고 있다고 해보자. 서로가 자신이 한 워드문서를 공유하지만 서로는 누구의 작업이 가장 업데이트된 것인지 알 수 없다. 그래서 P2P 시스템에선 머신이 늘어날수록 리소스를 찾거나 관리하기가 더 힘들어지며, 폴더 등을 만들어 공유시켜 둘 때 액세스할 수 있는 권한과 대상을 사용자 임의대로 정하기 때문에 보안에 취약해질 수밖에 없다. 또 전통적인 P2P와 다르게 이런 P2P 머신들이 인터넷에 연결될 때 운영체제 이외에 별도의 Gnutella, Freenet, Napster 등을 이용해서 하드웨어가 공유되어 글로벌하게 리소스를 공유시킬 때도 있으므로 공유파일 등으로 인한 법적인 문제와 비용이 들 수도 있다.

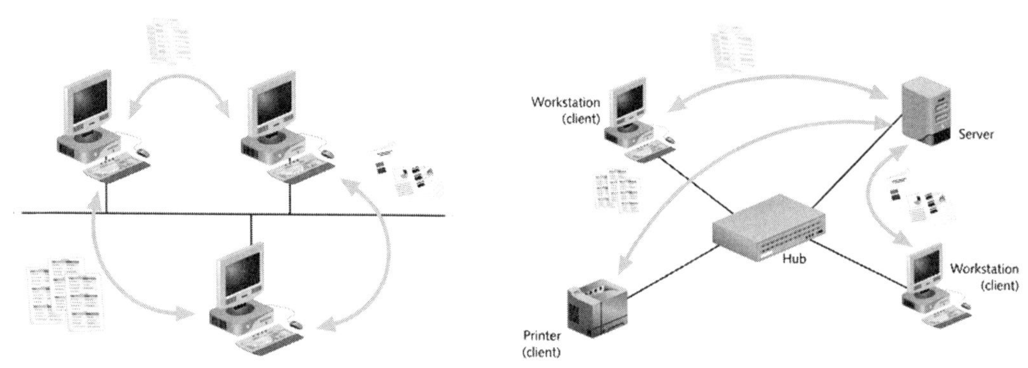

<Peer-to-Peer와 Server-Clients 시스템>

2.2 Server-Clients 네트워크

또 다른 방식이 클라이언트라고 알려진 네트워크상의 여러 머신들과 이들을 서로 통신과 리소스 공유를 가능하게 해주는 서버라고 알려진 중앙 컴퓨터를 사용하는 네트워킹이다. 클라이언트는 보통 개인용 컴퓨터를 말하며, 워크스테이션(workstation)이라고도 한다. 서버가 클라이언트에게 데이터와 데이터 저장 공간, 그리고 장치를 공유하게 하는 시스템이 Server-Clients 네트워크(때때로 클라이언트가 리소스 공유와 처리에 서버를 의지한다는 개념으로도 쓰인다)이다. 서버는 리소스 공유와 통제를 통해서 신뢰하는 클라이언트만 리소스를 이용하게 해준다. 서버-클라이언트 시스템에서 클라이언트 머신은 응용프로그램을 실행해서 데이터를 만들고 자신의 로컬머신에 저장할 수도 있지만, 서버와 연결해서 공유된 응용프로그램을 사용하거나 로컬에서 작성한 데이터를 서버에 저장하는 것이 일반적이다. 이런 시스템에서는 클라이언트 머신이 직접 자신의 리소스를 공유시키지 못하고 서버가 공유시켜 주어야 한다.

서버는 NOS(Network Operating Systems)가 실행되고 있어야 하는데, NOS는 여러 클라이언트를 위해서 데이터와 리소스를 관리하고, 권한 있는 사용자만 네트워크에 액세스하게 해주며, 사용자가 어느 타입의 파일을 열 수 있는지, 언제 어디서 사용자가 네트워크에 접근할 수 있는지, 머신끼리 통신할 때 어느 규칙을 사용해야 하는지 등을 규제하며, 클라이언트에게 응용프로그램을 제공한다. 유명한 NOS가 MS Windows Server2003, Novell NetWare, UNIX, 그리고 Linux이다. 상대적으로 덜 강력한 하드웨어를 사용하는 클라이언트 머신의 운영체제가 Windows XP와 같은 것인데, 서버는 더 큰 메모리와 빠른 CPU, 더 큰 저장 공간을 가지고 있다. 서버용으로 특정되어진 소프트웨어나 하드웨어가 내장되어 나오기도 한다. 예를 들어 메인 하드디스크가 고장나면 자동으로 두 번째 하드디스크가 작동되게 구성된 소프트웨어가 내장되어 있을 수 있다.

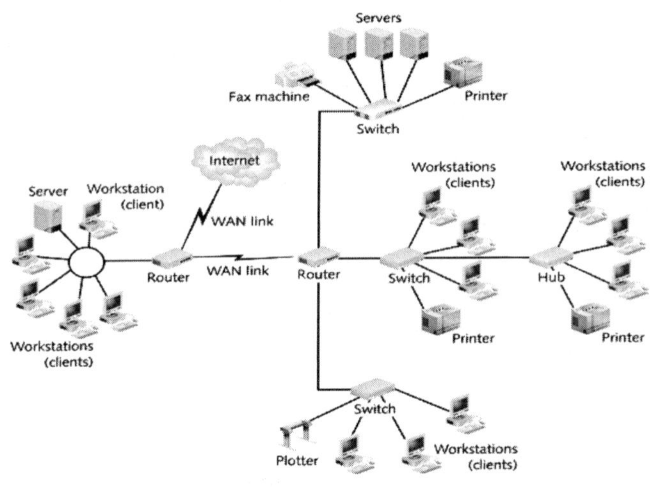

<Server–Clients 네트워크>

Server-Clients 환경에서 사용자는 어느 머신에서라도 로그온 계정과 패스워드로 네트워크에 들어갈 수 있으며, 중앙에서 단일 사용자나 그룹 사용자를 여러 공유 리소스에 접근하게 해주거나, 네트워크에서의 문제를 단일 지점에서 추적하고 진단해서 고칠 수 있게 해준다. 또 서버는 여러 클라이언트의 요청을 빠르고 최적화된 상태로 처리해 주며, 효율적인

처리와 대용량의 저장 공간으로 다수의 머신들을 동시에 다룰 수 있다. 그래서 P2P보다 머신들을 더 쉽게 관리하게 하며, 네트워크를 더 안전하고 강력하게 만들어 준다. 또 머신을 쉽게 네트워크에 추가하거나 제거하게(이를 스케이러블(scalable)하다고 함) 해준다.

2.3 LAN, MAN, 그리고 WAN

지리적 범위로 네트워크를 분류하기도 한다.

1) LAN(Local Area Network)

LAN은 머신들과 장비들이 한 건물이나 사무실 안과 같이 비교적 적은 공간에 들어있는 것을 말한다. 1980년대 초에 인기를 끌었던 시스템으로 소수의 머신들이 Peer-to-Peer 시스템으로 되어 있었다. 하지만 지금은 훨씬 커진 네트워크로 Server-Clients 시스템이 주류를 이룬다. 별개의 여러 LAN은 데이터 이외에도 많은 응용프로그램과 관리 리소스가 실행되는 몇몇 서버들에 의해 연결되어 있게 된다. 한 건물 내에서라도 각 층별로 LAN을 이루고 이 LAN들이 묶여서 서버와 프린터, 플로터, 팩스 등이 공유되게 한다.

2) MAN(Metropolitan Area Network)

MAN은 LAN보다 큰 네트워크로, 위 예에서 한 빌딩을 넘는 규모이다. 예를 들어 시청 주변에 몇 군데 흩어져 있는 관공서 건물들을 묶어서 하나의 네트워크를 구성했을 때이다. 그러므로 MAN은 전송기술과 매체에 있어서 LAN과 조금 다르다.

3) WAN(Wide Area Network)

WAN은 지리적으로 떨어진 두 세 개의 LAN이나 MAN을 연결한 네트워크를 말하는데, 긴 거리를 지원해야 하므로 LAN보다 전송방법이나 매체가 다르다. 이런 면에서 네트워크 엔지니어들은 지리적으로 떨어져 있는 도시나 글로벌하게 떨어져 있는 네트워크 연결을 넓은 의미에서 모두 WAN에 포함시키는 경우가 많다. 그러므로 로컬 오피스의 LAN에서 로그온해서 WAN으로 들어가 메인 오피스의 서버로 연결될 수 있다. 또 WAN은 서로 다른 네트워크 조직도 연결할 수 있다. 가장 크고 다양한 WAN이 인터넷이라고 볼 수 있다.

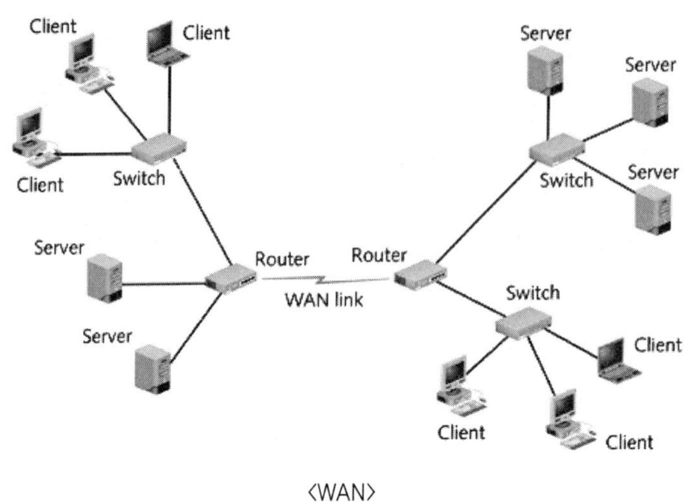

〈WAN〉

2.4 Server-Clients 네트워크 요소들

네트워크에서 자주 사용되는 용어를 다음과 같이 정리해 보았다.

1. 클라이언트(client) – 네트워크에 있는 다른 컴퓨터에게 리소스나 서비스를 요구하는 네트워크상의 한 컴퓨터로 정의된다. 어느 경우에는 클라이언트가 서버로 활동할 수도 있다. 또한 사용자(user)를 의미하기도 한다. 네트워크상의 각 개체를 노드(node)로 부른다.
2. 서버(server) – 네트워크상에서 공유된 리소스를 관리하는 컴퓨터를 말한다. 서버는 클라이언트보다 더 많은 메모리와 저장 공간, 그리고 프로세스 능력을 가지고 있다. 데이터뿐만 아니라 사용자, 그룹, 보안, 응용프로그램을 관리해주는 네트워크 운영체제가 실행되고 있어야 한다.
3. 워크스테이션(workstation) – 네트워크에 연결되어 있거나 연결되어져 있지 않은 데스크톱이나 랩톱과 같은 개인용 컴퓨터를 말하는데, 대부분 클라이언트는 워크그룹으로 묶여 있는 컴퓨터들이다.

4 네트워크 카드(NIC : Network Interface Card)-컴퓨터 내부에 장착되어져 네트워크 매체와 연결되어 다른 컴퓨터와 통신하게 해주는 장치로 3Com, IBM, Intel, SMC 등에서 워크스테이션과 네트워크에 맞는 여러 종류의 NIC를 생산하고 있다. 마더보드에 내장되어 있기도 하고, 일부는 마더보드 슬롯에 장착되게 되어 있다. 네트워크 토폴로지(topology)와 마더보드 등의 상황에 따라 여러 가지 NIC가 있으므로 한 가지 NIC가 모든 상황에 다 들어맞게 쓰일 수 없다. 이더넷과 링 토폴로지에서 쓰이는 NIC는 서로 다른 종류이다.

〈NIC〉

5 네트워크 운영체제(NOS : Network Operating Systems)-서버머신에서 실행되어 서버로 하여금 데이터, 사용자, 그룹, 보안, 응용프로그램과 기타 네트워크관리 기능을 하게 해주는 소프트웨어이다.

6 호스트(host)-동일한 네트워크에서 리소스를 공유할 수 있는 컴퓨터를 말한다.

7 노드(node)-네트워크상에서 통신할 수 있고 유일한 네트워크 주소로 구별되는 클라이언트, 서버, 혹은 여러 장치들을 말한다.

8 연결 장치-다수의 네트워크 혹은 한 네트워크에서 여러 부분을 연결하거나 데이터를 교환하게 해주는 특정 장치를 말하는데, 서버-클라이언트 네트워크도 연결 장치 없이 작동될 수 있지만 중, 대형 사이즈의 LAN이 되면 네트워크 확장과 WAN에 연결을 위해서 필요해진다. 스위치, 라우터 등을 말한다.

9 세그먼트(segment)-동일 네트워크에서는 노드들이 같은 통신채널을 사용하게 되므로, 모든 트래픽을 함께 공유하는 네트워크의 일부를 말한다.

10 백본(backbone)-네트워크의 일부로써 서버, 라우터, 스위치 등 중요한 공유 장치에 연결되어 분할되어 있는 '네트워크상의 네트워크'(a network of networks)이다. LAN이나 WAN에서 작은 일부분을 이루는데 주로 링이나 버스 토폴로지로 구성되며, 광케이블로 연결되어져 메시(mesh) 형태를 이루기도 한다.

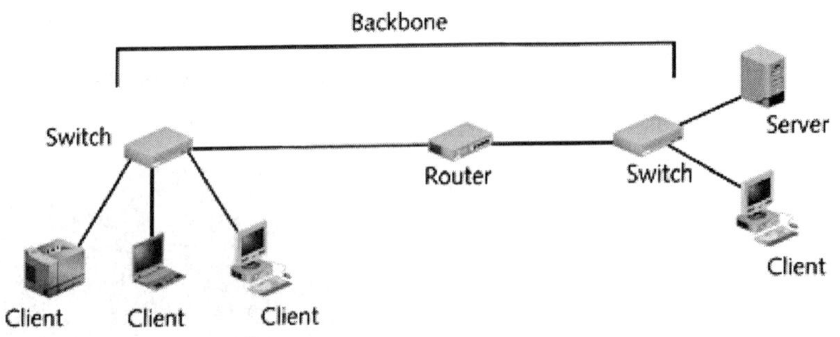

〈LAN backbone〉

11 토폴로지(topology) – 컴퓨터 네트워크의 물리적인 배치인데 조직의 필요와 하드웨어, 업무 기능 등에 의해 변할 수 있다. 보통 링(ring), 버스(bus), 스타(star), 메시(mesh), 그리고 혼합(hybrid)으로 나눌 수 있다.

12 프로토콜(protocol) – 네트워크 장치간 전송의 표준이나 포맷을 말하는데, 네트워크를 통해서 한 노드에서 다른 노드로 데이터가 모두 순서적으로 에러 없이 전송되는 것을 보장한다.

13 데이터 패킷(data packet) – 네트워크를 통해서 한 노드에서 다른 노드로 전송된 데이터의 구별된 단위(unit)를 말하는데, 커다란 데이터스트림을 여러 패킷으로 나누어 데이터가 더욱 효율적이고 신뢰 있게 전달되게 한다.

14 주소(addressing) – 네트워크상의 모든 장치에게 유일하게 구별되는 숫자를 할당해주는 체계를 말하는데, 네트워크 프로토콜과 운영체제에 따라 다르다. 각 네트워크 장치는 유일한 주소를 가져야 해당 장치로 신뢰있게 데이터 송수신이 이뤄진다.

15 전송매체 – 데이터가 송수신되는 매체로써 회선(wire)이나 케이블, 혹은 무선에서는 공기 등과 같은 물리적인 매체를 말한다. (무선)전파(radio wave)는 무선네트워크에서 무선기기끼리 통신할 때 쓰이며, 극초단파(micro wave)는 무선기지국이나 위성에서 건물이나 다른 위성과 통신할 때 쓰인다.

3 네트워킹

네트워크의 기능이란 네트워크 서비스를 말하는데 우선 E-mail을 들 수 있다. 만일 회사의 E-mail 시스템이 잘못되면 큰 혼란을 겪게 될 것이고 사용자는 바로 알아차리고 네트워크 관리자에게 통보할 것이다. 이렇듯 E-mail 서비스도 네트워크 기능 중 하나로 중요하지만 프린터 공유, 파일공유, 인터넷접속, 원격접속, 그리고 원격관리 등도 중요하다. 대규모 조직에서는 별도의 서버들이 이런 기능들을 따로따로 담당하지만 작은 소수의 머신이 있는 곳에서는 한 서버가 이 모든 기능을 수행하도록 설정되어 있다.

3.1 파일과 프린트 서비스

파일 서비스란 서버가 데이터파일과 워드와 같은 응용프로그램, 디스크 저장 공간 등을 공유해주는 것을 말하는데, 이런 서버를 파일서버라고 부른다. 파일 서비스야말로 네트워킹이 필요하게 된 동기였고 네트워킹의 첫번째 용도였다라고 해도 과언이 아니다. 파일 서비스는 데이터를 만들어 플로피디스켓에 저장한 뒤 이리저리 다니면서 각 머신에서 파일을 복사하던 일을 중앙에 저장해서 누구나 쉽고 빠르게 사용하고 업데이트하게 해 주었다. 데이터를 중앙에 저장하면 개개인이 자신의 로컬머신에 임의대로 저장할 때보다 관리자가 백업을 수행하므로 그만큼 보안도 좋아지고, 머신 수대로 소프트웨어를 구매하지 않고 소수 라이센스만 구매하므로써 비용절감과 관리 유지비가 적게 든다.

프린트 서비스도 네트워크에서 프린터를 공유함으로써 시간과 금전을 절약하게 해준다. 각 사용자별로 저가의 데스크젯을 다수 구매하는 것보다 고가의 고성능 레이저 컬러프린터를 한 대 구매해서 모든 사용자들이 이용하게 하는 것이 훨씬 가치 있고 관리유지도 쉬울 것이다. 프린터가 고장나더라도 관리자가 현장을 방문하지 않고 중앙에서 프린터 관리 소프트웨어로 문제를 해결할 수 있다.

3.2 통신 서비스

네트워크 통신 서비스는 원격 사용자를 로컬 네트워크에 연결하게 해준다. 원격 사용자란 로컬 LAN에서 지리적으로 멀리 떨어져 있는 다른 네트워크에 있는 사용자를 말하는데, 내부 LAN의 사용자가 외부의 다른 네트워크에 있는 머신에 연결하는 것도 해당된다. 이런 원격 연결서버를 통신서버 혹은 액세스서버라고 부른다.

조직은 보통 가정과 여행 중에, 혹은 저속의 WAN으로 연결되어 있는 각 브랜치의 직원들이 메인 오피스의 LAN에 연결되게 하는 서비스제공 이외에 네트워크 시스템진단이나 프로그램 업데이트를 위한 소프트웨어 벤더, 혹은 사업 파트너를 위해서도 통신 서비스를 제공한다. 예를 들어 광고지를 인쇄하는 회사에서 인쇄 소프트웨어가 문제를 일으켜 작업이 중단되었다고 하자. 네트워크 관리자는 이 소프트웨어에 대해서 잘 알지 못하므로 원거리에 있는 소프트웨어 벤더에게 직접 와서 문제를 해결하게 요청하는 대신, 벤더가 시간과 돈을 들여 현장까지 직접 오지 않고 통신 서비스(이 경우는 보안상 전화연결을 권함)를 이용해서 로컬 시스템에 들어와 문제를 해결하게 함으로써 시간과 금전을 줄일 수 있다.

원격 연결서비스는 매우 중요하다. 어느 하드웨어나 운영체제를 사용하는 원격 사용자라도 로컬에서 로그온하듯이 원격에서 조직의 네트워크 리소스와 장치를 사용하게 해주어야 한다. 엄격한 네트워크 보안을 설정했더라도 원격에서 사내에 공유된 프린터를 사용할 수 있고, 들어온 메시지를 확인할 수 있으며, 데이터베이스를 이용할 수 있게 해주어야 한다.

3.3 메일 서비스

메일 서비스는 네트워크 사용자들 사이에서 E-mail을 저장하고 전송할 수 있게 하는 서비스로 메일서버가 필요하다. 메일서버는 인터넷에 연결되어 있는 것이 보통이지만 외부 사용자와 메일교환이 필요 없다면 분리해서 따로 운영할 수 있다.

단순히 메일을 송수신하고 저장하는 일 외에도 메일서버는 다음과 같은 일들도 하게 된다.

1. 귀찮은 스팸메일 등을 걸러낼 수 있다.
2. E-mail을 점검해서 사용자에게 내용을 알려 줄 수 있다.
3. 특별 규정에 따른 메시지 전달이 가능하다. 예를 들어 고장난 PC 고객이 보낸 E-mail을 기술자가 15분 안에 열어보지 않으면 메일이 관리자에게 포워드되게 한다.
4. 웹상에서 E-mail을 확인하게 해준다.
5. 만일 어느 문제가 발생하면, 예를 들어 사용자의 메일함이 서버가 정한 한계에 이를 때, 관리자나 사용자에게 통보해줄 수 있다.
6. E-mail 송수신과 저장, 유지를 스케줄에 따라 진행되게 해준다.
7. 다른 네트워크상의 메일서버와 통신하게 해서 동일한 LAN에 연결되어 있지 않은 사용자도 메일을 이용하게 해준다.

이런 서비스를 제공하려면 메일서버는 Linux의 Sendmail, Novell의 GroupWise, MS의 Exchange Server 등 특별한 소프트웨어를 이용해야 한다. 조직은 메일서버 관리에 많은 주의를 기울인다.

3.4 인터넷 서비스

우리가 인터넷에 접속하면 우리도 알지 못하는 사이에 머신은 백그라운드에서 바이러스 체크나 스팸메일을 점검하고 있기도 한데, 실제로 이는 여러 서버가 함께 연동해서 우리의 데스크톱에 가져다 준 것이다. 웹서버는 여러 클라이언트의 요청에 웹페이지를 제공해주는 소프트웨어가 설치된 컴퓨터이다. 인터넷 서비스의 한 가지가 바로 이 웹페이지를 제공하는 일이고 다른 서비스로는 파일전송, 인터넷 주소체제, 보안 필터링, 그리고 다른 서비스에 로그온하기 등이 있다.

3.5 관리 서비스

네트워크가 작을 땐 네트워크 관리자 한 사람이나 운영체제에 들어있는 관리기능으로도 네트워크를 충분히 통제할 수 있다. 예를 들어 사용자 중 한 명이 네트워크에 로그온할 수 없다고 하면 가까이 다가가서 IP주소 충돌이 있는지 등을 살펴볼 수 있다. 하지만 네트워크가 커지면 관리자 한 명이 모든 머신을 통제할 수 없게 된다. 예를 들어 MS 워드를 30여 명이 동시에 사용해서 서버 시스템에 랙이 걸리고 일부는 워드를 사용할 수 없다고 보고해 왔을 때 관리자가 모든 머신을 일일이 다니면서 점검할 순 없다. 회사에서 워드 라이센스를 20매만 구매했다면 서버 한 곳에서 동시에 20명만 워드작업을 할 수 있도록 설정해서 시스템의 로드(load)도 줄이고 라이센스 위반으로 몇 명이 워드작업을 못하는 것도 막을 수 있다.

대규모 네트워크에서는 네트워크 관리업무를 수월하게 해주는 관리 서비스를 이용하는데, 정해진 몇 가지 일만 하는 독립된 전용서버로 다음과 같은 일을 하게 한다.

1. 트래픽 모니터링과 통제 - 네트워크가 오버로드(overload)되었을 때 얼마나 많은 트래픽이 네트워크에서 발생될 수 있는지 정해준다. 일반적으로 대규모(enterprise) 네트워크에서는 트래픽 모니터링이 매주 중요하다.
2. 로드발랜싱(load balancing) - 데이터전송을 네트워크에 고르게 분배함으로써 어느 한 장치가 과부하되지 않게 해준다. 웹서버 등에서 처리할 수 있는 요청을 예상할 수 없는 경우 이 기능이 매우 필요하다.
3. 하드웨어 고장과 경고 - 네트워크 구성요소가 고장났을 때 자동으로 네트워크 관리자에게 E-mail이나 호출로 경고를 발생하게 한다.
4. 재산관리(asset management) - 조직의 네트워크에 있는 하드웨어와 소프트웨어의 종류와 개수를 모아 데이터로 저장해둔다. 재산관리 소프트웨어를 사용해서 서버가 각 클라이언트의 소프트웨어와 하드웨어를 검사한 뒤 데이터를 만들어 데이터베이스에 저장하게 한다. 이런 관리 소프트웨어가 없다면 일일이 눈으로 보고 확인해서 양식에 적어 넣어야만 할 것이다.
5. 라이센스 추적 - 한 가지 응용프로그램의 라이센스가 현재 얼마나 사용되고 있는지 점검해서 구매한 수를 넘지 않게 해준다. 이 정보는 소프트웨어 회사와 법률적인 문제가 없게 해준다.
6. 보안감사(security auditing) - 현재 어느 보안이 실행되고 있는지 평가하고 보안상 위반이 발생했을 때 보안 관리자에게 통보해준다.

7 소프트웨어 배포 – 서버로부터 클라이언트에게 자동으로 파일이 전송되거나 응용프로그램이 설치되게 해준다. 설치는 서버나 클라이언트에서 실행될 수 있는데, 사용자에게 업데이트를 알리거나 워크스테이션의 시스템파일에 변경을 기록한 뒤 업데이트하고 재시작하게 하는 등의 방법이 있다.

8 주소관리 – 전체 네트워크의 모든 노드를 위한 주소를 중앙에서 관리함으로써 클라이언트 머신에서 일일이 주소에 관한 것을 변경할 필요가 없게 해준다.

9 백업과 데이터 순환 – 중요 데이터를 백업해서 안전한 장소에 보관하게 해서 원본 파일이 손상되거나 분실 시 추출해서 사용하게 한다. 백업은 정해진 패턴으로 행해지는데 여러 서버에 흩어져 있는 데이터를 일괄되게 중앙에서 백업하게 해준다.

4 네트워크 전문가 되기

신문이나 인터넷 구인란을 보더라도 IT(Information Technology) 분야에서는 기술자를 늘 필요로 하고 있다는 것을 알게 된다. 최근에는 네트워크 보안 관리자를 많이 필요로 하는 추세인데, 네트워크를 충분히 이해하고 있어야 한다. 이런 직업들은 회사에 따라서 요구하는 경력이 각기 다를 수 있지만 보통 네트워크 관리자, 백업 관리자와 시스템 관리자, 웹 서버 관리자, 게임 등 프로그래머이다. 경험과 실습, 그리고 충분한 이론을 통해서 더욱 좋은 직업을 가질 수 있다는 것은 말할 필요가 없다. 또한 이런 기술뿐만 아니라 동료와의 대인관계, 프로젝트 공동작업, 신기술 이해, 부단한 노력 등도 필요하게 된다. 네트워크 기술에서의 방향을 알아보자.

4.1 기술 습득하기

비록 컴퓨터 네트워킹에 다양한 분야가 포함되지만 기본적인 기술은 어디에서나 필요하다. 컴퓨터는 논리력과 분석적 사고가 필요하다. 다음과 같은 것들을 익혀야 한다.

1 네트워크 서버의 소프트웨어와 하드웨어 설치와 구성, 문제해결

2 네트워크 클라이언트의 소프트웨어와 하드웨어 설치와 구성, 문제해결

3 여러 전송매체의 특성 이해

4 네트워크 디자인 이해

5 네트워크 프로토콜 이해

6 사용자의 네트워크 사용법 파악

7 클라이언트, 서버, 미디어, 그리고 장치 연결 및 구성 이해

일단 전반적인 네트워크 기술을 익힌 뒤 회사의 요구나 본인의 관심에 따라 해당 분야를 좀 더 깊게 공부하면 된다. 다음 기술자들이 현재 매우 필요하다.

1 네트워크 보안

2 음성/데이터 융합

3 UNIX, Linux, NetWare, MS Windows Server 2003 등 NOS 운용

4 네트워크 관리

5 인터넷과 인트라넷 설계

6 라우터와 스위치 구성과 최적화

7 대규모 사업 환경에서 중앙화된 저장 공간과 관리

이런 기술들은 실무 경험이 많은 교수나 강사와 함께 강의실에서 실습과 스크린 화면을 통해서 습득되더라도 실질적인 질문이 가능하므로 많은 도움이 된다. 또 많은 공인된 웹상의 e-learning도 있다. 조금은 나쁜 조건이라도 (자원해서라도) 얼마간 실습할 수 있는 부서에 배치되는 것도 한 방법인데, 실제 현장 경험을 쌓을 수 있기 때문에 좋은 기회가 되며 경력에도 유리하다.

4.2 대인관계 다지기

라우터를 구성할 줄 알고 UNIX를 잘 운영할 수 있어도 고객과의 관계, 협의, 팀워크, 리더쉽 등 소프트스킬(soft skill)이 서툴다면 어느 분야에서든지 성공하기 힘들 수도 있다. 소프트스킬은 측정하기 힘들지만 다음과 같은 것들이 있다.

1. 고객관계 - 여기서 매우 중요한 것은 고객의 곤란을 잘 들어주며 오만하지 않고 고객의 바라는 것에 순응해주고 때로는 이끄는 것이다. 고객은 기술자들이 중시하는 기술에는 관심을 두지 않고 자신들을 대하는 태도로 기술자의 능력을 평가한다는 것을 염두에 두어야 한다. 고객을 잘 다뤄야만 네트워크에서든 어느 분야에서든 성공할 수 있다.
2. 협의 - 네트워크의 기술적인 문제를 아무리 잘 이해해도 다른 이들과 의사소통이 되지 않는다면 훌륭한 기술도 빛을 못 보게 된다. 예를 들어 수 억이 드는 병원 네트워크 설계를 맡았다고 하자. 머릿속에 최상의 효율적인 시스템이 들어 있어도 관계자 앞에서 잘 표현해내지 못한다면 쓸모없는 것이 되고 만다. 그들에게 적합하게 들리는 시스템 구상이 채택될 것이기 때문이다.
3. 신뢰성 - 이것은 어느 직업에서나 성공의 열쇠이다. 언제 어디서나 문제가 발생할 수 있는 네트워킹에서 몇 사람만이 벌어진 문제를 해결할 수 있는 여건이라면 기술에 대한 신뢰가 무엇보다도 필요하게 된다. 모든 네트워크 문제를 다 알 수 없어도 주어진 분야에서는 확실한 기술적 신뢰성을 보여주어야만 한다.
4. 팀워크 - 개인 컴퓨터 전문가는 특정 하드웨어나 소프트웨어만 좋아하는 경향이 있다. 특히 기술직에서는 자신만의 기술적 노하우에 대한 자긍심이 너무 세서 팀워크가 부족할 때가 많다. 네트워킹 분야에서 성공하려면 신기술을 받아들이는 자세와 동료와 토론하고 협력하며, 그들이 문제해결에 대해 조언하게 해야 한다.
5. 리더쉽 - 때때로 어느 상황에서는 즐겁지 못한 결정을 내려야 할 때도 있다. 신제품을 거부하는 동료나, 정상적이지 않은 방법으로 문제 해결을 고집하는 고객을 설득하거나, 짧은 시간과 예산으로는 불가능해 보이는 프로젝트를 처리해야만 할 때 리더쉽이 필요하게 된다. 이런 저런 이유로 리더쉽은 네트워킹 분야에서도 성공할 수 있는 강력한 무기가 된다.

4.3 자격증 취득하기

자신이 습득한 기술을 외부에 보여주는 한 방법이 해당 분야의 자격증(certificate)을 취득하는 것이다. 자격증은 해당 제품의 벤더가 치르기도 하지만 CompTIA와 같은 전문 조직에 의해 이뤄지기도 한다. 자신의 전문분야에 따라서 취득하는 자격증도 다를 수 있는데, 하드웨어 전문가는 CompTIA의 A+, MS 시스템 지원과 개발이라면 MCSE(Microsoft Certified System Engineer), Novell 시스템이라면 CNE(Certified NetWare Engineer), Cisco 사 제품이라면 CCNE(Cisco Certified Network Engineer) 등이 있을 수 있겠다. 네트워크에서 어느 벤더에 종속되지 않고 그 기술력을 인정받을 수 있는 자격증이 CompTIA의 Network+인데 네트워크 문제해결, 프로토콜과 토폴로지, 네트워킹 하드웨어 등을 알아야 한다. Network+를 취득하면 나중에 CNE나 MCSE 등 자격증을 취득할 때 일부 과목이 면제된다.

자격증을 취득하면 회사는 훈련비용과 기간을 줄일 수 있으며 회사의 위상이 높아지고, 정당한 고비용을 고객에게 청구할 수 있으므로 기술자는 더 나은 월급을 기대할 수 있다. 자신의 기술을 정량화해서 표시한 것이므로 직업취득의 기회가 더 많아지며, 동료와 고객으로부터 자격 있는 기술자로 존경받고, 자격취득의 과정으로 습득한 기술의 체계와 깊이를 실무에서 느낄 수 있어서 자긍심을 갖게 한다.

4.4 기타

이제 웹 서치를 하거나 신문, 직업센터, 그리고 추천 등으로 자신에게 알맞은 직업을 찾았다면 성실히 일해서 경력을 쌓고 신기술을 접하기 위해서 늘 노력해야 한다. 또 다음과 같은 네트워킹에 관련된 종사자들의 전문클럽에 가입해서 활동하는 것도 유익하므로 관심을 갖길 바란다.

전문조직	해당 웹사이트
Association for Computing Machinery(ACM)	www.acm.org
Association for Information Technology Professionals	www.aitp.org
Chinese Information and Networking Association	www.cina.org
IEEE Computer Society	www.computer.org
Women In Technology International(WITI)	www.witi.org

5 네트워크 표준

새로운 이론의 개념을 이해할 때 마음 속으로 그림을 그려보는 것이 도움이 될 때가 많다. 우리가 물 분자를 볼 수 없지만 산소 분자 하나와 수소 분자 두 개를 그려서 이해할 수 있듯이, 네트워크에서도 두 노드가 통신하는 것을 눈으로 확인할 수 없지만(NIC나 허브 등에서의 LED 불빛으로 유추할 수는 있다) 서로 통신하는 것을 그림으로 이해할 수 있게 하는 것이 OSI(Open Systems Interconnection) 모델이다. 여러 벤더들의 기술개발과 협력을 위해서 만들어진 모델이다.

여기서 네트워크에서 사용되는 여러 개념을 정립시켜주는 OSI와 같은 표준조직을 알아보며, 이 모델의 7개 층에 관한 것과 이런 개념이 네트워킹 환경에서 어떻게 활용되는지 확인해 본다.

5.1 네트워킹 표준지정 조직

표준(standards)이란 기술적인 세부사항 혹은 특정 제품이나 서비스가 어떻게 설계되고 작동되는지 등에 관한 중요한 사항들이 들어 있는 문서화된 동의라고 할 수 있다. 여러 벤더들이 제품과 처리과정, 그리고 거기에 맞는 서비스를 분명하게 밝히는 표준을 정하고 있지만, 다양한 하드웨어와 소프트웨어 제품이 하루가 다르게 쏟아지는 이때에 제품에 대한 표준화는 매우 중요한 일이다. 표준이 없다면 벤더마다 자신의 제품이 어디서 어떻게 작동되는지에 관한 스펙(spec)이 나올 수 없어서 다른 벤더의 제품과 호환되지도 않을 것이므로 네트워크를 디자인할 수 없게 된다. 예를 들어 어느 매체 제조사가 네트워크 케이블의 잭(jack)을 1cm로 만들었는데, 어느 허브 제조사가 포트 크기를 0.8cm로 만들었다면 어떻게 되겠는가?

그러므로 어느 네트워킹 장비를 구매할 때 표준에 맞는 것인지 따져보고 골라야 한다. 하지만 명심할 것은 표준이란 서비스나 제품의 최소 기준이라는 것이다. 급속한 신기술로 인해 빠르게 변하는 네트워크 시장에서 벤더들은 자사의 제품이 신기술 분야의 표준이 되고자 최첨단의 새로운 제품을 출시할 때 기존에 표준이 없다는 이유로 비표준(?) 제품을 내놓기도 한다. 예를 들어 요즘처럼 무선이 많이 쓰여서 각종 무선장치들이 쏟아져 나오고 있지만 이들 무선 네트워크 표준을 규제하는 조직은 세계적으로 ANSI와 IEEE 두 곳밖에 없다. ANSI는 무선을 받아들이는 NIC를 규정하고 있으며, 다른 장치끼리 대기열을 통해서 올바른 순서로 패킷이 도착하게 하는 무선통신 규정은 IEEE가 맡고 있다. 이런 규정들은 백과사전 두께도 될 수 있지만 여기서는 그런 규정을 정하는 조직체들만 알아보기로 한다.

1) ANSI(American National Standards Institute)

ANSI는 수천의 산업체와 정부단체가 함께 모여서 전자 분야뿐만 아니라 화학, 핵 엔지니어링, 건강과 안전, 그리고 건설 분야에서 표준을 정하고자 이룬 조직체로 미국 내의 표준을 정하는 일도 한다. 제조업체들에게 ANSI 표준을 강요하지는 않지만 자발적으로 표준에 따르도록 설득하는데, 제조업체는 이런 표준을 따름으로써 고객들로 하여금 기존 인프라에 융화되는 제품이라는 신뢰를 얻을 수 있게 된다. 새로운 제품은 엄격한 ANSI 표준 테스트를 통과해야만 한다. 대학 도서관이나 웹상(www.ansi.org)에서 ANSI 표준에 대한 문서를 얻을 수 있다.

2) EIA(Electronic Industries Alliance)와 TIA(Telecommunications Industry Association)

EIA는 미국 내의 전자제품을 생산하는 업체들의 조직체로써 회원사에게 표준을 정해줄 뿐만 아니라, 전자산업의 발전을 위해서 ANSI 표준이 협력하도록 로비도 한다. 1988년 EIA의 하위그룹 중 하나가 예전 미국통신지원협회(USTSA)와 함께 TIA에 흡수되었다. TIA는 정보기술, 무선, 위성, 광(fiber optics), 그리고 전화 장치들의 표준에 초점을 둔다. EIA와 TIA 모두 표준을 정하고 정부와 업체, 협력업체 모임, 전시회 등에 로비해서 자신들의 분야를 번성케 하는데 목적이 있다. TIA/EIA 연합으로 이 분야에서 가장 획기적으로 눈에 띄는 것이 상업건물에 가설되는 'TIA/EIA 568-B Series'로 알려진 네트워크 케이블에 관한 가이드라인일 것이다.

3) IEEE(Institute of electrical and electronics Engineers)

'I 트리플 E'라고도 읽는 IEEE는 국제적으로 엔지니어링 전문가들이 모여서 만든 단체로, 전자공학과 컴퓨터과학 분야에서의 발전과 교육을 증진시키는 것이 목적이다. 이 목표를 위해서 IEEE는 여러 회의와 심포지엄을 개최하며 교육을 위한 문서도 발간하고 있다. 또한 전자와 컴퓨터 업계가 표준을 지키도록 권장하며 ANSI와 같은 표준조직과 협력한다. NIC같은 부품이나 FireWire같은 장치에 관한 표준도 정했다. 관련된 문서를 웹상(www.ieee.org)에서 얻을 수 있다.

4) ISO(International Organization for Standardization)

제네바에 본부가 있는 ISO는 146개국의 표준조직을 모은 단체로, 국경을 초월한 정보교환과 교역의 표준을 정립하는데 목표가 있다. ISO의 권위는 정보처리와 통신업계에만 있지 않고 섬유, 포장, 물품배급, 에너지 생산과 이용, 은행거래와 금융서비스까지 미친다. 은행카드, 화폐명 등도 ISO에서 만든 것이다. 컴퓨터업계에서만도 14,250개의 표준이 정해져 있다. 웹상(www.iso.org)에서 자료를 얻을 수 있다.

5) ITU(International Telecommunication Union)

이것은 국제 통신을 규제하는 UN 산하의 조직으로써 라디오와 TV 주파수, 위성과 전화규격, 네트워킹 인프라, 그리고 국제통신으로 발생되는 관세 문제까지 다룬다. 또한 개발국에 기술 전문가와 장비를 제공함으로써 국가의 통신망을 개선시키는 일도 한다. 1865년 파리에서 설립되었고, 1947년 UN 산하에 편입되면서 제네바에 본부를 두게 되었다. 189개국의 회원사로 구성되었고 정책과 표준문서는 웹상(www.itu.int)에서 얻을 수 있다. ITU는 제조업체보다 국제적인 표준에 관심이 있지만 인터넷서비스에도 깊게 관여하고 있다. 또한 ISOC와 같은 단체와 표준을 위해 협력하기도 한다.

6) ISOC(Internet SOCiety)와 IAB(Internet Architecture Board), IETF(Internet Engineering Task Force)

ISOC는 1992년에 설립되었으며 전 세계 180여 개국에서 수천의 인터넷 전문가와 회사들이 모여 인터넷의 표준을 세우고자 만든 단체이다. 인터넷을 통한 다양한 서비스와 보안에 관심이 많다. 또 IAB는 특별한 임무를 가지고 있는데, 인터넷 디자인과 운영을 감독하는 책임을 맡은 연구가와 전문가로 구성되어져 인터넷 성장과 관리기법, 토론을 통한 기술적인 문제의 해결, 표준 준수 등을 감독한다.

또 다른 ISOC그룹인 IETF는 인터넷을 통해 시스템이 어떻게 통신하는지－특별히 어느 프로토콜이 어떻게 상호 작동하는지에 관한 표준을 정한 단체이다. 엄격한 실험과 테스트를 거쳐야 IETF 표준을 따른다고 승인하는데, 국제적 수준에서는 ITU와 함께 작업해서 표준화를 진행한다. 웹상(www.isoc.org)에서 자료를 얻을 수 있다.

7) IANA(Internet Assigned Numbers Authority)와 ICANN(Internet Corporation for Assigned Names and Numbers), RIRs(Regional Internet Registries)

네트워크에 있는 모든 노드는 유일한 주소를 가지고 있어야 한다는 것을 알고 있을 것이다. 인터넷에서는 특히 이것이 중요한데 언제 어디서나 수억 대의 머신이 데이터를 주고받기 때문이다. 인터넷에서나 다른 TCP/IP 기반의 네트워크에서 컴퓨터를 구별해주는 주소는 IP(Internet Protocol)주소이다. 중앙화된 주소관리 시스템으로 인터넷에 연결된 모든 노드들이 유일한 IP주소를 가지고 있다는 것을 확인할 수 있다.

초기 인터넷에서는 IANA라고 불리는 비영리단체가 IP주소의 관리와 예약에 관한 기록을 가지고 있었다. 1997년부터 IANA는 세 개의 RIR와 협력하기 시작했는데, ARIN(American Registry for Internet Numbers)와 APNIC(Asia Pacific Network Information Center), 그리고 RIPE(Reserved IP Europeans)이다. RIR은 IP주소를 사적과 공적 엔티티에게 IP주소를 배분하는 것을 관리하는 비영리단체이다. 1990년대 후반 IANA을 지원하는 US DOC(Department Of Commerce)는 IP주소와 도메인명을 철저히 조사해서 비영리 사단인 ICANN을 형성하기로 결정했다. ICANN은 IP주소와 도메인명을 전적으로 관리하는 책임을 맡고 있지만, 기술적으로 시스템 관리를 계속 수행하고 있는 곳은 IANA이다.

개인과 업체가 직접적으로 IP주소를 RIR이나 IANA로부터 얻을 필요는 없다. 로컬 ISP(Internet Service Provider)를 통해 IP주소를 임대할 수 있고, 부가적인 E-mail이나 웹호스팅 서비스도 얻을 수 있다. RIR은 ICANN에서 이미 임대해준 IP주소는 배제하고 RIR을 통해서 ISP가 IP주소를 할당할 수 있는 권리를 주며, 또 IANA와 협력해서 ISP 네트워크에 연결되는 장치의 주소를 확보하게 한다. 웹상(www.iana.org와 www.icann.org)에서 정보를 얻을 수 있다.

6 OSI(Open Systems Interconnection) 모델

1980년대 초 ISO는 컴퓨터들이 글로벌하게 통신할 수 있는 공개 컴퓨터 플랫폼 규정을 만들기 시작했다. 이런 노력의 결과로 인터넷을 통한 '컴퓨터 - 컴퓨터' 간의 통신을 이해하고 발전시킬 수 있는 모델을 만들어냈는데 OSI 모델이라고 불린다. 네트워크 통신을 7개 층으로 나누었는데 물리, 데이터링크, 네트워크, 전송, 세션, 표현, 그리고 응용층이다. 각 층의 프로토콜은 그 층에서만 고유한 서비스를 실행하며 서비스를 수행하는 동안 바로 위 아래 층과 상호 연관되어 작동한다. 최상위 층인 응용층에서는 사용자가 이용하는 워드와 같은 응용프로그램이 실행되며, 최하위층인 물리층에서는 신호를 받고 네트워크에 연결해 주는 케이블 등이 사용된다.

프로토콜이란 컴퓨터가 서로 통신하게 해주는 규칙이라고 했다. 이것은 프로그래머가 어느 한 기능이나 여러 기능을 묶어서 실행하게 한 지시세트(instruction set)이다. 어떤 프로토콜은 운영체제에 포함되어져 있지만 일부는 소프트웨어 프로그램에 파일로 설치되어져 있기도 하다. OSI 모델의 각 층에서 어떤 모델이 무엇 때문에 쓰이는지 개략적으로 이해하고 있어야 한다. OSI 모델은 네트워크에서 두 노드가 통신할 때 무슨 일이 일어나는지 나타내주는 이론적인 표현으로, 각 층에서 사용되는 소프트웨어와 하드웨어의 작동을 설명하는 것도 아니고 사람과 소프트웨어와 하드웨어가 어떻게 상호작용하는지 설명하는 것도 아니다. 네트워크 통신 중에 일어나는 모든 과정은 OSI 모델과 관계가 있으므로 각 층의 역할을 이해해야 하며, 각 층에서 사용되는 서비스와 프로토콜을 알고 있어야 한다.

OSI 모델을 통해서 어느 컴퓨터로부터 들어오는 데이터 경로를 설명할 수 있는데, 우선 사용자 A나 장치가 응용층을 통해서 데이터 교환을 초기화한다. 응용층은 데이터를 PDU (Protocol Data Unit)로 분리해서 하위층으로 차례로 내려 보낸 뒤 물리층에서 케이블 등을 통해 외부로 데이터를 내보낸다. 반대로 받는 컴퓨터는 물리층으로부터 시작해서 순차적으로 응용층까지 거슬러 올라가서 사용자 B에게 데이터가 전해진다. 이런 과정은 불과 몇 밀리 초(millisecond) 사이에 일어난다.

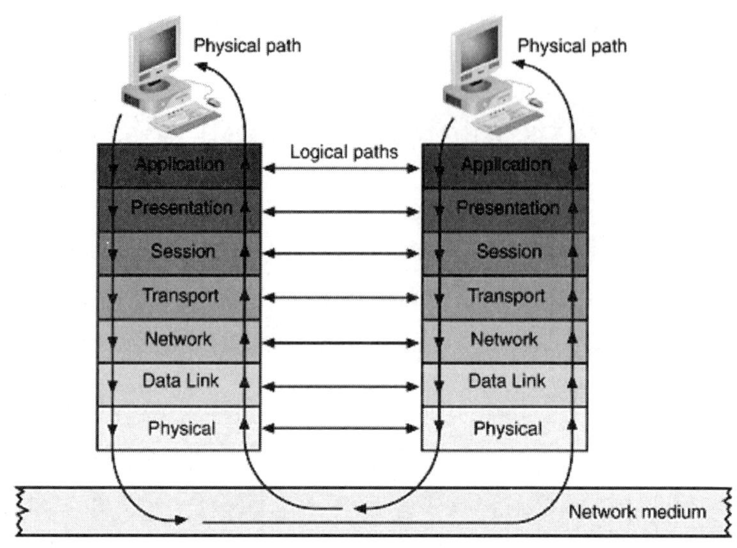

〈OSI 모델에서 데이터의 흐름〉

이론적으로 한 머신의 각 층은 다른 머신의 동일한 층과 통신한다. 즉, 어느 한 머신의 응용층에서 작동하는 프로토콜은 다른 머신의 응용층에서 작동하는 프로토콜과 통신해서 정보를 교환한다. 그러나 이 모델이 모든 네트워크의 작동을 설명해주지는 못한다는 것과 모든 서비스가 각 층을 다 거치지 않을 수도 있다는 것을 기억해야 한다.

6.1 응용층(Application layer)

이름과는 다르게 이 층은 MS 워드나 Explorer와 같은 응용프로그램을 가지고 있지 않다. 응용층 서비스는 소프트웨어와 하부층 서비스 사이의 통신을 편리하게 해줌으로써 네트워크가 응용 소프트웨어의 요구를 받아들여 네트워크로부터 보내진 데이터를 해석하게 해준다. 응용층 프로토콜은 포맷, 처리, 보안, 동기화와 기타 요구를 네트워크와 협상하게 한다. 예를 들어 Explorer에서 웹페이지를 열 때, 응용층 프로토콜인 HTTP(HyperText Transfer Protocol)는 클라이언트 브라우저가 웹서버로 보내는 요청을 포맷해서 보내고, 다시 웹서버가 클라이언트 브라우저에게 보내는 응답을 포맷해서 보낸다. 이 과정을 좀 더

들여다보자.

예를 들어 사용자가 "www.itea.com"을 웹브라우저에 타자하면, 소프트웨어의 일부로 경로를 찾는 Explorer의 API(Application Program Interface)가 이 요청을 HTTP 프로토콜에게 보내고, HTTP는 하위층 프로토콜에게 사용자의 머신과 웹서버를 연결하게 한 다음 사용자의 웹페이지 요청을 포맷해서 웹서버에게 보낸다. HTTP의 요소 중 하나인 "GET"가 사용자가 원하는 페이지를 알게 해주는데 사용자 웹브라우저의 HTTP 버전, 그래픽 타입, 사용 언어 등과 같은 정보들이 이 요청에 들어있다. 이제 웹서버는 사용자의 HTTP 요청을 받아들여 HTTP를 통해 www.itea.com에 응답하는데 이 응답에는 웹페이지의 텍스트와 그래픽, 내용, 사용하는 HTTP 버전, HTTP 타입 등이 들어있다. 그렇지만 웹페이지가 불가능하면 www.itea.com호스트는 "Error 404-File Not Found"와 같은 HTTP 응답메시지를 보내게 한다. 웹서버의 응답을 받은 사용자의 브라우저는 HTTP로 이 응답을 해석해서 www.itea.com 웹페이지를 사용자가 이해할 수 있는 텍스트와 이미지로 포맷해서 나타낸다. 사용자의 HTTP 프로토콜에 의한 정보가 웹서버의 HTTP 프로토콜에 의해 해석되어지는 것에 주목해야 하며, HTTP 요청이 네트워크상에서 다른 하위 프로토콜의 도움 없이는 전해질 수 없다는 것도 알아야 한다.

6.2 표현층(Presentation layer)

이 층에 있는 프로토콜은 응용층의 데이터를 받아 포맷해서 특정 타입의 프로그램과 호스트가 다른 타입의 프로그램과 호스트로부터 온 데이터를 이해할 수 있게 한다. 즉, 표현층은 번역기 역할을 한다. 만일 사용자가 어느 그래픽작업을 했다면, 그래픽을 GIF, JPG 혹은 TIFF로 압축해서 인코딩하는데, MPEG와 QuickTime이 유명한 비디오와 오디오 데이터의 압축과 인코딩 기법이고 ASCII와 EBCDIC이 텍스트를 인코딩하는 유명한 기법이다. 이런 압축과 인코딩을 하는 곳이 바로 표현층이다. 또한 다른 컴퓨터에서 온 코드와 압축되어 있는 데이터를 해석해준다. 앞의 예에서 웹페이지 요청에 대한 웹서버의 HTTP 응답으로 전해진 JPG파일을 표현층 프로토콜이 해석해주는 것이다.

표현층 서비스는 또한 데이터의 암호화(패스워드를 흩는 방법으로)와 복호화를 지원한다. 예를 들어 사용자가 안전한 연결을 통해 인터넷으로 은행계좌를 사용하고 있다면 표현층이 사용자계정이 전송되기 전에 암호화해준다. 네트워크의 상대 편(은행)에서는 이 암호화된 계정을 받자마자 표현층에서 복호화시킨다.

6.3 세션층(Session layer)

이 층에서의 프로토콜은 네트워크상의 두 노드 사이의 통신을 조정하고 지속하게 해준다. 세션이란 용어는 두 개체 사이에서 진행중인 데이터 교환을 위한 연결을 말하는데, 원래 이 용어는 자체적인 처리능력이 거의 없이 약간의 하드디스크만 가지고 소프트웨어와 처리 서비스를 해주는 장치인 터미널(terminal)과 메인프레임(Mainframe) 사이의 통신에서 사용되었다. 요즘엔 원격 클라이언트와 접속서버 혹은 웹브라우저와 웹서버 사이의 연결을 의미하기도 한다.

세션 서비스는 세션 동안 통신링크를 설정하고 살아있게 유지해주는 역할을 한다. 통신을 안전하게 유지해주고, 두 노드 사이의 대화를 동기화시켜주고, 통신을 끊을지, 혹은 끊으면 어디서 재전송을 시작할지, 아니면 완전히 전송을 멈출지 등을 결정한다. 세션층 서비스는 또한 어느 노드가 먼저 통신을 시작할지, 얼마나 오래 지속할지 등을 결정함으로써 통신기간도 정해준다. 마지막으로 이 층은 세션 참여자를 모니터링해서 인증된 노드만 세션에 들어오게 하는 일도 한다.

예를 들어 인터넷에 연결하기 위해서 사용자가 ISP에 전화연결을 시도할 때, ISP 서버와 사용자 머신의 세션층 서비스는 연결을 협상한다. 만일 전화선이 빠져있거나 중간에 연결이 끊어지면 상대방 머신의 세션층 프로토콜은 연결이 끊어진 것을 감지하고 재 연결을 시도한다. 일정 시간 후에도 재 연결이 안 되면 세션을 닫고 전화연결 소프트웨어가 통신이 끝났다는 메시지를 보이게 한다.

6.4 전송층(Transport layer)

전송층 프로토콜은 세션층으로부터 데이터를 받아들여 양단 간(end-to-end) 데이터전송을 관리해주는데 한 노드에서 상대방 노드에게 데이터가 신뢰할 만하게, 올바른 순서로, 에러 없이 잘 전해졌다는 것을 보증해준다. 전송층이 없다면 송신자의 데이터가 수신자에 의해 확인되거나 해석될 수 없게 된다. 이 층은 또한 수신자가 얼마나 빨리 데이터를 받을 수 있는지에 근거해 적절한 전송률을 가름하는 흐름통제(flow control)도 해준다. 수십 개의 전송층 프로토콜이 있는데 인터넷에서는 그 중 몇 개만 사용된다. TCP(Transmission Control Protocol)가 클라이언트로부터 서버로 가는(그 역도 해당) HTTP 프로토콜 요청 웹 페이지 전송을 관리해서 신뢰있게 한다.

일부 전송층 프로토콜은 데이터가 전송되기 전에 상대 노드와 연결을 설정해서 보내진 대로 정확하게 데이터가 도착되게 하는데, 이런 것을 연결지향적(connection-oriented)이라고 부르며 TCP가 그 예이다. 웹페이지를 요청할 때 클라이언트의 TCP 프로토콜은 우선 연결을 위해 SYN(SYNchronization) 패킷을 웹서버에게 보내서 '연결을 바란다'고 알린다. 그러면 웹서버는 SYN-ACK(확인패킷이라고 함)로 응답해서 '연결할 것이다'라고 알린다. 그러면 클라이언트는 자신의 ACK(ACKnowledegment)로 '알았다'고 응답한다. 이런 세 단계 과정을 통해 연결이 설정되는데 TCP가 이 연결을 세운 뒤에야 클라이언트는 웹페이지를 위한 HTTP 요청을 서버에게 보내게 된다.

동기화(synchronization) 또한 데이터가 적절히 전송된 여부를 확인하는데도 쓰인다. 연결지향적 프로토콜은 송신자의 모든 데이터유닛을 수신자가 확인할 것으로 예상한다. 예를 들어 클라이언트의 TCP 프로토콜은 웹서버에게 HTTP 요청을 하면 웹서버가 요청한 데이터를 잘 받았다는 확인을 기대하게 된다. 그러나 주어진 시간 안에 확인을 받지 못하면 클라이언트의 프로토콜은 보낸 요청 데이터를 잃어버려졌다고 생각해서 재전송한다.

데이터의 무결성(integrity)을 확인하기 위해서 TCP와 같은 연결지향적 프로토콜은 체크섬(checksum)을 이용하는데, 이것은 수신노드가 받은 데이터는 소스로부터 온 데이터유닛과 정확히 일치한다고 결정하게 하는 독특한 문자열(character string)이다. 체크섬은 소스 데이터에 더해져서 목적지에서 확인된다. 만일 목적지에서 체크섬이 소스의 것과 일치하지 않으면 목적지의 전송층 프로토콜이 소스에게 데이터를 재전송하라고 요구한다. OSI 모델의 다른 층에 있는 프로토콜도 체크섬을 이용한다.

모든 전송층 프로토콜이 신뢰성에 목적을 두는 것은 아니다. 데이터가 전송되기 전에 연결을 구성하지 않고 데이터가 에러 없이 잘 전송되는지에 관심이 없는 연결을 비연결지향적(connectionless)이라고 부른다. 이것은 인터넷을 통해 실시간으로 전달되는 오디오나 대용량의 비디오 파일과 같이 속도에만 치중하는 연결에선 복잡한 구조를 가지는 연결지향적 프로토콜보다 더 유용하게 쓰일 수 있다. 연결지향적 프로토콜이 가지는 확인, 체크섬, 그리고 흐름통제 메커니즘이 전송에 과부하를 주어 연결이 끊어지게도 한다. 하지만 비연결 전송인 비디오 전송도 때때로 화면이 음성과 일치하지 않거나 불완전한 화면이 전송되게 하는 수도 있다. UDP(User Datagram Protocol)가 대표적 비연결적 프로토콜이다.

데이터 전송의 신뢰성에 더하여, 전송층 프로토콜은 세션층에서 받은 커다란 데이터유닛을 여러 개의 작은 데이터로 쪼개서(segment : 분할) 네트워크에서 전송과 효율을 증진시킨다. 또 네트워크의 MTU(Maximum Transmission Unit : 전송할 수 있는 최대 데이터유닛)와 일치시키기 위해서 데이터유닛의 세그먼트가 필요할 때도 있다. 모든 네트워크는 디폴트 MTU를 가지고 있는데 네트워크 관리자가 이것을 어느 정도 수정할 수 있다. Ethernet은 1,500-bytes 이상의 데이터 페이로드(payload)를 받을 수 없다. 만일 어느 응용프로그램이 6,000-bytes의 데이터유닛을 보내려고 하면 Ethernet 네트워크에 들어오기 전에 1,500-bytes 이내로 분할되어져야 한다. 네트워크의 이런 MTU 크기를 알기 위해서 전송층 프로토콜은 어느 노드와 연결되자마자 확인과정(discovery routine)을 실행한 뒤 프로토콜은 연결이 닫힐 때까지 각 데이터유닛을 필요한 대로 분할한다. 분할(segmentation)은 문장에서 단어를 하나씩 떼어놓는 것과 유사하다. 재결합(Reassembly)은 분할된 데이터유닛을 다시 결합하는 것을 말하는데, 전송층 프로토콜은 무질서하게 도착한 데이터를 순서에 맞춰 재배열하는 기능도 가지고 있다.

다음 화면은 www.itea.com을 요청하는 TCP 세그먼트를 보인 것이다.

```
Transmission Control Protocol, Src Port: http (80), Dst Port: 1958 (1958), Seq: 3043958669, Ack:937013559, Len: 0
Source port: http (80)
  Destination port: 1958 (1958)
  Sequence number: 3043958669
  Acknowledgment number: 937013559
  Header length: 24 bytes
⊟ Flags: 0x0012 (SYN, ACK)
   0... .... = Congestion Window Reduced (CWR): Not set
   .0.. .... = ECN-Echo: Not set
   ..0. .... = Urgent: Not set
   ...1 .... = Acknowledgment: Set
   .... 0... = Push: Not set
   .... .0.. = Reset: Not set
   .... ..1. = Syn: Set
   .... ...0 = Fin: Not set
  Window size: 5840
  Checksum: 0x206a (correct)
⊟ Options: (4 bytes)
    Maximum segment size: 1460 bytes
```

〈TCP 세그먼트의 예시화면〉

순서(sequence)는 분할된 데이터가 동일한 데이터그룹에서 분할된 것인지 확인해 줄 뿐만 아니라 어디서 데이터가 시작되는지와 분할된 데이터그룹의 순서를 표시해주어서 올바로 해석되게 해준다. 두 노드의 연결이 구성될 때 양쪽의 전송층 프로토콜은 순서를 포함해 통신파라미터(parameter)에 서로 동의하게 된다. 올바른 순서가 되기 위해서 양쪽의 전송층 프로토콜은 타이밍을 동기화하며 전송의 시작점을 일치시킨다.

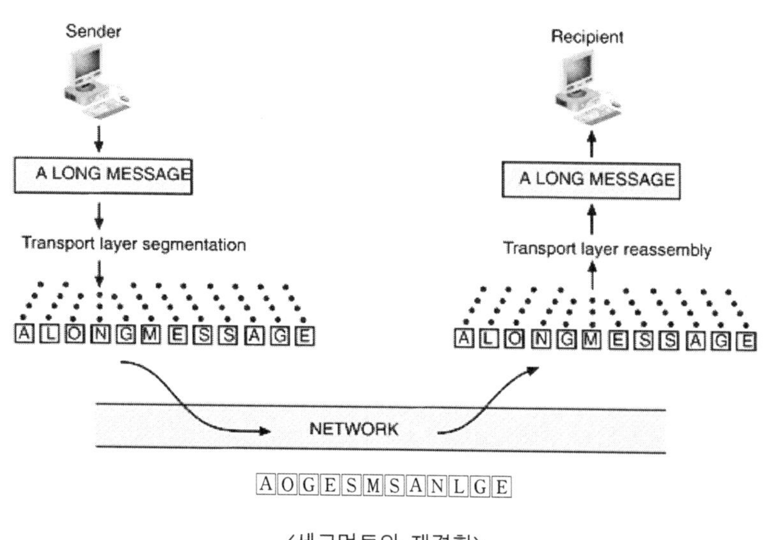

〈세그먼트와 재결합〉

6.5 네트워크층(Network layer)

네트워크층 프로토콜의 주된 기능은 네트워크 주소(IP주소)를 상응하는 물리적 주소(MAC주소)로 변환시켜서 송신자로부터 수신자에게 데이터가 전달되게 하는 경로를 결정하는 일이다. 주소는 네트워크상의 장치에게 유일한 식별번호를 할당하는 시스템인데, 각 노드는 네트워크주소와 물리적 주소 두 가지 타입의 주소를 가진다.

우선 네트워크주소(IP주소)는 계층적(hierarchical) 주소체계를 가지고 있으며 운영체제로부터 주소를 할당받을 수 있다. 계층적이라고 하는 것은 마치, "국가, 시, 구, 동, 번지, 개인"으로 되어 있는 일반 주소체계처럼 데이터에 하부층을 가지게 함으로써 노드의 위치를 좁혀나갈 수 있기 때문이다. 네트워크주소 포맷은 사용하는 네트워크의 네트워크층 프로토콜에 따라서 다르다. 네트워크주소는 네트워크층 주소나 논리주소, 혹은 가상주소라고도 불린다. 또 한 가지 주소가 물리적 주소(MAC주소)이다. 예를 들어 TCP/IP 네트워크에서 실행되는 머신 A가 네트워크주소 10.34.99.12와 물리적 주소 00060973E97F3를 가지고 있다면 전 세계 어디서나 머신 A를 확인할 수 있다. 네트워크주소가 사설이라면 여러 개 있을 수도 있지만, 물리적 주소는 유일하므로 머신 A는 구별될 수 있다.

네트워크층 프로토콜은 전송층 세그먼트를 받아서 네트워크 헤더에 논리적 주소정보를 추가한다. 이 시점에서 데이터유닛은 패킷(packet)이 된다. 또 이 층은 연결되고자 하는 어느 네트워크상의 노드 A와 다른 네트워크에 있는 노드 B의 경로를 다음의 것들을 고려해서 정해준다.

1. 전송 우선순위(예를 들어 인터넷에 연결된 통신패킷이 최우선 순위이며, 다량의 E-mail 전송은 낮은 우선순위이다.)
2. 네트워크 혼잡
3. 서비스의 질(예를 들어 일부 패킷은 더 빠르고 더 신뢰하는 전송을 요구한다.)
4. 대안 경로(alternative path) 비용

최상의 경로설정을 라우팅(routing)이라고 부르는데 주소, 사용처, 가용성 등에 근거해서 지능적으로 데이터를 지시해주는 것을 말한다. 네트워크층의 경로를 담당하며 네트워크 세그먼트에 연결되어 데이터를 지시해주는 라우터(router)가 이 층에 속한다.

비록 이 층에 수많은 프로토콜이 있지만 가장 중요하고 인터넷에서 사용되는 것이 바로 IP(Internet Protocol)이다. 클라이언트 머신의 웹브라우저가 웹서버의 웹페이지를 요청할 때 IP 프로토콜이 네트워크 어디서 HTTP 요청이 왔는지 그리고 어디로 그 응답이 가야 하는지 지시해준다.

다음은 IP 패킷이 웹사이트 접속했을 때의 화면이다.

```
⊟Internet Protocol, src Addr: 140.147.249.7 (140.147.249.7), Dst Add: 10.11.11.51 (10.11.11.51)
    Version: 4
    Header length: 20 bytes
  ⊞ Differentiated Services Field: 0x00 (DSCP 0x00: Default; ECN: 0x00)
    Total Length: 44
    Identification: 0x0000 (0)
  ⊟ Flags: 0x04
      .1.. = Don't fragment: Set
      ..0. = More fragments: Not Set
    Fragment offset: 0
    Time to live: 64
    Protocol: TCP 0x06
    Header checksum: 0x9ff3 (correct)
    Source: 140.147.249.7 (140.147.249.7)
    Destination: 10.11.11.51 (10.11.11.51)
```

〈IP 패킷〉

TCP/IP 기반 네트워크에서 네트워크층 프로토콜은 프래그먼트(fragment)를 수행하는데 전송층의 세그먼트를 분할해서 더 작은 패킷으로 나눈다. 네트워크층에서 프라그먼트하는 이유는 전송층에서 세그먼트하는 것과 같은 이유로 네트워크에서 만들어진 패킷이 네트워크의 최대 전송크기를 넘지 않게 하기 위해서이다. 전송층의 모든 프로토콜이 세그먼트를 지원하지 않기 때문에 세그먼트를 하지 않고 다음 층인 네트워크층으로 큰 패킷이 내려가면 여기서 프라그먼트를 행한다는 것이다. 그러므로 전송층에서 충분히 세그먼트되어졌다면 네트워크층에서 프라그먼트를 또 행할 필요는 없게 된다. 대규모 네트워크에서 효율로 따져본다면 세그먼트가 더 좋다.

6.6 데이터링크층(Data Link layer)

이 층에서 프로토콜의 중요한 기능은 네트워크층에서 받은 데이터를 물리층에서 전송되어지도록 구별된 프레임(frame)으로 나누는 일이다. 프레임이란 원시데이터(raw data : payload)뿐만 아니라 송수신 노드의 네트워크주소, 에러체크, 그리고 통제정보를 가진 구조화된 데이터를 말한다. 주소는 어디로 프레임을 전달할지 네트워크에게 말해주며, 에러체크와 통제정보는 프레임이 문제없이 잘 도착하는지 확인하게 한다. 또한 이 층은 물리적 주소를 이용해서 상대 노드의 위치를 분명히 알게 해주며, 수신노드가 해석할 수 있도록 데이터를 프레임으로 포맷해준다.

또 소스의 데이터가 목적지에서 받은 데이터와 정확하게 일치하는지 확인되는 에러 체킹도 해주는데, 4-bytes의 FCS(Frame Check Sequence)필드에 의해 이뤄진다. 소스노드는 데이터를 전달할 때 수학적인 과정으로 CRC(Cyclic Redundancy Check) 알고리즘을 행하는데 프레임에서 모든 앞 필드의 값을 이용해서 FCS를 만들어낸다. 목적지 노드는 프레임을 받으면 데이터링크에서 동일한 CRC 알고리즘으로 FCS를 풀어내어 프레임 필드가 오리지널 필드와 일치하는지 비교한다. 만일 이 비교 값이 일치하지 않으면 도중에 프레임이 변형되었다고 생각하고 소스 노드에게 재전송을 요구한다. 그러므로 에러 유무를 감지하는 곳은 목적지 노드이지 소스 노드가 아니라는 것을 기억해야 한다. 또 송신자의 데이터링크층은 수신자의 전송층으로부터 데이터를 잘 받았다는 확인을 기다린다. 만일 송신자가 일정기간 동안 이런 확인을 받지 못하면 데이터링크층이 정보를 재전송하라고 지시를 내리지만, 전송중에 무엇이 잘못되었는지 추정하지 않으며 알지 못한다.

또 다른 통신상의 문제는 네트워크상의 한 노드(e.g, 웹서버)가 여러 데이터프레임(e.g, 웹 클라이언트) 요청을 받는 경우인데, 데이터링크층이 이런 정보의 흐름을 통제해서 에러없이 NIC가 데이터를 처리하게 해준다. 실제로 IEEE는 데이터링크층을 두 개의 하위층으로 나누는데, LLC(Logical Link Control)과 MAC(Media Access Control)이다. 이는 상위층 프로토콜이 물리층을 고려하지 않고 데이터링크층과 잘 작용하게 하기 위함이다.

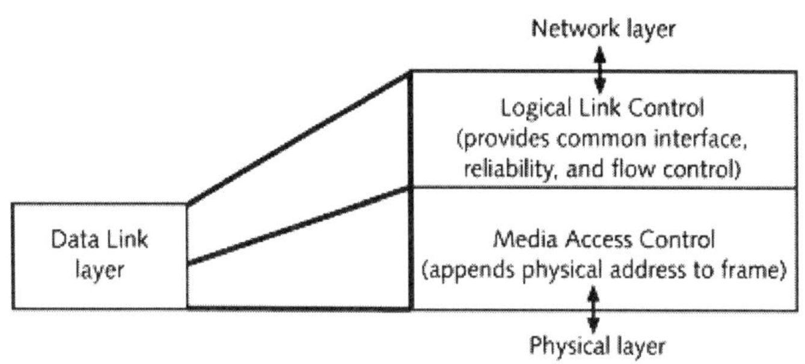

〈데이터링크층과 그 하위층〉

데이터링크층의 위쪽 층은 LLC로 네트워크층 프로토콜과 작용해서 흐름을 통제하고 에러가 있는 데이터를 재전송하게 한다. 아래쪽 층은 MAC로 물리적 매체에 액세스하는 것을 관리해주는데, 목적지 머신의 데이터프레임 속에 물리적 주소를 추가한다. 물리적 주소는 NIC장치에 들어있는 고정된 숫자이다. 처음부터 공장에서 생산될 때 NIC의 내장 메모리에 들어있다. 이 주소는 데이터링크층의 하위층 MAC에 의해 추가되어지므로 MAC주소나 데이터링크층 주소라고도 불리며, 때때로 하드웨어주소라고도 한다. MAC주소는 NIC를 직접 보거나 프로토콜 구성 유틸리티로 확인할 수 있다.

〈NIC의 MAC주소〉

MAC주소는 두 부분으로 되어 있는데 블록ID와 장치ID이다. 블록ID는 각 벤더별로 주어진 6문자이며 IEEE가 통제한다. 예를 들어 3Com은 “00608C”이고 Intel은 “00AA00”이다. 일부 제조사는 몇 개의 블록ID를 가지고 있기도 하다. 나머지 6문자는 NIC모델과 제조일 등에 근거해 회사에서 정해준 장치ID로 “005499”식이다. 총 12문자인 MAC주소는 “00608C005499”식이고 16진법으로 표시되어 “00:60:8C:00:54:99”로 나타나기도 한다. 네트워크에서 사용되는 스위치 장비가 이 층에서 작동한다.

6.7 물리층(Physical layer)

물리층은 OSI 모델의 첫번째 층이며 최하위 층이기도 하다. 물리층은 데이터링크층으로부터 프레임을 받아서 신호를 전달할 전압을 만들어낸다. 신호는 전기적 파형으로써 특정 패턴으로 만들어져 정보를 표현한다. 데이터를 받을 때 물리층 프로토콜이 전압을 감지해서 신호를 받아들이고 데이터링크로 전한다. 물리층 프로토콜은 또한 데이터 전송률을 정하고 데이터 에러율을 모니터한다. 그렇지만 에러를 감지해도 에러를 수정하지 못한다. 데스크톱 머신에 NIC를 장착하고 케이블에 연결하면 머신이 네트워크되게 할 기반을 갖춘 것이다. 다른 말로 해서 물리층을 제공한 것이다.

허브나 리피터와 같은 연결 장치는 물리층에서 작동한다. NIC는 물리층과 데이터링크층에서 작동한다. 또 물리적으로 네트워크에서 발생하는 케이블 손상이나 연결 문제, 제대로 장착되지 않은 NIC 등은 물리층에 영향을 끼친다. 네트워크 관리자가 가장 염려하는 대부분 기능은 처음 네 개 층인 물리층, 데이터링크층, 네트워크층, 그리고 전송층에서 발생하며 소프트웨어적인 문제들은 응용층, 표현층, 그리고 세션층에서 발생된다.

7 OSI 모델 응용

이제 어떻게 각 층이 상호작용하는지 알아보자.

7.1 두 시스템 사이의 통신

OSI 모델에 근거해 응용 프로그램으로 만들어진 데이터는 NIC를 통해 네트워크에 보내질 때 0과 1 bit로만 된 것이 아니라는 것을 알게 되는데, 각 층에서 포맷정보나 네트워크 주소 등 일부 정보가 오리지널 데이터에 추가된다. 응용층에서 물리층까지 경로를 따라가면서 데이터의 외형이 변형되어진다.

데이터가 변형되는 것을 이해하기 위해서 Server-Clients 모델의 E-mail 서버로부터 메일을 얻어내는 과정을 생각해보자. 사용자가 집에서 회사 네트워크에 연결한다면 모뎀으로 연결한 뒤 로그온하고, 서버로부터 메일메시지를 얻어내려고 E-mail 응용프로그램을 시작할 것이다. ① 이 순간 사용자 머신의 응용층 서비스는 메일 프로그램으로 작성한 데이터를 받아서 메일서버로 가는 요청을 만든다. 그리고 그 요청데이터에 E-mail 프로그램에 관한 정보를 헤더에 추가해서 메일서버가 요청을 적절히 수행할 수 있게 해준다. 응용층은 요청을 PDU의 형태로 표현층에 전달한다.

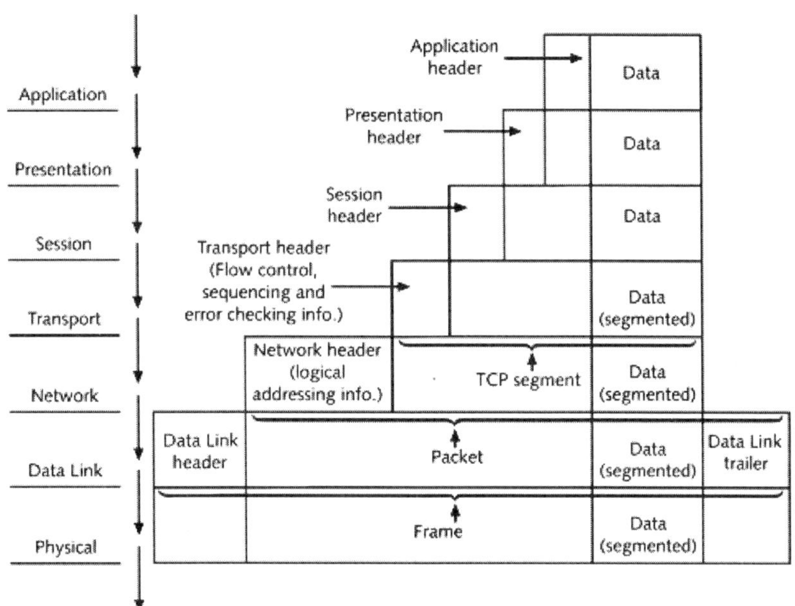

〈OSI 모델을 통한 데이터 변형〉

② 표현층은 우선 응용층으로부터 받은 데이터를 포맷이나 암호화를 해야 하는지, 또 어떤 식으로 해야 하는지 등을 결정한다. 예를 들어 메일 클라이언트가 암호화를 요구하면 표현층 프로토콜은 표현층에서 PDU에 정보를 추가하게 된다. 만일 E-mail 메시지가 그래픽이나 포맷된 텍스트를 가지고 있다면 그 정보도 포함된다. 그리고 나서 표현층은 PDU를 세션층에 넘기는데, ③ 세션층은 사용자의 모뎀이 어떻게 네트워크와 통신하는지에 관한 정보를 지닌 세션헤더를 추가한다. 예를 들어 세션헤더는 사용자의 전화연결이 48Kbps로 주고받을 수 있다고 알려준다. 이제 PDU를 전송층에 넘긴다. ④ 전송층에서 메일 요청과 이전 층들에서 추가된 헤더들을 가지고 있는 PDU가 작은 조각, 즉 세그먼트되는데 세그먼

트의 최대 크기는 이더넷과 같이 사용되는 네트워크 전송타입에 따르게 된다. 사용자의 메일요청 PDU가 너무 커서 단일 세그먼트로 전달될 수 없다면 전송층 프로토콜은 두세 개의 세그먼트로 나누어 쪼개진 세그먼트 모두에게 순서를 지정해준다. 이 정보도 전송헤더의 일부가 된다. 프로토콜은 또 체크섬과 흐름통제, 확인 데이터를 전송헤더에 추가한다. 전송층은 그리고 나서 이 세그먼트를 한 번에 하나씩 네트워크층으로 전해준다. ⑤ 네트워크층 프로토콜은 세그먼트에 논리적인 주소정보를 더해서 메일서버가 적절한 경로를 잡아 사용자 머신에 응답하게 한다. 이런 정보는 네트워크헤더에 포함된다. 네트워크주소 정보가 더해진 데이터조각을 패킷으로 부른다. 이제 네트워크층은 패킷을 데이터링크층에 전한다. ⑥ 데이터링크에서 프로토콜은 헤더(header)를 각 패킷 앞에 더하고 트레일러(trailer)를 패킷의 끝에 더해서 프레임을 만든다. 트레일러는 어디서 프레임이 끝나는지 지시한다. 즉, 데이터링크층 프로토콜은 네트워크층 패킷을 캡슐화(encapsulation)한다. 캡슐화는 커다란 봉투 안에 봉투를 두는 것에 자주 비교된다. 데이터링크층은 네트워크층에 들어있는 어느 정보도 해석하지 않고 둘러싼다. 프레임을 사용하면 에러를 체크하는 방법이 각 프레임에 들어있기 때문에 네트워크에서 데이터손실이나 에러를 줄일 수 있다. 데이터가 손상하지 않은 것을 확인한 후 데이터링크층은 프레임을 물리층에 전한다. ⑦ 마지막으로 사용자의 메일요청은 여러 프레임의 형태로 물리층에 있는 NIC로 가게 된다. 물리층은 프레임을 해석하거나 프레임에 정보를 추가하지 않고 단지 모뎀에 연결된 전화선을 통해서 비트(0과 1)를 전기적 파장(pulse)형태로 변경시켜 메일서버로 전달하기만 한다. 프레임이 메일서버에 도착하면, 서버의 물리층이 프레임을 받아서 데이터링크층으로 전해 올린다. 메일서버는 사용자의 요청을 풀어서 이제까지의 과정을 역으로 진행시켜 응용층까지 올려 메일 서버가 처리하게 해준다.

7.2 프레임 명세

프레임은 대여섯 개의 작은 필드요소로 구성되어 있는데, 이런 필드요소의 특징은 프레임 실행과 프레임 표준에 따른 네트워크 타입에 달려있다. 프레임 타입의 두 가지 중요한 범주가 네트워크 기술에서 많이 사용되는데 이더넷과 토큰링이다.

1) 이더넷(Ethernet)

원래 이 네트워킹 기술은 Xerox에 의해 1970년대 초에 개발되었고, DEC(Digital EquIP-ment Corporation)와 Intel, Xerox에 의해서 개선되었다. 이더넷 프레임은 네 가지가 있는데 가장 유명한 형태는 장치가 공동 전송채널을 공유하는 독특한 방법을 사용하는 IEEE 802.3 표준이다.

2) 토큰링(Token Ring)

1980년대 IBM에 의해 개발된 네트워킹 기술로 노드와 링 토폴로지가 직접 연결되어 있다. 노드는 데이터를 전송하려고 할 때 네트워크상의 통제 프레임인 토큰을 회선에 돌린다. 비록 토큰링이 이더넷보다 덜 사용되지만 아직도 널리 쓰이고 있다. 이 기술은 IEEE 802.5 표준이다. 이더넷 프레임은 토큰링 프레임과 다르기 때문에 네트워크에서 함께 사용될 수 없다. 실제 대부분 LAN에 있는 노드의 NIC는 한 가지 프레임만 처리할 수 있기 때문에(하지만 여러 프로토콜을 처리할 순 있다) 한 가지 프레임타입에 국한된다. 비록 이더넷 프레임과 토큰링 프레임을 네트워크에 모두 보낼 수 있지만 이더넷은 토큰링을 해석하지 못하고 토큰링도 이더넷을 해석하지 못한다. 일반적인 LAN은 이더넷이거나 토큰링이지만 현재 대부분 LAN은 이더넷을 사용한다.

네트워크 운영체제를 설치하거나 서버와 워크스테이션을 구성할 때, NIC를 설치할 때, 네트워크 문제를 해결할 때, 그리고 네트워크 장비를 구매할 때 네트워크 환경에서 어느 프레임타입을 사용하는지 아는 것이 중요하다.

8 IEEE 네트워킹 규정

프레임 타입과 주소 이외에도 IEEE 네트워킹은 연결, 네트워킹 매체, 에러체킹 알고리즘, 암호화, 융합 엔지니어링 등에도 적용된다. 이 모든 것이 IEEE 802 프로젝트에 들어있는데 네트워크의 논리적이고 물리적인 표준을 위한 노력이다. IEEE는 OSI 모델이 표준화되기 전에 이런 표준들을 개발했지만 IEEE 802 표준은 OSI 모델에 잘 들어맞는다.

다음에 IEEE 802 표준을 표로 만들었다.

표준	이 름	주 제
802.1	Internetworking	라우팅, 브리징, 그리고 네트워크-네트워크 통신
802.2	Logical Link Control	데이터 프레임에 대한 에러와 흐름 통제
802.3	Ethernet LAN	모든 이더넷 매체와 인터페이스 형태
802.4	Token Bus LAN	모든 토큰버스 매체와 인터페이스 형태
802.5	Token Ring LAN	모든 토큰링 매체와 인터페이스 형태
802.6	Metropolitan Area Network(MAN)	MAN 기술, 주소, 그리고 서비스들
802.7	Broadband Technical Advisory Group	브로드밴드 네트워킹 매체, 인터페이스, 그리고 기타 장비
802.8	Fiber Optic Advisory Group	FDDI처럼 토큰패싱 네트워크에서 사용되는 기술적 광매체
802.10	Network Security	네트워크 접근통제, 암호화, 인증, 그리고 다른 보안 분야
802.11	Wireless Networks	무선네트워킹 표준으로 여러 브로드캐스트 주파수와 사용 기법
802.12	High-Speed Networking	100 Mbps이상 기술로 100BASE-VG 포함
802.14	Cable broadband	동축 케이블 기반 LAN과 MAN 브로드밴드 연결에서의 표준
802.15	Wireless Personal	무선 개인망 네트워크와 언라이센스드 주파수 밴드에서 작동되는 다른 망 네트워크 무선장치
802.16	Broadband Wireless Access	대기 인터페이스와 Wireless Local Loop(WLL)와 관련된 기능

CHAPTER

02 전송과 네트워킹 매체

CompTIA Network+

고속도로나 도로가 자동차 여행의 기초가 되듯이 네트워킹 매체(media)는 데이터 전송의 물리적 기초를 제공한다. 매체란 물리적 회선이나 대기를 통로로 신호(signal)가 흐르는 것을 말한다. 처음 네트워크 전송은 두껍고 무거운 동축케이블을 통해서 흘렀지만 지금은 외부는 유연하고 내부는 꼬인 구리선이 들어있는 전화선과 같이 생긴 케이블을 사용한다. 장거리 네트워킹을 위해서는 광케이블(fiber-optic)이 주로 사용되는데, 점차 대기를 매체로 하는 무선 연결로 신호를 보내는 추세로 가고 있다. 네트워크는 항상 진화하고 더 빠른 속도와 유연성, 신뢰성 등을 요구하고 있으므로 네트워킹 매체도 급속히 변하고 있다.

네트워크에서의 문제는 주로 물리층이나 그 하부에서 발생한다. 그러므로 네트워크 문제 해결을 위해서 여러 가지 네트워킹 매체에 대한 이해가 필요하고, 또 데이터가 어떻게 네트워크에서 매체를 통해서 전달되는지를 아는 것도 중요하다. 이 장에서는 이런 것들을 알아본다.

1 전송(Transmission) 기초

전송이란 데이터 신호를 네트워크 매체로 보내는 것을 말하는데, 전송과정이나 전송된 뒤 신호 처리과정도 포함한다. 오래 전 사람들은 연기나 불로 신호를 보냈었다. 그 후 많은 전송방법이 생겨났으며 현재의 방법은 매우 복잡하고 다양하다. 우선 데이터 전송의 기본을 알아보고 여러 전송 타입을 살펴보자.

1.1 아날로그와 디지털 신호

데이터 전송의 중요한 한 가지 특성이 신호 방법이다. 데이터 네트워크에서 정보는 아날로그와 디지털 두 가지 중 한가지로 보내진다. 두 가지 모두 전기신호로 만들어지며 볼트(volt)로 측정된다. 전기신호의 세기는 볼트의 세기에 비례하므로 신호의 세기를 말할 때 자주 전압 얘기를 들을 수 있다. 아날로그와 디지털의 중요한 차이는 전압이 신호를 만들어 내는 방법에 있다.

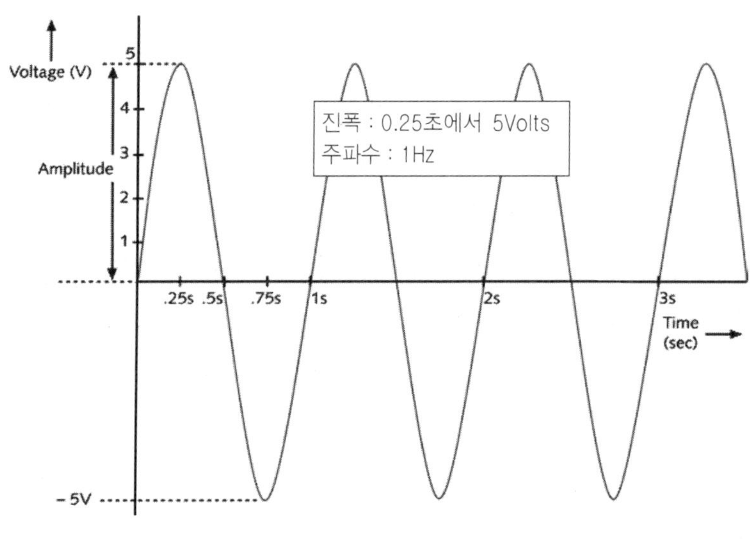

〈아날로그신호〉

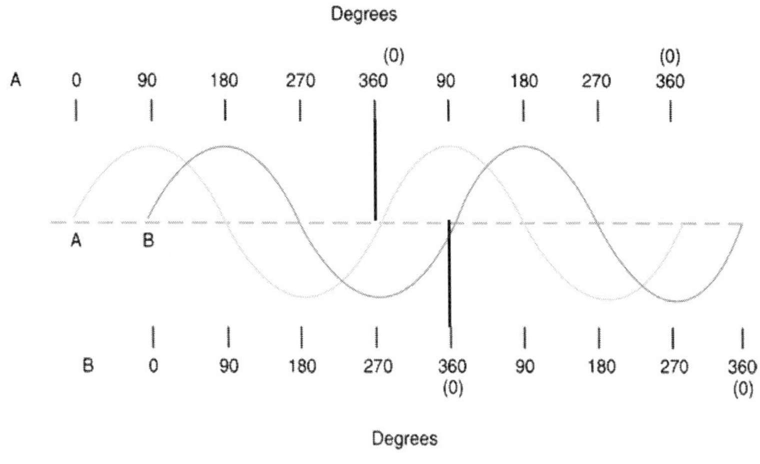

〈동일파형의 90° 위상 차이〉

아날로그에서는 전압이 계속해서 변하므로 일정시간 관찰하면 파형(wave)처럼 보이게 된다. 여기에는 진폭(amplitude), 주파수(frequency), 파장(wavelength), 그리고 위상(phase)이 있는데 진폭은 주어진 순간에 파장이 가지는 세기이고, 주파수는 1초 동안 한 사이클이 바뀌는 횟수를 말하며 Hz로 측정한다. 전화기는 300~3,300Hz이며, 사람의 가청범위는 20~20MHz이고, FM 라디오는 850KHz~108MHz이다. 또 파장은 사이클에서 최고점끼리 혹은 최저점끼리의 거리를 말하는데 길이로 표시된다. 주파수가 높으면 파장은 짧아진다. 예를 들어 무선파장은 1MHz에 300m이지만 2MHz에선 150m이다. 위상이란 고정된 순간에 파장이 그리는 파형을 말하는데, 두 개의 파장이 같은 진폭과 주파수를 가지고 있다고 해도 파형의 시작점이 서로 다르면 다른 위상을 갖게 된다. 360°에선 서로 완전한 파형이지만 180°에선 벌어진 모습이 된다. 위 오른쪽 그림은 동일한 진폭과 주파수이지만 위상이 90° 벌어져 있는 모습이다. 하지만 전압은 변화하고 정확하지 않기 때문에 아날로그 전송은 잡음(noise) 등에 약하게 된다. 폭풍우 치는 밤에 AM 라디오를 들으면 잡음만 들리는 경우가 많다.

이런 것을 피하고자 정확한 파형인 디지털을 사용하는데 양의 전압과 제로전압으로 이뤄져 있으며, 양의 전압은 1을 나타내고 제로전압은 0을 나타낸다. 이 0과 1이 이진(binary) 시스템을 이룬다. 디지털신호에서 모든 파형을 바이너리 디짓(binary digit), 즉 비트(bit)로 부른다. 8개 비트가 모이면 1바이트(byte)를 이룬다. 예를 들어 1-byte 01111001은 디지털 네트워크에서 121을 의미한다.

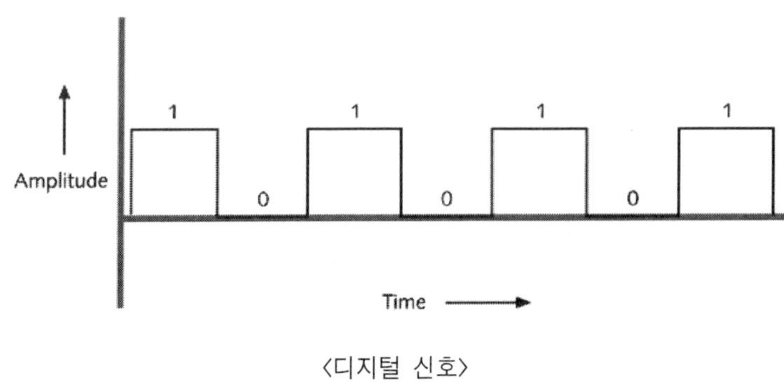

〈디지털 신호〉

컴퓨터는 프로그램 지시어, 경로, 그리고 네트워크 주소 등의 정보를 비트나 바이트로 읽고 쓰는데, 각 비트는 위치에 따라서 2의 곱으로 표시하며 오른쪽에서 왼쪽으로 가면서 0부터 시작해서 하나씩 늘어난다. 앞에서 예를 든 이진법 01111001은 십진법(decimal)으로 $1\times2^0+0\times2^1+0\times2^2+1\times2^3+1\times2^4+1\times2^5+1\times2^6+0\times2^7$이 되어서 1+0+0+8+16+32+64+0=121이 된다. 우리가 보내는 E-mail이나 JPG 그림은 수억 개의 0과 1로 이뤄져 있는데 컴퓨터가 이를 처리해서 숫자나 글자, 그림으로 바꿔준다. CPU의 빠르기에 따라서 처리속도가 다를 수 있다. 결국 디지털 전송이 아날로그 전송보다 더 효율적이며 에러도 덜 발생하므로 에러교정에 드는 오버헤드도 없게 된다.

오버헤드(overhead)는 네트워크에서 신호가 적절히 경로를 잡고 해석되게 하기 위해서 데이터에 동반되는 비 데이터 정보를 말한다. 예를 들어 데이터링크층의 헤더와 트레일러, 네트워크층의 주소정보, 전송층의 흐름통제 정보들은 데이터에 추가된 오버헤드로써 데이터를 네트워크에 제대로 보내기 위해서 필요한 것들이다.

1.2 데이터 모듈화

데이터는 대부분 디지털 전송이라고 했다. 그렇지만 어느 경우에는 네트워크가 아날로그를 사용할 때도 있을 수 있다. 예를 들어 전화선은 아날로그만 사용한다. 그러므로 사용자가 모뎀을 사용해서 ISP에 연결하고자 한다면 전화선이 사용하는 아날로그를 위해서 디지털이 변환되어져야 한다. 모뎀은 MOdulator / DEModulator에서 나온 용어로, 모듈레이터는 컴퓨터의 디지털신호를 회선에 맞게 아날로그로 바꿔주는 것을 말하며 캐리어웨이브(carrier wave)라고 부른다. 다른 노드로 전송될 캐리어웨이브는 미리 진폭, 주파수, 위상 등이 정해져(preset) 있는데, 여기에 정보 혹은 데이터 웨이브가 첨가되어져 독특한 웨이브가 만들어진다. 전화선을 통해 ISP까지 전해진 다음, ISP머신의 모뎀이 캐리어웨이브에서 데이터를 분리해낸 뒤, 머신이 이해할 수 있는 디지털로 만들기 위해 다시 아날로그 신호를 디지털 신호로 변환해주는 디모듈레이터를 실행한다.

모듈레이션은 FM(Frequency Modulation) 라디오에서와 같이 신호를 특정 통로에 맞게 변형시켜 데이터가 해당 주파수로 전해지게 하듯이 데이터시그널에 주파수 모듈레이션이 적용되어 캐리어시그널의 주파수가 변형된다. AM(Amplitude Modulation)은 데이터시그널에 적용되어 캐리어시그널의 진폭이 변형된다. 또한 모듈레이션은 여러 시그널을 같은 통신채널로 전달해도 서로 간섭이 없게 하는데도 사용된다.

다음 그림은 변형되지 않은 캐리어 웨이브, 데이터 웨이브, 그리고 주파수 모듈레이션을 통해 변형된 웨이브 그림이다.

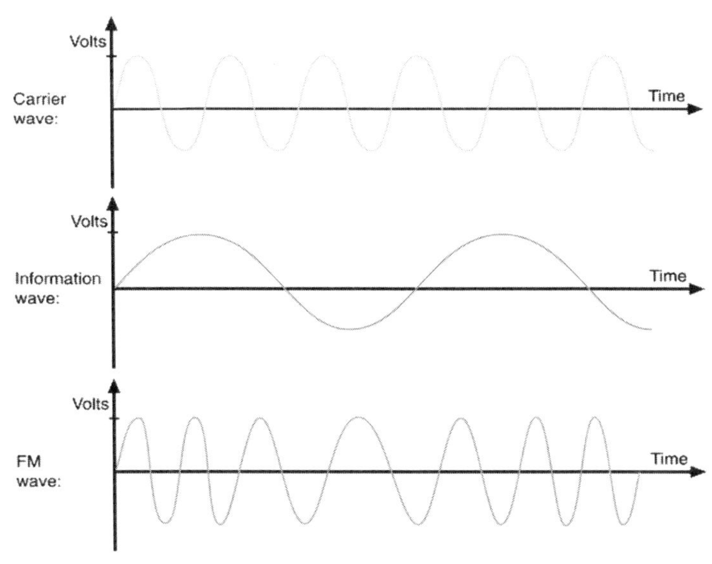

〈주파수 모듈레이션을 통해 변형된 캐리어웨이브〉

1.3 전송방향(Transmission Direction)

아날로그든 디지털이든 데이터 전송은 시그널이 매체를 통해 지날 때 방향에 의해 특성을 가지게 된다.

1) Simplex, Half-Duplex, 그리고 Full-Duplex

신호가 오직 한 방향으로 흐르는 경우를 simplex라고 한다. 그래서 one-way 혹은 unidirectional 라고도 한다. 마치 마이크와 같이 사용되는 경우이다.

신호가 양방향으로 흐를 수 있지만 한 순간에 한 방향으로만 흐르는 경우를 half-duplex 라고 한다. 통신에서 한 채널만 가지고 있어서 여러 노드가 한 채널을 공유하는 형태를 띤다. 마치 무전기와 같아서 말하고자 하는 사람이 "talk" 버튼을 누르고 말하면 상대는 듣고 있어야만 하는 경우이다.

신호가 어느 순간에도 양방향으로 동시에 자유롭게 흐르는 경우를 full-duplex라고 한다. 그래서 bi-directional 혹은 단순히 duplex라고도 부른다. 전화기와 같이 서로 말하면서 동시에 들을 수 있는 경우이다.

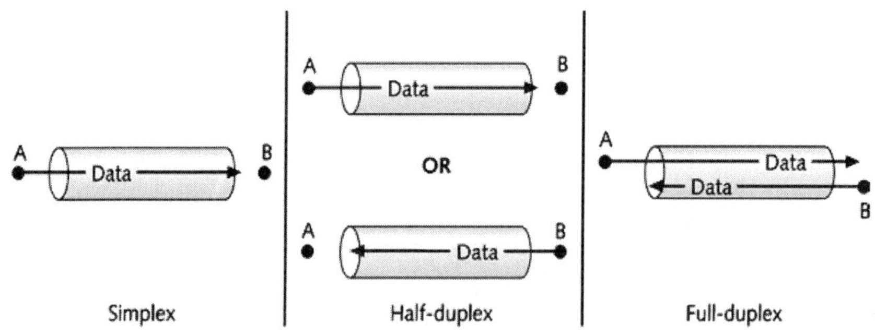

⟨simplex, half-duplex, 그리고 full-duplex 전송⟩

현재의 모든 이더넷 네트워크는 full-duplex로 동일한 매체에 여러 채널을 가지고 있다. 채널(channel)은 노드사이의 구별되는 통신 통로인데 물리적이나 이론적으로 분할될 수 있다. 물리적으로 케이블 와이어(wire)를 분할해서 일부는 데이터 수신만 하게하고 일부는 송신만 하게 할 수 있는데, 이럴 때는 half-duplex로 작동하는 셈이 된다. 그래서 NIC나 모뎀은 필요에 따라 사용자가 half-duplex나 full-duplex로 통신하게 설정할 수 있게 한다. 하지만 사용중인 머신의 NIC를 half-duplex로 정하면 나머지 네트워크는 모두 full-duplex이므로 통신이 일어나지 못하게 된다.

2) MultiPlexing

여러 시그널이 동시에 한 매체에 흐르게 해주는 것을 멀티플렉싱이라고 한다. 이를 위해서 매체의 채널은 논리적으로 여러 개의 서브채널로 나뉘어져야 하는데 전송 속도와 매체, 수신 장비 등에 따라서 여러 가지 멀티플렉싱이 있을 수 있다. 멀티플렉싱의 타입엔 여러 시그널을 채널의 송신측에서 한 채널로 묶는 Multiplexer(MUX), 묶인 시그널을 채널의 수신측에서 분할해서 원래 형태로 만드는 Demultiplxer(DEMUX)가 있다. 멀티플렉싱은 주어진 시간에 많은 데이터를 보낼 수 있으므로 네트워킹에서 많이 사용된다.

(1) TDM(Time Division MultiPlexing)

이것은 한 채널을 여러 개의 시간차로 나누어(각각을 time slot라고 부름) 네트워크의 모든 노드에게 별도의 타임 슬롯을 할당해서 주어진 시간 안에 데이터를 전송하게 하는 방식이다. 예를 들어 다섯 개의 스테이션이 한 회선에 연결되어져 있다면 다섯 개의 서로 다른 타임 슬롯이 통신채널에 설정되어져 있는 것이다. 하지만 이것들은 정해져 있기 때문에 어느 스테이션은 데이터 전송이 없으면 주어진 타임 슬롯 동안 아무 일도 하지 않고 있게 되어 효율이 떨어진다.

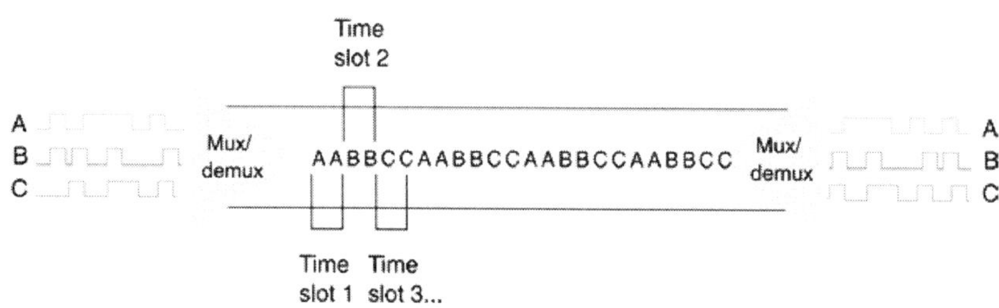

(2) SDM(Statistical Division MultiPlexing)

이것은 TDM과 비슷하지만 각각의 타임 슬롯을 순서에 의해 일정하게 분배하는 대신 우선순위와 필요에 따라 분배하는 방식으로 TDM보다 더 효율적이다. 타임 슬롯을 사용하지 않는 스테이션이 있다면 SDM이 이 장치에 할당된 타임 슬롯을 데이터를 보내고자 하는 다른 노드에게 할당해주기 때문에 한가한 타임 슬롯이 없어서 네트워크가 주어진 대역폭을 최대한 이용하게 한다.

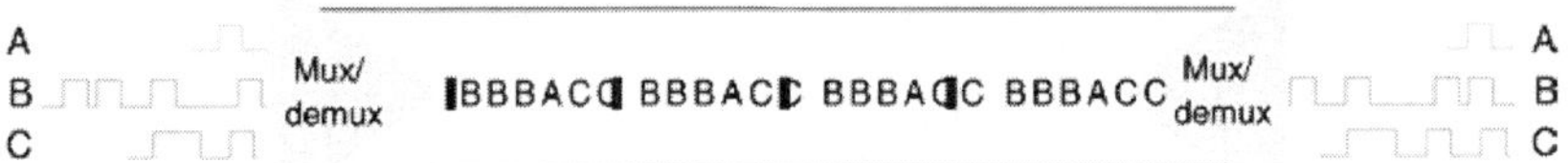

(3) WDM(Wavelength Division MultIPlexing)

WDM은 하나의 광케이블에 여러 빛 시그널을 동시에 전달하게 한다. 한 광케이블은 2천만 대의 전화통화를 동시에 전달할 수 있다. WDM은 어떤 광케이블에서도 작동된다.

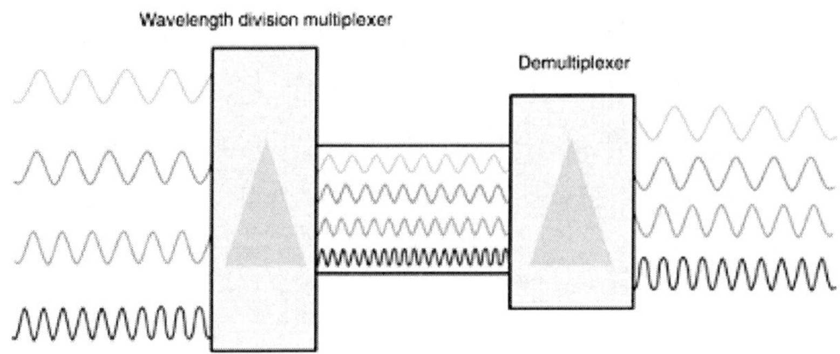

WDM의 첫 단계는 빛의 빔(beam)을 40개의 다른 캐리어웨이브로 나누는데, 각각은 다른 파장을 가지므로 색상도 다르게 되고 10Gbps를 전달할 수 있는 별개의 전송채널이 된다. 데이터를 전송하기 전에 각 파장은 다른 데이터 시그널로 모듈화되며, 레이저가 각각 모듈화된 웨이브를 가는 빔을 통해서 멀티플렉서로 보낸다. 멀티플렉서는 프리즘이 모든 파장의 빛을 하나의 백색 단일 빔으로 모으듯이 모든 웨이브를 모은 뒤 또 다른 레이저가

이 빔을 광케이블 안의 광선가닥에 보내 디멀티플렉서에 붙어있는 수신기로 보낸다. 디멀티플렉서는 프리즘과 같은 역할을 해서 서로 다른 파장(색깔)에 따라 묶여있는 신호를 분리한 뒤 파장별로 네트워크상의 각 목적지로 보낸다. 만일 신호가 약해서 멀티플렉서나 디멀티플렉서 사이에서 파장이 잃어버려지게 될 것 같으면 증폭기를 사용하면 된다.

(4) DWDM(Dense WDM)

이것은 대부분 현재의 광케이블 네트워크에서 사용되는 것으로, 더 강한 파장을 사용해 신호를 강하게 해서 광케이블에 들어있는 단일 광섬유가 80~160채널을 전송할 수 있게 한다. 이런 엄청난 능력 때문에 기존의 WDM에 비해 높은 대역폭이나 장거리 WAN연결을 요구하는 ISP끼리의 연결에서 주로 사용된다.

1.4 노드 사이의 관계

위에서 알아본 데이터 전송에서의 디지털과 아날로그 전송타입, 신호가 전송되는 방향에 따른 simplex, half-duplex, full-duplex 이외에도 송신자와 수신자의 관계 또한 중요하다. 보통 데이터 전송은 단일 전송기(transmitter)에 여러 수신기(receiver), 혹은 여러 송신기에 단일 수신기로 일어난다. 여기서 송/수신기 사이의 관계를 알아보자.

1) Point-to-Point 전송

점대점(point-to-point) 전송은 한 송신자와 한 수신자 사이에서 데이터 전송이 일어나는 것으로, 서울 사무소와 부산 사무소가 WAN을 통해 데이터를 교환할 때 서울의 송신자가 부산의 특정 수신자에게 데이터를 전하는 식이다.

2) Broadcast 전송

브로드캐스트(broadcast) 전송은 한 전송자가 여러 수신자를 가진 형태이다. 예를 들어 TV방송국은 방송타워를 통해 수신자의 수신여부와 상관없이 수신자의 안테나를 통해 데이터를 보낸다. 이 방법은 단순하고 빠르기 때문에 네트워크에서 자주 사용된다. 또한 어떤 노드를 구별하거나 특정 노드에게만 데이터를 보낼 때도 사용되는데, 모든 노드들이 전송된 데이터를 받을 수는 있지만 지정된 노드만 실제로 받아서 처리할 수 있다. 예를 들어 유선 TV는 방송국에서 브로드캐스트로 신호를 내보내지만 특정 안테나나 어느 설비를 갖춰야만 그 신호를 받아 시청할 수 있는 것과 같다. 웹상에서 비디오화면을 브로드캐스트로 보내는 것이 웹캐스팅(Webcasting)이다.

1.5 전송량(Throughput)과 대역폭(Bandwidth)

네트워크에서 데이터 전송의 특징은 주로 전송량에 의해 생기는데, 전송량이란 주어진 시간 안에 전송되는 데이터량으로 캐퍼시티(capacity)나 대역폭(bandwidth)으로 불리기도 한다. 전송량은 초당 전달되는 비트량(bit per second를 줄여 pbs로 씀)인데 56Kbps, 10 Gbps 등으로 표시한다. 데이터 저장에는 주로 Byte(대문자 B)를 사용하며 데이터 전송에는 bit(소문자 b)를 사용한다. 그래서 10GB는 데이터 저장량이며 10Mb는 데이터 전송량이다. kilo, mega, giga, tera를 말할 때 1,000으로 나누지 않고 2^8인 1,024로 나누는 것도 주의해야 한다.

자주 대역폭이 전송량과 혼동돼서 쓰이기도 하는데 대역폭은 매체가 전달할 수 있는 최대와 최소 주파수의 차이를 측정한 값이다. Hz로 측정되는 주파수 범위는 전송량과 관계가 있다. 예를 들어 무선신호가 870MHz와 880MHz 사이라고 말하면 대역폭은 10MHz가 된다.

1.6 베이스밴드(Baseband)와 브로드밴드(Broadband)

베이스밴드는 직류(DC)를 통해서 디지털신호가 보내지는 형태를 말하는데, 전적으로 전송 회선을 모두 사용한다. 그러므로 한 번에 한 신호(한 채널)를 전송한다. 베이스밴드를 사용하는 보든 장비는 같은 채널을 공유하므로 한 장치가 데이터를 전송하고 있으면 나머지 모든 장치는 그 장치의 전송이 끝날 때까지 기다려야 한다. 이런 이유로 베이스밴드는 half-duplex이지만 동일한 회선으로 정보를 받고 보낼 수 있어서 일부는 full-duplex가 되기도 한다. 많은 LAN에서 발견되는 이더넷은 베이스밴드이다. 네트워크상의 각 장치는 회선을 통해서 데이터를 보내는데 한 번에 한 장치만 가능하다. 하지만 데이터를 보내려고 대기하는 시간이 수 ns(nano second)이라서 사용자는 눈치채지 못한다.

베이스밴드와 다르게 브로드밴드는 다른 주파수 범위를 사용하는 RF(Radio Frequency) 아날로그 신호로 모듈화해서 정보를 디지털 파형으로 인코드하지 않는다. 브로드밴드는 케이블 TV가 집으로 전송하는 것과 같은 원리이다. 여러 브로드밴드 주파수 때문에 여러 채널이 들어있는 케이블 TV연결은 베이스밴드보다 25배의 데이터를 더 전달할 수 있다. 원래 브로드밴드에서는 신호가 사용자에게 한 방향으로만 흐르게 되어 있지만, 최근 것은 사용자도 데이터를 보낼 수 있게 사용자를 위한 채널을 분리해내기도 하고 사용자의 전송 신호가 약해지지 않도록 증폭기를 사용하기도 한다. 일반적으로 브로드밴드 전송은 비싼 하드웨어 때문에 베이스밴드 전송보다 비용이 더 들지만 더 먼 거리로 전송할 수 있다.

네트워킹에서 용어의 혼동이 가끔 있는데 이 브로드밴드도 그렇다. 브로드밴드는 케이블 TV처럼 여러 채널을 통해 RF 시그널을 동축케이블로 전송하는 시스템을 말하지만, 고속으로 데이터를 전달하는 디지털 시그널링을 의미하는 네트워크 타입을 말하기도 한다.

1.7 전송결함(Transmission Flaw)

아날로그와 디지털 둘 다 송신기에 의해 신호가 만들어진 시간과 수신기가 받는 시간 사이에 감쇠의 우려가 있다. 전송에서 데이터시그널에 영향을 끼치는 가장 큰 문제는 잡음(noise)이다.

1) 잡음(Noise)

잡음은 신호를 변형시키거나 질을 떨어뜨리는 악영향을 끼친다. 여러 가지 잡음이 전송에 영향을 끼치며, 이들은 데시벨(decibel : dB)로 측정된다.

(1) EMI(ElectroMagnetic Interference)

가장 흔한 것이 EMI로 전기장치나 전기를 전달하는 케이블에서 발생한다. 심한 번개와 모터, 전원 선, TV, 형광불빛, 작업기계 등이 일으킨다.

(2) RFI(Radio Frequency Interference)

또 EMI의 한 타입이 RFI인데 무선파에 의한 전자기 간섭이다. 그래서 EMI를 EMI/RFI로 부른다. 라디오나 TV에서 나오는 강한 브로드캐스트 신호가 FRI를 일으킨다. 정전기가 라디오방송 청취를 방해하듯이 EMI는 아날로그 신호를 변형시켜서 데이터 전달이 제대로 되지 않게 한다. 하지만 디지털 신호에는 영향을 적게 끼친다.

(3) 혼선(Crosstalk)

잡음의 또 한 가지 형태가 혼선인데, 어느 회선에 흐르는 신호가 이웃한 다른 회선에 의해 파형이 변하는 것으로 전화상에서 가끔 다른 이들의 통화가 들리는 경우와 같은 이치이다. 이는 다른 회선의 파형이 사용자의 파형에 들어와 일어난 현상이다. 전화에서는 불편해도 어느 정도 대화가 가능하지만 데이터 전송에서 혼선은 데이터 변형을 가져온다.

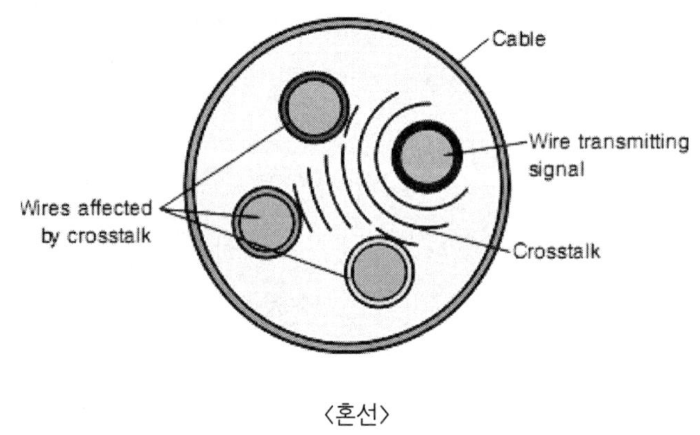

〈혼선〉

(4) 기타

EMI, RFI, 혼선과 더불어 영향이 덜 있긴 하지만 열도 잡음을 일으킨다. 기술자들은 잡음을 줄이는 방법으로 잡음의 세기보다 더 강한 신호로 데이터를 보내서 잡음이 틈타지 않게 하거나 적절한 케이블 선택과 설계를 통해서 줄이기도 한다.

2) 감쇠(Attenuation)

또 다른 전송상 문제가 감쇠인데, 소스로부터 멀어질수록 신호의 세기가 줄어드는 것을 말한다. 감쇠를 보상하기 위해서 아날로그와 디지털 신호는 경로를 강하게 해서 신호를 빠르게 보내는 법을 사용한다. 하지만 아날로그 신호를 세게 하는 것과 디지털 신호를 세게 하는 방법엔 차이가 있다. 아날로그 신호는 신호의 세기인 전압을 강하게 하는 증폭기(Amplifier)를 지나가는데 잡음도 함께 증폭된다. 그래서 송신측으로부터 여러 증폭기를 지나 전송된 암호는 수신측에서 풀기 어렵게 된다.

디지털의 경우에는 증폭기에서 신호만 반복되어져서 잡음 없이 신호를 재전송한다. 이런 과정을 리제네레이션(regeneration)이라고 하며, 여기에 사용되는 장비를 리피터(Repeater)라고 한다. 증폭기와 리피터는 OSI 모델의 물리층에서 작동하는데 대부분 네트워크는 디지털이므로 리피터가 주로 사용된다.

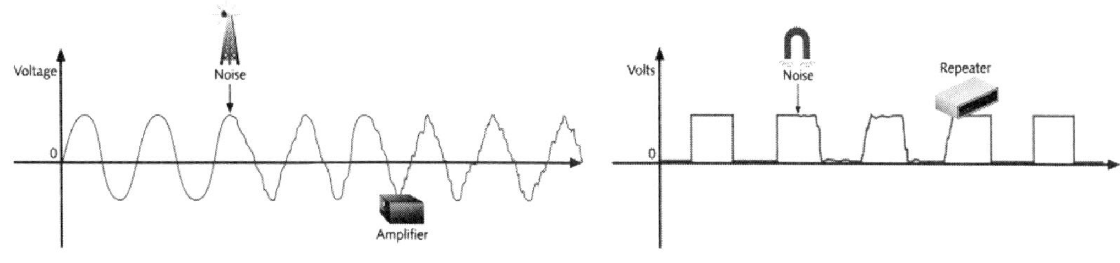

〈증폭기와 리피터가 사용된 파형〉

3) 지연(Latency)

이상적으로는 전송자와 수신자 사이의 거리가 아무리 멀어도 데이터가 즉시 전달되어져야 하지만 실제로는 그렇지 못하다. 예를 들어 로컬머신에서 문서를 작성해서 서버에 저장한다고 하자. 저장키를 누르면 데이터는 로컬머신의 OSI 모델의 전 과정을 거쳐서 NIC를 거쳐 케이블을 통해 나간 뒤, 한 두 개의 네트워크 연결 장치를 거치고, 또 케이블을 몇 개 지나서, 서버의 NIC를 거쳐 OSI 모델을 역으로 진행한 후에야 저장될 것이다. 비록 전자적인 데이터는 빠르게 진행되지만 여러 장치와 케이블을 지나면서 발생되는 지연은 어쩔 수 없다.

라우터와 같은 중간 연결 장치뿐만 아니라 케이블의 길이도 지연에 영향을 미친다. 단지 시그널을 연결시켜 주는 허브보다 모듈과 디모듈을 행하는 모뎀이 더 많은 지연을 만든다. 데이터 네트워크에서의 지연은 패킷의 RTT(Round Trip Time)을 계산해서 정하는데, 송신자로부터 수신자에게 간 패킷이 수신자로부터 송신자에게 다시 돌아오는데 걸리는 시간의 길이이다. RTT는 ms(milisecond)로 측정된다. 지연은 수신노드가 데이터 스트림을 받기 시작할 때와 같이 통신타입을 결정할 때 문제가 된다. 수신 노드는 지연으로 인해 주어진 시간 안에 나머지 데이터 스트림을 받지 못하면 더 이상 데이터가 없다고 생각하고 연결을 끊어 전송에러를 만들게 된다. 여러 네트워크 세그먼트를 연결하면 송수신간 거리가 멀어지게 되고 네트워크 지연이 생기게 된다. 이런 지연문제와 그와 관련된 에러를 처리하는 방법으로 최대 연결 네트워크 수를 위한 케이블링 평가와 각 전송방법에 따른 최대 세그먼트 길이가 정해져야 한다.

2 매체의 공통 특징

데이터 시그널링과 더불어 물리적 매체나 대기 중으로 전달되는 시그널의 경로(path)도 이해하고 있어야 한다. 어느 전송매체를 사용해야 할지 결정할 때 네트워크 상황을 반드시 고려해야 하는데 처리량, 비용, 규모와 스캘러빌러티 등이다.

2.1 처리량(Throughput)

아마도 전송방법을 선택하게 하는 가장 중요한 요소는 전송량 때문일 것이다. 모든 매체는 물리 법칙에 의해 빛의 속도보다 더 빠르게 신호가 이동할 수 없다. 또 전송량은 주어진 전송방법에 외에도 시그널링과 멀티플렉싱에 의해 제한된다. 전송매체에 부착된 장비와 잡음도 전송량을 제한한다. 하지만 광케이블을 이용하면 잡음이나 EMI 영향 등이 없으므로 동축케이블이나 무선연결보다 빠르게 된다.

2.2 비용(Cost)

여기서의 비용은 가격을 말하는 것이 아니라 일종의 효율성을 말하는 것인데, 특정 케이블이나 무선을 사용했을 때 드는 비용을 정확하게 집어낼 순 없다. 예를 들어 벤더가 새로운 네트워킹 케이블이 미터당 비용이 저렴하다고 산정해서 보여주더라도 그에 맞춰 장비를 업그레이드해야 한다면 케이블 비용과는 비교할 수 없을 것이다. 매체비용은 기존의 네트워크뿐만 아니라 네트워크의 규모와 설치비용까지 고려해서 계산되어져야 한다.

매체를 설정할 때 다음과 같은 것을 고려해야 한다.

1. 설치 비용-스스로 할 것인지 업자를 고용할 것인지, 벽을 옮겨야 할지, 새로운 도관을 설치할지, 회선을 임대할지 등이다.
2. 새로운 인프라와 기존 인프라 비용-기존 회선들을 이용할 것인지, 새로 모두 교체할 것이지, 기존 것에 섞어 쓸 것인지 등이다. 예를 들어 CAT5 네트워킹 시스템에 CAT7을 사용하는 것은 별로 의미가 없다.
3. 유지비용-만일 계속해서 수리하고 교환해야 한다면 기존 인프라의 케이블을 계속 사용한다고 해도 비용이 절약되지 않는다. 또 익숙하지 않은 매체를 사용한다면 문제가 발생했을 때 처리비용이 더 들게 된다.
4. 생산성에 영향을 미치는 낮은 전송률 비용-기존의 느린 케이블을 그대로 사용해서 비용을 절약한다면 낮은 생산성으로 인한 손실비용이 발생할 것이다. 데이터 저장이나 그래픽 처리가 늦어짐으로 인한 생산성 감소는 인프라 교체를 통해 해결하는 것이 여러 면에서 좋을 수 있다.
5. 노쇠 비용-기존 인프라를 교체할 때 적합한 연결 장비와 하드웨어, 케이블 등을 몇 년간 사용할 수 있나 등도 고려해 보아야 한다.

2.3 규모(Size)와 스캘러빌러티(Scalability)

네트워크 매체의 크기와 스캘러빌러티(네트워크에 노드를 추가하거나 제거하기 쉬운 정도)는 세그먼트당 최대 노드 수, 최대 세그먼트 길이, 그리고 최대 네트워크 길이에 의해 결정된다. 케이블링에서 이런 문제들은 각 와이어의 특성과 데이터전송의 전기적 특성에 근거하게 된다. 노드의 증가는 감쇠와 지연을 가져오므로 깨끗하고 강하며 빠른 시그널을 위한 세그먼트당 최대 노드 수가 정해져야 한다. 최대 세그먼트 길이는 감쇠와 지연, 그리고 세그먼트 타입에 따라 다른데 엔드유저를 가지는 유인 세그먼트(populated segment)와 허브처럼 엔드유저 없이 단지 연결만 해주는 무인 세그먼트(unpopulated segment : link segment로도 불림)로 나눌 수 있다. 세그먼트 길이는 시그널이 전송되다가 손실되거나 전송되었어도 수신자에 의해 해석되지 않을 정도의 길이여서는 안 된다. 네트워크 세그먼트당 최대 길이와 최대 네트워크 길이는 케이블링 타입에 따라 달라질 수 있다.

2.4 커넥터(Connector)와 매체변환기(Media Converter)

커넥터는 회선과 프린터, 파일서버, 스위치, 워크스테이션 등 네트워크 장치를 연결시켜주는 하드웨어 구성품이다. 모든 네트워킹 매체는 일정한 형태의 커넥터를 가지고 있는데 커넥터 타입은 네트워크 설치와 유지비용, 새로운 세그먼트나 노드 추가 등에 영향을 미친다. 일부 연결 장치는 한 가지 이상의 타입에 적합하게 되어 있기도 하지만 보통 커넥터는 특정 매체타입에만 맞게 되어 있어서 한 네트워크에 여러 매체를 사용할 수 없다. 만일 여러 매체를 사용해야 한다면 매체를 전환시켜주는 매체변환기를 사용해야 한다. 매체변환기는 서로 다른 매체에서 실행되고 있는 네트워크나 세그먼트가 상호 작용해서 데이터를 교환하게 한다. 예를 들어 회사의 파일 서버에 연결할 때 파일서버는 광케이블에 연결되어져 있고 사용자의 머신은 꼬임쌍선 케이블에 연결되어져 있다면 "광케이블-꼬임쌍선 매체변환기"를 사용하면 연결될 수 있다. 매체변환기는 신호를 받고 전해주는 트랜시버(transceiver)이다. NIC도 이 역할을 하므로 트랜시버로 볼 수 있다.

〈RJ-45-FiberOptic 매체변환기〉

2.5 잡음처리(Noise Immunity)

잡음은 데이터 시그널을 변형시킨다. 잡음이 신호를 변형시키는 것은 부분적으로 전송매체 때문이므로 전류를 사용하지 않고 빛을 사용하는 광케이블은 잡음이 없다. 잡음은 항상 있는 위협이므로 네트워크에 영향을 미치지 않게 조치를 취해야 한다. 네트워크 설계 시 EMI를 일으키는 장치를 멀리 두어야 하며, 특히 무선연결에서는 EMI/RFI를 일으켜 잡음을 유발하는 전송매체를 피해야 한다. 이렇게 해도 잡음문제가 계속 있다면 유선인 경우에는 도관(conduit) 속에 케이블을 묻어두어야 한다.

3 매체타입

매체로 흔히 쓰이는 회선타입으로 꼬임쌍선(UTP와 STP), 동축케이블(Coaxial), 광케이블(Fiber-Optic)이 있고, 회선이 없는 무선(Wireless)이 있다.

3.1 동축(Coaxial)케이블

이더넷 네트워크를 위해서 1970년대에 동축케이블이 만들어졌고, 아직도 전송매체로 널리 쓰이고 있지만 최근의 LAN에선 꼬임쌍선과 광케이블이 더 많이 쓰이고 있다. 하지만 장거리 네트워크를 구축한다면 동축케이블이 여전히 좋은 대안이다. 동축케이블은 중앙에 한 줄 동선(copper core)이 여러 겹의 얇게 땋아놓은 금속차폐(braiding으로 불림)와 절연체로 둘러 싸여있고 외부는 재킷(jacket)이나 쉬쓰(sheath)로 불리는 커버로 되어 있다. 코어는 전자기장 신호를 나르고 금속차폐는 잡음을 막아주며, PVC나 테프론(Teflon)과 같은 플라스틱 물질로 되어 있는 절연층은 두 코어가 만나 쇼트가 일어날 때 코어를 보호하며 케이블의 외부를 보호해준다.

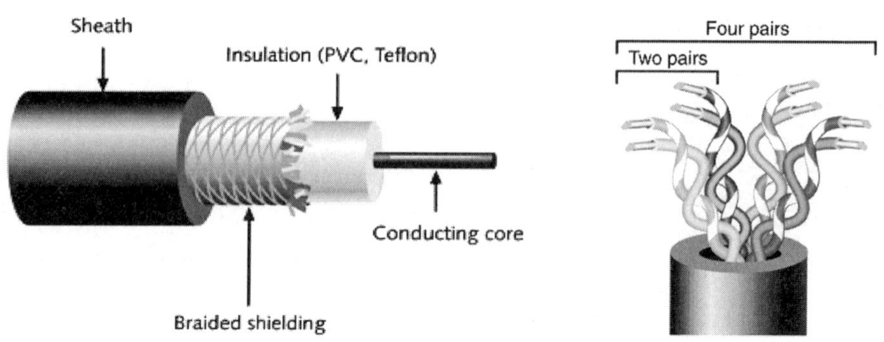

〈동축케이블과 꼬임쌍선 케이블〉

동축케이블은 꼬임쌍선보다 비싸지만 잡음에 더 강하고 더 긴 거리로 전송할 수 있다. 동축케이블은 RG(Radio Guide) 시리즈로 규정되어 있는데 코어, 임피던스(impedance ; 일종의 저항), 전송량, 그리고 목적에 따라 수백 가지가 있으나 네트워킹에서는 두세 가지만 쓰인다. 만일 브로드밴드 케이블 캐리어를 통해서 인터넷에 연결한다면 RG-6 동축케이블을 사용할 것이다. 이 케이블은 케이블 모뎀에 연결되는데, 나사식으로 연결하는 F-type 커넥터를 사용한다.

1) Thicknet

IEEE 10Base-5로 불리며 오리지널 이더넷에서 쓰인다. RG-8에 규정되어져 있고 1cm 두께이다. 베이스밴드 전송으로 10Mbps 속도에 500m를 커버할 수 있다. 오래된 버스 토폴로지에서 볼 수 있다.

2) Thinnet

IEEE 10Base-2로 불리며 1980년대에 이더넷 LAN을 위해서 만들었다. 약 0.64cm 두께이며 RG-58에 규정되어져 있다. 베이스밴드 전송으로 10Mbps 속도에 200m(정확히는 185m)를 커버한다. 역시 오래된 버스 토폴로지에서 볼 수 있다.

3.2 꼬임쌍선(Twisted Pair) 케이블

꼬임쌍선 케이블은 컬러로 덮인 절연된 구리선으로 구성되는데, 0.4~0.8mm 두께이며 색깔별로 두 선씩 꼬여 있는데 하나는 줄무늬로 되어 있다. 각각은 플라스틱 쉬스로 덮여 있고 선이 더욱 꼬여 있을수록 더 혼선에 강하지만('미터당 꼬인 수'를 꼬임율(twist ratio)이라고 한다) 오히려 감쇠의 원인이 될 수도 있다. 여기에도 수백 가지 종류가 있는데 와이어도 쌍으로 1~4,200개까지 들어있다. 보통은 4쌍(8줄)이 네트워크에서 사용되는데, 1쌍은 데이터를 보내고 나머지는 받는데 사용된다.

1991년 두 개의 표준 조직인 TIA/EIA는 꼬임쌍선의 표준을 "TIA/EIA 568"로 명명했다. 여러 가지 케이블을 CAT(CATegory) 시리즈로 규정했는데, 오리지널 전화선은 Level 1로 정했고 나머지를 CAT 3, 4, 5, 5e, 6, 6e, 그리고 7로 정했다. 최근 것은 CAT5 이상을 사용한다. 대부분의 LAN에서 CAT 시리즈를 사용하는데 비교적 저렴하고 유연하며 설치하기 쉽고 비교적 긴 거리(동축케이블처럼 길지는 않지만)를 커버해준다. 스타나 "스타-하이브리드" 토폴로지를 이루는 네트워크에서 사용된다. 여기에는 크게 STP와 UTP가 있다.

<UTP와 STP, CAT7>

1) STP(Shielded Twisted-Pair)

차폐꼬임쌍선으로 번역되는 이 케이블은 꼬인 선들이 개별적으로 절연되어져 있을 뿐만 아니라 전체도 호일(foil) 같은 금속으로 덮여 있어서 외부 전자기장을 막아준다. 또 내부에 신호의 전기에너지도 가지고 있어서 잡음에 강하다.

2) UTP(Unshielded Twisted-Pair)

비차폐꼬임쌍선으로 번역되는 이 케이블은 STP에 비해 잡음을 덜 막아주지만 저렴해서 널리 쓰이고 있다. 여기에서 CAT 시리즈를 살펴보자.

1. CAT3－꼬인 네 쌍의 줄을 가지며 10Mbps 전송이고 대역폭은 16MHz이다. 보통 10Mbps의 이더넷이나 4Mbps인 토큰링에서 사용된다. 아직도 전화선(CAT1)으로 사용되기도 한다.
2. CAT4－꼬인 네 쌍의 줄을 가지며 16Mbps 전송이고 10Mbps 이더넷과 16Mbps 토큰링에서 사용되며 대역폭은 20MHz까지이다. CAT 1, 2, 3보다 혼선과 감쇠에 더 강하다.
3. CAT5－꼬인 네 쌍의 줄을 가지며 1,000Mbps까지 지원하고 100MHz의 대역폭이다. 청색·감색·녹색·갈색으로 되어져 있다. CAT5는 CAT3보다 꼬임율이 더 있고(1인치당 CAT3은 3인데 CAT5는 12이다) 케이블 잭이 더 높다. 또 케이블과 잭에 제조사 표시가 있다.
4. CAT5e－CAT5보다 상위버전으로 더 많은 꼬임율과 좋은 재질을 가지고 있어서 혼선을 더 잘 막아주는데 350MHz의 대역폭이다.
5. CAT6－꼬인 네 쌍의 줄을 가지며 각각이 호일로 차폐되어 있다. 불연재 플라스틱 쉬스로 덮여 있어 혼선을 막아주며 250MHz의 대역폭이다.
6. CAT6e－CAT6의 상위버전으로 감쇠와 혼선을 더 잘 막아준다. 기존의 네트워크 세그먼트 길이를 넘어서게 했는데 550MHz이며 초당 수 기가비트를 전송한다.
7. CAT7－여러 개의 꼬임 쌍선을 가지고 있으며, CAT6처럼 각각이 차폐되어져 있고 또 쉬스로 덮여있다. 대역폭이 1GHz이다. 하지만 다른 커넥터를 사용해야 하고 크기가 더 크고 유연하지 못하며, 여러 케이블이 들어있어서 혼선을 막기 위한 조치가 있어야 한다. 지금은 표준화도 정식으로 되어 있지 않아서 널리 쓰이지 않지만 차세대 표준이 될 전망이다. CAT6와 CAT7은 UTP지만 각각 선이 차폐되어져 있어 STP와 유사하다.

시그널이 매체를 통해서 전달되는 기준을 정한 IEEE가 물리층 네트워크에서 10-, 100-, 1,000Mbps를 전달하는 UTP를 규정했다.

3) STP와 UTP 비교

STP와 UTP는 몇 가지 공통성질을 가지고 있는데 다음은 유사점과 다른 점이다.

1 처리량－STP와 UTP는 케이블과 전송매체에 따라서 10-, 100-, 1000Mbps를 전송할 수 있다.

2 비용－STP와 UTP는 사용하는 구리, CAT 등급 등에 따라 비용이 달라지는데 STP가 더 많은 재질을 사용하므로 UTP보다 비싸다. 그리고 상위레벨의 CAT가 하위레벨의 CAT보다 비싸다.

3 커넥터－STP와 UTP는 RJ-45(Registered Jack)를 데이터 잭으로 사용하는데 전화기 커넥터인 RJ-11과 비슷하지만 조금 크다.

〈RJ-45와 11〉

4 잡음처리－차폐(shielding) 때문에 STP가 UTP보다 잡음에 더 강하다. 따라서 UTP를 통하는 시그널은 잡음의 영향을 줄이기 위해서 필터링과 밸런싱 기술을 사용한다.

5 규모－STP와 UTP의 세그먼트당 최대길이는 10Base-T와 100Base-T에서 100m이며, 1,024개의 노드를 가질 수 있다.

4) 10Base－T

이것은 이더넷 네트워크에서 예전의 10Base-2와 10Base-5를 대체했는데, 10Mbps를 베이스밴드로 전송하며 T는 “Twisted pair”의 의미이다. CAT3나 그 이상의 UTP케이블을 사용하며 두 쌍의 와이어를 이용하는데, 한 쌍은 데이터 전송에 한 쌍은 수신에 쓰인다. 전송거리는 100m로 그 이상은 허브나 스위치를 사용해야 한다. 이 시스템에 있는 노드는 허브나 리피터에 연결되며 스타 토폴로지를 이룬다. 버스 토폴로지를 이루는 10Base-2나 10Base -5에 비해 재난극복이 가능하다. 재난극복(fault-tolerance)이란 네트워크에 손상이 있거나 부분적으로 문제가 있어도 시스템이 계속해서 운용되게 하는 것으로, 스타 토폴로지는 LAN에서 문제 있는 장치를 구별해내기 쉬운 구조이므로 문제해결이 쉽다.

이 구조는 5-4-3 룰을 따르는데, 3개 세그먼트 이상은 유인노드(사용자 머신이 접속되는 것)가 불가하고, 4개 이상의 연결 장치도 불가하며, 5개 이상의 네트워크 세그먼트 연결도 불가하다는 것이다. 그러므로 스위치 등으로 세그먼트를 연장해도 최대 500m까지만 가능하다.

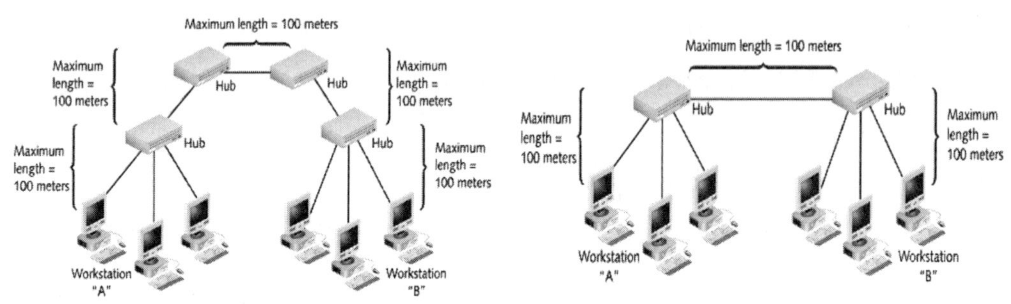

<10Base-T과 100Base-T 네트워크 구성도>

5) 100Base-T(Fast Ethernet)

네트워크가 점점 커지고 트래픽도 많아짐에 따라서 10Mbps 이더넷은 병목이 되고 말았다. 그래서 기존의 인기 있는 10Base-T 시스템에서 별도의 인프라 투자 없이 더 빠른 전송 속도를 갖고자 해서 만들어진 것이 IEEE 802.3u 표준 Fast Ethernet인 100Base-T이다. 여전히 스타 토폴로지며 여러 허브가 사용된다. 하지만 빠른 전송 속도 때문에 2개의 연결 장치에 3개의 세그먼트까지만 연결되므로 장치들이 가까이 놓이며 최대 300 노드를 지원한다.

두 개의 100Base-T 스펙이 있는데 100Base-T4와 100Base-TX이다. 100Base-T4는 널리 쓰이지 않지만 100Base-TX는 자주 접하게 된다. 이것은 CAT5나 그 이상의 UTP를 사용하며 10Base-T처럼 한 쌍은 데이터 전송용으로 다른 한 쌍은 수신용으로 두 쌍의 와이어를 사용한다. 10Base-T처럼 100Base-TX도 full-duplex를 지원하므로 200Mbps까지 전송 가능하다.

6) 1000Base-T(Gigabit Ethernet over S/UTP)

데이터의 볼륨이 커지고 데이터에 액세스하는 사용자도 많아짐에 따라서 100Mbps로도 부족하게 되었다. 따라서 IEEE 802.3ab 표준으로 동선(copper wire)을 통해서 전달할 수 있는 1000Base-T를 만들었는데 Gigabit Ethernet으로 불린다. 이는 네 쌍의 와이어가 모두 송수신에 쓰이며 CAT5나 그 이상을 사용해야 한다. 100Base-T 네트워크가 사용하는 데이터 인코딩과 다른 기법을 사용하지만 10M-, 100M-, 1Gbps를 지원하는 NIC가 모두 처리해준다. 최대 거리는 100m인데 하나의 리피터를 가질 수 있으므로 200m까지 전송할 수 있다.

7) 1000Base-CX(Gigabit Ethernet over Twinax)

또 다른 1Gbps 전송 표준이 1000Base-CX인데 STP나 이중 동축케이블(twinaxial cable)을 사용하며, 케이블의 중심에 두 개의 동선이 들어있다. 그러므로 HSSDC라는 별도의 커넥터를 사용해야 한다. 25m의 단거리 전송거리 때문에 서버들을 묶을 때 주로 쓰인다.

3.3 광케이블

광케이블은 간단히 화이버(fiber)라고도 불리는데, 중심에 하나 또는 여러 개의 유리 혹은 플라스틱 섬유 코어를 가지고 있다. 데이터는 레이저나 LED(Light-Emitting Diode)에 의해 파형이 만들어져 중심 섬유를 통해 1~10Gbps로 전송된다. 광섬유는 유리나 플라스틱으로 되어 있는 클래딩(cladding)으로 덮여있어서 도망가는 빛을 흡수한다. 클래딩은 내부의 유리나 플라스틱 선과 밀도가 다르기 때문에 굴곡이 있는 부분에서도 밀도 차이로 인해 빛 데이터가 내부로 굴절되게 해서 신호가 감쇠되지 않으므로, 더 멀리 데이터를 전송할 수 있게 한다.

1) 광케이블의 구조

동축케이블이나 꼬임쌍선처럼 광케이블도 목적과 제조사에 따라서 여러 종류가 있는데, 전화회사 등에선 광선 1,000개를 묶은 케이블이 사용되기도 한다. 스펙트럼 끝에 있는 사용자에게는 두 선만 보인다. 여러 종류에도 불구하고 광케이블은 single mode와 multi mode 두 가지로 구별된다.

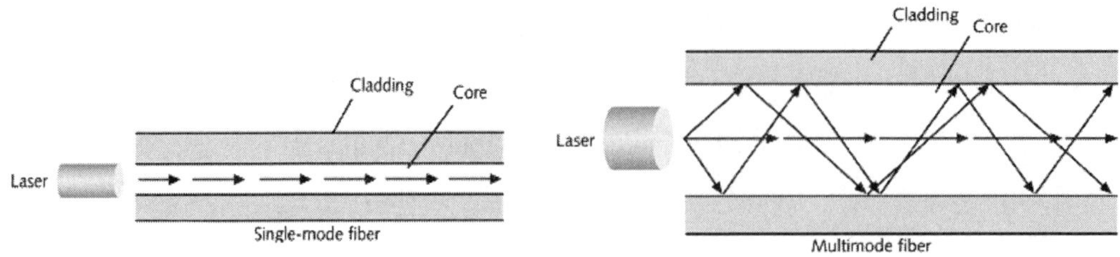

〈SMF와 MMF 구조〉

(1) SMF(Single Mode Fiber)

SMF는 레이저가 만들어낸 파형을 직경 10micron 이내의 좁은 코어를 통해 전달하는데, 반사가 거의 없기 때문에 리피터 없이도 장거리 전송과 고속 전송에 많이 쓰인다. 비용이 매우 비싸므로 주로 통신회사에서 사용하며 일반 네트워크에서는 많이 쓰이지 못한다.

(2) MMF(Multi Mode Fiber)

MMF는 직경이 50~115micron 정도(보통은 65.5micron)의 넓은 코어에 레이저나 LED에 의해 만들어진 여러 파형을 각각 다른 각도로 전송하는데 네트워크의 백본이나 라우터, 스위치 연결에서 볼 수 있다. 광케이블의 뛰어난 신뢰성 때문에 현재 여러 네트워크 세그먼트 연결에 사용된다. 동축케이블에 비해 거의 무한한 전송량, 잡음에 매우 강함, 뛰어난 보안, 장거리 전송이 가능하다는 등의 장점이 있어서 고속 네트워크의 산업표준이 되었다. 하지만 비용이 비싸다는 것과 현장에서 문제 해결이 어렵다는 단점이 있다.

광케이블의 특징은 다음과 같다.

1. 처리량-빛이 유리를 통해서 전달되는 기법을 사용하므로, 10Gbps가 넘는 전송이 가능하다. 동선을 지나는 전기파와 다르게 잡음이나 감쇠, EMI 등에 대해 신뢰할 수 있으므로 서버 응용프로그램 실행이나 백본, 화상 회의나 방송에서 쓰일 수 있다.
2. 비용-고비용이므로 네트워크에서 데스크톱엔 널리 사용되지 못하고 있다. 광케이블도 비싸지만 광케이블에 연결되는 NIC나 허브와 같은 장치도 동선을 사용하는 제품에 비해 다섯 배 이상 비싸다.

3 커넥터－십여 가지 이상의 커넥터가 사용되고 있지만 보통 ST(Straight TIP), SC (Subscriber Connector 혹은 Standard Connector), LC(Local Connector)와 MT-RJ (Mechanical Transfer-Registered Jack) 네 가지를 주로 사용하는데 단일과 멀티모드에서 모두 쓰일 수 있다. MT-RJ 커넥터가 가장 최신이지만 ST나 SC 커넥터가 주로 사용되고 있다. LC와 MT-RJ는 크기가 작아 밀도가 높아서 광선이 집중되어 전송되므로 ST나 SC보다 효율이 더 좋다. MT-RJ는 단일 페룰(Ferrule : 섬유를 감싸고 중심을 잡아주는 작은 튜브) 안의 멀티모드 광섬유 두 가닥이 full-duplex로 전송한다.

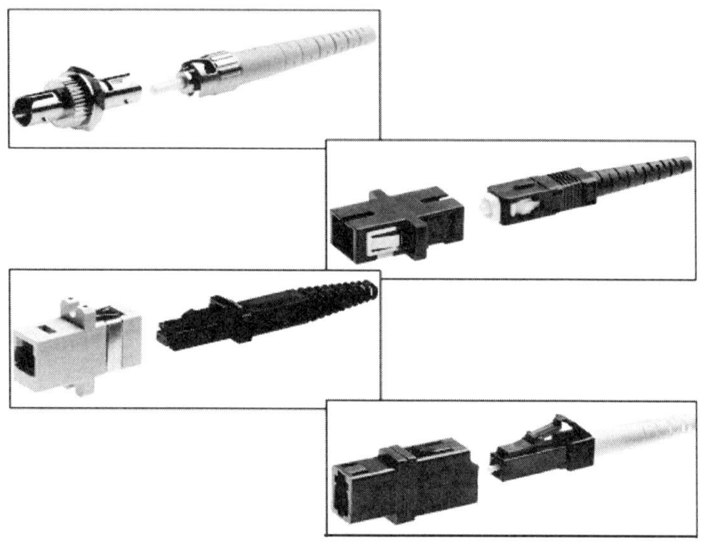

〈각종 광케이블 커넥터〉

4 잡음처리－광섬유는 신호 전송 시 전기를 유도하지 않으므로 EMI 영향을 받지 않아서 리피터 없이도 장거리 전송이 가능하다.

5 거리－사용되는 광케이블 타입에 따라서 세그먼트는 150～40,000m에 이를 수 있게 된다. 이런 한계는 거리에 따른 광학손실(optical loss)때문인데 손전등의 빛이 어느 한계 이상에는 비춰지지 않는 원리와 같다. 먼지와 기름도 이런 한계를 가져오게 한다.

2) 종류

꼬임쌍선이나 동축케이블처럼 IEEE는 광케이블을 사용하는 네트워크를 위한 물리층 표준을 정했다. 중요한 몇 가지 광케이블 알아보자.

(1) 10Base-FL

베이스밴드로 10Mbps를 전달하며 광케이블을 사용한다. 세 가지 종류가 있고 모두 멀티모드에서 두 줄을 사용하는데, 하나는 데이터 전송에 쓰이고 나머지 하나는 수신에 쓰인다. full-duplexing기법을 사용하며, LAN에 워크스테이션이나 두 개의 리피터를 연결시킨다. 리피터 없이도 1,000m까지 세그먼트를 지원하지만 리피터를 사용하면 2,000m까지 가능하다. 리피터는 두 개까지만 지원한다. 버스식으로 리피터가 연결되어 스타 토폴로지를 이룬다. 하지만 고가의 광케이블을 사용하면서 10Mbps로 전송하기 때문에 많이 쓰이지 않고 있다.

(2) 100Base-FX

베이스밴드로 100Mbps를 전송하며 광케이블을 사용한다. 멀티모드에서 두 개의 광섬유를 사용하는데 half-duplexing로 한 선은 데이터 수신에 또 한 선은 송신에 사용되며 420m를 커버하고, full-duplexing에서는 두 선 모두 송수신에 쓰이고 2,000m를 커버한다. 하나의 리피터만 사용될 수 있는데 리피터가 버스식으로 연결해서 스타 토폴로지를 이룬다. 100Base-T처럼 IEEE 802.3u에 "Fast Ethernet"로 규정되어 있다. 조직들은 UTP에서 광케이블로 이전하면서 100Base-TX나 100Base-FX를 사용하게 되므로 머신의 트랜시버와 연결 장치들도 RJ-45와 SC, ST, LC, 혹은 MT-RJ 중 하나를 가지고 있어야 하며 100Base-TX와 100Base-FX 컨버터를 사용할 수 있다.

(3) 1000Base-LX

IEEE는 802.3z 표준으로 1G 이더넷을 규정했는데 1000Base-CX이다. 하지만 최근에 가장 많이 쓰이는 1G 이더넷은 1000Base-LX로써 1Gbps전송에 1,300nm의 장파장을 사용한다.

8개의 단일모드나 멀티모드 어디에서도 사용될 수 있다. 멀티모드에서는 62.5micron 직경으로 세그먼트를 550m까지 연결시켜주며, 단일모드에서는 8micro 직경으로 5,000m까지 커버해 준다. 세그먼트 사이에 하나의 리피터만 쓰일 수 있고, MAN에서 빌딩 연결이나 통신회사의 ISP 연결 등 장거리 백본에서 주로 사용된다.

(4) 1000Base-SX

이것은 1000Base-LX와 유사한데 멀티모드만 지원하고 저비용이다. 또 850nm의 짧은 파장을 사용한다. 세그먼트 전송거리는 광섬유의 직경과 형태에 달려 있다. 표본 대역폭(modal bandwidth)이란 멀티모드에서 광케이블이 전달할 수 있는 특정 거리까지 커버하는 시그널의 최고 주파수를 잰 것으로 MHz-km단위이다. 동일한 광케이블에서 동시에 광 데이터가 전송되어져도 끝단에서는 조금씩 차이가 있을 수 있으므로 이 표본 대역폭이 높을수록 멀티모드에서의 신호는 신뢰할 만한 것이 된다. 각각 50micron 섬유가 있는 멀티모드에서 표본 대역폭이 가장 높을 땐 550m를 커버하며, 62.5micron일 땐 275m를 커버한다. 그러므로 1000Base-SX는 1000Base-LX보다 단거리에서 실행될 때 가장 잘 효능이 발휘되어서 통신회사 서버룸에 있는 데이터 센터 머신들을 연결할 때 사용하면 좋다.

(5) 10-Gigabit 표준

이제 광섬유를 통해서 10Gbps를 전달하려는 연구가 진행중인데, IEEE 802.3ae 표준으로 일부는 현실화 되어 있기도 하다. 스타 토폴로지를 이루며 하나의 리피터만 지원한다.

신호방법과 세그먼트의 길이에 따라서 종류가 다음처럼 달라진다.

1. 10GBase-SR－SR은 "Short Reach"를 줄인 것으로 멀티모드에서 850nm 파장이다. 섬유의 직경과 표본 대역폭에 따라 세그먼트 커버 범위가 달라지는데, 50micron 직경에서는 최대 표본 대역폭으로 300m를 커버하며 62.5micron에서는 66m이다.
2. 10GBase-LR－LR은 "Long Reach"를 줄인 것으로, 단일모드에서 1,310nm 파장으로 10,000m를 커버한다.
3. 10GBase-ER－ER은 "Extended reach"를 줄인 것으로, 단일모드에서 1,550nm 파장으로 40,000m를 커버해 준다.

다음은 물리층에서의 케이블들을 정리한 표이다.

표준	최대전송속도 (Mbps)	최대전송거리 (m)	물리적 매체	토폴로지
10BASE-T	10	100	CAT3이나 그 이상 UTP	Star
10BASE-FL	10	2,000	MMF	Star
100BASE-TX	100	100	CAT5나 그 이상 UTP	Star
1000BASE-T	1000	100	CAT5e	Star
1000BASE-CX	1000	25	Twinaxial cable	Star
100BASE-FX	100	2,000	MMF	Star
1000BASE-LX	1000	550까지	MMF	Star
1000BASE-LX	1000	5,000	SMF	Star
1000BASE-SX	1000	500까지	MMF	Star
10GBASE-SR	10,000	300까지	MMF	Star
10GBASE-LR	10,000	10,000	SMF	Star
10GBASE-ER	10,000	40,000	SMF	Star

4 케이블 관리와 설치

대규모 네트워크를 운영하는 조직은 케이블로 인한 문제－네트워크에서 문제발견이 어렵다는 것과 케이블 배치 등으로 인해 네트워크 확장을 어렵게 하는 곤란 등을 겪고 싶지 않을 것이다. 네트워크 관리에서 케이블링의 설계 관리가 매우 중요하다.

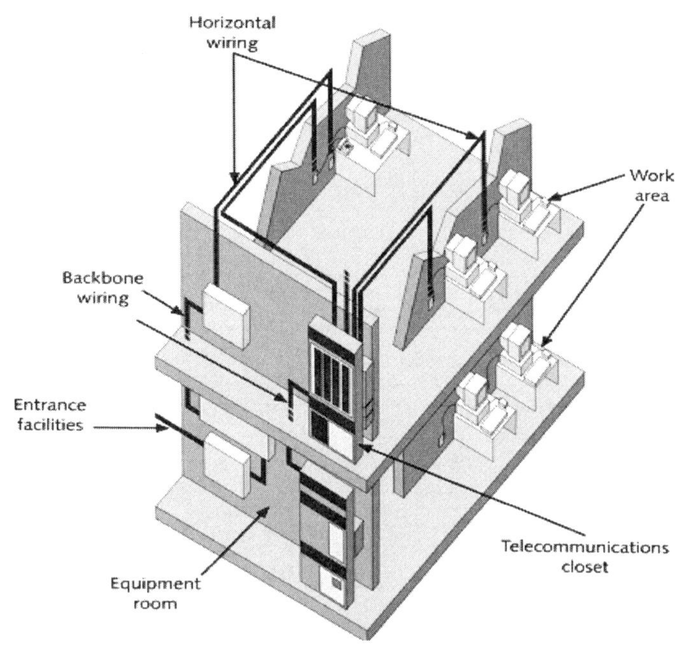

〈구조화 케이블링 시스템〉

4.1 케이블 관리

1991년 TIA/EIA는 소규모, 대규모 회사와 여러 벤더들을 위해서 구조화 케이블링(structured cabling) 지침서를 발간했다. 여기에는 최대 성능을 낼 수 있는 네트워크 설치법과 유지법이 들어있지만, 네트워크에서의 전송기법과 전송매체는 고려하지 않았다. 하지만 스타 토폴로지를 주로 사용했다. 그러므로 10Base-T와 1000Base-LX가 함께 사용할 수 있는 모델이기도 하다. 계층식 구조로 6단계로 분류되는데 다음과 같다.

1. 도입설비－여기는 건물의 내부 가설이 시작되는 곳이다. WAN에서 LAN을 구별해주며 통신업자(지역, 전용 혹은 장거리 캐리어)가 설치해 주는 곳이기도 하다. 이렇게 통신서비스 네트워크와 내부 사설 네트워크 사이를 Demarcation point(Demarc라고 부름)라고 한다.
2. 백본 가설－외부 통신케이블이 가설된 곳에서 내부로 회선이 연결되는 지점으로 통신장비실이 해당된다. 대규모 네트워크에서는 층을 연결하는 수직커넥터(riser라고 부름)

와 장비실이나 통신실의 케이블, 건물 사이의 케이블도 포함된다. TIA/EIA는 여러 케이블 타입에 따라 다음 표와 같이 거리제한을 두었는데, 최근의 네트워킹에서 백본은 보통 광케이블이나 UTP 케이블을 사용한다. 교차연결(cross connection)은 백본 케이블들을 중앙에서 연결하는 것을 말한다.

케이블타입	통신실과 교차연결	통신실과 장비실	장비실과 교차연결
UTP	800m (voice specification)	500m	300m
Single-mode	3000m	500m	1500m
Multi-mode	2000m	500m	1500m

3 장비실－서버나 메인프레임과 같은 중요한 네트워킹 하드웨어가 있는 곳으로 통신실과 연결된다. 대규모 네트워크에서는 건물마다 장비실을 가지고 있기도 하다.

4 통신실－"telco room"으로도 불리는데 그 지역의 워크스테이션 그룹을 연결하며 장비실과 교차연결하는 곳으로, 대규모 네트워크에서는 층마다 이 텔코룸을 가지고 있기도 하다. 통신실은 보통 펀치다운 블록(punch-down block)과 패치 판넬(patch panel), 허브, 스위치 등의 장비들이 들어있다. 펀치다운 블록은 워크스테이션으로부터 오는 수직케이블이 데이터 수신기로 들어오는 판넬이며, 패치 판넬은 펀치다운 블록으로부터 오는 패치케이블을 위한 데이터 수신기의 월마운티드(wall-mounted) 판넬이다. 패치 케이블은 패치 판넬을 허브나 스위치에 연결시킨다. 보통 통신실은 좁기 때문에 온도유지를 위해 습도와 냉각, 환기를 위해 온도/습도 자동센서가 설치되어져 있다.

〈patch panel과 punch-down block〉

5 수평 가설−TIA/EIA는 워크스테이션을 통신실에 연결하는 수평 와이어링을 STP, UTP, 혹은 광케이블로 규정했다. 수평연결의 최대 거리는 100m인데, 벽에서 통신실까지의 스팬(span) 케이블링 10m를 고려하면 실제 데이터 와이어링은 90m이다.

6 작업실−모든 패치케이블과 수평 와이어링이 워크스테이션, 프린터나 다른 장비의 NIC를 통해서 통신실로 연결되는 곳으로, 비교적 짧은 1~8m 길이에 케이블 양단에 커넥터가 붙어 있는 패치케이블(patch cable)을 사용한다. TIA/EIA는 벽에 적어도 하나의 음성과 데이터 아울렛(outlet)을 가지게 규정하고 있다.

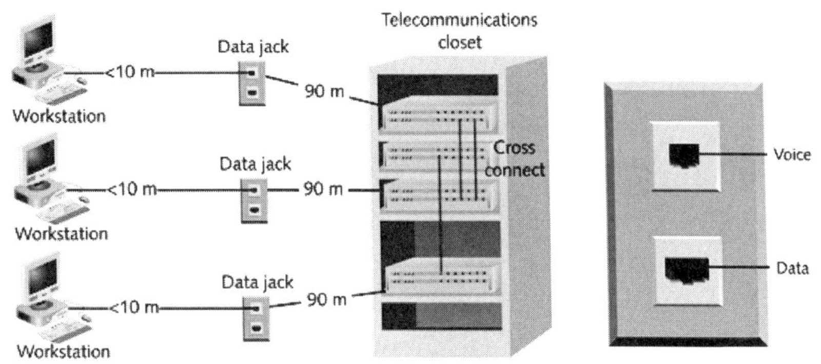

〈수평 가설과 TIA/EIA 규정 월아울렛〉

표준 케이블링 계층구조를 따르는 것이 좋은 관리전략이지만 조직의 여건과 유지관리를 위해서 적절하게 따로 설계해도 되는데, 장비 벤더들에게서 많은 도움을 얻을 수 있다. 장비실에는 여분의 부품을 준비해서 문제발생 부품을 즉시 교체할 수 있어야 한다. 또 케이블링 시스템의 위치, 설치 일자, 길이 등을 문서화해두어야 하며 모든 데이터 잭, 펀치다운 블록과 커넥터 등에는 라벨링해서 구별되게 하거나 사용 목적별로 컬러 케이블을 사용해도 좋다. 마지막으로 케이블링 설계에는 장래 확장이 고려되어야 한다. 이를 위해 백본 케이블을 광섬유로 바꾼다든지 통신실의 마운트랙(mount rack)에도 여분의 공간을 두어야 할 것이다.

4.2 케이블 설치

다양한 종류의 케이블이 있기 때문에 자신의 네트워크에 적절한 케이블을 선택하는 것이 무엇보다 중요한데 TIA/EIA의 규정을 따르거나 제조사의 문서를 참조해서 가설하는 것이 좋다. 많은 네트워크 문제는 손상된 케이블이나 케이블의 등급을 잘못 선택해서 일어나기도 한다. 네트워크의 전송속도가 빠르게 변하고 있으므로 케이블 제조사의 문서를 참조하거나 기술적 도움을 받으면 좋다. 예를 들어 CAT5는 10Mbps를 전송하는 능력인데, 억지로 100Mbps를 전송하게 하면 세그먼트에 문제가 생길 것이다. 여기서는 UTP케이블 설치를 알아보자.

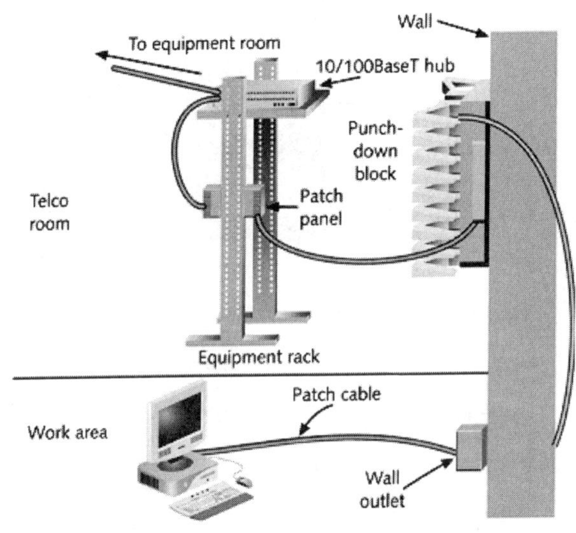

<일반적인 UTP 케이블 가설>

패치케이블이 워크스테이션과 같은 네트워크 장치를 월 아울렛 잭에 연결하는 것을 보자. 벽의 잭으로부터 통신실에 있는 펀치다운 블록까지 긴 케이블로 연결된 다음 펀치다운 블록으로부터 패치판넬로 또 연결되고, 이 패치판넬로부터 회사의 시스템 크기에 따라 장비실이나 백본에서 작동되고 있는 허브나 스위치, 기타 장비로 더 많은 케이블이 소요되어 연결되게 된다. 이런 것들이 통신실을 이루는 요소들이다.

네트워크 관리자는 실제로 패치케이블을 만들어 보아야 문제 있는 RJ-45를 교체할 수 있다. TIA/EIA는 568A와 568B 두 가지로 RJ-45의 표준을 규정하고 있는데, 차이가 없어서 네트워크에선 어느 한 가지만 사용해도 문제없이 잘 돌아간다. 만일 RJ-45 패치케이블의 양단에 같은 표준(568A끼리나 568B끼리)을 사용한다면 straight-through cable이 된다. 하지만 허브와 같은 연결 장치 없이 두 머신끼리 혹은 두 허브끼리 연결한다면 한쪽 끝에서 전송과 수신 와이어를 바꿔(568A와 568B로) cross-over cable로 만들어 연결해야 한다. 크로스오버에서 데이터를 송수신하는 와이어 2와 3쌍이 바뀌어 있음에 주목하라.

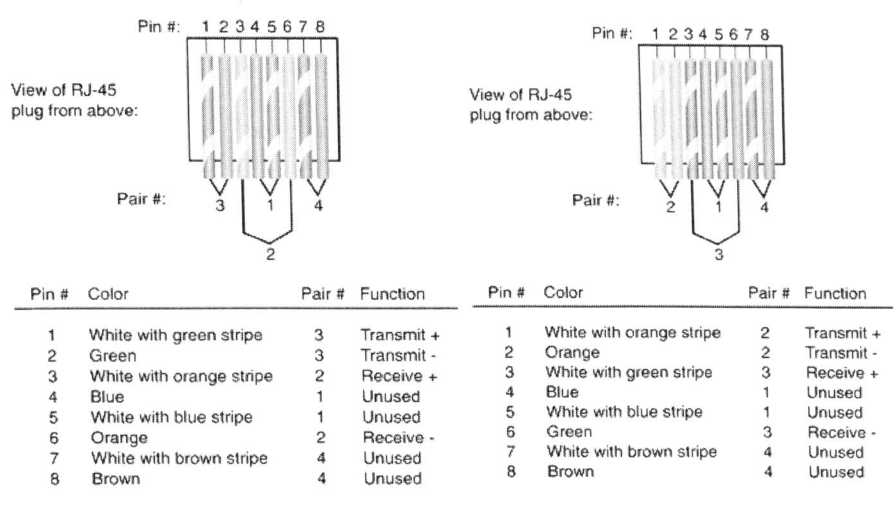

Pin #	Color	Pair #	Function
1	White with green stripe	3	Transmit +
2	Green	3	Transmit -
3	White with orange stripe	2	Receive +
4	Blue	1	Unused
5	White with blue stripe	1	Unused
6	Orange	2	Receive -
7	White with brown stripe	4	Unused
8	Brown	4	Unused

Pin #	Color	Pair #	Function
1	White with orange stripe	2	Transmit +
2	Orange	2	Transmit -
3	White with green stripe	3	Receive +
4	Blue	1	Unused
5	White with blue stripe	1	Unused
6	Green	3	Receive -
7	White with brown stripe	4	Unused
8	Brown	4	Unused

〈TIA/EIA 568A와 B 표준〉

케이블링에서 주의할 것들은 다음과 같다.

1. 구부림 직경(bend radius)은 케이블이 휘는 것을 말하는데, 케이블 직경의 4배가 넘어야 한다.
2. 케이블링이 완성된 후 케이블 테스터로 점검해 본다.
3. 너무 케이블을 꽉 죄지 않는다.
4. 케이블을 그냥 바닥에 흩어 두지 않는다.
5. 형광등이나 EMI 발생 물질로부터 1m 이상 띄고 설치한다.

6 케이블은 양 포트 사이에 약간의 여유를 두고 길게 만든다.

7 천장 위나 바닥 아래의 층간(plenum)에 가설한다면 전기, 에어컨 덕트 등과 문제가 없게 해두어야 한다.

8 장비들이 접지(grounding)되어져야 한다.

5 무선전송

대기(atmosphere)는 만져지지 않지만 네트워크를 통해서 데이터를 전송할 수 있게 해준다. 수십 년간 라디오와 TV 방송국은 대기를 통해서 아날로그 신호로 정보를 전송해오고 있다. 대기도 적외선(infrared)이나 무선파(RF : Radio Frequency) 파형으로 디지털 신호를 전송할 수 있는데, 무선네트워크 혹은 WLAN(Wireless LAN)으로 부른다. 이제 무선네트워크는 가정과 회사, 혹은 특수한 상황에서 필수불가결하게 되었다. 예를 들어 대규모 자재창고에서 인벤토리(inventory : 재고관리)를 해야 한다면 무선네트워크가 최상의 선택이 될 것이다. 적외선과 RF뿐만 아니라 극초단파(microwave)와 위성도 대기를 통해서 데이터를 전송한다.

5.1 무선 스펙트럼

모든 무선 시그널은 전자기파와 함께 공기를 통해서 전달되는데, 무선 스펙트럼(wireless spectrum)은 데이터와 음성통신을 위해 사용되는 연속된 전자기파로 스펙트럼에서 파형은 주파수에 따라서 배열된다. 무선 스펙트럼을 통제하는 FCC는 9KHz~300GHz까지로 주파수 범위를 정했기 때문에 무선서비스는 이 영역 안에서 제공된다. 예를 들어 AM 방송은 무선통신 스펙트럼의 아래 부분인 535~1605KHz에서, 작동하며 적외선은 스펙트럼의 윗부분인 300~300,000GHz에서 작동한다. 최근의 대부분 무선 휴대폰과 WLAN은 약 2.4GHz에서 작동한다.

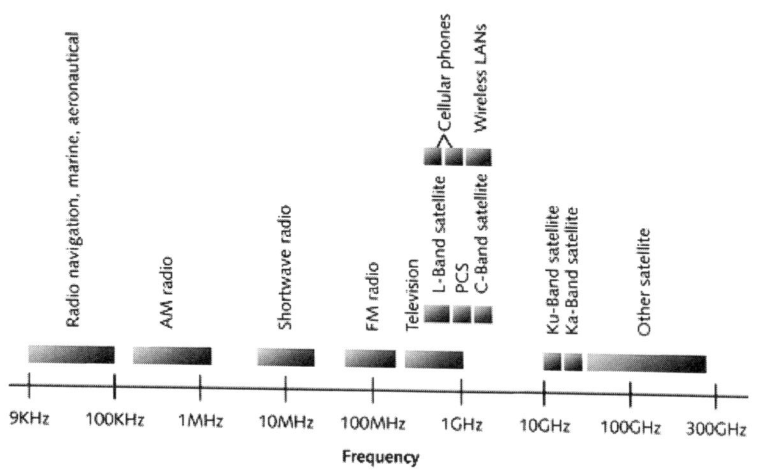

〈무선 스펙트럼〉

미국에서는 통신을 위한 가용 주파수대(airwaves라고 부름)를 일반 목적을 위해서 남겨 둔다. FCC는 어느 조직이 사용하는 주파수에 대해서 다른 지역에서도 전적인 권리를 가지고 목적대로 사용하게 하는데 어느 한 국가가 독점하지 못한다는 뜻이다. 그러므로 전 세계 국가들이 무선통신 표준을 서로 따르는 것이 중요하다. ITU는 국제 무선통신의 표준을 통제하며 주파수 할당과 무선장비에서 사용되는 프로토콜과 신호방법, 무선 수신과 전송장비, 위성궤도 등을 조절하는 역할을 한다. 만일 어느 나라가 이 표준에 따르지 않는다면 제조된 장비는 그 나라나 지역을 벗어나면 사용할 수 없게 된다.

5.2 무선전송의 특징

비록 물리적 케이블 등을 통해 전송되는 회선(wire-bound) 시그널과 무선(wireless) 시그널은 프로토콜과 인코딩 등에서 유사한 점들도 가지고 있지만, 대기를 통하는 무선통신은 회선을 통하는 유선통신과 매우 다르다. 무선은 유선처럼 정해진 경로를 가지지 않으므로 회선과 다르게 송수신되며 통제와 수정도 다르게 되어져야 한다. 회선의 시그널처럼 유도체(conductor)를 따라서 흐르는 전류에서 무선 시그널이 만들어져서 전송기로부터 일련의 전자기파처럼 대기로 신호를 발생하는 안테나로 흐른다. 무선 시그널은 목적지에 닿을 때까지 자신을 선전하면(propagate) 목적지 안테나가 그 시그널을 잡아서 전류로 변형시켜 유선 시그널로 만든다. 양 쪽 안테나는 서로 같은 주파수를 사용하도록 설정되어 있어야 한다. "유선-무선 – 무선-유선"에 주목해야 한다.

〈무선전송과 수신〉

1) 안테나

각 무선 장치는 안테나를 필요로 하는데 해당 서비스에 맞게 고안되어져 있다. 서비스에 따라서 안테나의 세기, 주파수 그리고 뿌리는 패턴이 다르다. 레디에이션 패턴(radiation pattern)이란 안테나가 송수신하는 모든 전자기 에너지의 삼차원 지역을 커버하는 상대적 세기를 말한다. 또 범위(range)란 안테나나 무선 시스템이 닿을 수 있는 지역적 범위를 말하는데, 신호를 계속적으로 정확히 수신하기 위해서 수신기가 범위 내에 있어야 한다. 하지만 범위 내에 있더라도 장애물로 인해 시그널이 변형될 수 있다. 안테나는 보통 두 가지로 구분된다.

(1) 한 방향 안테나

한 방향 안테나는 무선신호를 단일 방향으로 뿌리는데, 점대점(point-to-point) 연결처럼 한 소스가 한 목적지하고만 통신할 때 쓰인다. 디지털 TV를 수신하는 것과 같은 위성연결이 이 안테나를 사용한다.

(2) 전 방향 안테나

전 방향 안테나는 모든 방향에 동일한 세기로 무선신호를 송수신하는 것으로, 여러 다른 수신기가 이 신호를 잡아내는 경우거나 수신자의 위치가 매우 유동적일 때 사용된다. TV와 라디오 방송국처럼 많은 무선 휴대폰 신호를 잡아내는 전송타워가 이것을 사용한다.

2) 시그널 선전

이상적으로 무선 시그널은 전송기에서 목적한 수신기로 직선으로 가게 되어 있다. LOS (Line-Of-Sight) 상태에서 선전(propagation)은 최소한의 에너지로 수신자에게 정확하게 신호가 도달하게 해주는 것을 말한다. 그렇지만 대기에서는 경로가 정해지지 못하므로 송신기와 수신기 사이에 일정한 통로가 없어서 직선으로 전해지지 못하기도 한다. 송수신기 사이에 장애물이 있으면 신호는 장애물을 통과하거나 장애물에 흡수되거나 반사, 굴절, 분산 중 하나가 될 수 있다. 장애물의 기하학적 모양이 이것을 결정한다.

1. 반사－무선신호의 반사는 빛과 같은 일반 전자기파의 반사와 다르지 않은데, 파형이 어느 물체를 만나면 소스 쪽으로 반사되거나 튀기게 된다. 보통 1~10m 사이의 파장을 가지는 WLAN 시그널이 자신의 평균 파장보다 큰 입체물인 벽, 바닥, 천장, 흙 등을 만나면 튀게 되는데, 유도체 물질인 금속을 만나면 콘크리트와 같은 절연체 물질을 만날 때보다 더 쉽게 반사된다.
2. 굴절－무선 신호는 장애물을 만나면 다른 파형으로 분리되는데, 분리된 두 번째 파형은 굴절된 방향으로 계속해서 나아가게 된다. 무선 시그널의 굴절된 모습을 보면 장애물 주변을 감싸는 모양을 하고 있는 것을 알게 된다. 모서리와 같은 뾰족한 모양의 장애물이 주로 굴절을 일으킨다.
3. 분산－여러 방향으로 굴절된 것으로 보이는 분산은 무선 시그널의 파장보다 작은 물체나 거친 표면 같은 곳을 시그널이 지날 때 생긴다. 표면이 더 거칠수록 무선 신호가 더 분산된다. 사무실의 의자나 책상, 책, 그리고 컴퓨터 등이 WLAN 신호의 굴절을 일으킨다. 실외, 빗속, 안개, 폭풍, 눈 속에서도 신호 굴절이 일어난다.

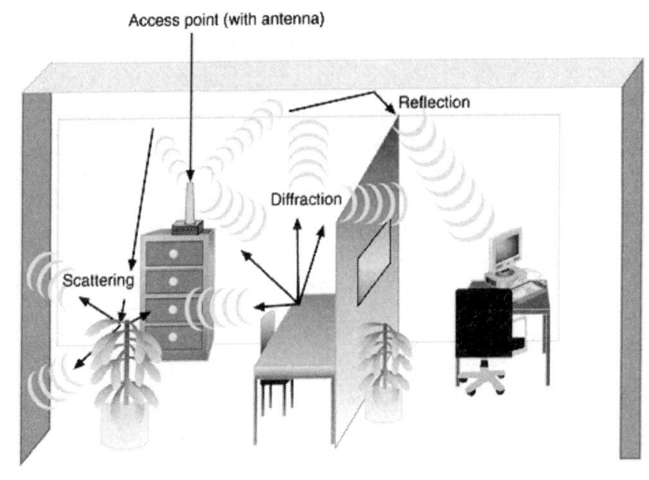

〈신호의 반사, 굴절, 분산〉

이런 반사, 굴절, 분산으로 인해 여러 경로로 목적지를 향해가는 무선신호를 다경로(multiPath) 시그널이라고 한다. 무선 시그널에서 다경로는 좋을 수도 나쁠 수도 있다. 시그널은 장애물을 만나면 튀기는 성질이 있으므로 장애물을 우회해서 목적지에 닿는다. 사무실 내에서라면 천장이나 벽, 바닥 등에 반사되어 목적지로 갈 수도 있다. 그러므로 신호를 찾는 수신기 주변에 서 있으면 신호에 나쁜 영향을 주는 일이 된다. 다경로는 송수신기 사이에 여러 경로를 만듦으로 같은 신호가 시간 차이를 두고 수신기에 도달해서 신호지연을 만들기도 한다.

3) 신호 약화

무선 신호를 약하게 하는 몇 가지 요소가 있다.

(1) 장애물(obstacles)

무선 신호는 어느 경로를 갖더라도 장애물을 피할 수 없게 된다. 장애물을 만나면 전송기가 만든 신호는 반사, 굴절, 분산으로 인해 전자기파의 에너지가 약해져 신호의 세기가 줄어드는 쇠약(fading)을 겪을 수밖에 없어서 수신기에서는 신호가 미약해질 수 있다. 더 많은 반사, 굴절, 분산이 있을수록 더 약한 신호로 수신기에 닿을 것이다.

(2) 감쇠(attenuation)

유선에서처럼 무선도 신호 감쇠를 겪을 수 있는데 신호가 전송기의 안테나로부터 더 멀리 떨어질수록 신호는 약해진다. 그러므로 유선에서처럼 무선도 아날로그 시그널에는 증폭기를, 디지털에서는 리피터를 안테나에 연결해서 사용한다. 그러나 감쇠가 무선신호에서 가장 취약점이 되지는 않는다.

(3) 간섭(interference)

대기가 온통 전자기파로 되어져 있기 때문에 무선신호도 잡음(noise)(무선에서는 "간섭"으로 부름)에 취약한데 무선전화기, 휴대폰, 전등 등에 의해서 영향을 받는다. 간섭은 유선회선에서 잡음이 신호를 변형시키고 약하게 하듯이 무선에서 신호를 변형시키고 약하게 한다. 그러나 무선은 EMI에 노출되는 것을 막아주는 도관이나 피복이 없으므로 잡음에 더욱 취약하게 된다. 그러므로 시골보다 대도시에서는 무선신호의 간섭이 더욱 커지게 된다.

4) **협대역**(Narrowband), **광대역**(Broadband), **스프레드스펙트럼**(Spread Spectrum)

전송기법은 신호가 무선 스펙트럼을 얼마만큼 사용하느냐에 따라서 달라지는데, 무선 서비스가 좁은(narrow) 시그널을 사용하느냐 혹은 넓은(broad) 시그널을 사용하느냐에 따라 구별된다. 내로우밴드에서는 전송기가 한 주파수나 매우 적은 범위의 주파수에 신호를 실어서 전송하고, 브로드밴드는 비교적 넓은 주파수를 사용해서 신호를 전송한다. 브로드밴드의 처리량이 내로우밴드보다 크다. 신호를 여러 주파수에 실어서 보내는 것을 스프레드 스펙트럼이라고 하는데, 신호가 무선 스펙트럼에 넓게 퍼져서 전송된다. 즉, 전달되는 동안 신호는 한 주파수만 사용하지 않고 여러 주파수를 이용해서 전달되므로 내로우밴드에서보다 주파수 당 더 적은 전력을 사용하므로 같은 주파수대에서도 간섭이 덜 일어나게 된다.

스프레드 스펙트럼 신호법은 제2차 세계대전 동안 군용 무선통신에서 사용하던 기술이었지만, 무선통신을 더욱 신뢰하게 해준 기법이므로 지금껏 사용되고 있다. 승인된 전송기와 수신기에게만 정해진 순서로 신호가 여러 주파수대로 분할되어 전송되기 때문에 불법 수신자는 신호를 잡아내기도 어렵지만 디코드하기는 더 힘들다. 스펙트럼을 사용한 신호를 일반 수신기로 잡으면 잡음으로 들리게 된다.

스프레드 스펙트럼의 한 가지 방법인 FHSS(Frequency Hopping Spread Spectrum)는 전송에서 송신자와 수신자만이 알고 있는 동기화 패턴 안에서 대여섯 가지 다른 주파수대로 신호가 점프한다. 또 다른 스프레드 스펙트럼인 DSSS(Direct Sequence Spread Spectrum)에서는 신호의 비트가 즉시 전 주파수대로 분산되어 전송되며, 수신기는 비트를 받자마자 오리지널 신호를 재조립한다.

5) 고정(Fixed)식과 이동(Mobile)식 수신기

각 무선통신은 고정식이거나 이동식 둘 중 하나의 형태를 띠게 된다. 고정식 무선통신에서는 송수신기가 이동하지 않으므로 전송기 안테나는 수신기 안테나에게 신호를 직접 뿌려주어야 한다. 수신기의 위치를 알고 있으므로 광범위한 지역에 신호를 뿌릴 필요가 없어서 에너지 낭비가 없다. 고정식은 음성과 비디오 응용프로그램에 주로 사용되며. 장거리나 고원지역에는 위성을 이용한 고정식 무선통신이 좋을 수 있다. 하지만 고정식이 다 좋을 순 없다. 예를 들어 대형 레스토랑에서 웨이터가 각 테이블을 돌며 그 자리에서 고객의 주문을 받아 무선 핸드헬드 기기로 바로 주방에 주문하고 그 자리에서 계산하고 영수증을 내줄 수도 있는데, 이럴 때에는 웨이터가 이리저리 이동하므로 이동식 무선전송이 편리할 것이다. 휴대폰이나 다른 여러 무선기기의 수신기는 전송기의 주파수 범위 내에만 있으면 어디서나 통신할 수 있다. 회사 내에서 이리저리 이동하며(roaming한다고 함) 작업할 필요가 있을 때에도 이동식 수신방법이 매우 요긴할 것이다. 이제 적외선 전송과 무선 LAN을 알아보자.

5.3 적외선 전송

적외선 신호는 300~300,000GHz 범위의 주파수를 사용해서 전송되는데, FCC에서 규정한 무선 스펙트럼의 맨 위에 있는 범위이다. 적외선은 전자기 스펙트럼에서 가시광선 범위에 있으므로 눈에 보일 수 있다. 리모트컨트롤로 TV를 조절할 수 있듯이 이 적외선이 대기 중에서 신호를 전송할 수 있다. 컴퓨터 네트워크에서 적외선 전송은 같은 사무실에 있는 장치끼리 데이터를 송수신할 때 자주 사용된다. 프린터가 적외선 통신을 이용해서 컴퓨터에 연결될 수 있고 두 개의 PDA(Personal Digital Assistants)나 핸드헬드 장치가 서로 데이터를 동기화시킬 수도 있으나, 장애물 없이 서로 보이는(line-of-sight) 가까운 거리에 있어야 한다. 적외선 전송은 광케이블처럼 장래성 있는 기법이지만 많은 전력을 소비하고 근거리에서만 사용될 수 있다는 것과 장애물을 통과하기 어렵다는 단점이 있다.

5.4 무선 LAN 구조

WLAN에서의 일반적인 서비스형태는 2.4~2.4835GHz대에 있는 낮은 주파수(흔히 2.4-GHz대로 부른다)를 이용해서 신호를 주고받는데, FCC에서 사용자에게 서비스등록을 요구하지 않아서 이 주파수대의 라이센스가 필요 없기 때문이다. 또한 무선연결은 신호전달의 경로가 정해져 있지 않으므로 유선회선처럼 토폴로지를 이루지 않아서 사용하는 시스템 설정에 맞게 무선장비들을 편하게 배치하면 된다. 장비가 별로 없는 작은 무선 네트워크에서는 장비를 가깝게 배치해서 Ad-hoc를 이루어 사용하기도 한다. Ad-hoc WLAN에서 무선 노드(Station으로 부름)는 무선 NIC를 통해 중간 연결장비 없이 직접 신호를 전달한다.

그렇지만 Ad-hoc 배열은 사용자가 널리 퍼져 있는 WLAN에서는 잘 작동하지 못하는데, 스테이션 사이에 장애물이 있을 수 있기 때문이다. 따라서 Ad-hoc 모드에선 스테이션끼리 직접 통신하는 대신 AP(Access Point) 장치를 중간에 놓아서 여러 노드에서 오는 무선신호를 AP가 받아 나머지 노드들에게 재전송하게 한다. AP는 해당 WLAN을 커버할 수 있을 만큼의 전력과 송수신 안테나를 가지고 있으며, 모든 노드들이 통신할 수 있는 적절한 위치에 놓여야 한다. 여러 사무실을 커버해야 하는 한 층에 놓인다면 중앙지점의 빈 공간에 놓으면 될 것이다.

WLAN에 여러 AP가 놓이는 것이 일반적이다. 각 AP에 연결되는 워크스테이션은 10~100대인데 사용하는 무선기술에 따라 다르다. 추천하는 최대길이를 넘어서면 에러를 일으키기 쉬우며 전송이 늦어지게 된다.

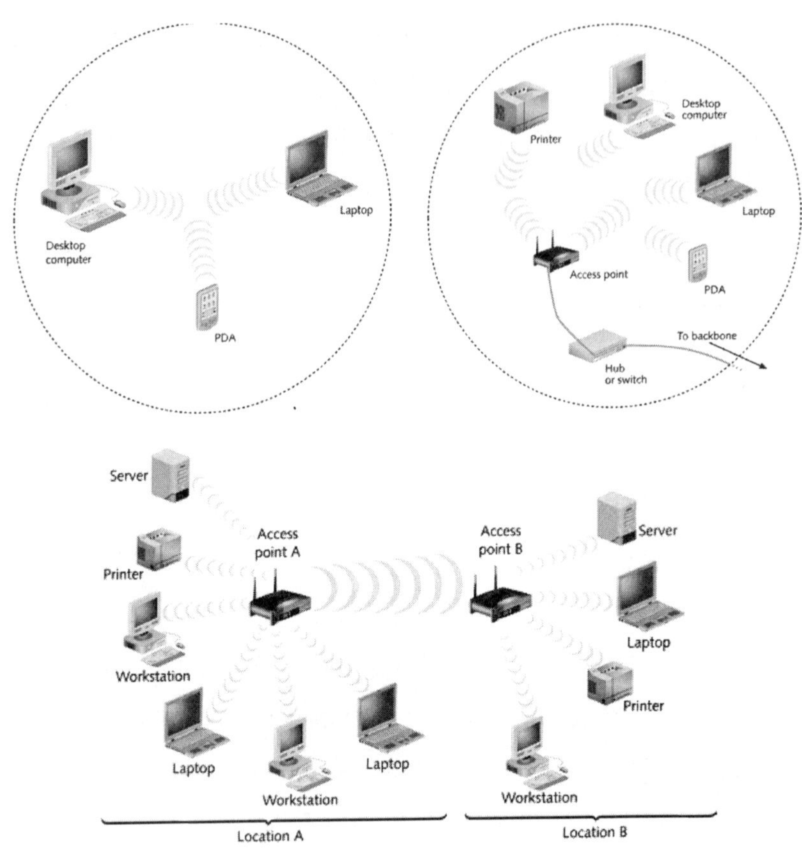

〈Ad-hoc WLAN과 Infrastructure WLAN, WLAN 연결도〉

모바일 네트워킹은 AP의 범위 내에서 무선노드가 로밍할 수 없다. 이 범위는 무선 접속 방식, 장비제조사, 그리고 작업환경에 달라 달라지는데 다른 무선기술처럼 WLAN 신호도 간섭과 다중경로 시그널링을 일으키는 장애물에 취약하다. 그러므로 여러 콘크리트 벽이 있는 공간에서와 간이 칸막이가 있는 작업공간에서의 무선장비 설치는 달라야 한다. 일반적으로 스테이션은 AP로부터 90m 이내가 좋다.

LAN 안의 여러 노드를 연결시키는 것 이외에도 무선기술은 두 개의 다른 LAN 혹은 두 개의 LAN 세그먼트를 연결하는데도 사용되는데, 두 AP를 한 방향 안테나로 설정해서 고정연결로 만들면 된다. 점대점(P2P) 연결은 한 방향으로만 전송하므로 신호를 선전하기 위해서 더 많은 에너지를 소비하는 이동연결보다 더 많은 에너지를 전송에 사용함으로써 더면 거리를 커버할 수 있다. 두 개의 WLAN를 연결할 때 AP는 300m 내에 있어야 한다. 무선 LAN도 유선 LAN에서와 같이 운영체제와 프로토콜로 실행되므로 유선과 호환된다. 그렇지만 무선 신호를 만들고 인코딩하는 기술은 WLAN 표준마다 다르다.

CHAPTER

03 네트워크 프로토콜

CompTIA Network+

네트워크 프로토콜이란 네트워크가 통신하는 방법을 규정한 법칙이다. 프로토콜은 네트워크 장치 간 통신 표준을 정의한다. 프로토콜이 없으면 장치는 다른 장치가 보낸 시그널을 해석할 수 없게 되어 데이터는 어디로도 전달되지 못한다. 이 장에서는 흔히 사용되는 네트워크 프로토콜과 그 구성요소, 기능 등을 알아본다.

1 프로토콜(Protocol)

이미 OSI 모델을 통해 데이터 전송과정과 에러 수정 등을 이해했다면 이 모든 일들이 프로그래머에 의해 디자인되고 코드된 지시어세트(instruction set)인 프로토콜을 통해서 이뤄진다는 것도 알고 있어야 한다. 네트워크 세계에서는 함께 일하는 개인이나 그룹 등을 지칭하는 용어로 프로토콜을 사용하기도 한다. 프로토콜은 서로 다른 두 LAN에서 목적, 속도, 전송효율, 리소스 이용, 설정, 호환성 등에 따라 다양하다. 그래서 프로토콜을 선택할 때 목적과 특성, 데이터 보안 등을 고려해야 한다. 그리고 현재 네트워크의 상태-오래된 시스템인지 10대 미만의 소규모인지, 하드웨어와 소프트웨어 등도 염두에 두어야 한다. 리거시(legacy : 오래되었다는 의미)와 모던(modern)한 시스템이 공존한다면 TCP/IP뿐만 아니라 MS의 NetBIOS나 Novell의 IPX/SPX도 함께 사용되고 있을 것이고, 디자인을 하는 머신도 함께 있다면 Apple의 AppleTalk도 있는 멀티 프로토콜 네트워크일 수 있다. 아주 오래된 IBM의 SNA(Systems Network Architecture)와 DLC(Data Link Control)와 같은 프로토콜도 볼 수 있다.

2 TCP/IP(Transmission Control Protocol/Internet Protocol)

TCP/IP는 한 가지 프로토콜이 아니라 TCP, IP, UDP, ARP 등 많은 프로토콜로 이루어진 일단(suite라고 부름)이다. TCP/IP의 근원은 미 국방성의 DoD(Department of Defense)로 현재 인터넷의 전신인 ARPAnet(Advanced Research Projects Agency network)을 1960년대에 개발했었다. 이후 TCP/IP는 개방형, 저비용, 다른 플랫폼 사이의 통신에서 보여준 높은 신뢰성 때문에 많은 발전을 거듭해왔다. 개방형이란 개발자들이 TCP/IP의 핵심 프로토콜들을 마음대로 사용하고 수정할 수 있다는 뜻이다. 그래서 인터넷의 디폴트 프로토콜이며 LAN과 WAN에서 사용된다. Linux, UNIX, NetWare, Macintosh 머신의 운영체제도 TCP/IP를 기본으로 내장하고 있다.

TCP/IP에 라우터블(routable : 경로 찾기) 기능이 없다면 지금처럼 발전하지 못했을 것이다. 프로토콜은 라우터에 의해 해석될 수 있는 네트워크층의 주소체계 정보를 전달해야 하기 때문에 한 LAN 이상으로 확장될 수 있는 성질을 가지고 있는데 이를 라우터블하다고 한다. 그렇지만 모든 프로토콜이 라우터블하지는 않은데 예를 들어 NetBEUI가 그렇다. 라우터블하지 않은 프로토콜은 자신이 속한 네트워크 세그먼트를 넘어서 전달될 수 없다. 또한 TCP/IP는 다른 운영체제 사이에서도 잘 작동되는 유연성을 자랑하는데, 좀 더 많은 구성 설정을 해주어야 한다.

2.1 TCP/IP 핵심 프로토콜

TCP/IP의 일부 하위 프로토콜(subprotocol : TCP/IP suite를 이르는 말)로 TCP나 IP와 같이 전송층이나 네트워크층에서 작동되며, 다른 층의 프로토콜에게 서비스를 제공하는 것들을 TCP/IP Core-protocols라고 한다.

1) TCP(Transmission Control Protocol)

TCP는 전송층에서 작동하며 신뢰할 만한 데이터 전송을 책임진다. TCP는 연결지향적인데 데이터 전송 전에 두 노드 사이에 연결이 있어야만 한다는 뜻이다. 또 순서와 체크섬을 수행해서 신뢰할 만한 전송이 이뤄지게 하는데, 이런 기능들이 없다면 목적노드가 오프라인인지 데이터가 중간에 변질되지는 않았는지 등을 확인할 수 없게 된다.

다음은 TCP의 포맷으로 네트워크층에서 IP 데이터그램(datagram)에 의해 전체가 캡슐화되어 있다. 필드부분은 다음과 같다.

1. Source port－소스노드의 포트번호로 16-bits 길이이다. 포트는 호스트의 주소로 응용프로그램이 데이터를 입출력을 할 때 사용하는 곳이다. 예를 들어 포트 80은 HTTP 웹서비스가 이용하는 곳이다.
2. Destination port－목적지 노드의 포트번호로 16-bits 길이이다.
3. Sequence number－데이터 스트림 속에서의 데이터 세그먼트의 위치 구별번호로 32-bits 길이이다.

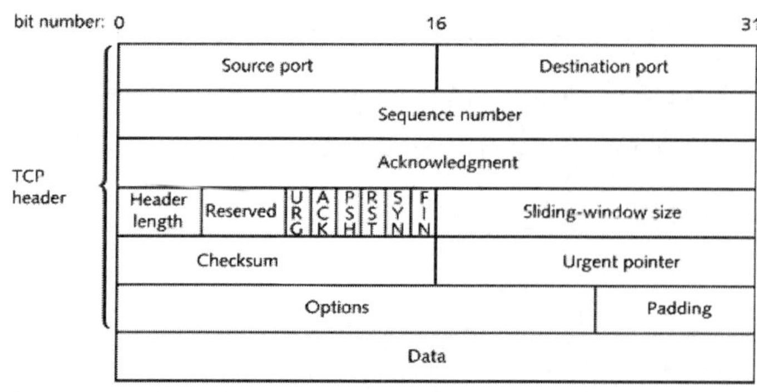

〈TCP 세그먼트〉

4 Acknowledgment number(ACK) – 송신자에게 리턴 메시지를 보내서 데이터수신 확인을 알리는 것으로 32-bits 길이이다.

5 TCP header length – TCP 헤더의 길이로 4-bits이다.

6 Reserved – 나중 사용을 위해 남겨놓은 것으로 6-bits이다.

7 flags – 여섯 개의 1-bit 모음으로 신호가 플래그를 통해서 특성화되어진다.

ⓐ URG – 1로 되면 Urgent Point필드가 수신자 정보를 포함한다.

ⓑ ACK – 1로 되면 Acknowledgment필드가 수신자 정보를 포함한다.

ⓒ PSH – 1로 되면 데이터가 버퍼링되지 않고 보내진다.

ⓓ RST – 1로 되면 송신자가 연결 리셋(reset)을 요구한다.

ⓔ SYN – 1로 되면 송신자가 두 노드 사이의 순서번호를 동기화할 것을 요구하는데, TCP가 처음 연결번호로 연결을 요구할 때 사용된다.

ⓕ FIN – 1로 되면 세그먼트는 순서에서 마지막이 되며 연결이 끊어지게 된다.

8 Sliding Window size – 16-bits의 길이로 확인(ACK)이 표현되었을 때 얼마나 많은 Byte를 송신자가 보낼 수 있는지 표시하는데, 흐름제어를 통해서 수신자에게 Byte가 넘치지 않게 한다. 예를 들어 서버가 슬라이딩 윈도우 크기를 4,000-Bytes로 정했다고 하자. 클라이언트가 이미 1,000-Bytes를 보냈을 때 서버가 그 중 250-Bytes를 받았다고 확인(ACK)을 보낸다면 서버는 지금 750-Bytes를 버퍼링하고 있다는(수신하는 중) 얘기가 된다. 그러므로 클라이언트는 서버로부터 나머지 750-Bytes에 대한 확인(ACK)을 받기 전이라도 총 4,000-Bytes에서 송신한 750-Bytes를 제외한 3,250-Bytes만 추가로 보낼 수 있게 된다.

9 Checksum – 수신 노드가 TCP 세그먼트의 전송 중 변경여부를 결정하게 해주는데 16-bits 크기이다.

10 Urgent pointer – 데이터필드 안에서 긴급데이터가 있는 위치를 표시해주는 것으로 16-bis 크기이다.

11 Option – 네트워크가 다룰 수 있는 최대 세그먼트 크기 등을 표시하는데 0~32-bits 크기이다.

12 Padding – TCP 헤더가 32-bits의 배수인지 확인하는 채움 정보(filler information)를 가지고 있는데 크기는 보통 크기는 0이다.

⑬ Data－소스 노드가 보낸 오리지널 데이터를 가지고 있는데, 이 필드의 크기는 얼마나 데이터가 전송될 수 있는지에 따라 달라진다. 네트워크 타입과 세그먼트에 적합한 한계에 따라 축소될 수 있다.

```
  Source port : http (80)
  Destination port: 1958 (1958)
  Sequence number: 3043958669
  Acknowledgment number: 937013559
  Header length: 24 bytes
⊞ Flags:_ 0xx0012 (SYN, ACK)
    0... .... = Congestion Window Reduced (CWR): Not set
    .0.. .... = ECN-Echo: Not set
    ..0. .... = Urgent: Not set
    ...1 .... = Acknowledgment: Set
    .... 0... = Push: Not set
    .... .0.. = Reset: Not set
    .... ..1. = Syn: Set
    .... ...0 = Fin: not set
  window size; 5840
  Checksum: 0x206a (correct)
⊞ Options: (4bytes)
    Maximum segment size: 1460 bytes
```

〈TCP 세그먼트 데이터〉

이제 옆의 TCP 세그먼트 데이터가 머신 B로부터 머신 A에게로 전송되었다고 하자. ⓐ 이 세그먼트는 머신 B의 포트80에서 만들어진 것으로 HTTP가 기본으로 사용하는 곳이고, ⓑ 머신 A의 1958포트로 가게 되어져 있으며, ⓒ 이 세그먼트의 순서번호는 3043958669이다. ⓓ 다음의 937013559는 머신 B가 머신 A로부터 받고자 하는 순서번호로 머신 B가 확인(ACK) 필드에 넣은 것이다. 이 필드는 노드가 마지막 전송을 받았다는 것을 알려주는 역할과 순서번호를 알려주는 두 가지 일을 하게 된다. ⓔ 헤더길이 필드가 최소크기보다 4-bytes가 더 큰 24-bytes라는 것은 뭔가 옵션이 들어있거나, 패딩(padding) 공간으로 사용되었다는 것을 말하고 있다. ⓕ 또 이 플래그에는 TCP가 트래픽혼잡이 있을 때 반응하게 해주는 옵션인 CWR(Congestion Window Reduced)와 ECN-Echo가 있지만 설정되어 있지 않고, 머신 B가 머신 A로부터 받은 마지막 세그먼트를 확인하고 순서를 동기화된다는 것을 의미하는 ACK와 SYN만 설정되어져 있다. ⓖ 윈도우 크기는 5,840로 이 세그먼트가 확인되지 않으면 머신 B는 머신 A로부터 5,840-bytes 이상의 전송능력을 가질 수 있다는 뜻이다. ⓗ 체크섬 필드는 세그먼트의 헤더를 확인하는데 쓰인 에러 확인 알고리즘의 결과가 유효한지 알려주는데, 여기서는 0x206a로 에러 없음으로 나타나 있다. ⓘ 마지막 옵션필드는 최대 TCP 세그먼트 크기가 1,460-bytes임을 표시하고 있다.

위 TCP 세그먼트는 16진법으로 인코드되어져서 우리가 볼 수 없기 때문에 데이터 분석 프로그램을 사용해서 본 것이다. 머신도 이런 정보를 알 수 없지만 TCP/IP가 표준을 따른다면 저절로 각 Bytes가 어디에 있는지 알 수 있다. 이 패킷은 머신 B와 머신 A 사이에

TCP 연결을 이루는 과정 중 두 번째 세그먼트이다. 첫 단계는 연결을 이루는 일로 머신 A가 머신 B에게 SYN 비트로 연결을 원한다고 순서번호를 동기화하기 위해 랜덤숫자가 있는 메시지를 보내면, 메시지를 받은 머신 B는 ACK와 SYN 플래그가 모두 설정된 세그먼트로 응답한다. 머신 B의 응답 ACK 필드는 머신 A가 보낸 "원래 순서번호+1"한 순서번호 숫자를 가지고 있다.

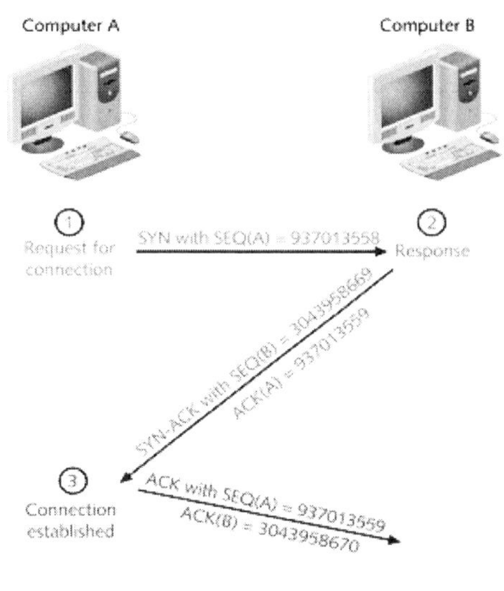

〈TCP 연결 설정하기〉

위 그림에서 보는 바와 같이 ① 머신 A는 머신 B에게 연결을 원한다는 요청을 확인해주는 숫자 937013558을 보내고, 머신 B가 순서번호 937013559로 응답할 것을 기다린다. ② 머신 B는 SYN 필드에 자신의 랜덤숫자 3043958669를 보내면 머신 A는 머신 B가 연결요청 메시지를 받았다는 것을 이 숫자로 확인한다. ③ 이제 머신 B는 머신 A가 기다리는 순서번호 937013559 세그먼트 안의 확인필드에 순서번호를 실어 보낸다. 이 숫자는 머신 A가 보낸 "순서번호+1"과 같다. ④ 머신 A는 머신 B로부터 받는 3043958669로 다음 세그먼트의 순서번호를 알게 되므로, 다음 통신에선 확인으로 3043958670을 실어 순서번호가 937013559임을 알았다는 세그먼트로 응답한다. ⑤ 두 노드는 이런 식으로 머신 A가 FIN 플래그가 설정된 세그먼트를 보낼 때까지 계속 통신한다.

2) UDP(User Datagram Protocol)

UDP는 TCP같이 전송층에 속하는데 TCP완 다르게 비연결지향적(connectionless)전송 서비스를 한다. 즉, UDP는 패킷이 순서적으로 전송되는 것을 보장하지 않는다. 실제 이 프로토콜은 패킷이 제대로 도착했는지에 관심이 없고 에러체크나 순서번호도 보장하지 않는다. 그러나 UDP의 이런 특성이 오히려 실황 비디오 전송이나 대용량 파일을 인터넷을 통해서 빠르게 전송해야 하는 경우에는 TCP보다 도움이 될 때가 많다. 이런 경우에 TCP의 에러체크, 확인, 흐름제어 등이 오히려 전송에 오버헤드를 일으킨다. 또 UDP는 한 데이터 패킷 안에 들어맞는 메시지를 전달할 때 더욱 효율적이다.

TCP 헤더의 10개 필드와 대조적으로 USP 헤더는 소스 포트, 목적지 포트, 길이, 그리고 체크섬의 4 필드로만 되어져 있다. UDP의 체크섬 필드는 옵션이다.

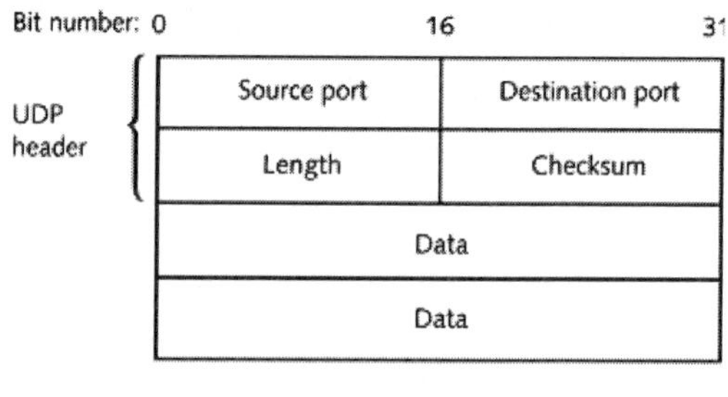

〈UDP 세그먼트〉

3) IP(Internet Protocol)

이 프로토콜은 네트워크층에 속하는데 데이터의 소스와 목적지 주소를 포함해서 어떻게 어디로 데이터가 전송되어져야 하는지에 관한 정보를 제공한다. IP는 TCP/IP가 하나 이상의 LAN 세그먼트를 라우터를 통해 여러 네트워크 타입과 연결시킨 인터네트워크(internetwork)를 가능하게 해주는 서브프로토콜이다. 네트워크층에서 패킷이 형성되는데 이 패킷을 IP 데이터그램(datagram)으로 부른다. IP 데이터그램은 데이터의 봉투와 같은 역할을 해서 라우터를 통해 LAN 세그먼트 사이의 전송에 필요한 정보를 가지고 있다. IP는 신뢰할 만하지 못한 비연결지향적 프로토콜로써 확실한 데이터 전송을 보장해주지 않는다. 하지만 TCP/IP계열의 상위 프로토콜이 데이터 패킷이 올바른 주소로 전달되게 해준다. IP

데이터그램에는 신뢰할 만한 헤더 체크섬을 가지고 있는데, IP 헤더에서 주소 찾기 정보의 무결성을 보장해준다. 만일 패킷을 받았을 때 메시지에 동반된 체크섬이 올바른 값을 가지고 있지 않다면 패킷이 손상되었다고 여기고 재전송을 요구한다.

다음은 IP 데이터그램 필드에 대한 설명이다.

❶ Version－프로토콜의 IPv4나 IPv6와 같은 버전숫자를 구별해준다. 수신 노드는 우선 이 숫자를 확인해서 입력 데이터를 읽을 수 있는지 결정한다. 만일 읽을 수 없다면 패킷을 버리지만 그런 경우는 많지 않다. 4-bits 길이이다.

Bit number: 0 16 31

IP header

Version	IHL	Differentiated Services	Total length	
Identification			Flags	Fragment offset
Time to live		Protocol	Header checksum	
Source IP address				
Destination IP address				
Options				Padding

Data (TCP segment)

Data

〈IP 데이터그램〉

❷ IHL(Internet Header Length)－IP 헤더 안의 4-byte 블록숫자를 구별해준다. 헤더길이는 다섯 개의 그룹으로 되어 있고 IP 헤더의 최소길이는 4-byte이므로 전체는 20이 된다. 수신 노드에게 데이터가 어디서 시작되는지 알려주기 때문에 중요하다. 4-bits 길이이다.

❸ Differentiated service－라우터에게 입력패킷을 처리할 때 우선 처리과정의 레벨을 알려준다. 8-bits 길이로 ToS(Type of Service)로 불리기도 한다. DiffServ를 재정의한 것 같지만 DiffServ는 데이터그램에 관해서 8개의 다른 값만 규정하고 있어서 많이 쓰이진 않는다. Differentiated service는 64개의 우선처리 옵션을 가진다.

❹ Total length－헤더와 데이터를 포함한 IP 데이터그램의 총 길이를 byte로 정의하는데 65,535-Bytes를 넘지 않는다. 16-bits 길이이다.

5 Identification - 데이터그램이 속한 메시지를 확인해주며, 수신 노드가 조각난 메시지를 재조립하게 한다. 이 필드와 다음 두 필드인 Flags와 Fragment Offset가 조각난 메시지 재조립에 사용된다. 16-bits 길이이다.

6 Flags - 메시지가 조각나 있는지와 만일 조각나 있다면 이 데이터그램이 조각의 마지막 부분인지 알게 해준다.

7 Fragment offset - 입력되는 조각 세트에서 데이터그램 조각이 어디에 속하는지 확인해준다.

8 Time to live(TTL) - 네트워크에서 데이터그램이 버려지기 전까지 얼마나 머물 수 있는지 나타낸다. 시간이라지만 라우터에서 포워드될 수 있는 횟수나 라우터가 유지할 수 있는 홉(hop)수를 나타낸다. 이 TTL은 조정될 수 있고, 보통 32~64 홉수로 데이터그램이 라우터를 지날 때마다 하나씩 감소되어서 TTL이 1이 되면 패킷이 버려진다. 길이는 8-bits이다.

9 Protocol - 데이터 그램을 수신하는 전송층의 프로토콜 타입(TCP나 UDP 등)을 구별해준다. 길이는 8-bits이다.

10 Header checksum - 수신 노드가 IP 헤더의 전송 중 손상을 계산해주는데 16-bits 길이이다.

11 Source IP address - 소스 노드의 완전한 IP주소나 네트워크층 주소를 확인해주는데 32-bits 길이이다.

12 Destination IP address - 목적지 노드의 완전한 IP주소나 네트워크층 주소를 확인해주는데 32-bits 길이이다.

13 Options - 라우팅과 타이밍 정보를 선택적으로 가지므로 길이가 변한다.

14 Padding - 헤더가 32-bits의 배수인지 확인해주는 필러비트(filler bits)를 가지므로 길이가 변한다.

15 Data - 소스 노드에서 보내진 오리지널 데이터와 전송층에서 TCP에 의해 추가된 정보를 지닌다. 가변 길이이다.

이제 옆의 HTTP를 요청하는 IP 데이터그램을 살펴보자. ① 우선 버전필드를 보면 현재 대부분에서 사용되는 IPv4인 것을 알게 된다. ② 다음으로 데이터그램의 헤더길이가 20-bytes인데, 이는 IP 헤더의 최소길이이므로 어느 옵션이나 다른 패딩이 들어있지 않다는 것을 알게 된다. ③ DiffServ에는 우선 처리순서가 정해져 있지 않은데 웹페이지를 요청할 때 흔한 경우이다. ④ 또 데이터그램의 총길이가 44-bytes로 주어졌는데, 헤더가 20-bytes이고 TCP 세그먼트를 캡슐화하는데 24-bytes이므로 합리적인 크기이다. IP 패킷의 최대 크기가 65,535-bytes인 것을 고려할 때 이것은 매우 작은 패킷임을 알 수 있다. ⑤ 이제 패킷을 구별해주는 구별필드를 보면 16진법(hexadecimal)으로 0x0000임을 알 수 있고, ⑥ 이 패킷이 조작화되어 있는지 결정해주는 플래그 필드에서 Don't fragment가 1로 세팅되어 있으므로 조작화되어 있지 않음을 알 수 있다. ⑦ 그래서 Fragment offset이 0이다. ⑧ TTL이 64로 되어 있는데 이 패킷이 네트워크를 다닌다면 64 hops까지 갈 수 있다는 얘기이다. ⑨ 프로토콜 필드는 IP 데이터그램 안에서 캡슐화되는 TCP 세그먼트로 TCP는 항상 16진법 "0x06"으로 표시된다. ⑩ 다음은 헤더 체크섬 에러수정인데, 수신자에 의해서 IP 헤더가 전송 도중 손상되었는지 알게 해준다. ⑪ 마지막 두 필드는 패킷의 논리적인 소스와 목적지 주소를 나타낸다.

```
Version: 4
Header length: 20 bytes
⊞Differentiated Services Field: 0x00 (DSCP 0x00: Default; ECN 0x00)
Total Length: 44
Identification: 0x0000 (0)
⊟Flags: 0x04
    .1.. = Don't fragment: Set
    ..0. = More fragments: Not set
Fragment offset: 0
Time to live: 64
Protocol: TCP (0x06)
Header checksum: 0x9ff3 (correct)
Source: 140.147.249.7 (140.147.249.7)
Destination: 10.11.11.51 (10.11.11.51)
```

〈IP 데이터그램 데이터〉

4) ICMP(Internet Control Message Protocol)

IP는 데이터를 정확한 목적지에 도달하게 지시하지만 ICMP는 네트워크층 프로토콜로 데이터 전송의 성공과 실패를 보고해준다. 이것은 네트워크의 일부가 혼잡할 때, 데이터가 목적지에 도달하지 않았을 때, 그리고 데이터가 TTL에 걸렸을 때를 알려준다. ICMP는 이런 것들을 송신자에게 통보만 하고 수정은 하지 않는데, 수정은 더 상위레벨인 TCP에게 맡긴다. 하지만 ICMP의 이런 보고는 네트워크 문제해결의 중요한 열쇠가 된다.

5) IGMP(Internet Group Management Protocol)

TCP/IP 계열의 또 다른 중요한 프로토콜이 IGMP인데, 네트워크층에서 작동하며 멀티캐스팅을 관리한다. 멀티캐스팅이란 한 노드가 한정된 일부 노드들에게 데이터를 보내는 전송방법이다(브로드캐스트는 네트워크 전체에게 보낸다. 예를 들어 공중파방송은 누구나 볼 수 있는 브로드캐스트이고, 유선방송은 가입자만 볼 수 있는 멀티캐스트이다). 대부분 데이터는 점대점 방식으로 전송되지만 이 방식은 점대다 방식으로 전송되며 화상회의 등에서 사용된다. 예를 들어 라우터는 IGMP로 어느 노드가 어떤 멀티캐스트 그룹에 속해 있는지 알 수 있어서, 그 그룹 안의 모든 노드들에게 데이터를 전송한다. 멀티캐스트 그룹에 가입하려면 IGMP를 이용하면 된다.

6) ARP(Address Resolution Protocol)

ARP는 네트워크층 프로토콜인데 호스트(노드)의 MAC주소를 얻어내서 'MAC주소-호스트의 IP주소' 데이터베이스를 만든다. 만일 한 노드가 같은 네트워크상의 다른 노드의 MAC 주소를 알고 싶으면 ARP를 사용해서 브로드캐스팅하면 된다. 네트워크의 모든 노드들이 이 브로드캐스트를 보지만 해당되는 MAC 주소의 호스트만 응답하게 된다. 이 ARP를 좀 더 효율적으로 하기 위해서 머신은 알려진 "MAC-IP주소" 테이블을 하드디스크에 데이터베이스로 저장해 두는데, ARP 테이블이나 ARP 캐시(cache)라고 부른다. 이 데이터를 저장해 둔 뒤 다음 번에 해당 노드를 찾으면 또다시 브로드캐스트해서 노드를 찾지 않고 바로 이 표에서 정보를 얻어내어 액세스를 빠르게 한다.

다음에 간단한 ARP 테이블을 보였다.

```
IP Address          Hardware Address     Type

123.45.67.80        60:23:A6:F1:C4:D2    Static
123.45.67.89        20:00:3D:21:E0:11    Dynamic
123.45.67.73        A0:BB:77:C2:25:FA    Dynamic
```

여기서 보면 두 타입의 엔트리가 있는데 동적 ARP와 정적 ARP이다. 동적(dynamic)은 클라이언트가 이 테이블에는 없는 ARP 요청을 했을 때 만들어진 것이며, 정적(static)은 누군가가 ARP 유틸리티로 이미 기록해 둔 것이다. Windows 명령프롬프트나 UNIX, Linux

의 쉘 프롬프트에서 arp를 타자했을 때 얻어지는 정보를 이용하거나 장치의 ARP를 보고 얻어낼 수 있다. 이 도구는 arp -a를 사용해서 IP주소에 문제가 있거나 두 개의 IP주소 충돌이 있는 네트워크의 문제해결에서 매우 유용하다.

7) RARP(Reverse ARP)

만일 장치의 IP주소를 모르면 ARP를 사용할 수 없게 되는데, IP주소가 없기 때문에 ARP 요청을 할 수도 없고 ARP 응답도 받을 수도 없기 때문이다. 이럴 경우 클라이언트가 자신의 MAC주소를 브로드캐스트해서 IP주소를 역으로 얻어내면 되는데, ARP와 반대 개념이므로 RARP라고 한다. RARP서버는 MAC주소와 그에 연관된 IP주소 테이블을 ARP 테이블과 유사하게 지니고 있다가 클라이언트의 RARP 요청을 받으면 자신의 RARP 테이블에서 해당 클라이언트의 IP주소를 찾아내 보내준다. RAP는 원래 하드디스크 없이 메모리로 IP주소를 얻어서 네트워크에 연결하려는 워크스테이션을 위해서 만들어진 기법으로, 무인설치 등에서 BootP와 함께 요긴하게 사용될 수 있다.

2.2 TCP/IP 주소체계

네트워크는 두 가지 종류의 주소를 이해할 수 있는데, 논리적(or 네트워크) 주소와 물리적(or MAC, 하드웨어) 주소이다. MAC주소는 장치의 NIC에 할당된 주소로 제조사에 의해 정해진다. 논리주소는 수동으로 혹은 자동으로 정해질 수 있는데 프로토콜 표준에 따라야 한다. TCP/IP 프로토콜 계열에서 IP주소가 논리주소의 핵심이다.

각 IPv4 주소는 유일한 32-bits 숫자로 8-bits(octet)씩 네 개가 점(.)으로 구별되는데 144.92.43.178식과 같다. IP주소는 네트워크와 호스트 두 가지 정보를 가지고 있다. 먼저 네트워크주소가 나오며 나머지 부분이 호스트주소가 된다. 현재 네트워크에서는 주로 Class A, B, C가 사용된다. Class D와 E도 있지만 IETE가 별도의 용도로 정해놓아서 잘 사용되지 않는다. 다음에 간단히 Class 별로 구별해 놓았다.

Class	시작~끝 Octet	네트워크 수	네트워크 당 최대 호스트 수
A	1~126	126	16,777,214
B	128~191	16,000	65,534
C	192~223	2,000,000	254
D	224~239	*	Multicasting용
E	240~254	*	실험연구용

비록 8-bits가 256개(2^8)의 가능한 조합을 가지고 있을 수 있지만 1~254개만 호스트와 네트워크용으로 사용될 수 있다. 0은 네트워크 자체(해당 네트워크 전체)를 표시하는데 10.0.0.0은 10으로 시작하는 모든 장치를 일컫는다. 255는 브로드캐스트용으로 남겨놓는데 255.255.255.255는 네트워크 세그먼트에 연결된 모든 장치에게 메시지를 보낸다. 그러므로 IP주소를 보면 네트워크 클래스를 알 수 있다.

예를 들어 IP주소 23.78.110.109와 23.164.32.97, 그리고 23.48.112.43은 모두 Class A에 속하는 동일 네트워크 세그먼트에 들어 있으며 23이 Network ID이다. 또 168.34.88.29와 168.34.55.41, 그리고 168.34.205. 113은 모두 Class B에 속하며 168.34가 Network ID이다. 마찬가지로 204.139.118.7과 204.139.118.54, 그리고 204.139.118.31은 모두 Class C에 속하며 204.139.118이 Network ID이다. 이들 IP주소에서 Network ID를 제외한 나머지가 Host ID이다. 이를 정리하면 다음과 같다.

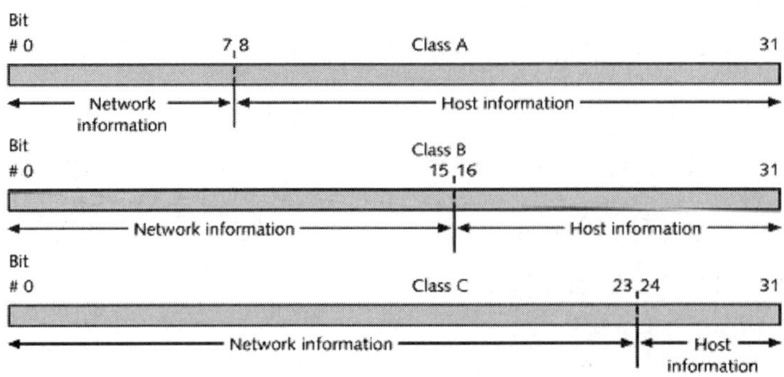

인터넷을 연구하는 사람들은 다량으로 IP주소를 확보하는 문제와 쉽게 주소체계를 세우기 위해서 노력해 왔다. 하지만 이런 목표는 그리 충실히 이뤄지지 못했는데 인터넷 초기에 정부단체나 기업이(IBM 등) 실제 조직에서 필요로 하는 노드 수보다 더 많은 IP주소를 할당해주는 Class A를 선점했으며, Class B는 중간 크기의 조직이(MS 등), 그리고 Class C를 개인 등(대부분 조직들)이 사용하고 있다. 그래서 최근에는 IP주소가 고갈되고 있는 형편이지만 거대 조직들이 남는 주소를 예약해 소유하고 있다. 따라서 많은 IP주소가 활용되지 못하고 있지만 이들을 재할당하지도 못한다. 예를 들어 127로 시작되는 주소는 어느 Class에도 속하지 못하는데, 해당창치의 연결테스트에 쓰이도록(이를 loopback test라고 한다) 예약되어 머신이 네트워크에 연결된 여부를 확인할 때 요긴하게 사용된다.

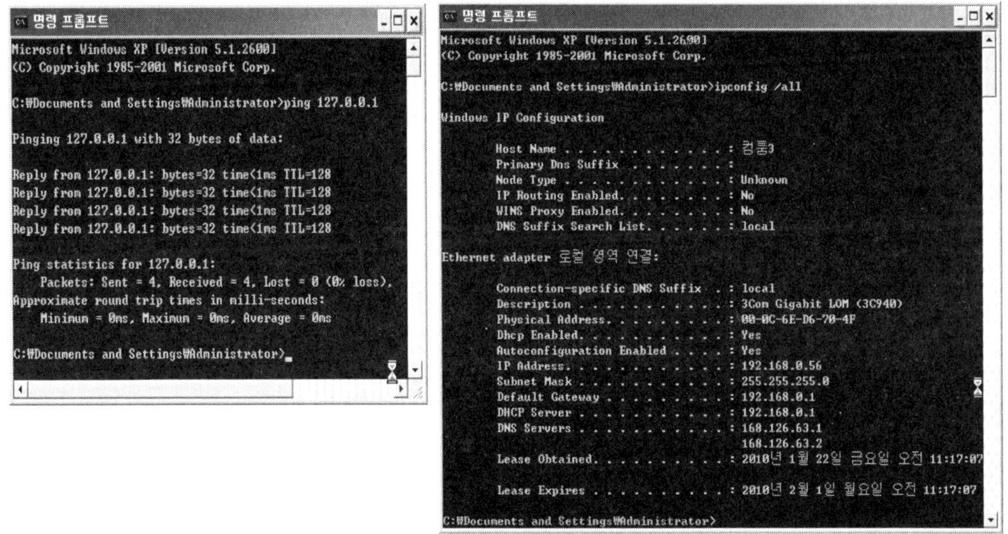

<loopback과 IPconfig –a 화면>

ping 127.0.0.1하면 연결정보를 볼 수 있다(Windows XP에서 자신의 머신에 할당된 IP주소정보를 보려면 '시작'–프로그램–보조프로그램–'명령프롬프트'로 가서 IPconfig/all을 타자하면 볼 수 있다. UNIX에서는 ifconfig -a를 타자하면 된다).

현재 43억 개 정도의 IP주소가 쓰이고 있지만 매해 더 많은 주소가 필요한 실정이다. 그래서 이런 늘어나는 수요를 충족시키려고 나온 것이 IPv6 체제이지만 버전6로 가기에는 새로운 하드웨어, 소프트웨어, 훈련 등에 드는 비용이 어마어마하므로 아직 활성화되고 있지 못하다.

1) 2진법과 10진법 표시

지금까지 IP주소를 점찍은 10진법으로 표시했는데, 원래는 2진법으로 표시되어 있는 것을 우리가 알아보기 쉽게 한 개념이다. IP주소 131.65.10.18을 예를 들어 살펴보자. 10진법 131.65.10.18은 2진법으로 10000011.01000001.00001010.00100100이다.

2) 서브넷 마스크(Subnet Mask)

IP주소에 더해서 모든 TCP/IP 장치는 서브넷 마스크로 그룹을 이루기도 하는데 간단히 마스크나 네트마스크라고도 부른다. 32-bits로 IP주소들을 모아 해당 장치가 속한 세그먼트나 네트워크를 나머지 네트워크에게 알려준다. IP주소처럼 네 개의 8-bits를 점(.)으로 구별해서 표시하며, IP주소처럼 해당 장치의 TCP/IP 구성화면에서 수동으로 할당해 주거나 DHCP서버 등을 통해서 자동으로 할당되게 할 수 있다. 주어진 IP주소의 첫 숫자를 보고 호스트머신이 속한 네트워크 Class를 알 수 있는데도 서브네팅을 하는 이유는 단일 클래스의 네트워크를 여러 개의 더 작은 논리적인 네트워크로 나눔으로써 네트워크 트래픽 관리와 주어진 IP주소를 더욱 활용할 수 있기 때문이다. 별도로 서브넷을 나누지 않으면 Class에 따라서 디폴트로 서브넷 마스크가 주어진다. Class A는 255.0.0.0이며, Class B는 255.255.0.0이고, Class C는 255.255.255.0이다.

2.3 IP주소 할당

이미 IANA, ICANN, RIRs 등과 같은 정부 후원단체들이 전 세계의 ISP와 같은 서비스 제공자들에게 IP주소를 할당해주고 있어서 개인이나 기업들은 이들을 통해서 사용할 IP주소를 임대(lease)받아 인터넷에 연결할 수 있다. 인터넷에 연결되거나 다른 머신에 연결될 때 모든 노드는 고유한 IP주소를 받아야 하는데, 기존에 사용중인 주소를 받게 되면 신규 머신은 에러메시지를 받고 TCP/IP 서비스가 불가하게 되며 기존 머신은 같은 에러메시지를 받지만 정상적으로 사용된다. TCP/IP 설정화면에서 IP주소를 수동으로 정해줄 수 있는데 이를 “정적 IP주소”라고 하며 변하지 않는다. 그러나 대규모 네트워크에서는 관리자의 실수로 중복된 주소를 설정할 수도 있기 때문에 대부분 DHCP나 BootP를 통해 자동으로 IP주소를 설정하게 하는데 이를 “동적 IP주소”라고 한다.

1) BootP(Bootstrap Protocol)

예전에는 네트워킹을 하고자 하는 머신들은 구성 파일을 통해 할당된 정적 IP주소 파일을 하드디스크에 저장하고 있다가 필요시 사용했었다. 하지만 네트워크가 커지면서 이 저장파일도 커졌고 관리하기도 힘들어졌다. 3,000개 이상의 노드에 수동으로 IP주소를 할당한다고 생각해보라. 또 이 구성파일이 다른 네트워크와 연결될 때 서로 호환되지 못하는 문제도 있었다. 이런 문제를 해결하고자 1980년대 중반 응용층에서 작동하는 BootP가 만들어졌는데, MAC 주소 리스트와 그에 상응하는 IP주소를 중앙저장소(서버)에서 가지고 있다가 클라이언트에게 자동으로 할당해주는 방식이었다. 장치가 요청할 때마다 IP주소를 할당해주므로 동적 IP주소체제이다.

BootP에 있는 클라이언트는 네트워크에 연결해서 자신의 NIC의 MAC주소가 들어있는 브로드캐스팅 메시지를 보내서 IP주소를 서버에게 요청하면 BootP서버가 이 요청을 받아 자신의 주소테이블에서 이 MAC주소에 해당하는 클라이언트의 IP주소, 서버의 IP주소, 서버의 호스트네임, 디폴트 라우터의 IP주소 정보 등을 클라이언트에게 전해준다. BootP를 이용하면 클라이언트는 자신의 IP주소를 기억할 필요가 없어서 관리자가 일일이 머신을 찾아다니며 IP설정을 해줄 필요가 없다. BootP는 RARP가 클라이언트에게 MAC을 이용해서 IP주소를 할당해주는 방식과 유사하다고 느낄 수도 있지만, 중요한 차이는 RARP 요청과 응답은 경로를 가지고 있지 않아서 RARP가 IP주소를 주려면 모든 LAN에 별도의 RARP 서버를 설치해야만 하지만 BootP는 LAN을 통과할 수 있다. 또 RARP는 클라이언트에게 단지 IP주소만 주지만 BootP는 클라이언트의 서브넷 마스크 등 많은 정보를 줄 수 있다.

하지만 BootP도 IP주소 등을 정교하게 설정해줄 수 있는 DHCP에게 자리를 양보해야만 했다. 지금은 디스크 없는 머신의 네트워크 사용 이외에는 거의 사용되지 않고 있다. BootP에서는 관리자가 모든 MAC주소와 IP주소를 BootP 테이블에 일일이 입력해 주어야만 했는데 대규모 네트워크에선 힘든 일이었다.

2) DHCP(Dynamic Host Configuration Protocol)

이 유틸리티는 네트워크에 있는 모든 노드에게 IP주소 등을 자동으로 할당해 준다. DHCP는 IETF에서 BootP를 대신하려고 만들었고 BootP와 같이 응용층에 속한다. BootP와 유사하게 작동하지만 관리자가 일일이 MAC주소와 IP주소 테이블을 만들어 서버에 저장해 두지 않으므로 관리자의 일이 훨씬 수월하다. 단지 DHCP 서버머신에 DHCP 서비스를 설치하고 구성해주면 된다. DHCP를 사용하면 IP주소 관리에 드는 시간과 계획이 불필요해지고, IP주소 할당으로 인한 에러의 소지가 없어지며, 사용자가 머신이나 프린터의 이동시 TCP/IP 구성을 변경하지 않아도 되고, 모바일 사용자에게도 투명하게 IP주소를 자동으로 구성해주는 이점들이 있다. 때때로 BootP와 DHCP 설정이 동시에 붙어 나오는 경우도 있는데 클라이언트에게 이 두 서비스가 비슷해 보이기 때문이다.

(1) DHCP 임대과정

DHCP시스템에서 네트워크상의 노드는 IP주소를 빌린다(임대한다). DHCP는 클라이언트 머신들이 네트워크에 로그온하자마자 일시적으로 IP주소를 임대해주는데 DHCP서버와 클라이언트의 구성에 따라 임대기간이 달라진다. 임대 IP주소 범위와 기간을 정할 수 있다.

DHCP서버와 클라이언트는 다음의 과정을 갖는다.

1 사용자머신에 전원이 들어오고 NIC가 네트워크를 감지하면 UDP프로토콜을 이용해서 DHCP 찾기(discovery) 패킷을 브로드캐스트해서 DHCP/BootP서버를 찾는다.

2 클라이언트와 동일한 서브넷에 있는 모든 DHCP서버는 이 브로드캐스트 요청을 받고 사용할 수 있는 IP주소로 응답하는데, 다른 클라이언트의 IP주소도 가지고 있다. 응답메시지에는 클라이언트의 IP주소, 서브넷 마스크와 DHCP서버의 IP주소, 리스기간 등이 들어있다. 이 때 클라이언트들은 IP주소를 가지고 있지 않으므로 DHCP서버가 직접 정보를 보낼 수 없다.

3 클라이언트는 자신의 요청 브로드캐스트에 대한 응답으로 자신이 받고 싶어 하는 DHCP서버를 확인하고 첫 IP주소를 받는데, 다른 DHCP서버들도 브로드캐스트된 이 클라이언트의 요청을 볼 수 있지만 클라이언트가 원하는 서버가 아닐 때에는 자신이 내놓은 주소를 주소풀(address pool)로 되돌린다.

4 선택된 DHCP서버는 확인을 받고서 클라이언트에게 승인(ACK) 메시지와 함께 DNS, 서브넷 마스크, 게이트웨이와 같은 더 많은 정보를 보낸다.

이 모든 과정이 단지 네 개의 패킷교환으로 끝나기 때문에 네트워크 오버헤드가 생기지 않으며 시간도 걸리지 않는다. 서버와 클라이언트는 리스기간이 끝나지 않는 한 클라이언트 머신이 꺼져도 이 과정을 되풀이할 필요가 없지만, 클라이언트 머신의 위치가 변경되면 이 과정을 다시 해야 한다.

(2) DHCP 임대 종료, 갱신

DHCP의 IP주소 임대는 기간 만료나 관리자의 조작으로 DHCP서버에서나 클라이언트에서 만료될 수 있는데 DHCP서버에 문제가 있을 때이다. Windows XP에서 '시작'→프로그램→보조프로그램→'명령 프롬프트'에서 IPconfig /release를 타자하면 임대종료가 되고 새로운 IP주소를 얻으려면 IPconfig /renew하면 된다.

3) APIPA(Automatic Private IP Addressing)

DHCP 서비스를 구성해서 편리하게 네트워크 서버와 사용자 클라이언트 머신에 IP주소를 주고 인터넷을 사용하게 하지만 만일 DHCP서버에 접속할 수 없다면 어떻게 될까? 네트워크에서 다른 모든 것들이 정상적으로 작동된다 해도 클라이언트 머신은 IP주소가 없으면 그들과 통신할 수 없게 된다. 이런 경우를 대비해서 MS는 Windows 98, Me, 2000, XP 클라이언트와 2003 서버 OS에 이 APIPA서비스를 넣어 두어 머신이 자동으로 IP주소를 얻을 수 있게 했다. 머신의 NIC에 IANA로부터 예약되어 미리 정의된 IP주소를 할당해 주는데 IP는 169.254.0.0~169.254.255.255 범위이며, 디폴트 서브넷 마스크는 Class B를 할당해 준다. APIPA는 OS의 일부이기 때문에 관리자의 간섭이나 중앙지점에서의 확인이 필요 없다. 또한 사용할 수 없었던 DHCP서버가 다시 정상적으로 되면 APIPA는 클라이언트 머신에게 할당했던 IP주소를 버리고 DHCP서버에 접속해서 새로운 IP주소를 받게 해준다.

LAN에서 APIPA를 통해서 IP주소를 받고 나면 똑같이 APIPA를 사용해서 IP주소를 받은 머신들과 통신할 수 있지만 다른 서브넷의 머신들과는 통신할 수 없다. 즉, 인터넷이나 다른 WAN으로 데이터 송수신이 불가하다는 얘기이다. 만일 앞에서의 예처럼 '명령 프롬프트'로 들어가서 IPconfig /all을 타자했을 때 "Auto configuration Enabled"라고 메시지가 뜨면 현재 머신이 APIPA를 사용하고 있는 것이다. APIPA는 DHCP서버를 체크해서 IP주소를 할당하게 하므로 머신에 APIPA를 사용하게 해둘 필요는 없다. 그리고 머신의 IP주소가 정적으로 되어져 있다면 APIPA는 IP주소를 재설정하지 않고 클라이언트 머신이 DHCP를 사용하게 한다. APIPA는 시스템 레지스트리에서 사용하지 않게 설정될 수 있다.

2.4 포트(Port)와 소켓(Socket)

장치가 네트워크상에서 정보를 송수신하기 위해서 유일한 IP주소가 필요하듯이 프로세스도 유일한 주소가 필요한데 바로 포트번호이다. 머신의 모든 프로세스는 포트번호를 할당받는다. IP주소가 건물번호라면 포트번호는 사무실번호와 같은 개념이다. 이 포트번호에 IP주소가 함께 한 것이 소켓이다.

예를 들어 IP주소가 10.43.3.87이며 포트번호가 23인 Telnet서비스를 사용한다면 소켓번호는 10.43.3.87:23이다. 그러므로 호스트는 23번으로 들어오는 요청을 모두 Telnet으로 여기게 된다. 포트번호는 10진법으로 된 것으로 한 머신의 어느 서비스의 포트번호는 다른 머신의 동일한 서비스에 대해서 같은 포트번호이어야 서로 서비스할 수 있다. 포트번호는 TCP/IP 통신을 단순화시켜 데이터가 올바른 응용프로그램에 전달되게 해준다. 클라이언트가 23번으로 서버에게 서비스를 요청하면 서버는 바로 Telnet서비스 요청이라는 것을 알아차리고 별도의 추가 세션 없이 바로 가상연결을 통해 서비스를 공급해준다.

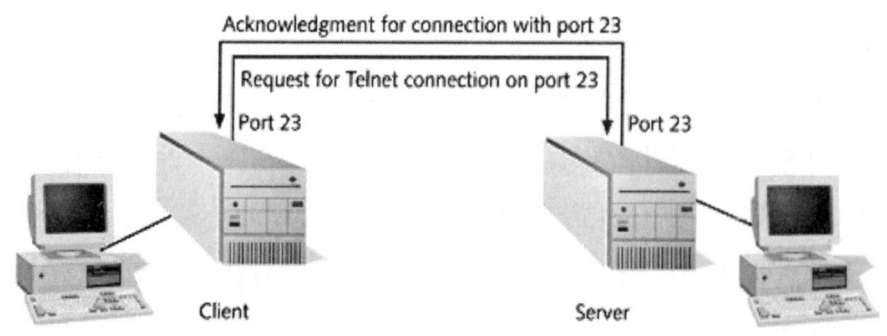

<Telnet 서비스 가상연결>

포트번호는 0~65535 범위이며 IANA에 의해 세 가지 타입으로 나뉘었는데 Well-known 포트와 Registered포트, 그리고 Dynamic and/or Private포트이다. Well-known포트는 0~1023까지로 OS와 관리자만 접근할 수 있는데 이것들은 프로세스와 초기 TCP/IP 프로토콜인 TCP, UDP, Telnet, FTP 등에게 할당되어 있다. Registered포트는 1024~49151까지로 네트워크 사용자와 특별한 관리자 권한이 필요 없는 프로세스에게 할당되어 있다. 소프트웨어 등이 이 범위의 포트넘버를 가지려면 IANA에 등록해야 한다. 또 Dynamic and/or Private포트는 49152~65535로 등록 없이 누구에게나 오픈되어 있다.

Port Number	Process Name	Protocol Used	Description
7	ECHO	TCP and UDP	Echo
20	FTP-DATA	TCP	File Transfer - Data
21	FTP	TCP	File Transfer–Control
22	SSH	TCP	Secure Shell
23	TELNET	TCP	Telnet
25	SMTP	TCP	Simple Mail Transfer Protocol
53	DNS	TCP and UDP	Domain Name System
69	TFTP	UDP	Trivial File Transfer Protocol
80	HTTP	TCP and UDP	World Wide Web HTTP
110	POP3	TCP	Post Office Protocol 3
119	NNTP	TCP	Network News Transport Protocol
143	IMAP	TCP	Internet Message Access Protocol
443	HTTPS	TCP	Secure implementation of HTTP

〈주요 TCP 포트번호〉

포트번호는 OS나 HP OpenView와 같은 소프트웨어 등으로 편집될 수 있는데, 서버는 포트번호와 연관된 서비스를 텍스트파일로 저장하고 있다. 관리자 권한으로 장치가 사용하는 포트를 바꿀 수 있는데, 예를 들어 Telnet서비스를 23에서 2330으로 바꿀 수 있다. 하지만 이는 표준을 위반한 것으로 다른 노드들도 이 포트번호를 알아야 서비스가 가능하므로 관리가 오히려 복잡해지기도 하지만 보안을 위해서 사용될 때도 있다.

2.5 IPv6 주소체계

IPv6는 IP Next Generation 혹은 IPng라고도 불리는데 일부 응용프로그램, OS, 서버는 이미 IPv6를 지원한다. v4와 v6는 몇 가지 차이가 있는데, ① 우선 IPv6는 더욱 효율적인 헤더, 더 나은 보안, 자동 IP주소 구성 등을 지원한다. 하지만 가장 중요한 이점은 수십 억의 수십억 개에 이르는 IP주소일 것이다. ② 또 IPv4는 123.45.67.89처럼 2진수 32-bits가 8-bits씩 네 개가 점(.)으로 구분되지만, IPv6는 F:F:0:0:0:0:3012:0CE3처럼 16진수 128-bits로 16-bits씩 여덟 개가 콜론(:)으로 구별되어져 있다. 멀티플 0은 자주 ::로 생략되어 표시되는데 위 주소는 F:F::3012:0CE3로 쓰일 수도 있다. 예를 들어 loopback을 검사하는 127.0.0.1은 0:0:0:0:0:0:0:1(줄여서 ::1)이 된다. ③ 또 다른 차이로 IPv6에서는 NIC주소 같이 한 장치에 한 인터페이스를 지원하는 Unicast와 여러 장치에 여러 인터페이스를 지원해서 동일한 데이터를 여러 장치에 동시에 보내줄 때 유용한 Multicast(그래서 IPv6에는 IPv4의 Broadcast가 없다), 또 한 인터페이스를 여러 인터페이스(여러 노드)가 지원해주어 들어오는 전송을 처음 가용한 인터페이스 중 하나가 받아들이는 Anycast가 있다. Anycast는 ISP에 속한 라우터들에게 유용한데, 예를 들어 ISP 서버 중 한 곳으로 들어오는 인터넷 요청을 Anycast그룹에 속해 있는 처음 가용한 라우터가 받아들인다. 이렇게 함으로써 어느 특정 라우터가 가용될 때까지 전송 요청이 지연되지 않고 빨리 처리되게 한다. 따라서 특정 호스트나 워크스테이션이 Anycast되지 못할 수도 있다. ④ IPv6는 Format Prefix를 가지고 있는데 주소의 처음에 있는 가변길이 필드로써 주소의 타입과 나머지 주소를 알려준다. IPv4에서는 한 장치/인터페이스를 나타내는 주소와 여러 장치/인터페이스를 나타내는 주소 사이에 구별이 없다. 하지만 IPv6에서는 IP주소의 처음 필드로 주소가 나타내는 인터페이스 타입을 알게 해준다. Anycast나 Unicast는 16진법 FEC0나 FE80으로 시작되며 Multicast는 FF0x로 시작된다(여기서 x는 전체조직에 속하는 주소그룹이거나 WAN의 어느 사이트에 속하는 주소그룹의 그룹 Scope ID이다).

1990년대 중반에 이미 규정된 IPv6는 최근 늘어나는 무선인터넷으로 인해 사용이 급속히 빨라질 것으로 예상된다. 한동안은 v4와 v6가 공존할 것으로 예상되는데, IPv4 시스템에서 IPv6를 전송하려면 연결 장비가 패딩(padding)을 모두 0으로 채워서 128-bits로 만드는 방법을 사용해서 v4를 v6로 전환시켜줘야 한다.

2.6 호스트네임(Host Name)과 DNS(Domain Name System)

대부분 TCP/IP주소는 많은 숫자 시스템을 가지고 있는데, 컴퓨터는 이런 일들을 쉽게 하지만 우리는 숫자보다 단어에 더 친숙하다. 그래서 인터넷에서는 모든 노드에 이름체계를 사용하게 했다. 인터넷에 있는 모든 장치들을 호스트라고 하는데, 호스트는 호스트네임을 가지고 있다.

1) Domain Names

모든 호스트는 도메인(domain)의 멤버인데 도메인은 같은 조직에 속하는 머신들의 그룹이거나 공통으로 사용하는 IP주소 그룹이다. 도메인은 도메인명으로 구별하는데 도메인명은 회사나 정부, 대학 등과 같은 조직과 관련되어 있다. 예를 들어 IBM의 도메인명은 ibm.com이다. 또 호스트명은 머신의 이름을 말하지만 실제로는 로컬 호스트명과 도메인명을 합쳐서 말하며, 이를 FQHN(Fully Qualified Host Name)이라고 한다. 그러므로 만일 IBM의 기술부라면 FQHN은 tech.ibm.com이 될 것이다. 도메인명은 라벨(label)이라고 불리는 문자열로 표현되는데 점(.)으로 구별된다. 각 라벨은 도메인 네이밍 계층구조를 가지고 있는데 www.ibm.com과 같다. 여기서 “com”이 TLD(Top-Level Domain)이며 “ibm”은 두 번째 레벨이고 “www”는 세 번째 레벨이다. 두 번째 레벨은 여러 개의 세 번째 레벨을 가질 수 있는데, support.ibm.com, tech.ibm.com이나 ftp.ibm.com 식이다.

도메인네임은 ICANN을 대신하는 인터넷 네이밍 단체에 등록되어야 하는데, 1980년대 중반 ICANN 승인 TLD인 .com, .org, .net에는 제한을 두지 않았지만 .arpa, .mil, .int, .edu와 .gov TLD에는 사용을 제한했다. 하지만 이후 여러 단체의 요청에 의해 이들도 자유롭게 사용하게 했다. 또 240여개의 국가 TLD로 완성했는데 캐나다는 ca, 한국은 kr 등이다. 하지만 조직은 국가 TLD를 사용하지 않기도 하는데, Cisco사는 미국에 있지만 www.cisco.com이지 www.cisco.us라고 하지 않는다. 그러나 미국 New York에 있는 Garden City는 www.gardencity.k12.ny.us로 하고 있다.

조직이 도메인명을 보존하고 나면 누구나 그 조직의 도메인명을 알게 되며 다른 조직은 법적으로 그 도메인명을 사용할 수 없다. 호스트와 도메인명에는 일부 제한이 있는데, 최대 63자까지 사용할 수 있고 하이픈(-), 밑줄(_), 점(.)을 포함할 수 있지만 다른 문자는 안 된다.

Domain Suffix	Type of Organization
ARPA	Reverse lookup domain (special Internet function)
COM	Commercial
EDU	Educational
GOV	Government
ORG	Non-commercial Organization (such as a nonprofit agency)
NET	Network (such as an ISP)
INT	International Treaty Organization
MIL	U.S. Military Organization
BIZ	Businesses
INFO	Unrestricted use
AERO	Air-transport industry
COOP	Cooperatives
MUSEUM	Museums
NAME	Individuals
PRO	Professionals such as doctors, lawyers, and engineers

〈TLD〉

2) 호스트파일(Host Files)

처음 인터넷이었던 ARPAnet는 1,000호스트도 안 되는 머신들을 연결했었는데, ASCII 텍스트파일인 HOSTS.TXT에 호스트명과 그와 연관된 IP주소를 기록해서 사용했었다. 이후 이런 파일을 host file이라고 불렀는데, 인터넷이 성장함에 따라서 유지관리가 힘들어졌다. 호스트파일이 계속해서 업데이트되어져야 하고 한 머신을 찾기 위해서 전 세계의 호스트파일을 뒤져야 하므로 많은 대역폭을 소비하게 되며 만일 실수로 파일이 지워지면 인터넷 연결이 불가해진다. 다음에 있는 호스트파일에는 IP주소와 호스트네임이 있고 호스트의 별칭인 Alias가 있다. Alias는 FQHN을 줄여서 말한 것이다. 또 호스트파일에 #로 시작되는 줄이 있는데 호스트파일의 설명을 나타내는 부분으로 프로그램이 읽지 않는다(주석처리로 본다).

UNIX와 Linux에서는 이 호스트파일이 hosts로 불리며 /etc 디렉토리에 들어있다. Windows 9x, NT, 2000이나 XP 머신에서도 hosts로 불리는데, %systemroot%\system32\drivers\etc 폴더에 저장되어 있다. %systemroot%는 OS파일이 저장되어 있는 곳이다.

# IP address	host name	alias
132.55.78.109	bingo.games.com	bingo
132.55.78.110	parcheesi.games.com	parcheesi
132.55.78.111	checkers.games.com	checkers
132.55.78.112	darts.games.com	darts

〈호스트파일 화면〉

3) DNS(Domain Name System)

간단한 호스트파일은 대규모 네트워크에서 사용하기 불충분하며 인터넷에서는 어림도 없기 때문에 더욱 자동으로 주소문제를 해결해주는 방식이 있어야 했다. 1980년대 중반에 인터넷 기술자들이 호스트네임과 IP주소를 연관시켜주는 계층구조적인 시스템을 만들었는데 DNS이다. DNS는 호스트네임과 IP주소를 연관시켜주는 응용층 서비스이기도 하지만 조직화된 컴퓨터와 데이터베이스 시스템이기도 한다. DNS는 어느 한 파일이나 서버를 이용하지 않고 글로벌한 13대의 머신을 최종레벨의 머신으로 해서(이들을 root servers로 부름) 계층적 구조로 묶어서 사용한다. 이들 머신은 분산되어 있기 때문에 어느 한 머신이나 일부가 고장나더라도 주소 풀이에 문제가 없게 했다.

DNS는 트래픽을 적절하게 통제하기 위해서 리졸버(resolver), 네임서버(name severs), 그리고 네임스페이스(name space)를 사용하는데, 리졸버는 도메인네임 정보를 찾는 인터넷상의 어느 머신을 가리킨다. 리졸브 클라이언트는 HTTP 같은 TCP/IP 응용프로그램에 들어있는데, 만일 "http://www.hta.com"을 실행하면 http 클라이언트 소프트웨어는 www.hta.com의 IP주소를 리졸버가 찾도록 초기화한다. 만일 이전에 그곳을 방문한 적이 있다면 로컬머신의 임시메모리에 저장하고 있다가(cookies로 부름) 빨리 추출해주지만, 그렇지 않다면 리졸버서비스는 머신의 네임서버에게 www.hta.com의 IP주소를 찾도록 요청한다. 네임서버(혹은 DNS서버)는 IP주소와 그와 연관된 호스트이름의 데이터베이스를 가지고 있는 서버로써 이름 찾기 요청이 있을 때 정보를 제공해준다. 만일 이 DNS도 이름 찾기에 실패하면 더 상위층의 DNS 네임서버에게 요청한다.

회사에서 www.hta.com에 접속하고자 하는데 처음 접속하는 경우라면 클라이언트 리졸버는 로컬머신에 주소정보가 들어있지 않은 것을 발견하자마자 회사의 LAN에 연결되어져 있(을 수도 있)는 가장 가까운 네임서버에게 이름풀이를 요청할 것이다. 이 회사의 네임서버도 이름풀이를 하지 못한다면 더 상위레벨인 ISP와 같은 곳의 네임서버에게 이름풀이를 요청하게 된다. 만일 여기서도 이름풀이를 못하면 ISP의 네이밍을 주관하는 다른 곳에 이름풀이를 요청해서 얻어낸다. 정리하자면 "클라이언트-LAN DNS서버-ISP DNS서버-ISP의 ISP DNS서버-루트서버"의 경로로 찾은 다음 다음에 "클라이언트-LAN DNS서버"로 바로 끝날 것이다.

네임스페이스는 인터넷 IP주소와 연관된 이름의 데이터베이스를 말하는데 사용자가 볼 수 있는 것이 아니라 글로벌한 네임서버들이 DNS 정보를 어떻게 공유하고 있는지에 관한 추상적 개념이다. 하지만 일부는 네임서버의 리소스레코드 안에 저장되어 있어 눈으로 볼 수도 있는데, DNS 데이터베이스 안에 있는 정보를 설명해주는 한 레코드이다. 예를 들어 주소 리소스레코드는 인터넷에 연결된 장치를 IP주소와 매핑시키는 리소스레코드이다. 모든 네임서버는 리소스레코드를 저장해서 DNS 네임스페이스의 부분을 가지고 있다. 리소스레코드는 기능에 따라서 여러 형태로 보이는데 각 레코드는 그 레코드가 참조하는 머신의 도메인명을 확인해주는 네임필드, 연관된 리소스레코드를 구별해주는 타입필드, 레코드가 속한 클래스를 확인해주는 클래스필드(보통은 IN으로 표시됨), 레코드가 얼마나 존재할 수 있는지 확인해주는 TTL필드, 레코드가 얼마나 데이터를 저장할 수 있는지 확인해주는 데이터길이필드, 그리고 실제 데이터필드가 있다. 현재 20여개의 리소스레코드가 사용되고 있다.

```
knight.chess.games.com    IN    A    203.99.120.76
```

위의 레코드에서 knight.chess.games.com은 호스트 도메인명이고, IN은 인터넷 레코드클래스이며, A는 레코드가 주소라는 뜻이며, 203.99.120.76은 호스트의 IP주소이다. 예전에는 관리자가 일일이 이런 레코드를 수동으로 입력해야 했지만 지금은 새로운 IP주소를 받거나, 호스트명이 바뀌거나, 네트워크에 연결할 때 클라이언트가 DHCP에서 설정을 해주거나 명령프롬프트에서 IPconfig/registerdns를 타자해서 클라이언트의 등록된 DNS 정보를 업데이트시킬 수 있다.

(1) DNS 구성하기

인터넷에서 다른 호스트와 통신하고자 하는 호스트는 네임서버 찾는 법을 알고 있어야 한다. 비록 일부 조직은 한 개의 네임서버를 운영하고 있지만 대규모 조직은 프라이머리와 세컨더리 두 개의 네임서버를 사용해서 인터넷 연결을 확실하게 해준다. 프라이머리 DNS 서버가 고장나면 세컨더리 서버가 역할을 대신한다. 대부분 네트워크에서는 DHCP 서비스가 자동으로 클라이언트에게 프라이머리와 세컨더리 두 네임서버를 할당해준다. 하지만 관리자는 수동으로도 해줄 수 있어야 한다.

(2) DDNS(Dynamic DNS)

DNS는 호스트의 IP주소가 정적으로 할당되어 일정기간 동안 유지된다면 호스트의 위치를 찾아주는 신뢰할 만한 방법이지만, 인터넷에 들어오는 수많은 호스트들 중에는 보안상이든 어떤 이유에 의해서든 일정 기간마다 IP주소가 변경되는 경우도 있을 수 있다. 호스트가 E-mail을 주고받거나 웹 서핑을 주로 한다면 별로 문제가 없겠지만 웹사이트를 호스팅하는 머신이라면 IP주소가 변경될 때마다 로컬머신의 DNS 레코드를 변경해주어야 하며, 인터넷을 통해서 자신이 변경된 것을 선전해야 하므로 불가능한 일이라고 볼 수 있다. 따라서 이런 경우에는 DDNS를 사용하면 되는데, 서비스 공급자는 사용자의 IP주소가 변경되면 서비스 공급자에게 자동으로 통보해주는 프로그램을 사용자의 머신에 실행해서 서비스 공급자의 서버가 변경을 감지하는 즉시 사용자의 DNS 레코드를 자동으로 변경하게 해준다. 그리고 DNS끼리의 업데이트도 인터넷을 통해 순식간에 이뤄진다. DDNS는 DNS 서비스를 대신하는 것이 아니라 고정 IP주소로 인한 비용 지불이 없다. DDNS 서비스는 가정이나 소규모 사업장에서 소액으로도 웹사이트를 유지하게 해주는 효율적인 방법이 된다.

(3) Zeroconf(Zero Configuration)

이 방법은 IETF에 의해서 고안된 프로토콜의 모임으로 TCP/IP 네트워크에서 노드설정을 쉽게 해준다. Zeroconf는 DNS 서버에게 요청하지 않고도 노드에게 IP주소를 할당해주고, 노드의 호스트명과 IP주소를 풀어주고, 노드가 사용할 수 있는 서비스(프린트 서비스 등)를 찾아준다. 크로스케이블(FX 케이블로도 부름) 등으로 직접 연결된 두 네트워크끼리 정적 IP주소, DHCP 서버, DNS 서버 없이도 통신되게 해준다. Zeroconf 이전에는 Windows

시스템의 NetBIOS나 Macintosh 시스템의 AppleTalk에서는 이런 타입으로 자기들끼리의 통신이 가능했지만 두 시스템 사이의 통신은 불가능했었다. Zeroconf는 여러 운영시스템 안에서도 동일하게 작동하므로 Mac OS 9와 X, Windows 98, Me, XP, Server 2003과 Linux에 딸려 나왔다. Apple에서는 이를 Rendezvous라고 부른다.

Zeroconf에서 IP주소는 IPv4LL(Link Local)을 통해서 할당되는데, 로컬로 연결된 노드에게 자동 주소할당을 관리하는 프로토콜이다. IPv4LL에서 머신 A가 네트워크에 연결되면 IPv4LL에게 할애된 169.254.1.0~169.254.254.255 사이의 IP주소를 랜덤하게 받게 된다. 머신 A는 ARP 프로토콜을 통해서 자신이 받은 IP주소를 사용하고 싶다는 메시지를 서브넷에 알린다. 그러나 만일 머신 B가 머신 A의 메시지에 브로드캐스트로 이미 그 주소가 사용되고 있다고 응답하면 머신 A는 랜덤하게 다른 IP주소를 선택하게 된다. 하지만 머신 B의 반응을 받기까지 아주 짧은 시간에 A는 응답이 없는 줄로 알고 자신이 선택한 첫번째 IP주소를 자신의 머신에 할당함으로써 문제가 일어나기도 한다.

IPv4LL이 할당한 주소는 로컬로 연결된 노드에서만 통신된다는 것을 기억해야 한다. 이를 통해서 얻는 주소는 글로벌하게 유일하지 않기 때문에 인터넷에서 사용되지 못한다(하지만 진보된 TCP/IP주소 기법은 이 주소도 인터넷에서 사용되게 해준다). 이 IPv4LL은 네트워크 프린터를 사용할 때 유용한데, 프린터에는 네트워크관리 인터페이스가 없기 때문에 관리자의 구성없이도 통신이 가능한 이 방법이 요긴해진다. 그래서 대부분 판매되는 프린터는 Zeroconf를 지원한다.

2.7 TCP/IP 응용층 프로토콜들

전송층과 네트워크층 프로토콜과 함께 TCP/IP 계열은 응용층 프로토콜도 가지고 있는데 이미 알아본 BootP와 DHCP 등과 같은 것들이다. 이런 프로토콜은 TCP나 UDP에 IP주소가 첨가되어 사용자의 요청을 네트워크가 이해할 수 있는 포맷으로 바꿔준다.

1) Telnet

이것은 터미널기법의 프로토콜로 TCP/IP 계열을 이용해서 원격 호스트에 로그온하게 한다. TCP 연결을 이루면 사용자의 로컬 키스트로크가 원격 머신에서 작업하는 키스트로크처럼 그대로 반응한다. Telnet은 일반 PC로 인터넷에 연결해서 LAN이나 WAN의 UNIX 머신과 같이 다른 기종의 원격지 머신을 통제하는데 주로 쓰인다. Telnet을 사용해서 원격지에 있는 관리자가 다른 LAN에 있는 라우터의 구성을 변경할 수 있다. 하지만 이 Telnet은 보안에 매우 취약한 단점이 있다. 여러 Linux(UNIX)의 명령어와 연계되어 있다(p320에 간략한 사용법이 나와있다).

2) FTP(File Transfer Protocol)

이것은 TCP/IP를 통해 파일을 송수신할 때 주로 사용된다. 항상 실행되고 있는 FTP서버는 FTP클라이언트의 명령어를 받아들인다. 클라이언트가 서버에 연결되면 안전한 데이터 송수신이 가능하다. FTP 명령어는 특별한 소프트웨어 없이 OS의 명령 프롬프트를 통해서도 실행할 수 있는데, 만일 Novell에서 Windows Clients의 최신버전을 받고자 한다면 명령어 프롬프트에서 ftp를 타자하면 ftp>로 바뀌는데, 여기서 open ftp.novell.com을 타자한 후 여러 명령어를 사용하면 된다. 혹은 Novell의 FTP서버에 웹으로 연결해서 ftp://ftp.novell.com을 타자하면 환영인사와 함께 로그온하게 해준다.

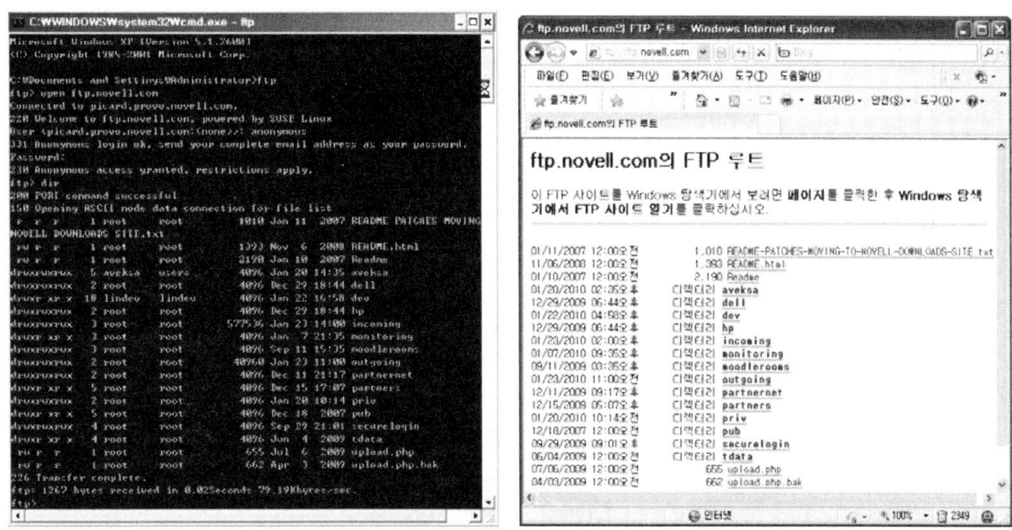

<명령어에서 ftp와 open ftp.novell.com과 dir 실행화면과 웹에서 ftp://ftp.novell.com실행화면>

FTP호스트는 소프트웨어 업데이트를 위해서 익명(anonymous) 로그온도 지원해 주므로 사용자명을 anonymous로 하고 패스워드는 E-mail 주소를 사용하게 한다. 하지만 사설 FTP사이트에 들어가려면 관리자에게서 사용자명과 패스워드를 확인받아야 한다. 일단 FTP사이트에 들어가면 cd pub를 타자해서 일반 공개된 문서를 볼 수 있고, cd updates해서 작업 디렉토리에 업데이트 파일을 놓을 수 있으며, get xxx해서 xxx파일을 받을 수 있다. quit을 타자하면 프로그램을 끝낸다.

다음에 FTP에서 사용되는 명령어를 간략히 소개했다.

1. ascii－파일 전송모드를 ASCII로 놓는다. 보통 ASCII와 Binary 두 가지 모드를 지원하는데 텍스트파일은 문자로 포맷된 ASCII모드이며, Binary는 실행프로그램과 같이 문자포맷이 아니다. ascii를 타자하면 원하는 포맷으로 다운로드해준다.
2. binary－파일전송모드를 바이너리로 하려면 binary를 타자하면 압축되거나 실행파일을 받을 수 있다.
3. cd－호스트머신의 작업 디렉토리를 변경한다.
4. delete－호스트머신의 파일을 삭제한다.
5. get－호스트머신에서 클라이언트에게 파일을 전송한다. 예를 들어 update.exe파일을 다운받으려면 get update.exe 하면 되고, 이 파일을 c:\download\patches에 저장하려면 get update.exe “c:\download\patches”를 타자하면 된다(“과 ”이 반드시 있어야 한다).
6. help－필요한 명령어나 도움을 얻게 한다. 명령어와 함께 사용하면 관련된 도움을 준다. 예를 들어 ls명령어에 관련된 것을 보고자 한다면 help ls를 타자하면 된다.
7. mget－여러 파일을 전송하게 해준다. 예를 들어 어느 폴더 내의 모든 text파일을 다운로드하고자 하면 mget *.txt를 타자하면 된다.
8. mput－클라이언트 머신으로부터 서버 호스트에 여러 파일을 업로드한다.
9. open－FTP호스트와 연결시킨다. ftp.novell.com과 연결하고자 한다면 open ftp.novell.com을 타자하면 된다.
10. put－클라이언트 머신으로부터 서버 호스트에 파일을 업로드한다.
11. quit－FTP 세션을 끝낸다.

```
명령 프롬프트 - ftp
Microsoft Windows XP [Version 5.1.2600]
(C) Copyright 1985-2001 Microsoft Corp.

C:\Documents and Settings\Administrator>ftp
ftp> ?
Commands may be abbreviated.  Commands are:

!               delete          literal         prompt          send
?               debug           ls              put             status
append          dir             mdelete         pwd             trace
ascii           disconnect      mdir            quit            type
bell            get             mget            quote           user
binary          glob            mkdir           recv            verbose
bye             hash            mls             remotehelp
cd              help            mput            rename
close           lcd             open            rmdir
ftp>
```

〈?로 FTP 명령어를 본 화면〉

요즘엔 그래픽으로 FTP를 사용하게 해서 이용이 편리해졌는데 MacFTP, WS_FTP, Cute FTP, 알FTP, Twin FTP 등이 있다. FTP와 Telent은 비슷한 점이 있지만 Telnet은 명령어가 로컬에서 해석되는 반면 FTP는 로그온한 원격호스트에서 실행된다. 또 Telnet에는 파일 전송 등 내장된 명령어가 없다.

3) TFTP(Trivial FTP)

이것은 머신사이에 파일을 전송하게 해주는데 FTP보다 단순하다. TFTP는 전송층의 UDP를 사용하며 사용자가 원격 호스트에 로그온할 필요가 없으므로 사용자 ID와 패스워드가 불필요하다. 단지 TFTP 명령어를 사용해서 원격호스트에 요청이 전해지면 원격호스트가 확인(ACK)으로 응답한다. 하지만 TFTP는 원격호스트의 디렉토리를 브라우징하지 못하게 한다. 이것 역시 디스크 없는 머신에서 유용하게 사용될 수 있는데, 예를 들어 클라이언트가 MS 워드프로그램을 요청하면 서버는 클라이언트의 메모리에 워드프로그램을 로드시켜준다. 사용자가 워드작업을 끝내면 프로그램을 메모리로부터 내놓는다. FTP는 사용자의 요구에 빠르고 쉽게 응하지만 보안에서 위험을 내포하기도 한다.

4) NTP(Network Time Protocol)

이것은 네트워크에 있는 클럭을 동기화시켜주는 간단한 프로토콜로 전송층의 UDP를 사용한다. 이 기능은 간단하지만 매우 중요한데 데이터가 네트워크를 통해서 전달될 때 경로 설정에 시간이 매우 중요하기 때문이다. 또 타임스탬프(time stamp)가 필요한 보안에서나 여러 저장 공간이 있는 시스템에서 정확하고 일정함이 요구되는 경우에 중요하게 쓰인다. NTP는 시간에 민감하므로 에러체크를 기다리지 않는다.

5) NNTP(Network News Transport Protocol)

이것은 여러 서버와 사용자들 사이의 뉴스그룹 메시지 교환에 사용된다. 뉴스그룹이란 메시지를 전달하는 E-mail과 유사하지만 한 수신자에게 보내는 E-mail과 다르게 많은 일단의 사용자들에게 메시지를 배포한다. 뉴스그룹은 정치, 스포츠, 취미 등 모든 사항을 토론하는 그룹이다. 뉴스그룹은 모든 뉴스그룹 메시지를 받아 배분하는 서버를 사용하는데 DNS처럼 계층적 구조를 가지고 있다. 사용자는 가입해서 뉴스를 읽고 메시지를 게시하며 뉴스서버에 파일을 전송할 수 있는데 E-mail이나 인터넷 브라우저, 혹은 뉴스그룹을 위한 프로그램 등을 사용해서 활동한다.

6) PING(Packet InterNet Groper)

이것은 NIC에 TCP/IP가 설치된 여부와 올바른 구성, 그리고 네트워크와 통신할 수 있는 여부 등을 확인하는데 사용된다. PING은 ICMP 서비스를 사용해서 에코 요청과 응답을 보내고 받는데 IP주소가 유효한지 확인해준다. echo request 시그널이 상대 머신에 보내지고 해당 머신은 echo reply로 다시 브로드캐스트 해주는데, 이렇게 시그널을 주고받는 것을 pinging한다고 한다.

ping 호스트네임 or IP주소를 타자하면 어느 호스트와의 연결을 확인할 수 있다. 설정이나 연결이 제대로 되어 있지 않으면 "request timed out"메시지를 받게 되고, 제대로 되어 있으면 여러 응답을 받게 된다. Loopback과 Ping은 조금 다른데, Loopback은 머신에 TCP/IP가 실행되고 있는지 확인해주는 것이고, Ping은 연결에 문제가 있는지 확인하는 것이다. 예를 들어 광고부에 있던 머신이 영업부로 이전된 후 인터넷에 연결되지 않는다면 우선 ping 127.0.0.1로 Loopback해서 성공하면 유명한 웹서버에 ping google.co.kr해본다. 여기서 실패하면 라우터 등의 설정을 조정해 주어야 한다.

```
C:\WINDOWS\system32\cmd.exe

C:\Documents and Settings\Administrator>ping 127.0.0.1

Pinging 127.0.0.1 with 32 bytes of data:

Reply from 127.0.0.1: bytes=32 time<1ms TTL=128
Reply from 127.0.0.1: bytes=32 time<1ms TTL=128
Reply from 127.0.0.1: bytes=32 time<1ms TTL=128
Reply from 127.0.0.1: bytes=32 time<1ms TTL=128

Ping statistics for 127.0.0.1:
    Packets: Sent = 4, Received = 4, Lost = 0 (0% loss),
Approximate round trip times in milli-seconds:
    Minimum = 0ms, Maximum = 0ms, Average = 0ms

C:\Documents and Settings\Administrator>ping google.co.kr

Pinging google.co.kr [74.125.53.99] with 32 bytes of data:

Reply from 74.125.53.99: bytes=32 time=153ms TTL=47
Reply from 74.125.53.99: bytes=32 time=152ms TTL=47
Reply from 74.125.53.99: bytes=32 time=153ms TTL=47
Reply from 74.125.53.99: bytes=32 time=152ms TTL=47

Ping statistics for 74.125.53.99:
    Packets: Sent = 4, Received = 4, Lost = 0 (0% loss),
Approximate round trip times in milli-seconds:
    Minimum = 152ms, Maximum = 153ms, Average = 152ms
```

〈ping 127.0.0.1과 ping google.co.kr 화면〉

3 IPX/SPX(Internet Packet Exchange/Sequenced Packet Exchange)

이것은 원래 Xerox에 의해 만들어졌으나, 1980년대 Novell이 NetWare OS를 위해 채택해서 개발한 프로토콜이다. IPX/SPX는 NetWare 3.2를 중심으로 상/하위 버전이 실행되는 LAN에서 사용되었지만, 버전 5.0부터는 TCP/IP가 디폴트 프로토콜로 대체되어졌다. IPX/SPX는 오래된 NetWare 버전과도 잘 호환된다. MS에서 IPX/SPX와 호환되는 프로토콜이 NWLink이다. IPX/SPX도 TCP/IP처럼 OSI 모델의 여러 층에서 작동하는 프로토콜의 조합이며 경로 찾기(routable)를 지원한다.

3.1 IPX/SPX 프로토콜

IPX/SPX는 전송층과 네트워크층에서 서비스를 제공하는데 IPX와 SPX가 핵심 프로토콜이다.

1) IPX

IPX는 네트워크층에서 작동하며 IP와 같이 논리주소와 인터네트워킹 서비스를 제공한다. IPX도 데이터로 데이터그램을 전송하는데 소스와 목적지 주소를 가지고 있으며, 비연결지향적 프로토콜이라서 두 노드가 연결되기 전에 세션을 미리 만들지 않는다. 그러므로 전송된 데이터의 순서번호와 에러체크를 지원하지 않는다. 모든 IPX/SPX 전송은 IPX에 의존하며 IPX가 하지 못하는 기능을 상위계층의 프로토콜이 대신해준다.

2) SPX

SPX는 전송층에 속하며 IPX와 함께 데이터가 연속적으로 전달되게 함으로써 순서번호를 가져서 에러가 없게 한다. TCP처럼 SPX는 연결지향적이어서 두 노드의 연결 이전에 세션이 설정되어져 있어야 한다. 만일 전송된 데이터에 문제가 있으면 재전송하게 한다. SPX 정보는 IPX에 의해 캡슐화되어 신뢰성을 보장하는데, 그 정보가 IPX의 데이터필드에 들어있다. TCP 세그먼트처럼 SPX 패킷은 42-bytes 헤더와 0~534-bytes 데이터로 구성되어져 있고, 헤더는 아주 작은 42-bytes부터 아주 큰 576-bytes까지의 크기이다.

3.2 IPX/SPX 주소체계

TCP/IP기반 네트워크처럼 IPX/SPX기반 네트워크도 각 노드는 유일한 주소를 가지고 있어야 통신 충돌을 막을 수 있다. IPX/SPX 네트워크에서 사용되는 주소를 IPX주소라고 하는데, IPX는 네트워크주소(외부 네트워크번호로 불림)와 노드주소로 구성된다. 하지만 IPX 주소는 노드의 MAC주소를 기준으로 하기 때문에 IP주소보다 쉬운 구조이다. 관리자는 리거시한 NetWare OS를 서버에 설치할 때 네트워크 주소를 선택해야 한다. 16진법으로 8-bits 크기인데 000008A2처럼 각 비트는 0~9나 A~F를 가지고 있다. 이 네트워크주소는 모든 노드의 IPX주소의 처음부분이 되며, 특정 서버를 자신들의 프라이머리 서버로 하고 있다는 표시가 된다.

IPX의 두 번째 부분은 노드주소인데 디폴트로 NIC의 MAC주소가 된다. 모든 NIC의 MAC 주소는 0060973E97F3과 같이 유일해서 중복이 있을 수 없으므로, 관리자가 각 머신마다 주소설정을 따로 할 필요가 없게 된다. 서버를 통해 선택한 네트워크주소와 노드의 MAC주소를 합하면 IPX의 주소가 되는데, 000008A2:0060973E97F3과 같이 된다. 00000000은 네트워크 자신을 나타내며, FFFFFFFF는 브로드캐스트로써 이 둘은 네트워크 주소로 사용할 수 없다.

4 NetBIOS와 NetBEUI

NetBIOS(Network Basic Input Output System)는 IBM에서 작고 동일한 LAN에서 사용되는 전송층과 세션층 응용프로그램 서비스를 위해 만든 것이다. 초기 버전은 NetBIOS 시스템에서 호환성의 문제가 없었기 때문에 전송층 규정을 만들지 않았지만, MS가 이 프로토콜을 채택했을 때 NetBEUI([네트부에]라고 발음함)라는 전송층 표준을 추가했다.

4.1 NetBUEI

작은 네트워크에서는 NetBEUI(NetBIOS Extended User Interface)가 네트워크 리소스를 거의 사용하지 않고, 훌륭한 에러 수정을 제공하며, 구성설정이 거의 필요하지 않으며, 네트워크층의 헤더와 트레일러를 사용하지 않기 때문에 매우 효율적이다. 하지만 단지 254 호스트만 연결할 수 있고 보안에 취약해서 대규모 네트워크에는 적합하지 않다. 또 Net BEUI 프레임은 네트워크층 주소를 사용하지 않고 데이터링크층(혹은 MAC) 주소를 사용하므로 경로 찾기가 불가해서 인터넷에 연결될 수 없다(그러나 TCP/IP와 같은 다른 프로토콜에 의해 캡슐화가 가능해서 경로를 가질 수도 있다). 따라서 대부분 경우 NetBUEI보다 TCP/IP 시스템을 더 선호한다.

현재 NetBUEI는 리거시한 클라이언트를 지원하는 매우 작은 MS기반 네트워크에서 사용될 뿐이라서 MS도 새로 출시되는 OS에 이 프로토콜을 더 이상 지원하지 않지만, 클라이언트와 통신하는 도구는 지원하고 있다.

4.2 NetBEUI 주소체계

리거시한 NetBUEI 클라이언트를 지원해야만 한다면 이 프로토콜이 클라이언트에게 어떻게 주소를 할당하는지 이해하고 있어야 한다. NetBIOS는 네트워크층을 사용하지 않으므로 경로 찾기가 불가하다고 했는데, 네트워크상의 두 노드가 연결되기 위해서는 관리자가 16자 이내의 알파벳 문자로 정해지는(*로 시작 못함) NetBIOS 네임을 각 노드에게 알려주어야 한다. 한 NetBIOS가 다른 NetBIOS 네임을 발견하면 MAC주소를 찾아서 이후로의 통신에 MAC주소를 사용하게 된다. NetBIOS 네임은 My_Computer와 같은 식이다. 만일 TCP/IP와 NetBIOS 네임을 함께 사용한다면 대부분 NetBIOS 네임을 호스트명과 같게 한다.

4.3 WINS(Windows Internet Naming Service)

DNS가 호스트명과 IP주소를 풀듯이 WINS는 NetBIOS 네임을 IP주소로 풀 때 사용하는데 Windows 시스템에서만 발견된다. 하지만 최근에는 거의 NetBIOS를 사용하지 않으므로 WINS도 점차 사라지고 있다. 네트워크 관리자들이 머신의 NetBIOS 네임과 TCP/IP 호스트명을 주로 같게 설정하지만 분명히 이 둘은 다른 개체이다.

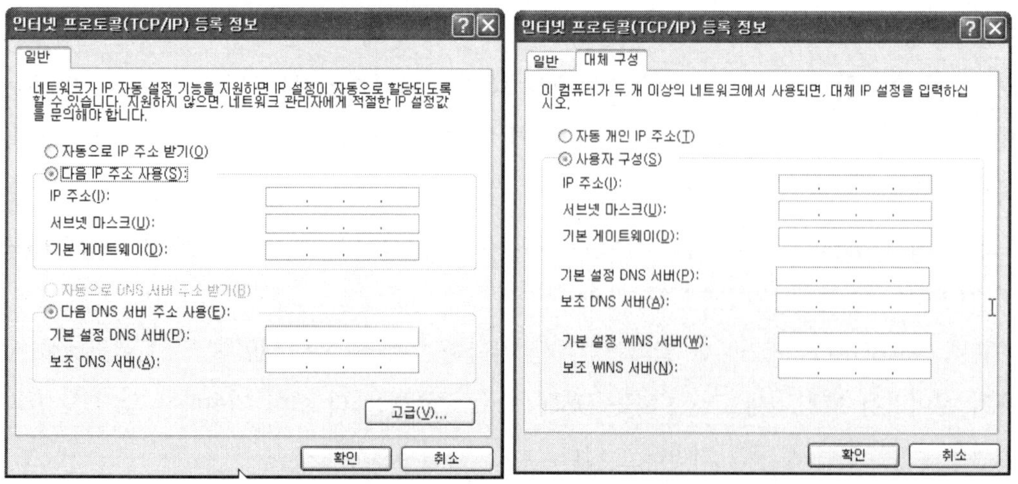

〈TCP/IP 등록정보에서 IP주소, DNS서버, WINS서버 등 설정화면〉

WINS는 각 노드가 네트워크에서 유일한 이름을 갖게 하는 장점이 있는데, DHCP와 연결되어 NetBIOS와 IP주소를 할당하게 해주기도 한다. WINS는 IP주소와 NetBIOS 네임 사이의 매핑(LMHOSTS 파일)을 제공함으로써 클라이언트들이 자신의 NetBIOS네임을 나머지 네트워크에 브로드캐스트할 필요가 없게 해서 더 나은 성능을 제공한다. WINS서버에 등록해야 하는 모든 클라이언트는 서버를 찾을 수 있어야 하는데, WINS서버는 동적 IP주소를 사용하지 않기 때문에 TCP/IP '등록정보'에서 별도로 설정해주어야 한다.

5 AppleTalk

광고, 그래픽디자인 등의 교육이나 미술 계통에서는 Apple Macintosh 머신을 주로 사용한다. AppleTalk는 점대점(peer-to-peer) 방식으로 Mac 머신들 간의 인터네트워킹을 위해서 사용되는 프로토콜이지만 경로 찾기가 가능해서 NetWare, UNIX, 혹은 Windows 계열과 호환되게끔 이들에게도 내장되어 있다. 하지만 아직도 대규모 네트워크에서는 실용적이지 못해서, IPX/SPX와 NetBEUI처럼 AppleTalk도 TCP/IP로 대체되는 추세이다. 가끔 리거시한 AppleTalk를 볼 수 있기 때문에 여기서 개념만 알아본다.

AppleTalk 네트워크는 AppleTalk Zones라고 불리는 논리적 컴퓨터그룹을 만들 수 있어서 각 네트워크는 여러 존(zone)을 가지게 되지만 각 노드는 한 존에만 속할 수 있다. AppleTalk node ID는 8-bits나 16-bits 숫자로 AppleTalk 네트워크에서 머신을 구별해준다. AppleTalk는 워크스테이션이 처음 네트워크에 들어오면 node ID를 각 워크스테이션에 할당해주는데 ID는 정해진 범위 내에서 랜덤하게 선택되며, 일단 장치가 ID를 받으면 나중 사용을 위해서 저장해둔다. 또 AppleTalk network ID는 16-bits 숫자로 노드가 속한 네트워크를 구별해준다. 이 network ID는 서로 다른 여러 네트워크끼리 통신하게 해준다. AppleTalk 주소체계는 공유된 주소 그룹으로 구별하므로 매우 단순한데 클라이언트가 서버에 연결되면 주소를 선택하게 된다. 그러므로 관리자가 각 노드에서 주소설정을 따로 해줄 필요가 없다.

6 Windows XP에서 프로토콜 바인딩(binding)하기

어느 OS를 사용하느냐에 따라서 설치하는 프로토콜이 달라지는데, 여기서는 Windows XP에 새로운 프로토콜을 올리는 법(binding)을 간단히 알아본다. UNIX나 Linux에서는 TCP/IP 프로토콜이 자동으로 NIC에 로드되기 때문에 이런 일이 필요 없다. OS에 네트워크와 전송층의 핵심 프로토콜이 포함되어져 있으므로 '사용(enabled)'으로 해 놓으면 자동으로 NIC에 바인딩된다. 바인딩이란 어느 네트워크 구성요소가 머신과 함께 작동하게 하는 것을 말한다. 수동으로 OS에 들어있지 않은 프로토콜을 올릴 수도 있는데, Windows 9x나 2003 서버는 사용할 수 있는 프로토콜 리스트를 보여주며 선택해서 설치하게 해준다.

동일한 NIC에 여러 프로토콜을 바인딩하는 것도 가능하다. 여러 타입의 네트워크를 만날 수 있는 인터넷 상황이나 여러 NIC를 사용하는 경우에 이것이 필요하다. 만일 두 개의 NIC를 사용해서 하나는 TCP/IP와 통신하게 하고 또 하나는 IPX/SPX와 통신하게 한다면 각각을 따로 구성 설정해 주어야 한다.

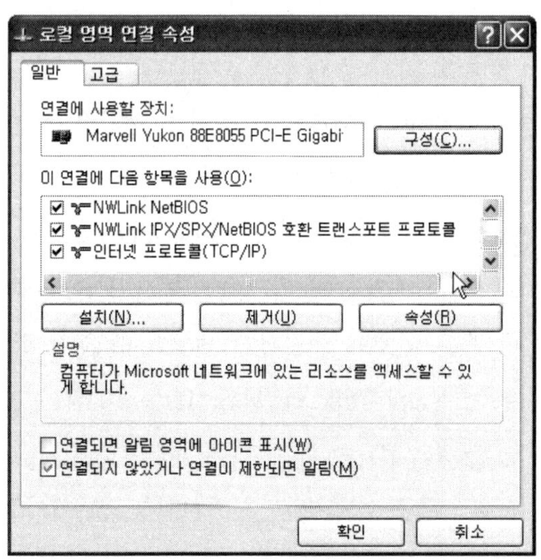

〈Windows XP에서 설치된 프로토콜을 보인 화면〉

CHAPTER

04 TCP/IP 네트워킹

CompTIA Network+

인터넷은 통신수단일 뿐만 아니라 글로벌하게 거래, 개발 및 배분하는 수단으로도 쓰이고 있고 금융, 제조, 건강산업까지 거래나 고객관리, 판매 등을 위해서도 인터넷에 의존하고 있다. 개인들도 물품이나 금융거래, 정보수집 등에 점차 인터넷을 사용하고 있다.

앞 장에서 인터넷과 많은 OS가 TCP/IP 계열의 프로토콜을 이용한다는 것을 보았다. 인터넷 사용이 늘어감에 따라서 TCP/IP 기술자는 장래성 있는 고소득 직종에서 우대받고 있다. 이미 TCP/IP 계열의 핵심 프로토콜과 하위 프로토콜, 주소체계, 호스트와 도메인 네임 등을 알아보았는데 여기서는 어떻게 TCP/IP기반 네트워크가 설계되고 분석되는지, 또 TCP /IP기반 네트워크에서의 서비스와 응용프로그램을 살펴보고 IP주소체계를 더 연구해본다.

1 TCP/IP기반 네트워크 설계

인터넷 연결뿐만 아니라 개인 연결을 통한 데이터 전송에도 TCP/IP 프로토콜이 사용되고 있다. IP는 라우터블하다고 했는데 각 인터페이스에 IP주소가 매핑된다는 뜻이다. 일부 노드는 여러 IP주소를 가질 수 있는데, 라우터나 멀티홈드(multi-homed) NIC인 경우 각 포트나 NIC 별로 IP주소를 하나씩 따로 가질 수 있다. 혹은 여러 웹사이트를 가지고 있는

ISP의 웹서버 머신도 각 사이트별로 서로 다른 IP주소를 가지고 있다.

IP주소는 네 개의 8-bits octet(Byte)로 되어 있고 2진법 10000011 01000001 00001010 00100100이나 10진법 131.65.10.36으로 나타낼 수 있다. 또 많은 네트워크에서는 DHCP를 이용해서 IP주소와 호스트네임을 동적으로 할당해 주는데 모든 IP주소는 해당되는 Class를 가지고 있다. 노드의 네트워크 클래스는 노드가 속한 세그먼트나 네트워크를 표시해준다. 다음에는 이들을 분할해서 더 작은 세그먼트로 만드는 법을 알아보자.

1.1 서브네팅(Subnetting)

서브네팅은 네트워크를 여러 개 논리적으로 정의된 세그먼트로 분리하는 것으로, 보통 네트워크는 건물 내의 각 층을 LAN으로 혹은 건물끼리 WAN으로 연결하는 식으로 해서 지리적인 여건이나 부서별, 혹은 이더넷이나 토큰 링과 같은 기술적 형태에 따라서 서브네팅된다. 서브네팅된 곳에서 각 트래픽은 서로 다른 서브넷 트래픽과 분리된다.

네트워크 관리자는 다음의 목적을 위해서 서브네팅한다.

1. 보안증진－서브넷끼리는 라우터나 다른 제 3계층 장비에 연결되어 있을 수 있는데, 이들 장비는 허브처럼 들어온 프레임을 같은 세그먼트에 있는 다른 모든 노드에게 전달하지 않고 (스위치처럼) 정해진 목적지 노드에게만 전달한다. 모든 프레임이 마구 재전송되지 않기 때문에 한 노드가 다른 노드의 전송에 끼어들 가능성이 적다.
2. 성능개선－전체 네트워크 하나가 아니라 여러 작은 네트워크들로 분할되므로 이들을 연결하는 라우터에 방화벽 등 보안을 설정해 놓으면 그만큼 침투가 어려워서 보안이 증진되고 트래픽이 제한되므로 네트워크 성능도 증진된다. 데이터가 선별적으로 전송되므로 브로드캐스트가 줄어서 불필요한 전송이 최소화되고, 네트워크 충돌 가능성도 줄어서 네트워크의 전송 성능이 개선된다.
3. 문제해결 단순화－예를 들어 네트워크 관리자가 조직의 지리적 위치에 따라 네트워크를 동서남북에 있는 브랜치 별로 나눴다면, 어느 날 서쪽 브랜치에 문제가 있을 때 조직 전체의 네트워크를 중지시키고 검사하는 대신 서쪽에 있는 네트워크만 정지시키면 조직의 운영에도 큰 문제가 없고 한 서브네트만 검사하므로 문제해결도 빠를 것이다.

1) 클래스별 주소체계

IP주소체계에 따라서 어느 노드의 IP주소는 어느 클래스에라도 속하게 되는데 이를 classful addressing이라고 한다. 32-bits의 IP주소는 네트워크 ID와 호스트 ID가 있다고 했는데 Class A는 처음 8-bits, Class B에서는 두 번째 16-bits까지, Class C에서는 세 번째 24-bits까지가 네트워크 ID이고 각각 그 나머지가 호스트 ID이다.

예를 들어 114.56.204.33은 Class A로 네트워크 ID는 114.0.0.0이고 호스트 ID는 0.56.204.33이다. 147.12.38.81은 Class B로 네트워크 ID는 147.12.0.0, 호스트 ID는 0.0.38.81이다. 또 214.57.42.7은 Class C로 네트워크 ID가 214.57.42.0, 호스트 ID는 0.0.0.7이다. 이렇게 네트워크 ID를 고정해두면 네트워크에서 호스트 수가 제한된다. 그래서 1985년 전체 네트워크를 일괄 관리하는 것이 비효율적이라고 판단해서 서브네팅을 개발하게 되었다. 예를 들어 하나의 네트워크로 있게 되면 Class C에서 호스트 수는 254개, Class B는 65,534개인데 서브네팅하면 네트워크 트래픽을 줄여주기 때문에 네트워크에서 전송 성능이 좋아지기도 하지만 네트워크 호스트를 더 많이 확보할 수 있는 장점도 있다. 네트워크 ID를 network number 혹은 network prefix라고도 부른다.

2) 서브넷마스크

서브네팅은 서브넷마스크를 사용해서 네트워크가 어떻게 분할되어 있는지 알려주기도 하지만 IP주소 안에서 네트워크 부분이 어디인지도 나타낸다. 서브넷마스크의 1 비트는 IP주소에서 상응하는 비트가 네트워크 부분이라는 것을 알게 해주고, 서브넷마스크의 0 비트는 IP주소에서 상응하는 비트가 호스트 부분이라는 것을 알게 해준다.

〈클래스별 디폴트 서브넷마스크〉

Class	서브넷마스크 (2진법)	네트워크부분 비트수	서브넷마스크 (10진법)
A	11111111 00000000 00000000 00000000	8	255.0.0.0
B	11111111 11111111 00000000 00000000	16	255.255.0.0
C	11111111 11111111 11111111 00000000	32	255.255.255.0

각 네트워크에서 Class A는 처음 octet(8-bits)가 모두 1(10진법으로는 255)이 되는 부분이 네트워크 부분으로 디폴트 서브넷마스크는 255.0.0.0이며, Class B는 처음 두 octet가 모두 1로써 255.255.0.0이 디폴트 서브넷마스크이다. Class C는 처음 세 octet가 모두 1로써 255.255.255.0이 디폴트 서브넷마스크이다.

IP주소와 서브넷 마스크가 주어진 상태에서 호스트의 네트워크 ID를 계산하기 위해서 ANDing을 해야 하는데 ANDing은 두 비트를 합할 때, 1+1만 1이 되며 0+0 or 0+1은 0이 되는 규칙이다. 그러므로 1+1=1, 1+0=0, 0+0=0, 0+1=0이 된다. 이제 호스트의 IP주소와 디폴트 서브넷마스크가 다음과 같이 주어졌다면, ANDing 결과 값으로 네트워크 ID를 구할 수 있다.

IP	11000111 01000100 01011001 01111111	199.34.89.127
ANDing Subnet	11111111 11111111 11111111 00000000	255.255.255.0
Network ID	11000111 01000100 01011001 00000000	199.34.89.0

3) 예약된 주소

특정 IP주소는 노드와 서브넷마스크에 할당할 수 없는데, 이렇게 예약된 IP주소는 특별한 기능으로만 사용된다. 이미 배운 네트워크 ID는 호스트부분의 모든 비트가 0으로써 위의 199.34.89.0은 네트워크 ID이므로 IP주소로 할당될 수 없다. 하지만 서브네팅이 되면 디폴트서브넷이 더 이상 사용되지 않기 때문에 네트워크 ID도 달라지게 된다. 또 다른 예약 IP주소는 네트워크의 브로트캐스트로 호스트부분의 octet가 모두 1(10진법으로는 255)이다. 그러므로 위의 예에서 브로드 캐스트는 199.34.89.255이다. 그래서 네트워크상의 어느 노드가 이 주소로 메시지를 보낸다면 그 세그먼트의 모든 노드들에게 메시지를 보내는 셈이다. 이렇게 모두 1과 0인 것은 사용할 수 없으므로 IP주소에서 호스트부분은 1~254까지의 숫자만 사용된다. 위의 예에서 호스트부분의 IP주소 범위는 199.34.89.1~199.34.89.254이다. 만일 여기서 서브네팅하면 사용할 수 있는 호스트 수가 달라진다.

4) 서브네팅 기법

서브네팅은 기존의 클래스주소 규칙을 파괴하는 것이다. 서브넷을 만들기 위해서 IP주소에서 호스트부분의 일부 비트를 네트워크 부분의 비트로 바꾸는 기법을 사용한다. 결과적으로 호스트 부분의 비트를 줄여서 서브넷 당 사용할 수 있는 호스트 수를 줄이는 것인데, 가용한 호스트와 서브넷 수는 몇 개의 호스트 비트를 네트워크 비트에 할당하느냐에 달려 있다. 이렇게 하면 네트워크 ID와 호스트 ID, 그리고 서브넷마스크 모두가 달라진다.

Class C의 IP주소가 11111111 11111111 11111111 11100000라면 Class C에서는 원래 네 번째 octet가 00000000이어야 하는데 11100000으로 되어 있다. 앞의 세 octet는 네트워크 ID이고 뒤의 한 octet가 호스트 ID인데 호스트 ID의 처음 세 비트가 네트워크 ID로 전용되어 사용되고 있다. 그래서 서브넷마스크는 255.255.255.0이 아니라 255.255.255.224이며, 네트워크의 서브넷 수는 6개이고 서브넷 당 호스트 수는 하나일 때 254개가 아니라 6개 각각 30개씩이다. 호스트 수가 180개로 줄어든 대신 네트워크 수가 1개에서 6개로 늘어났다.

5) 서브네팅 계산

이제 Class C의 네트워크 ID가 199.34.89.0인 것을 회사에 있는 6부서를 위해 각각을 서브넷으로 나누는 6개의 서브네팅을 한다고 가정해보자.

1. 디폴트 서브넷 마스크를 수정하는 공식은 $2^n-2=y$인데 n은 서브넷에서 0이 1로 바뀌어 사용되는 비트의 개수이고(호스트에서 네트워크로 전이되는 비트 수), y는 서브넷 수이다(하지만 실제 서브넷 수는 모두 0과 모두 1을 제외하므로 -2한 숫자이다).
2. 6개의 서브넷이 필요하다고 했으므로 $2^n-2=6$에서 n=3이다. 그래서 서브넷 마스크의 호스트부분 0비트 세 개를 1로 바꿔야 한다. Class C에서는 처음 세 octet(24-bits)가 네트워크 부분인데, 호스트부분의 세 비트를 더 가져가서 27-bits가 네트워크부분이 되는 셈이다. 11111111 11111111 11111111 00000000이 11111111 11111111 11111111 11100000로 된 것이다. 즉, 255.255.255.0이 255.255.255.224로 바뀐다.
3. 이제 서브넷마스크를 구했으므로 서브넷에 있는 각 노드들에게 IP주소를 할당해 주어야 한다. 호스트부분의 세 비트가 네트워크부분으로 가서 없어졌으므로 $2^7+2^6+2^5+2^4+2^3+2^2+2^1+2^0=128+64+32+16+8+4+2+1=255$가 아니라 16+8+4+2+1=31로 0~31까지

32개의 호스트 ID가 가능하다(하지만 실제 서브넷 수는 모두 0과 모두 1을 제외하므로 -2한 숫자이다). 그래서 6개의 각 서브넷마다 30개씩 호스트를 가질 수 있다(원래 Class C 네트워크는 총 254개의 호스트가 가능하지만). 이 네트워크는 총 180(6×30)개의 호스트 IP가 가능하다. 현존하는 네트워크 ID에 호스트로부터 가져온 비트를 넣어서 확장 네트워크번호(Extended Network Prefix)라고 부른다.

Class A, B, C 모두에서 서브네팅이 가능하다. 하지만 각 클래스에는 네트워크정보를 위해서 서로 다른 비트수를 예약하고 있으므로 서로 다른 호스트정보 비트수가 있게 된다. 네트워크에서 호스트와 서브넷 수는 네트워크 클래스와 서브네팅하는 방법에 따라서 다른데 매우 복잡한 계산이 된다. www.subnetmask.info에서 서브넷을 계산해주는 도구를 다운받을 수 있다. 만일 사용하고 있는 LAN을 서브네팅하면 서브네팅된 LAN의 장비만 서브네팅 정보를 알고 있으면 된다. LAN을 확장해주는 라우터는 데이터를 전송할 때 장치의 IP 주소에서 네트워크부분만 신경 쓴다. 결론적으로 서브넷된 LAN에 연결되어 있는 인터넷 연결 라우터와 같은 장치는 LAN의 서브네팅을 신경 쓰지 않고 LAN장치에 직접 정보를 전달한다.

다음에 위에서 구한 6개 서브네팅을 정리했다.

서브넷 번호	확장 네트워크 처음 번호	브로드캐스트 주소	호스트 가용 주소들
1	199.34.89.32	199.34.89.63	199.34.89.33~62
2	199.34.89.64	199.34.89.95	199.34.89.65~94
3	199.34.89.96	199.34.89.127	199.34.89.97~126
4	199.34.89.128	199.34.89.159	199.34.89.129~158
5	199.34.89.160	199.34.89.191	199.34.89.161~190
6	199.34.89.192	199.34.89.223	199.34.89.193~222

※ 서브넷당 30호스트가 가능하므로 처음 확장 네트워크 번호는 30+2=32씩 늘어가고, 호스트 주소범위는 확장 네트워크번호+1=33~62(33+30=63-1)이고, 브로트캐스트는 33+30인 63이다. 다음 것도 이런 식으로 6개 서브넷까지 진행된다.

다음 그림은 네트워크 Class C의 199.34.89~에 주어진 6개의 서브넷 LAN의 모습이다. 라우터의 물리적 인터페이스가 다른 세그먼트들을 각 포트로 연결하고 있으며, 각 서브넷의 IP주소를 해석해서 한 서브넷에서 다른 서브넷으로 가는 데이터를 지시해준다. 각 서브넷은 트래픽이 해당 서브넷 밖으로 나가지 않게 스위치로 물려 있다.

내부 LAN의 라우터가 199.34.89.73에서 199.34.89.114로 가는 데이터를 지시하려면 워크스테이션의 서브넷마스크 255.255.255.224와 IP주소에 있는 호스트정보를 해석해서 서로 다른 서브넷에 있는 것을 알아야 한다. 라우터는 두 서브넷(or 포트) 사이로 데이터를 포워드한다.

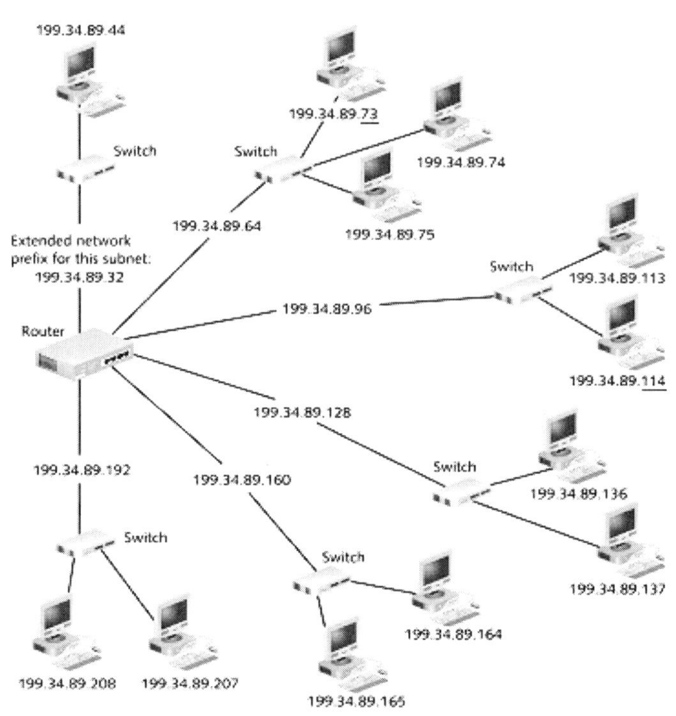

〈여러 서브넷을 연결한 라우터〉

위 그림에서 서브넷을 라우터에 연결하는 장치는 스위치지만 라우터나 브리지도 될 수 있다. 혹은 별로 권하지는 않지만 다른 확장 네트워크번호를 가지고 있는 노드를 라우터에 직접 연결해서 각 서브넷이 이 한 장치하고만 통신하게 해도 된다.

그러나 인터넷 서버가 웹페이지를 199.34.89.73에게 전달할 때 인터넷 라우터는 서브넷 마스크 정보를 사용하지 않고 단지 머신이 Class C에 속하는 199.34.89~로 시작된다는 것만 보고 해당 네트워크의 라우터로 정보를 보낸다. 이 데이터가 조직의 LAN으로 들어오면 조직의 라우터는 서브넷마스크의 정보를 해석해서 마치 내부에서 전송하는 것과 같이 199.34.89.73에게 데이터를 전달한다. 외부에선 어떻게 내부가 서브네팅되어 있는지 알 수 없기 때문에 네트워크 관리자가 외부에서 들어오는 데이터에게 서브네팅 정보를 알려줄 필요가 없다.

1.2 CIDR(Classless Inter-Domain Routing)

1993년까지 인터넷은 엄청나게 신장했고 IP주소의 수요 또한 긴박했다. IETF는 가용할 수 있고 유연한 IP주소를 늘리기 위해서 CIDR([사이더]라고 발음한다)를 개발했는데, 때로는 Classless Routing이나 Supernetting으로 불린다. CIDR는 서브네팅이 아니고 IP주소체계에서 네트워크와 호스트를 재배열하는 기법이다. 여기에는 전통적인 네트워크 클래스 개념이 없다. 예를 들어 앞의 예에서 하나의 네트워크를 6개의 서브네팅으로 분할해서 각 세그먼트가 30개씩 호스트를 가지게 하려면 서브넷에서 호스트가 가져야 할 8-bits가 5-bits로 줄었다(네트워크부분의 비트가 오른쪽으로 세 자리 더 이동했다). CIDR에서는 반대로 호스트비트가 왼쪽으로 더 이동해서 호스트가 더 많은 IP를 가지게 했다(네트워크 비트는 줄고). 이렇게 서브넷 경계를 왼쪽으로 이동시킨 것을 supernet라고 한다. subnet와 supernet는 반대의 개념이다.

예를 들어 Class C의 네트워크 ID가 199.34.89.0인 네트워크에서 더 많은 호스트가 필요하게 되었다면, 디폴트 서브넷 마스크인 11111111 11111111 11111111 00000000(255.255.255.0)을 11111111 11111111 11111100 00000000(255.255.252.0)으로 만듦으로써 호스트에게 더 많은 IP를 주게 한다. 원래 호스트가 사용하는 8-bits를 10-bits로 만든 것이다. 따라서 $2^9+2^8+2^7+2^6+2^5+2^4+2^3+2^2+2^1+2^0=512+256+128+64+32+16+8+4+2+1=1023$으로 원래 Class C가 가질 수 있는 호스트 수 254개보다 더 늘어난 (0~)1023개의 호스트가 각 서브넷에 할당될 수 있다(모두 1과 모두 0인 두 개는 빼야 하므로 1022개가 된다). 네트워크부분에서 두 비트를 빼서 호스트에게 주었는데 서브네팅과 반대 방법이란 것을 알게 된다.

호스트 범위는 199.34.88.1~199.34.91.254이고 서브넷은 255.255.252.0이며, 브로드캐스트는 199.34.91.255이다.

CIDR를 간단히 줄여서 표기하는 법이 있는데 CIDR notation(or slash notation)으로 부른다. 네트워크 비트 수를 /뒤에 붙여 표기한다. 예를 들어 192.34.89.0인 네트워크 ID가 6개의 서브넷으로 나눠어 네트워크비트가 24-bits가 아닌 27-bits로 되었을 때 199.34.89.0/27로 표기되어 서브넷이 27-bits로 확장 네트워크넘버가 사용된 것을 알 수 있게 한다. 또 앞의 예에서 슈퍼네팅을 했을 땐 원래 Class C가 사용하는 네트워크비트가 24-bits가 아니라 22-bits로 되어 있으므로 199.34.89.0/22로 표기된다. 이 "/22"를 CIDR block라고 부른다.

클래스 없이 경로 찾기를 하려면 네트워크의 라우터가 전통적인 클래스 개념의 가지고 있지 않은 IP주소도 해석할 수 있는 능력이 있어야 하지만, RIP과 같은 오래된 라우터의 프로토콜은 클래스 없는 IP주소(classless IP address)를 해석하지 못한다.

1.3 게이트웨이(Gateway)

게이트웨이는 두 개의 다른 네트워크 세그먼트가 서로 데이터를 교환하게 해주는 하드웨어와 소프트웨어의 조합이다. 게이트웨이는 다른 네트워크와 서브넷 사이의 통신을 가능하게 해준다. 네트워크에 있는 어느 장치가 다른 서브넷에 있는 장치에게 직접 데이터를 전송하지 못하므로 게이트웨이가 간섭해서 정보를 뿌려줘야 한다. TCP/IP기반 네트워크에서 모든 장치는 디폴트 게이트웨이를 가지고 있어야 한다. 그러므로 외부에서 내부로 들어오는 요청과 내부에서 외부로 나가는 요청을 맨 처음 해석해주는 장치가 게이트웨이이다.

게이트웨이는 로컬 우체국과 같은 원리인데, 우체국은 외부로 나가는 우편물을 모아서 어디로 보내야 할지 결정하며 각 가정으로 보낼 우편물을 외부로부터 받아온다. 대 도시에 여러 로컬 우체국이 있는 것처럼 대규모 네트워크에는 여러 게이트웨이가 있어서 여러 장치들을 위한 트래픽의 경로를 잡아준다. 네트워크의 각 노드는 단지 하나의 디폴트 게이트웨이만 가질 수 있는데, 수동으로 설정해 주든지 DHCP 등을 이용해서 자동으로 할당해줄 수 있다. 물론 네트워크 세그먼트가 하나이고 인터넷에 연결되지 않는다면 다른 세그먼트로 나가는 데이터가 없으므로 게이트웨이도 필요 없다.

많은 경우에 디폴트 게이트웨이는 별개의 장비가 아니라 라우터의 인터페이스일 때가 많다. 이런 이유로 디폴트 게이트웨이는 디폴트 라우터로 불리기도 한다. 라우터의 각 인터페이스(포토)가 게이트웨이 역할을 할 수 있기 때문에 한 라우터에 여러 게이트웨이를 설정하고 각 게이트웨이에 IP주소를 줄 수 있다.

다음 그림에서 10.3.105.23 워크스테이션 A는 10.3.105.1 게이트웨이를 요청 프로세스로 사용하며, 10.3.102.75 워크스테이션 B는 10.3.102.1 게이트웨이를 같은 목적으로 사용한다.

디폴트 게이트웨이는 내부의 여러 네트워크를 연결해주거나 내부 네트워크를 WAN이나 인터넷과 같은 외부 네트워크에 연결해준다. 라우터는 정보를 어디로 보내야 할지 결정해주는 라우팅테이블을 가지고 있는데, 라우터가 게이트웨이로 사용되더라도 라우팅테이블을 가지고 있어야 한다.

인터넷은 무수히 많은 라우터와 게이트웨이를 가지고 있어서 각 게이트웨이는 과중한 부담이 되는 인터넷의 모든 게이트웨이의 정보를 추적하는 대신 송신 데이터의 목적지에 대한 게이트웨이에 관한 비교적 작은 주소정보만 다룬다. 내부 네트워크의 라우터처럼 인터넷 게이트웨이는 데이터전송을 촉진하기 위해서 알려진 주소로 향하는 디폴트 라우터를 유지하고 있다. 인터넷 백본을 이루는 게이트웨이를 핵심 게이트웨이(Core Gateway)라고 한다.

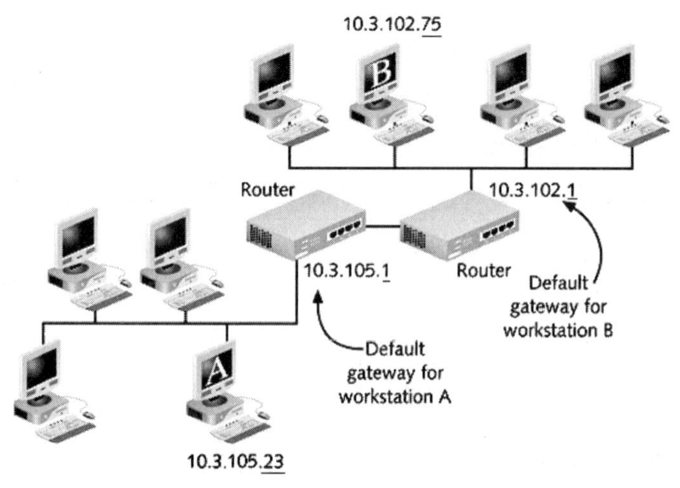

〈디폴트 게이트웨이 사용 예〉

1.4 NAT(Network Address Translation)

디폴트 게이트웨이는 또한 조직 내의 IP주소를 감춰서 외부에 내부 장치의 IP주소를 비밀로 유지해준다. IP주소를 숨기는 것은 네트워크 관리자에게 더욱 유연한 주소 설정을 가능하게 해준다. 게이트웨이 내에 있는 클라이언트는 사설 주소체계에 의해 설정될 수 있지만 인터넷에 연결되고자 한다면 공적 IP주소를 가지고 있어야 하는데, 클라이언트의 전송이 인터넷으로 나가기 위해서 디폴트 게이트웨이에 닿으면 게이트웨이가 클라이언트에게 유효한 IP주소를 할당해준다. 전송이 끝나면 클라이언트는 IP주소를 다시 내놓고 게이트웨이는 다른 클라이언트가 그 IP주소를 재 사용하게 한다. 이런 것을 NAT라고 한다.

IP주소를 감추는 한 가지 이유는 사설 네트워크가 공적 네트워크에 연결될 때 보안을 증가시키기 위해서이다. 내부 노드는 인터넷이란 공적 네트워크로 나갈 때마다 새로이 IP주소를 받기 때문에 조직 외부에서는 전송한 내부 노드의 원래 주소를 알 길이 없다. NAT를 사용하는 또 다른 이유라면 네트워크 관리자가 ICANN의 주소체계를 따르지 않는 주소체계를 자체적으로 세울 수 있다는 것이다.

예를 들어 어느 초등학교에 200대의 워크스테이션을 네트워킹한다고 하자. 이 중 반은 교실이나 도서실에서 학생들이 사용하고 나머지 반은 교직원이 사용한다고 할 때, 학생들용으로는 IP주소를 10으로 시작하고 교실 번호를 두 번째 octet으로 정해서 201호실에 있는 학생용 머신들은 10.201.~로 하고, 교직원용은 50으로 시작하고 두 번째 octet는 근무처나 직위로 정해서 50.135.~등으로 할 수 있다. 하지만 이런 설정은 교내 네트워크에서만 가능하고 인터넷 연결이나 외부로 나가는 연결에서는 유효하지 못하다. 그래서 유효한 몇 개 IP주소가 필요하게 된다. 예산상 200대의 머신을 위한 공적 IP를 ISP로부터 20개만 리스했다면 게이트웨이를 이용해서 내부 사설주소를 외부 공적주소로 전환하게 해야 할 것이다. 클라이언트가 외부로 나가는 연결을 하고자 한다면 게이트웨이가 데이터패킷의 소스주소 필드를 20개의 공적 IP주소 중 하나로 바꿔준다.

NAT가 TCP/IP 네트워크에서 사적/공적 네트워크를 구별해 준다는 것을 알았다면 다음은 동일한 네트워크에 있는 다른 머신들을 위해서 한 컴퓨터가 NAT를 제공하게 하는 Windows 운영체제 서비스에 대해서 알아보자.

다음 그림은 NAT의 원리이다.

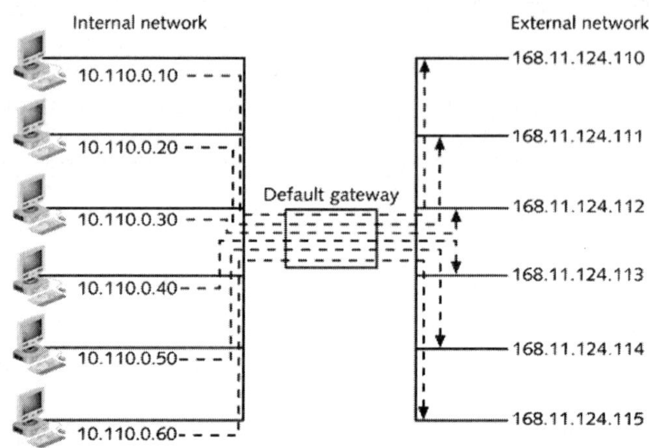

〈인터넷 게이트웨이를 통한 NAT〉

1.5 ICS(Internet Connection Sharing)

소규모 업체나 가정에서는 여러 머신들이 하나의 인터넷 연결을 이용해서 외부와 통신하는데, SOHO 라우터나 소형 스위치를 이용해서 각 네트워크 되는 머신들을 연결한다. MS는 Windows 98, Me, 2000, 혹은 32-bits XP OS에 인터넷을 공유하는 방법인 ICS를 제공한다. ICS를 사용해서 인터넷에 연결하는 컴퓨터를 ICS 호스트라고 부르는데, 네트워크에서 다른 머신들을 대신해서 인터넷에 드나드는 요청을 변환시켜준다. 이렇게 함으로써 이 머신은 LAN에서 DHCP서버, DNS 리졸버, NAT 게이트웨이 등의 역할을 모두 하는 셈이다. ICS 호스트는 두 가지 네트워크 연결을 지원하는데 전화연결, DSL, ISDN 혹은 베이스밴드 케이블로 인터넷에 연결하거나 LAN에 연결하는 것이다.

ICS가 LAN에서 사용되면 LAN에 연결되는 ICS 호스트의 NIC는 192.168.0.1로 IP를 할당받는다. ICS 호스트는 클라이언트에게 IP주소를 192.168.0.2~192.168.0.255 사이에서 할당해준다. 다음 화면은 '네트워크 환경'에서 ICS를 설정하는 화면이다.

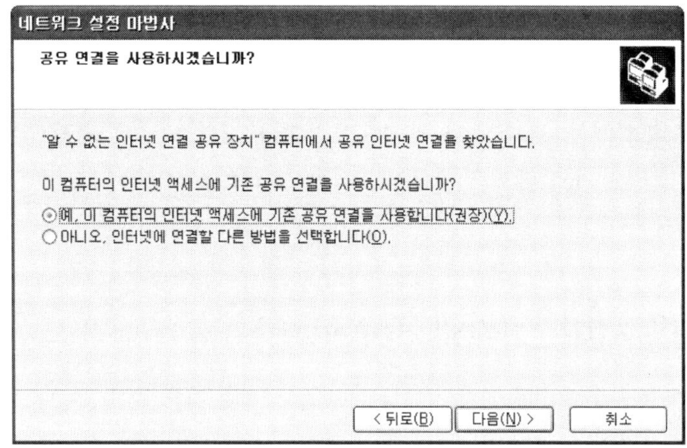

<네트워크 설정 마법사에서 본 ICS 설정화면>

대부분 네트워크 관리자는 여러 설정을 해주어야 하는 ICS보다 스위치나 라우터를 이용해서 인터넷 연결공유를 설정한다. ICS를 설정하는 머신이 언제나 켜져 있어야 하므로 불편하기도 하고 네트워크가 느려지기도 하기 때문이다. 하지만 라우터나 스위치가 없다면 이 방법이 요긴하게 사용될 수 있다.

1.6 인트라넷(Intranet)과 익스트라넷(Extranet)

전자상거래나 E-mail, 파일공유 등에 TCP/IP기반 서비스가 사용되고 있는데, 이런 서비스는 공적 네트워크뿐만 아니라 사설 네트워크에서도 쓰인다. 예를 들어 네트워크 관리자는 웹서버를 구성해서 웹 문서포맷인 HTML(HyperText Markup Language)로 직원에게 문서나 정보를 제공할 수 있는데, 이 경우 실제로 HTTP 서버가 인터넷에 연결될 필요는 없다. 조직 내에서 정보 교환을 위해 브라우저기반 서비스를 사용하는 네트워크나 그 일부를 인트라넷이라고 한다. 인트라넷은 HTTP기반 문서를 제공할 뿐만 아니라 E-mail, 파일공유, 문서관리, 공동 프로젝트 등의 서비스도 제공할 수 있다. 공개 서비스와 프로토콜은 사설 네트워크에서도 유연하게 잘 실행된다. 인트라넷은 보안정책으로도 정의될 수 있는데, 해당 조직에 속한 직원만 이용하게 하거나 조직 내의 사설 WAN에 모두 접속하거나 해당 LAN에만 접속하게 할 수도 있다.

인터넷과 같은 서비스와 프로토콜을 사용해서 조직 내와 조직 외부의 인증된 사용자들만 접속할 수 있는 시스템을 익스트라넷이라고 한다. 건설회사는 익스트라넷을 사용해서 직원들이 현장이나 사무실에서 문서를 볼 수 있고, 관련된 컨트렉터도 자료를 함께 검색할 수 있게 한다.

2 TCP/IP 메일서비스(Mail Services)

최근에 인터넷 서비스 중에서 가장 많이 사용되는 것이 E-mail이다. 조직에서 승인된 사용자만 액세스할 수 있다. 그러므로 관리자는 메일서비스 시스템을 구성해서 클라이언트들이 사용할 수 있게 해야 한다. 모든 인터넷 메일서비스는 메일 전송, 저장, 그리고 받아보기로 구별할 수 있는데 서로 다른 소프트웨어를 사용할 뿐이다. 그리고 메일서버는 인터넷에 있는 다른 메일서버와 통신해서 메일을 받고 보내고 저장하며, 메일의 내용에 근거해 메일 필터링과 시간과 우선순위에 따른 메시지 경로를 지정하고, 서로 다른 메일 클라이언트에게 보내는 여러 가지 인터페이스를 가지고 있다. 유명한 메일서버 소프트웨어는 Linux /UNIX의 Sendmail, MS의 Exchange Server, Lotus의 Notes, Novell의 GroupWise이다.

메일 클라이언트는 메일서버로부터 메시지를 저장하는 방법, 내용에 따른 필터링과 송신자 정보, 메시지 우선순위, 수신자 목록, 파일 첨부 등을 만들 수 있다. 여기에도 여러 종류가 있는데 Linux/UNIX의 Eudora, MS의 Outlook, Pegasus의 Mail 등이 있다. 또한 여러 ISP 회사도 자체 메일전송 시스템을 가지고 있다. 메일에 사용되는 TCP/IP 응용프로그램은 Macintosh, NetWare, Windows, UNIX 시스템에서 잘 실행된다.

2.1 SMTP(Simple Mail Transfer Protocol)

이것은 메일서버로부터 TCP/IP기반 네트워크를 통해 다른 곳으로 메일을 전송하는데 사용되는 프로토콜이다. 응용층에 속하는 서비스로 전송층의 TCP에 의존하고 상위층의 도움을 받으며 포트 25를 사용한다. 즉, 메일 받기/보내기를 포트 25를 통해서 한다는 뜻이다. 그러나 SMTP는 머신에서 머신으로 메일을 전송할 때 느리고 에러가 생기기 쉬워서 Sendmail과 같은 응용 프로그램을 많이 사용한다. 이런 경우 SMTP는 메일전송과 메일을 대기열(queue)에 잡아두는 일만 하게 된다. 마치 집배원과 같아서 우체국에 들어온 메일을 수거해 배달하는 일만 할 뿐이다. 수신자가 메일을 받지 않으면 우체국에 보관한다. 어떻게 우체국으로 메일이 들어오는지, 들어오지 않으면 어떻게 해야 하는지 등에 대해서 걱정하지 않는다. SMTP도 이와 같아서 전송 상 문제 등은 상위층의 메일 프로토콜인 POP나 IMAP가 처리해준다.

클라이언트가 인터넷 E-mail을 사용하게 하려면 사용자의 SMTP 서버를 알고 있어야 하는데 Mail Preferences에서 이 설정을 해줄 수 있다. DNS서버를 사용하고 있다면 SMTP 서버의 IP주소를 설정해 줄 필요 없이 이름만 정해주면 된다. 서버와 클라이언트 모두 SMTP는 포트 25를 통한다는 것을 알고 있기 때문이다.

2.2 MIME(MultiPurpose Internet Mail Extension)

SMTP에 의해 지정된 메시지 포맷은 1000개의 ACSII 문자까지만 허용하므로 그림이나 대용량 문서는 SMTP만 사용하는 E-mail을 통해서 전송할 수 없다. 그래서 SMTP는 초기 인터넷에서 사용되었고 IEEE는 늘어나는 메일용량을 위해서 1992년 MIME를 개발했다. MIME는 메일의 내용에 따라서 2진파일과 이미지, 비디오, 비-ASCII 파일을 인코딩해서 해석해준다. MIME가 SMTP를 대체한 것이 아니고 함께 사용되는 것이다. 여러 가지 형태의 내용을 인코드해서 SMTP가 ASCII 파일로 사용하게 하는 방법으로, 최근의 모든 메일 서버는 MIME를 지원하고 있다.

2.3 POP(Post Office Protocol)

이것은 메일서버로부터 메일을 추출할 때 사용되는 응용층 프로토콜로 최근에 사용되는 버전이 POP3이다. 사용자가 접속해서 메일을 추출할 때까지 POP3서버는 메일을 저장해두다가 사용자가 메시지를 다운로드하면 클라이언트의 로컬머신에 저장시켜 서버에서 그 메시지를 지우므로 서버 리소스를 적게 사용하는 장점이 있다. 따라서 거의 모든 메일서버와 클라이언트 응용프로그램이 POP3를 지원한다. 하지만 메일이 전송되면 서버에서 지워진다는 것이 일부 사용자들에게는 불편한 점이 될 수도 있다.

POP3의 디자인은 로컬 머신에서 메일을 추출할 때 가장 잘 작동되는데, 예를 들어 어느 사용자가 회사의 사무실에서 메일 A를 열어본 뒤 고객의 사무실에서 다른 메일 B를 확인하고 또 집에서 메일 C를 확인했다면 POP3를 사용했을 때 메시지가 세 장소(회사, 고객, 집)의 로컬머신에 각각 저장된 셈이 된다. 이를 막기 위해서 LAN의 파일서버로 다운되게 구성을 변경 할 수도 있지만 보통은 IMAP를 사용한다.

2.4 IMAP(Internet Message Access Protocol)

이것은 POP3를 좀 더 개선한 방식으로 메일 추출에 사용되는 프로토콜로써, 최신의 버전이 IMAP4이다. IMAP4는 E-mail 프로그램 변경 없이 POP3를 대체할 수 있는데, 메시지가 사용자의 로컬머신에 다운로드되는 대신 사용자가 메일을 서버에 그대로 놔둘 수 있다는 점이 POP3에 비해 가장 큰 장점이다. 이것은 메일을 사용자가 여러 곳에서 마음대로 확인할 수 있게 한다. 다음과 같은 장점도 가지고 있다.

1. 사용자는 메일 전부나 일부만 추출할 수 있다-나머지는 메일서버에 남아 있다. 이것은 늘 이동하는 사용자나 저장 하드디스크 공간이 작은 머신 등에서 유리하다.
2. 사용자는 메시지를 나중에 보거나 서버에 남아 있을 때 삭제할 수 있다-이것은 서버에서 클라이언트로 파일이 전송되지 않기 때문에 네트워크 대역폭을 사용하지 않아서 느린 연결을 사용할 때 다운로드 없이 삭제할 수 있으므로 편리하다.
3. 서버에서 메시지를 여러 방식으로 구성할 수 있다-일반 로컬머신에서처럼 메일 폴더를 만들어 유사한 메시지끼리 저장하거나 특정 키워드나 주제어로 일괄 탐색할 수 있게 한다.
4. 사용자가 중앙지점에 메일박스를 공유시켜 놓을 수 있다-민감하지 않은 내용이 들어 있는 메시지 박스를 네트워크상에 공유시켜 놓음으로써 여러 사람이 다양한 장소에서 메시지 박스의 메시지를 동일한 ID로 로그온해서 볼 수 있게 한다. 만일 이 경우 POP3를 사용한다면 한 명이 메시지를 다운받은 뒤 복사해서 여러 명에게 회람시켜야 할 것이다.

비록 IMAP4가 POP3보다 여러 가지 중요한 진보를 이뤘지만 메일서버는 사용자 별로 더 많은 공간을 할애해주어야 하며, 더 많은 프로세스를 처리할 수 있는 능력이어야 할 것이다. 그리고 관리자는 사용자가 IMAP4서버에서 여러 리소스를 사용하는지 감독해야 한다. 또 만일 IMAP4서버가 다운되면 사용자는 메일을 다운로드할 수 없으므로 나머지 메시지도 볼 수 없다는 단점도 있다.

3 TCP/IP 유틸리티

TCP/IP는 네트워크상에서 여러 가지 작업을 하기 때문에 전송상 오류가 발생할 수도 있는데, 다행히 TCP/IP는 값비싼 소프트웨어나 하드웨어 없이 트래픽을 유발하지 않고도 이를 점검하게 하는 여러 가지 유틸리티를 내장하고 있다. 이들 명령어를 스위치(옵션)와 함께 알아두어야 한다. 이미 앞에서 Telnet, ARP, Ping을 알아보았는데, 여기서는 다른 것들을 알아보기로 한다.

거의 모든 TCP/IP 도구는 서버나 클라이언트 머신에서 명령 프롬프트로 실행할 수 있고, 이들 명령어 구문은 사용하는 OS에 따라서 조금씩 다를 수 있다. 예를 들어 UNIX시스템에서는 경로추적이 traceroute인데 Windows시스템에서는 tracert이고, 이들 명령어에서 최대 홉(hop)수 제한 옵션이 UNIX에서는 -m인데 Windows에서는 -h이다. UNIX와 Windows에서 주로 쓰이는 명령어에 대해서 알아본다.

3.1 Netstat

이것은 TCP/IP 구성요소와 호스트 연결에 관한 세부적인 것들을 보게 하는데 사용중인 포트정보도 알 수 있다. 원격머신이 호스트에 로그온된 여부와 무관하게 네트워크 연결이 되어 있는지, 얼마나 많은 패킷이 오고갔는지, 얼마나 많은 데이터 에러가 있었는지 등을 보여준다. 예를 들어 파일과 프린터, 웹서버 등을 관리하는 네트워크 관리자는 멀티 CPU, 대용량의 저장 공간, 여러 NIC를 가지고 있는 웹서버가 여러 프로세스를 처리중이어서 HTTP 요청 처리가 길어진다면 웹서버의 메모리 용량 확인과 더불어 NIC로 드나드는 트래픽을 검사해 볼 것이다. 두 NIC 중에서 한 쪽만 과도하게 사용되고 있다면 한 NIC가 고장이거나 두 CPU 중 하나에 문제가 있는 것일 수도 있는데, 이 진단도구를 사용해서 TCP와 UDP 트래픽 통계를 낼 수 있다.

이 도구도 여러 가지 스위치를 가지고 있는데 다음과 같다.

1. -a – TCP와 UDP 연결 정보를 모두 보여준다.
2. -e – NIC에서 보내진 세부사항을 보여준다.
3. -n – 포트와 IP주소 별로 연결 사항을 보여준다.
4. -p – 어느 타입의 프로토콜을 원하는지 지정하게 한다.
5. -r – 라우팅테이블 정보를 보여준다.
6. -s – 호스트에 의해 보내진 IP, TCP, UDP, ICMP 등 패킷의 통계를 보여준다.

3.2 Nbtstat

NetBIOS는 세션과 전송층에서 작동하는 프로토콜로 NetBIOS명을 호스트와 연결시켜 주는데, 네트워크층과 작동하지 않으므로 경로 찾기가 불가하다고 했다. 그러나 TCP/IP 같은 다른 프로토콜로 캡슐화되면 경로 찾기가 가능해진다. 그래서 이 도구는 TCP/IP에서 실행되는 NetBIOS 통계를 보여주며, NetBIOS명을 IP주소로 풀어줘서 결국 NetBIOS명을 안다면 이 도구로 TCP/IP주소를 알 수 있게 한다. 하지만 NetBIOS보다 점차 TCP/IP를 사용하므로 별로 쓰이지 않고 있다.

이 도구도 여러 가지 스위치를 가지고 있는데 다음과 같다.

1. -a 머신명 – NetBIOS명으로 주어진 머신명을 보여준다.
2. -A 머신의 IP주소 – IP주소로 주어진 머신명을 보여준다.
3. -r – 브로드캐스트와 WINS로 풀어진 IP주소와 이름의 통계를 보여주는데, WINS가 제대로 작동해서 이름풀이를 했는지 확인하는데 쓰인다.
4. -s – 머신의 NetBIOS 세션 리스트를 보이고 IP주소를 NetBIOS명으로 풀어준다.

```
C:\WINDOWS\system32\cmd.exe

C:\Documents and Settings\Administrator>netstat -a

Active Connections

  Proto  Local Address          Foreign Address        State
  TCP    컴퓨3:epmap            컴퓨3:0                LISTENING
  TCP    컴퓨3:microsoft-ds     컴퓨3:0                LISTENING
  TCP    컴퓨3:2869             컴퓨3:0                LISTENING
  TCP    컴퓨3:6646             컴퓨3:0                LISTENING
  TCP    컴퓨3:30518            컴퓨3:0                LISTENING
  TCP    컴퓨3:33333            컴퓨3:0                LISTENING
  TCP    컴퓨3:1040             컴퓨3:0                LISTENING
  TCP    컴퓨3:netbios-ssn      컴퓨3:0                LISTENING
  TCP    컴퓨3:1036             pz-in-f104.1e100.net:http  CLOSE_WAIT
  UDP    컴퓨3:microsoft-ds     *:*
  UDP    컴퓨3:isakmp           *:*
  UDP    컴퓨3:4500             *:*
  UDP    컴퓨3:ntp              *:*
  UDP    컴퓨3:1033             *:*
  UDP    컴퓨3:1045             *:*
  UDP    컴퓨3:1900             *:*
  UDP    컴퓨3:ntp              *:*
  UDP    컴퓨3:netbios-ns       *:*
  UDP    컴퓨3:netbios-dgm      *:*
  UDP    컴퓨3:1900             *:*
  UDP    컴퓨3:6646             *:*

C:\Documents and Settings\Administrator>_
```

```
C:\WINDOWS\system32\cmd.exe - nslookup

Microsoft Windows XP [Version 5.1.2600]
(C) Copyright 1985-2001 Microsoft Corp.

C:\Documents and Settings\Administrator>nslookup
Default Server:  kns.kornet.net
Address:  168.126.63.1

> nslookup ftp.netscape.com
Server:  kdn.ktguide.com
Addresses:  61.78.35.195, 203.246.171.185
Aliases:  ftp.netscape.com.local

DNS request timed out.
    timeout was 2 seconds.
*** Request to ftp.netscape.com timed-out
>
```

〈Netstat -a와 nslookup 실행화면〉

3.3 Nslookup

DNS의 작동을 확인해서 호스트명과 IP주소의 매핑을 보여주는데, 호스트명이 올바로 되어 있는지와 DNS가 제대로 작동하는지 확인하는데 유용한 도구이다. IP주소 레코드뿐만 아니라 프라이머리 DNS서버 정보도 보여준다. nslookup만 타자하고 엔터하면 명령어 프롬프트가 >로 바뀌는데, DNS에 대한 더 많은 명령어를 사용하게 해준다.

3.4 Dig(Domain Information Groper)

nslookup과 비슷한 TCP/IP 도구가 dig이다. 이는 DNS 문제해결에 유용한데 데이터베이스를 쿼리(query)해서 IP주소와 관련된 호스트명을 알아낸다. 한두 가지 스위치와 같이 써도 nslookup보다 매우 유용하며 유연한 도구이다. 실제로 여기에 사용되는 스위치는 수 십개가 된다. 찾고자 하는 DNS 레코드 타입, 쿼리 타임아웃, 포트(기본 포트 53 이외의) 등 여러 옵션이 있다.

3.5 Whois

도메인명은 ICANN에 등록되어져야 하므로 등록자, 도메인 담당자명(DNS 서비스 담당 ISP 엔지니어), ISP회사, DNS서버 주소 등의 정보가 RIR(Regional Internet Registry)의 데이터베이스에 저장되는데 이런 DNS 등록 데이터베이스를 쿼리해서 정보를 얻는 도구가 이것이다. 네트워크 문제도 해결해주는데 시스템이 만일 abc.com이라는 곳으로부터 메시지 플러드(message flood)를 받는다면 이 도구를 이용해서 whois abc.com 형식으로 해당 사이트 담당자를 알아내어 연락할 수 있다. 하지만 .mil이나 .gov로 끝나는 사이트 정보는 이 도구로 잘 알 수 없기도 하다.

명령프롬프트에서 whois를 타자하는 대신 whois 데이터베이스인 ARIN(American Registry for Internet Numbers)으로 들어가 웹기반 인터페이스를 사용해서 특정 사이트의 정보를 볼 수도 있다. 주소는 www.arin.net이다.

3.6 Traceroute(Tracert)

Windows에서 tracert인 이 도구는 ICMP를 사용해서 네트워크의 한 노드에서 다른 노드로 전해지는 경로를 추적해서 홉(hop)수를 알아내고 목적지까지 지나가는 경로를 보게 하는 도구이다. 처음 세 데이터그램은 TTL(Time To Live)이 1로 설정되어 있어서 첫 라우터를 만나면 TTL1이 만료되며 다시 소스로 되돌아온 다음, 그 뒤로 일련의 데이터그램을 TTL2로 전송해서 목적지 노드의 라우터에 이를 때까지 계속된다. 하지만 테스트를 실행하는 장치가 다운되거나 방화벽 때문에 ICMP 전송을 받지 못하는 경우엔 목적지에 이르기 전에 이 테스트가 끝날 수도 있다. ICMP를 사용하는 Ping과 마찬가지로 방화벽 내에서 이를 사용하면 방화벽이 이들을 막기 때문에 소용이 없다. 또 라우터는 TTL을 구별하지 못하므로 이 명령어로 라우터의 데이터 입출방식을 알 수 없다. 경로를 어디서 끝내야 할지 알 수 없어서 홉수를 이용하는 것이다. 그러므로 테스트하는 머신과 목적지 머신에 방해만 없다면 어디서 네트워크의 혼잡이 있는지 알아내는데 많은 도움이 된다. 일반적인 형태는 Windows에서 tracert IP_주소 or 호스트명이다.

여기서 널리 사용되는 옵션에는 다음의 것들이 있다.

1. -d-IP주소를 호스트명으로 풀이하지 않게 한다.
2. -h-디폴트 30인 홉수의 최대 숫자를 정하게 한다. 예를 들어 tracert -h 12는 최대 홉수를 12로 정한다.
3. -w-응답의 타임아웃을 정하는데 ms단위이다.

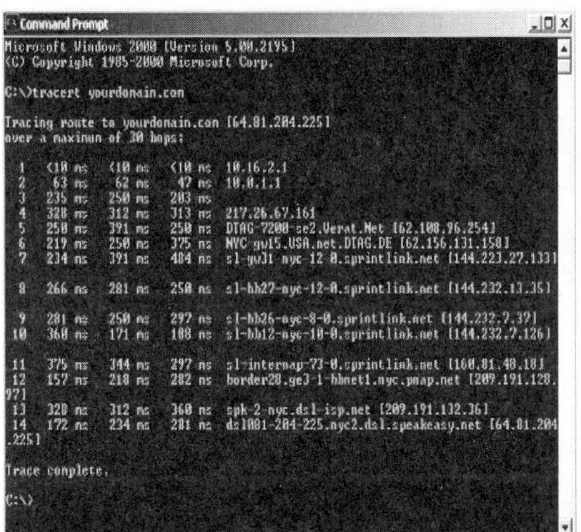

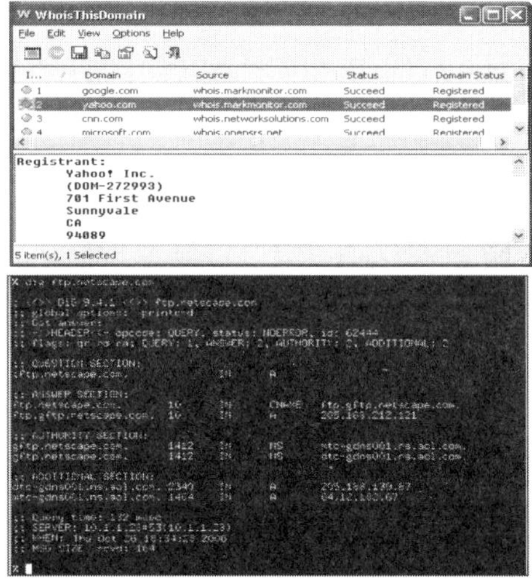

〈Tracert, Whois, 그리고 Dig 실행화면〉

3.7 IPconfig

Windows에서 TCP/IP 구성을 확인할 때 이 도구를 사용한다. Windows NT, 2000, XP, Server 2000에서 모두 쓰일 수 있다. NIC의 IP주소, 서브넷마스크, 디폴트 게이트웨이 등의 정보도 볼 수 있다. 만일 MAC주소와 WINS, DHCP 등의 정보도 보고 싶다면 몇 가지 스위치와 함께 사용하면 된다. 여기서의 옵션을 보자.

1. /?-이 명령에서 사용할 수 있는 옵션을 볼 수 있다.
2. /all-NIC의 모든 정보를 볼 수 있다.
3. /release-NIC에 DHCP가 할당한 모든 정보를 내놓는다.
4. /renew-NIC에 DHCP가 다시 정보를 갱신하게 한다.

3.8 Winipcfg

IPconfig가 Windows NT, 2000, XP, 2003 Server 등에서 쓰인다면 이것은 리거시한 Windows 9x, Me에서 사용되었던 도구로 그래픽으로 보여준다.

3.9 Ifconfig

이것은 UNIX기반 시스템에서 사용하는 것으로 Windows의 IPconfig와 기능은 같다. IPconfig에서와 같이 DHCP에서 할당한 IP주소를 변경하거나 갱신할 수 있으며 정보를 볼 수도 있게 한다. 여기서 쓰이는 옵션을 보자.

1. -a – 장치의 모든 인터페이스에 적용되며 다른 옵션과 함께 사용될 수 있다.
2. down – 인터페이스를 사용하지 않게 설정한다.
3. up – "down" 뒤에 재시작하게 한다.

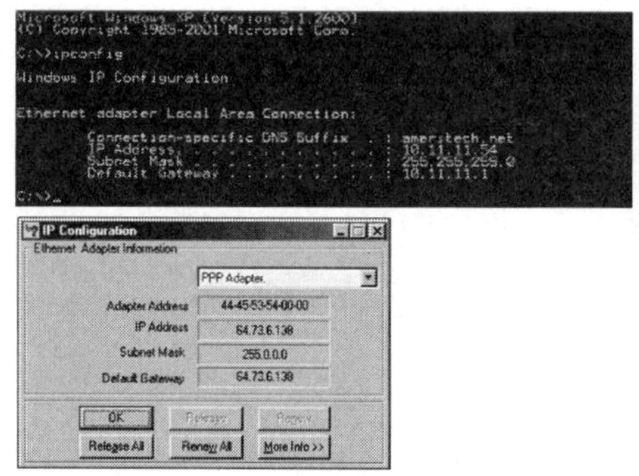


```
% ifconfig -a
eth0      Link encap:Ethernet  HWaddr 00:10:A4:B6:24:82
          inet addr:10.1.1.10  Bcast:10.1.1.255  Mask:255.255.255.0
          UP BROADCAST RUNNING MULTICAST  MTU:1500  Metric:1
          RX packets:38130 errors:1 dropped:0 overruns:0 frame:0
          TX packets:36103 errors:0 dropped:0 overruns:0 carrier:0
          collisions:0 txqueuelen:100
          RX bytes:32055118 (30.5 Mb)  TX bytes:3424759 (3.2 Mb)
          Interrupt:11 Base address:0x200

lo        Link encap:Local Loopback
          inet addr:127.0.0.1  Mask:255.0.0.0
          UP LOOPBACK RUNNING  MTU:16436  Metric:1
          RX packets:374 errors:0 dropped:0 overruns:0 frame:0
          TX packets:374 errors:0 dropped:0 overruns:0 carrier:0
          collisions:0 txqueuelen:0
          RX bytes:29705 (29.0 Kb)  TX bytes:29705 (29.0 Kb)

%
```

〈IPconfig와 Winipcfg, 그리고 ifconfig –a 실행화면〉

4 VoIP(Voice over IP)

IP Telephony로도 알려진 이것은 packet-switched 네트워크와 TCP/IP 프로토콜을 이용해서 음성대화를 전송하는 기법이다. '보입'으로 발음하는데 10여 년 전부터 여러 가지 형태로 존재해 왔고, 계속해서 네트워크 관계자의 관심을 끌어오고 있었다. 초기엔 속도가 느렸지만 지금은 기술이 발달해서 매우 빠른 전송이 가능하다. VoIP는 다음과 같은 이점이 있어서 널리 쓰인다. 참고로 음성신호 이외에 팩스, 비디오, 데이터 서비스를 제공하는 기법을 Convergence라고 부른다.

1 음성통화보다 저렴한 가격－장거리 전화에서 T1 WAN과 같은 연결의 VoIP를 사용하면 속도도 빠르며, toll pass비를 내지 않으므로 사용요금이 매우 저렴해진다.

2 새롭고 진보된 응용성－전화선은 사설회선을 이용해서 PSTN(Public Switched Telephone Network)으로 연결되지만 VoIP는 개방형인 TCP/IP에서 실행되므로 새로운 기법이 무한해진다. 사업의 형태에 따라서 다양한 특성을 가지게 할 수 있다.

3 중앙화된 음성과 데이터 관리－데이터와 음성이 같은 인프라를 사용하므로 네트워크 관리, 유지, 문제해결이 매우 용이해진다. 또 음성전송의 시간, 날짜, 타입 등을 알 수 있고, 전화 건 장소, 사람 등의 정보도 알 수 있으므로 관리나 보안 측면에서도 매우 효율적이다.

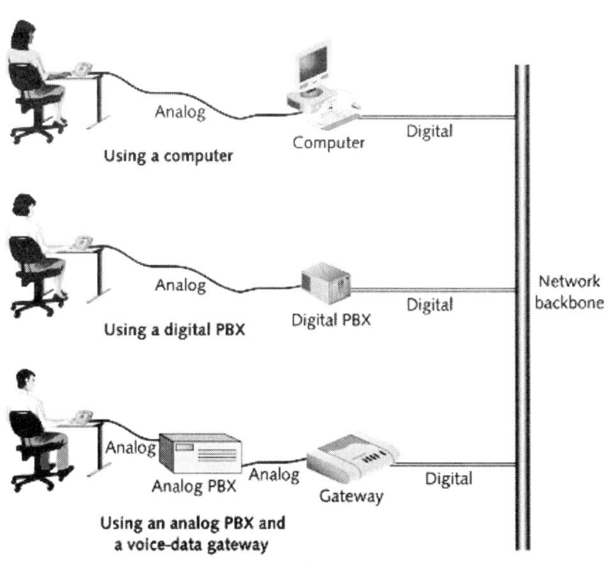

〈일반 전화에서 VoIP에 액세스하기〉

음성신호는 TCP/IP 네트워크의 여러 구성을 통해 전해지는데 콜러(caller)가 TCP/IP 전송을 위해 특별히 고안된 기존의 아날로그를 사용하는 전화기를 이용하거나, 마이크와 스피커, 그리고 해당 프로그램이 있는 컴퓨터를 통해서 대화할 수 있다. 하지만 만일 콜러가 기존의 전화기를 사용한다면 아날로그신호를 디지털로 바꿔주는 변환이 있어야 하는데 RJ-11 어댑터카드가 이 역할을 하게 한 뒤 여기에 전화선을 연결하거나, 음성 아날로그 신호를 받을 수 있는 스위치나 라우터(Digital PBX 혹은 IP-PBX(Private Branch Exchange))에 전화선을 연결해서 음성신호를 패킷으로 바꾸는 방법을 쓸 수도 있다. 보통 IP-PBX는 아날로그와 디지털 신호를 모두 주고 받는 사설 스위치를 말하는데, 기존 PSTN 전화선과 데이터 선 모두에 연결될 수 있으며 IP기반 음성신호를 다른 네트워크의 라우터나 스위치로 출입하게 해준다.

세 번째 방법은 기존 전화선을 아날로그 PBX에 연결한 뒤 "음성-데이터" 게이트웨이에 연결하는 방법이 있을 수 있다. 이 경우 게이트웨이는 기존 전화선을 인터넷이나 WAN과 같은 TCP/IP 네트워크와 연결하는데, 들어오는 음성 아날로그를 디지털로 바꾸고 데이터를 압축해서 패킷으로 조립한 뒤 packet-switched 네트워크로 전송한다. PSTN과 VoIP사이에서 게이트웨이가 VoIP 신호 프로토콜을 사용해서 콜러가 packet-switched 네트워크를 통해 VoIP로 전화를 걸면 집에서 일반 전화기로 전화를 받을 수 있는 circuit-switched 네트워크에 연결되게 한다.

대부분 VoIP 설치는 기존의 일반 전화기보다 디지털 신호만 주고받는 IP전화기를 사용하게 하는데, 콜러가 IP전화기로 전화를 걸면 음성이 즉시 디지털화되어져 네트워크에 패킷형태로 보내진다. 네트워크에서 각 IP전화기는 유일한 IP주소를 가지고 있으며, 일반 전화기처럼 보이지만 컴퓨터처럼 RJ-45 잭에 연결되어져 있다. 이 연결은 허브나 스위치와 같은 장치를 지나 IP-PBX에 닿는데 IP-PBX는 자체에 "음성-데이터" 게이트웨이를 가지고 있거나 별도의 "음성-데이터" 게이트웨이를 가지고 네트워크 백본에 연결된다.

IP 폰은 기존전화처럼 번호 저장, 대기, 스피커 등의 기능을 가지고 있으며 LCD 화면으로 콜러 정보 등을 보여준다. 모바일이거나 회선을 가지고 있기도 해서 일반 네트워크에 연결된 워크스테이션과 다를 바 없는데 Alcatel, Avaya, Cisco, Mitel, NEC, Nortel, Simens 등이 만들고 있다.

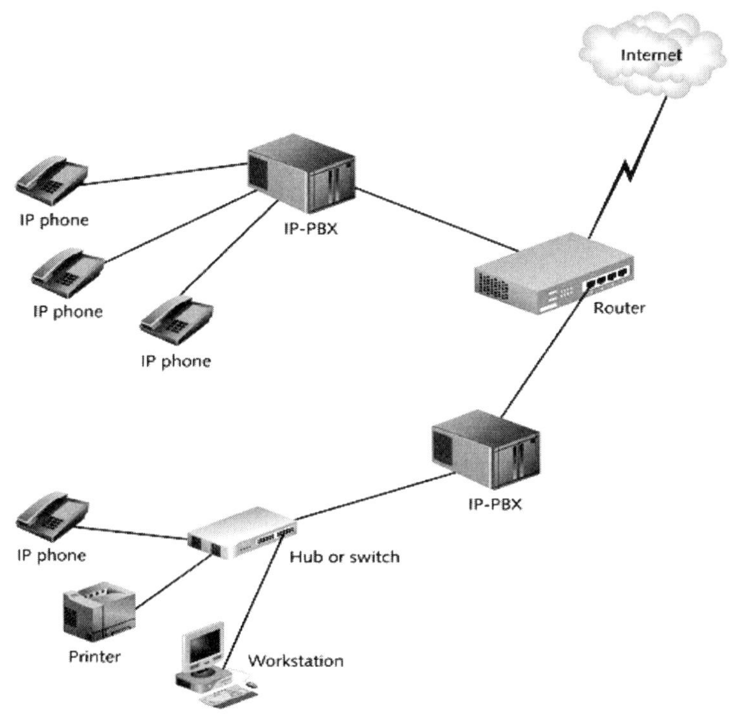

<IP 전화에서 VoIP 네트워크 액세스>

기존 전화나 IP 폰 이외의 또 다른 형태인 Softphone은 컴퓨터를 프로그래밍해서 IP 폰처럼 사용하는 방법이다. 소프트 폰과 IP 폰은 거는 방식이 같은데, 머신에 소프트웨어를 설치하고 네트워크에 연결해서 사용하면 된다. 디지털 전화스위치를 사용해서 통신하며 full-duplex로 작동하는 사운드카드를 장착해야 동시에 통화할 수 있다. 그러나 이런 모든 기술에도 불구하고 packet-switched 네트워크에 음성을 전달하는 것은 데이터를 전달하는 것보다 어렵다. 연결서비스의 질에 따라 음성이 변형될 소지가 많고 전달되는 순서에 지연이 있을 수도 있다. 그래서 음성전달에는 더 많은 대역폭이 요구되므로 인터넷을 통하지 않고 세그먼트 내에서 사용하면 성능이 더 좋아질 수 있다.

CHAPTER

05 네트워크 하드웨어

CompTIA Network+

데이터가 케이블이나 공기를 통해서 어떻게 전달되는지 이해했다면 데이터가 목적지에 어떻게 도착하는지도 알아야 한다. 마치 우체국에서 메일을 전송할 때 트럭이나 비행기로 모든 메일들을 모아서 집배원이 가정이나 사무실로 전달하는데 주소 등이 제대로 되어 있지 않아서 잘 전달되지 않으면 송신자나 수신자 모두 난감할 것이다.

데이터 전송에서도 허브, 라우터, 브리지와 스위치 등이 정확하게 목적지를 지시해주는 역할을 한다. 이 장에서는 이런 장비들과 기능을 알아보는데 이들이 작동하는 데이터링크층이나 네트워크층, 그리고 일부 물리층을 살펴본다. 또 데이터가 한 노드에서 다른 노드로 전달되는 개념과 스위칭과 라우팅 프로토콜도 살펴본다. 연결문제 또한 살펴볼 것이다.

1 네트워크카드(NIC : Network Interface Card)

네트워크 인터페이스카드(NIC, 네트워크어댑터, 네트워크카드 등으로 불림)는 워크스테이션, 서버, 프린터나 다른 노드들을 네트워크 매체를 통해 데이터를 주고받는데 사용되는 연결 장치이다. 거의 모든 NIC는 데이터 송수신장치를 가지고 있으며 데이터를 회선을 통해 보내는 물리층과 데이터 프레임을 분해하고 재조립하는 데이터링크층에 속해 있다. 또한 물리적 주소를 해석하고 어느 순간에 어느 장치가 데이터를 전송할 수 있을지 결정해준다. 발전된 NIC기술은 우선처리, 네트워크관리, 버퍼링, 트래픽 필터링기능을 가지게 했다. 그렇지만 3~7계층에서 부가된 정보는 해석하지 못한다. 즉, 보내고 받는 데이터가 IP 혹은 IPX에서 온 것인지 알 수 없으며 표현층의 프레임 암호화도 결정할 수 없다.

1.1 네트워크카드 종류

NIC를 주문하거나 설치하기 전에 다음을 고려해 보아야 한다.

1. 이더넷인지 토큰링인지 액세스 방법
2. 10인지 100Mbps인지 네트워크 전송 속도
3. PCI인지 ISA인지 호환되는 마더보드 타입
4. 제조사(3Com, Adaptec, D-Link, Intel, Kingstone, Linksys, Netgear 등)

1) 내부 버스 표준

만일 CompTIA의 A+를 학습했다면 '버스'(bus)의 개념을 이해할 수 있을 것이다. 버스는 마더보드의 회로(circuit)로써 데이터와 RAM, CPU, HDD 등 컴퓨터 구성요소간 신호통로인데 시스템버스나 메인버스라고도 불린다. 버스는 데이터가 병렬로 전송되는 통로의 폭(bits로 표시됨)과 클럭스피드(Hz로 표시됨)에 따라서 다르게 정의된다. 초기 PC는 8-bits 데이터통로였는데 나중에 16-, 32-bits로 늘어났다.

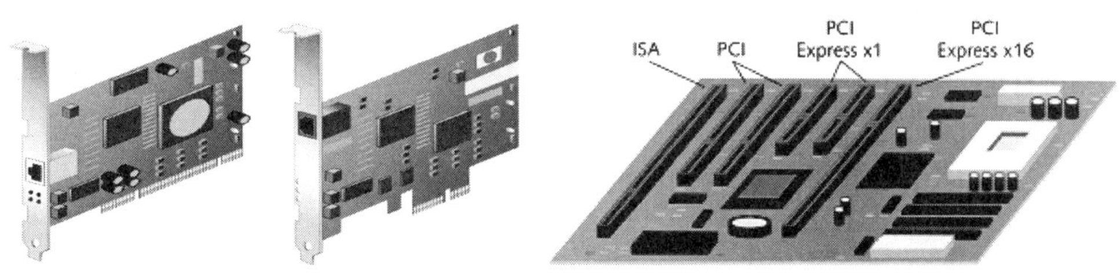

〈PCI와 PCIe x1, 마더보드 슬롯〉

대부분 최근의 머신들은 64-bits로 전달하며 일부는 128-bits를 사용하기도 한다. 그러므로 여기에 연결되는 장치도 그런 속도를 낼 수 있어야 한다. 마더보드는 확장슬롯을 가지고 있는데 확장카드나 확장보드로 불리기도 하는 NIC나 모뎀, VGA 등이 끼워져 이들 버스로 연결되어 컴퓨터가 이런 카드들과 통신하고 이들을 통제하게 되는 것이다.

여러 가지 버스 타입이 있는데 확장카드는 이 버스와 타입이 맞아야 한다. 지금까지 널리 쓰이고 있는 것은 Intel이 1992년에 만든 PCI(Peripheral Component Interconnect)로 32-, 64-bits 버스폭이며 33-, 66-MHz 클럭스피드에 최대전송량은 264Mbps이다. 현재는 2004년의 버전3이 가장 최신형이다. 원래 PC버스는 1980년대 초에 만들어진 ISA(Industry Standard Architecture)였는데 8-, 16-bits 버스폭에 4.77MHz였다. 따라서 PCI가 ISA보다 빠르며 Apple사의 Macintosh 머신에서도 잘 맞는다.

또 다른 최신 모델이 2002년에 나온 PCI Express로 PCIe나 PCIx로 표시하며, 64-bits 버스 폭에 133MHz이며 500Mbps를 full-duplex로 버스(PCIe에서는 레인(lane) 개념을 쓴다)에 전송한다. 이 PCIe는 PCI에 비해서 더 효율적인 데이터 전송과 서비스의 질 향상, 에러보고를 해주지만 가장 큰 장점은 기존 PCI와 호환된다는 것이다. PCIe x1은 한 레인, x4는 네 레인을 지원하는데 x16까지 있고 각 레인이 full-duplex로 500Mbps씩 전송하므로 x16은 8Gbps를 전송할 수 있는 셈이다. 따라서 기존 PCI와 그래픽에 주로 쓰이는 AGP(Accelerated Graphic Port)도 이 PCIe에게 자리를 내주고 있다.

2) 외장형(주변장치) 버스 표준

모뎀이나 HDD 같은 장치도 보드에 내장되지 않고 외장형으로 사용하기도 하는데, 특히 리거시한 랩톱머신에서는 PC card라고 줄여서 부르는 PCMCIA, USB, FireWire(IEEE 1394) 슬롯이 지원된다. 이런 외장형 장치들은 카드서비스 소프트웨어를 가지고 있고 Plug and Play나 Hot-swapping을 지원하므로, 별도의 구성없이 끼워서 바로 사용하면 된다.

(1) PCMCIA(Personal Computer Memory Card International Association)

PC card는 1989년 외장형으로 메모리를 지원하기 위해서 개발했었으나, 지금은 유·무선 NIC, 모뎀, 하드디스크, 메모리, CD-ROM 등도 지원하며 16-bits에 8MHz 전송이다. 그러나 이것도 전송이 느려서 PCMCIA그룹은 CardBus를 개발했는데, 32-bits에 33MHz이며

PCI 슬롯과 호환된다. 최신의 노트북 등에는 CardBus 포트가 내장되어 나온다. 하지만 더 많은 속도를 요구하는 추세에 따라 PCMCIA그룹은 26-pin 인터페이스에 양 방향으로 250 Mbps씩 총 500Mbps를 전달하는 ExpressCard를 또다시 내보였는데 PCIe와 같은 속도이다. 크기도 34mm(CardBus의 40% 크기)와 54mm(CardBus와 같은 크기) 두 가지가 있으며, 작고 얇은 추세로 PDA, Tablet PC, 디지털 카메라 등에 쓰인다.

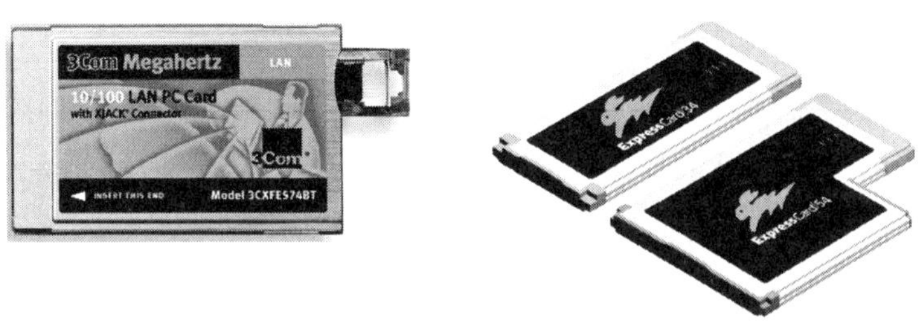

〈CardBus와 ExpressCard〉

2) USB(Universal Serial Bus)

외장형 NIC의 또 다른 타입이 USB인데 플래쉬메모리 이외에도 모뎀, 마우스, 오디오, 프린터 등 거의 모든 컴퓨터 부품에 쓰이고 있다. 처음 USB는 1995년에 저비용에 어느 모델이나 어느 머신에서도 인식되는 쉬운 사용을 위해서 출시되었지만 지금은 마더보드에 내장되어 있거나 랩톱에 여러 포트로 붙어 있다. USB는 1, 2 두 가지가 널리 쓰이고 지금은 USB3까지 나와 있다. USB1은 12Mbps, USB2는 480Mbps, 그리고 USB3은 5Gbps이다. 127개까지 장치를 지원하며 5m 거리제한이 있다.

〈USB2 NIC, FireWire NIC, 그리고 CompactFlash NIC〉

(3) FireWire

FireWire는 Apple사에서 1980년에 만들었고 IEEE가 1995년에 IEEE1394로 명명했는데, 수년간 Mac 머신에 내장되어 있었지만 지금은 일반 PC에도 들어 있다. 초기 버전 v1이 400Mbps이고 v2는 IEEE1394b로 표시하기도 하는데 800Mbps이다. 최근 것은 v3으로 3Gbps를 전송한다.

원래 이 기기는 디지털카메라, VCR, 외장 하드디스크, CD-ROM 등을 위해서 개발했었고 두세 머신을 줄줄이 묶는 버스 토폴로지 네트워크도 가능하다. 네트워크에서는 세그먼트당 63개의 장치를 지원하며, 노드 사이의 길이는 4.5m 이내로 처음과 끝 노드가 최대 72m까지 확장될 수 있다. FireWire NIC를 별도로 구매하거나 PCI, PC card타입을 외장형으로 사용하면 된다. 4-, 6-pin으로 되어 있는데 6-pin에는 전원을 공급하는 두 선이 들어있다. Mac 머신의 장점인 실시간 비디오 전송 등에 많이 쓰인다.

(4) CompactFlash

CompactFlash는 12개 전자회사가 CFA(CompactFlash Association)를 구성해서 만든 매우 작고 이동할 수 있으며 다양한 주변장치에 연결할 수 있는 장치로써, 디지털카메라의 사진을 이 CompactFlash 저장카드에 저장할 수 있다. 또 이것으로 FireWaire처럼 네트워크를 구성할 수 있는데 16Mbps로 전송한다. 속도가 느리므로 NIC용으로는 적합하지 않으나, PC 카드로는 다룰 수 없는 장치를 연결할 때 사용된다. 물론 RJ-45 커넥터를 가지고 있지만 무선 연결에도 자주 쓰인다.

3) On-board NIC

모든 주변장치가 확장카드나 카드서비스 형태로 마더보드에 연결되어져 사용되는 것은 아니다. 보드에 직접 내장되어 있는 형태가 대부분인데 키보드나 마우스, 모니터, 사운드처럼 NIC도 내장되어져 있다. 이런 내장 장치들은 슬롯에 여유를 주고 공간도 절약해준다.

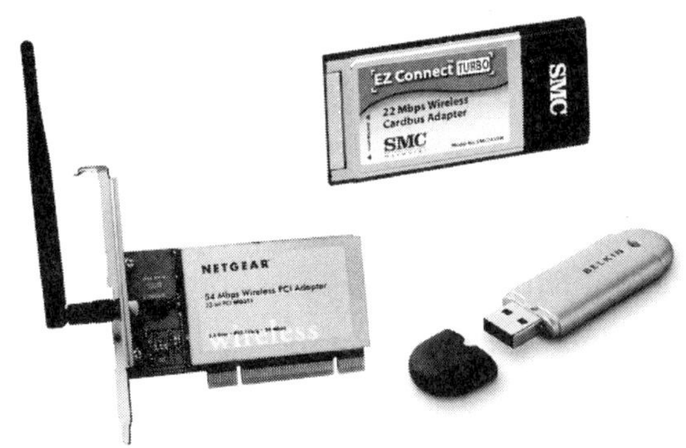

<무선 PCI, 무선 CardBus, 무선 USB NIC>

4) 무선 NIC

NIC는 유선이거나 무선으로 되어 있으며, 무선 NIC는 내장이나 외장 안테나를 가지고 기지국(base station)이나 다른 무선 NIC와 통신한다. 무선 NIC도 위에서 알아본 모든 버스타입을 가지고 있다. 동일한 조건이라면 무선보다 유선을 선택하는 이유는, 속도와 보안 문제 이외에도 비싼 무선 NIC 가격일 것이다.

1.2 네트워크카드 설치하기

NIC가 작동되기 위해선 하드웨어를 설치하고 나서 소프트웨어를 설치해야 한다. 펌웨어(firmware)는 데이터나 지시어세트(instruction set)를 말하는데, 하드웨어 ROM 칩에 들어있어서 하드웨어와 소프트웨어를 합친 개념으로 볼 수 있다. 이 ROM 안의 데이터는 유틸리티로 구성변경이 가능한데, 이런 ROM을 EEPROM(Electrically Erasable Programmable Read-Only Memory)이라고 한다. NIC에도 이런 ROM 칩이 있으며, 이 내용은 네트워크 상황에 따라 변경될 수 있다.

1) NIC 설치하고 구성하기

설치 전에 NIC에 따라온 안내서를 읽어 보는 것이 좋다. 우선 작업환경을 깨끗하게 정돈한 뒤 정전기를 줄이기 위해서 손목 ESD(ElectroStatic Discharge) 스트랩 등을 차고

ESD 매트 위에서 작업 준비를 한다. 컴퓨터를 책상 등 단단한 틀 위에 두고 접지효과를 보기 위해서 전원 플러그를 벽에 끼워둔 채(머신이 켜져 있으면 머신의 파워를 끈다) 십자드라이버로 컴퓨터 케이스 뒷면의 나사를 4개 정도 풀거나 다른 방법으로 케이스를 벗겨준다. NIC버스와 보드의 버스가 맞는 지 확인하고(PCI 등) 빈 슬롯을 찾아 보드 바닥에 닿지 않게 조심해서 꽉 낀다. 이제 NIC의 금속 브래킷(bracket)을 케이스 후면의 슬롯커버에 나사로 연결해서 흔들리지 않게 한다. 커버를 다시 잘 덮고 나사를 조인다.

물리적으로 PC card식 NIC 설치는 훨씬 더 쉽다. 최신 머신에서는 Plug and play를 지원하므로 머신을 끄지 않고도 그냥 포트에 깊게 잘 끼워주기만 하면 된다. 다른 USB, FireWire, ExpressCard 등도 마찬가지이다.

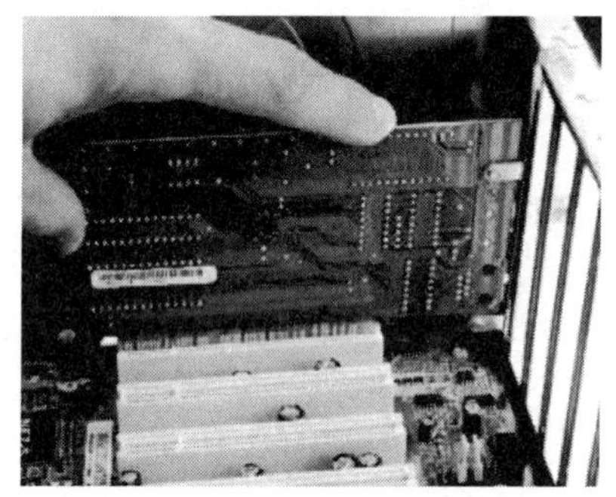

<데스크톱 확장슬롯에 NIC 끼우기와 노트북에 PC card식 NIC 끼우기>

일부 서버머신에는 여러 개의 NIC를 끼울 수도 있지만 방법은 동일하다. 또 리거시한 머신에서는 설정 변경 시 펌웨어 대신 NIC에 따라 온 안내서를 참고해서 점퍼(jumper)나 DIP(Dual Inline Package) 스위치로 설정해야 할 때도 있다.

2) NIC 드라이버 잡아주기

비록 머신이 Plug and Play로 장치를 인식했다고 해도 올바른 장치 드라이버를 설치해 주어야 한다. 장치 드라이버란 컴퓨터의 운영체제와 장착된 장치가 서로 통신하게 해주는 소프트웨어 프로그램을 말한다. 대부분 최신 머신은 운영체제에 여러 개의 장치드라이버를 내장하고 있으므로 운영체제가 스스로 장치를 인식해서 드라이버를 잡아 주기도 하며, 장치에 딸려온 CD-ROM에 드라이버가 들어 있으므로 사용하면 된다. 요즘에는 머신에 붙어 있는 장치들의 드라이버를 자동으로 인식해서 다운받는 사이트로 연결해주는 프로그램들(3DP 등)이 있기 때문에 편리하게 사용하면 된다. 혹은 장치의 안내서에 회사 웹사이트가 있으므로 들어가서 운영체제에 맞는 것을 다운해서 설치해도 된다. 드라이버는 머신이 부팅될 때마다 자동으로 RAM에 로드되어 머신과 통신하게 된다.

머신의 '장치관리자'로 들어가서(바탕화면의 '내 컴퓨터' 오른쪽 클릭 후 '속성'→시스템 등록정보→'하드웨어' 탭으로 들어가면 된다) '네트워크 어댑터'로 가면 장치가 보일 것이다. 장치를 오른쪽 클릭해서 '속성'→'드라이버'탭→'드라이버 업데이트'→'목록 또는 특정 위치에서 설치(고급)'→검색할 장소를 드라이버 CD-ROM이나 다운받은 드라이버 소프트웨어가 있는 곳으로 지정해준다. 이제 스스로 알아서 설치해준다.

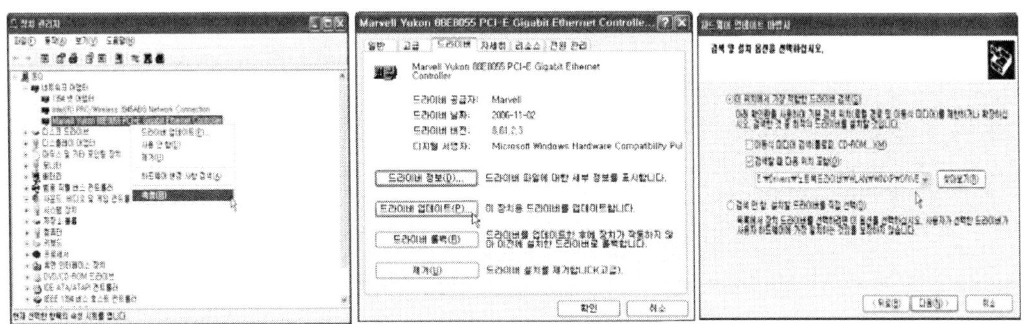

〈드라이버 설정화면〉

(1) LED표시등 해석하기

NIC를 설치하고 네트워크를 통해 데이터를 전송하려고 할 때 NIC의 LED를 보고 상태를 점검할 수 있다.

1. ACT-이 빛이 깜빡이면 NIC가 데이터를 전송하거나 받는 중이며, 가만히 있으면 대용량을 처리중이란 뜻이다.
2. LNK-이 빛이 켜져 있으면 NIC가 작동중이며 NIC가 네트워크에 연결되어져 있다는 뜻이다. 일부 기종에서 이 빛이 깜빡이면 NIC가(데이터 처리는 하지 않고) 네트워크를 감지했다는 뜻이다.

3 TX－이 빛이 깜빡이면 NIC가 작동중이며 프레임을 전송중이란 뜻이다.

4 RX－이 빛이 깜빡이면 NIC가 작동중이며 프레임을 수신중이란 뜻이다.

(2) IRQ(Interrupt ReQuest)

장치가 머신에 연결되면 프로세서의 주의를 끌기 위해서 주의를 끄는 요청을 하는데, 0 ~15까지의 숫자로 표시되는 IRQ이다.

0	System timer	1	Keyboard	2	Cascade IRQ9	3	COM2, COM4
4	COM1, COM3	5	Sound or LPT2	6	FDD	7	LPT1
8	Real-time clock	9	N/V	10	N/V	11	N/V
12	PS/2 Mouse	13	Math-processor	14	IDE1	15	IDE2

* 장치에 따라서 정해진 것도 있지만 NIC는 IRQ9, -10, -11 중 하나를 갖는다.

보통 운영체제와 BIOS가 IRQ를 자동으로 할당해 주지만 만일 두 장치가 동일한 IRQ를 사용한다면 충돌이 일어나는데 머신이 잠기거나, 멈추거나 평소보다 매우 느리거나, NIC는 정상이지만 USB나 병렬포트가 작동되지 않거나 비디오나 사운드에 문제가 있을 수 있다. 머신이 재부팅된 뒤 에러메시지를 보이기도 한다. NIC의 IRQ를 어댑터의 EEPROM 구성 도구나 CMOS(Complementary Metal Oxide Semiconductor)를 통해서 변경할 수 있다.

CMOS는 머신의 하드웨어 설정을 저장하고 있는데 자체 배터리에 의해 동작된다. CMOS는 BIOS(Basic Input/Output System)에 의해 사용되며, BIOS는 컴퓨터가 하드웨어 인식을 초기화해주는 간단한 지시어세트이다. 머신이 부팅되면 BIOS가 부팅과정을 실행해주고 머신이 작동하면 머신의 소프트웨어와 하드웨어 사이의 인터페이스를 제공해서 어느 장비가 어느 IRQ를 사용하는지 알게 해준다.

비록 CMOS에서 NIC의 IRQ를 변경할 수 있지만 운영체제를 통해 변경할 수 있는 여부는 NIC 타입에 따른다. PCI NIC인 경우 NIC의 등록정보의 디폴트 세팅이 "자동 설정"에 체크되어 있으면 "설정변경"이 불가하다.

(3) 메모리 영역

메모리 영역은 16진법으로 표시되는데 NIC와 CPU가 데이터를 교환하고 버퍼링하는데 쓰인다. IRQ처럼 특정 장치마다 메모리영역이 할당되어져 있다. NIC는 보통 메모리상 주소 A0000-FFFFF를 사용하는데 제조사마다 특정 범위를 사용하는 경향이 있다. 예를 들어 3Com PC card는 C8000-C9FFF, IBM 토큰링은 D8000-D9FFF이다. 메모리 영역으로 인해 충돌이 일어나진 않는데 IRQ보다 공간상 여유가 있기 때문이다. 하지만 여기서 문제가 생기면 수정하기 쉽지 않다. 이럴 때에는 제조사의 문서를 참조해 보아야 한다.

(4) 기본 I/O포트

기본 I/O포트는 NIC와 CPU사이의 데이터 이동채널로 메모리의 어느 영역을 사용할지 정해주는데, IRQ처럼 어느 장치의 기본 I/O포트를 다른 장치가 사용하지 못한다. 대부분 NIC는 이 채널을 위해서 두 개의 메모리 범위를 사용하며 I/O포트가 이 영역의 시작을 정해준다. 제조사에 따라서 다르지만 보통 300(300-30F), 310-, 280-이거나 2F8이다. 이를 변경할 필요는 없지만 CMOS나 운영체제에서 IRQ처럼 변경할 수는 있다.

(5) 펌웨어(Firmware) 설정

NIC의 IRQ, 기본 I/O포트, 그리고 메모리 영역에 대한 리소스(resources)를 조절했으면, NIC가 네트워크 속도, MAC 주소 등을 감지하는지 전송에 대해서 생각해 보아야 한다. 이것들도 역시 EEPROM칩으로 NIC의 펌웨어에 들어 있는데 함부로 수정하면 곤란할 수 있다. 이를 수정하려면 NIC와 함께 온 구성/설치 유틸리티가 들어있는 부팅 CD-ROM이나 플로피디스켓을 사용하거나 제조사의 웹사이트에서 다운받을 수 있다. 하지만 이 프로그램은 운영체제나 메모리관리 프로그램이 실행되고 있으면 작동되지 않는다.

구성 유틸리티는 IRQ, I/O포트, 메모리 주소영역과 노드의 MAC주소를 보게 한다. 또한 NIC의 CPU 사용, full-duplexing, 10BASE-T나 100BASE-TX 매체에서 사용될 수 있는 여부 등도 알려준다. 이 도구는 NIC 진단도 해주는데 별도의 하드웨어 없이 NIC가 데이터를 송수신할 수 있는 능력을 점검하는 것으로써, loopback plug(or

<loopback 어댑터>

loopback adapter)가 있어야 한다. 이것을 한쪽은 RJ-45포트에 끼우고 다른 쪽은 시리얼, 혹은 패러럴 포트에 끼워서 전송라인을 수신라인에 연결해서－나가는 시그널을 다시 들어오는 시그널로 리다이렉트(redirect)해서－테스트하는 방법이다. 여기서 실패하면 설정을 다시 해주어야 한다(TCP/IP 기능을 테스트하는 ping 127.0.0.1 loopback과 유사하다).

3) 올바른 NIC 선택하기

워크스테이션이나 서버를 위해서 NIC를 선택할 때 몇 가지를 고려해 보아야 하는데, 가장 중요한 것은 시스템과의 호환성이다. 어댑터는 네트워크의 버스타입, 액세스 방법, 커넥터 타입과 전송 속도 등과 맞아야 하며 운영체제와 드라이버가 맞는지도 살펴야 한다. 또 네트워크 성능에 영향을 주는 요소들도 고려해 봐야 하는데 다음에 예를 실어 놨다.

NIC 특성	기능	장점
자동속도 선택	NIC가 자동으로 네트워크 속도와 (half-나 full-duplex) 모드를 감지하고 적응하게 함	구성과 성능에 도움
하나 이상의 CPU	카드가 CPU에 독립적으로 데이터를 처리하게 함	성능개선
Direct Memory Access (DMA)	카드가 컴퓨터의 메모리에 데이터를 직접 전송하게 함	성능개선
진단 LED (NIC 위)	트래픽, 연결, 그리고 속도를 나타냄	문제해결에 도움
이중 채널	한 슬롯에 이중 NIC 가능	성능개선 ; 서버에 적합
로드 밸런싱	NIC의 프로세서가 내부 카드 사이의 내부 전환을 언제할지 결정함	트래픽이 큰 네트워크에서 성능개선 ; 서버에 적합
"Look Ahead" 전송과 수신	NIC의 프로세서가 전체 패킷을 받기 전에 데이터 프로세스를 시작하게 함	성능개선
관리능력 (SNMP)	본통 설치된 응용프로그램을 통해 NIC가 모니터링과 문제해결을 하게 함	문제해결에 도움이 됨 ; 사전에 문제를 감지함
전원관리 능력	NIC가 머신의 전원 절약조치로 사용되고 측정되며, PCMCIA기반 어댑터에서 발견됨	랩톱머신의 배터리 수명 연장

NIC 특성	기능	장점
RAM 버퍼링	NIC에 추가적으로 메모리를 주어서 데이터 버퍼링에 여유를 줌	성능개선
업그레이드 가능 (flash)	온보드 칩 메모리를 업그레이드된 ROM이 되게 함	사용의 용이함과 성능개선

* 때로는 NIC에 딸려 나온 문서가 제품과 맞지 않는 경우가 종종 있어서 해당 제품의 웹사이트를 방문하는 것이 좋을 때가 많다.

2 리피터와 허브

이제 연결 장치를 알아본다. 건물 내에는 통신실이 있다고 했는데 그 안에는 워크스테이션들로부터 온 수평 케이블링이 펀치다운 블록, 패치판넬, 허브, 스위치, 라우터, 브리지 등에 연결되며 리피터도 들어올 수 있다.

2.1 리피터(Repeaters)

리피터는 디지털 시그널을 재 발생시키는 단순한 연결 장치이다. 리피터는 물리층에서 작동하므로 재전송하는 데이터를 해석하거나 손상된 데이터를 수정하지 못해서 지능적이라고 하지 않는다. 또 목적지로 데이터를 리다이렉트(redirect)하지 못하고 모든 세그먼트로 시그널을 재전송한다. 리피터는 기능에서뿐만 아니라 범위도 제한된다. 들어오는 포트와 나가는 포트가 각각 하나밖에 없어서 단지 데이터스트림을 받아서 반복해 줄 뿐이다. 또한 리피터는 버스 토폴로지에만 적합하다. 이 장치의 장점이라면 저렴한 비용으로 연결거리를 늘릴 수 있다는 것이지만, 다른 연결 장비들의 가격이 하락함으로써 더 이상 잘 사용되지 않고 있다. 그 대신 허브를 주로 쓴다.

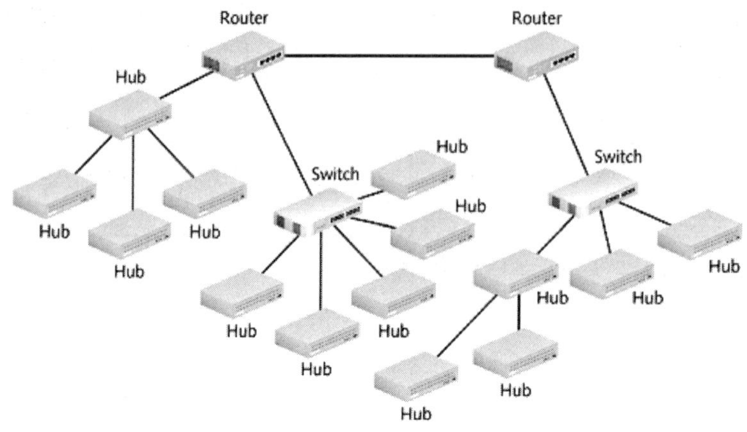

〈네트워크에서 일반적인 허브, 스위치, 라우터의 배치도〉

2.2 허브(Hubs)

사실 허브는 출력포트가 여럿 있는 리피터로 볼 수 있다. 허브는 네트워크 노드들을 패치케이블로 연결시키는 여러 데이터포트를 가지고 있다. 리피터처럼 허브도 물리층에서 작동하는데, 전송노드로부터 시그널을 받아서 다른 모든 노드들에게 브로드캐스트로 반복해준다. 대부분 허브는 업링크(uplink) 포트를 가지고 있는데 그 허브가 다른 허브나 입력 장치와 연결되는 포트이다. 이더넷에서 허브는 스타 토폴로지나 스타기반 하이브리드 토폴로지에서 중앙 연결지점이 된다. 토큰링에서는 MAU(Multistaion Access Unit)로 불린다.

1) 기능

허브는 Mac머신과 PC 워크스테이션을 묶을 수 있을 뿐 아니라 프린트 서버, 스위치, 파일서버 등도 연결할 수 있다. 허브에 묶인 모든 장치들은 대역폭(bandwidth)을 공유하며 단일 충돌영역(single collision domain)을 이룬다. 충돌영역이란 논리적이나 물리적으로 구별되는 네트워크 세그먼트로, 여기에 들어있는 모든 장치들이 데이터 충돌을 함께 감지하고 순응한다. 결국 더 많은 노드들이 이 허브 시스템에 들어오면 올수록 더 많은 전송오류와 성능저하가 일어나게 된다.

네트워크에서 허브를 어디에 놓느냐 하는 것은 상황에 따라 다르다. 가장 단순한 구조에서는 스위치나 라우터와 같은 다른 연결 장치에 묶이는 단독허브를 사용하고, 일부 네트워크에서는 작은 워크그룹마다 허브를 놓아서 한 허브에 문제가 있을 때 문제를 그 지역으로 한정시키기도 한다. 어느 경우든지 허브가 있는 최대 세그먼트와 네트워크 길이에 주의해야 한다.

2) 종류

허브는 종류가 많은데 연결매체와 데이터 전송속도에 따라 달라진다. 하지만 일부 허브는 여러 매체를 사용하기도 하며 여러 속도를 지원해 주기도 한다.

(1) 패시브 허브(Passive hubs)

가장 단순한 형태의 허브로 신호를 반복해주는 일만 한다.

(2) 인텔리전트 혹은 매니지드 허브(Intelligent or Managed hubs)

NIC처럼 일부 허브는 내부적인 프로세싱 능력이 있기도 한데, 예를 들어 원격관리를 가능하게 하거나 데이터 필터링 혹은 네트워크의 진단 기능을 제공하기도 한다. 이런 허브는 원격에서 관리할 수 있기 때문에 관리허브라고도 한다.

(3) 단독 혹은 워크그룹 허브(Standalone or Workgroup hubs)

어느 네트워크로부터 분리해서 별도의 컴퓨터 그룹을 만들거나 소규모 네트워크를 이루게 하는 허브이다. SOHO나 가정과 같이 작은 네트워크에 가장 잘 적합한데 패시브거나 인텔리전트 허브일 수 있다. 설치와 구성이 쉬워서 워크그룹 허브라고도 부른다. 단독허브라고 해서 한 가지로만 디자인되어 있지 않고 포트 수도 여러 가지(보통 4-, 8-, 12-, 24-포트이다) 이다. 네 개 포트만 가진 작은 허브를 hubby, hyblet, minihub라고 부른다. 하지만 200-포트를 가진 단독허브도 있다. 여러 커넥션을 가지고 있는 단독허브의 단점은 단일지점 고장(single point failure)으로, 이곳에서 고장이 발생하면 네트워크 전체나 일부분이 다운되게 된다.

(4) 묶음허브(Stackable hubs)

이것은 단독허브와 닮았지만 단일통신체 안에 다른 허브가 묶여 있는 허브이다. 묶음허브는 논리적으로 연결되어 있어서 네트워크상에서는 한 개의 대형 허브로 보인다. 이 시스템의 장점은 네트워크나 워크그룹이 단일 허브에 의존하지 않아서 단일지점 고장을 걱정하지 않아도 된다는 것이다. 제조사마다 다른 형태인데 보통 5개나 8개를 묶어서 사용하며 허브끼리는 고속 연결매체를 사용해서 내부전송을 빠르게 해준다. 단독허브처럼 묶음허브도 여러 연결매체를 지원하며 전송속도도 다양하다. 인텔리전트 허브처럼 내부적으로 프로세싱 능력을 가지고 있기도 하다. 통신실에서는 랙(rack)에 고정되어 차례로 쌓아져 내부적으로 연결되어 있다.

허브는 1980년대 네트워크가 소개된 이후로 연결 장치에서 중요하게 취급되어 왔지만, 단지 시그널을 반복해 줄 뿐이어서 제한적인 특성과 단일 충돌영역으로 인해 많은 네트워크 관리자는 허브대신 스위치를 사용하고 있다.

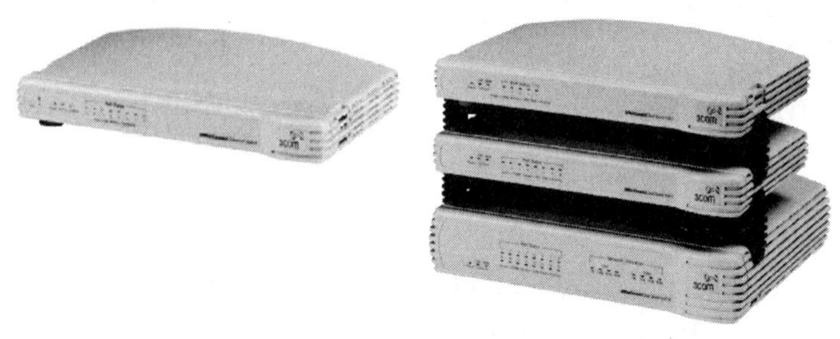

<단독허브와 묶음허브>

3 브리지(Bridges)

스위치를 이해하기 전에 브리지를 먼저 알고 있어야 한다. 브리지는 두 네트워크 세그먼트로 들어오는 프레임을 분석해서 각 프레임의 MAC 주소에 근거해 어디로 보낼지 결정한다. 데이터링크층에서 작동하며 입출력 포트가 각각 하나씩만 있어서 리피터와 비슷해 보이지만 물리적 주소를 해석한다는 점에서 다르다. 리피터나 허브에 비해서 브리지는 프로토콜 독립적이다. 예를 들어 모든 브리지는 IP-기반 전송이나 IPX-기반 전송 이더넷 세그먼트를 모두 연결해준다. 일부 브리지는 다른 데이터링크층과 물리층 프로토콜을 사용하는 세그먼트-"유선 이더넷 802.3과 무선 이더넷 802.11", 혹은 "이더넷과 토큰링"-도 묶어준다.

브리지는 프로토콜을 모르므로 네트워크 프로토콜 정보에 신경 쓰는 라우터보다 데이터 전송이 빠르지만, 각 패킷을 분석하므로 패킷분석을 하지 않는 허브나 리피터보다 느리다. 또 브리지는 충돌영역을 늘리지 않고도 네트워크를 확장할 수 있다. 다른 말로 해서 네트워크에 브리지를 가입시킴으로써 세그먼트가 가지는 최대 거리를 늘릴 수 있다. 브리지는 특정 타입의 프레임(네트워크 대역폭을 잡아먹는 브로드캐스트와 같은 프레임)을 필터하게 함으로써 네트워크 성능을 좋게 한다.

두 세그먼트 타입을 해석하기 위해서 브리지는 프레임의 목적지 MAC주소를 읽고 보낼 것인지 걸러낼 것인지 결정한다. 만일 목적지 노드가 다른 세그먼트에 있다고 판단되면 그 세그먼트로 전송하지만, 소스 노드와 같은 세그먼트에 있다고 판단되면 프레임을 내부로 돌려보낸다(이 경우 브리지 밑에 허브가 있음을 기억해야 한다. 패킷을 버리는 것이 아니고 허브로 되돌려 보낸다). 노드가 브리지를 통해서 데이터를 전송하기 때문에 브리지는 알고 있는 노드들의 MAC주소와 위치를 가지고 필터링 데이터베이스(혹은 포워딩 테이블)를 만든다(라우터는 라우팅 테이블을 만든다). 이 데이터베이스를 근거로 해서 속해 있는 세그먼트에서 패킷을 내보낼지 돌려보낼지 결정한다.

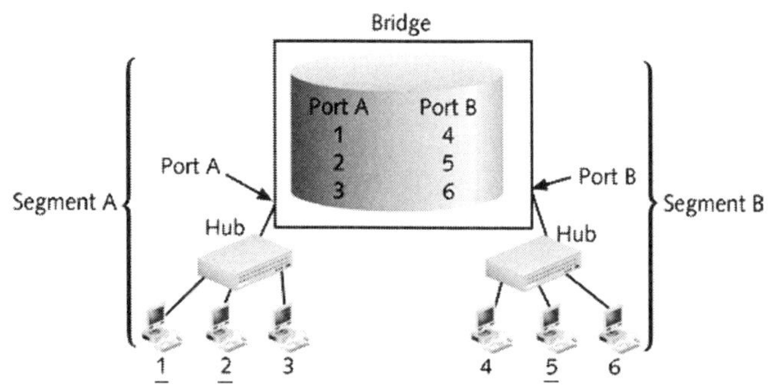

〈브리지가 사용하는 포워딩 테이블〉

위 그림에서 두 사용자 있다고 하자. Segment A의 워크스테이션 1 사용자 1이 있고 Segment A의 워크스테이션 2에 사용자 2가 있을 때 ① 사용자 1이 사용자 2에게 Segment A의 "허브→브리지"를 통해서 전송을 하면, ② 브리지는 사용자 2의 MAC주소를 읽은 뒤 포워딩 테이블에서 사용자 1과 동일한 세그먼트 내에 있는지 다른 세그먼트에 있는지 Port A에 있는 사용자 2의 MAC주소로 판단해서 결정한다. ③ 만일 동일한 세그먼트에 있지 않다고 판단하면 브리지는 패킷을 포워드할 것이나, 이 경우에는 동일한 Segment A에 있으므로 데이터패킷을 무시하고 다시 내려 보내 Segment A의 허브를 통해서 전달되게 한다. ④ 반대로 사용자 1이 Segment B에 있는 워크스테이션 5 사용자 5에게 데이터를 보낸다면, 앞의 과정을 반복해서 브리지는 사용자 5가 다른 Segment B에 있음을 알고 Port B로 패킷을 포워드 해준다.

브리지를 새로 설치하고 나면, 브리지는 각 패킷을 통해서 네트워크와 목적지주소에 대해서 알게 되고 이 정보를 목적지의 MAC주소와 그와 연관된 포트를 포워딩 테이블에 기록해 둔다. 조금 시간이 지나면 브리지는 네트워크의 모든 노드들에 대한 정보를 테이블에 가지고 있게 된다. 단독브리지는 1980년대와 1990년대에 유행했었고 이후로 브리징 기술이 더욱 정교하게 진보해왔지만 다른 장비들도 진보를 거듭해 와서 장비 제조자들은 라우터와 스위치의 전송속도를 더 빠르게 했고 가격도 낮췄다. 따라서 브리지는 점차 없어지는 추세이다. 같은 조직 내의 건물과 건물을 브리지로 연결하면 효율이 좋을 수 있다.

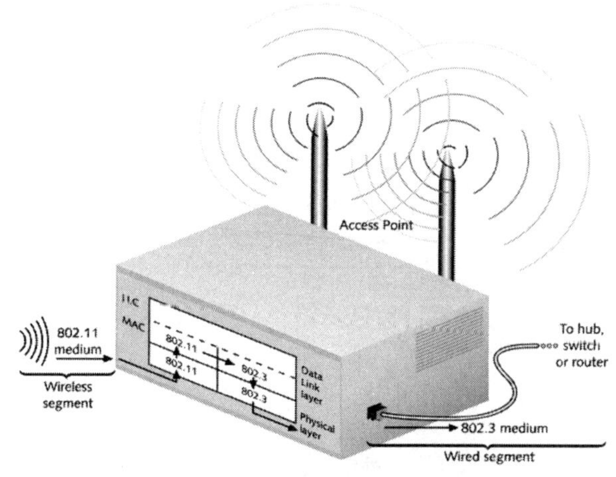

<유선과 무선 LAN연결 브리징>

하지만 무선 LAN이 출현함에 따라서 새로운 형태의 브리지가 인기를 끌고 있는데, 무선과 유선 네트워크를 연결하는 저렴한 방법인 액세스포인트(Access Point : AP)이다. AP는 브리지의 일종이다. 브리징 기능이 없는 AP는 단지 무선기기들을 Ad-hoc으로 묶어주기만 할 뿐이어서 별로 많이 쓰이지 않는다. AP는 일정 지점에서 브리지를 통해서 유선 네트워크에 연결하는 무선 세그먼트의 연장으로 보통 사용된다. 비록 브리지가 스위치보다 최신 LAN에서 덜 사용되지만 스위치가 작동하는 법을 이해하기 위해서는 브리지의 개념을 이해하는 것이 중요하다. 위 그림에서 브리지가 하는 기능을 스위치가 모두 가지고 있다.

4 스위치(Switches)

스위치는 네트워크에 가입되어서 네트워크를 더 작은 논리적 세그먼트로 나눠준다. 일반적인 스위치는 데이터링크층에서 작동하는데 최신의 스위치는 네트워크층이나 혹은 전송층에서도 작동된다. 브리지처럼 스위치도 MAC주소 정보를 해석하므로 멀티포트 브리지로 이해하면 쉽다. 보통 노드들을 묶어 한 워크그룹으로 만드는 24-포트 스위치가 많이 쓰이지만, 고성능 스위치는 여러 개의 예비적 특성(두 개의 NIC를 설치하는 것과 같은 것으로 재난대비(redundant하다고 한다))을 가지고 있으며 심지어 라우팅 특성도 가지고 있다. 스위치도 종류가 많아서 어느 한 종류론 특징을 모두 알 수 없지만 내부에 프로세서, 운영체제, 메모리, 그리고 다른 노드를 연결하는 여러 포트를 가지고 있다.

〈일반 스위치와 고성능 스위치〉

스위치는 여러 포트를 가지고 있기 때문에 브리지보다 더 효율적이며 정해진 대역폭을 더 잘 사용하게 해준다. 스위치의 각 포트는 브리지와 같은 역할을 하므로 스위치 포트에 연결되는 장치는 나름대로 전용채널을 가지게 된다. 다른 말로 해서 스위치는 공유된 한 채널을 여러 채널(포트별)로 나누는데 포트에 연결된 각 이더넷 세그먼트에서 보면, 각 포트(전용채널)는 각각 하나의 충돌영역(collision domain)이 된다. 스위치는 한 충돌영역에서 연결될 수 있는 장치 수를 제한하므로 잠재적인 충돌도 제한하는 셈이 된다.

스위치는 원래 허브를 대신해서 워크그룹들 간의 트래픽혼잡을 완화시키는 것을 목적으로 해서 만들어진 것인데, 한 장치의 트래픽을 다른 장치의 트래픽과 구별해주므로 더 나은 보안을 제공하며, 모든 장치에게 별도의 채널을 제공해서 더 좋은 성능을 제공하므로 일부 네트워크 관리자는 라우터대신 스위치를 사용하기도 한다. 많은 트래픽을 유발하는 화상회의 같은 응용프로그램 전송은 시간지연에 민감해서 포트별로 할당된 대역폭을 모두 사용하는 스위치 연결이 최적이다. 또 스위치의 하드웨어와 소프트웨어는 데이터전송에 최적화되어 있다.

하지만 스위치는 들어오는 데이터를 버퍼링해서 트래픽의 커지는 것을 막아주지만 계속되는 과도한 트래픽은 주체하지 못해서 데이터 손실이 있을 수 있다. 비록 TCP같은 상위층 프로토콜은 데이터 손실을 감지하고 타임아웃으로 대응할 수 있지만, UDP와 같은 프로토콜은 그렇게 못하므로 그런 프로토콜을 사용하는 패킷 때문에 충돌 횟수가 늘어나서 전체 네트워크가 다운될 수도 있다. 그러므로 백본에서 스위치를 사용할 때에는 주의를 기울여야 한다. 스위치의 가격이 하락하기도 하고 설치와 구성이 쉽기도 해서 SOHO나 가정에서도 이제는 허브대신 스위치를 많이 사용하는 추세이다.

4.1 스위치 설치하기

다른 네트워크 장비도 마찬가지지만 스위치를 설치하는 최상의 방법은 제품에 동봉된 안내책자를 읽고 따라하는 것이다. 작은 워크그룹에선 스위치 설치가 간단하며, 설치 후 장치도 잘 작동된다. ① 스위치에 케이블을 연결한 뒤 전원을 켠다. 이때 연결하는 노드에는 전원이 있으면 안 되는데 불규칙한 패킷이 드나들어 스위치를 재 시작해야 할 수 있기 때문이다. ② 스위치의 전원 빛을 보면 상태를 알 수 있는데 자체적으로 테스트한다. ③ 작고 저가의 스위치라면 별도 구성없이 사용하면 되지만, 그렇지 않다면 PC와 연결한 뒤 동봉된 CD-ROM 등을 이용해서 스위치의 IP주소 설정, 관리자 패스워드 변경, 관리 설정 등을 해주어야 한다. 구성이 어려우면 안내서를 따라하면 된다. ④ 스트레이트 패치케이블을 사용해서 스위치 포트들에 노드들을 연결하는데, 만일 다른 허브와 같은 연결 장치와 연결한다면 노드들을 업링크 포트나 그 근처의 포트에 연결시켜서는 안 된다. 대부분 허브나 스위치의 업링크 포트는 장치 내부에 있는 근처 포트에 직접 연결되어 있기 때문이다.

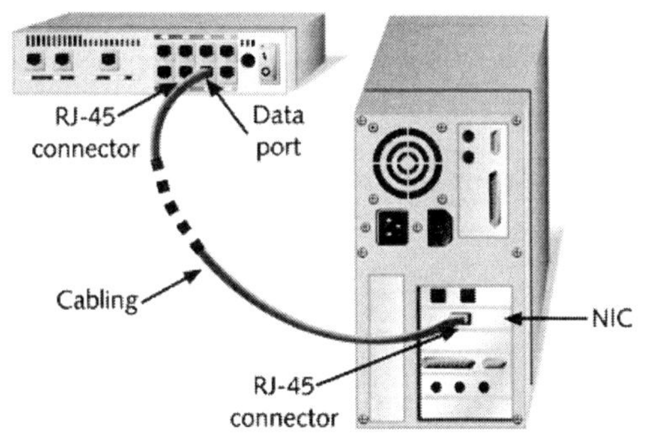

〈워크스테이션과 스위치 연결〉

⑤ 모든 노드들이 스위치 포트에 연결된 뒤 스위치를 다른 연결 장치와 연결하지 않는다면 이제 노드들의 전원을 켜도 된다. ⑥ 스위치의 각 포트의 링크 불빛과 트래픽 불빛을 확인한다. ⑦ 만일 대규모 네트워크에서 스위치를 가입시킨다면 스위치의 업링크 포트에 크로스오버 케이블을 사용해서 다른 연결 장치와 연결시킨다(혹은 스트레이트 케이블을 스위치의 포트 중 한곳에 끼워도 된다). 또 한 스위치의 업링크 포트에 다른 스위치의 업링크 포트를 연결할 때도 크로스오버 케이블을 사용해야 한다.

다음 그림은 전형적인 소규모 네트워크에서 스위치가 일단의 노드들을 연결하고 있는데 워크스테이션, 서버, 프린터 등이 모두 인터넷에 연결된다.

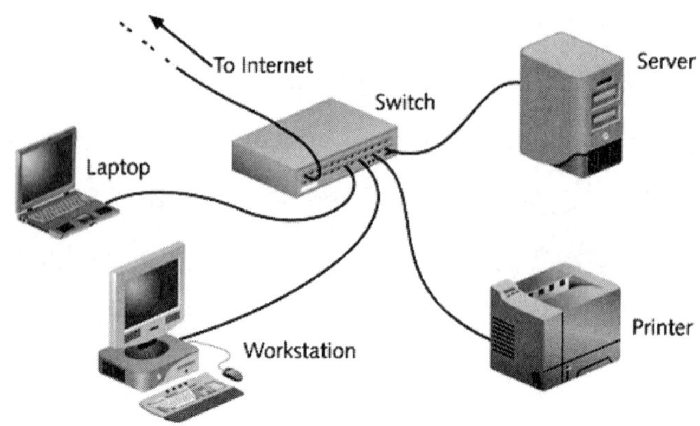

〈소규모 네트워크에서의 스위치〉

4.2 Cut-Through 모드

cut-through 모드는 스위치가 패킷을 스위칭하는 방법 중 하나인데, 들어오는 전체 패킷을 받기 전에 프레임의 헤더만 읽어서 어디로 패킷을 보낼지 결정한다. 그러므로 이 모드의 최대 장점은 빠른 전송속도이지만 스위치가 트래픽으로 오버플로되면 이 모드도 효과가 없게 된다. 프레임의 처음 14-bytes가 헤더인데 목적지 MAC주소를 가지고 있으므로 이것으로 스위치가 패킷을 어디로 보내야 할지 결정하기에 충분하다. cut-through는 프레임 순서를 체크하지는 않으므로 헤더 손상여부를 알 길이 없지만 실수로 패킷이 줄어든 런트(runts)는 감지할 수 있다. 스위치가 런트를 감지하면 데이터의 무결성을 결정할 때까지 전송하지 않고 기다려서 오류패킷을 브로드캐스트해서 네트워크상에 많은 에러가 생기는 것을 예방한다. 이럴 때 스위치는 store-and-forward처럼 데이터를 버퍼링한다. cut-through 모드는 속도를 중시하는 소규모 네트워킹에 적합하다.

4.3 Store-and-Forward 모드

이 모드에서 스위치는 전송하기 전에 들어오는 데이터프레임을 메모리로 불러들여 데이터 전체를 읽어서 데이터가 정확한지 체크한다. 비록 이 모드는 시간이 걸리긴 하지만 더 정확하게 데이터를 전송하게 한다. 또한 cut-through 모드에서처럼 데이터 에러를 네트워크에 브로드캐스트하지 않으므로 대규모 LAN에 적합하다. store-and-forward 스위치는 또한 다른 전송 속도를 가지는 세그먼트 사이에서도 잘 작동된다. 예를 들어 50명 학생이 사용하는 고속프린터가 100Mbps 스위치의 포트에 연결되어 있고, 학생들 워크스테이션은 10Mbps 스위치 포트에 연결되어 있어도 프린터는 제 속도로 빠르게 여러 작업을 해줄 수 있게 된다. 이런 특성으로 인해 속도혼합이 있는 네트워크에서 store-and-forward 스위치를 자주 사용한다.

4.4 스위치로 VLAN(Virtual LAN) 설정하기

대역폭을 증가시키는 것 이외에도 스위치는 여러 포트를 그룹으로 묶어 하나의 브로드캐스트 도메인으로 만듦으로써 네트워크 안에 또 네트워크를 논리적으로 만드는 VLAN을 형성한다. 브로드캐스트 도메인이란 제 2계층 장치에서의 포트조합이다. 브로드캐스트 도메인에 있는 포트들은 스위치와 같은 제 2계층 장치를 사용해서 그들 사이에서 프레임을 브로드캐스트한다. 콜리전 도메인과 다르게 브로드캐스트 도메인은 전체적으로 단일 채널을 공유하지 않는다(스위치는 콜리전 도메인을 구별한다). TCP/IP 네트워킹에서 브로드캐스트 도메인은 서버넷으로 알려져 있다. 아래 그림에서 점선부분들이 브로드캐스트 도메인이다.

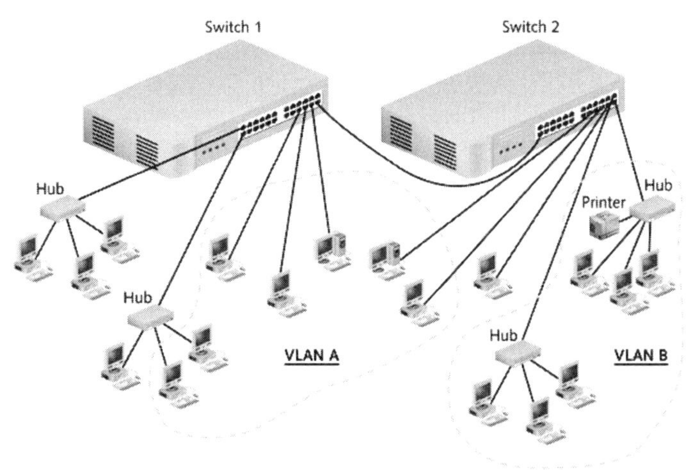

<간단한 VLAN 개념도>

VLAN은 유연하게 설계될 수 있는데, 하나나 그 이상의 스위치에서 포트들을 빼내어 VLAN으로 묶을 수 있으며 어느 타입의 엔드노드도 하나나 그 이상의 VLAN에 속할 수 있다. VLAN은 로컬 LAN 안에서 작은 워크그룹으로 만들 수도 있지만 WAN을 통해서 지리적으로 떨어져 있는 사용자들을 하나로 묶을 수도 있다. VLAN을 만드는 이유는 특별한 보안이나 역할이 주어지는 사용자들을 그룹으로 묶음으로써 예상치 못한 많은 트래픽으로부터 구별해내서 데이터처리에 우선순위를 부여하거나, 다른 네트워크 트래픽과 어울리지 못하는 프로토콜을 사용할 수 있게 하는 데 있다. 예를 들어 회사의 방문자들을 위한 여러 곳에 흩어져 있는 머신들을 VLAN으로 묶어 회사 내 서버 등에는 접속하지 못하고 인터넷에만 연결하게 해줄 수 있다. 또 전화통신을 책임지는 패킷스위치드(packet-switched) 네트워크를 사용하는 회사는 모든 음성데이터들을 별도의 VLAN으로 묶어 일반적인 서버/클라이언트 트래픽에 나쁜 영향을 주지 않게 할 수도 있다.

무선 네트워크에서는 VLAN이 모바일 사용자들을 한 AP의 범위에서 다른 AP 범위로 이동해도 재 인증 없이 기존 네트워크 연결이 유지되게 해주는데, 모든 클라이언트 무선장비의 MAC주소가 AP 내에 들어있기 때문에 각 AP는 스위치의 한 포트로 여겨질 수 있다. 이런 포트들이 그룹화되어 VLAN이 되면 클라이언트가 동일한 그룹 내에 머물고 있는 한 어느 AP와 통신해도 문제되지 않는다. VLAN은 스위치의 소프트웨어를 적절하게 구성해서 만들 수 있지만 도구를 통해서 수동이나 자동으로 설정해줄 수도 있다. 여기서 중요한 것은 각 포트가 어느 VLAN에 속할지 지정해 주는 일이다. 네트워크 관리자는 추가적으로 보안적 요소와 침입방지, 특정 포트의 성능, 네트워크 주소체계 등을 고려해서 정할 수 있다.

VLAN을 만들 때 생각해야 할 것은 일부 노드를 VLAN으로 묶으면 이들은 다른 노드들과 분리된다는 사실이다. 즉, 일단의 워크스테이션들이 VLAN으로 묶이면 VLAN 내의 머신들과는 통신이 자유롭지만 이 VLAN에 속하지 않는 파일서버나 메일서버에는 접속하지 못할 수도 있다. 그래서 VLAN 구성은 조심스런 설계를 요하는 복잡할 일이기도 하다. VLAN을 설정하고 나서도 모든 노드들이(VLAN 밖의 노드 포함) 서로 정보를 교환할 수 있어야 하며 VLAN으로 설정되지 않은 다른 장비들과도 통신할 수 있어야 하는데, 이런 이유로 제 3계층 장비인 라우터나 상위층 스위치가 사용되는 것이다.

4.5 상위층 스위치

허브와 리피터는 제1계층에서 작동하고, 브리지와 스위치는 제2계층에서 작동하며, 라우터는 제3계층에서 작동된다. 어떻게 보면 브리지와 스위치, 라우터의 구분이 명확하지 않기도 한데 많은 네트워크에서 스위치는 라우터와 같이 제3계층에서 작동하고 있으며, 제조사들이 제4계층인 전송층 스위치를 개발하기도 한다. 제3계층에서 작동하는 스위치를 Layer-3 스위치(혹은 라우팅스위치)라고 부르고, 제4계층 데이터를 해석할 수 있는 스위치를 Layer-4 스위치(혹은 응용스위치)라고 부른다.

이렇게 상위층에서 스위치를 작동시키면 고급 필터링, 통계유지, 보안기능이 강화된다. 하지만 이런 상위층 스위치장비들은 제조사에 따라서 그 기능이나 명칭이 달라지고, 일반 제2계층 스위치보다 3배가량 비싸며 네트워크 백본용으로 주로 쓰인다.

5 라우터(Routers)

라우터는 네트워크에서 노드 사이에 데이터를 지시해주는 포트 연결장치이다. 라우터는 다양한 프로토콜을 사용하고 다양한 전송속도를 가진 LAN이나 WAN에서 사용된다. 간단히 말해서, 라우터는 들어오는 패킷을 받고 패킷의 IP주소를 읽은 뒤 이 패킷을 어느 네트워크에 최단경로로 보내야 할지 결정한다. 그러고 나서 다음 홉(hop)으로 패킷을 보낸다.

라우터는 경로 찾기(routing)를 할 수 있는 장비이다. 네트워크층은 IP나 IPX와 같은 프로토콜을 사용해서 데이터를 한 세그먼트에서 다른 세그먼트로 보내는 일을 하므로 스위치나 브리지완 다르게 프로토콜 종속적이다. 라우터는 상위층 정보를 해석하기 때문에 스위치나 브리지보다 전송 속도는 느리다.

전통적인 단일 LAN 라우터가 경로 찾기를 지원하는 Layer-3 스위치로 대체되기도 하지만, 아직도 라우터는 많은 인터넷 노드를 연결하거나 전화통신을 디지털화하는데 있어서 우수한 성능을 가지고 있기 때문에 여전히 존재 이유가 있다.

5.1 라우터의 특징과 기능

라우터의 능력은 지능(intelligent)에 있다. 라우터는 스위치처럼 네트워크에서 어느 노드의 위치를 찾을 수 있을 뿐만 아니라 두 노드 간 가장 빠르고 짧은 경로를 찾아준다. 또 라우터는 이기종의 네트워크도 묶을 수 있기 때문에 LAN이나 WAN에서 없어서는 안 될 장비이다. 예를 들어 인터넷은 수많은 라우터가 모여서 이룬 네트워크라고 말할 수 있다.

전형적인 라우터는 내부에 프로세서, 운영체제, 메모리, 포트, 그리고 관리콘솔(management console)을 가지고 있다. 여러 프로토콜을 지원하고 많은 전력을 요구하는 라우터는 RJ-45, SC, MTRJ 등과 같은 다양한 포트형태도 지원하는데 이런 것을 모듈러 라우터(modular router)라고 부른다. 반면에 값싸고 단순한 라우터를 SOHO(Small Office-Home Office) 라우터로 부른다. SOHO 라우터는 소형 네트워크에서 별도의 구성없이 사용할 수 있다.

라우터는 유연한 장치로 다음과 같은 일들을 한다. ① 이기종의 네트워크를 연결해주고, ② 제3계층의 주소(IP 혹은 IPX)와 서비스 품질과 같은 정보를 해석하며, ③ 두 노드 사이의 최적의 경로를 찾아주고, ④ 보로드캐스트를 막아 네트워크 혼잡을 완화시키며, ⑤ 네트워크로 향하는 일정 타입의 트래픽을 막아서 보안을 제공한다. ⑥ 로컬과 원격 세그먼트를 모두 연결시키고, ⑦ 전원이나 NIC에 여분을 두어서 재난대비를 하게 하며, ⑧ 네트워크 트래픽 모니터링과 통계보고 기능을 가져서 연결성과 내부 문제들을 점검해서 경고해준다.

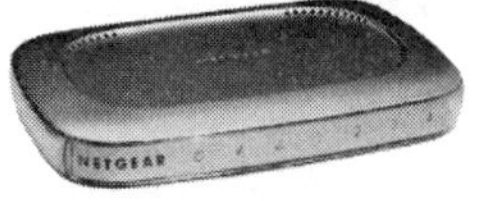

〈모듈러 라우터와 SOHO 라우터〉

라우터는 네트워크에서의 역할에 따라서도 분류된다. ① 동일한 LAN 안에서 데이터 이동을 지시해주는 라우터를 내부라우터(interior router)라고 하는데, 이런 라우터는 사용자 머신과 웹서버의 전송은 지원해주지 않는다. 그렇지만 사용자와 관리자 사이의 전송은 가능하다. ② 또 다른 라우터인 외부라우터(exterior router)는 동일한 LAN에서 사용자와 외부 노드의 전송을 가능하게 해주며 인터넷 백본으로 주로 사용된다. ③ 이 내부와 외부라우터 사이에 경계라우터(border router 혹은 gateway router)가 있는데, 동일기종의 LAN을 WAN과 묶어준다. 예를 들어 사업체와 ISP를 연결하는 라우터가 이 경계라우터이다.

또 라우터는 네트워크에서 데이터를 지시하는 방법에 따라 분류되기도 한다. ④ 정적라우터(static router)는 네트워크 관리자가 라우터를 설정해서 노드 사이에 특정 경로를 통해 패킷이 전달되게 한다. 그러므로 연결실패, 장비이동, 그리고 때때로 일어나는 네트워크 혼잡(congestion)을 처리하기 위해서 정적라우팅을 다시 설정해주어야 할 때가 있다. 따라서 라우터나 라우터에 연결된 세그먼트가 옮겨지면 네트워크 관리자는 수동으로 라우팅테이블을 다시 프로그래밍 해주어야 한다. 그러므로 동적라우터보다 비효율적이고 덜 정확하다. ⑤ 동적라우터(dynamic router)는 자동계산을 통해 두 노드 사이에 최적의 경로를 찾아내어 라우팅테이블에 저장해 둔다. 연결실패나 혼잡이 감지되면 자동으로 다시 계산해서 다른 최적의 경로를 찾아준다.

라우터가 네트워크에 가입되면 라우팅 프로토콜은 라우팅테이블을 자동으로 업데이트시켜 준다. 대부분 네트워크에는 동적라우팅을 사용하지만 경로 찾기가 필요 없거나 최종 경로로 설정된 모든 패킷을 받기 위해서 일부 정적라우팅을 넣어서 사용하기도 한다.

다음 그림에서 만일 Workgroup A의 어느 사용자가 Workgroup B에 있는 프린터를 사용하고자 한다면, ① 사용자 워크스테이션은 해당 프린터의의 주소를 포함한 전송메시지를 만들어 Hub A에게 보낸다. ② Hub A는 Switch A에게 재전송할 것이며, ③ Switch A는 전송을 받아 프린터의 MAC주소를 점검해서 메시지를 포워드할지 결정하게 된다. 이 경우 프린터가 다른 세그먼트에 있으므로 Switch A는 Router A에게 메시지를 포워드한다. ④ Router A는 목적지주소를 보고 최적의 경로를 계산해서 Router B에게 보내는데, 홉(hop)수를 하나 증가해서 보낸다. 라우터를 지날 때마다 홉수가 하나씩 늘어나서 일정 수에 차면 메시지는 버려지게 된다. ⑤ Router B는 목적지 주소를 읽은 후 Switch B에게 메시지를 보내고, ⑥ Switch B는 목적지의 MAC주소로 판단해서 Hub B에게 전송한다. ⑦ Hub

B가 Workgroup B에 이 메시지를 브로드캐스트하면, ⑧ 프린터는 메시지를 잡아 프린팅을 시작한다.

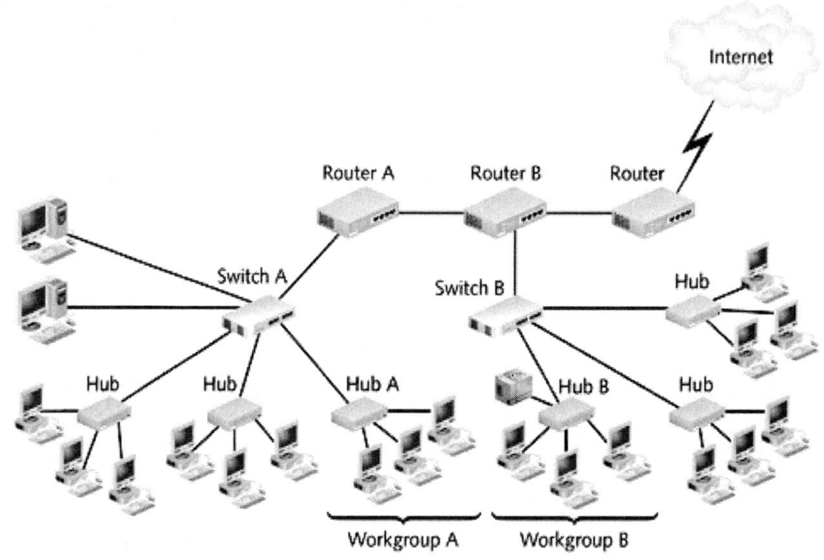

5.2 라우팅 프로토콜(RIP, OSPF, EIGRP와 BGP)

한 노드에서 다른 노드로 네트워크상의 최적경로를 찾아내어 메시지를 전달하는 것이 라우터의 가장 귀하고 고급스런 용도이다. 최적경로(best path)란 두 노드 사이의 가장 효율적인 진로(route)로써 노드 사이의 홉수, 현재 네트워크의 활동상태, 가용하지 않은 경로, 네트워크 전송속도, 그리고 토폴로지 등을 종합해서 결정한다. 최적경로를 결정하기 위해 라우터는 서로 라우팅 프로토콜을 통해서 정보를 공유하는데 다음에 알아볼 RIP, OSPF 등 라우팅(경로 계산) 프로토콜은 TCP/IP나 IPX/SPX와 같은 라우티블(경로 찾기) 프로토콜과 다른 것임을 기억해야 한다.

라우터블 프로토콜이 라우팅 프로토콜을 업고 다니는 셈이다. 라우팅 프로토콜은 현재 네트워크 상태에 대한 정보를 모아 최적의 경로를 만드는데만 사용되며, 라우터장비는 이 정보를 기반으로 라우팅테이블을 만들어서 이후의 패킷 포워딩에 사용한다.

1) RIP(Routing Information Protocol) for IP, IPX

이 라우팅 프로토콜은 가장 오래된 것으로 아직도 널리 사용되고 있는데, 두 노드 사이의 경로 계산에 홉수를 유일한 요소로 가지고 있어서 네트워크 혼잡이나 회선 속도를 고려하지 않는다. RIP은 내부 라우팅 프로토콜로써 내부라우터와 경계라우터에서 사용된다. RIP을 사용하는 라우터는 라우팅테이블의 변경여부와 무관하게 매 30초마다 자신의 라우팅테이블을 브로드캐스트하는데, 이 브로드캐스팅은 특히 많은 라우터가 존재할 때 과도한 네트워크 트래픽을 유발한다. 만일 라우팅테이블이 변경되면 이 정보가 네트워크의 끝에 존재하는 라우터에게 전해질 때까지 몇 분이 소요될 수 있어서 RIP의 컨버전스타임(convergence time)이 나빠지기도 한다. 하지만 RIP은 안정적이다. 예를 들어 RIP은 패킷이 소스와 목적지 노드까지 홉수를 15로 제한함으로써 무한히 라우팅루프(routing loop)되는 것을 막아준다. 만일 경로의 홉수가 15를 넘어서게 되면 목적지에 닿을 수 없다고 판단해서 패킷을 버린다. 그래서 경로가 많을 수 있는 대규모 네트워크에서는 사용하기 적절치 않다. 그리고 속도가 느리고 보안에 약한 편이다.

2) OSPF(Open Shortest Path First) for IP

RIP의 몇 가지 한계를 극복한 이 라우팅 프로토콜은 내부라우터나 경계라우터에서 사용되며 네트워크상에서 RIP과 공존한다. RIP과 다르게 OSPF는 전송경로에서 홉수 제한을 사용하지 않는다. 또 더 복잡한 알고리즘을 사용해서 RIP보다 더 좋은 최적경로를 찾아낸다. 최적의 네트워크 상태란 두 지점 간 가장 빠른 경로를 말한다. 만일 과도한 트래픽으로 데이터가 가장 빠른 경로로 전달되지 못하게 되면 다른 라우터가 이 일을 대신하게 한다. OSPF에서 각 라우터는 다른 라우터에 대한 정보 데이터베이스를 유지함으로써 전송 링크 실패 등을 감지하면 재빨리 다른 경로를 계산한다. 이 일은 라우터에게 더 많은 메모리와 CPU를 사용하게 하지만 네트워크 대역폭을 최소한으로 사용하게 하고 빠른 컨버전스타임을 제공한다. 그러므로 이 프로토콜은 여러 제조사의 라우터들이 섞여 있는 LAN에서 사용하는 것이 좋다.

3) EIGRP(Enhanced Interior Gateway Routing Protocol) for IP, IPX, AppleTalk

이 라우팅 프로토콜도 역시 내부 라우터와 경계 라우터에서 사용되는데 1980년 중반 Cisco에서 개발했다. 빠른 컨버전스타임과 낮은 네트워크 오버헤드를 지원하며 OSPF보다 구성하기 쉽고 CPU 사용을 적게 한다. EIGRP는 또 여러 프로토콜을 지원하며 라우터 사이의 불필요한 네트워크 트래픽을 줄여준다. 대규모 네트워크와 이기종 네트워크에서 사용될 수 있지만 Cisco 라우터만 지원한다는 단점이 있다. Cisco 라우터만 있는 네트워크에서는 OSPF보다 우수한 성능을 제공한다.

참고로 convergence time(수렴시간)이란 경로계산을 통한 경로설정이 바뀌었을 때 다시 새로운 경로를 설정해주는데 걸리는 시간으로 RIP은 30초, OSPF는 5~46초, IGRP는 90초, EIGRP는 즉시이다. 이 시간이 길어지면 경로를 업데이트하는 사이에 다른 경로가 설정되어 이중 경로가 생기는 수도 있다.

4) BGP(Border Gateway Protocol) for IP

이것은 인터넷 백본의 라우팅 프로토콜로써 동일 LAN에서 노드 사이의 경로를 정하는 데는 사용되지 않는다. 즉, 경계 라우터와 외부 라우터에서 사용된다. 인터넷의 성장에 따라 라우터의 사용이 늘어나게 되자 이 프로토콜이 개발되었는데 가장 복잡한 프로토콜이다. 이 프로토콜은 100,000 경로뿐만 아니라 수많은 인터넷 백본을 통해서 트래픽을 효율적으로 보내는 방법에 대한 문제를 해결하고자 개발되었다.

5.3 브라우터(Brouters)

라우터도 다른 장비들처럼 작동하므로 네트워크 업계는 브리지 라우터, 즉 브라우터를 채택해서 브리지의 일부 특성을 가진 라우터를 만들었다. 브리지와 라우터를 합친 이 장비는 NetBUEI와 같이 라우터블 프로토콜이 아닌 프로토콜도 전송해주며, 한 장치를 통해 여러 타입의 네트워크가 연결되게 해준다. 브리지 라우터는 제2, 3계층에서 작동하는데 지능적으로 제3계층의 IP 주소정보 등을 해석해서 패킷을 포워드해줄 수 있다.

6 게이트웨이(Gateways)

게이트웨이가 네트워크의 어느 범주에 드는지 명확히 규정하긴 어렵다. 넓게 보면 두 개의 이기종 네트워크를 연결하는 네트워킹 하드웨어와 소프트웨어의 조합으로 특히 다른 포맷과 통신 프로토콜 혹은 아키텍처를 사용하는 두 시스템을 연결한다. 게이트웨이는 사실 정보를 재 패킷화해서 다른 시스템에서 읽혀지게 한다. 이것을 위해 게이트웨이는 여러 계층에서 작동하는데 응용층과도 통신하고 세션을 성립시키고 관리하며, 인코드된 데이터를 번역하고 논리적/물리적인 주소 데이터를 해석할 수 있어야 한다.

게이트웨이는 서버, 마이크로컴퓨터, 라우터, 혹은 메인프레임과 같은 연결 장치에 포함될 수 있지만 기능면에서 보면 나름대로의 범주를 가지고 있다. 또한 게이트웨이는 복잡한 해석을 하기 때문에 브리지나 라우터보다 데이터를 더 느리게 전송해서 네트워크 혼잡을 만들기도 한다. 하지만 어느 경우에는 게이트웨이만으로도 충분할 때도 있다.

다음과 같이 여러 종류의 게이트웨이가 있을 수 있다.

1. E-mail 게이트웨이－어느 타입의 E-mail 시스템(e.g, Sendmail 등)으로부터 메시지를 받아서 다른 타입의 E-mail 시스템(e.g, Exchange 등)에 전해준다.
2. IBM 호스트 게이트웨이－PC와 IBM 메인프레임간 통신을 성립시키고 관리해 준다.
3. 인터넷 게이트웨이－LAN과 인터넷 사이의 접속을 허락하고 관리하며, 특정 타입의 사용자가 인터넷에 접속하는 것을 제한할 수 있다.
4. LAN 게이트웨이－여러 가지 프로토콜과 다른 네트워크 모델에 있는 LAN 세그먼트끼리 통신하게 하는데 라우터, 라우터의 한 포트, 그리고 서버가 이 역할을 하게 할 수도 있다. LAN에 전화연결을 허락하는 원격접속서버(RAS)가 될 수도 있다.
5. Voice/Date 게이트웨이－음성 네트워크와 데이터 네트워크를 연결시키는 것으로, 음성 프로그램은 데이터 프로그램과 매우 다르다. 예를 들어 데이터 네트워크에 음성

신호가 전송되게 하려면 미리 디지털화와 압축이 되어져 있어야 하고, 음성 수신기에 도달하면 즉시 압축이 풀어져 일반 전화기 등에서 인식될 수 있게 다시 만들어져야 한다. 이 모든 과정엔 특별한 프로토콜과 프로세스가 필요하다.

6 방화벽－네트워크 사이의 트래픽을 막거나 걸러내는 일을 하는데, 다른 타입의 게이트웨이처럼 이런 일을 하도록 최적화된 장치거나 이런 소프트웨어가 설치된 컴퓨터일 수 있다.

CHAPTER

06 네트워크 토폴로지와 액세스 방법

CompTIA Network+

집을 설계할 때 어디에 벽과 문을 두어야 할지, 어디에 전기와 배관을 설치할지 등을 결정하듯이 네트워크를 설계할 때에도 눈에 보이거나 보이지 않는 여러 요소들을 고려해야 한다. 이 장에서는 물리적이고 논리적인 네트워크 토폴로지와 기본적인 구성요소에 대해서 좀 더 자세히 알아본다. 이런 것들은 네트워크 디자인과 문제해결, 관리 등에서 필수적인 사항이다. 또 이더넷, 토큰링, FDDI, ATM, 그리고 무선 접속방법들도 알아본다.

1 단순 물리적 토폴로지(Simple Physical Topology)

물리적 토폴로지란 네트워크상 노드들의 물리적 배치(layout), 즉 형태이다. 네트워크 장비의 타입, 연결방법, 주소체계 등을 말하는 것이 아니라 전체적인 구도를 말하는 것인데, 물리적 구조는 기하학적인 모양에 따라 버스, 링, 그리고 스타형으로 나누고 이들이 섞여서 혼합(hybrid)형을 이룬다. 네트워크를 설계하기 전에 이들을 이해하고 있어야 케이블링 구조, 전송매체 등을 결정할 수 있다. 또 이들을 이해해야 네트워크상 문제를 해결하고 구조 변경을 할 수 있다. 보통 토폴로지하면 물리적인 것을 일컫는다.

1.1 버스(Bus)

버스 토폴로지는 연결 장치 없이 모든 노드들이 한 케이블에 묶여 있는 구조인데, 이 단일 케이블을 버스라고 부르며 통신으로 한 채널만 사용한다. 결론적으로 모든 노드들이 버스의 대역폭을 공유한다. 보통 동축케이블을 사용하는 Thinnet와 Thicknet를 말한다. 이 토폴로지에서 장치들은 지점 간 데이터 이동을 책임지는데, 한 노드가 데이터를 전송하고자 하면 우선 회선을 듣고(listen), 전체 네트워크에 데이터가 전송중이라고 경고를 보낸 뒤(수신노드 외에 다른 노드들은 이 메시지를 무시한다), 송신하면 목적지 노드가 데이터를 수신한다. 노드들은 뱀파이어탭(Vampire Tap)으로 케이블에 연결된다.

예를 들어 사용자 a가 다른 층에서 근무하는 사용자 b에게 즉석메시지를 보내려고 한다면, ① 메시지 프로그램에 내용을 입력한 뒤 'send' 버튼을 누를 것이다. ② 그러면 그 메시지를 가진 데이터 스트림이 사용자 a의 NIC로 보내진다. ③ 그런 뒤 NIC는 "사용자 b에게 보낼 메시지가 있다"고 공유회선에 메시지를 보낸다. ④ 그러면 메시지가 거쳐 가는 모든 머신들의 NIC는 이 데이터를 무시하고 ⑤ 사용자 b의 NIC는 자신에게 온 것임을 알고 응답해서 메시지를 받아들인다.

버스 네트워크의 양 끝은 터미네이터(terminator)라고 불리는 50옴(ohm) 저항기로 닫혀 있어야 신호가 회선의 끝에 전달되었을 때 새로운 시그널이 들어갈 수 없게 하는 반향(signal bounce : 회선을 계속 다니는 것)을 일으키지 않고 멈추게 된다. 일부 허브는 세그먼트의 한 끝에 터미네이터가 부착된 채 출시되기도 한다. 또 한 끝단은 반드시 접지(grounded)되어져야 신호에 영향을 끼치는 정전기를 일으키지 않는다.

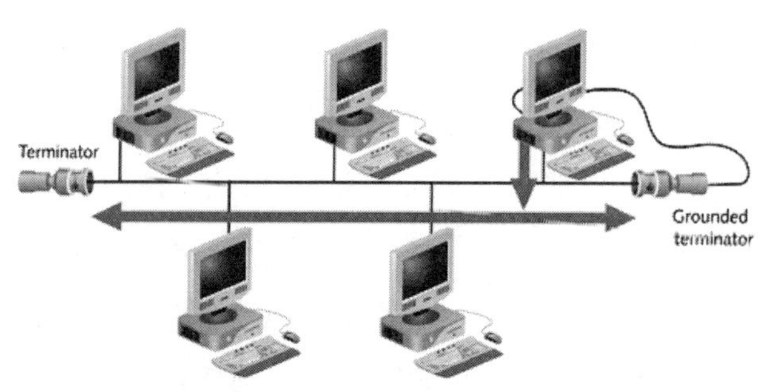

〈버스 네트워크와 터미네이터〉

버스 네트워크는 비교적 값싸게 설치될 수 있지만 확장이 쉽지 않다. 노드를 추가하면 단일 채널시스템이기 때문에 성능이 저하된다. 한두 대 머신만 있을 때에는 회선을 듣고 전송할 때 별로 시간이 걸리지 않지만, 10여대로 늘어나면 그만큼 회선을 듣고 전송하는데 시간이 걸리므로 그만큼 전송시간도 늘어나게 된다. 그러므로 10여대 이상의 노드가 있는 곳에서는 사용되지 않고 있다. 또 버스 네트워크는 문제 지점을 알아내기 힘들어서 문제해결도 어렵다. 예를 들어 옆 사람에게 '말 전달하기' 게임을 해보면 알 수 있다. 처음 말이 10여명을 지나 끝에 가면 전혀 다른 말로 변해 있는 것을 알 수 있는데, 어디서부터 틀렸는지 확인해내기가 쉽지 않다. 또 다른 단점은 버스라인에 어느 흠이나 단절이 있으면 전체 네트워크에 영향을 끼치기 때문에 문제해결이 그만큼 쉽지 않다는 것이다. 그러므로 순수 버스 네트워크는 흔하지 않고 혼합형에서나 볼 수 있다.

1.2 링(Ring)

링 네트워크는 각 노드가 양 옆의 두 노드에 묶여 있는 형태이어서 논리적으로 링형이 된다. 데이터는 시계방향 한 방향(unidirectional)으로 흐르며 각 노드는 주소에 따라 데이터를 받고 전송한다. 각 노드가 리피터의 기능을 하는 셈이다. 그래서 모든 노드가 전송에 참여하는 링 토폴로지를 액티브 토폴로지(active topology)라고 하는데, 이 점이 버스 토폴로지와 다른 점이다. 링 네트워크에서 데이터 전송은 목적지 노드에 도달하면 끝나지만 토큰(token : 데이터를 전송하는 제어패킷)은 계속해서 회선을 회전하고 있으므로 결국 "끝"이 없다. 연결매체로는 꼬임쌍선(twisted pair)이나 광케이블(fiber optic)이 사용된다.

이 링 네트워크의 단점은 어느 한 지점에서의 회선 실패가 전체 시스템을 못 쓰게 한다는 것이다. 서로가 연결되어져 있기 때문에 사용자 a가 두 컴퓨터 떨어져 있는 사용자 d에게 데이터를 전송할 때 반드시 사용자 b와 사용자 c의 NIC를 지나야 하므로, 사용자 c의 시스템에 문제가 있으면 절대로 사용자 d에게 전달되지 못한다. 또 버스 네트워크에서처럼 더 많은 노드가 네트워크에 참여하면 성능이 느려진다. 그러므로 링 네트워크는 유연과 확장성이 없다. 따라서 네트워크에서 순수 링 토폴로지는 별로 사용되지 않고 있다. 링 네트워크를 묶어주는 장비로 허브 같은 MAU(Multistation Access Unit)가 있다. 그래서 이 논리적인 링 토폴로지가 물리적으로는 스타형이 된다.

1.3 스타(Star)

이 스타 토폴로지에서 모드 노드는 허브나 스위치 같은 중앙 장치를 통해서 연결되어져 있다. 연결 매체로는 꼬임쌍선이나 광케이블을 사용하는데 한 케이블은 단지 두 노드(허브와 워크스테이션)만 연결할 뿐이어서 케이블에 문제가 있어도 단지 그 노드만 영향을 받을 뿐이고, 전체 네트워크에 문제를 일으키진 않아서 재난대비가 잘되는 시스템이다. 그러나 허브에 문제가 있으면 전체 네트워크가 다운된다. 노드들은 허브에 시그널을 전송하고 허브는 목적지 노드에게 시그널을 재전송한다. 이 네트워크는 버스나 링보다 케이블이 더 들며 더 많은 구성을 해주어야 한다.

〈링 네트워크와 스타 네트워크〉

스타 네트워크는 중앙 연결 장치가 있으므로 노드의 이동이나 제거, 다른 네트워크와 분리가 쉽다. 그러므로 스케일러블(scalable : 세그먼트에 노드를 넣고 빼기)하다. 이런 재난대비와 스케일러블한 면 때문에 스타 토폴로지를 가장 많이 사용한다. 스타형은 네트워크에서 논리적으로 최대 1024 노드까지 지원할 수 있다. 만일 3,000명의 사용자와 수백 대의 네트워크 프린터, 수십 대의 연결 장치가 있는 시스템에서라면 전략적으로 작은 논리적인 네트워크들로 구성해 주어야 한다. 비록 1,000명의 사용자를 한 네트워크에 넣고자 해도 성능과 관리문제 때문에 실제로는 불가능하다. 스위치 등을 사용해서 사용자와 장치들을 나누어 몇 개의 별개 브로드캐스트 도메인들로 구성해야 할 것이다.

2 혼합 물리적 토폴로지(Hybrid Physical Topology)

일반적으로 아주 작은 네트워크를 제외하면 순수한 버스, 링, 그리고 스타 네트워크를 만나기 힘들 것이다. 단순 네트워크는 네트워크의 규모가 커지면 성능이 너무 제한되어서 이들을 목적에 맞게 섞어 혼합 토폴로지를 만들어 사용한다.

2.1 스타와 링 연결(Star wired Ring)

이 모델은 데이터전송은 링형으로 하고 연결은 스타형으로 배치하는 것인데, 아래 그림에서 실선은 물리적 연결을 의미하고 점선은 데이터 흐름을 표시한 것이다.

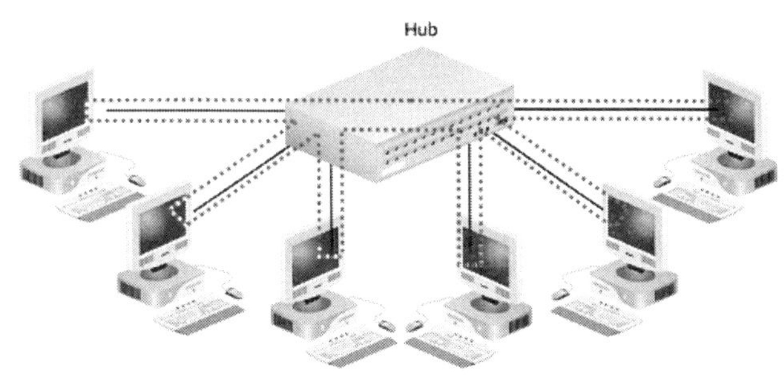

〈스타와 링 혼합 모델〉

이 혼합형은 스타 네트워크로 연결되어 있어서 재난대비를 이룰 수 있고, 데이터는 링(토큰 패싱)식으로 전달된다.

2.2 스타와 버스 연결(Star wired Bus)

또 다른 혼합형이 스타와 버스를 합친 것인데, 노드들을 허브로 묶어 스타를 이루고 단일 버스로 연결해서 네트워크한다. 이렇게 함으로써 더 먼 거리를 커버하게 하며 다른 네트워크를 쉽게 분리할 수 있다. 하지만 더 많은 케이블이 소요되며 더 많은 연결 장비들이 필요하기 때문에 비용이 더 든다. 최신의 이더넷과 Fast Ethernet에서 이 형태가 사용된다.

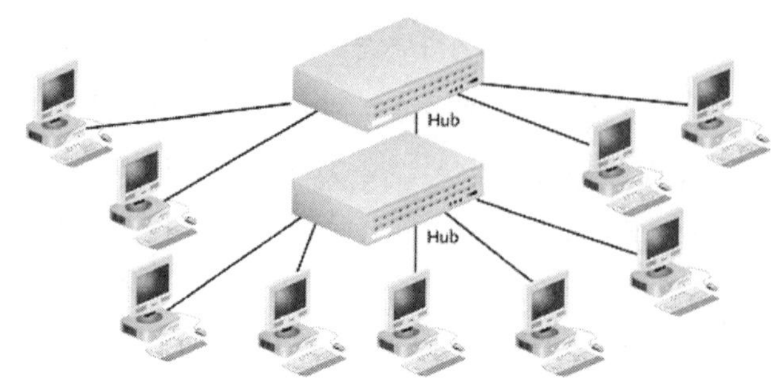

〈스타와 버스 혼합모델〉

3 백본 네트워크(Backbone Network)

네트워크 백본이란 허브와 스위치, 라우터들을 묶어주는 케이블링을 말하는데, 워크스테이션과 허브를 묶어주는 케이블보다 더 튼튼해야 한다. 백본이 더 많은 트래픽을 전달해주기 때문인데, 예를 들어 대규모 LAN에서 백본은 광케이블을 사용하지만 워크스테이션을 허브에 연결하는 데는 CAT5나 더 좋은 UTP를 사용한다. 대규모(enterprise)란 로컬과 원격 사무소, 여러 컴퓨터가 혼합된 시스템과 여러 부서를 종합한 조직을 말하며, 다양한 종류의 머신과 장비들을 수용할 수 있는 디자인으로 되어져야 한다.

3.1 직렬 백본(Serial Backbone)

이것은 가장 단순한 형태의 백본으로 두 개 이상의 장비들이 줄줄이(daisy-chain) 단일 케이블에 의해 서로 묶여 있다. 네트워킹에서 '줄줄이'란 표현은 장비를 일렬로 묶는 것을 말하는데, 허브와 스위치가 네트워크 확장을 위해서 회선으로 묶여 있다. 예를 들어 8명의 사용자를 가진 네트워크에 2명이 새로이 가입되면 두 번째 허브를 추가해서 처음 허브에 연결하고, "스타-버스형"으로 네트워크를 구성한 뒤 2명을 두 번째 허브에 연결시키면 될 것이다. 이럴 때 처음 허브와 두 번째 허브는 직렬로 연결된 것이다. 이 방법은 네트워크 확장에 대한 저비용의 논리적인 방법이 될 수 있다.

허브만 직렬 백본에 사용되는 것이 아니고 스위치, 브리지, 라우터, 그리고 게이트웨이도 모두 사용될 수 있다. 하지만 허브에서의 연결은 제한이 있는데, 예를 들어 10Base-T에서 허브는 연결 가능한 네트워크 세그먼트의 최대 연결이 다섯 개로 실제로는 네 개까지이다. 그 이상을 연결하면 네트워크에 부정적인 영향을 끼친다. 100Base-TX에서는 세 개 세그먼트에 두 허브까지만 쓸 수 있고, 1Gbps를 넘는 네트워크에서는 한 허브만 사용할 수 있다. 이런 한계를 초과하면 불규칙한 에러와 전송에러가 발생할 수 있다.

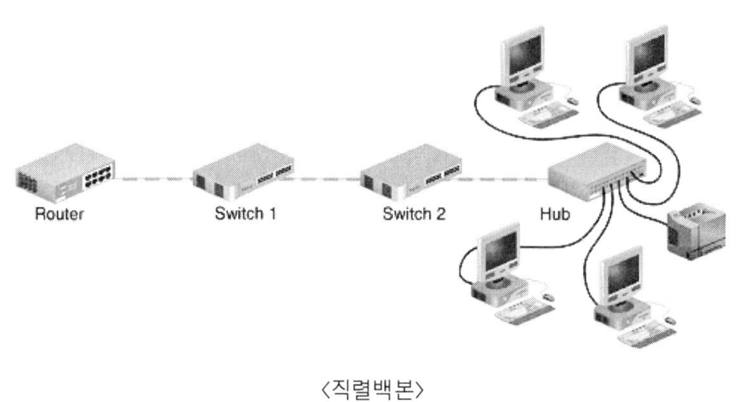

〈직렬백본〉

3.2 분산 백본(Distributed Backbone)

이 백본은 허브, 스위치, 라우터 등 일단의 연결 장치들이 계층적 구조를 이루는 백본이다. 다음 그림에서 점선이 백본 케이블이 사용되는 곳이다. 이런 토폴로지는 기존 층에 더 많은 연결 장치를 가입해서 세그먼트를 간단히 확장시켜준다. 예를 들어 20명의 사용자를 지원하는 작은 네트워크를 관리한다고 했을 때 두 개의 스위치를 사용하는 분산 백본으로 10명씩 한 스위치에 연결했는데, 더 많은 직원이 들어오면 새로운 스위치를 가입시켜서 그곳에 그들을 연결시키면 될 것이다.

좀 더 복잡한 분산 백본은 라우터를 사용해서 여러 LAN과 LAN 세그먼트를 연결해준다. 이 경우 라우터는 LAN들을 연결하는 최고층이 된다. 분산 백본은 또한 네트워크 관리자에게 워크그룹으로 분리해서 관리하기 쉽게 해준다. 이것은 단일 건물 내에 있는 대규모 네트워크에서 특히 요긴하게 쓰일 수 있는데, 층이나 부서에 따라서 허브나 스위치가 줄줄이 연결되어 사용될 수 있다. 물론 이 경우 직렬 백본 설계에 유의해야 하는데, 최고층 장치의 문제와 같이 어느 단일지점에서의 문제가 심각한 영향을 네트워크에 끼칠 수 있기 때문이다. 보편적으로 이 백본 모델은 비교적 저렴하고, 쉽게, 빠르게 백본을 구성할 수 있게 한다.

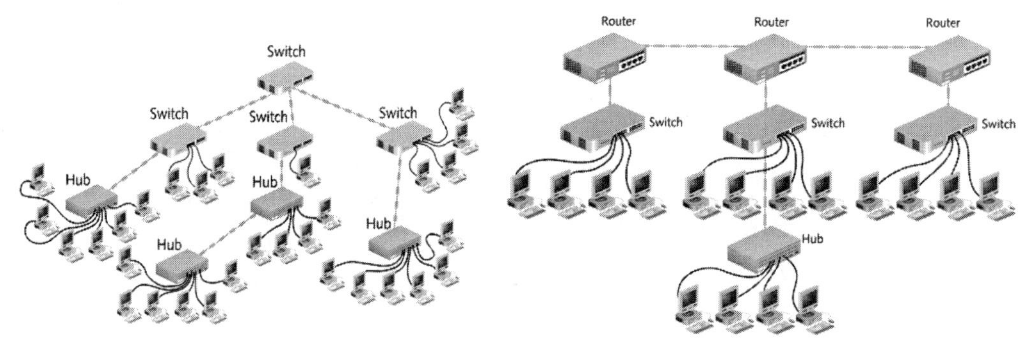

〈단순 분산백본과 여러 LAN을 묶는 분산백본〉

3.3 붕괴 백본(Collapsed Backbone)

이 백본 모델은 반전 백본(Inverted Backbone)으로도 부르는데, 여러 서브네트워크에 대한 단일 중앙연결점의 최고층 백본으로 라우터와 스위치를 사용한다. 위의 그림에서는 여러 LAN이 분산 백본으로 묶여 있는데, 다음 그림에서는 단일 라우터가 최고층 백본으로 사용되고 있다. 붕괴 백본을 이루는 스위치나 라우터는 통과하는 엄청난 트래픽을 처리하기 위해서 여러 프로세서를 가져야 한다. 하지만 이곳의 고장이 전체 네트워크를 다운시킴으로 위험하기도 하고, 라우터는 허브처럼 빠르게 트래픽을 이동시키지 못하기 때문에 전체 처리속도가 느려지게 된다. 그럼에도 불구하고 붕괴 백본은 여러 가지 다른 유형의 서브 네트워크를 묶어준다는 커다란 장점을 가지고 있다. 또 관리와 문제해결을 한 곳에서 할 수 있어 편리하다.

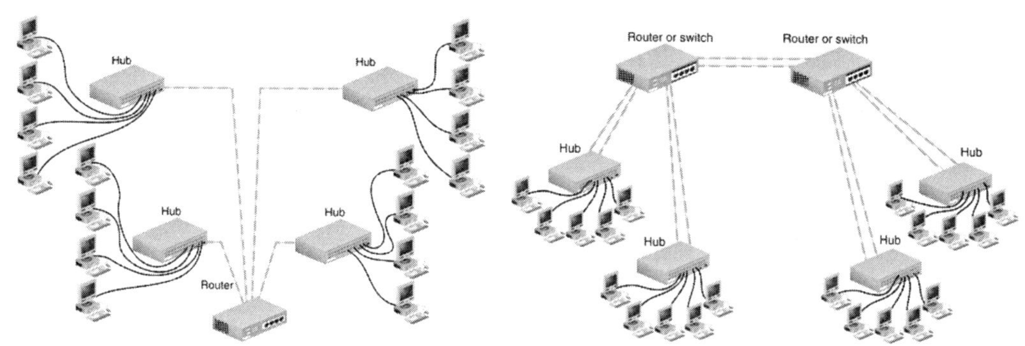

〈붕괴 백본과 병렬 백본〉

3.4 병렬 백본(Parallel Backbone)

이 구성은 네트워크 백본 중에서 가장 튼튼하고 안정적인데, 붕괴 백본의 변형으로 각 세그먼트는 중앙 라우터나 스위치로부터 하나 이상의 연결로 묶인다. 라우터나 스위치가 하나밖에 없는 네트워크에서는 병렬 백본이 연결 장치뿐만 아니라 회선도 이중으로 구성되어 있다. 위 오른쪽 그림은 단순한 병렬 백본이다. 보는 바와 같이 각 허브는 라우터나 스위치에 이중으로 연결되어 있고 두 라우터끼리도 이중 케이블로 연결되어 있다. 이 백본의 가장 중요한 특징은 여분의 회선이 연결을 보증해 준다는 것이다. 따라서 케이블링으로 인해 다른 백본 구조보다 설치비용이 더 들긴 하지만 재난대비와 성능증가를 가져다주는 장점이 있다.

네트워크 관리자로써 가장 중요한 곳에는 병렬 백본을 설치하고 싶어 할 수 있다. 예를 들어 위 병렬 백본 그림에서 첫번째 관리부와 두 번째 경리부 허브가 나머지 네트워크와 묶여 있다고 했을 때, 이들 연결을 병렬 백본으로 구성하면 이 두 부서는 절대로 연결이 끊어질리 없다. 하지만 세 번째 자재부와 네 번째 영업부는 병렬 백본으로 구성할 필요가 없어서 설치비용도 절감할 수 있게 된다. 대규모 네트워크의 LAN과 WAN은 이와 같이 여러 가지 물리적 토폴로지와 백본 디자인을 섞어서 사용하고 있다.

4 논리적 토폴로지(Logical Topology)

논리적 토폴로지란 노드 사이에서 데이터가 전송되는 방법을 말하는 것으로, 데이터가 지나는 물리적 경로인 배치와 다르다. 네트워크의 논리적인 토폴로지가 그 물리적 토폴로지일 필요는 없다는 것이다. 가장 일반적인 논리적 토폴로지는 버스와 링이다. 논리적 버스 토폴로지에서는 신호가 한 장치에서 다른 모든 장치로 흐른다. 스타 토폴로지처럼 중간 연결 장치를 통할 필요가 있을 수도 없을 수도 있다. 물리적 버스 토폴로지가 논리적 버스 토폴로지일 수도 있다. 스타나 물리적 "스타-버스" 혼합 토폴로지도 논리적 버스 토폴로지를 이루기도 한다.

대조적으로 논리적 링 토폴로지에서는 신호가 전송자와 수신자 사이를 원형으로 흐르는데, 순수 링 토폴로지를 사용하는 네트워크는 논리적 링 토폴로지가 되지만 이 논리적 링 토폴로지는 또한 신호가 연결장치를 통해서 흐르기 때문에 "스타-링" 혼합 토폴로지로 사용될 수도 있다. 이런 여러 가지 네트워크 타입은 중요한 한두 가지 논리적 토폴로지로 정리될 수 있는데, 예를 들어 이더넷 네트워크는 논리적 버스 토폴로지를 이루고, 토큰 링 네트워크는 논리적 링 토폴로지를 이룬다.

논리적 토폴로지를 이해하는 것이 네트워크 문제해결이나 설계에서 중요하다. 예를 들어 이더넷 네트워크에서 모든 세그먼트의 트래픽은 논리적 버스 토폴로지에서처럼 모든 노드에게 전해진다는 것을 이해해야 불량 패킷을 만들어내는 NIC가 하나라도 있을 때 같은 세그먼트의 모든 NIC들이 이 영향을 받아서, 많은 대역폭이 소비되어 결과적으로 이 네트워크를 불신하게 하는 원인이 된다는 것을 알게 된다.

5 스위칭(Switching)

스위칭이란 네트워크의 논리적 토폴로지의 구성요소로써 노드 사이에 어떻게 연결이 이뤄지는지 결정해준다. 여기에는 서킷 스위칭, 메시지 스위칭, 그리고 패킷 스위칭이 있다.

5.1 서킷 스위칭(Circuit Switching)

서킷 스위칭에서는 두 노드가 데이터를 전송하기 전에 연결설정이 이뤄져야 한다. 이 연결에선 두 노드 사이의 통신이 종료될 때까지 대역폭을 전부 사용할 수 있다. 노드가 연결되어 있는 동안 모든 데이터는 스위치가 처음 설정한 경로로 전해진다. 보통 우리가 전화를 걸 때 이 서킷 스위칭 연결을 사용한다. 이 방법은 두 스테이션이 연결되어 있는 동안엔 실제 통신하지 않고 있어도 대역폭을 독점하고 있으므로 가용한 리소스를 허비하고 있는 셈이 된다.

그러나 일부 응용프로그램은 이런 '예약(reserved)'된 상태를 좋아하기도 하는데, 전송시차를 중시하는 생방송이나 화상회의 등에서는 도중에 다른 연결로 인해 기존 경로가 변경되는 것을 원치 않는다. 또 다른 예가 홈 PC에서 모뎀으로 ISP의 접속서버에 연결하거나 ISDN이나 T1 서비스가 있는 WAN에서 ATM의 경우도 이 기법을 이용한다.

5.2 메시지 스위칭(Message Switching)

이 연결은 우선 두 장치 간 연결을 설정한 뒤 정보를 두 번째 장치로 전송한 다음 연결을 끊는다. 이어서 이 정보는 두 번째 장치와 세 번째 장치의 연결이 성립된 뒤 세 번째 장치로 전송된다. 이런 '저장 후 전송'은 마지막 목적지에 닿을 때까지 계속된다. 모든 정보는 같은 물리적 경로를 통해 전달되는데 서킷 스위칭과 다르게 연결이 계속 유지되지 않는다. 이 방법에서 데이터의 경로에 있는 각 장치는 충분한 메모리와 프로세싱 능력이 있어야 다음 노드에게 정보를 전송하기 전까지 이전에 받아 놓은 정보를 저장할 수 있다.

5.3 패킷 스위칭(Packet Switching)

이 방법은 네트워크에서 두 노드를 연결하는 방법으로 가장 많이 쓰이는데, 데이터는 전송되기 전에 패킷으로 분해된다. 패킷은 목적지 주소와 전송 순서번호를 가지고 있기 때문에 네트워크상에서 어느 경로로도 목적지에 갈 수 있다. 그러므로 어느 한 순간에 목적지에 이르는 가장 가까운 경로를 각 패킷이 각자 찾게 되어 있다. 소스주소를 떠나는 전송

순서대로 목적지에 도착되지 않으며, 서로가 같은 경로로 전송되지도 않는다.

예를 들어 20명의 친구들에게 A장소를 떠나 B장소에 각자 알아서 도착하게 한다고 하자. A장소에서 출발시간을 모두 같게 했다고 B장소에 도착하는 시간도 모두 같을까? 6명은 택시를 타기로 했지만, 8명은 지하철을 이용할 수도 있고, 4명은 걷기도 하고, 2명은 자가용을 타고 갈 수도 있다. 택시 자리가 좁아서 6명이 모두 함께 타지 못하면 2명은 다음 택시를 기다릴 수도 있고, 택시가 가다가 길이 막히면 다른 경로를 이용해서 B장소에 도착할 수도 있다. 도착순서는 각각 다를 수 있지만 결국 B장소에 다시 모두 모여 다시 20명이 된다. 이것이 A노드에서 B노드까지 패킷이 전달되는 과정이다.

패킷이 목적지 노드에 닿으면 노드는 그것들을 통제 순서정보에 의해 다시 모은다. 패킷들은 다시 메시지로 들어가 조립되는데 시간이 걸리므로 이 패킷 스위칭은 실시간 비디오 전송이나 화상회의 같은 곳에서는 적합하지 않다. 그럼에도 불구하고 빠르고 비교적 에러가 없으므로 E-mail 메시지나 파일전송, 서버에서 클라이언트로 가는 소프트웨어 전송 등에 사용된다. 이 방법의 가장 중요한 장점은 서킷 스위칭에서처럼 메시지가 목적지에 닿을 때까지 연결이 지속되지 않으므로 대역폭 낭비가 없다는 점과, 데이터의 진행 경로에 있는 각 장치들에게 어느 정보를 처리하게 하지 않음으로써 전송 속도도 빠르게 한다는 점이다. 인터넷과 이더넷에서는 주로 이 방법을 사용한다.

6 이더넷(Ethernet)

이더넷은 1970년대에 Xerox가 개발해서 DEC(Digital Equipment Corporation), Intel, 그리고 Xerox(이들을 합쳐서 DIX라고 함)가 발전시켜 나간 기술로, 다양한 네트워크에서 운용되며 적당한 비용으로 뛰어난 처리를 보여준다. 이더넷은 지금까지도 LAN에서 가장 많이 사용되고 있는 네트워크 기술이다. 이더넷은 여러 변화를 겪으며 성장해 왔는데 지금도 발전하고 있다.

6.1 CSMA/CD(Carrier Sense Multiple Access with Collision Detection)

네트워크 액세스 방법은 네트워크 노드가 어떻게 통신채널에 액세스하는지 통제하는 방법이다. 고속도로에 비유해보자. 번잡할 때는 각 램프에 정지신호를 주어서 매 5초마다 한 대만 도로에 들어가게 제한하기도 하고, 도로에서도 차선의 제약을 받기도 한다. 또 각 차선은 한 번에 몇 대만 운행할 수 있도록 신호로 제한된다. 이런 모든 고속도로에서의 통제는 혼잡을 피하고 운전자들이 목적지에 안전하게 도착하는데 도움을 주는 방법이다. 네트워크에서도 여러 컴퓨터들이 제한적인 대역폭과 회선을 공유하므로 고속도로에서와 같이 규제가 필요하다. 이런 통제가 네트워크 액세스 방법이다.

CSMA/CD에선 어느 노드가 데이터를 전송하고자 할 때 우선 전송매체에 접속한 뒤 채널이 한가한지(free or idle) 알아본다. 만일 채널이 한가하지 않다면 그 노드는 일정기간(random amount of time) 기다린 뒤 다시 한가한지 알아보고, 한가하면 데이터를 전송한다. 어느 노드도 채널이 한가할 때만 데이터를 전송할 수 있다. 그런데 만일 두 노드가 동시에 채널을 체크해서 회선이 한가하다고 결정하고 전송을 시작했다면 어떻게 될까? 만일 이렇게 된다면 두 노드는 서로 간섭하게 되어 소위 충돌(collision)이 발생한다. 충돌감지(detection)란 충돌이 일어났을 때 노드가 반응하는 방법을 규정한 것인데, 충돌이 일어났을 때 네트워크는 충돌감지 과정을 시작한다. 노드의 NIC는 자신의 데이터가 충돌한다고 결정하면 전송을 중지한다. 그런 후 재밍(jamming)프로세스를 하는데, NIC는 32-bits 순서(번호)를 발급해서 이전에 보낸 전송은 잘못된 것으로 그 데이터 프레임은 유효하지 않다는 것을 나머지 네트워크 노드들에게 알려주고 일정시간 기다린 뒤 다시 회선이 한가한지 확인한 뒤 데이터를 재전송한다.

다량의 패킷이 있는 네트워크에서 충돌은 어쩔 수 없는 일이다. 하지만 모든 트래픽에서 5% 이상의 충돌율은, NIC 또는 회선의 고장일 수도 있지만, 문제가 있는 것이다. 더 많은 노드가 데이터를 전송하려고 할수록 더 많은 충돌이 일어나는 것은 당연하다. 이더넷이 확장되어 노드 수가 일정 수준으로 많아지면 충돌로 인한 시스템의 성능저하를 느낄 수 있다. 이런 것을 느끼게 되는 노드 수는 네트워크 타입과 네트워크가 늘 전송하는 데이터의 크기에 따라 달라진다. 충돌은 데이터를 변형시켜서 데이터 프레임을 다르게 한다. 그래서 이에 대한 대비가 필요하다.

다음 그림은 CSMA/CD가 충돌을 감지하고 피하기 위해서 데이터 흐름을 통제하는 모형이다.

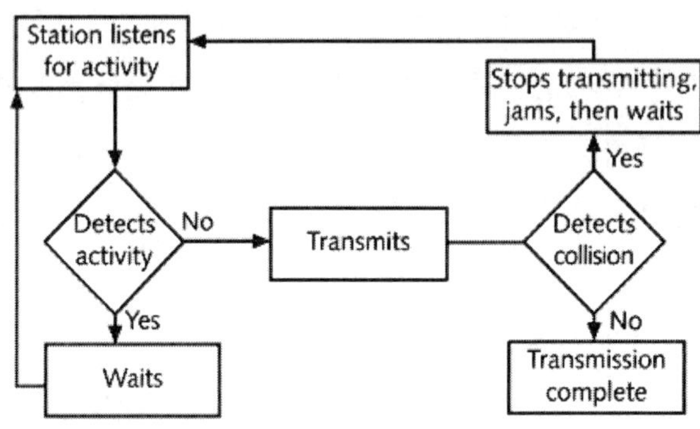

〈CSMA/CD 과정〉

이더넷에서 충돌영역(collision domain)이란 충돌이 일어난 네트워크 부분을 말하는데 두 노드가 동시에 데이터를 전송할 때 일어난다. 리피터는 받은 신호를 단순히 재전송하므로 충돌도 재전송한다는 것을 기억해야 한다. 그래서 리피터를 사용하는 네트워크는 커다란 충돌영역으로 된다(스위치나 라우터와 같은 상위층 연결 장치는 이런 충돌영역을 분리해준다). 또 이런 충돌영역은 이더넷에서 케이블 길이에도 제약을 주는데, 예를 들어 100Base-TX 네트워크 버스에 연결된 두 노드는 같은 세그먼트 내에서 거리가 100m가 넘으면 CSMA/CD에서 데이터 통보지연이 너무 길어 효율적이지 못하다. 데이터 통보지연(data ropagation delay)이란 데이터가 한 지점에서 다른 지점으로 이동하는데 걸리는 시간을 말하는 것으로 만일 데이터 전송을 통보하는데 너무 긴 시간이 걸리면 CSMA/CD 충돌감지 과정이 충돌발생 여부를 정확하게 구별해내지 못한다. 다른 말로 해서 노드 A의 전송통보가 노드 B에게 오는데 시간이 너무 걸려서, 노드 B가 이미 전송을 시작했음에도, 노드 A는 CSMA/CD과정을 시작해서 채널이 한가하다고 결정하고 데이터를 전송하게 된다.

100이나 1000Mbps의 전송률에서는 데이터 전송이 너무 빨라 NIC가 늘 충돌감지와 재전송 요청을 할 수 없다. 예를 들어 100Base-TX 네트워크에서 NIC가 에러를 감지하고 보상하는데 드는 패킷크기 조절(window라고 한다) 시간은 10Base-T 네트워크에서 보다 훨씬 작다. 이런 감지되지 않는 충돌을 최소화하기 위해서 100Base-TX 네트워크는 두 개 허브에 세 개 세그먼트만 지원하고, 10Base-T는 네 개 허브에 다섯 개 세그먼트까지 지원한다. 경로가 짧을수록 노드 사이의 잠재적인 통보지연 가능성이 줄어든다.

6.2 스위치드 이더넷(Switched Ethernet)

전통적인 이더넷 LAN은 공유이더넷(shared Ethernet)으로 불리는데, 고정대역폭을 제공해서 세그먼트의 모든 노드들이 공유하므로 세그먼트에 있는 노드들은 같은 충돌영역으로 묶인다. 같은 세그먼트 내에서 어느 스테이션이 데이터를 송수신하고 있다면, 그 세그먼트에 있는 모두 노드들은 신호를 증폭해서 재전송하는 허브나 리피터를 공유하고 있으므로, 다른 스테이션이 동시에 신호를 보내고 데이터를 송수신할 수 없다. 하지만 스위치는 포트별로 네트워크 세그먼트를 작게 쪼개서 서로 독립적으로 만듦으로 자신들만의 세그먼트를 가져서 이런 영향을 받지 않는다. 스위치드 이더넷에서는 여러 노드들이 동시에 개별적으로 다른 네트워크 세그먼트에게 데이터를 송수신할 수 있으므로 각 세그먼트는 개별적으로 주어진 대역폭을 모두 사용할 수 있게 된다(허브는 주어진 대역폭을 나누어 쓴다).

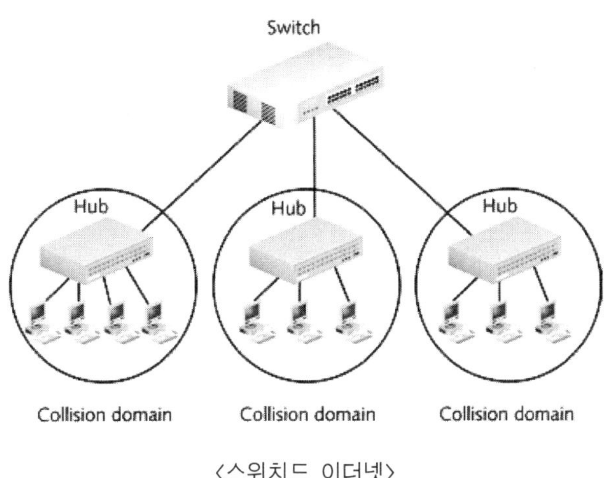

<스위치드 이더넷>

이 스위치드 이더넷을 사용하면 세그먼트가 분할되므로 어느 한 순간엔 소수의 워크스테이션만 회선 상에 있게 되어서 효율적으로 대역폭을 활용할 수 있으므로 10Base-T 구조를 가진 네트워크에서 대역폭을 늘리기 위한 저렴한 방법이 될 수 있다. 또 부하를 균형 있게

하며 혼잡을 줄여준다. 하지만 항상 스위치가 과도한 트래픽과 속도 증가에 있어서 최선책은 아니기 때문에 대규모 네트워크에서는 네트워크와 인프라 설계를 업그레이드하는 것을 고려해 보아야 한다.

6.3 이더넷 프레임(Ethernet Frame)

이더넷 네트워크는 네 가지 데이터 프레임 형태 중 하나나 그 조합을 사용하는데, Ethernet_802.2(Raw), Ethernet_802.3(Novell proprietary), Ethernet_II(DIX), 그리고 Ethernet_SNAP이다. 이들은 1980년대 서로 다른 회사에서 개발한 것들로 LAN을 진화시켰다. 예를 들어 단일 Ethernet_II 데이터 프레임은 TCP/IP나 AppleTalk를 지원하지만(동시전송은 불가) 모든 프레임타입이 모든 종류의 트래픽 전송에 다 적합한 것은 아니다.

1) 프레임 구성과 사용

네트워크에서 여러 타입의 프레임을 사용할 순 있지만 프레임 타입 간 상호작용을 기대할 수는 없다. 예를 들어 NetWare 4.11과 UNIX 서버가 섞여 있는 네트워크 환경에선 Ethernet_802.2와 Ethernet_II를 사용할 수 있지만, NetWare 서버에 연결되어 있는 워크스테이션에 Ethernet_802.2 프레임을 사용하거나 UNIX 서버에 연결된 워크스테이션에 Ethernet_II 프레임이 사용되게 하려면 구성을 해 주어야 한다. 노드의 데이터링크층 서비스가 적절히 구성되어 있어야 여러 프레임 타입을 받을 수 있다. 따라서 알지 못하는 프레임 타입을 받으면 프레임 속에 있는 데이터를 디코드할 수 없어서 통신할 수 없게 된다. 그러므로 네트워크 관리자는 모든 장치가 동일하고 올바른 프레임 타입을 사용할 수 있게 해주어야 하는데, 요즘에는 거의 Ethernet_II 프레임을 사용한다. 그러나 1990년대 이전에는 통일성이 없었기 때문에 다른 NOS(Network Operating System)나 리거시한 하드웨어를 위해서 여러 타입의 프레임을 해석하는 장비가 있어야만 했다.

프레임타입은 보통 장치의 NIC 구성 소프트웨어를 통해 설정하는데, 대부분 NIC는 실행되는 네트워크의 프레임타입을 자동으로 감지해서 구성한다. 이런 과정을 자동감지(auto-detect) 혹은 자동인식(auto-sense)이라고 하며 네트워크에 있는 프린터, 워크스테이션, 서버 등은 자동감지를 할 수 있다.

2) 프레임 필드

모든 이더넷 프레임타입은 ① Common 필드에 7-byte의 Preamble과 1-byte의 SFD를 가지고 있다. Preamble은 수신노드에게 데이터가 들어오고 있으며 언제 데이터가 흐를 것인지 알려주고, SFD(Start-of-Frame Delimiter)는 어디서 데이터가 시작되는지 알려준다. Preamble과 SFD는 프레임의 총 크기를 계산할 때 포함시키지 않는다. ② 또 목적지 주소, 소스 주소, 프레임타입에 따른 기능과 크기에 따라 추가필드로 구성된 14-byte의 Header가 있는데 목적지 주소와 소스 주소는 각각 6-byte로 되어 있다. 목적지 주소는 데이터 프레임의 수신자를 알려주고 소스 주소는 데이터를 보낸 네트워크 주소를 알게 해준다. 네트워크 장비는 하드웨어 주소로 상대를 앎으로 이더넷 프레임은 목적지 주소와 출발지 주소로 모두 MAC주소를 사용한다. ③ 또한 모든 이더넷 프레임은 4-byte의 FCS(Frame Check Sequence)를 가지고 있어서 목적지에서 받은 데이터가 소스에서 보낸 데이터와 정확하게 일치하는지 CRC(Cyclic Redundancy Check) 알고리즘을 사용해서 확인한다. 그래서 FCS와 Header를 합쳐 18-byte "프레임"을 가지고 있다. ④ 데이터는 46~1,500-byte의 정보(네트워크층의 데이터그램 포함)이다. ⑤ 만일 상위층으로부터 46-byte보다 작은 데이터가 전송되면 소스노드는 46-byte가 될 때까지 의미 없는 여분의 byte(padding으로 부름)로 채워준다. 18-byte 프레임부분과 최소 데이터필드 46-byte를 합해 최소 이더넷 프레임 64-byte와 최대 데이터프레임 1,500-byte를 합친 최대 이더넷 프레임 1,564-byte가 모든 이더넷 프레임에서 나타난다.

각 프레임에 나타나는 오버헤드와 CSMA/CD가 작동하는데 걸리는 시간 때문에 대형 프레임이 드나드는 네트워크에서는 빠른 처리가 힘들 수 있지만 프레임 크기를 조정할 순 없으므로, 적절한 프레임 통제를 통해서 성능을 빠르게 유지시켜야 하는데 네트워크에서 브로드캐스트 횟수를 최소화하는 일과 같은 것이다.

3) Ethernet_II ("DIX")와 Ethernet_SNAP

Ethernet_II는 IEEE가 1983년 이더넷의 표준을 만들기 전인 1980년에 DIX에 의해 개발되었는데, Ethernet_802.3과 Ethernet_802.2 프레임타입이 유사하지만 한 필드만 다르다. 다른 프레임에는 2-byte의 Length필드가 있지만 여기에는 2-byte의 Type필드가 있어서 IP, IPX, ARP, RARP 등과 같은 네트워크층 프로토콜을 구별한다. 예를 들어 IP 데이터그램을 전송하는 프레임의 Type필드는 “0x0800”과 같은 IP타입의 코드를 가지고 있게 되지만, Ethernet_802.2/3 프레임은 Type필드가 없어서 한 가지 네트워크층 프로토콜로만 데이터를 전송하므로(IP만 전송하며, IP와 ARP 동시전송은 불가) TCP/IP와 같이 여러 프로토콜이 동시에 사용되는 네트워크층에는 적합하지 못했다.

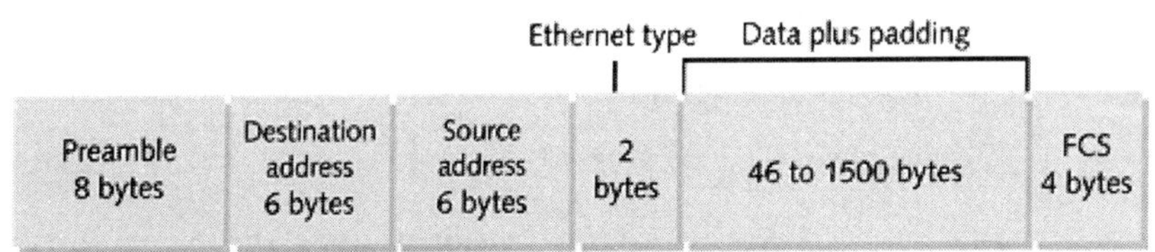

<Ethernet_II 프레임>

Ethernet_II와 같이 Ethernet_SNAP 프레임타입도 Type 필드를 제공하며, 추가적인 Control 필드가 있어서 Ethernet_II와 비교할 때 데이터에 더 적은 공간이 할애된다. 그러므로 여러 네트워크층 프로토콜을 지원해주고 적은 오버헤드 byte를 사용하는 Ethernet_II가 널리 사용되고 있다.

6.4 PoE(Power over Ethernet)

최근에 IEEE는 802.3af 표준을 완성했는데 이더넷 연결에서 전력을 공급하는 방법을 특정했기 때문에 PoE로 불린다. 이 표준이 새롭기는 하지만 가정에서 전화기가 전화회사로부터 회선을 통해서 전원을 공급받는 원리와 같다. 이 전화전원이 다이얼톤과 벨소리를 위해서 필요하듯이, 이더넷에서도 일반 전원으로부터 멀거나 지속적이고 신뢰할 수 있는 전원을 확보할 필요가 있는 노드에겐 신호를 통해 전원을 공급해주는 연결이 필요하다. 예를 들어 야외극장의 무선AP와 디지털 음성신호를 받는 전화, 쇼핑센터의 중앙광장에 있는 인터넷 게임기, 혹은 네트워크 백본에 있는 중요한 라우터 등은 PoE의 혜택을 입고 있다.

PoE는 CAT5나 더 좋게는 구리선(e.g, CAT6e)을 사용하는데 두 가지 타입의 장비를 규정했다. PSE(Power Sourcing Equipment)와 PDs(Powered Devices)로 PSE는 전력을 공급하는 장치(전력회사의 관리를 받는 전기기판이 아니다)로 보통 백본전력을 책임지며, PDs는 PSE로부터 전력을 공급받는 장치이다. 10Base-T, 100Base-TX나 1000Base-T 네트워크에서 전송회선 중에서 사용하지 않는 회선이나 데이터를 통해서 케이블에 전류가 전달되게 한다. 이 표준은 PSE나 PDs 양쪽에 적용되지만 회선이 하나뿐인 네트워크에서는 PSE와 PDs의 전류와 전송회선이 같아야만 한다. 하지만 모든 엔드노드가 PoE를 받진 못한다. IEEE 표준에서 모든 PSE는 노드가 PoE를 사용할 수 있는지 우선 결정하게 하는데, 기존의 802.3과 호환되는지 확인한다는 뜻이다. 그러므로 PoE를 사용할 때 시스템에 별도의 구성이나 장치는 필요 없다.

7 토큰 링(Token Ring)

이젠 덜 흔하지만 여전히 중요한 토큰 링에 대해서 알아보자. 토큰 링은 IBM에 의해 1980년대에 개발된 기술로써 1990년대 초에는 이더넷과 경쟁할 정도로 강력한 구조였지만 저렴한 시스템 구축비와 빠른 속도, 신뢰성 등으로 인해 이더넷이 더 인기를 끌게 되었다. 아직도 토큰 링이 IBM의 몇몇 중앙 IT부서에서 사용되고 있지만 다른 시스템들은 모두 이더넷으로 변경됐다. 토큰 링 네트워크는 이더넷보다 가설하기에 비용이 더 든다. 토큰 링 매니아는 비록 하드웨어 구성품이 비싸지만 낮은 다운타임과 관리비용 등 안정성 면에서 이더넷보다 더 났다고 주장한다. 하지만 토큰 링 개발자들이 아직 고속표준을 내놓고 있지 않아서 네트워크의 우선순위에서 밀리고 있다. 토큰 링은 4-, 16- 혹은 100 Mbps의 속도를 가지고 있는데 100Mbps는 1999년 표준화되었고 HSTR(High Speed Token Ring)로 알려져 있다. HSTR은 꼬임쌍선이나 광케이블을 사용한다.

토큰 링 네트워크는 토큰패싱 기법을 사용하며 물리적 "스타-링" 혼합 토폴로지를 이룬다(이론적으로는 링이지만 물리적으로는 스타형이다). 토큰패싱이란 토큰이란 3-byte의 패킷을 한 노드에서 다른 노드로 원을 그리며 이동시키는 기법을 말하는데, 어느 스테이션이 보낼 데이터가 있으면 토큰을 잡아서 프레임으로 변환시켜 목적지 주소가 들어있는 헤더와 정보, 트레일러 필드를 더해서 보낸다. 그러면 모든 노드는 받아본 뒤 자신에게로 온 것이 아니면 그대로 토큰을 통과시키고, 목적지 노드는 토큰을 받아서 정보를 빼낸 뒤 빈 토큰을 원에 내보내서 다른 노드가 사용하게 한다. 이 구조에서는 절대 충돌이 일어나지 않는다. 동시에 여러 토큰이 링에 돌아다닐 수도 있다. 이런 조건이 CSMA/CD와 다르며 이더넷 LAN이 가지는 거리의 한계를 넘어서게 한다. 토큰 링 네트워크에선 어느 한 순간 한 스테이션이 토큰패싱의 컨트롤러 기능을 담당하는데 이를 활성모니터로 부르며 링 전달 타이밍, 토큰과 프레임의 전송 모니터링, 그리고 토큰 실종을 감지하고, 에러를 수정해주는 역할을 한다.

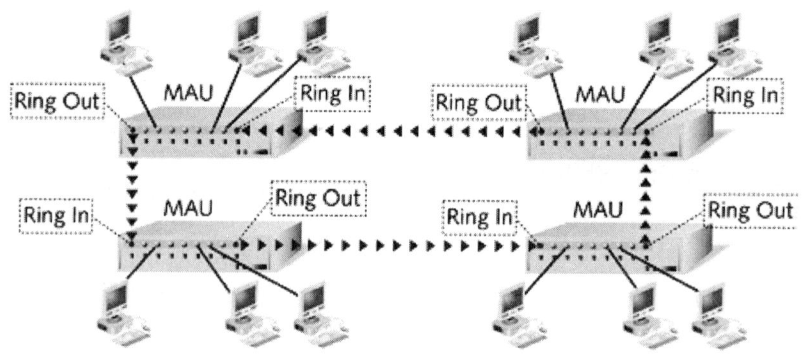

〈토큰 링에서의 MAU〉

IEEE 802.5가 토큰 링 기술을 규정하는데 4-, 6-, 혹은 100Mbp를 전송하며 차폐 꼬임쌍선에서는 255노드까지 연결할 수 있고 비차폐 꼬임쌍선에서는 72개 노드들이 한 링으로 묶일 수 있다. 토큰 링 연결은 4-, 6-, 100Mbps를 모두 지원해주는 NIC가 허브 기능을 하는 MAU(Multistation Access Unit)에 연결된다. "스타-링" 혼합 토폴로지에서 MAU는 내부적으로 Ring In과 Ring Out 포트 중 하나를 통해 내부적으로 링을 이룬다. MAU는 보통 8개 포트를 지원하지만 Ring In이나 Ring Out 포트를 통해 MAU에 가입시켜서 스테이션을 더 추가할 수 있다. 사용되지 않는 포트는 내부에서 셀프쇼팅(self-shorting)되어 반향(bounce)을 막아 루프를 없앤다. 토큰 링 MAU의 이 셀프쇼팅 기능이 토큰 링에 재난극복 기능을 준다. 예를 들어 네트워크에서 문제가 있는 NIC를 발견해서 MAU에서 그 워크스테이션의 케이블을 제거하면 MAU는 스스로 내부적으로 해당 포트의 링을 닫는다. 또 문제가 있는 MAU가 발견되면 이웃한 MAU에서 해당 MAU를 제거해도 이웃한 MAU는 스스로 내부적으로 문제 있었던 MAU가 연결되었던 Ring In 혹은 Ring Out 포트를 막아버려 정상적인 MAU로만 루프(loop)를 계속 이룬다.

토큰 링 네트워크는 커넥터로 RJ-45, DB-9, 혹은 type 1 IBM 중 하나를 사용한다. 최근의 토큰 링은 10Base-T나 100Base-T 이더넷에서 사용하는 RJ-45를 그대로 사용하게도 한다. STP 케이블링은 type 1 IBM 커넥터를 사용하기도 하고 때에 따라서 DB-9 커넥터를 사용하기도 한다.

Type 1 IBM connector

DB-9 connector

8 FDDI(Fiber Distributed Data Interface)

이것은 1980년대 중반 ANSI에 의해 표준으로 정해진 뒤 나중에 ISO에 의해 재정의된 네트워크 기술로, 100Mbps를 전송하며 이중 링 멀티모드와 단일모드가 있다. 원래 FDDI([퓌디]로 발음)는 이더넷과 토큰링의 처리량 한계를 극복하기 위해서 개발되었는데 처음으로 100Mbps를 전달하게 한 기법이었다. 이런 이유로 1980년대와 1990년대에 백본에서 주로 쓰였고 MAN과 WAN에서 사용되었다. 예를 들어 FDDI는 대학 캠퍼스와 같이 여러 건물들이 있는 시스템에서 LAN들을 연결할 때 사용된다. FDDI는 1km까지 연장할 수 있다. 하지만 이더넷이나 토큰 링의 전송속도가 빨라져서 예전처럼 FDDI가 많이 사용되고 있진 않지만 아직도 안정적인 기술로 여러 가지 이점을 제공한다. 우선 구리 케이블보다 신뢰할 만하고 안전한 전송을 보장하며, 이더넷 100Base-TX기술에서도 잘 작동된다.

FDDI 기술의 단점은 Fast Ethernet에 비해 스위치 포트당 10배나 더 비싼 고비용이지만 최대 세그먼트 길이 정도만 커버되면 기존 시스템에서 그대로 Fast Etherent이나 Gigabit Ethernet으로 전환될 수 있다. FDDI는 토큰 링 네트워크와 유사하게 링 구조를 가지고 있으며 토큰 링과 같게 토큰패싱 기법을 사용하지만 완전한 이중회선을 사용한다. 일반 작동에서는 프라이머리 링이 데이터를 전송하고 세컨더리 링은 그대로 있다가 프라이머리 링에 문제가 있어서 전송이 불가해지면 세컨더리 링이 그 역할을 대신함으로써 데이터 전송에 문제가 없게 한다. 그러므로 FDDI는 재난대비가 되어져 신뢰할 만한 시스템이다.

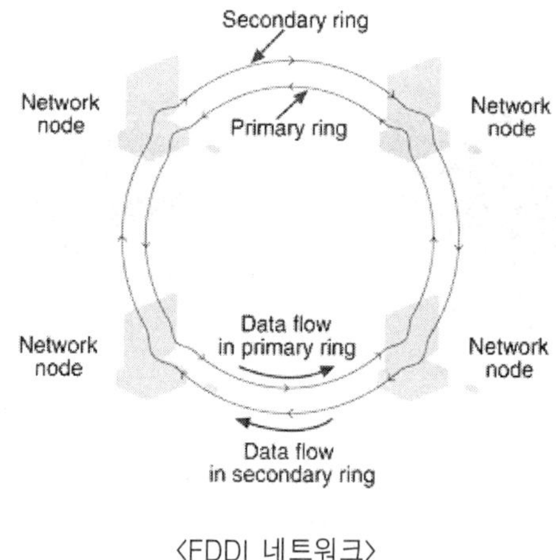

〈FDDI 네트워크〉

9 ATM(Asynchronous Transfer Mode)

ATM은 네트워크 액세스와 시그널 멀티플렉싱을 위해 데이터링크층 프로토콜을 설명하는 ITU 네트워크 표준이다. 1983년 Bell Labs에서 FDDI보다 더 높은 대역폭을 전송할 수 있게 하기 위해서 처음 연구했고, 이후 표준화가 늦어졌지만 광케이블이나 기존 CAT5 혹은 UTP/STP 케이블을 사용할 수 있게 해서 WAN에서 대규모 통신전송에 주로 사용된다. 토큰 링이나 이더넷처럼 ATM도 데이터링크층 프레임 기법을 이용하지만 고정된 패킷 크기를 사용한다. ATM에서는 패킷을 셀(cell)로 부르는데, 48bytes의 데이터와 5bytes의 헤더이다. 작은 패킷사이즈는 더 많은 오버헤드를 필요로 하므로(한 번에 처리할 수 있는 데이터 처리량이 적으므로 더 많은 처리과정을 필요 함) ATM의 고정된 셀은 처리량을 감소시켜 네트워크에서 더 나은 성능을 보여준다.

또 다른 ATM의 독특함은 가상회로(virtual circuit)에 있다. 가상회로란 물리적으로 다른 링크에 묶여 있는 네트워크 노드들을 논리적으로 연결해서 하나의 전용링크처럼 보이게 하는 것을 말한다. ATM 네트워크에서는 스위치가 송수신 사이에 최적의 경로를 찾아내어 데이터 전송 전에 연결을 설정한다. 가상회로에서는 주어진 대역폭을 구성해서 여러 가상회로를 만든 뒤 이들을 케이블의 한 채널에 할당해 주어서 데이터 전송 때만 채널을 사용하고 보통 때에는 다른 가상회로가 사용하게 한다.

ATM은 전송 전에 데이터를 셀로 나누기 때문에 각 셀은 개별적으로 목적지에 도달하게 되므로 패킷스위칭 기술을 사용하지만, 가상 연결을 사용하므로 데이터 전송이 끝날 때까지 점대점 연결이 유지되어 서킷스위칭 기술도 사용하는 셈이 된다. 이런 것들이 ATM에 QoS (Quality of Service)를 주는데 주어진 시간 안에 데이터가 완전히 에러 없이 전달되는 것을 말한다. 그러므로 중요한 데이터도 보호해주고 시간에 민감한 비디오나 오디오 데이터도 실시간으로 잘 전송되게 한다. 원격지에 있는 두 사무실에서 화상전화를 한다면 ATM 연결이 최상의 선택이다. 하지만 모든 연결에 다 고속 ATM을 할애하진 않고 E-mail 등에는 낮은 ATM 전송을 사용한다. QoS가 없다면 동일한 데이터에 속하는 셀들이 너무 늦거나 다른 순서로 도착해서 수신측에서 적절히 해석할 수 없을 수도 있게 된다.

ATM 개발자는 ATM이 다른 최신 네트워크 기술과 충분히 경쟁할 수 있다고 확신하고 있는데, ATM 셀이 TCP/IP, AppleTalk와 IPX/SPX 등을 지원하고 LANE(LAN Emulation)으로 이더넷과 토큰 링과 연계될 수 있기 때문이다. LANE은 들어오는 이더넷이나 토큰 링 프레임을 캡슐화해서 ATM 셀로 변환시켜 ATM 네트워크로 전송한다. 현재 ATM은 가격이 비싸므로 널리 사용되지 못하며 Gigabit Ethernet이나 Faster Ethernet이 ATM에 경쟁 위협이 되고 있다. 특히 저렴한 Gigabit Ethernet은 QoS 문제를 더 큰 파이프 기법으로 대용량의 트래픽도 말끔하게 처리해주며, 별도의 투자를 요하는 ATM과 차별화되게 기존 인프라에 투자가 필요 없는 고속 Fast Ethernet은 업그레이드용으로 인기가 많다.

10 무선 네트워크(Wireless Networks)

유선 네트워크에서 액세스 기술이 여러 가지 형태로 조직과 벤더에 따라서 다양하게 발전한 것과 유사하게 무선 네트워크도 여러 가지 기술로 발전해 왔다. 현재 다양한 무선 네트워크 기술이 있는데 모두 물리층과 데이터링크층의 특성을 차별화한 것에.지나지 않지만 시그널링 기법, 커버하는 지리적 범위, 사용 주파수 등에선 근본적으로 다르다. 그러나 오히려 이런 다양함들이 홈 유저와 엔터프라이 유저들에게 적합한 네트워킹 모델을 제공하기도 한다. 현재는 IEEE 802.11이 널리 쓰이는 무선 표준이다.

10.1 802.11

IEEE는 1997년 처음으로 무선 네트워크 표준을 발표했고, 그 이후로 WLAN(Wireless LAN) 표준 위원회(802.11 위원회로도 부름)는 여러 개의 무선 표준을 발표했다. IEEE 무선 표준들은 802.11에 하위 표준화 작업 태스크포스의 이름을 붙여 부르는데 현재 눈에 띄는 업적을 보인 곳이 802.11b, a, 그리고 g이다. 이 세 표준은 공통적인 특징들을 가지고 있다. 비록 물리층 매체서비스는 다르지만 모두 한 순간엔 신호를 주거나 받을 수만 있는 half-duplex 시그널링을 사용하며 데이터링크층의 하위층인 MAC을 사용한다.

1) 액세스 방법

데이터링크층의 하위층인 MAC은 데이터 프레임에 물리층 주소를 보완해주고 여러 노드가 단일 매체에 접근하는 것을 통제하는데 사용된다. 802.3 이더넷 MAC 서비스는 48-bits (6-bytes)의 물리적 주소를 프레임에게 주어서 소스와 목적지 주소를 구별하게 하는데, 무선 네트워크에서도 이 기법을 똑같이 사용함으로써 유선 네트워크와 호환되게 했다. 하지만 무선에서는 메시지 송수신이 동시에 되지 않으므로 이더넷과 다른 액세스방법을 사용한다. 공유매체에 액세스하는 방법으로 이더넷은 CSMA/CD를 사용하지만, 무선은 CSMA/CA (Carrier Sense Multiple Access with Collision Avoidance)를 사용해서 다음과 같은 순서로 전송이 일어난다.

소스노드는 데이터를 전송하기 전에 다른 무선전송이 있는지 확인해서 전송이 없으면 일정기간(random amount of time) 기다린 다음 전송을 시도한다. 만일 누군가가 전송하고 있다면 잠시 기다린 후 다시 다른 전송이 있는지 확인한 뒤 전송이 없을 때 전송한다. 수신노드는 전송을 받아 정확성을 체크한 뒤 확인(ACK : ACKnowledgment) 패킷을 소스에게 보낸다. 소스노드는 목적지 노드로부터 ACK를 받으면 전송이 잘 되었다는 것을 알게 되지만, 만일 다른 전송이 전송을 막거나 도중에 변형된 경우 소스는 목적지 노드로부터 ACK를 받지 못하므로 전송이 제대로 되지 않은 것을 알고 CSMA/CA를 다시 시도한다. CSMA/CD와 비교할 때 CSMA/CA는 충돌을 완전히 없애진 못하지만 최소화해준다.

모든 전송확인을 위해 ACK 패킷을 사용함으로써 802.11 네트워크가 802.3 네트워크에서보다 더 많은 오버헤드를 사용하므로 이론적으로 최대 처리량이 10Mbps인 무선 네트워크는 같은 10Mbps인 유선 네트워크에서보다 훨씬 적게 전송한다는 것을 의미한다. 실제로 무선 네트워크는 최대 처리량의 1/2~1/3만 전송하는데, 예를 들어 가장 빠르다는 802.11g는 54Mbps로 되어 있지만 대부분 20~25Mbps로 전달한다.

무선 패킷이 전송 중 변형되지 않았다는 확인은 RTS/CTS(Request to Send/Clear to Send)프로토콜을 선택하면 된다. RTS/CTS는 소스노드가 RTS 시그널을 만들어 AP에게 보내서 전적으로 전송을 완수하게 하는 것이다. 만일 AP가 이를 받아들여 CTS 시그널로 응답하면 AP는 일시적으로 범위 내의 다른 모든 스테이션들과 통신을 중지하고 변형이 더 발생되기 쉬운 대용량 패킷부터 전송한다. 하지만 RTS/CTS는 무선 네트워크의 전반적인 효율을 떨어뜨린다.

2) 가입하기(Association)

802.11 무선표준을 지원하는 NIC가 장착된 새 노트북을 샀다고 해보자. 인터넷 카페에 들어가서 노트북을 켜면 카페의 무선 인터넷을 사용하게 하는 로그온 요청을 받게 될 것이다. 이런 과정을 가입(association)이라고 하는데 카페의 AP와 노트북이 수많은 패킷을 교환해서 이뤄낸 과정으로 하위층 MAC의 또 다른 기능이다. 노트북은 켜져 있고 무선 프로토콜이 실행되고 있는 한 주기적으로 주변을 조사해서 AP의 존재를 확인하는데 이를 스캐닝(scanning)이라고 하며, 적극적(active) 스캐닝과 수동적(passive) 스캐닝 두 가지가 있다.

적극적 스캐닝에서는 스테이션이 탐침(probe)이라는 특수한 패킷을 주파수 범위 내의 가용한 모든 채널에 전송해서 AP가 이 패킷을 감지하면 '탐침응답'을 하게 한다. 이 응답에는 스테이션이 AP에게 액세스하게 하는 상태코드와 스테이션의 ID 등 모든 정보가 들어있어서 스테이션이 AP에 가입할 수 있게 한다. 이제 두 노드는 AP에 의해 정해진 주파수 채널로 통신할 수 있다. 한편 수동적 스캐닝에서는 스테이션이 주파수 범위 내에서 AP가 발급한 비콘프레임(beacon frame)이라는 특수한 프레임을 듣는다. 비콘프레임에는 적극적 AP에서의 '탐침응답'처럼 스테이션이 AP에 가입하게 하는 전송률, SSID(Service Set IDentifier), AP를 구별해주는 독특한 문자열 등 모든 정보가 들어있다. 스테이션은 이 비콘프레임을 감지한 뒤 AP에 가입한다. 이제 두 노드는 AP에 의해 정해진 주파수 채널로 통신한다. WLAN을 이룬 다음 대부분 네트워크 관리자는 AP의 구성도구를 사용해서 제조사에서 디폴트로 할당한 SSID보다 새로운 SSID를 할당해서 더 나은 관리와 보안을 유지한다. 예를 들어 고객센터의 무선 AP에 SSID "CuestSvc"를 할당해 주는 식이다.

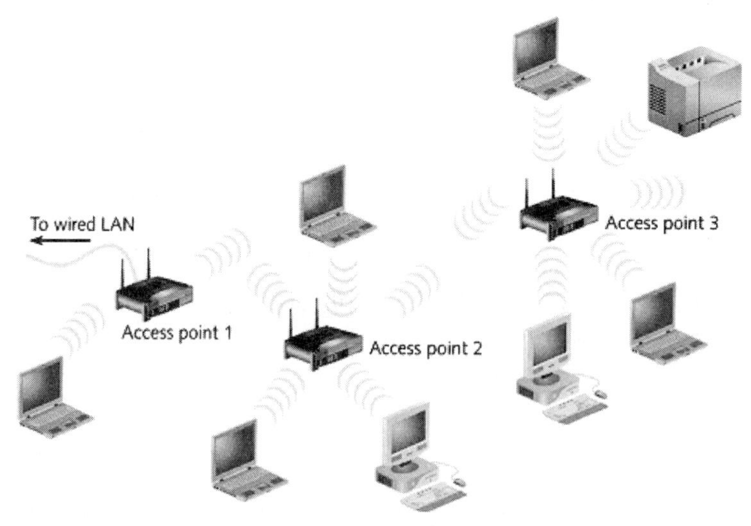

〈여러 AP가 있는 WLAN〉

일부 WLAN에는 여러 AP가 있을 수 있으므로 스테이션이 여러 AP를 감지했다면 가장 가까운 AP가 아니라 그 중에서 가장 에러가 적고 강한 신호가 나오는 AP를 선택할 것이다. 위의 예에서 만일 어느 손님이 자신의 AP를 가지고 들어왔는데 이것이 카페에 있는 AP보다 더 강한 신호를 낸다면 노트북은 그 AP에 가입할 것이며, 카페에 있는 다른 무선

기기들도 만일 자기들의 '무선연결 속성'에 특정 AP에만 가입되게 SSID가 구성되어져 있지 않다면 재가입(reassociation)이란 과정을 거쳐 새로운 그 AP로 가입하려 들 것이다. 이런 현상은 모바일 사용자가 한 AP에서 이동하여 다른 AP의 범위 내로 들어가거나 기존의 AP에 문제가 있을 때에도 생긴다. 그래서 여러 AP가 있는 무선네트워크에서는 AP 사이의 전송로드(transmission load)가 자동으로 균형을 이루게 한다. 802.11은 무선 랜에서 두 무선 노드 사이의 통신은 규정하지만 어떻게 통신하는지는 규정하지 않는다. 그러므로 같은 제조사의 장비들(AP나 스테이션 등)을 쓰는 것이 최고의 성능을 내게 하는 최선책이다.

3) 프레임

802.11 WLAN에 액세스할 때 ACK나 탐침(probe), 비콘(beacon) 등 몇 가지 타입의 오버헤드가 있음을 알았다. 각 기능을 위해서 802.11 표준은 하위층 MAC에 프레임타입을 규정해서 세 그룹으로 나누었는데 통제, 관리, 그리고 데이터이다. 관리프레임은 탐침과 비콘과 같이 가입과 재가입하는데 사용되고, 통제프레임은 ACK나 RTS/CTS 프레임과 같이 매체액세스와 데이터전송에 쓰인다. 또 데이터프레임은 스테이션 사이에 데이터를 전송하는데 쓰인다. 다음에 무선 프레임이 있다.

Frame Control (2 bytes)	Duration (2 bytes)	Address 1 (6 bytes)	Address 2 (6 bytes)	Address 3 (6 bytes)	Sequence Control (2 bytes)	Address 4 (6 bytes)	Data (0 - 2312 bytes)	Frame Check Sequence (6 bytes)

〈무선 MAC 프레임〉

802.11 데이터프레임과 먼저 봤었던 Ethernet_II 데이터프레임을 비교해 보면, ① 무선데이터프레임의 Address가 2개가 아닌 4개 필드로 되어 있음을 알게 된다. 이 네 주소는 소스(source)주소, 전송기(transmitter) 주소, 수신기(receiver) 주소, 그리고 목적지(destination) 주소이다. 여기서 전송기와 수신기 주소는 무선 네트워크의 두 AP 주소거나 중간 릴레이 장치의 주소이고 소스와 목적지 주소가 Ethernet_II에서의 주소와 같은 것이다. ② 또 순서통제(Sequence Control)필드가 있는데, 신뢰할 만한 전송을 위해 얼마 크기로 패킷이 조각나 있는지 알려준다. 유선에서는 에러체킹이 전송층에 있었고 필요시 일어나는 패

킷 조각화는 네트워크층에 있었는데, 무선에서는 에러체킹과 패킷 조각화가 모두 데이터링크층의 하위 MAC에서 일어난다. 이렇게 패킷 조각화를 하위층에서 다룸으로써 에러가 더 날 수 있고 덜 효율적이기도 하지만, 전송은 상위층에게 더욱 투명해져서 무선노드들이 쉽게 유선네트워크에 참여할 수 있게 하고 유-무선 혼합 네트워크에서 무선세그먼트가 유선세그먼트의 느려짐을 막을 수 있다. ③ 프레임 컨트롤필드는 사용되는 프로토콜, 전송되는 프레임타입, 그리고 그 프레임이 대형 프레임의 일부분인지, 조각화된 프레임인지, 수신자의 ACK가 없어서 재전송되는 프레임인지, 어느 보안을 프레임이 사용하고 있는지 등에 관한 정보를 가지고 있다. AP가 유선의 연결 장치보다 보안에 취약하기 때문에 보안은 무선네트워크에서 중요한 관심사이다.

802.11b, 802.11a와 802.11g는 위와 같은 공통점을 가지고 있지만 코딩방법, 주파수사용범위와 전송률 등에서 또한 다르다.

4) 802.11b

1999년 IEEE는 "Wi-Fi(Wireless Fidelity)"로 더 잘 알려진 802.11b를 내놓았는데 DSSS (Direct Sequence Spread Spectrum) 시그널링을 사용한다. DSSS에서 시그널은 할당된 스펙트럼의 전체 대역폭으로 퍼진다. 2.4~2.4835GHz 주파수를 사용하며 14개의 오버래핑(overlapping) 22MHz 채널로 구별된다. 또 이론적으론 11Mbps 처리량을 가지지만 실제로는 5Mbps능력이다. 무선노드와 AP, 혹은 Ad-hoc에서 장치끼리는 100m 이내에 있어야 한다. 802.11시리즈에서 가장 먼저 나왔고 아직도 인기가 있으며, 가장 저비용으로 구축할 수 있다.

5) 802.11a

원래 802.11a가 먼저 연구되었지만 802.11b가 먼저 출시되었기 때문에 802.11a가 나중에 나왔다. 802.11a는 5GHz 범위의 여러 주파수를 사용한다는 점에서 다른 표준들과 나른데 이론적인 최대처리량은 54Mbps이지만 실제는 11~18Mbps이다. 고속 주파수범위를 사용하므로 고속처리가 가능하고 독특한 데이터 인코딩과 가용성이 큰 대역폭이 장점이다. 하지만 더욱 중요한 것은 5GHz밴드는 2.4GHz밴드보다 덜 혼잡하다는 것인데 전자렌지, 무선

전화기, 모터, 기타 다른 무선 LAN 시그널 등에 의한 간섭을 덜 받는다. 그렇지만 고주파수는 짧은 거리 이동에도 더 많은 전력을 소비하므로 안테나 거리는 20m 이내이며 다른 표준보다 장치가 비싸다. 종합해 볼 때 802.11a는 유선 LAN과 무선장치 사이에서 집중적인 AP 사용이 요구되는 곳에서 쓰인다.

6) 802.11g

802.11g는 802.11b를 지원하면서 한편으론 11Mbps의 처리량을 다른 인코딩기법으로 54Mbps로 늘리려고 만든 표준인데, 효율적인 처리량은 20~25Mbps이다. 여기서의 안테나는 100m를 커버해 준다. 802.11b처럼 2.4GHz 주파수밴드를 사용하며 높은 처리량에 더하여 802.11b 네트워크와 호환된다. 그래서 만일 네트워크 관리자가 작년에 802.11b AP를 설치했다면 올해 802.11g AP와 노트북 등을 사용하게 해도 802.11b와 802.11g 두 표준 사이를 오가며 사용자가 불편 없이 작업할 수 있다.

10.2 블루투스(Bluetooth)

1990년대 초 Ericsson은 무선전화기, PDA, 컴퓨터, 프린터, 키보드, 전화기 헤드셋, 호출기(pager) 등 여러 장치들 사이에서 작동하는 무선 네트워크 연구를 시작했다. 음성과 비디오, 데이터 신호를 같은 통신채널을 이용해서 전송하는데 여러 장치 사이에서도 잘 작동되고 저렴한 구성비용과 짧은 거리를 커버하게 한 의도였다. 1998년 Intel, Nokia, Toshiba, 그리고 IBM 등이 Sony, Ericsson과 함께 Bluetooth SIG(Special Interest Group)를 구성해서(현재는 2,000개 회사가 넘는다) 이 기술을 재정의하고 표준화하기 시작한 뒤 2.4GHz 대에서 FHSS(Frequency Hopping between Spread Spectrum) RF 시그널링을 사용하는 모바일 무선 네트워킹 표준인 Bluetooth를 선보였다.

FHSS는 시그널이 밴드 내의 여러 주파수 사이에서 동기화되어 채널의 송수신자만 알게 한다. Bluetooth는 10세기를 주름잡던 덴마크의 Harald I세의 이름을 딴 것인데, 이 왕이 블루베리를 너무 좋아해서 이빨이 파랗게 물들었다는 데서 유래된 명칭이다. 이 왕은 덴마크, 노르웨이, 스웨덴에 흩어져 있던 호전적인 종족들을 통일한 것으로 유명한데, 바로

Bluetooth 기술이 추구하는 목적과 맞았던 것이다.

오리지널 Bluetooth v1.1은 최고 처리속도가 1Mbps가 되도록 고안되었지만 실제로는 723Kbps며, 에러수정과 잔류 대역폭을 소비하는 쓸데없는 데이터를 통제했다. 나중 버전인 v2.0은 2004년에 개발되었는데 2.1Mbps 전송으로만 v1.x와 호환된다. v1.1과 v1.2는 장치 간 거리가 10m로 제한되지만 v2.0은 30m까지 가능하게 했다. Bluetooth는 PAN(Personal Area Networks)으로 알려진 개인통신장치로 구성된 작은 네트워크로 구성된다. Bluetooth의 비교적 느린 처리량과 짧은 지원거리로 인해 비즈니스 LAN에서는 사용하기가 적절치 않으나, Bluetooth SIG의 영향력 있는 벤더들 때문에 휴대폰과 PDA의 통신에서 인기 있는 무선기술로 각광받고 있다. Bluetooth는 IEEE 802.15.1 표준으로 코딩되어져 있다. 다음 그림은 WPAN(Wireless PAN) 예이다.

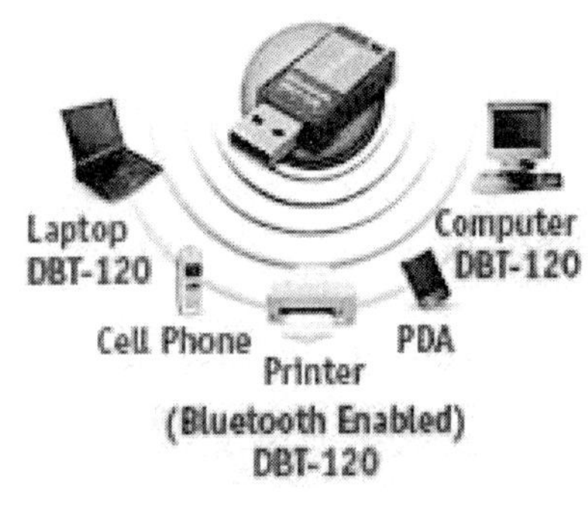

〈WPAN〉

Bluetooth PAN은 피코넷(piconet)으로도 알려져 있는데, 가장 단순한 피코넷은 한 마스터와 한 슬레이브로 구성되어 점대점 통신을 한다. 마스터는 주파수 호핑순서로 결정해서 통신을 동기화한다. 피코넷은 별도 설정 없이 두 장치가 Bluetooth v1.x에서는 10m 이내에만 있으면 구성된다. Bluetooth를 이용해서 사용자 a의 PDA를 통해 사용자 b의 PDA에게 주소를 전송할 수 있다. 하지만 피코넷은 확장될 수 있는데 v1.x에서는 한 마스터와 대여섯 슬레이브들로 구성될 수 있고, v2.0에서는 슬레이브 수에 제한이 없다.

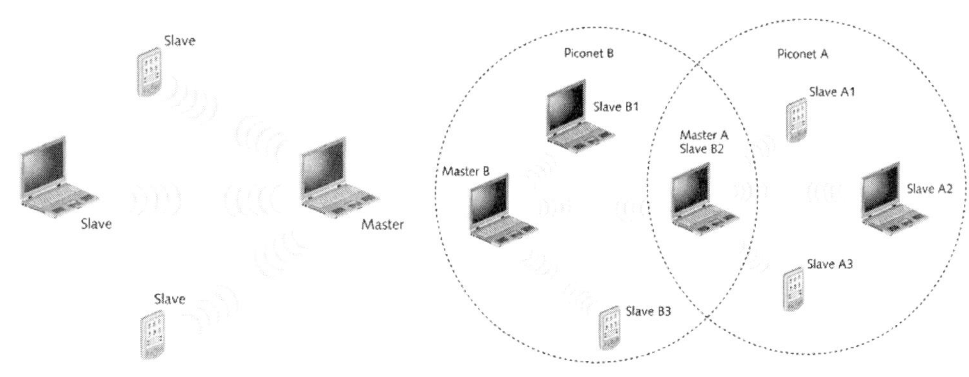

〈피코넷과 스캐터넷〉

여러 Bluetooth 피코넷은 스캐터넷(scatternet)을 구성하는데, 각 피코넷은 한 마스터가 필요하지만 그 마스터는 다른 피코넷에선 슬레이브가 되기도 한다. 또 각 슬레이브는 한 피코넷 이상에 가입될 수 있다.

10.3 적외선(IR : InfRared)

가정에서는 무선 네트워크를 구성하지 않았어도 이미 적외선(IR)을 사용하고 있을 것이다. TV리모컨이 바로 이 적외선을 사용하는데, 리모컨을 TV에 직접 향하고 실행시키면 잘 작동되지만 벽 뒤에서 실행시키면 작동되지 않는다. 이것은 IR이 수신자와 송신자가 직선으로(line of sight) 놓여야 하며 중간에 장애물이 없어야 한다는 뜻이다. 하지만 일부 IR 시그널은 크고 각을 가지고 있는 물체가 경로상에 있을 때 우회해서 전송되기도 한다. IR 통신기기들은 서로 1m 범위 내에 들어있어야 하며, 가시광선 바로 위 고주파 영역인 300~300,000GHz범위에서 작동한다. Bluetooth처럼 IR 기술도 비교적 저렴하게 구축할 수 있으며 Bluetooth나 802.11 전송보다 전력을 덜 사용한다. 최근의 IR 기술은 처리량이 4Mbps로 늘어나서 Bluetooth보다 더 빠르다. 하지만 IR의 단거리 전송과 물리적 장애물을 피할 수 없는 속성이 최신 네트워크에서의 사용을 제한하고 있다.

그럼에도 불구하고 적외선 시그널링은 장치들이 가깝게 놓여있는 무선통신에서는 좋은 선택이 될 수 있다. IR 포트는 최근의 컴퓨터나 일반 장치에서 흔히 발견되는데 그만큼 사용도가 많다는 뜻이다. 컴퓨터끼리, 컴퓨터와 PDA, 프린터, 휴대폰 등 사이에서 데이터 교환을 위해 사용된다. 예를 들어 무선 키보드를 구입했다면 적외선 시그널링을 통해서 컴퓨터와 통신할 수 있다. 이 경우 무선 키보드에 있는 IR 포트가 컴퓨터의 키보드 포트에 연결되어져 있는 무선 키보드 수신기를 향하고 있으면 통신이 일어난다. 1994년 비영리 조직인 IrDA(Infrared Data Association)가 무선네트워크에서 장치 사이의 적외선 통신표준을 규정하는 개발을 했기 때문에 IrDA는 또한 IR 네트워킹을 가리키는 용어이기도 하다.

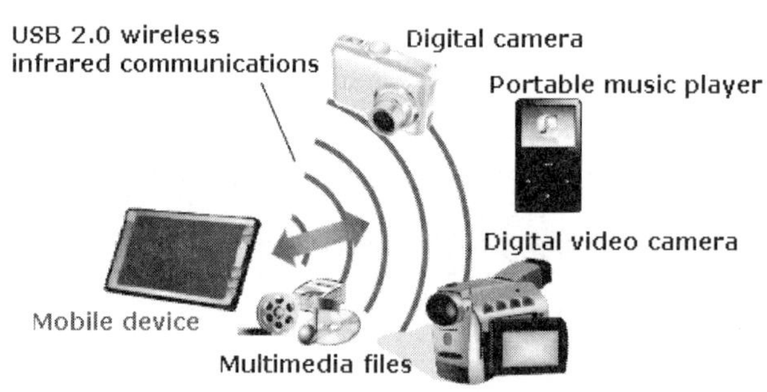

<IR 통신>

이제껏 살펴본 무선표준을 아래 표로 정리해 두었다.

표 준	주파수범위 (GHz)	최대 전송량 (Mbps)	실제 전송량 (Mbps)	커버범위 (m)
802.11b(Wi-Fi)	2.4	11	5	100
802.11a	5	54	11~18	20
802.11g	2.4	54	20~25	100
Bluetooth v1.x	2.4	1	723Kbps	10
Bluetooth v2.0	2.4	2.1	1.5	30
IrDA	300~30만	4	3.5	1

CHAPTER

07 WAN과 인터넷, 원격접속

CompTIA Network+

지금껏 기본적인 전송매체, 네트워크 모델, LAN과 관련된 네트워크 하드웨어 등을 알아보았으니 이제는 WAN을 살펴보자. WAN은 지리적으로 떨어져 있는 두세 개의 LAN을 연결한 것으로 LAN보다 더 큰 시스템으로 이해해도 된다. LAN과 WAN을 이해하기 위해서 건물에 있는 계단이나 복도를 LAN 경로로 생각해 보면, 이 내부 통로가 건물 여기저기를 이동하게 해준다. 또 건물에서 다른 건물로 나가기 위해서 도로를 이용해야 하는데 이 도로가 WAN이다(공공 도로가 아니어도 된다).

이 장에서는 LAN과 WAN의 기술적 차이를 알아보고, WAN에서의 전송 매체와 종류를 점검해보며, WAN을 설정하고 유지할 때 주의할 점들도 알아보자. LAN을 연장해서 WAN을 이루는 원격연결에 대해서 알아보면 재택근무, 글로벌 비즈니스 파트너, 인터넷기반 거래 등도 이해하게 된다. 네트워크에서 WAN과 원격연결의 개념이 중요하며, 이의 기본이 되는 리거시한 전화연결 네트워킹도 이해하고 있어야 한다.

1 WAN 개념

WAN이란 어느 정도 거리가 떨어져 있는 도시나 국가를 가로질러 LAN들을 연결시키는 것을 말한다. 현존하는 가장 큰 WAN이 바로 인터넷이라고 하지만 인터넷을 WAN의 전형으로 볼 순 없다. 원래 WAN은 국가 조직이나 거대 조직이 더욱 팽창해서 여러 건물들을 이어주고, 더 많은 사이트를 가지게 되고, 전 세계에 흩어져 있는 지사들을 묶어 서로 정보를 교환할 수 있게 하기 위해서 나온 것이다. 다음과 같은 필요에 의해 WAN의 출현을 정리해 볼 수 있다.

① 여러 곳에 흩어져 있는 은행이 송금과 계좌정보를 위해 중앙 데이터베이스에 접속할 필요가 있다. ② 전국적인 단위의 제약회사가 지역에서 생긴 세일즈 숫자를 회사의 파일서버에 입력시키며 회사의 메일서버로부터 메일을 받을 필요가 있다. ③ 울산 본사의 자동차 제조공장에 서울 사무소의 딜러가 고객의 특수 주문을 화상회의를 통해 전달해야 할 필요가 있다. ④ 의류 제조회사가 인터넷을 통해서 글로벌하게 의류를 판매할 필요가 있다 등이다. 이들 모두 WAN이 필요하지만 다 같은 타입의 WAN 연결일 필요는 없다. 회사의 예산과 필요한 속도, 커버지역에 따라 다를 수 있다.

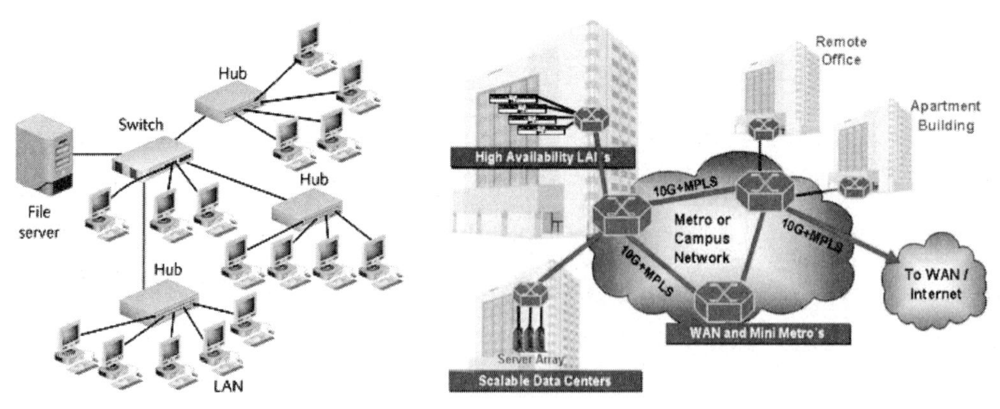

〈LAN과 WAN〉

WAN와 LAN의 기본적 사항은 서로 같다. 클라이언트와 호스트가 서로 정보를 공유하게 설계되었고, 보통 제3계층 이상의 프로토콜을 사용하며, 패킷스위치드 연결로 디지털 데이터를 전한다. 그렇지만 LAN과 WAN은 접속방법, 토폴로지, 그리고 연결 매체 등 제1과 2계층에서 서로 다르며 조직이 현재 사용하는 네트워크 타입에 따라 확장성 여부도 다르다. LAN은 보통 꼬임쌍선을 사용하고 벽을 통해 건물 내부에 가설되며 통신실로 진행된다. 이런 회선 설치는 사설로 건물 소유주에게 속하지만, WAN은 공공연결을 통해 데이터를 전송하므로 지역 혹은 장거리 회선사업자에게 속한다. 그런 회선사업자(carrier라고 함)를 NSP(Network Service Providers)라고 부르는데, 국내에선 SK, KT 혹은 LG와 같은 회사들로써 사용자들은 그들로부터 대역폭에 따라 회선을 임대해서 돈을 내고 사용한다. 사용자가 더욱 빠른 회선을 원한다면 전용선(dedicated line)이나 지역전화국이나 ISP와 같은 통신 제공업자로부터 상시 통신채널을 임대하면 될 것이다. 전용선도 용량과 전송 특징에 따라서 여러 가지가 있다.

WAN에 의해 연결되어진 개별 위치를 WAN 사이트(sites)라고 하며, 한 WAN 사이트와 다른 WAN 사이트를 연결한 것을 WAN 링크(link)라고 부른다. 따라서 WAN에서의 링크라는 것은 다른 한 사이트에 연결하는 것을 말하며, 허브나 스위치를 이용해서 여러 사이트를 연결하는 것과 다르다. 여러 사이트를 연결하려면 여러 WAN 링크를 통해야 한다.

2 WAN 토폴로지

WAN 토폴로지도 LAN 토폴로지와 유사하지만 커버하는 거리, 사용자 수, 그리고 처리하는 트래픽이 다르므로 세부적으로는 다르다. 예를 들어 WAN 토폴로지는 고속의 전용선으로 연결되므로 연결 장치가 LAN과 다른데 두 건물을 연결하기 위해서 고속의 T1 연결선을 사용하며, 각 건물들은 라우터와 멀티플렉서(multiplexer)라는 장치로 연결을 마감한다. WAN은 지역 연결에 라우터나 제3계층 장비를 사용하므로 NetBEUI와 같이 라우터블하지 못한 프로토콜은 사용될 수 없다.

2.1 버스(Bus)

각 사이트가 하나 이상의 사이트에 시리얼(직렬)로 연결된 WAN을 버스 토폴로지 WAN이라고 부른다. 이 형태는 LAN에서의 버스 토폴로지와 비슷한데, 각 사이트는 트래픽 송수신이 다른 사이트를 연결한다. LAN 버스는 여러 장치들이 한 케이블을 공유하지만 WAN 버스는 여러 사이트들이 점대점 연결로 묶여 있다. 따라서 이 모델에서는 모든 사이트가 데이터 송수신에 참여해야 하므로 사이트가 한두 개로 적고 T1, DSL, 혹은 ISDN과 같이 규칙적이고 신뢰할 만한 데이터전송 전용선으로 연결된 조직에선 잘 작동된다. 그러나 사이트가 더 추가되면 성능이 떨어지므로 확장이 쉽지 않고 한 사이트에서의 문제는 전체 WAN 네트워크의 모든 사이트가 다운되게 한다.

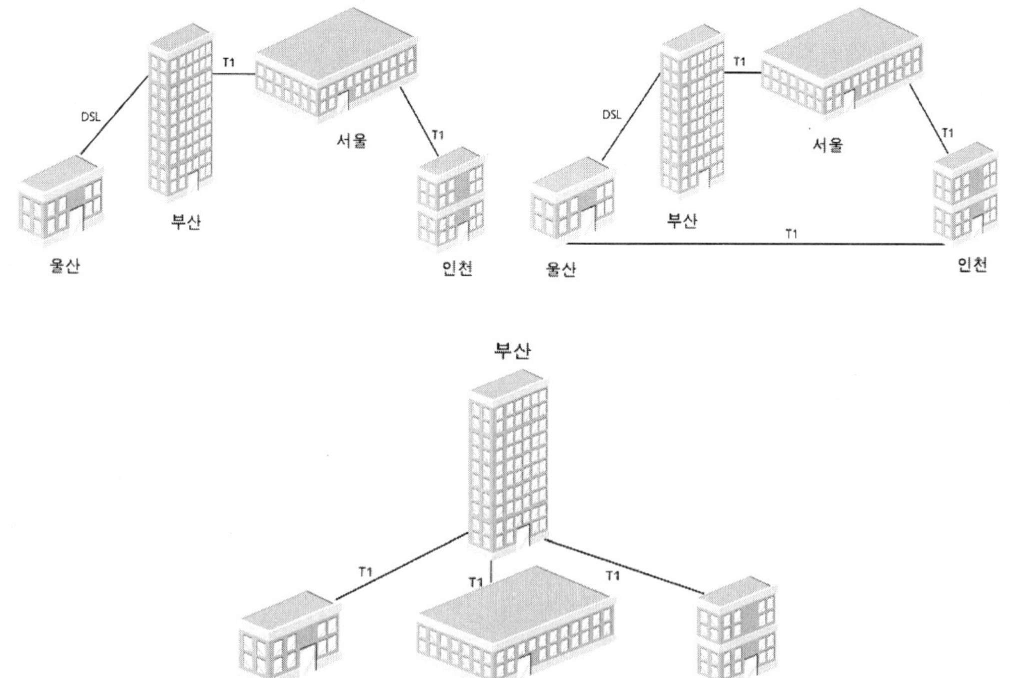

〈버스, 링, 그리고 스타 WAN〉

2.2 링(Ring)

링 토폴로지 WAN에서 각 사이트는 좌우로 다른 사이트에 연결되어져 전체적으로 링의 모습을 이룬다. 이것은 LAN에서의 링과 같은 형태지만 사이트 당 병렬로 두 개의 경로를 갖게 한다. LAN의 링과 다르게 한 사이트가 고장나도 데이터가 반대방향으로 흘러 전송되게 한다(토큰버스처럼 이중 회선의 개념이다). 하지만 사이트 확장이 어렵고 버스 WAN보다 구성비용이 더 든다. 따라서 보통 사이트가 세 네 개 있는 곳에서 사용된다.

2.3 스타(Star)

스타 토폴로지 WAN은 LAN에서의 스타와 닮았는데 한 사이트가 여러 사이트를 연결해서 LAN의 허브처럼 중앙 연결점이 있게 된다. 이런 구성은 데이터가 두 사이트 사이에 별도의 경로를 가지고 전송될 수 있다는 것으로, 한 사이트가 실패해도 해당 위치만 WAN에서 연결이 끊어진다. 물론 LAN의 스타처럼 중앙 연결점이 실패하면 모든 사이트가 다운되는 단점이 있다. 이 형태는 사이트의 연결 경로가 짧고 사이트 확장이 쉬우며 버스나 링보다 비용도 덜 든다는 장점이 있다. 만일 한 사이트를 이곳에 추가한다면 중앙 연결점에 전용선으로 새로운 사이트를 연결하기만 하면 되므로 나머지 기존 사이트들은 아무 영향을 받지 않는다. 버스나 링에서라면 두 개의 전용선으로 새로운 사이트를 연결해야 할 것이다.

2.4 혼합(Mesh)

혼합 토폴로지 WAN은 사이트를 내부적으로 직접 연결해주는 형태이다. 모든 사이트가 내부적으로 연결되어져 있기 때문에 데이터가 소스에서 목적지로 직접 전송될 수 있다. 만일 연결에 문제가 있다면 라우터가 쉽고 빠르게 경로를 재지정해 준다. 이 형태가 가장 재난대비로 좋은데 어느 사이트라도 적어도 두 가지 이상 경로를 가지고 있기 때문이다. 여기서 모든 사이트가 다른 모든 사이트와 직접적으로 연결된 형태를 완전혼합(full mesh) WAN이라고 하며 구성비용이 많이 든다. 그래서 네트워크 관리자는 이들을 적절히 혼합한 부분혼합(partial mesh) WAN을 구성해서 사용하는데 구성비용을 절감하기 위한 것으로,

중요 지점은 내부적으로 직접 연결하지만 이 외의 사이트는 스타나 링을 사용해서 연결하는 형태이다. 현재는 이 부분혼합 WAN을 주로 사용한다.

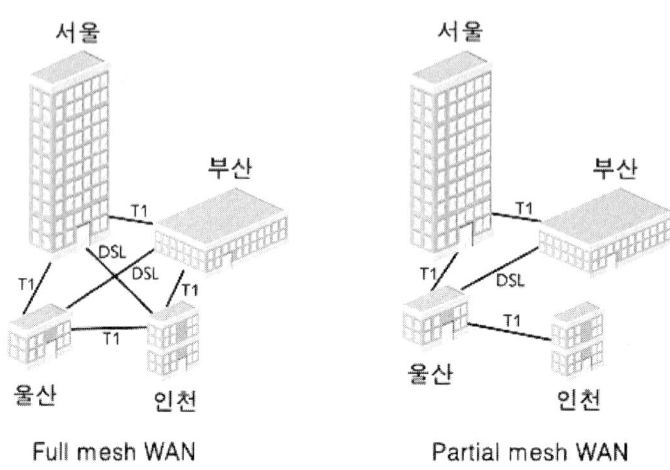

〈완전혼합과 부분혼합형〉

2.5 계층(Tiered)

이 계층 토폴로지 WAN에서는 사이트가 내부적으로 다른 형태의 스타나 링으로 연결되어 계층구조를 이루는데 다음 그림에서 서울, 부산, 인천의 상위층과 과천, 수원, 양산, 목포, 부평, 파주의 하위층으로 구성되어져 있는 것을 볼 수 있다. 만일 부산에 문제가 있으면 그 하위층인 양산, 목포는 통신이 불가하지만 나머지 서울과 인천의 모든 시스템들은 정상 작동된다.

이 토폴로지에는 여러 가지 변형이 있을 수 있어서 유연성이 제일 많은 WAN이다. 톱레벨 라우터는 트래픽이나 중요한 데이터 경로에 따라서 지정하면 된다. 이 시스템은 확장과 재난대비를 가장 잘 지원하는 형태로 이런 유연성이 확장성, 지리적 위치, 사용 형태 등에 더 여유를 준다.

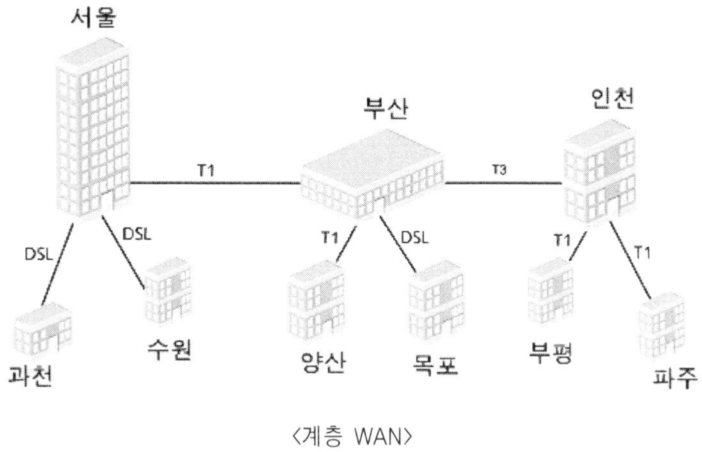

〈계층 WAN〉

다음은 속도, 신뢰성, 구성비용, 커버하는 거리, 보안 등에 대해서 알아볼 것이다. 일부는 데이터링크층에서 서비스되지만 일부는 물리층에서 서비스된다. 네트워크 관리자는 WAN 연결에 대해서 잘 알고 있어야 한다.

3 PSTN(Public Switched Telephone Network)

PSTN은 전형적으로 가정에서 사용하는 전화선과 전송장치를 말하는데, POTS(Plain Old Telephone Service)로 낮춰 부르기도 한다. 원래 아날로그와 음성을 위해서 개발되어 지역적으로 가정과 사업체를 묶어서 네트워크 센터에 연결하는 전체 전화시스템이었지만 지금은 가정에 연결되는 회선만 제외하고 거의 모든 PSTN은 광케이블, 구리선, 전자파 그리고 위성연결로 신호를 디지털로 전송한다. 전화연결(Dial-up)이란 사용자가 가정에서 모뎀으로 원거리의 컴퓨터에 연결한 뒤 일정시간 연결을 유지하는 것으로 보통 PSTN을 의미한다. 컴퓨터가 PSTN을 통해 연결되면 소스와 목적지 양쪽 모두 디지털 전송이 되어져야 하므로 모뎀이 필요하게 된다. 모뎀은 송신측에서 컴퓨터의 디지털 신호를 전화선으로 보내기 전에 아날로그로 변형시키는 역할을 하며, 수신측에서는 그 반대의 기능을 한다. 일반 전화에서 전화를 걸고 끊듯이 PSTN도 목적이 완성되면 연결을 끊는다.

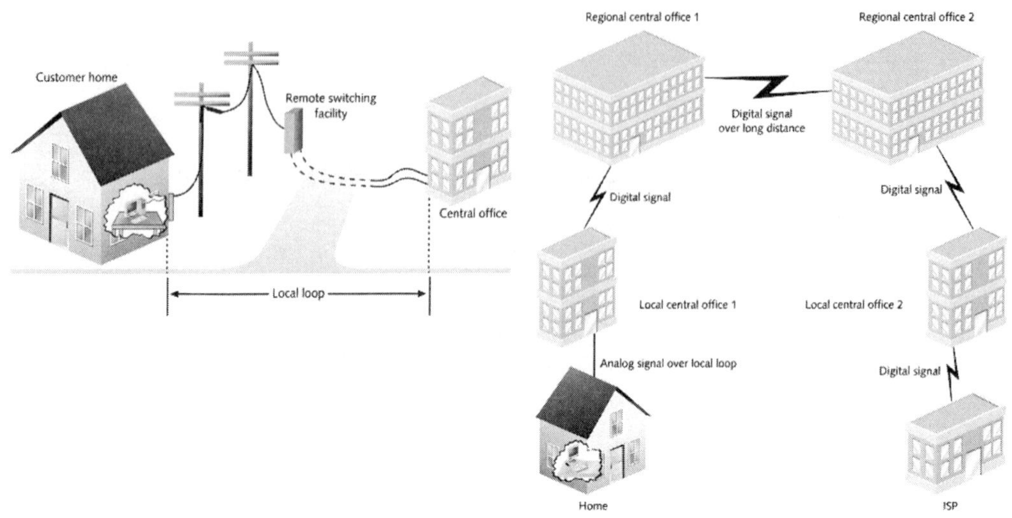

〈로컬 루프와 장거리 PSTN〉

① 사용자가 ISP 연결 프로그램을 통해 집에서 전화를 걸면, ② 연결 프로그램이 모뎀에게 ISP의 원격접속서버(RAS) 전화번호로 연결되게 지시하고 연결을 구성한다. ③ 그런 뒤 컴퓨터의 디지털 신호를 아날로그로 변형시켜 로컬 전화회사의 회선을 타고 장거리 회선사업자(이를 CO(Central Office)라고 부름)의 스위치에 닿게 된다. CO는 전화회사의 로컬회선이 끝나는 지점으로 지점 간 신호를 전환해주는 곳이다. 집과 가장 가까운 CO 사이는 PSTN의 일부분이 되며, 로컬 루프(local loop) 혹은 라스트마일(last mile)이라고 부른다. ④ 신호는 한두 전화회사의 원격 스위칭장치를 지나가게 되는데, 이 원격 스위칭장치 혹은 CO에서 신호가 디지털로 바뀐다. ⑤ 만일 집과 ISP가 같은 CO를 공유하고 있다면 신호는 ISP의 CO에 바로 연결된다. 보통 ISP는 CO에 전용회선을 가지고 있기 때문에 신호는 전용선 멀티플렉서를 통해서 다른 여러 신호들과 함께 발생된다. 만일 다른 도시에 있는 친구 집에서 사용하는 ISP로 전화연결을 한다면, 처음 과정은 같지만(①~④) 내가 사용하는 ISP가 그 지역 전화회사의 CO와 직접적인 연결이 없기 때문에 집에서 전화했을 때와 같이 신호가 바로 내 ISP로 전해지지 못하고 친구 집의 로컬 전화회사가 신호를 받아 첫번째 지역 CO에 포워드하고, 두 번째 지역 CO도 이웃한 CO로 전송해서 내가 사용하는 ISP에서 가장 가까운 지역 CO가 내 ISP의 CO에 연결해준다.

어디서나 값싸고 쉽게 사용할 수 있다는 것이 PSTN의 가장 큰 이점이다. 세계 어디를 다녀도 전화선이 있는 곳이라면 모바일 기기에 들어있는 모뎀을 이용해서 인터넷에 연결될 수 있다. 그러나 PSTN은 처리속도가 이론적으로도 최대 56Kbps에 불과해서 매우 느리다. CO와 스위치, 모뎀 등의 숫자도 회선 전송에 영향을 미치고 팩스나 스플리터(splitter) 등과 같은 장치도 동일한 전화회선을 사용하므로 전송량에 나쁜 영향을 끼치며, "디지털-아날로그" 전환과정 역시 속도에 심각한 영향을 미치는데 예를 들어 웹페이지를 요청해서 볼 수 있을 때의 속도는 30Kbps 내외이다. FCC(Federal Communications Commission)도 혼선을 고려해 PSTN의 속도를 53Kbps로 제한했다. WAN의 품질은 전송되는 동안에 손실되고 변질되는 데이터 량, 데이터 송수신 속도, 연결의 끊어짐 등으로 측정하는데 이런 것들을 개선하기 위해서는 에러체킹을 해주는 TCP/IP와 같은 프로토콜을 사용해야 한다. 요즘에는 대부분 PSTN도 디지털전송을 해주고 있기 때문에 회선의 품질이나 신뢰성 문제가 많지는 않다.

현재 거의 모든 PSTN의 CO가 디지털 데이터를 다루고 있지만 효율이 더 좋은 패킷스위칭보다 대부분 여전히 서킷스위칭을 사용하고 있다. 서킷스위칭에서는 데이터가 수신측에 완전히 전송될 때까지 전송에 예약된 점대점 회선이 그대로 유지된다고 했다. 그래서 이 서킷스위칭을 사용하는 PSTN이 WAN에서 더 보안에 좋을 것이라고 생각할 수도 있으나, PSTN은 공개망이므로 송수신자 사이의 여러 지점에서 통신이 가로채일 수 있다. 예를 들어 도청장치를 집에 들어오는 전화선에 연결하면 집의 통신이 모두 감청된다.

4 X.25와 프레임릴레이(Frame Relay)

공개망을 통한 WAN 연결에는 PSTN 이외에도 고성능 방법이 몇 가지 있다.

4.1 X.25

X.25는 1970년대 ITU에 의해 표준화된 아날로그, 패킷스위치드 기술의 장거리 데이터전송 기법이다. 오리지널은 64Kbps이었지만 1992년까지 2,048Kbps로 속도가 개선되었다. 원

래 메인프레임 컴퓨터와 원격 터미널 사이의 음성전달을 더욱 신뢰성 있게 하기 위해서 고안되었으나 나중에 서버와 클라이언트를 WAN으로 연결하는 방법에 채택되었다. X.25 표준은 물리층, 데이터링크층, 그리고 네트워크층의 프로토콜을 사용하는데 장거리 통신에서 매 노드마다 전송을 확인함으로써 좋은 흐름통제와 신뢰성을 준다. 하지만 이런 확인이 오히려 전송속도를 느리게 해서 오디오나 비디오같이 시간에 민감한 데이터전송에는 부적합하다. 그러나 오래된 기술이며 잘 알려져 있고 저비용이므로 패킷스위칭 기술로 WAN에서 여전히 사용되고 있다.

참고로 패킷스위칭에서는 동일한 데이터 스트림 내에 있는 패킷이라도 대역폭을 효율적으로 사용해서 각자 최적의 경로를 찾아 목적지에 도달하므로 전송이 빠르고, 패킷 크기가 변할 수 있기 때문에 더욱 유연함을 가지지만, 서킷스위칭에서는 데이터 스트림 내의 패킷이 정해진 경로를 따라 순서적으로 목적지에 전해지므로 전송속도가 느리고 네트워크 성능도 떨어진다.

4.2 프레임릴레이

프레임릴레이는 X.25의 업데이트된 디지털 버전으로, 패킷스위칭을 사용하며 ITU와 ANSI에서 1984년 표준을 정했다. 하지만 그 당시 다른 WAN 기술과 호환성이 없어서 인기를 많이 끌지는 못했었다. 프레임릴레이는 데이터링크층에서 작동하지만 네트워크층과 전송층의 여러 프로토콜도 잘 지원한다. 프레임릴레이란 용어는 데이터가 프레임으로 나눠지고 한 노드에서 다른 노드로 별도의 수정이나 프로세싱 없이 전해진다는 데서 유래했다. X.25와 프레임릴레이의 큰 차이는 프레임릴레이가 신뢰할 만한 데이터전송을 못한다는 것이다. X.25는 에러체크를 해주어서 문제가 있을 때 에러를 수정하거나 데이터를 재전송하게 하지만 프레임릴레이는 에러체크만 하고 에러수정은 상위층 프로토콜에게 맡기므로 오버헤드가 적다. 따라서 64Kbps~45Mbps 진송능력으로 X.25의 64Kbps~2,048Kbps보다 더 빠른 전송이 가능하다.

4.3 SVC(Switched Virtual Circuits)와 PVC(Permanent Virtual Circuits)

X.25와 프레임릴레이 모두 SVC나 PVC로 구성될 수 있는데, SVC는 데이터를 전송할 필요가 있을 때 연결이 설정되고 전송이 끝나면 연결이 끊어지지만, PVC는 데이터가 전송되기 전에 연결이 설정되며 전송이 끝나도 연결이 유지된다. PVC에서는 송수신자 두 지점 사이에 연결만 설정되고 데이터의 정확한 경로를 정하지 않아서 두 지점 간 어느 경로를 택해서도 전송되게 했다. PVC는 전용 개인선이 아니므로 다른 X.25나 프레임릴레이 사용자와 회선을 공유해서 사용하게 된다. 그러므로 회선 사업자는 사용하는 최소대역폭(이를 CIR(Committed Information Rate)로 부름)을 보증해 준다. PVS 링크는 빈번하고 지속적인 데이터 전송에 최적이다.

전용선보다 프레임릴레이를 리스하면 사용하는 대역폭에 대해서만 비용을 지불하므로 최근의 다른 WAN 기법에 비해 사용비용도 저렴하고 또한 오래된 글로벌한 기술이다. 하지만 프레임릴레이와 X.25는 공유 회선을 사용하므로 처리능력은 트래픽에 따라 달라진다. 한 밤중에는 전송능력이 1.544Mbps까지 되지만 한낮에는 CIR 수준까지 떨어질 수 있다. 하지만 T-전송과 동일한 장비를 사용하므로 T-전송 전용선으로 쉽게 업데이트될 수 있다.

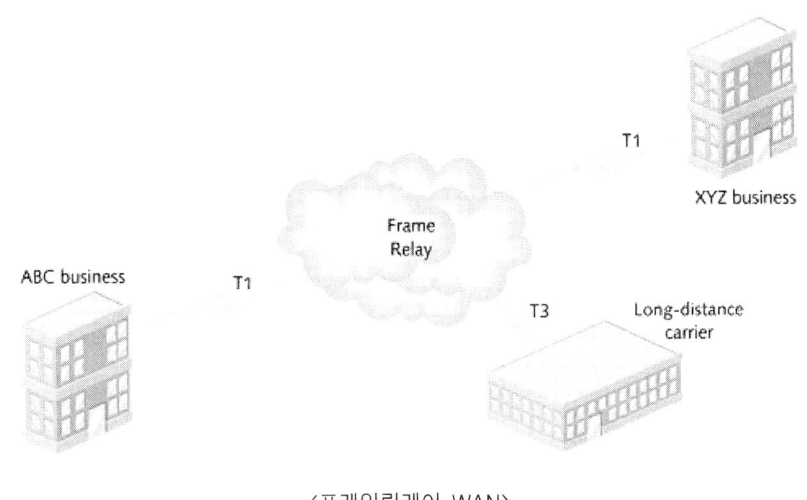

〈프레임릴레이 WAN〉

5 ISDN(Integrated Services Digital Network)

PSTN을 통해 디지털 데이터를 전송하는 ISDN은 국제적인 표준으로 ITU에 의해 1984년 표준화됐다. 미국에서는 기존 전화 스위치시스템이 ISDN과 호환되지 않았기 때문에 1992년까지 표준화가 적용되지 않다가, 이후 데이터와 음성신호를 분리해서 WAN을 통해 전송되게 했다. ISDN은 데이터링크와 전송층 프로토콜을 특성화해서 이 프로토콜이 시그널링, 프레이밍, 연결설정, 종료, 라우팅, 흐름통제, 그리고 에러감지와 수정 등을 하게 한다. ISDN은 PSTN을 전송매체로 해서 전화연결이나 전용선으로 연결되지만 ISDN의 전화연결은 완전한 디지털 전송이기 때문에 기존의 전화연결과 다르다. 즉, PSTN으로 전송하기 전에 아날로그 신호를 디지털로 바꿀 필요가 없고 한 회선에서 두 음성신호와 한 데이터신호를 구별해서 전송할 수 있으므로 별도의 팩스나, 모뎀, 일반전화 비용을 지불할 필요가 없다.

모든 ISDN 연결은 B와 D 두 타입의 채널에 의하는데 B(Bearer)는 ISDN 연결을 통해 음성, 비디오, 오디오를 서킷스위칭 방식으로 전송한다. 단일 B채널은 최대 64Kbps를 전송하며 B채널의 수는 변할 수 있다. D(Data)는 세션 초기화와 종료신호, 콜러 확인, 콜 포워딩 등과 같은 콜 정보를 나르는 패킷스위칭 방식을 사용한다. 단일 D채널은 16~64Kbps를 전송하며 하나의 D채널을 가지고 있다.

북미에는 BRI(Basic Rate Interface)와 PRI(Primary Rate Interface) 두 가지 타입이 있는데, BRI는 '2B+D'로 두 개의 B채널은 별개 연결로 취급되어져 음성과 데이터 혹은 두 개의 데이터스트림을 서로 분리해서 전달하기도 한다.

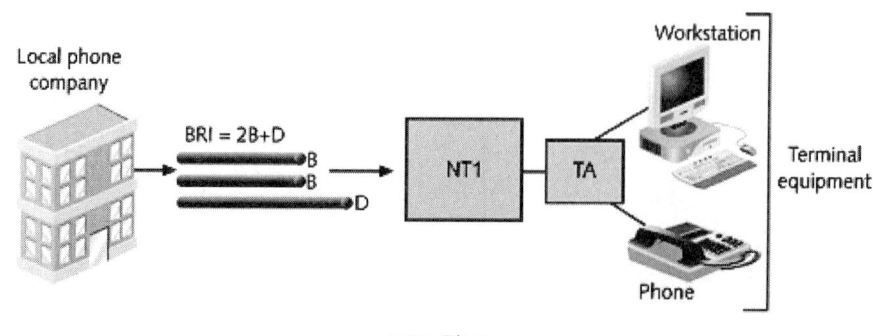

〈BRI 링크〉

본딩(bonding)으로 불리는 과정에서 두 B채널이 합쳐져 128Kbps로 데이터를 전달할 수 있다. 대부분 ISDN을 사용하는 가정에서는 가장 경제적인 BRI를 사용한다.

위 그림에서 전화회사로부터 ISDN 채널이 고객측의 NT1(Network Termination 1) 장치에 연결되고 NT1은 꼬임쌍선으로 고객 건물의 ISDN 터미널장비에 RJ-11 혹은 RJ-45 데이터 잭으로 연결된다. TE(Terminal Equipment)는 컴퓨터를 ISDN 라인에 연결하는데 쓰이는 NIC카드 혹은 단일장치를 가지고 있다. ISDN 라인이 아날로그 장비에 연결되기 위해서 신호는 우선 TA(Terminal Adapter)를 지나가야 하는데 디지털신호를 아날로그신호로 바꾸어 ISDN 전화와 다른 아날로그 장비가 사용하게 한다. TA는 모뎀이 아니지만 자주 'ISDN 모뎀'으로 불린다. 가정에서 일반 전화선보다 더 많은 데이터 처리를 원할 때 BRI을 사용하는데 이때 TA는 ISDN 라우터가 되고 TE는 사용자 머신의 NIC나 전화기가 된다.

PRI는 23개의 B채널과 한 개의 64Kbps D채널로 이뤄져 '23B+D'로 표시하고 개인보다 더 많은 데이터 처리를 요구하는 사업체에서 주로 사용된다. BRI에서처럼 별도의 B채널은 독립적으로 음성과 데이터를 전송하며 본딩을 통해서 1.544Mbps로 처리한다. 단일 네트워크에서 PRI는 BRI와 같은 네트워크 장비를 사용하므로 PRI와 BRI이 상호 연결될 수 있지만 별도로 NT2(Network Termination 2)라는 네트워크장비를 사용해야 여러 개의 ISDN 라인을 처리할 수 있다.

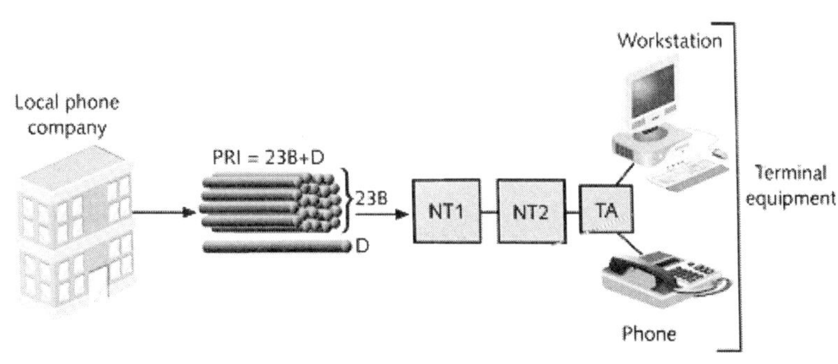

〈PRI 링크〉

기존 모뎀이 처리하는 량보다 더 많은 데이터 처리를 원하거나 단일 회선으로 음성과 데이터 전송을 원하면 ISDN 라인을 사용하면 되는데 지역 전화국에서 서비스한다. PRI가 BRI보다 사용료가 비싸고 전화연결 ISDN이 전용 ISDN보다 더 저렴하다. 하지만 WAN은 직선거리로 5.4km 이내에 있어야 한다. 농어촌이나 외진 곳에서 사용하면 좋다.

6 T-전송(Carrier)

PSTN을 통해 고속 디지털 데이터를 전송하는 또 다른 WAN 전송이 T-carrier인데 완전 T1, 부분 T1, T3가 있다. T-전송은 물리층에 속하는 두 줄 쌍선(하나는 전송에 또 하나는 수신에 사용)을 TDM(Time Division Multiplexing)을 사용해서 단일 채널을 여러 채널로 나눈다. 예를 들어 멀티플렉싱은 단일 T1회선을 24채널로 만들고 각 채널은 64 Kbps를 전송한다. 그래서 24×64=1.544Kbps를 전송한다. 각 채널은 데이터, 음성, 비디오 신호를 전송할 수 있는데 일반 전화선이나 광케이블, 무선 링크가 사용될 수 있다.

1957년 AT&T가 음성을 디지털화해서 PSTN 회선을 타고 더 멀리 전송하는 연구를 시작했다. 아날로그 음성을 멀리 보내려면 중간에 여러 장치를 써야 했으므로 비용이 많이 들고 상태도 좋지 못했다. 이후 기술개발을 통해 1970년대에 많은 사업체가 T1을 사용했고, 1990년대엔 인터넷과 더불어 더 많은 대역폭이 필요하고 지리적으로도 멀리 떨어져 있는 브랜치를 WAN으로 연결하고자 T1을 더욱 사용했었다.

6.1 T-전송 타입

현재 여러 가지 종류의 T-전송이 비즈니스에서 사용된다. 보통은 T1을 사용하지만 고속을 요구하는 곳에서는 T3을 이용한다. T1은 24 음성/데이터채널을 사용하며 1.544Mbps 성능이고 T3은 672 음성/데이터채널을 사용하며 45Mbps를 전송한다. 다음에 간단히 표로 정리했다.

신호레벨	전송체	T1 수	채널 수	대역폭(Mbps)
DS0	*	1/24	1	.064
DS1	T1	1	24	1.544
DS1C	T1C	2	24	3.152
DS2	T2	4	96	6.312
DS3	T3	28	672	44.736
DS4	T4	168	4032	274.176

※ 신호레벨과 전송체는 같은 의미로 사용되는데, 예를 들어 T1은 미국과 아시아에서 쓰이는 용어이고 DS1는 유럽에서 쓰이는 용어로 E1이라고 한다. E1과 E3도 TDM을 사용하지만 E1은 30채널을 사용하며 2.048Mbps이고, E3은 480채널로 34.368Mbps이다. 일본에서는 J1과 J3을 사용하는데 J1은 24채널에 1.544Mbps를, J3은 480채널에 32.064Mbps 성능이다. 특수 장비를 사용하면 T1이 E1이나 J1과 내부연결이 가능하다. T-전송 속도는 신호레벨에 따르는데, 신호 레벨은 1980년대 초 ANSI 표준에 의한 T-전송의 물리층 전기적 시그널링 특성을 말한다. DS0(Digital Signal Level 0)은 음성과 데이터 채널이 같다. 다른 모든 신호레벨은 DS0의 배수로 표시된다.

네트워크 기술자라면 T1이나 T3과 작업할 일이 많아진다. 이들의 속도뿐만 아니라 비용과 용도도 알아두어야 한다.

1) T1

T1은 회사에서 브랜치를 연결하거나 ISP와 같은 회선 사업자와 연결할 때 주로 사용하며, 전화회사도 작은 CO들과 연결할 때 사용한다. ISP는 인터넷 고객들을 위해 규모 등에 따라 T1이나 T3을 사용한다. T3이 T1보다 28배나 처리량이 크지만 여러 회사들은 한 T3 회선보다 여러 T1회선을 임대해서 비용을 대폭 줄이는데, 예를 들어 10Mbps가 필요할 때 44.736Mbps인 T3보다 7개의 T1(1.544×7=10.8Mbps)을 사용한다. 또 T1의 비용은 지역마다 다른데 보통 완전(Full) T1은 500~1,500달러의 설치비와 매달 300~1,000달러의 사용료가 들지만 도시와 시골, 접속자 수 등에 따라 비용이 달라진다. 또 1.544Mbps의 속도를 필요로 하지 않는 회사는 부분(Fractional) T1을 사용한다. 이것은 풀 T1의 모든 채널을 다 사용하지 않고 일부만 사용하고, 사용하는 채널수에 따라 비용을 지불한다. 따라서 한 채널인 64Kbps 이상을 필요로 하는 대역폭이라면 이 64의 배수로 신청하면 될 것이다.

2) T3

T3은 매우 비싸고 대용량 데이터를 취급하는 곳에서 사용하는데 예를 들어 온라인 데이터 백업, 대형 온라인 쇼핑몰, 그리고 대형 장거리 회선사업자 등이 사용한다. T3은 T1을 여러 개 합한 것보다 더 비싸다. 설치하는데 3,000달러 이상이 들며, 풀 T3은 45Mbps로 매월 18,000달러를 낸다. 물론 이 금액도 지역과 전송거리, 사용자 수 등에 따라 달라진다.

6.2 T-전송 연결

위에서 T-전송에 드는 비용으로 설치비와 매월 사용료만 언급했지 하드웨어 비용은 말하지 않았다. 모든 T-전송 라인은 고객측과 로컬 통신 사업자측 모두 스위칭장비가 있어야 하는데 구매하거나 임대할 수 있다. 만일 ISP를 통해 T-전송을 구축했다면 임대일 가능성이 크다. 하지만 설정을 자주 바꾸지 않고 늘 일정한 처리량만 필요하다면 구매가 더 좋을 수도 있다. T-전송에 사용되는 장비는 다른 WAN 장비들과 함께 사용될 수 없으며 처리량에 따라서 연결 매체도 다르다.

1) 회선

T-전송은 AT&T에서 PSTN을 통해 현존하는 장거리 전화선을 디지털화하려고 만든 기법이라고 했는데, T1은 UTP나 STP과 같은 일반 전화 구리선, 동축케이블, 광케이블, 또는 초단파(microwave)를 사용한다. 디지털 전송은 잡음이나 감쇠가 없는 깨끗한 회선을 필요로 하므로 STP가 UTP보다 더 좋다. T1은 STP를 사용하고 매 1.98km마다 리피터가 있어야 한다. 꼬임쌍선은 T1이나 T3 연결에 적합하지 않다. 그래서 여러 T1에서는 동축케이블, 초단파, 또는 광케이블을 쓰고 T3에는 초단파나 광케이블을 사용한다.

2) CSU/DSU(Channel Service Unit/Data Service Unit)

CSU와 DSU는 사실 별개의 두 장치인데, 단일장비에 함께 내장되거나 인터페이스로 사용되므로 CSU/DSU로 명칭이 주어졌다. CSU/DSU는 T1라인의 고객측 연결점으로 CSU는 디지털 신호의 종단점이고 에러수정과 회선 모니터링을 제공해서 연결을 보장해준다. DSU

는 T-전송 프레임을 LAN이 해석할 수 있게 변형시키거나 그 반대로(vice versa)해주고 T-전송 라인을 종단장치에 이어준다. DSU는 보통 멀티플렉서에 들어있다(일부 T-전송 설치 때 DSU가 멀티플렉서와 분리되어 설치되기도 한다). 입력 T-연결을 위해서 멀티플렉서는 묶여있는 채널들을 개별 신호로 풀어서 LAN에서 해석되게 하고, 출력 T-전송을 위해서 멀티플렉서는 LAN으로부터 들어오는 여러 신호들을 묶어서 T-전송 라인으로 보내지게 한다. 멀티플렉싱이 해제된 뒤 입력 T-전송 신호는 TE(Terminal Equipment)라고 부르는 스위치, 라우터, 음성만 받아들이는 전화스위치 등과 같은 장치를 지나가게 된다.

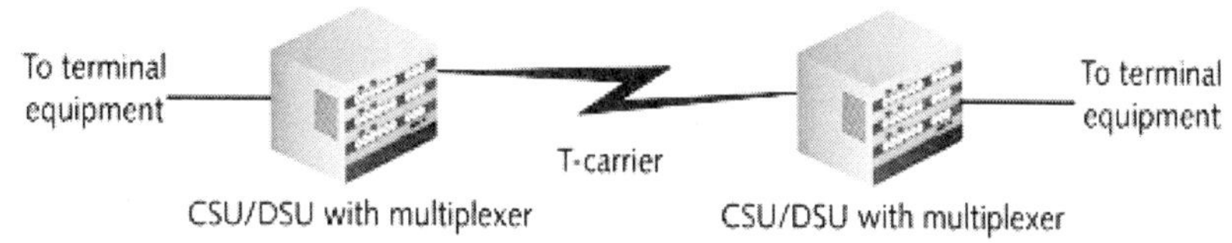

〈점대점 T-전송 연결〉

3) 터미널 장비

T1연결 네트워크에서 TE는 스위치, 라우터, 브리지가 될 수 있지만 라우터나 제3계층 이상의 스위치가 좋은데, WAN과 LAN에서 쓰일 수 있는 다른 제3계층 프로토콜을 모두 해석해줄 수 있기 때문이다. 라우터와 스위치는 CSU/DSU에서 입력신호를 받아들이고 필요하면 네트워크층의 프로토콜을 변환해서 LAN에서처럼 데이터를 정확하게 목적지로 보낸다. 일부 구성에서 CSU/DSU는 구별된 장치가 아니고 라우터나 스위치에 확장카드처럼 내장되어져 있기도 하다. TE와 케이블로 연결되는 단독 CSU/DSU와 비교해 볼 때 내장 CSU/DSU가 더 빠른 시그널 처리와 더 좋은 네트워크 성능을 제공하며 유지비용과 하드웨어 비용도 덜 든다. 다음 그림은 CSU/DSU가 내장된 라우터가 T1 WAN 링크로 LAN에 연결된 모습이다.

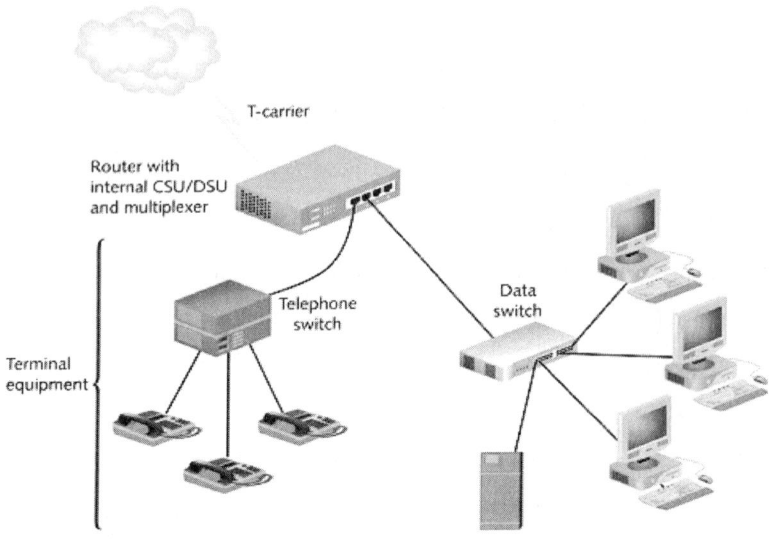

〈라우터를 통해 LAN에 연결된 T-전송 연결〉

7 DSL(Digital Subscriber Line)

DSL은 1990년대 중반 Bell Labs에 의해 소개된 WAN 연결방법이다. PSTN에서 작동하며 ISDN이나 T1과 직접적으로 경쟁하고 있다. ISDN처럼 DSL은 리피터가 없으면 짧은 거리밖에 지원하지 못하므로 WAN링크의 로컬루프에서 최적으로 작동된다. 또한 단일 회선으로 여러 데이터와 음성을 전송할 수 있다. DSL은 기존 전화선으로 최대의 처리능력을 갖게 하기 위해서 물리층의 데이터 모듈기법을 사용하는데, 전화기는 300~3300MHz의 매우 작은 범위의 주파수대만 사용하고 그 이상의 범위는 사용하지 않으므로 이 범위의 주파수를 데이터 전송에 사용하는 것이다. 하지만 데이터 시그널이 전송 시그널의 속성을 변경시키기도 하므로 여러 가지 진폭과 위상 모듈기법을 사용해서 다양한 DSL의 버전이 있게 한다. 이런 다양한 모듈화가 전송거리와 처리량을 정해준다.

7.1 DSL 타입

xDSL은 모든 DSL 버전을 말하는 것으로 현재 ADSL(Asymmetric DSL), G.Lite, HDSL (High bit-rate DSL), SDSL(Symmetric SDL or Single-line DSL), VDSL(Very high bit-rate DSL), 그리고 SHDSL(Symmetric HDSL or Sing-line HDSL) 등 여덟 가지 버전이 있다. 크게 대칭형과 비대칭형 두 가지로 나눌 수 있는데, 이 두 가지를 이해하기 위해서 데이터 전송의 업스트림과 다운스트림을 이해해야 한다.

업스트림은 고객측에서 회선업자의 스위칭장비까지 데이터 이동을 말하며, 다운스트림은 회선업자의 스위칭장비로부터 고객측까지 데이터 이동을 말한다. 그런데 DSL에서는 데이터 전송의 업/다운에 속도차이가 생긴다. 화상회의나 웹서핑은 모두 이런 방식으로 되는데 업스트림은 느리고 다운스트림이 빠른 방식으로 ADSL와 VDSL이 이런 비대칭방식이다. 반대로 은행의 서버와 브랜치 머신들과의 관계에서처럼 대용량의 파일을 주고받거나 실시간으로 입출하는 것이 중요한 곳에서는 업/다운의 속도가 동일해야 하는데 HDSL, SDSL, SHDSL이 바로 대칭방식이다.

DSL은 모듈방식에 따라서도 달라지는데, ADSL과 VDSL은 고 주파수대에 여러 개의 좁은 채널을 만들어 더 많은 데이터를 전송한다. 이런 경우 회선 사업자측과 고객측에 스플리터(splitter)를 두어서 전화기나 컴퓨터 등 TE에 신호가 도달하기 전에 음성과 데이터 신호를 분리해낸다. ADSL보다 느리고 저가의 G.Lite는 스플리터를 사용하지 않고 필터를 사용해서 고주파 DSL이 전화기에 닿지 않게 한다. HDSL과 SDSL은 음성전달 회선과 다른 회선을 사용해서 데이터를 전하는데, 전화선 안에 별도의 한 쌍 와이어가 들어있다.

DSL은 또한 용량과 전송거리에 따라서도 분류되는데, VDSL은 다운로드가 52Mbps이고 업로드가 6.4Mbps이며 고객측과 회선사업자의 스위칭 장비간 거리는 300m이어야 한다. 이런 것은 사업체가 전화회사의 CO에 가까이 있을 때 유리하며 대도시 안에서 사용하기 좋다. ADSL은 다운로드에 8Mbps, 업로드에 1.544Mbps를 제공하며 고객측 시설이 CO에 가까이 있을 때는 빠른 속도를 내지만 멀리 있을 땐 느린 속도를 낸다. 예를 들어 고객측이 CO로부터 270m 정도 떨어져 있을 땐 8Mbps를 전송하지만, 1.8km 떨어져 있으면 1.544 Mbps를 전송한다. 다음에 간단히 정리했다.

Type	업로드(Mbps)	다운로드(Mbps)	거 리
ADSL(full)	1	8	2.1km
G.Lite	0.512	1.544	2.8km
HDSL or HDSL-2	1.544 or 2.048	1.544 or 2.048	1.5 or 2.1km
SDSL	1.544	1.544	1.5km
SHDSL	2.36 or 4.7	2.36 or 4.7	2.1 or 7.8km
VDSL	1.6, 3.2 or 6.4	12.9, 25.9 or 51.8	300m or 1.35km

7.2 DSL 연결

ADSL 연결이 있는 집에서 로컬루프를 통해 통신업자의 스위칭장비로 가는 경로를 살펴보자. 한 사용자가 어제 밤 응원하는 야구팀의 경기결과를 알고 싶어서 그 팀의 웹사이트를 열면, ① 해당 팀 웹사이트로 TCP 연결이 이뤄지는데 TCP 요청 메시지가 컴퓨터의 NIC를 떠나 홈 네트워크를 타고 ② DSL모뎀으로 전해진다. DSL모뎀은 나가는 신호를 모듈해주고 들어오는 DSL 신호를 디모듈 해주는 역할을 하며, 들어오는 전화선과 사용하는 컴퓨터나 허브와 같은 네트워크 장치를 연결해주는 장치이다. ADSL을 사용하면 들어오는 음성과 데이터를 분리해주는 스플리터도 있어야 하는데, 컴퓨터의 NIC에 내장되어 있거나 별도의 장치로 있어서 RJ-45, USB, 혹은 무선 인터페이스로 연결되어 있을 수 있다. 또 가정에서 여러 컴퓨터가 DSL 대역폭을 공유한다면 허브, 스위치, 또는 라우터와 같은 장치를 사용해서 공유시킬 수 있는데 DSL 모뎀이 내장된 라우터나 스위치를 사는 것이 더 편리하다. ③ 이제 요청신호가 DSL 모뎀에 닿으면 ADSL 규정에 따라 모듈화가 진행된다. ④ 그리고 DSL 모뎀은 모듈화된 신호를 가정과 나머지 PSTN을 연결하는 네 쌍의 UTP선을 통해서 로컬루프에 전한다. 5.4km 이내의 거리에서는 전화스위치에 다른 모듈화된 신호들과 섞여 있다. ⑤ 만일 스위치가 CO에 있지 않으면 광케이블이나 고속회선을 통해 요청을 포워드해서 CO에 있는 다른 스위치로 보낸다. ⑥ 회선사업자 스위칭장비 내부의 스플리터가 음성과 TCP요청 데이터 신호를 구별해내어 여러 DSL회선 사용자들을 묶어서 커다란 전송으로 보내거나 인터넷 백본으로 보내는 DSLAM(DSL Access Multiplexer)로 전해준다. ⑦ 이제 신호는 인터넷을 통해 야구팀의 웹페이지가 있는 웹서버로 전해진다. 이런 모든 과정이 불과 몇 분의 1초에 일어난다. ⑧ 웹서버는 연결요청을 받아들여 똑같은 경로를 역으로 진행해서 사용자에게 홈페이지를 보여준다.

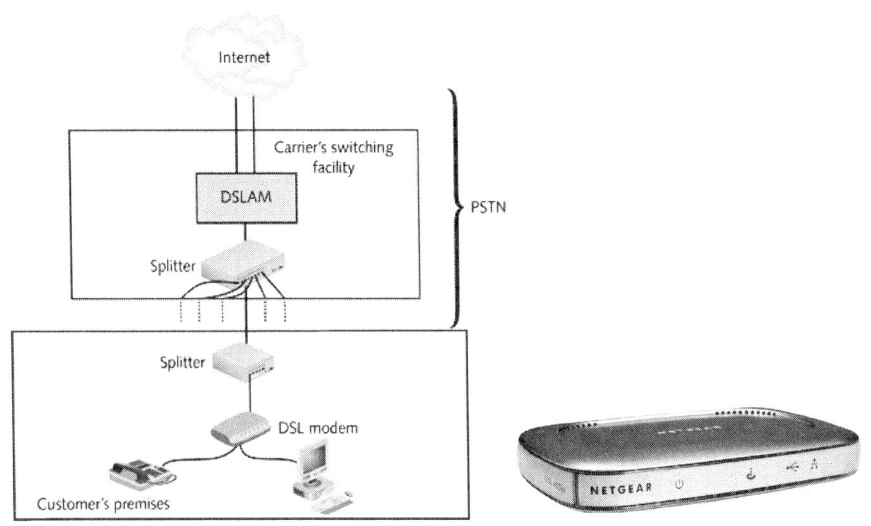

〈ADSL 연결과 ADSL 모뎀〉

현재 ADSL은 DSL 중에서 가장 일반적인 형태로 표준이 계속해서 진화하고 있다. 통신사업자와 제조업자는 DSL을 T1, ISDN, 그리고 브로드밴드 케이블의 경쟁자로 보고 있는데 설치, 하드웨어, 그리고 월 사용료 등이 ISDN보다 싸고 T1보다 훨씬 싸다. 현재 월 30달러 정도의 이용료만 지불하면 된다. DSL의 약점이라면 회선사업자가 스위칭장비를 업그레이드하지 않거나, CO에서 너무 멀리 떨어져 있는 교외에서는 사용이 불가하다는 점이다. 이런 이유로 미국에서는 소비자의 2/3가 브로드밴드 인터넷 접속을 사용하고 있다.

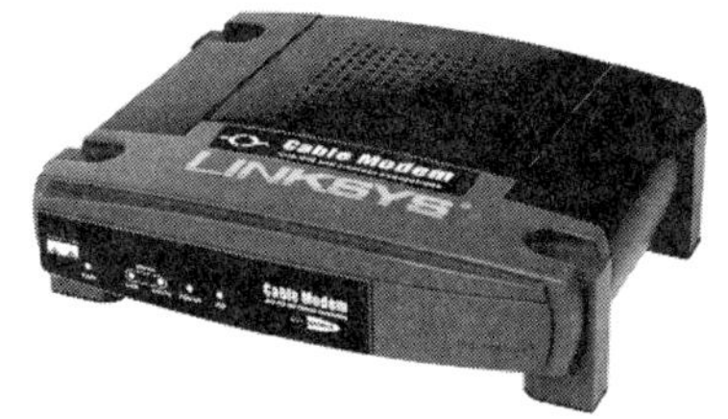

〈케이블 모뎀〉

8 브로드밴드 케이블

지역이나 장거리 전화회사가 DSL을 소비자들에게 최상의 인터넷 연결방법으로 알리고 있지만, 케이블회사 또한 자신들만의 인터넷 연결을 홍보한다. 이런 케이블 연결을 브로드밴드 혹은 케이블모뎀 접속이라고 하는데, TV에서 사용하는 동축케이블을 이용한다. 그런 회선에선 이론적으로 56Mbps 다운로드에, 10Mbps 업로드를 전달할 수 있지만 실제로는 케이블회사에서 다운로드 3Mbps, 업로드 1Mbps만 지원한다. 일부 케이블 회사는 음악, 화상회의와 다양한 인터넷 서비스를 추가로 제공하기도 한다.

브로드밴드 케이블 연결에서는 사용자가 특수한 케이블 모뎀이라는 것을 가지고 있어야 하는데, 케이블 회선을 통해서 들어오고 나가는 신호를 모듈화/디모듈화 해주는 장치이다. 케이블 모뎀은 물리층과 데이터링크층에서 작동하므로 IP나 IPX와 같이 더 상위층에서 작동하는 프로토콜에 대해선 신경 쓰지 않는다. 케이블 모뎀은 RJ-45, USB, 혹은 무선 인터페이스로 PC의 NIC와 연결되거나 연결 장치인 허브, 스위치 또는 라우터에 연결되어져 한 컴퓨터에 대역폭을 다 주는 대신 일단의 LAN 세그먼트에 대역폭을 뿌린다. 물론 스위치나 라우터에 케이블 모뎀 기능이 내장되어 있기도 하다.

그렇지만 사용자가 브로드밴드 케이블을 사용하게 하려면 지역 케이블회사는 필요한 장비를 갖추고 있어야 하는데, 기존 TV 케이블 네트워크에 다운로드하게 하는 프로그램을 가진 인프라를 갖추고 있어야 하고(업로드는 없다), 케이블을 통해 인터넷에 연결하기 위해서 양방향 디지털 통신을 위한 시스템과 케이블 매체가 고주파를 실어 나를 수 있게 해주는 HFC(Hybrid Fiber Coax)와 고객이 가까운 케이블회사와 연결되게 하는 HFC 커넥터가 있어야 한다. 또 케이블 드롭(cable drop)이라는 연결을 통해서 고객을 동축케이블 혹은 광케이블로 연결하게 하는데, 케이블 드롭은 동일 지역의 모든 이웃한 로컬노드들을 묶어 케이블 회사의 CO(이를 헤드엔드(head-end)라고 부른다)에 연결시킨다. 이 헤드엔드에서 케이블회사는 광케이블이나 디지털 위성 혹은 초단파 전송을 통해 인터넷에 연결한다. 이 헤드엔드는 1,000명의 가입자까지 연결시키는데 일대다 연결시스템인 것이다.

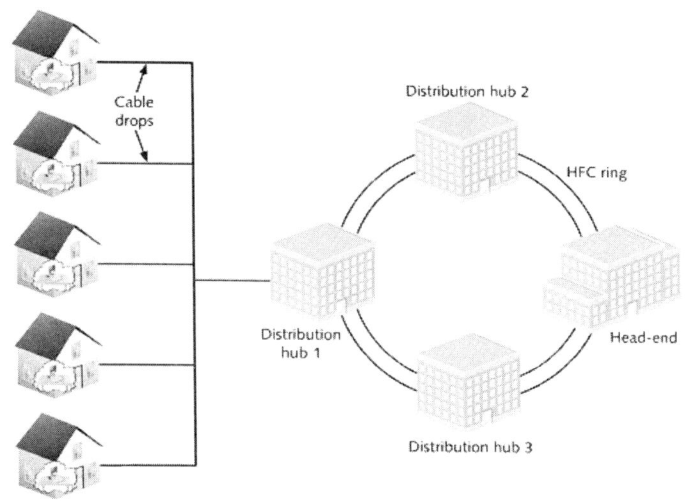

<케이블 인프라>

DSL과 같이 브로드밴드 케이블 공급자는 서비스가입자에게 전화연결을 통하지 않는 전용연결을 제공하지만 DSL과 다르게 많은 가입자가 같은 회선을 공유하므로 보안문제와 처리량 문제를 일으킨다. 예를 들어 사용자 a가 보내는 메시지를 이웃한 사용자 b가 잡아서 볼 수도 있다(비록 최근 케이블 네트워크가 사용자에게 오가는 데이터를 암호화해주어도 깨기 쉬운 패턴이다). 더군다나 케이블당 처리량이 고정되어 있어 일단의 LAN 세그먼트에 사용자가 많으면 그만큼 사용자당 대역폭도 적어진다. 하지만 브로드밴드 케이블 전송회사는 DSL도 원격 스위칭장비에서나 DSLAM 인터페이스에서 처리량이 고정되어 있기 때문에 자기들과 다를 바 없다고 주장한다.

케이블 브로드밴드가 사용자들에게 지속적인 연결을 지원해 주는데도 사업자들에게 DSL이 더 인기가 있는 이유는 무엇일까? DSL 사용료가 저렴해지고 있기 때문에 새로운 DSL과 브로드밴드 케이블의 설치비가 거의 같다. 미국에선 기존 케이블 TV시청자는 브로드밴드 케이블 사용료가 월 45달러이다. 기업체에서 브로드밴드를 사용하지 않는 이유는 대부분 건물에 케이블 인프라가 구축되어져 있지 않기 때문인 것 같다.

9 SONET(Synchronous Optical NETwork)

SONET는 1980년대 Bell Labs에서 고속의 WAN 시그널링을 위해 개발한 기술인데 나중에 ANSI와 ITU에 의해 표준화되었다. SONET는 물리층에 프레임과 멀티플렉싱 기술을 적용해서 빠른 데이터 전송과 쉬운 링크 설정과 해제, 고도의 재난극복을 가능하게 했다. 이 용어에 사용된 Synchronous(동기화)란 단어는 송신자와 수신자가 타이밍을 일치시켜야 한다는 의미로 네트워크의 클럭이 시간을 유지시켜준다. 수신노드는 시간을 보고 수신을 알 수 있다. 그러나 SONET의 가장 중요한 장점은 호환성일 것이다. SONET 이전에는 동일한 기술을 사용해도 장비가 다르거나 하면 통신할 수 없었는데, SONET은 T1, T3 혹은 ISDN 라인을 지원해 주며 ATM전송의 기반기술이기도 하다. 또 각 나라에서 사용하는 다른 표준에서도 잘 작동되어서 북미, 유럽, 아시아 등에서 널리 사용되고 있다. 이런 국제표준 SONET을 SDH(Synchronous Digital Hierarchy)라고 부른다.

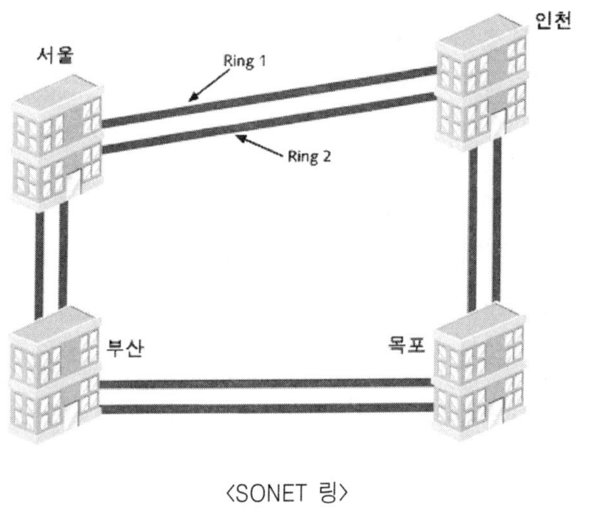

〈SONET 링〉

SONET의 뛰어난 재난대비는 FDDI와 같은 광케이블로 된 이중 링 구조에서 오는데, 혹시 있을지 모르는 상호 고장으로 인해 두 링은 서로 멀리 떨어져 있다. 이 형태에서 프라이머리 링이 시계방향으로 데이터를 전송하고 다른 백업 세컨더리 링이 반대방향으로 돌고 있다. 프라이머리 링에서 문제가 있으면 데이터 전송에 차질이 없게 세컨더리 링이 자동으로 데이터를 전송해준다. 이런 것을 자동복구(self-healing)라고 하는데 SONET이 매우 신뢰성 있는 시스템이 되게 했다. SONET 링은 통신사업자의 시설에서 시작되고 끝난다. 그 사이에 조직의 여러 WAN 사이트가 링으로 연결되어 있고 추가적인 재난대비를 위해서 회선사업자의 시설들이 연결되어 있다. 회사는 통신회사로부터 전체 SONET 링을 임대하거나 부분적으로 임대할 수 있다.

회선사업자와 고객 양쪽에서 SONET 링은 멀티플렉서에 의해 끝나는데 전송측의 멀티플렉서는 개별적인 SONET 시그널들을 묶어주며, 수신측의 멀티플렉서는 묶인 시그널들을 풀어준다. 전송측 멀티플렉서는 T1이나 ISDN으로부터 들어오는 입력을 받아서 SONET 프레임으로 포맷해주는데 개인 전화스위치, T1 멀티플렉서, ATM 데이터 멀티플렉서 등 여러 장치들이 SONET 멀티플렉서에 연결될 수 있다는 뜻이다. 수신측 멀티플렉서는 입력신호들을 오리지널 포맷으로 되돌려준다. 대부분 SONET 멀티플렉서는 SONET 링에 쉽게 추가되거나 제거될 수 있어서 네트워크 확장과 설계에 유연성을 더해준다.

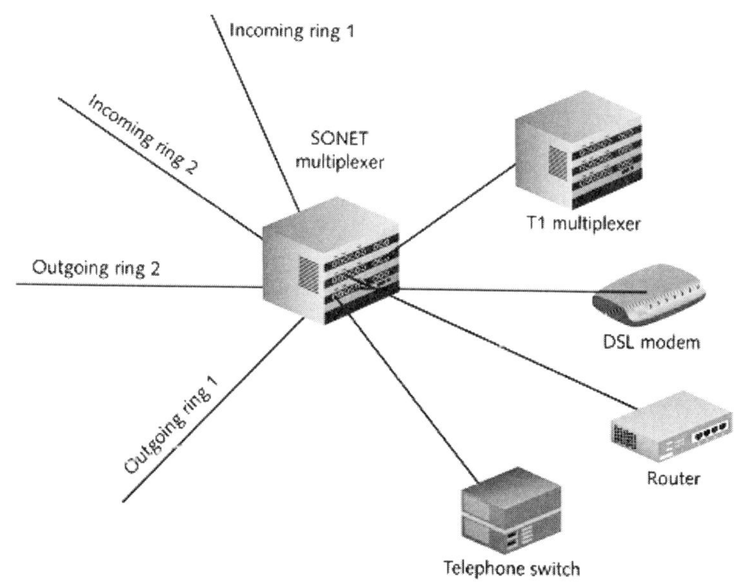

〈SONET 연결〉

SONET 링의 데이터 전송율은 네트워크 전문가들과 표준조직에 의해 인정되는 OC(Optical Carrier) 레벨로 표시되는데, 다음에 간단히 정리했다. SONET는 고비용 때문에 보통 소규모나 중간규모의 회사에서는 채택되지 않고 대규모 글로벌한 조직이나 국가, 장거리 통신회사, ISP 등에서 채택한다. SONET은 특히 오디오나 비디오, 혹은 이미지 전송에서 탁월한 성능을 보이는데 광케이블이나 재난대비 등 여분의 가설에 비용이 많이 든다.

OC 레벨	대역폭(Mbps)	OC 레벨	대역폭(Mbps)
OC1	51.84	OC3	155.52
OC12	622	OC24	1244
OC48	2480	OC96	4976
OC192	9953	OC768	39813

10 무선 WAN과 인터넷 접속

무선 WAN은 여러 가지 전송타입으로 구성할 수 있다. 오래된 기법으로는 전화회사에서 고객들을 위한 대안으로 유선 전송을 들 수 있고, 다른 것으로는 원래 TV와 라디오를 위한 위성전송을 최근의 예로 들 수 있다. 가장 최신의 무선 WAN 기술은 무선 브로드밴드인데 장거리 디지털 데이터교환과 고속 데이터처리를 가능하게 한다.

10.1 IEEE 802.11 인터넷 접속

앞에서 IEEE 802.11b(Wi-Fi), 802.11a, 그리고 802.11g 무선기술을 알아보았는데 요즘엔 공항, 도서관, 대학, 호텔, 카페와 레스토랑 등에 무선 인터넷 접속을 위해 무선 AP가 설치되어 있다. 현재 802.11b가 가장 많이 사용되는데 무선 인터넷 접속이 가능한 공공장소를 핫스팟(hot spots)이라고 부른다. 이들 핫스팟을 설치한 무선 인터넷 사업자들은 무료로 사용하게도 하고 사용시간 등에 따라서 매월 20~30달러를 내게도 한다. 무선사업자 등은 보통 사용자들이 사업자의 웹페이지를 통해서 서비스에 로그온 액세스하게 하지만, 클라이언트에게 로그온 프로그램을 제공해서 사업자의 무선서비스에 로그온하게도 하는데 이 프로그램은 사용자가 네트워크에 로그온했을 때 클라이언트 머신과 도청(eavesdropping)에 취약한 AP가 안전하게 데이터교환을 하게 한다. 보안을 강화하기 위해서 무선사업자는 AP에 사용자 ID와 패스워드 외에도 사용자머신의 MAC주소를 사용하게도 한다.

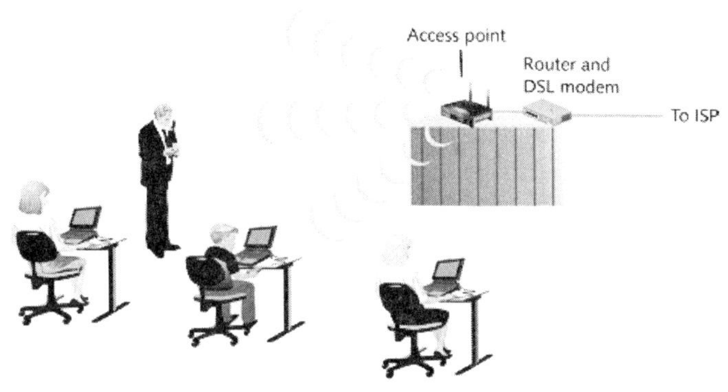

<무선인터넷 액세스를 제공하는 핫스팟>

각 핫스팟에서 일반인이 사용하는 AP는 802.11 이외의 기법을 통해서도 인터넷에 연결될 수 있는데, 예를 들어 고급 커피숍에는 AP와 라우터가 합쳐진 DSL이 사용되거나 공항 등에서는 T1링크 연결이 있을 수 있다. 802.11 핫스팟에는 다음 것들이 들어있다.

1. 사용자 머신의 무선연결 TCP/IP 속성에서 DHCP가 '자동으로 IP주소 얻기'로 설정되어져 있어야 한다.
2. 사용자 머신에 '자동으로 전화연결 사용하기'가 구성되어져 있으면 안 된다.
3. Ad-hoc모드보다 'Infrastructure모드'로 구성되어져 있어야 한다.
4. 무선 서비스제공자가 제공하는 AP의 SSID이름을 사용한다.
5. 무선 서비스제공자가 지시하는 대로 무선 암호화가 '사용 가능/사용 불가능'하게 설정되어 있어야 한다. 특히 암호화 키는 서비스 제공자의 AP에 연결하는데 사용된다.

공개적인 802.11 무선액세스 핫스팟은 가정이나 사업체에서 802.11에 영향을 주는 요소들에 의해 제약받기도 하는데, 보통 한 AP가 커버하는 범위는 100m 이내여서 시그널이 가로채여질 위험이 있다. 처리량도 액세스 타입에 따라 달라지는데 흔히 사용되는 802.11b는 이론적으로는 11Mbps이지만 실제론 5Mbps를 전송한다. 하지만 이 전송량도 AP가 커버하는 범위 내의 모든 사용자들이 공유하고 있다는 것을 잊어서는 안 된다. 그러므로 번잡한 커피숍에서 AP를 통해 인터넷에 접속하면 무척 속도가 느릴 것이다.

10.2 IEEE 802.16(WiMAX) 인터넷 접속

2001년 IEEE는 새로운 무선네트워크 표준인 802.16(무선 MAN)을 표준화했다. 이 표준은 10~66GHz 범위에서 두 장치 사이를 안테나가 일직선으로 향하게 해서 사용하게 했다. 2001년 이후 802.16의 몇 가지 새로운 버전이 더 출시되었다. 2003년 봄 802.16a가 출시되었는데 2~11GHz에서 작동하며 장치가 일직선으로 놓이지 않아도 되고 동시에 여러 스테이션에게 신호를 보낼 수 있게 했는데, Intel과 Nokia 등 제조사 그룹의 이름을 딴 WiMAX(Worldwide Interoperability for Microwave Access)로 알려져 있다. WiMAX는 802.11 액세스보다 무척 빠른 70Mbps까지 전송이 가능하게 했고, 커버범위도 50km로 넓어서 사업체 등에 DSL이나 브로드밴드 케이블 등과 고속 인터넷 액세스에서 확실한 경쟁자가 되고 있다. 새로 나온 기술들이 그렇듯이 WiMAX도 월 300달러 정도의 비용이 드는데, DSL이나 브로드밴드가 잘 지원하지 못하는 교외 등에서도 성능이 매우 좋다. 현재 일부 서비스가 지원되지 않는 교외 등에는 위성연결이나 PSTN을 통한 전화연결 등이 사용되고 있다.

10.3 위성 인터넷 접속

1945년 Arthur C. Clarke가 Space Odyssey라는 책에서 지구궤도를 돌고 있는 유인 우주선끼리 통신이 가능하다고 썼었고, 다른 과학자들도 위성을 이용해서 지구상의 한 지점이 다른 지점과 통신할 수 있다는 것을 알았다. 미국은 전화나 TV 시그널을 위성으로 보내 대서양 건너 유럽에 보낼 수 있는 방법을 1960년대에 알아냈다. 그 후로 이 기술은 눈부시게 발전해서 위성을 통해 음성과 데이터를 여러 지역으로 보낼 수 있게 되었다. 이 위성을 통해서 전 세계에서 벌어지고 있는 일들을 실시간으로 알 수 있게 되었고 또 디지털 TV, 라디오, 음성, 화상, 그리고 호출기와 휴대폰 신호도 전송할 수 있어서 가정과 사업체, 시골이나 무인도까지 인터넷 액세스를 가능하게 했다.

1) 위성 궤도(Orbits)

대부분 위성은 적도 위 66,900km에서 돌고 있는데 GEO(GEosynchronous Orbit)는 위성이 지구가 도는 속도와 같은 속도로 도는 궤도를 의미한다. 결과적으로 어느 순간에도 궤도상의 위성은 지구의 어느 지점과도 같은 거리를 유지하고 있는 셈이 된다. 위성은 지구상의 어느 지점에서 보내는 정보를 지구상의 다른 지점으로 중계해주는 역할을 한다. 업링크는 지구상의 전송기가 위성에게 쏘아 올리는 통신채널을 말하는데, 업링크의 정보신호는 쏘아 올려지기 전에 함부로 가로채일 우려가 있으므로 인코딩되어 흐트러진다. 위성에서는 트랜스폰더(transponder)가 업링크 신호를 받아서 지구상의 수신기로 다운링크를 통해 전달한다. 보통 위성에는 24~32개의 트랜스폰더가 있다. 각 위성은 다운링크에 고유한 주파수를 사용하며 이 주파수와 위성의 궤도위치는 FCC의 통제를 받게 된다. 지구로 신호가 돌아오면 접시형 안테나가 신호를 받아내어 수신기가 해석하게 한다. GEO는 대부분 극위성 인터넷사업자에 의해 사용되는데 가장 비용이 저렴하다. 그리고 지구와 위성의 위치가 거의 고정된 채로 있기 때문에 지구상의 고정 수신 접시안테나가 신뢰할 만하게 신호를 잡아낼 수 있다.

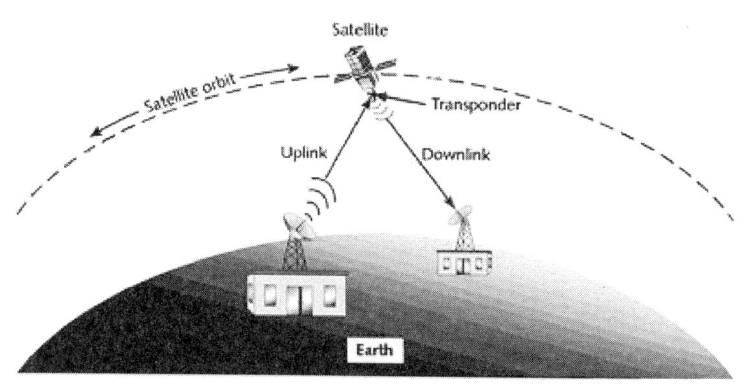

〈위성통신〉

GEO 위성의 대안으로 LEO(Low Earth Orbiting) 위성이 있는데 지구상 700~1,400km 고도에서 적도를 넘지 않고 극지방에 가깝게 돈다. 고도가 낮으므로 GEO보다 적은 범위를 커버하지만 더 적은 전력으로 지구와 LEO 위성에게 신호를 뿌릴 수 있다.

또 LEO와 GEO사이에 MEO(Medium Earth Orbiting)라는 위성도 있는데 고도 10,350~10,390km 사이에서 돌고 있으며, LEO와 같이 적도와 극지방 사이에 위치하고 있다. 역시 저 전력으로 신호를 발생시키는데 GEO보다 신호지연이 덜하다.

2) 위성 주파수

위성의 신호는 다음 다섯 개 주파수 범위에 속한다.

1 L-밴드 – 1.5~2.7GHz

2 S-밴드 – 2.7~3.5GHz

3 C-밴드 – 3.4~6.7GHz

4 Ku-밴드 – 12~18GHz

5 Ka-밴드 – 18~40GHz

각 대역폭에서 업링크/다운링크에 사용되는 주파수가 다르기 때문에 한 방향으로 흐르는 신호가 다른 방향으로 흐르는 신호를 간섭하지 않게 된다. 위성 인터넷접속 사업자는 보통 C-나 Ku-밴드를 사용하는데 최근에는 Ka-밴드를 사용하기도 한다.

3) 위성 인터넷서비스

무수한 위성서비스 공급자들이 GEO를 통한 위성 인터넷접속 서비스를 홍보하고 있다. 각 가입자는 작은 위성 접시안테나와 수신기를 가지고 위성사업자 네트워크의 서비스를 받는데 다이얼리턴과 위성리턴 중 한 서비스를 선택하게 된다. 다이얼리턴은 가입자가 위성의 다운링크를 통해서 데이터를 수신하고 아날로그 모뎀을 통해 데이터를 전송을 하는 방식이다. 여기서 다운로드는 400~500kbps로 1Mbps까지도 가능하지만 업로드는 53kbps이며 실제론 더 낮다. 그러므로 다이얼리턴 위성 인터넷접속은 비대칭이다. 한편 위성리턴은 가입자가 데이터를 송수신할 때 위성의 업링크와 다운링크를 사용하므로 대칭형이며, 업/다운로드가 400~500kbps인데 실제론 이보다 조금 크다.

위성 인터넷연결을 위해 각 가입자는 접시형 안테나를 가져야 하는데 대략 60cm 높이에 90cm 폭이며 위치가 고정되어 있다. 북미에서는 GEO가 적도 위를 돌고 있으므로 접시안테나는 남반구를 향하게 된다. 접시안테나의 수신기는 케이블을 통해 모뎀에 연결되어 있고 이 모뎀은 PCI나 USB 인터페이스로 가입자 머신에 연결되어 있다. 다이얼리턴에서는 업스트림 통신을 다루기 위해서 아날로그 모뎀도 가입자 머신에 부착되어져 있다. 대략 200달러 설치비에 월 20~50달러가 사용료이다.

11 WAN 기술 비교

WAN이 넓은 처리량을 제공한다고 알아보았는데 전화연결 PSTN의 56kbps부터 Full SONET의 39.8Gbps까지 이른다. 이들을 다음에 간단히 표로 정리해 두었다.

WAN 기술	전송매체	최대 처리량
PSTN 전화연결	UTP or STP	이론적 56Kbps ; 실제적 53Kbps까지
X.25	UTP/STP(DS1 or DS3)	64Kbps or 2.048Mbps
프레임릴레이	UTP/STP(DS1 or DS3)	45Mbps
BRI(ISDN)	UTP/STP(PSTN)	128Kbps
PRI(ISDN)	UTP/STP(PSTN)	1.544Mbps
풀 T1	UTP/STP(PSTN), 전자파, or 광케이블	1.544Mbps
부분 T1	UTP/STP(PSTN), 전자파, or 광케이블	64Kbps의 n배수(n=리스한 채널 수)
T3	전자파 링크 or 광케이블	45Mbps
xDSL	UTP/STP(PSTN)	이론적 1.544~52Mbps(타입에 따라), 그러나 보통 주거용 DSL은 1.5Mbps나 그 이하

WAN 기술	전송매체	최대 처리량
브로드밴드 케이블	하이브리드 광-동축 케이블	이론적으로 다운은 56Mbps, 업은 10Mbps 지만 실제로 업은 대략 1.5~3Mbps이고 다운은 256~768Kbps
SONET	광케이블	51, 155, 622, 1244, 2480, 4976, 9952, or 39813 Mbps(OC 레벨에 따라)
IEEE 802.11b (Wi-Fi)	2.4GHz RF	이론적 11Mbps ; 실제는 대략 5Mbps
IEEE 802.11g	2.4GHz RF	이론적 56Mbps ; 실제는 대략 20~25Mbps.
IEEE 802.16a (WiMAX)	2.4-11GHz RF	70Mbps까지
위성-다이얼리턴	C- or Ku-밴드 RF와 PSTN	권장 다운은 400Kbps(or 그 이상); 업은 53Kbps까지
위성-위성리턴	C- or Ku-밴드 RF	권장 다운은 400Kbps이고, 업은 그 이상

12 원격접속

WAN 사이트에서의 파일 송수신을 알아보자. 부산 브랜치에 있는 사용자가 서울 본사의 서버에 접속해서 파일을 얻고 싶다면 전용선으로 연결된 네트워크에서 서울 서버를 찾고 서버의 디렉토리에서 파일을 가져올 수 있다. 서울과 부산이 전용 WAN으로 연결되어져 있고 리소스를 공유하게 설정되어져 있다면 서울 서버는 사용자에게 항상 열려 있다. 그러나 이것만이 WAN연결로 리소스를 공유하는 방법은 아니다. 늘 출장하는 직원, 오프라인 학생, 재택근무자, 작은 브랜치 근무자들을 위해서 필요할 때만 연결할 수 있는 원격접속 방법도 있어야 한다.

원격접속자는 원격접속(remote access)을 통해서 LAN에 연결할 수 있다. 원격접속이란 클라이언트가 원격지에서 LAN이나 WAN에 연결해서 로그온하는 것을 말하는데 연결한 뒤에는 로컬 LAN이나 WAN에 있는 것처럼 파일, 응용프로그램, 프린터 등 리소스를 이용할 수 있게 된다. 원격접속을 통한 통신을 위해서 클라이언트와 호스트는 전송경로와 더불어 연결과 데이터 교환을 위한 적절한 소프트웨어가 있어야 한다.

전송방법과 클라이언트 수, 호스트 수, 사용하는 소프트웨어에 따라 많은 원격접속 방법이 있는데 전화연결, MS의 RAS(Remote Access Service) 혹은 RRAS(Routing and RAS), 원격통제, 터미널서비스, 웹 포털, 그리고 VPN(Virtual Private Network) 등이 있다.

12.1 전화연결(Dial-up) 네트워킹

보통 "전화연결 네트워킹"은 개인 네트워크나 ISP의 원격접속 서버에 로그온하기 위해서 직접 전화를 거는 것을 말하며, 전화연결의 클라이언트는 PSTN, X.25, 혹은 ISDN 전송모델로 "전화연결"이란 일반전화선 PSTN을 사용하는 컴퓨터끼리의 연결을 말한다. 클라이언트 연결을 받아들이기 위해 원격서버는 동일한 전화번호를 사용하는 여러 모뎀이 장착된 머신이어야 한다. 클라이언트가 다이얼업 소프트웨어를 사용해서 연결을 초기화하면 원격서버는 입력신호를 받아들이고 해석하는 특수 소프트웨어가 실행되고 있어야 하는데, 원격 사용자에게 신원확인으로 '사용자 ID와 패스워드'(이를 credential이라고 부름)를 요구해서 자신의 데이터베이스에 있는 크레덴셜과 비교한 뒤(이 과정을 승인(authentication)이라고 부름) 일치하면 네트워크에 로그온하게 해준다. 그 뒤로 원격사용자는 로컬 사무실에서 작업하듯이 원격에서 작업하게 된다. 적절한 서버 하드웨어와 소프트웨어로 원격접속 서버는 여러 사용자들이 동시에 LAN에 접속하게 해준다. 여전히 많은 인터넷 사용자들은 ISP에 연결하기 위해서 전화연결 네트워킹을 사용한다.

전화연결 네트워킹의 장점은 사용하기 쉬우며 보통 연결 소프트웨어가 운영체제에 들어있어서 별도의 비용지출이 없는 것이 장점이다. 하지만 원격지에서 장거리 전화 등으로 연결하게 되면 많은 비용이 들 수 있어서 일부 회사의 원격서버는 사용자에게 서버 쪽에서 전화를 되걸어 연결해주기도 한다. 또 PSTN으로 연결하기 때문에 속도가 느리고 수많은 원격 접속자가 원격서버의 몇 안 되는 모뎀에 연결하느라 많은 시간이 지체되기도 하므로, 일부 회사는 수많은 전화를 가지고 있는 ISP와 계약을 맺어 ISP에 로그온하면 ISP가 회사 네트워크로 연결시켜주는 방법을 사용하기도 한다. MS에서 다이얼업 네트워킹을 위한 클라이언트 서비스가 Windows 9x, NT workstation, 2000 professional 운영체제에 들어있고 서버 네트워킹 RAS(Remote Access Service)가 Windows NT server, 2000 server에 들어있다. RAS 프로그램은 서버와 클라이언트 양쪽에 설치되어 있어야 하는데 서버에는 들어오는 클라이언트 요청을 받아들이게 구성되어져 있어야 하며, 클라이언트는 서버의 리소스에 접근하기 위한 충분한 권한이 있어야 한다. Windows XP, Server 2003에는 RAS가 더욱 발전된 RRAS(Routing and RAS)로 되어 있다.

12.2 RAS(Remote Access Servers)

앞에서 PSTN기반 다이얼업 네트워킹을 알아보았다. 그렇지만 사용자들은 DSL이나 브로드밴드 케이블과 같은 빠른 연결을 사용하므로 클라이언트의 어느 타입의 원격접속 요청이라도 받아들이는 서비스가 필요해졌다. 원격접속이란 LAN이나 WAN에 전용선으로 직접 연결되어져 있지 않은 클라이언트가 로그온해서 네트워크를 사용하게 하는 방식이라고 했다. 많은 원격 접속방법이 있는데 위에서 말한 Windows RAS나 RRAS외에도 Cisco 2500 시리즈 라우터나 Cisco AS5800 액세스서버 등을 이용할 수도 있다. 이런 장치들은 자체적인 운영체제와 함께 소프트웨어가 실행되어 사용자 인증과 전화연결 네트워킹도 가능하게 해준다. 또 순순한 소프트웨어로만 원격접속이 가능하게 해주는 것들도 있다.

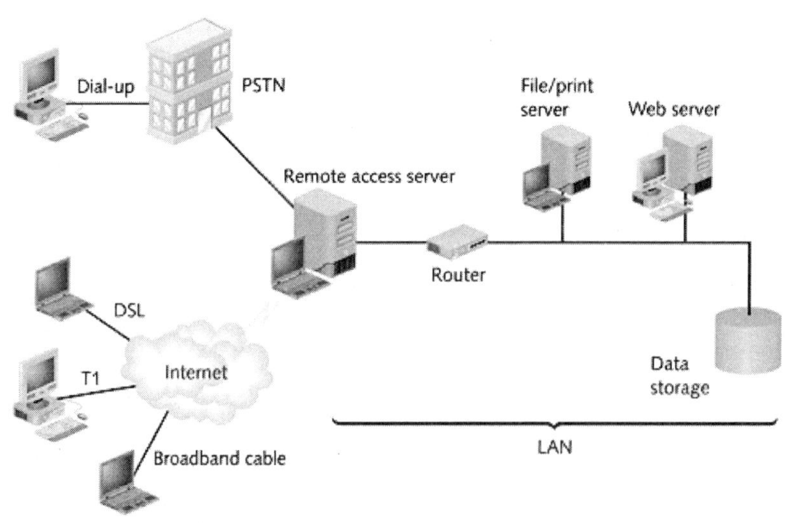

〈원격서버에 연결하는 클라이언트〉

RRAS는 MS에서 만든 원격접속 프로그램인데 Windows 2003서버와 Windows XP 클라이언트 운영체제 속에 들어있다. RRAS는 Windows 2003서버가 여러 원격접속 클라이언트의 연결요청이 어느 경로를 통하더라도 들어오게 한다. 또한 서버가 들어오는 패킷을 어느 경로로 가게 할지 정해주는 라우터 역할도 하며, 보안을 강화시켜서 승인된 클라이언트만 원격서버에 액세스하게 하고, 정해진 수신자만 패킷을 받게 함으로써 도중에 데이터가 가로채이지 않게 해준다. 원격접속 서버의 클라이언트와 통신법은 프로토콜 타입에 따라 다르다.

12.3 원격접속 프로토콜(Remote Access Protocols)

데이터를 교환하기 위해서 원격접속 서버와 클라이언트는 특수한 프로토콜을 필요로 하는데, SLIP(Serial Line Internet Protocol)과 PPP(Point-to-Point Protocol)는 워크스테이션이 시리얼연결(모뎀을 통한 전화연결을 말함)을 사용해서 다른 컴퓨터에 연결하는데 사용된다. 이런 프로토콜은 네트워크층의 트래픽이 데이터링크층에 속한 시리얼 인터페이스를 통해 전송되게 한다. SLIP과 PPP는 TCP나 IP와 같은 상위층 프로토콜을 하위층에서 캡슐화해준다. SLIP은 PPP보다 더 리거시하고 단순한 프로토콜이다. 예를 들어 SLIP는 IP 패킷만 전송할 수 있지만, PPP는 네트워크층 프로토콜인 AppleTalk와 IPX 등도 전송할 수 있다. 또 SLIP은 전화연결 네트워킹 프로파일에서 서버와 클라이언트의 IP주소 모두를 정해주어야 하는 복잡한 설정이 필요하지만, PPP는 서버에 연결할 때 자동으로 이들이 설정된다. PPP는 또 데이터 수정과 압축을 지원하지만, SLIP은 이것들을 못하며 더군다나 암호화를 지원하지 않아서 PPP보다 보안에 취약하다. 이런 모든 이유 때문에 원격통신에서 PPP가 SLIP보다 더 많이 사용된다.

SLIP과 PPP의 또 다른 차이는 SLIP은 비동기식 전송방식을 사용하는데, PPP는 동기식과 비동기식 전송방식 모두를 지원한다. 동기식 전송방식은 데이터가 반드시 사전에 정해진 타이밍 계획에 따라야 하지만, 비동기식은 타이밍 계획에 따르지 않고 송수신자가 언제라도 데이터를 송수신할 수 있다. 수신자가 데이터를 완전하게 수신했는지 알기 위해서 송신자는 각 문자 전송마다 시작과 정지 비트(start and stop bit)를 첨가해서 보내면 수신자는 시작비트를 보고 문자를 수신하기 시작하며 정비비트를 보고 문자 전송을 끝낸다. 그러므로 비동기식 전송에서는 데이터전송이 불규칙적이어서 키스트록(key stroke)과 같이 원격에서 시간차이를 두고 (모뎀을 통해) 입력되는 시리얼전송에 적합하다.

연결타입과 무관하게 이더넷에서 사용되는 PPP 형태를 PPPoE(PPP over Ethernet)라고 부른다. PPPoE는 홈컴퓨터를 DSL이나 브로드밴드 등으로 ISP에 연결할 때 쓰이는 표준으로 ISP에 가입할 때 PPPoE를 사용할 수 있는 소프트웨어를 제공한다.

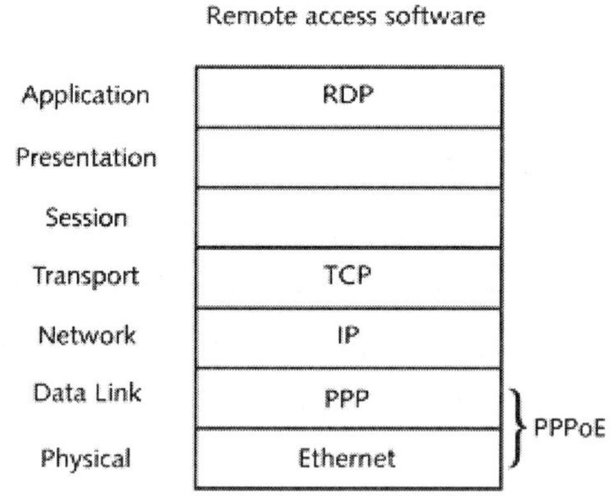

〈원격 인터넷 연결에 쓰이는 프로토콜〉

12.4 원격통제(Remote Control)

원격통제는 클라이언트 머신에 있는 원격사용자가 LAN이나 WAN 연결을 통해 다른 머신(호스트라고 불림)을 통제하는 것을 말하는데, 우선 호스트와 클라이언트가 연결되어져 있어야 한다. 이 연결은 T1과 같은 전용 WAN 연결일 수도 있고 인터넷을 통하거나 서로 모뎀을 통한 전화연결일 수도 있다. 또 호스트에는 원격에서 접속하고자 하는 머신이름, 사용자명, 패스워드 등 크레덴셜이 구성되어져 있어야 하며, 접속자에게는 화면만 볼 수 있는지 또는 작업도 할 수 있는지 등에 관한 적절한 권한이 주어져 있어야 한다. 연결된 뒤 원격사용자는 키스트록과 마우스 움직임으로 원격머신을 조작해서 결과를 자신의 화면으로 볼 수 있다. LAN이나 WAN에 연결된 원격접속자는 로컬에서 자신의 머신을 다루고 있는 것 같이 된다. 원격연결 소프트웨어는 작은 용량의 프로그램이기 때문에 전화연결로도 충분히 가능하다.

이런 프로그램의 한 종류가 Symantec의 pcAnywhere와 Windows 시리즈에 들어있는 Remote Desktop인데, Remote Desktop은 RDP(Remote Desktop Protocol)를 사용한다. RDP는 응용층 프로토콜로써 TCP/IP가 그래픽과 텍스트를 빠르게 전송하게 하며 세션, 라이센싱, 암호화 정보도 전송한다.

Windows XP에서 원격데스크톱 호스트를 사용하게 하는 설정을 보자.

1 관리자나 사용자명으로 머신에 로그온한다.

2 시작 → 설정 → 제어판으로 간다.

3 시스템을 열면 '시스템 등록정보' 화면이 보인다.

4 '원격'탭을 클릭한다. 화면이 열리며 여러 구성을 할 수 있게 해준다. 아래 '원격 데스크톱'으로 가서 '사용자가 이 컴퓨터에 원격으로 연결할 수 있음'에 체크표시 해둔다.

5 처음 사용하는 것이라면 경고화면이 보이는데 '확인'을 클릭한다.

6 '원격 사용자 선택'을 열면 사용자를 추가할 수 있는 화면이 뜬다.

7 '추가'를 눌러 이 호스트에 원격접속할 필요한 사용자를 추가한다.

8 모든 것을 '확인'을 눌러 저장한다.

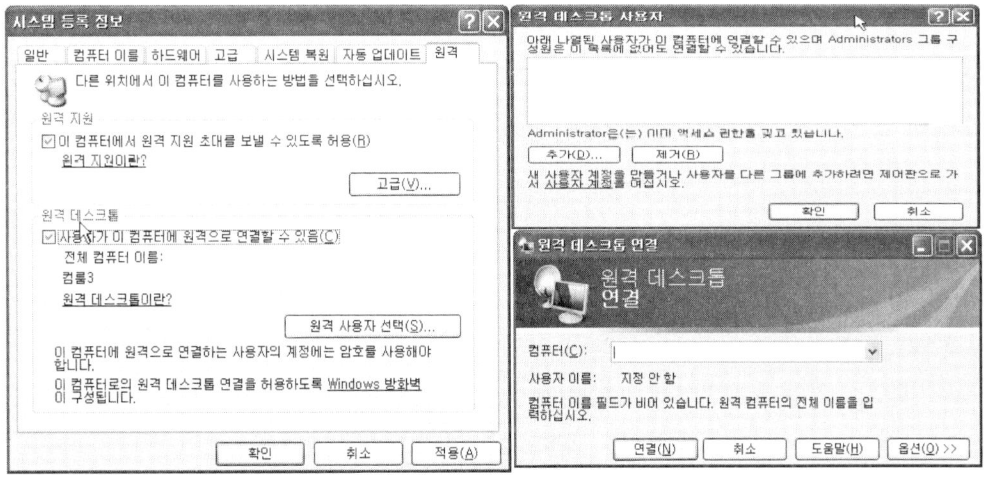

〈호스트머신 설정화면〉

이제 원격머신에서 위에서 설정한 호스트머신에 접속해보자. 우선 원격데스크톱 연결 프로그램이 머신에 설치되어 있어야 하며, 두 시스템은 서로 연결되어 있어야 한다.

1 시작 → 프로그램 → 보조프로그램 → 하위메뉴에서 '통신'(혹은 '원격데스크톱 연결')으로 간다.
2 '원격데스크톱 연결' 화면이 뜨면 호스트컴퓨터 이름을 타자한다.
3 '연결'을 클릭하면 '로그온 윈도우' 화면이 뜬다.
4 호스트머신의 데스크톱 화면이 내 모니터에 뜬다.

하지만 도메인/터미널 서버가 없어서 연결할 수 없다는 에러사인이 뜨면, '옵션' 탭에 들어가서 연결할 때 여러 설정을 조정할 수 있다. 또 호스트머신이 방화벽으로 모든 입력을 막아놓았다는 에러사인이 뜰 수도 있다. Windows에 내장된 NetMeeting 프로그램을 사용하는 것도 원격연결의 한 방법이 된다. 비록 원격통제가 다른 원격접속 방법보다 덜 사용되지만 어떤 상황에서는 요긴하다. 예를 들어 원격에서 파일을 주기적으로 전송해야 하는데 사용하는 응용프로그램에 문제가 있다면 WAN 등을 통한 원격연결을 사용해서 전문가가 내 머신에 들어와 응용프로그램을 손봐주게 할 수 있다. 구성이 단순하고 어느 형태의 원격접속방법도 허용하기 때문에 사용하기 편리하다. 전화접속도 가능하며 여러 클라이언트가 한 호스트에 들어올 수 있으므로 화상회의를 할 때도 편리하다. 하지만 보안에 취약해서 네트워크 관리자는 이런 기능을 잘 허용하지 않으며, 백본 시스템에는 거의 접근을 허가하지 않는다. 더 빈번한 원격연결이 필요하다면 터미널 서비스를 이용하는 것이 좋다.

12.5 터미널 서비스(Terminal Service)

LAN을 통해 원격에서 연결하는 인기 있는 방법이 터미널 서비스를 이용하는 것이다. 터미널 서비스는 여러 원격머신들이 LAN에 있는 터미널 서버에 연결하는 것인데, 터미널서버는 호스트기능을 하는 프로그램이 실행되고 있어서 응용프로그램과 리소스를 클라이언트에게 제공할 수 있는 머신이다. 원격사용자는 터미널 서비스를 이용해서 호스트머신에서 작업할 수 있으므로 거리와 무관하게 로컬 LAN에서 작업하는 것과 다를 바 없다. 하지만 터미널 서비스는 원격통제와 몇 가지 면에서 다르다. 우선 터미널 서버는 동시에 여러 원격접속자를 허용해주고 LAN에 있는 머신들보다 원격접속자들의 요청을 더 빠르게 처리해주지만, 터미널 서버의 구성이 매우 복잡하다. 예를 들어 원격사용자는 여러 가지 방법으로 연결은 될 수 있지만 서버의 방화벽, 라우터, 스위치, 그리고 여러 보안설정 등을 통과해야 들어올 수 있다. 하지만 오히려 이런 여러 옵션들이 터미널 서비스를 더욱 유연하게 구성할 수 있게 해준다.

여러 조직은 터미널 서비스를 가능하게 해주는 소프트웨어를 사용하는데, MS는 터미널 서비스를 위해서 Terminal Services를 제공한다(Windows XP는 클라이언트가 MS 터미널 서버에 연결하면 원격데스크톱 소프트웨어가 사용되게 한다). Citrix System의 Metaframe은 ICA(Independent Computing Architecture)로 알려진 클라이언트 소프트웨어를 사용해서 서버와 통신하는데 어느 운영체제와도 작동된다. 사용하기 쉬운 점과 어느 운영체제와도 호환한다는 점이 이 소프트웨어를 터미널 서비스에서 유명하게 했다. 하지만 고가인데다 서버설정이 좀 복잡하다는 단점이 있다. 터미털 서비스를 사용해서 LAN에 액세스하게 하는 워크스테이션을 씬클라이언트(thin client)라고 하는데, 적은 하드디스크 용량과 적은 프로세싱 능력만 있어도 된다. 사실 이 용어는 네트워크상에서 주요 프로세스와 데이터 저장을 다른 머신이 대신해줄 때 웹 포털을 위시해 접속한 모든 종류의 머신을 일컫는 용어이기도 하다.

12.6 웹 포털(Web Portals)

또 다른 원격접속방법으로 최근 인기를 얻고 있는 것이 웹 포털에서 LAN 응용프로그램을 실행하는 것이다. 웹 포털이란 응용프로그램의 안전한 웹기반 인터페이스로써 클라이언트는 단순히 인터넷연결과 웹브라우저 소프트웨어, 그리고 응용프로그램에 접속할 수 있는 적절한 로그온 크레덴셜만 가지고 있으면 된다. PSTN은 물론이고 DSL이나 브로드밴드 케이블 연결 등 어느 것이라도 가능하다.

호스트인 웹서버는 사용자가 요청한 응용프로그램을 제공해 줄 수 있어야 하는데, 응용프로그램은 웹기반으로 프로그래밍되어져 있어야 한다. 지금은 이런 식의 응용프로그램이 많이 나와 있다. 또 웹매니저는 승인받은 사용자들만 응용프로그램을 이용할 수 있게 접근설정을 구성해야 한다. 대부분 회사는 ISP에게 웹 포털 사이트를 아웃소싱(outsourcing)한다. 그러므로 ISP가 사용자들을 연결시켜주고 웹 사이트를 설치/유지시켜주며 사용자 승인 과정까지 전담한다. 물론 웹 포털도 보안에 취약하므로 안전한 전송을 위해 여러 가지 보안대책이 마련되어져야 한다.

12.7 VPN(Virtual Private Networks)

VPN은 공개망 전송에서 WAN을 논리적으로 정의한 것이다. 승인된 사용자들만 액세스하게 하려면 VPN의 트래픽이 공개망의 다른 트래픽들과 구별되어져야 한다. 예를 들어 국내에 여러 지점을 가진 보험회사가 전국에 흩어져 있는 브랜치들을 사설 WAN으로 인터넷 연결을 해서 쓰고 있는데 공개망을 경유해야 하는 경우라면 VPN이 비교적 저렴하고 편리한 방법이 될 수 있다. 이 경우 보험회사는 각 브랜치와 본사 사이에 점대점 연결을 임대하는 것보다 각 지점에서 각각 인터넷에 연결하는 것이 많은 비용절약이 된다. VPN을 구성해주는 소프트웨어는 저렴하고 일부 프로그램엔 내장되어 있다. 앞에서 본 Windows Server 2003에는 RRAS가 들어있는데 이 서버를 원격접속 서버가 되게 해서 클라이언트가 전화접속으로 VPN을 이루게 할 수 있다. 또 ISP의 원격접속 서버도 RRAS VPN에 연결시켜준다.

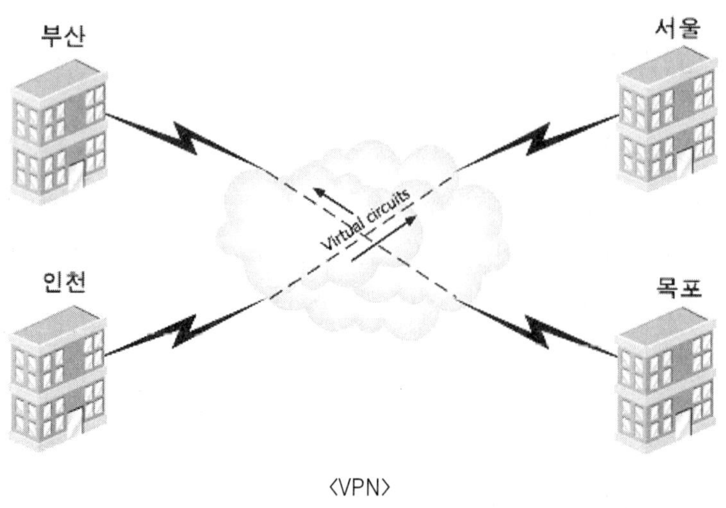

〈VPN〉

Novell NetWare에서는 BorderManager가 들어있어서 노드들이 VPN을 이루게 해준다. Windows, NetWare, UNIX, Linux, Macintosh OS X 서버와 연결되는 서드파티 VPN 소프트웨어도 있다. 혹은 VPN의 각 사이트에 연결되어 있는 라우터나 방화벽에 특정 프로토콜을 지정함으로써 VPN을 구성할 수도 있는데 UNIX 시스템에서 주로 사용한다.

VPN은 사용자의 거리와 대역폭의 필요에 따라서 얼마든지 조절할 수 있다. VPN을 설계할 때 고려해야 할 중요한 두 가지 요소가 있는데 상호작동과 보안이다. VPN이 어느 종류의 네트워크에서 어느 타입의 데이터라도 전달할 수 있게 하려면 특수한 VPN 프로토콜이 터널링(tunneling)을 해주어야 하는데, VPN의 두 노드 사이에 터널이라는 가상연결을 구성하는 것을 말한다. 터널의 한 끝은 클라이언트이고 다른 끝은 라우터, 방화벽, 혹은 게이트웨이와 같은 연결 장치거나 클라이언트를 로그온하게 해주는 원격접속 서버가 된다. 또 캡슐화(encapsulation)란 상위층에서 받은 데이터에 헤더를 추가하는 것을 말한다. VPN 터널링 프로토콜은 데이터링크층에서 작동하며 네트워크층에서 IP, IPX, 혹은 NetBEUI 등 패킷을 캡슐화한다. VPN에서 사용하는 두 가지 중요한 터널링 프로토콜이 PPTP와 L2TP이다.

PPTP는 Point-to-Point Tunneling Protocol의 약자로써 MS에서 PPP를 확장해서 캡슐화를 지원하려고 개발한 것이다. 그러므로 PPP 데이터는 인터넷에서 IP나 IPX 전송으로 이뤄진다. PPTP는 암호화와 캡슐화를 지원하고 인증과 Windows 2003 서버의 RRAS를 통한 원격접속을 가능하게 한다. 사용자는 VPN의 일부인 RRAS서버에 직접 전화연결을 하거나 ISP의 원격서버에 전화연결을 해서 VPN에 연결될 수 있다. 어떤 식으로 하든지 데이터는 클라이언트로부터 PPTP를 사용하는 VPN으로 전달된다. Windows, UNIX, Linux, 그리고 Macintosh 클라이언트 모두 PPTP를 통해 VPN에 연결될 수 있다. PPTP는 설치하기 쉽고 MS 네트워크에선 별도 설정 없이 사용될 수 있다. 하지만 다른 방법에 비해 보안에 조금 약하다.

L2TP는 Layer 2 Tunneling Protocol의 약자로 Cisco에 의해 개발되었는데 IETF에 의해 표준화되었다. L2TP도 PPTP처럼 PPP 데이터를 캡슐화하지만 PPTP와 다르게 3Com, Cisco, 혹은 NetGear 라우터 등 여러 벤더들이 사용하므로 여러 기종의 장비가 있는 시스템에서 VPN을 이뤄주고 두 라우터, 한 라우터와 한 원격접속 서버, 혹은 한 클라이언트와 한 원격접속 서버를 연결해준다.

또 한 가지 중요한 이점은 터널의 한 끝이 꼭 동일한 패킷스위치드 네트워크 안에 있을 필요가 없어서 L2TP 클라이언트가 ISP 네트워크에서 실행되는 라우터에 연결될 수 있고, ISP는 L2TP 프레임을 해석할 필요 없이 다른 VPN 라우터에 바로 포워드할 수 있다. 이 L2TP 터널은 비록 노드와 노드의 직접연결은 아니지만 다른 네트워크 트래픽을 구별해준다. 이런 여러 가지 장점으로 인해 PPP보다 L2TP를 많이 사용한다. PPTP와 L2TP가 VPN 트래픽을 전하는 유일한 프로토콜은 아니지만 보안이 중요한 곳에서는 터널링과 캡슐화를 지원해 주는 프로토콜이 사용되어야 한다.

CHAPTER

08 네트워크 운영체제(part Ⅰ) [Windows Server 2003]

CompTIA Network+

네트워크 운영체제는 서버가 클라이언트와 리소스를 공유하게 하며 통신, 보안, 사용자 관리 등 서비스를 제공한다. 그러므로 OSI 모델의 어느 한 층하고만 관련되어 있지 않은데, 예를 들어 사용자의 상호작용(interact) 등은 응용층 이상에서 작동하는 기능이기 때문에 OSI 모델로 완전히 설명할 수 없다. 네트워크 분야에 종사하다 보면 여러 가지 네트워크 운영체제를 접하게 되며 같은 운영체제라도 여러 버전을 취급할 때가 많다. 여러 가지 운영체제가 있을 수 있지만 Windows Server 2003, UNIX, NetWare, Linux, 그리고 Mac OS X(UNIX기반 Mac 서버) 등을 알고 있어야 하고 이들의 차이점과 유사점 등도 알아야 한다. 이들의 내용이 많아서 part I과 part II로 나누어 살펴보자.

1 NOS(Network Operating System) 개념

최근의 대부분 네트워크는 서버/클라이언트 구조로 구성되어 있는데, 서버는 여러 클라이언트에게 리소스를 공유시켜 준다. 이런 리소스 공유는 대부분 NOS에 의해 이뤄지는데, 모든 NOS가 다 그렇지는 않지만 다음의 것들은 반드시 제공되어져야 한다.

1. 프로그램, 데이터, 그리고 장비 등 네트워크 리소스의 중앙관리
2. 네트워크에 안전한 접속허용
3. 원격사용자들의 네트워크 접속허용
4. 사용자들의 인터넷과 같은 다른 네트워크 접속허용
5. 데이터의 백업과 상시 사용가능한 상태로 유지
6. 클라이언트와 리소스의 용이한 추가/제거
7. 네트워크 요소들에 대한 상태와 기능 모니터링 제공
8. 클라이언트에게 프로그램과 소프트웨어 업데이트와 배포
9. 서버 용량의 효율적 사용
10. 하드웨어와 소프트웨어 실패 시 재난대비

위의 모든 기능이 NOS 설치 때 포함되는 것은 아니고 일부는 옵션이다. NOS 설치 시 디폴트(default)로 할 것인지 사용자 지정으로(customizing) 할 것인지 선택할 수 있으며, 설치 후 필요한 기능을 추가할 수 있다.

예를 들어 Linux를 최소설치하고 난 뒤 NOS 기능의 부담을 줄여주기 위해 여러 서버를 한 서버처럼 행동하게 해주는 클러스터링(clustering) 서비스를 추가할 수 있다. 서버라는 용어는 NOS가 실행되는 하드웨어를 주로 가리키지만 이 서버머신에서 실행되는 응용프로그램을 말하기도 하는데, 예를 들어 HP 서버머신에 설치된 Novell의 BorderManager를 프록시(proxy) 서버처럼 사용하는 경우이다. 비록 각 NOS는 파일과 프린터 공유를 지원해서 다른 서비스의 호스트가 될 수 있지만 NOS별로 사용 환경이나 관리기법에 따라서 이런 기능이 가감될 수 있다는 뜻이다.

1.1 NOS 선택하기

실제 네트워크를 설계할 때 여러 NOS 중에서 어느 것을 선택해야 할지 고민할 수도 있는데 분명한 것은 널리 호환되지 않는 것, 너무 프로프리에터리(proprietary)한 것, 오래된 것은 선택하지 않는 것이 좋다. 예를 들어 오래된 Banyan VINES와 같은 것들이다. 또 이들 NOS의 특성도 잘 알아야 하지만 설치하고자 하는 시스템을 먼저 충분히 이해하고 있

어야 선택할 수 있을 것이다. 예를 들어 20대의 NetWare 6.5서버로 4,800명의 사용자 ID와 보안, 파일과 프린터 공유를 커버하고 4대의 Windows Server 2003이 웹과 백업을 커버하고 있는 어느 대학의 시스템에서 새로 단과대학을 위한 서버를 가입시키고자 한다면 아마도 Windows 2003 서버를 선택하진 않을 것이다. 왜냐하면 이미 NetWare가 기존 인프라에 메인으로 들어가 있으므로 Windows가 가입되면 새로운 사용자 추가나 네트워크 관리가 더 까다롭기 때문이다.

다음은 새로운 NOS를 선택할 때 생각할 수 있는 질문들이다.

1 현존하는 인프라와 호환이 쉽나?
2 리소스 공유에 보안은 적절한가?
3 우리 기술자들이 효율적으로 관리할 수 있나?
4 응용프로그램이 잘 실행될 수 있나?
5 장래의 확장성은 쉽나?
6 원격접속, 웹 개발, 웹 메일 등 부가적인 서비스를 실행하기 쉬운가?
7 예산의 범위 내인가?
8 운영상 다른 훈련이 필요한가?
9 제조사를 신뢰할 수 있나?

필요에 따른 NOS를 살펴보았다면 실제 구매하기 전에 일반 사용자들과 응용프로그램이 설치된 사용 환경에서 일정 기준을 잡아놓고 여분의 서버로 예비 테스트를 해보아야 하는데, 잡지나 벤더들의 광고만 너무 믿지 않는 것이 좋다.

1.2 NOS와 서버

대부분 네트워크 서버는 벤더가 권하는 최소 하드웨어 사양을 넘는 하드웨어를 가진 서버를 구입한다. 하드웨어를 고려할 때 다음 것들을 살펴보아야 한다.

1. 얼마나 많은 클라이언트가 서버에 접속할 것인가?
2. 서버에 어느 응용프로그램들이 실행될 것인가?
3. 각 사용자는 얼마만큼의 저장 공간을 필요로 하나?
4. 얼마만큼의 다운타임을 견딜 수 있나?
5. 조직은 무엇을 할 것인가?

여기서 가장 중요한 질문은 서버에서 실행되는 응용프로그램 타입이다. 예를 들어 Linux가 적절히 실행되어 리소스 공유와 단순 응용프로그램 서비스를 제공할 수 있는 값싼 서버를 구매할 수도 있지만, 더 세련된 기능을 수행하거나 네트워크에서 리소스를 많이 소비하는 응용프로그램을 실행하기 위해서는 더 많은 메모리와 프로세싱 능력을 가진 고급 서버를 구매하는 것이 확장을 위해서나 유지/관리를 위해서 더 나은 투자가 된다. 모든 응용프로그램은 서로 다른 메모리와 프로세서, 저장 공간을 필요로 하므로 서버를 구매하기 전에 이들의 필요를 충분히 고려해 보아야 한다. 응용프로그램이 리소스를 사용하는 방법이 소프트웨어와 하드웨어 선택에 지대한 영향을 끼친다. 예를 들어 서버와 클라이언트 사이에 프로세싱을 공유하는 경우를 보자. 클라이언트가 많은 리소스를 소비하는 그림 작업 프로세싱은 서버 머신에서 실행시키는 것보다 해당 프로그램을 클라이언트에 설치하고 실행하게 함으로써 서버의 부담을 덜 수 있다.

만일 서버가 대부분 응용프로그램을 처리해야 하고 많은 클라이언트의 요청을 처리해야만 하는 상황이라면 서버의 최소 하드웨어 요건보다 더 큰 용량의 하드웨어를 구입하는 것이 옳을 것이다. 예를 들어 여러 개의 NIC, 2~4개의 CPU, 4G의 RAM, 재난대비용 RAID 하드디스크와 백업 테이프드라이버가 장착된 서버라면 좋겠다. 이런 구성요소들이 네트워크에서 성능과 신뢰성을 높이게 된다. 현재 상황과 실행 중인 작업, 그리고 장래 확장성도 고려해야만 한다. 하지만 1억 원이 드는 서버가 필요한데 예산은 1천만 원일 때 문제가 생긴다. 앞을 보는 눈이 필요하기도 하다. 또 구매하고자 하는 장비 벤더의 신뢰성과 기술 지원도 중요하다. 일례로 100Mbps NIC값이 3Com은 100달러 가까운데, 나름대로 유명한 100Mbps NIC로 Netgear 제품은 20달러 정도면 충분한 이유는 무엇일까?

1.3 NOS 서비스와 특징

이제 NOS의 리소스 공유, 보안, 그리고 네트워크 관리 등 기본기능을 알았다면 이들을 좀 더 깊게 살펴볼 차례인데 관련 용어, 각 NOS의 클라이언트에 대한 신속하고 신뢰할 만한 서비스의 특징 등이다.

1) 클라이언트 지원

네트워크를 사용하는 주된 이유는 클라이언트들이 통신하고 리소스를 효율적으로 공유하는데 있다고 했다. 그러므로 클라이언트는 NOS에 의해 다음 중 하나 이상의 지원을 받아야 한다.

1. 클라이언트 계정생성과 관리
2. 클라이언트의 네트워크 접속
3. 클라이언트의 리소스 공유 허용
4. 클라이언트의 공유리소스 관리
5. 클라이언트 간 통신 허용

이미 통신에서 서버와 클라이언트를 지원하는 하위층의 프로토콜에 대해서 알아보았는데, 이제는 상위층의 서버/클라이언트 통신에 대해서 알아보자.

(1) 서버/클라이언트 통신

클라이언트 소프트웨어와 NOS로 클라이언트는 서버에 로그온할 수 있는데, 비록 클라이언트와 사용하는 소프트웨어는 다를지라도 모든 NOS에서의 로그온 과정은 유사하다. ① 우선 사용자는 자신의 머신에서 로그온 소프트웨어를 실행하고 자신의 크레덴셜(보통 사용자명과 패스워드)을 집어넣고 엔터키를 누르는데, ② 이 때 클라이언트머신의 리다이렉터(redirector)라고 불리는 서비스가 이 요청을 가로채서 클라이언트가 처리해야 할지 서버가 처리해야 할지를 결정한다. 이 리다이렉터는 응용층 서비스로 서버 NOS와 클라이언트 OS 양쪽에서 사용된다. ③ 클라이언트의 리다이렉터는 이 요청이 서버에서 처리되어져야 한다고 결정하면 요청을 네트워크를 타고 서버에 보낸다(만일 이 요청이 클라이언트에서 처리되는 것이라고 결정했다면 요청을 클라이언트의 CPU에게 돌려보낸다). 보안으로 인해 서버에 보내지는 사용자명과 패스워드는 전송 전에 암호화되는데 이는 표현층에서 이뤄진다. 이 로그온 과정을 이해하는 것이 필요하다. 만일 사용자명과 패스워드를 입력한 후 "서버를 찾을 수 없다"는 에러메시지를 받으면 네트워크 연결에 문제가 있는 것이며, "사용자명과 패스워드가 틀렸다"는 에러메시지를 받는다면 입력이 잘못된 것으로 네트워크는 제대로 연결되어져 있는 것이다. ④ 서버는(필요하면 NOS가) 클라이언트의 서비스요청을 받아 암호를 푼 뒤 사용자의 크레덴셜과 비교해서 사용자인증을 하고, ⑤ 인증이 성공하면 클라이언트에게 허용된 허가권한에 따라 클라이언트를 제한한다. ⑥ 사용자가 서버 로그온에 성공한 뒤 클라이언트 소프트웨어는 클라이언트가 서버에게 서비스요청을 할 때마다 NOS와 통신하게 된다.

예를 들어 서버의 하드디스크에 있는 어느 파일을 열고자 한다면 사용자는 사용자의 OS에게 파일요청을 하게 된다. 이 파일요청은 리다이렉터에게 가로채여져 클라이언트 소프트웨어를 통해 서버에게 전해진다. 만일 자주 그 파일을 이용한다면 드라이브 매핑을 통해 서버 리소스를 로컬 디렉토리로 사용하게 해준다. 매핑은 디스크나 디렉토리, CD-ROM과 같은 장치가 M: 이나 T: 와 같은 드라이브명으로 클라이언트에 의해 사용되게 하는 것을 말하는데, 클라이언트 인증 후 자동적으로 실행되는 로그온 스크립트가 클라이언트가 요청하는 파일을 가지고 있는 서버 디렉토리를 클라이언트에 로컬 디렉토리로 매핑해 준다.

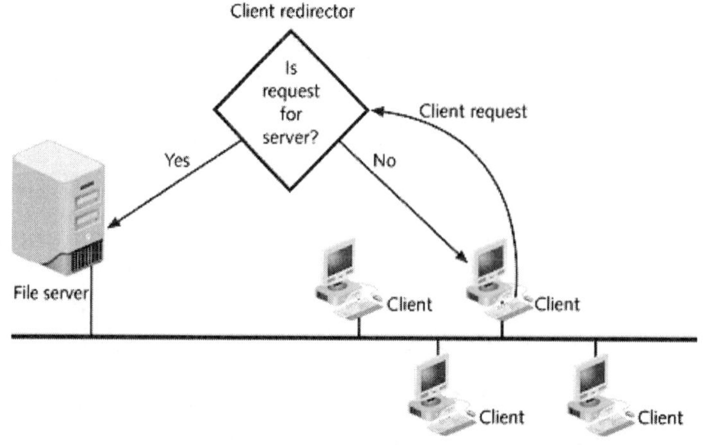

〈NOS에 연결하는 클라이언트〉

초기 네트워킹에서는 한 벤더의 소프트웨어가 다른 벤더의 소프트웨어와 호환되지 않았었다. NOS에서의 한 가지 예가 한 시스템이 네트워크에 있는 다른 시스템의 파일에 액세스하게 하는 파일액세스 프로토콜인데, 예를 들어 Windows XP 클라이언트는 Windows Server 2003과 CIFS(Common Internet File System) 파일액세스 프로토콜을 통해 통신한다. 이 CIFS는 IBM이 개발했고 MS가 채택해서 발전시킨 리거시한 서버/클라이언트 통신 프로토콜인 SMB(Server Message Block)의 발전된 버전인데, SMB는 Windows 9x, Me, NT에서 사용되었다. Macintosh는 네트워크에서 리소스 공유를 위해 AFP(AppleTalk Filing Protocol or Apple File Protocol)를 사용한다. 그렇지만 이제는 광범위한 리스소 공유를 위해서 모든 종류의 클라이언트가 어느 NOS를 통해서라도 리소스에 접근할 수 있어야 한다. 이를 위해 Novell은 Novell Client for Windows NT/2000/XP를 Windows 2000이나 XP를 위해서 내놓았고, MS는 Windows Server 2003에 접속하는 다른 클라이언트 OS를 위해 Windows 클라이언트용 Client for Microsoft Networks를 내놓았다.

어떤 경우에는 클라이언트와 서버 사이의 전환을 위해서 미들웨어(middleware)라고 불리는 소프트웨어가 필요할 수도 있는데, 미들웨어는 공유 응용프로그램이 서로 다른 클라이언트 OS에 따라서 서로 다르게 작동하는 것을 막아준다. 클라이언트와 서버 중간에 있으면서 NOS로부터 분리된 물리적 서버에서 실행되어진다. 이 미들웨어의 역할을 보면, 클라이언트가 미들웨어에게 요청하면 미들웨어는 서버의 응용프로그램이 해석할 수 있는 요청으로 전환한 뒤 서버에 보내고, 서버의 응용프로그램이 응답하면 또다시 클라이언트가 사용할 수 있는 포맷으로 전환시켜서 클라이언트에게 전해준다. 미들웨어는 서버와 클라이언트 사이에서 데이터베이스를 처리할 때 마치 일반 쿼리(query)하듯이, 혹은 클라이언트에게 서비스를 제공하는 여러 서버 사이의 프로세싱을 조율하듯이 메시지 전달자 노릇을 한다.

예를 들어 도서관에서 데이터베이스 내용이 UNIX 서버에 들어있고 도서관에 있는 머신들은 Mac 운영체제와 Windows 9x, XP, 그리고 Linux 운영체제를 사용한다고 해도 이들 모두 UNIX에 있는 데이터베이스에 접근할 수 있어야 한다. 이럴 때 미들웨어가 중요한 역할을 하는데, 데이터베이스가 각 클라이언트의 운영체제에 맞춘 포맷을 모두 가지고 있을 수 없기 때문이다. Linux에서 데이터베이스 쿼리를 요청하면 데이터베이스 미들웨어가 Linux의 쿼리를 해석해서 리포맷한 뒤 표준화된 쿼리로 서버에게 질의한다. Windows나 Mac에서의 요청도 그런 식으로 처리해서 서로 다른 클라이언트들의 쿼리를 모두 일괄되게 처리해준다. 클라이언트/서버 환경에서의 미들웨어를 3계층 구조(3-tier architecture)라고 하는데 클라이언트와 미들웨어, 그리고 서버의 3계층으로 되어 있기 때문이다. 이를 위해서 클라이언트 머신은 적절한 클라이언트 소프트웨어를 가지고 있어야 한다.

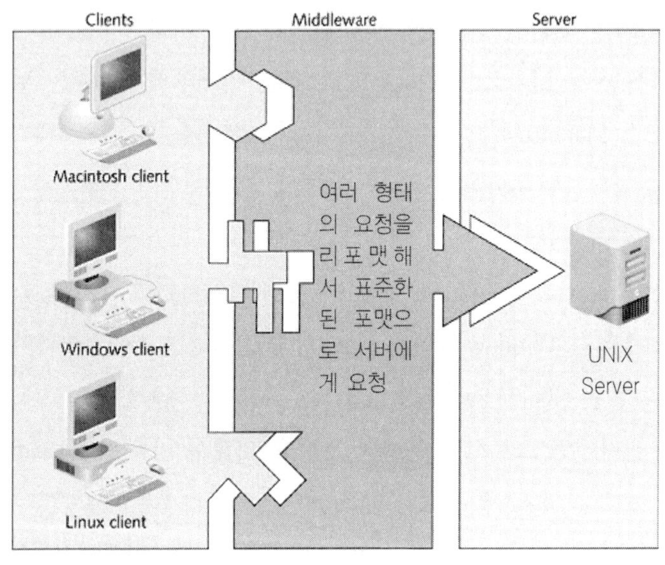

(2) 사용자와 그룹

NOS에 의해 사용자가 승인받은 뒤에도 사용자는 서비스와 리소스에 접근하는 것이 NOS에 의해 규제되는데, 사용자가 부여받은 사용자계정과 속한 그룹의 권한에 따른다. 네트워크에서 사용자가 파일이나 다른 리소스에 접근하기 위해선 사용자명이 필요하다. 예를 들어 2,000명이 있는 대규모 네트워크에서 각 사용자에게 파일, 프린터, 기타 리소스를 일일이 할당하는 것은 네트워크 관리자에게는 매우 고된 일임이 틀림없다. 이것을 쉽게 해주는 것이 ① 이들을 부서, 업무, 지위, 기타 내부규정에 의해 분류해서 그룹을 만들고, ② 같은 그룹 내에서도 또 역할에 따라 하위 그룹을 만들어, ③ 사용자들을 그룹에 넣고, ④ 각 그룹별로 권한을 다르게 주는 것이다.

모든 NOS는 리소스와 계정관리의 기본으로 그룹을 정하게 한다. 예를 들어 고등학교라면 '학생' 그룹, '선생님' 그룹, '교직원' 그룹 등을 만들어, '선생님' 그룹에는 학생출석과 성적 보는 것을 허가(permit)해주지만 '학생' 그룹은 성적 보는 것을 거부(deny)로 설정하고,

'교직원' 그룹만 학교관리 자료를 보게 하는 식이다. 여기서 읽기, 쓰기, 모든 권한, 거부 등의 권한을 그룹별로 따로따로 줄 수 있다.

NOS는 사용자를 확인해서 인증한 뒤 사용자명과 리소스 리스트와 접근제한을 살펴서 사용자가 특정 리소스에 접근 허가/제한이 있으면 그것에 따라 사용자에게 권한을 허가/거부하게 된다. 관리를 쉽게 하기 위해서 액세스타입에 따라 사용자를 나누어 계층식으로 권한을 부여하는데, 상위 그룹(부모그룹)에 부여한 허가/거부는 하위 그룹(자식그룹)에 영향을 미치는데 이를 상속(inherited)이라고 부른다. 만일 부모그룹 A에 자식그룹 a, b를 만들었다면 A에 준 허가/거부는 a, b에게 모두 미치게 될 것이다. 하지만 a, b가 A의 모든 권한을 똑같이 가질 필요가 없다면 a와 b에게 따로따로 권한을 설정해주면 된다. 그러면 a, b는 상속한 A의 권한과 별도가 자신들이 가진 권한이 누적되어 그 중 큰 권한을 가지게 된다. 사용자와 그룹에게 제한이 적용된 뒤 클라이언트는 네트워크상의 프린터, 데이터, 장치 이용 등 리소스를 주어진 권한에 따라 사용할 수 있다. 이 모든 설정 구성을 NOS가 해주는 것이다.

2) 네트워크 요소 구별과 구성

최근 NOS는 사용자나 파일, 서비스, 서버 등 네트워크 요소들에 관한 정보를 조직할 때 거의 유사한 패턴을 가지고 있는데 이런 정보는 디렉토리에 저장되어 있다. 디렉토리는 리소스를 특성에 따라 조직한 것으로 예를 들어 파일 크기, 작성자, 유형, 허가 등을 모은 파일시스템 디렉토리 등이 있다. 최근에 거의 모든 NOS에서 파일관리를 위한 표준구조와 이름변환에 사용하는 것이 LDAP(Lightweight Directory Access Protocol)인데, 디렉토리에 저장된 정보에 액세스하게 하는 프로토콜이다. 동일한 파일 디렉토리 표준을 따름으로써 다른 NOS 사이의 정보도 쉽게 공유될 수 있게 했다.

LDAP 호환 디렉토리에서 스키마(schema)는 오브젝트의 종류와 오브젝트 관련 데이터베이스의 정보타입을 정의한 세트이다. 예를 들어 오브젝트 종류의 한가지인 Printer에는 이 Printer 오브젝트와 관련된 정보타입인 Location이 스키마 속에 정의되어 있다. 디렉토리 스키마는 클래스와 속성 두 가지를 가지고 있는데, 클래스(Classes : Object classes로도 부름)는 디렉토리 안에서 규정될 수 있는 오브젝트 타입을 말하며 사용자 계정이나 프린터가 해당된다. 속성(Attribute)은 오브젝트와 관련된 특성이다. 예를 들어 Home Directory는

User Account 오브젝트와 관련된 속성이고, Location은 Printer 오브젝트와 관련된 속성이다. 클래스는 여러 속성으로 구성되어져 있다. 따라서 오브젝트를 만들면 그 오브젝트에 관한 정보를 가지고 있는 수많은 속성들도 함께 만들어져서 그 오브젝트 클래스와 속성들이 디렉토리에 저장된다.

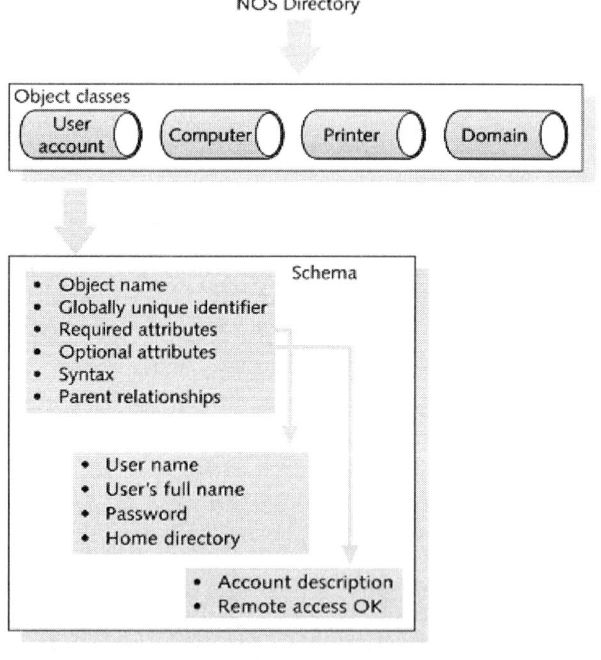

〈User 계정 오브젝트와 그와 관련된 스키마 요소들〉

오브젝트를 더 잘 조직하거나 관리하기 위해서 관리자는 컨테이너(Container), 혹은 OU (Organizational Units)를 만들어 오브젝트를 넣어 두는데, OU는 유사한 오브젝트들을 모아놓은 논리적으로 정의된 그릇이다. 앞에서의 학교 예를 보자면, 선생님과 학생, 교직원들은 네트워크를 위해서 모두 사용자명과 패스워드를 가지고 있는데, 각각의 사용자들은 오브젝트며 계정을 가지고 있다. 계정은 리소스 사용 권한, 패스워드, 이름 등 사용자의 모든 기록을 가지고 있는 레코드이다. 이런 오브젝트를 조직하는 방법 중 하나가 이 모든 사용자들을 Users라는 OU에 넣는 것이다. 또 컴퓨터 교실 하나를 오직 학생들이 주어진 시간 동안만 이용하게 한다면 이 교실을 사용하는 학생들의 사용자명과 그곳에 있는 프린터, 응용프로그램을 모아 Students_labs라는 OU에 넣어두고 일정 응용프로그램과 일정 시간만 인터넷을 사용할 수 있도록 이 OU에 제한을 걸어두면 된다. OU는 이렇듯 여러 오브젝트를 가지는 논리적으로 정의된 구조로써 오브젝트처럼 실제로 무엇을 나타내는 것이 아니다. OU는 그룹과 다른데, OU는 사용자뿐만 아니라 원칙을 적용시킬 여러 타입의 오브젝트들(위 컴퓨터교실의 예에서 학생뿐만 아니라 프린터, 응용프로그램 등도 포함되어 있음)을 모은 것이다.

LDAP 표준에서 디렉토리와 그 내용은 트리구조를 이룬다. 트리(tree)는 한 디렉토리 안의 여러 계층적 레벨의 논리적 표현이다. 트리라는 용어는 전체 구조가 한 시작점(Root)에서 시작되어 어느 지점에서 가지처럼(Branch, Containers) 뻗어가다 또 다른 가지를 뻗친다는 개념에서 온 것이다. 오브젝트는 이 가지의 마지막 항목으로 때때로 리프 오브젝트(Leaf objects)로 불리기도 한다.

NOS를 설치하기 전에 현재와 장래의 디렉토리 트리를 염두에 두고 있어야 한다. 예를 들어 어느 신발 제조업체에서 네트워킹을 위해서 사용자, 프린터, 컴퓨터라는 세 개의 OU를 만들었는데 사업 확장으로 인해 의류 제조도 하게 됐다면, 이 의류 제조를 위한 새로운 사용자, 프린터, 컴퓨터 세 개의 OU를 따로 만들어 기존 '신발' OU와 구별해 '의류' OU를 만들어야 할 것이다. 디렉토리 트리는 매우 유연하므로 한편으론 복잡해질 수 있다. AD(Active Directory)는 Windows Server 2003이 사용하는 LDAP기반 디렉토리 서비스이다.

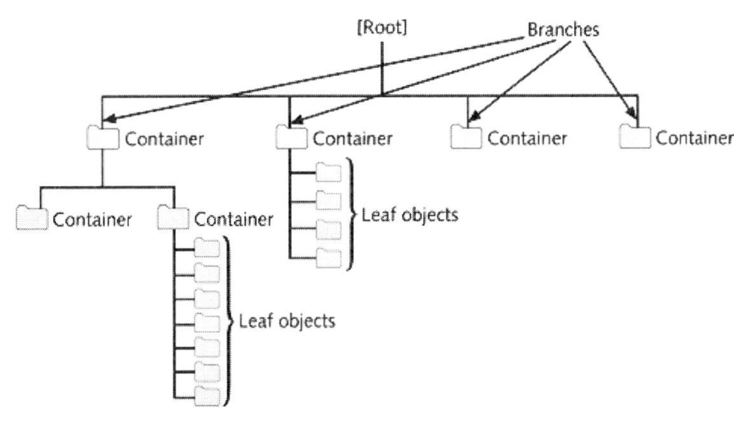

〈디렉토리 트리〉

3) 응용프로그램 공유하기

클라이언트/서버 구조의 장점 중 하나가 리소스 공유로써, 이를 통해서 리소스 공유관리의 시간과 비용을 줄이게 한다. 보통 중대형 네트워크에서는 공유 응용프로그램을 파일서버에 설치한 뒤 클라이언트들이 서버에 접속해서 프로그램을 실행하게 하지만, 소규모 네트워크에서는 이 서버가 인터넷 연결, 보안, 원격접속 서비스까지 모두 감당하게도 한다. 그러므로 이들 응용프로그램의 공유사용에 대한 라이센스 비용까지도 관리자는 염두에 두어야 한다. MS Word 한 카피를 구입해서 서버에 설치한 뒤 수십 명의 클라이언트들이 사용하게 할 수 없다는 말이다.

소프트웨어 공유 라이센스 비용은 벤더에 따라서 다른데 “동시에 몇 명 사용”으로 규정해서 그 인원만 사용하게 하는 퍼유저(per user) 라이센스와 “필요로 하는 모든 사용자” 수에 따라서 라이센스를 판매하는 퍼시트(per seat) 라이센스가 있는데, 당장은 이용하지 않는 사용자 수도 포함한 개수로 사용자 로그온 ID 혹은 머신의 네트워크 주소 등으로 구별한다. 또 고정가격으로 “인원수와 상관없이 무한으로 사용”하게 해주는 사이트(site) 라이센스도 있다. 그러므로 앞의 학교 예에서 전체 학생이 사용하는 프로그램이 있다면 사이트 라이센스가 좋겠고, 컴퓨터 룸에서만 사용하는 프로그램이 있다면 퍼시트나 퍼유저 라이센스가 경제적일 것이다.

이제 적절한 라이센스 타입을 선택했다면 응용프로그램을 서버에 설치할 때이다. 그러나 그 전에 서버의 하드웨어가 이 응용프로그램을 실행하기에 충분한 공간이 있는지와 메모리는 충분한지, 여러 프로세싱을 처리할 능력은 있는지 등을 점검해 보아야 한다. 이럴 땐 소프트웨어의 안내서를 참조하는 것이 좋겠다.

응용프로그램을 서버에 설치한 다음엔 클라이언트들이 이것을 이용하게 해주어야 한다. NOS를 통해서 사용자들에게 응용프로그램이 설치된 서버 디렉토리에 접속할 권한을 주어야 하는데 사용자들은 적어도 접속해서 읽을 수 있는 권한을 가져야 하지만, 일부 사용자는 파일을 만들고 수정하며 삭제할 권한을 가질 필요도 있다. Windows기반이나 Macintosh 클라이언트, 또 일부 UNIX와 Linux 클라이언트에게 사용자의 데스크톱에서 응용프로그램을 실행하게 하려면 프로그램의 아이콘을 데스크톱에 만들어 주면 된다. 사용자가 이 아이콘을 클릭하면 클라이언트 소프트웨어가 서버에게 프로그램을 열어달라는 요청을 보내게 되고 NOS는 프로그램의 일부를 사용자 머신에 보내서 메모리에 저장시킨다. 이렇게 함으로써 네트워크를 통해서 클라이언트의 매 작업 명령어가 서버에 일일이 전해지지 않게 해서 사용자와 서버 프로그램의 상호작용을 빠르게 해준다. 사용자와 프로그램 사이의 프로세싱 처리량은 네트워크의 성능에 따라 달라진다.

응용프로그램 파일은 단일 리소스인데 여러 사용자가 동시에 같이 이 파일을 사용해도 효율적이고 정확하게 작업하게 해주는 이유는 무엇일까? 동시에 여러 사용자가 자신들의 데스크톱에 있는 응용프로그램 아이콘을 클릭했을 때 어떻게 응용프로그램은 어느 사용자가 자신을 요청하고 있는지 알 수 있을까? NOS가 이 모든 것을 조정해준다. 실제로 NOS는 한 요청에 응해준 다음 또 다른 요청에 응해서 매번 응용프로그램을 복사해서 각 요청자의 메모리에게 나눠주는 것이다. 이렇게 해서 사용자는 각각 별도로 응용프로그램을 사용하고 있는 셈이 된다.

하지만 공유액세스는 여러 사용자가 동시에 같은 데이터나 응용프로그램에 액세스할 때 문제가 될 수도 있다. 예를 들어 온라인 경매를 보자. 인터넷을 통해 동일한 상품에 대해서 여러 입찰이 들어오는 것을 모두 받아야 하는데 경매가 끝날 때쯤 세 명이 동시에 입찰을 냈다면 경매 사이트는 어떻게 이들을 받아들일까? 미들웨어가 있다. 이 세 명이 동시에 경매 사이트의 서버에 들어있는 데이터베이스를 직접 수정할 수는 없으므로 서버에 있는 미들웨어가 이 세 명의 입찰을 받아들여 데이터베이스에 전해준다. 만일 서버가 바쁘지 않다면 미들웨어가 이 입찰을 서버에게 전해주지만, 서버가 바쁘다면 데이터베이스가 쓸 준비를 할 동안 입찰을 기다리게(in queue) 한 뒤 한 입찰씩 전해주어 대기가 없게 해준다. 그러므로 어느 한 순간엔 어느 한 입찰만 데이터베이스에 쓰여지게 되는 것이다.

4) 프린터 공유하기

프린터나 팩스와 같은 주변장치를 공유함으로써 리소스를 효율적으로 관리해서 조직의 비용을 절감시킬 수 있다. 대부분 경우 조직은 한 서버를 지정해서 프린트서버로 사용하는데, 프린터는 이 서버에 직접 연결되어져 있거나 사용자와 가까운 네트워크에 연결되어져 있게 된다. 네트워크에 연결되는 프린터는 자체적인 NIC를 가지고 있으며 네트워크 주소를 가지고 있어야 한다. 혹은 어느 워크스테이션에 연결되어 있으면서 공유된 공유프린터가 있을 수도 있다. 네트워크 프린터는 네트워크상에서 프린터 오브젝트로 나타나야 하며, 프린터 이름을 가질 수 있고, 원격 모니터링이 가능해야 하며, 우선순위 등을 설정할 수 있어야 한다 등의 특징이 있다.

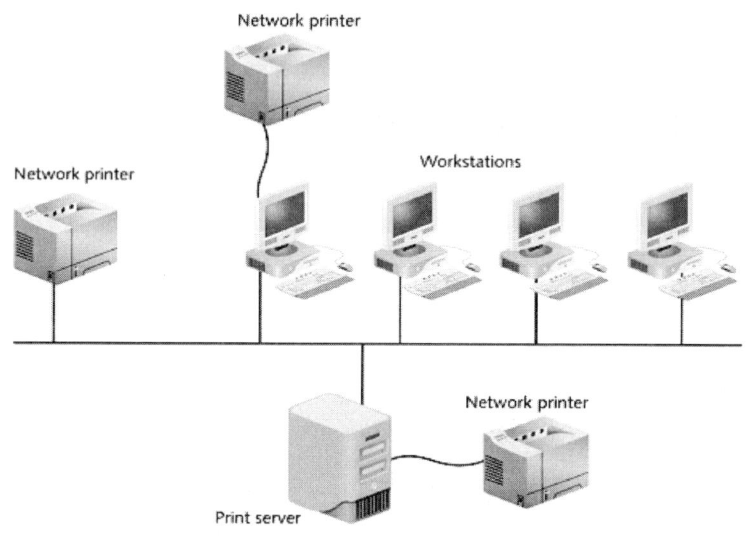

〈공유된 네트워크 프린터〉

네트워크 관리자는 각 프린터의 위치와 부서, 용도 등에 따라 계획을 가지고 이름을 붙여나가야 한다. NOS는 새로운 프린터 오브젝트를 만들고 속성을 부여하게 한다. Windows Server 2003은 프린터 추가 마법사(Add Printer Wizard) 등을 통해 프린터를 추가해서 공유하게 해주고, NetWare 6.x는 새로운 오브젝트를 만들게 한 뒤 순서대로 설정하게 해준다. UNIX나 Linux는 lpd 명령어로 프린터를 정의한 뒤 GUI로 설정하게 해준다. 새로운 프린터를 만들 때 이미 서버에 드라이버가 설치되어져 있지 않다면 NOS가 프린터 드라이버를 설치하게 한다.

프린터에 잡(job)을 보내려면 프린터큐(printer queue)에 권한을 가지고 있어야 한다. 프린터큐는 프린터 입출력에 관한 논리적 표현으로 실제 물리적으로 존재하는 것이 아니라 가상적으로 프린터의 “대기상자”처럼 작동하는 것을 말한다. 사용자가 어느 문서를 인쇄하려고 프린터를 클릭하면 문서가 프린터큐로 보내진다. 이 때 프린터에 관한 권한이 있어야 하는데 사용자는 보통 인쇄할 수 있는 권한만 가지고 있지만, 관리자 등은 인쇄의 우선순위 변경, 삭제 등의 권한도 가지고 있다. 클라이언트가 네트워크 프린터에 프린터 잡을 보내면 클라이언트 리다이렉트가 네트워크로 보낼지 로컬에 머물게 할지 결정한 뒤 네트워크로 보내면 프린터서버로 가게 되는데, 프린터서버는 프린터잡을 적절한 프린터큐로 프린터 장치에게 보낸다.

5) 시스템 리소스 관리하기

서버의 메모리나 프로세서와 같은 시스템 리소스는 한계가 있고 여러 클라이언트에 의해 사용되므로 최상의 여건에서 작동되게 하는 것이 중요하다. 최근 NOS는 서버의 메모리, 프로세서, 버스나 하드디스크를 최적의 상태로 사용되게 하는 능력을 가지고 있어서 클라이언트의 요청을 빠르고 신뢰할 수 있게 처리해 줌으로써 전체 네트워크의 성능도 증가시켜준다. NOS가 이들에 관해서 하는 일들을 알아보자.

(1) 메모리

물리적 메모리(physical memory)라는 것은 머신에 물리적으로 장착되어 있는 RAM을 말하는 것으로, 작업에게 메모리를 주는 것이 임무이다. 메모리의 용량은 서버가 하는 일에 따라서 달라지는데 Windows Server 2003을 돌리는데 드는 최소 메모리량은 256MB이다. 그러나 이 서버가 파일이나 프린터 공유, 원격접속 등도 하게 한다면 더 나은 성능을 위해 더 많은 메모리를 필요로 하게 되므로 4GB까지 있어야 될 수도 있다. RAM의 용량을 무한히 늘릴 순 없는데, CPU의 성능에 따라 제한되기도 하기 때문이다.

가상메모리(virtual memory)라는 것도 있는데, 가상적으로 하드디스크 일부를 일시적으로 메모리처럼 사용하게 해서 실제 메모리의 용량을 늘리는 기법을 말한다. 물리적 메모리와 가상메모리 모두를 합쳐서 총 가상메모리 용량이 된다. 서버도 이 물리적 메모리와 가상메모리 모두를 사용한다. 가상메모리는 하드디스크에 페이지파일(page file : paging file, 혹은 swap file이라고도 함)로 저장되어 있는데 OS가 통제한다. 시스템이 RAM의 크기를 초과하는 작업을 할 때마다 페이지라고 불리는 정보블록이 RAM에서 하드디스크상의 가상메모리 영역으로 옮겨지는데 이 기법을 "페이징"이라고 부른다. CPU가 페이지파일로 옮겨진 정보를 필요로 하면 이 정보블록이 가상메모리 영역에서 다시 RAM으로 옮겨진다.

이 가상메모리는 약이 될 수도 해가 될 수도 있다. 서버에 충분한 하드디스크 공간이 있다면 서버 응용프로그램을 위해서 가상메모리를 사용할 수 있는데, 자동으로 머신이 알아서 용량을 정해주지만, 물론 관리자가 조절할 수도 있다. 하지만 가상메모리는 하드디스크에 위치하므로(당연히 액세스하는데 RAM보다 무척 느리다) 머신의 전체적 작동을 느리게 하기 때문에 과도한 가상메모리는 성능문제를 가져온다.

(2) 멀티태스킹(Multitasking)

서버가 리소스를 더욱 효율적으로 사용하게 해주는 또 다른 기법이 멀티태스킹인데, 매우 짧은 순간에 프로세서가 여러 가지 다른 작업을 동시에 처리하는 것을 말한다. 만일 여러 가지 작업을 데스크톱에서 실행하고 있다면 운영시스템이 멀티태스킹을 사용하고 있는 것이다. 거의 모든 NOS는 멀티태스킹을 지원하지만 그렇지 못하다면 서버가 계속해서 일일이 작업요청을 받고 응답하느라 네트워크 성능이 매우 느려질 것이다. 그렇지만 실제로는 어느 한 순간엔 한 가지만 작업하고 있다(만일 여러 CPU를 가진 서버라면 여러 작업을 각 CPU에게 할당해서 동시에 독립적으로 편하게 할 수 있는데 이를 multiprocessing이라고 한다).

NetWare, UNIX, Linux, Mac OS X와 Windows Server 2003은 한 번에 한 작업만 할 수 있어서 어느 프로세싱이 CPU를 한동안 잡고 있다가 다른 프로세싱에게 CPU를 넘겨준다. 그래서 각 프로그램은 순서적으로 자신의 프로그램을 CPU에 로딩하고 실행하게 된다. 이런 기법을 선점형 멀티태스킹(Preemptive multitasking)이라고 하고, UNIX에서는 시분할(time-sharing) 기법을 쓴다. 하지만 이런 작업 간 전이과정이 너무 빨라 사용자는 알아차리지 못하고 동시에 여러 작업을 하고 있는 것처럼 느낀다.

(3) 멀티프로세싱(Multiprocessing)

시스템 리소스를 관리할 때 여러 번 접하게 되는 프로세스(process)라는 용어는 어느 정해진 목표를 이룰 때까지 실행되는 연속적인 지시순서 과정을 말한다. 워드프로세싱 프로그램의 실행파일이 실행되는 것이 프로세스의 예이다. 쓰레드(thread)는 프로세스 안에 잘 정의되어져 들어있는 기능이다. 프로세스는 적어도 한 가지 메인쓰레드를 가지는데 여러 쓰레드를 가지는 경우 각각은 서로 독립적으로 작동될 수 있다. 예를 들어 워드작업동안 순간순간 저장하는 시간을 줄이려면 워드 프로그래머가 파일저장 과정을 독립 쓰레드로 만들어두면 될 것이다. 즉, 워드프로그램의 파일저장 부분을 메인쓰레드 안에서 독립적으로 실행되게 만드는 것이다. 그러면 문서작업을 하는 동안 쓰여진 문서는 자동적으로 하드디스크에 저장되게 된다. 설정을 통해서 이렇게 할 수 있다.

프로세스를 처리하고 있는 시스템은 어느 한 순간엔 한 쓰레드만 다룰 수 있어서 여러 프로그램들을 동시에 실행시키고 있다면 CPU가 아무리 빠르다 해도 많은 프로세스와 쓰레드가 대기하고 있어야만 될 것이다. 하지만 여러 CPU를 사용하면 서로 다른 쓰레드를 각각 CPU에서 따로 실행시킬 수 있다. 이렇게 여러 쓰레드를 여러 CPU에서 실행하게 한 기법을 멀티프로세싱(multiprocessing)이라고 한다. 서버에 이 기법을 사용하면 응용프로그램의 응답을 빠르게 할 수 있는데 물론 NOS가 이 기법을 지원해 주어야 한다. Windows NT Server는 4개까지 CPU를 지원했고 Windows Server 2003은 32개까지 CPU를 지원한다(보통은 4개까지만 장착된다). 멀티프로세싱은 한 작업을 여러 CPU로 나누어 무척 빠르게 처리시킬 수도 있다. 예를 들어 5개의 차선이 있는 고속도로에서 운전자들은 막히는 차선을 피해 빠른 차선으로 차를 몰 것이고, 이렇게 함으로써 전체적인 고속도로의 차량진행이 빨라지게 된다. 만일 한 차선밖에 없다면 많은 운전자들은 막히는 차선을 피하지 못하고 그대로 느리게 운전해야만 할 것이어서 전체적인 차량진행은 느리게 된다. 이렇듯이 멀티프로세서는 단일 프로세서보다 더 많은 지시어를 더 빨리 처리하게 한다.

최근 NOS는 동기식 멀티프로세싱을 지원하는데 모든 작업을 똑같이 나누어 두 세 개의 CPU에게 균일하게 분배하는 기법이다. 또 비동기식 멀티프로세싱은 각 작업을 특정 CPU에게 별도로 분배하는 기법으로 위의 고속도로 예에서, 비동기식은 모든 트럭은 5차선, 모든 버스는 3차선, 모든 승용차는 2차선 등으로 정해주는 것과 같다. 그렇게 보면 5차선은 트럭만 달리므로 전체적인 속도가 느려질 것이다. 따라서 특정지어 말할 수는 없지만 동기식 멀티프로세싱이 모든 부하를 고르게 분배하기 때문에 좀 더 빠른 처리 방식이라고 볼 수 있다. 이 멀티프로세싱은 서버가 매우 빠르게 프로세스를 처리해 주어서 여러 작업을 동시에 빠르게 할 수 있게 하지만, 만일 사용자들이 가끔 서버에 들어와 파일이나 데이터베이스에 접속한다면 멀티프로세서는 불필요하다. 그러므로 서버 구매 전에 이런 멀티프로세서가 필요한지 사전에 충분히 검토해 두어야 한다. 서버의 응답이 느린 것이 서버머신의 RAM이나 CPU 때문이 아니라 네트워크 연결이나 서버의 하드디스크 처리가 느린 것일 수도 있다.

2 Windows Server 2003

Windows Server 2003은 MS의 NOS 중 최신버전으로 2003년에 출시되었다. 기존의 Windows NT Server와 Windows 2000 Server를 개선한 제품으로 사용자 직관적인 그래픽이며 멀티태스킹 지원에 여러 응용프로그램들이 내장되어 있다. GUI(Graphic User Interface : [구-이]라고 발음함)는 컴퓨터 기능을 그림으로 표현한 것으로 관리자가 사용자, 파일, 보안, 프린터 등을 쉽게 관리하게 해준다. 기존 Windows 2000보다 더 신뢰성 있고, 안정적이며, 개선된 성능과 관리의 편리함을 준다. Windows 2003 시리즈는 네 가지 다른 버전이 있지만 NOS에서 보면 Standard Edition, Web Edition, Enterprise Edition, 그리고 Datacenter Edition이 있다. 이들의 차이를 간략히 아래에 적었다.

1. Standard Edition－기본적 리소스 공유와 대부분 비즈니스에서 필요한 관리를 제공한다. 4GB RAM을 지원하며 동기식으로 네 개의 CPU를 지원한다.
2. Web Edition－웹 사이트 호스팅, 웹 개발, 그리고 웹 기반 응용프로그램 기능이 추가되었다.
3. Enterprise Edition－동기식으로 여덟 개의 CPU를 지원하며 32-bits에서 32GB의 RAM을 지원한다(64-bits에서는 64GB의 RAM까지 지원 가능). 재난대비를 위한 클러스터링(clustering)을 지원하며 고도의 신뢰성과 성능을 보장한다.
4. Datacenter Edition－동기식으로 32-bits에서 32개의 CPU와 64GB의 RAM을 지원하며(64-bits에서는 64개 CPU와 512GB의 RAM까지 지원 가능), 재난대비를 위한 클러스터링을 지원한다. 최고의 신뢰성과 성능을 보장한다.

Windows Server 2003은 대부분 네트워크 관리자의 숙원을 거의 해결해준 최고의 NOS이다. MS는 물론 최고의 벤더이기 때문에 이 운영체제에 맞는 여러 소프트웨어와 하드웨어가 손색없이 지원하고 있고 MS의 개발자 그룹이나 서드파티의 뉴스그룹, 그리고 MS에서 제공하는 지원 CD 등이 네트워크관리에서 겪을 수 있는 여러 문제들을 잘 지원해준다.

Windows Server 2003 Standalone Edition은 다음과 같은 특징을 갖고 있다. ① 멀티프로세서와 멀티태스킹, 동기식 멀티프로세싱을 지원하고, ② AD를 통해서 네트워크 오브젝트를 조직하고 관리하게 해주며, ③ 여러 클라이언트, 리소스, 서비스 등을 MMC를 통해 중앙에서 관리하게 하며, ④ 높은 보안과 쉬운 관리로 통합 웹 개발과 지원 서비스를 제공하고, ⑤ 최신 프로토콜과 보안 표준을 지원하며, ⑥ 다른 NOS와 잘 작동되어 여러 클라이언트 OS와 잘 호환되며, ⑦ 자동 소프트웨어 업데이트 등과 같은 원격지원 서비스를 제공하고, ⑧ 고성능과 대규모 저장장치를 지원한다 등이다.

물론 MS의 NOS가 오랫동안 간편한 사용자 인터페이스로 사랑받아오고 있지만 일부 네트워크 관리자는 보안과 성능에 문제를 제기하기도 했었다. 하지만 Windows 2003 시리즈로 MS는 이런 문제들을 불식시켰다. 그리고 NOS의 성능비교는 같은 프로그램, 클라이언트 등을 각 NOS에서 설치한 후 테스트 해보아야 결과가 나올 수 있는 문제이다.

2.1 하드웨어

서버 머신은 클라이언트 머신보다 더 많은 프로세서와 메모리, 하드디스크 공간을 필요로 한다는 것과 여분의 구성요소, 모니터링 요소, 펌웨어, 여러 CPU와 NIC 지원, 그리고 일반적인 CD-ROM이나 플로피디스크뿐만 아니라 테이프드라이브와 같은 다른 장치들도 장착될 수 있다는 것을 알고 있어야 한다. 그러므로 선택하는 NOS가 이런 모든 요구들을 수용할 수 있어야 한다. MS의 NOS에 맞는 하드웨어는 HCL(Hardware Compatibility List)을 참조하면 된다. HCL은 설치 CD에 포함되어져 있기도 하지만 Windows의 거의 모든 시리즈에 맞는 하드웨어 리스트를 MS의 웹사이트 http://www.microsoft.com/whdc/hcl/default.mspx에서 찾을 수 있다.

최소 요구 RAM과 하드디스크, CPU는 NOS에 따라 달라지며 사용하는 응용프로그램과 성능에 따라 더욱 좋은 하드웨어를 필요로 한다. 다음에 간략히 적었다.

요소	요 구
프로세서	133MHz이나 더 높은 Pentium or Pentium 호환 프로세서로 550MHz 권장. Windows Server 2003, Standard Edition은 한 서버에 4개 CPUs 지원
메모리	128MB의 RAM이 최소 필요지만 256MB 권장. Windows Server 2003은 최대 4GB까지 지원

요소	요 구
하드디스크	Windows Server 2003 지원 하드는(HCL규정에) 최소 1.5GB의 공간이 시스템파일들을 위해 있어야 함
NIC	Windows Server 2003에 NIC가 없어도 되지만 네트워크에 연결되려면 있어야 하고, HCL에 있는 NIC를 사용해야 하며 하나 이상의 NIC를 지원함
CD-ROM	네트워크를 통해 설치되지 않는다면 HCL에 있는 CD-ROM를 사용해야 함
지시장치	HCL에 있는 마우스나 지시장치를 사용해야 함
플로피 드라이브	필요 없음

2.2 메모리 모듈

Windows Server 2003은 네 개의 CPU를 지원하며 동기식 멀티프로세싱에 가상메모리를 사용한다. 일부는 32-bits를 이용하지만 64-bits를 사용하면 CPU 타입이 달라져야 하며 더 많은 지시어가 있어야 한다. 초기의 Windows는 16-bits를 사용했었다. Windows 2003은 각 응용프로그램을 32-bits 메모리영역에서 주로 실행되게 하며 CPU가 모두 통제하지만 프로세스에게 별도의 메모리영역을 할당해 줌으로써 한 프로세스가 다른 프로세스 영역을 간섭하지 않게 했다. 또 더 많은 물리적 메모리를 설치하게 해서 프로세스를 더욱 빨리 처리하게 했고 가상메모리를 사용하게 해서 총 사용 메모리량을 늘렸는데 '제어판'→시스템→'고급'으로 가서 '성능' 아래 '설정'→[고급]탭에서 크기를 조절할 수 있다.

2.3 파일 시스템

Windows 2003은 논리적인 구조와 소프트웨어 처리를 통해 파일 액세스와 파일 조직 및 관리를 하는 몇 가지 파일시스템을 제공한다. 여기에는 FAT16, FAT32, UDF, CDFS, 그리고 NTFS 등이 있다.

1) FAT(File Allocation Table)

디스크는 클러스트(clusters)로 나뉘는데 디스크 공간을 논리적으로 분할한 데이터 저장의 최소공간이며 이들을 묶어서 파티션(partition)이라고 부른다. FAT는 이 파티션의 첫 부분을 말하며 사용되고 있거나, 사용되지 않고 있는 파티션의 정보를 가지고 있고 각 디렉토리 안에 들어있는 파일 정보와 파일 크기, 이름, 만들어진 날짜 등의 정보도 가지고 있다.

(1) FAT(16)

FAT는 1970년대에 만들어진 오리지널 파일시스템으로 플로피디스켓, 하드디스크를 지원한다. 16-bits 할당으로 초기 DOS와 Windows 머신에 사용되었다. 하지만 최근의 머신에서는 긴 파일명 제한, 조각화, 보안취약, 최대크기 제한 등의 이유로 사용되지 않고 있다.

FAT의 특징은 다음과 같다. ① 2GB의 하드디스크 한계를 가지고 있으며(Windows Server 2003에서 실행하면 4GB까지 가능), ② 16-bits 필드로 정보를 저장하고, ③ 8.3규칙(이름 8자. 확장자 3자)을 가지며, ④ Read(읽기), Write(수정, 작성), System(OS만 읽고 쓸 수 있음), Hidden(사용자는 볼 수 없음) 혹은 Archive(백업 여부 알림)로 파일을 분류하고, ⑤ 데이터를 비연속적으로 저장하므로 조각난 것들은 링크를 통해서 같은 파일에 속한 것을 알게 해준다. ⑥ 오버헤드가 적으므로 데이터를 읽고 쓸 때 빠르고, ⑦ Linux와 같은 다른 운영체제에서도 쉽게 인식된다 등이다.

(2) FAT32

1990년대에 FAT16을 개선한 것으로 출시되었는데, 좀 더 긴 이름을 지원하게 했고 32-bits로 데이터를 처리하게 했다. 오리지널 FAT16의 특성을 가지고 있으면서도 파일 클러스터 크기를 많이 줄여서 FAT16보다 디스크를 15% 더 효율적으로 사용되게 했다.

FAT32의 특징은 다음과 같다. ① 28-bits 필드로 정보를 저장하며(32-bits 중 4-bits는 예약), ② 더 긴 파일명을 지원하고, ③ 3TB까지 하드디스크를 지원하며(Windows Server 2003에서 실행하면 32TB까지 가능), ④ 데이터 손상 없이 파티션 크기를 조절할 수 있고, ⑤ 더 좋은 보안을 제공한다 등이다. 당연히 최신 머신은 FAT16보다 FAT32를 좋아한다.

2) CDFS(CD-ROM File System)과 UDF(Universal Disk Format)

CDFS는 CD-ROM에서 읽고 쓰기 위한 파일시스템으로, Windows 2003은 설치나 네트워크 공유를 위해 이 파일시스템을 지원하므로 별도의 구성없이 Windows를 설치할 때 자동으로 구성된다. 또한 UDF는 CD-ROM과 DVD(Digital Versatile Disc)에 사용되는 파일시스템이다.

3) NTFS(New Technology File System)

MS가 개발했는데 Windows NT 4.0부터 사용되었다. 안전하고 신뢰할 만하며, 파일을 압축해서 디스크 공간을 줄여주며 대용량의 파일도 다루게 해준다. 데이터, 프로그램, 그리고 다른 공유 자원에 빠르게 접속하게 해주는데 Windows NT, 2000, XP, 그리고 2003에서 사용된다.

MS에서는 이 파일시스템을 권하고 있는데 특징은 다음과 같다. ① 파일명이 255자까지 가능하고, ② 파일 정보를 64-bits필드로 저장하며, ③ 16EB(2^64)까지 파티션이 가능하고, ④ Mac 머신과 접속될 수 있으며, ⑤ 다양한 파일과 폴더 압축을 지원해주어 40%까지 공간을 절약하게 한다. ⑥ 파일손상 시 복구를 쉽게 해주고, ⑦ 파일과 사용자 계정, 그리고 프로세스를 파일 단위까지 암호화해주며, ⑧ RAID를 사용해서 재난대비를 해 준다 등이다.

Windows Server 2003을 설치하기 전에 어느 파일시스템이 적절한지 생각해 두어야 하는데 FAT32는 Windows 9x에서 주로 쓰였고 Windows 2000이나 2003 Server에는 적절치 않고 네트워크 관리나 압축, 보안 등에서 보면 NTFS가 권할 만하다. 하지만 NTFS를 사용하면 리거시한 Windows 9x, 2000 Professional과 초기 UNIX 등에서 읽혀지지 못한다. 하지만 이들 OS와 Windows NT, 2000 Server, Server 2003에서 FAT16은 읽혀진다. 또 FAT16을 NTFS로 데이터 손실 없이 한 번 바꿀 수 있으나, NTFS를 FAT16으로 바꿀 순 없고 Partition Magic과 같은 유틸리티를 사용해야 한다.

2.4 MMC(Microsoft Management Console)

MS는 NOS에 별도의 관리자 기능도구를 넣어놨는데 사용자나 그룹을 만들 때 필요한 도구와 웹 호스팅을 도와주는 도구들이다. 이들 관리도구는 사용자 인터페이스에 초점이 있고 그래픽이라 사용하기 쉽다. Windows 2000과 2003 서버에는 관리도구가 MMC로 불리는 통합 형태로 되어져 있는데, 네트워크 환경에서 관리자가 할 수 있는 여러 가지 도구를 한 곳에 모은 콘솔이다. 만일 원하는 관리도구가 들어있지 않으면 스냅인(snap-in)으로 불리는 요소들을 이곳에 추가할 수 있다.

웹 서비스 서버와 데이터백업 서버 두 대가 있는 네트워크를 예로 보면, 데이터백업 서버의 MMC에는 하드디스크의 볼륨 등을 관리하는 디스크관리(Disk Management)와 어느 프로세스가 서버에서 실행되고 있으며 에러가 없는지 확인하게 해주는 이벤트뷰어(Event Viewer) 스냅인이 있을 것이고, 웹서버에는 FrontPage Server Extension과 IIS(Internet Information Services), 그리고 IAS(Internet Authentication Services) 스냅인이 있을 것이다. 서로 별개의 머신이라면 데이터백업 서버에 인터넷관련 스냅인들을 포함시킬 필요는 없다. 한 서버에 여러 MMC가 들어 있을 수 있다.

MMC를 처음 실행하면 콘솔이 열리고 상황에 맞는 스냅인을 넣어주어야 하는데, '시작' →'실행'에서 mmc를 타자하고 열리는 화면에서 '파일'→스냅인 추가/제거→'추가'로 가서 뜨는 리스트 중에서 원하는 스냅인을 선택해서 '추가'해주면 된다.

MMC를 원하는 대로 만들었다면 기능에 따라 설정에 이름을 붙여 저장한 뒤 '시작'→ 설정→제어판→'관리도구'에 가면 설정된 MMC가 있을 것이므로 나중에 편리하게 꺼내 쓰면 된다.

〈세 개의 스냅인이 추가된 MMC 화면〉

MMC는 작성자(author) 모드와 사용자(user) 모드 두 가지가 있는데 네트워크 관리자로써 모든 권한을 가지고 있다면 작성자 모드를 이용해서 스냅인을 추가, 삭제, 혹은 수정할 수 있다. 네트워크 관리자가 다른 관리자에게 모든 권한을 주지 않고 보기만 하는 정도의 관리를 위임시킨다면 사용자 모드로 만들어 관리시키면 된다.

2.5 AD(Active Directory)

네트워크에서 오브젝트들을 구성하고 관리하게 하는 방법으로 Windows 2000부터 사용되었던 AD라는 디렉토리 서비스를 2003 Server도 사용하는데, 이 AD의 구조와 이름변환 기능들이 다른 네트워크와 Windows가 더 잘 연동되게 해준다.

1) 워크그룹(Workgroups)

Windows Server 시리즈는 워크그룹과 도메인 모델로 설계할 수 있는데, 워크그룹은 중앙 서버와 상관없이 워크스테이션끼리 서로 리소스를 공유하게 하는 구성이다. 다른 말로 하면 피어투피어(peer-to-peer) 네트워크인 셈인데 각 워크스테이션이 사용자계정과 보안설정을 독자적으로 가지고 있다. 그러므로 각 머신은 액세스하기 원하는 머신에 자신의 계정이 들어있어야 한다. 각 머신은 독립적으로 실행되는 구성이므로 관리자가 네트워크를 관리하기가 힘들다. 네트워크 설계가 간단하고 설치가 용이해서 가정과 작은 사무실에 적합한 모델이라고 볼 수 있다.

2) 도메인(Domains)

서버/클라이언트 네트워크에서 도메인은 사용자, 서버, 그리고 다른 리소스들의 그룹으로 중앙에서 관리되는 데이터베이스와 보안설정을 가지고 있는데 도메인이 오브젝트와 속성을 기록하기 위해 사용하는 데이터베이스가 AD에 들어있다. 네트워크에서 리소스와 보안을 조직하고 관리하기 위해서 도메인을 구성하는데, 예를 들어 대학에서는 인문대, 공과대, 자연대 등 각 단과 대학별로 도메인을 구성할 수 있고 공과대 도메인 안에 화학공학, 산업공학, 전기공학 등 추가적인 도메인을 만들 수 있다. 공과대 도메인에 들어있는 모든 사용자와 워크스테이션, 서버, 프린터, 그리고 다른 리소스들은 AD 데이터베이스로 공유될 수 있다.

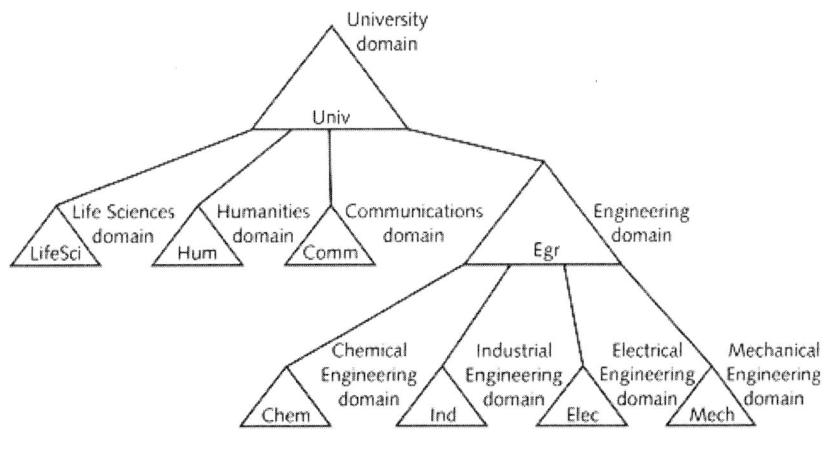

〈한 조직 안의 여러 도메인들〉

도메인은 지리적인 여건과 무관하다는 것을 기억해야 한다. 예를 들어 대학의 공과대 도메인에 속하는 사용자, 서버 등이 여러 도시에 걸쳐 있거나 글로벌한 캠퍼스에 있을 수도 있으므로 위치와 무관하게 오브젝트, 리소스, 그리고 보안 정보가 같은 데이터베이스와 같은 AD에 들어있게 된다. 네트워크 환경에 따라서 관리자는 기능, 위치, 보안조건에 따라 도메인을 정의할 수도 있다. 예를 들어 시내에 있는 대형 종합병원이 지리적으로 떨어져 있는 몇 곳의 진료소들과 WAN으로 연결되어 있다면 각 WAN의 위치에 따라 별개의 도메인을 만들거나 각 진료소마다 도메인을 따로 만들 수 있고, 혹은 전체를 한 도메인으로 해서 지리적 위치와 전문 분야별로 구별해 만들 수도 있다.

도메인에 있는 오브젝트들에 관한 정보를 가진 디렉토리를 도메인 컨트롤러(domain controller)라고 하는데 Windows Server 2003은 여러 도메인 컨트롤러를 가질 수 있다. 실제 각 네트워크마다 적어도 두 개의 도메인 컨트롤러를 가지게 해서 메인 도메인 컨트롤러가 실패해도 백업 도메인 컨트롤러가 도메인의 데이터베이스를 가지게 해서 시스템을 유지시킬 수 있다. 디렉토리 정보를 가지고 있지 않은 서버머신을 멤버서버(member server)라고 부른다.

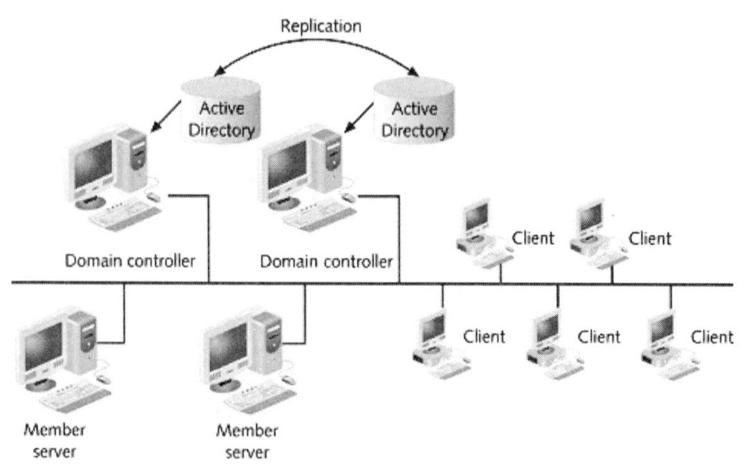

〈도메인 모델〉

멤버서버는 사용자와 그에 관련된 패스워드나 파일권한 같은 속성을 가지고 있지 않기 때문에 사용자를 인증할 수 없다. 오직 도메인 컨트롤러만 사용자 인증을 할 수 있다. Windows Server 2003은 도메인 컨트롤러이거나 멤버서버가 된다. 한 네트워크가 여러 도메인 컨트롤러를 가지고 있을 때 한 도메인 컨트롤러에서의 변경은 다른 도메인 컨트롤러로 즉시 복사되어져야 하는데 이를 복제(replication)이라고 한다. 복제는 재난대비가 되므로 한 도메인 컨트롤러가 잘못되어도 다른 도메인 컨트롤러가 사용자를 인증해주어서 로그온한 뒤 리소스를 사용하게 해준다.

3) OU(Organizational Unit)

NOS는 유사한 성격을 가지는 오브젝트들을 묶는 OU를 사용한다고 했는데, Windows Server 2003은 1,000만 오브젝트를 가질 수 있다. 그리고 각 OU는 여러 OU를 또 가질 수 있다. 앞의 대학 예에서 각 단과대학 도메인 안에 또 도메인을 만들 수 있다고 했다. 그 경우 OU에 따른 오브젝트 그룹들을 만들 수 있는데 자연과학부 도메인 안에 생물학과, 동물학과, 식물학과 등 OU를 만들 수 있고 그 속에 또 그와 관련된 OU들을 만들 수 있는데 생물학과에 A와 B, 동물학과에 C와 D, 그리고 식물학과에 B와 E OU를 만들 수 있다. B는 생물학과와 식물학과 양쪽에 들어있는 OU이다. 오브젝트들이 그룹으로 묶여져 있는 것을 컨테이너(container)라고 하는데(마치 여러 개의 물건들이 들어있는 책상서랍같이) 오브젝트들을 가지고 있는 컨테이너도 OU이므로 컨테이너와 OU는 유사한 개념이다.

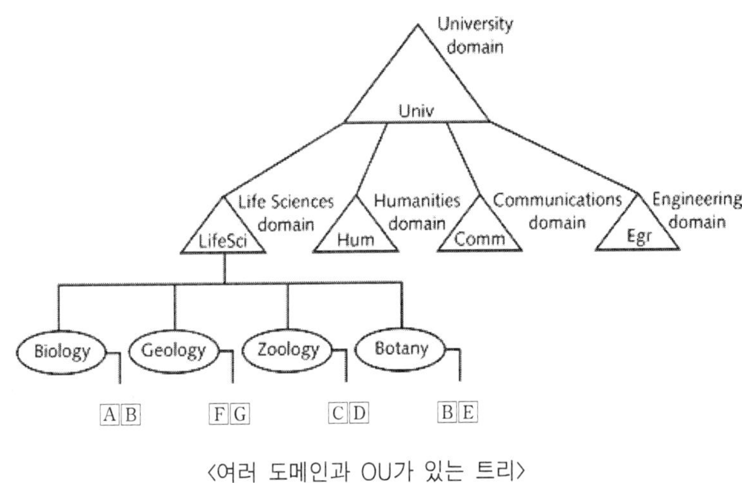

〈여러 도메인과 OU가 있는 트리〉

오브젝트들을 모아서 OU로 묶음으로써 단순하고 유연한 관리가 가능해진다. 예를 들어 D에 있는 프린터를 E가 8:00am~6:00pm으로만 접근하게 하려면 프린터 E가 속한 OU에 이 정책을 걸어두면 된다.

4) 트리와 포리스트(Trees and Forests)

NOS 디렉토리가 여러 레벨의 도메인과 OU를 가질 수 있다는 것을 알았다면 도메인에 있는 디렉토리의 구조를 알아야 한다. Windows Server 2003에 여러 도메인이 있을 수 있다고 했는데 AD는 도메인트리(domain tree)로 여러 도메인을 계층적으로 조직한다. AD 도메인트리의 최 하단에는 루트도메인(root domain)이 있고 그 곳에서 가지처럼 같은 정책이 적용되는 별도의 오브젝트 그룹인 자식도메인(child domain)이 퍼져나간다. 자식도메인 아래로 또 여러 OU가 네트워크 시스템과 오브젝트에 따라서 뻗어간다. 한두 개 도메인트리를 묶어서 포리스트라고 하는데 포리스트 안에 있는 모든 트리는 공통 스키마를 공유한다. 포리스트 안에 있는 도메인들은 서로 통신할 수 있지만 같은 트리 안에 있는 도메인만 공통 AD 데이터베이스를 공유한다. 다른 도메인트리에 포함된 오브젝트는 같은 포리스트 안에 있더라도 별도의 이름을 가진다.

5) 트러스트 관계(Trust Relationships)

네트워크가 효율적으로 작동되기 위해서는 도메인트리 안에 있는 도메인들 간 관계를 고려해 두어야 한다. 두 도메인 사이에서 한 도메인이 자신의 사용자들을 다른 도메인이 인증하게 해줄 때 두 도메인은 트러스트 관계에 있다고 하는데, AD는 양방향 (전이)트러스트(transitive trust)와 한 방향 (명시)트러스트(explicit trust)를 가지고 있다. 도메인트리 안에 들어있는 각 자식과 부모 도메인과 포리스트 안에 들어있는 각 최상위 레벨 도메인은 양방향 트러스트 관계로써, 도메인 A에 있는 사용자가 도메인 B에 의해 조직되고 인증받을 수 있고 그 반대도 가능하다. 더군다나 도메인 A에 있는 사용자는 도메인 B에 있는 어느 리소스도 사용할 수 있는 권리를 가지게 되며 그 반대도 가능하다.

새로운 도메인이 트리에 가입되면 트리 안에서 다른 도메인과 양방향 트러스트를 공유하게 된다. 이런 트러스트 관계는 사용자가 도메인트리의 어느 도메인에게서도 인증받을 수 있게 하지만, 그렇다고 트리 안의 어느 리소스도 마음대로 사용할 수 있다는 얘기는 아니다. 그러므로 사용자는 권한을 각 도메인별로 따로 받아야 한다. 예를 들어 공과대학과 생명과학 도메인이 양방향 트러스트 관계에 있다면, 전기공학부의 사용자 a는 공과대학 도메인에 속한 계정을 가지고 있지만 일이 있어 동물학과에서 작업하게 됐을 때 동물학과 OU와 그 속의 모든 사용자와 워크스테이션은 공과대학과 양방향 트러스트 관계에 있는 도메인에 속하므로 동물학과에서 로그온해도 공과대학 전기공학부에 있는 자신의 설정화면을 볼 수 있다.

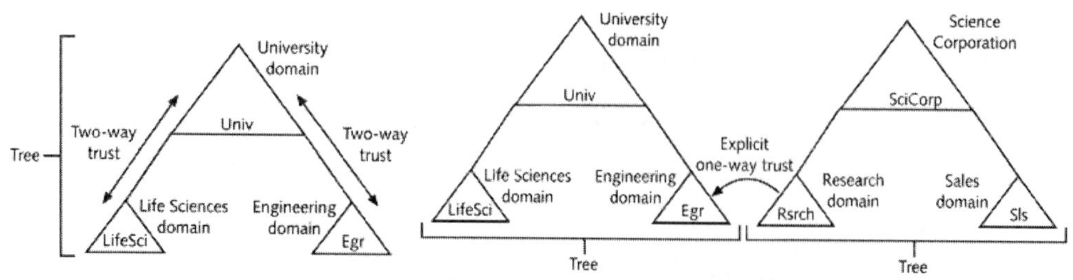

〈양방향 트러스트와 다른 트리에 있는 도메인 간 한 방향 트러스트〉

그러나 사용자 a는 평소처럼 공과대학의 모든 리소스를 이용할 수 있지만 인증해준 생명과학 도메인의 리소스는 사용할 수 없다. 사용자 a는 전기공학과에서 문서를 가져올 수는 있어도 네트워크 관리자가 특별히 허가해주기 전까지 동물학과의 프린터로 인쇄할 순 없다는 얘기이다.

한 방향 트러스트는 다른 도메인트리에 속하는 두 도메인끼리만 트러스트 관계를 맺는 것으로, 트리 안의 다른 도메인들과는 관계가 없다. 위 오른쪽 그림에서 자연과학 도메인트리에 속한 연구도메인(Rsrch)은 대학 도메인트리에 속한 공과대학 도메인(Erg)과 한 방향 트러스트로 연결되어져 있을 뿐 대학도메인이나 자연과학 도메인에 관련된 다른 부모나 자식도메인과 연결되어 있지 않다. 다른 말로 해서 연구도메인은 대학도메인이나 그 자식도메인인 생명과학 도메인에 액세스할 수 없고, 공과대학 도메인에만 액세스할 수 있다.

6) 명명규칙(Naming Conventions)

이제 계층구조에서 도메인에 대해 알아보았는데, 계층적 구조란 "부모-자식-손자"와 같은 구조로 되어 있기 때문에 붙은 명칭이다. 이들 이름과 관계를 따져보면 AD의 구조를 이해할 수 있을 것이다. 예를 들어 서영이란 이름의 학생은 친척들이 많은 곳에 가게 되면 그가 가진 관계에 따라 '내 딸 서영', '내 누나 서영', '내 조카 서영' 등의 이름으로 불리게 된다. 이름이 이렇게 다르게 불리는 것은 그 학생과의 관계에 따라 달라지기 때문인데 마찬가지로 이름으로 도메인 내에서 그 오브젝트를 구별할 수 있다. AD에서 명명규칙은 표준 LDAP를 따르므로 LDAP를 따르는 어떤 응용프로그램도 어느 시스템에 있는 디렉토리에 액세스할 수 있다. 인터넷도 이 LDAP를 사용하는 네임스페이스(namespace)를 사용하는데 IP주소와 호스트네임을 매핑시켜주는 계층적구조의 완전한 데이터베이스로 볼 수 있다. 인터넷 네임스페이스는 어느 한 컴퓨터에 들어있는 것이 아니라 인터넷상 여러 곳에 흩어져 있는 수 많은 컴퓨터들에게로 나뉘어져 들어있다. 광활한 인터넷 바다에서 곳곳에 분산되어 있는 호스트이름과 IP주소 매핑을 가진 데이터베이스는 어느 조직의 한 워크스테이션을 그 IP주소 하나로 어디에 있고 어디 소속인지 밝혀주고 그 사용자까지 알게 해준다.

네임스페이스는 오브젝트명과 그와 연관된 장소가 Windows Server 2003머신과 그 네트워크에 들어있다. 위의 예에서 서영 학생과 관련된 친족관계(상현이가 그 동생이며, 혜영이가 그 이모이고, 은영이가 그 엄마라는 식으로)를 모두 네임스페이스를 통해 데이터베이스화하는 방식이 AD가 하는 방식과 유사하다. AD 네임스페이스와 인터넷 네임스페이스 모두 이 명명규칙을 따르므로 Windows Server 2003 네트워크를 인터넷에 연결시키면 이 두 네임스페이스가 호환된다.

예를 들어 'trinketmakers'를 위한 웹사이트를 만든다고 하자. 보통 인터넷 도메인네임은 trinketmakers.com이 되고 이것이 회사의 인터넷상 위치가 된다. 회사 내에 Windows Server 2003 네트워크를 설치하면 네트워크의 루트 도메인명은 당연히 trinketmakers가 될 것이며 AD 네임스페이스에 들어있는 여러 워크스테이션, 프린터, 팩스 등 오브젝트들은 trinketmakers.com 도메인과 관련된 이름들로 되어야 인터넷 네임스페이스와 오브젝트들의 이름이 매치될 것이다. Windows Server 2003에 있는 네임스페이스는 세 종류가 있는데 LDAP규정을 따르는 것들이다.

1. DN(Distinguished Name)－이것은 트리 컨테이너와 도메인 안에 있는 위치를 명확하게 밝혀주는 오브젝트 이름이다. 여기에는 오브젝트가 속한 도메인 네임인 DC(Domain Component)와 오브젝트 네임인 CN(Common Name)이 있다. 예를 들어 Msmith는 법률부서 컨테이너에 들어있을 수 있고 회계부서 컨테이너에도 들어있을 수 있지만 법률부서 컨테이너에 두 명의 Msmith가 들어있을 순 없다. DC는 다음 구조로 되어 있다. DC=도메인네임, OU=OU네임, CN=오브젝트네임이다. 예를 들어 trinketmakers.com도메인에 있는 법률부서 OU에 있는 사용자 Msmith는 DC=com, DC=trinketmakers, OU=legal, CN=Msmith가 DN이다. trinketmakers.com/legal/Msmith로 표시한다.
2. RDN(Relative Distinguished Name)－컨테이너 안에 있는 유일한 구별되는 이름으로 대부분 오브젝트의 RDN은 DN 명명규칙에서 CN과 같다. RDN은 오브젝트가 속한 속성인데 관리자가 오브젝트를 만들 때 할당된다. 다음 그림에 오브젝트와 DN, RDN이 있다.
3. UPN(User Principal Name)－이것은 E-mail과 그와 관련된 서비스의 명명규칙으로 인터넷주소와 비슷한데 도메인네임이 @뒤로 오고 사용자 계정을 만들면 사용자 로그온 네임이 UPN접미어를 사용하므로 사용자명은 @앞에 온다. UPN 접미어는 사용자의 루트 도메인네임이다. 예를 들어 joonganghta.com 도메인의 사용자 user A의 UPN은 userA@joonganghta.com일 것이다.

4 GUID(Globally Unique OU IDentifier) – 이것은 128-bits로 중복된 오브젝트가 존재할 수 없게 해주는데 오브젝트가 만들어질 때 생겨난다. 네트워크 응용프로그램이나 서비스는 알파벳으로 정한 이름보다 오브젝트의 이 GUID로 통신하게 된다.

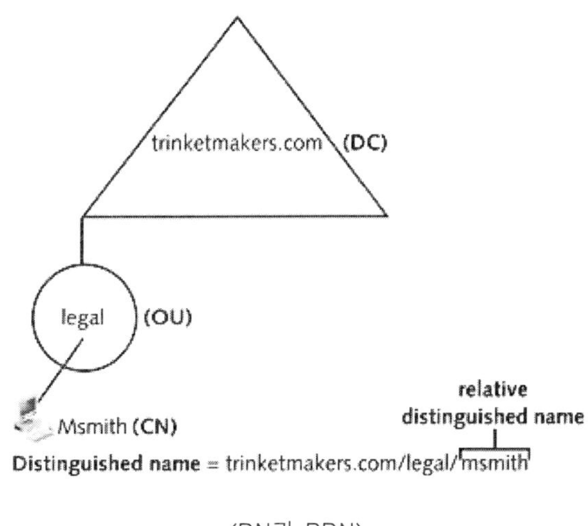

〈DN과 RDN〉

2.6 설치하기

NOS를 설치하고 구성하기 전에 네트워크상에서 서버와 그 위치에 대한 계획도 있어야 한다. 조직의 구조, 서버의 기능, 응용프로그램, 사용자 수, LAN 구조, 원격접속과 같은 서비스 등이 고려되어져야 한다는 것인데 일단 설치CD를 넣고 설치한 뒤 구성까지 마치면 나중에 변경하기가 매우 어렵기 때문이다.

1) 설치준비

우선 하드웨어가 최소 요구조건에 만족한지 확인한 뒤 다음을 생각해 보자.

1 파티션을 어떻게 할 것인가? – 새롭게 파티션을 할 것인지, 파티션되어 있는 곳에 새로 더 파티션을 할 것인지, 기존 파티션을 지우고 새롭게 만들지 등이다. 예를 들어 200GB의 하드디스크에 80GB는 시스템파티션으로 하고 120GB는 데이터파티션으로 한다든지 결정한다.

2 어느 파일시스템으로 할 것인가?-보통 NTFS를 선택하는 것이 보안과 압축, 다른 응용프로그램들과의 호환 등을 위해서 좋다.

3 서버의 이름은 무엇으로 할 것인가?-15자까지 넣을 수 있는데 숫자, 문자, 하이픈은 가능하지만 빈칸, 마침표, 특수문자 등은 안 된다. 실제적이고 설명적인 이름으로 하는 것이 좋다. 지역과 용도에 따라서, 혹은 이 둘을 합친 것으로 해도 좋다. 예를 들어 여러 서버가 있는 대규모 회사에서 부산에 있는 고객서비스부의 제2서버라면 Serv2-Pusan이라고 할 수 있다.

4 어느 프로토콜과 네트워크 서비스를 사용할 것인가?-TCP/IP는 디폴트로 설치될 것이고 웹서비스를 할 것인지, UNIX, Linux, 혹은 Mac OS X와 연동할 것이지 등에 따라 다른데 만일 NetWare와 연동한다면 IPX/SPX와 NWLink IPX/SPX Compatible Protocol과 Gateway Service for NetWare, 그리고 Mac과 연동한다면 AppleTalk가 필요하다.

5 관리자 패스워드는 무엇으로 할 것인가?-당연히 크랙하기 어려운 것을 선택한다. 숫자, 특수문자(*, &, !, @ 등), 밑줄 등을 사용할 수 있다. 사용자명의 일부나 알려진 영어단어 등은 피한다. 당연히 16자 정도로 긴 것이 좋다.

6 네트워크에 도메인이나 워크그룹 중 어느 것을 사용할 것인가?-설치 도중에 워크그룹으로 할 것인지 도메인으로 할 것이지 혹은 기존 도메인에 가입할 것인지를 결정하게 하는데 도메인에 가입하거나 할 때 도메인네임, 도메인 컨트롤러 네임, DNS 서버 네임 등을 알고 있어야 한다.

7 서버가 추가적인 서비스를 제공할 것인가?-설치 도중에 사용할 프로토콜과 서비스를 선택할 수 있다. 또 선택적으로 Remote Installation Services, Terminal Server, Windows Media Service와 Management and Monitoring Tools 등을 설치할 수 있다. 나중에 추가적으로 설치하는 것도 가능하다.

8 어느 라이센싱 모드를 선택할 것인가?-per seat와 per server 라이센싱모드 중에서 선택할 수 있는데, per server는 동시에 서버에 액세스할 수 있는 숫자를 제한하는 방식으로 보통 기업체에서는 이 모드를 사용한다. per seat는 네트워크에 서버가 많을 때 사용하는 방식으로 각 서버가 자신만의 워크스테이션을 따로 거느리고 있을 때 사용하는 것으로 경제적이다. 예를 들어 Windows Server 2003으로 FTP나 웹서버를

겸하게 한다면 별도의 클라이언트 라이센스를 필요로 하지 않고 누구나 로그온할 수 있는 이 방식이 좋을 것이다.

9 어떻게 이 모든 정보를 기억할 것인가?-설치하는 동안에 이런 설정을 따로 메모해 두어야 나중에 혼란이 발생하지 않을 것이다.

또한 라이센스를 읽고 동의하거나, 조직의 이름 등을 알려주거나, 제품키를 제공하거나, 시간과 날짜, 화면설정, 각종 장치의 드라이버 설치 등을 해주어야 한다. 만일 Windows NT나 2000으로부터 업그레이드한다면 그때그때 설치과정의 지시에 따라주거나 필요하면 MS 문서를 참조면 된다.

2) 설치과정

Windows Server 2003 설치 CD나 네트워크를 통한 원격설치를 할 수 있는데 유인설치와 무인설치가 있다. 무인설치는 네트워크 트래픽을 많이 일으키며 환경에 맞는 응답파일을 미리 만들어 두었다가 자동으로 설치하게 하는 방식이다. ① 설치 CD를 CD-ROM에 넣고 부팅시키면(물론 이때 첫번째 부팅 드라이버가 CD-ROM으로 되어져 있어야 하는데 BIOS설정화면에서 조정하면 된다) 설치 부팅화면이 뜨는데 ② 아무키나 누르면 하드웨어 점검과 드라이버 등을 찾고 ③ 라이센스 등 화면을 보여준다. ④ F8키를 누르면 이전버전이 있는지 하드디스크를 검사하고 ⑤ 파티션 여부를 검사하는데 설치할 파티션을 선택하면 ⑥ 선택된 파티션을 포맷하고 ⑦ 이어서 하드디스크에 필요한 파일들을 복사해 온다. ⑧ 그런 다음 재부팅되고 그래픽화면이 뜨는데 여기서 ⑨ 지역과 언어를 선택하고 ⑩ 조직의 이름과 ⑪ 제품키를 입력하고 ⑫ 라이센싱모드를 선택하고 ⑬ 서버이름과 ⑭ 관리자 패스워드를 입력하며 ⑮ 모뎀설정과 ⑯ 날짜와 시간설정, ⑰ 네트워크 설정, ⑱ 도메인이나 워크그룹 선택 등을 하게 된다. 이런 정보들을 모은 뒤 ⑲ 설치프로그램이 선택한 요소들을 등록하고 ⑳ 시작메뉴를 설치하고 ㉑ 설정을 저장하며 ㉒ 임시파일을 제거한다. ㉓ 시스템이 재부팅되고 나면 ㉔ 관리자 이름과 패스워드로 로그온할 수 있다.

3) 초기 구성

설치가 끝났어도 서버가 클라이언트를 지원할 준비가 된 것은 아니다. 우선 소프트웨어를 구성하고 관리자 ID로 로그온하면 서버관리(Manage Your Server)화면이 뜬다. 여기서 서버의 역할을 정해주게 되는데 파일서버, 프린트서버, 메일서버, 혹은 터미널서버가 되게 할 수 있다. 만일 서버관리 화면이 뜨지 않으면 '시작'→'관리도구'를 클릭하고 여기서 뜨는 서버구성 마법사(Configure Your Server Wizard)에 따라서 설정해주면 된다. 파일서버로 설정하면 중간에 폴더공유 마법사가 나와서 폴더에 관한 사용자와 관리자 권한을 설정하게 해준다.

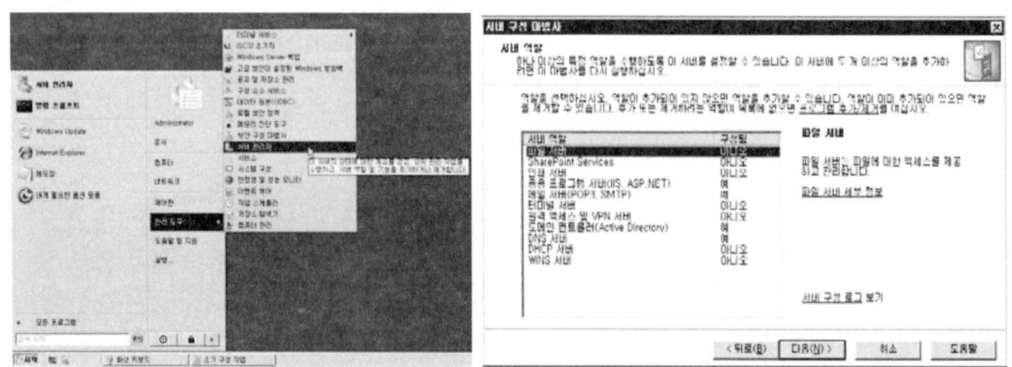

〈관리도구와 서버 구성 마법사 화면〉

4) 사용자와 그룹 구성하기

설치하고 나면 Guest와 Administrator 두 계정이 자동으로 생성된다. Guest는 미리 권한이 정해진 사용자계정으로 제한적인 권한을 가지고 있지만, Administrator는 도메인과 서버머신에 관한 전권이 미리 정해져 있는 계정으로 다른 계정들을 만들기 위해서 이 계정을 사용하게 된다. 이 두 계정은 삭제되지 않지만 사용하지 않게 할 수는 있다. 어느 경우엔 새로운 사용자계정을 만들어 관리자권한을 주고 관리를 위임시킬 수도 있다. 이때에는 Administrator계정을 '사용 안함'으로 해두어야 한다. 로컬계정은 사용하는 머신에 대한 계정이고 도메인계정은 도메인 전반에 걸쳐 사용하는 계정이다. 도메인계정을 가지려면 AD가 있어야 하며 도메인이 적절히 구성되어져 있어야 하는데 설치 때 디폴트로 AD가 설치되진 않는다. '시작'→서버 관리→'서버 구성 마법사'에서 뜨는 서버역할 선택화면에서 도메인 컨트롤러(AD)를 선택하면 'AD 설치 마법사'가 뜬다. 서버의 역할에 맞게 지시를 따라하면 된다.

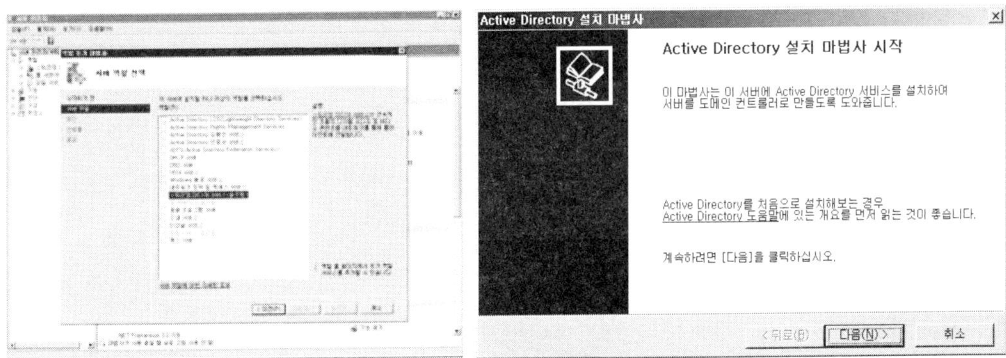

〈서버 역할 선택과 AD 설치 마법사 화면〉

이제 AD가 설치되었다면 '시작'→프로그램→관리도구→'AD 사용자 및 컴퓨터'로 간다. 새로운 사용자가 들어있는 AD 컨테이너를 선택하고 사용자 폴더를 오른쪽 클릭해서 '새로 만들기'→'새 개체-사용자'가 뜨면 필요한 정보를 입력한 뒤, '다음 로그온할 때 반드시 암호 변경'에 체크하고 끝낸다. 새로운 사용자를 만들었으면 그 계정과 관련된 정보를 입력하는데 주소, 전화번호, E-mail 주소, 원격접속 권한, 지위, 그룹 멤버쉽, 로그온 시간대 등을 정해준다. 나중에 필요한 변경은 사용자계정을 오른쪽 클릭하고, 사용자계정 '등록정보' 화면에서 변경해주면 된다.

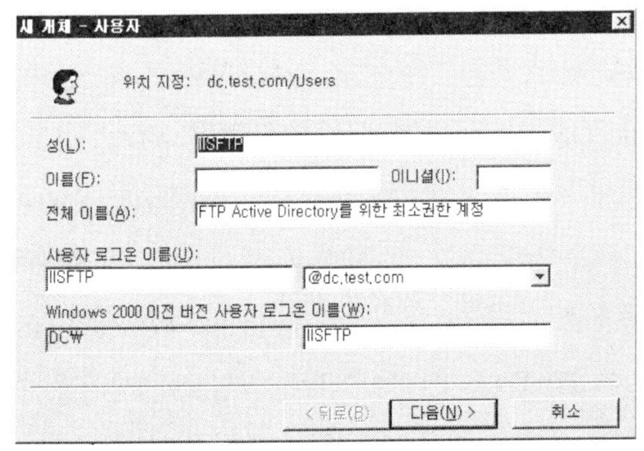

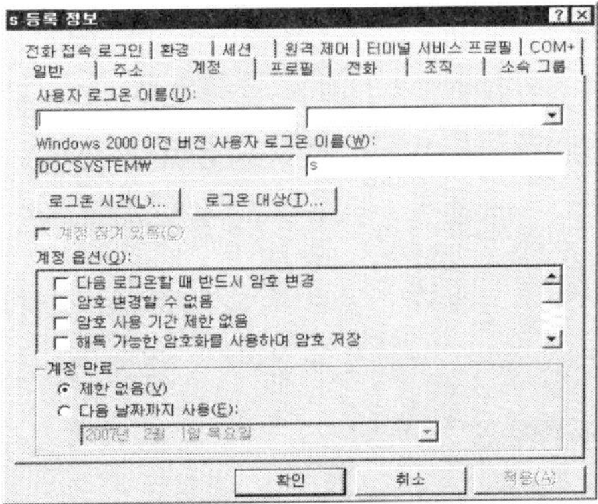

〈사용자계정 만들기와 설정 화면〉

이제 다른 사용자들을 만들기 전에 그룹을 만들어야 하는데 그룹의 역할을 잘 고려한 뒤 만든다. 도메인 로컬, 글로벌, 그리고 유니버셜 그룹이 있다. 참고로 로컬그룹은 도메인이 없는 머신에서의 그룹이다. 도메인 로컬그룹은 도메인 컨트롤러가 있는 시스템에서의 로컬 그룹으로 도메인 전체에 대한 권한을 가지고 있어서 그 사용자들은 단일 도메인 안에 있는 폴더나 리소스에 액세스할 수 있고 글로벌이나 유니버셜그룹을 가질 수 있다. 글로벌그룹은 그 사용자들이 단일 도메인 안의 리소스를 사용할 수 있고 다른 도메인에 속한 리소스도 액세스할 수 있으며, 도메인 로컬, 유니버셜 그룹에 포함될 수 있다. 유니버셜 그룹의 사용자들은 여러 도메인과 포리스트에 있는 리소스에 액세스할 수 있다.

'시작'→프로그램→관리도구→'AD 사용자 및 컴퓨터'에서 원하는 컨테이너(도메인이나 OU)를 더블클릭하고 '실행'→새로 만들기→'그룹'에서 '새 개체-그룹'이 나오면 그룹명을 넣고 그룹범위를 로컬, 글로벌, 유니버셜 중에서 선택한다. 그룹타입은 그룹사용자에게 공유된 리소스에 권한을 주는 보안과 E-mail 등을 그룹사용자에 보낼 수 있게 하는 배포 중에서 선택한 뒤 끝낸다. 그룹계정의 '등록정보'에 들어가 나중에 설정을 변경할 수 있다.

2.7 다른 NOS와 연결하기

Windows Server 2003은 적절한 소프트웨어와 제대로 된 구성이라면 거의 모든 종류의 클라이언트와 통신이 가능하다. 인터넷과 네트워크상에 점차 더욱 혼합된 네트워크가 생기므로 MS와 다른 주요 NOS 벤더들도 여러모로 노력을 기울이고 있다. Windows Server 2003은 NetWare, UNIX, Linux, 그리고 Mac OS X와 공존하는 경우가 많다. 하지만 이들과의 통신은 간단히 프로토콜을 같게 설치해주면 되는데 NetWare와 Windows Server 2003은 TCP/IP가 서로에게 설치되어 있으면 통신이 되고, NetWare 클라이언트가 MS에 있는 리소스에 접근하기 위해선 MS의 응용프로그램인 File and Print Services for NetWare가 Windows 서버에 설치되어 있으면 NetWare 클라이언트는 Windows서버를 단지 또 다른 NetWare 파일 혹은 프린트 서버로 여기게 된다. 또 다른 네트워크 응용프로그램 패키지로 AD 데이터베이스와 NetWare eDirectory 데이터베이스 정보를 동기화시키는 MSDSS(Microsoft Directory Synchronization Services)가 있는데, Windows와 NetWare에 있는 오브젝트와 속성이 네트워크에서 동일시된다. NetWare 5x와 6x 그리고 Windows

Server 2003이 동일한 LDAP 표준을 따르기 때문이다.

MSDSS를 실행하기 위해서는 Windows는 도메인 컨트롤러로 구성되어져 있어야 한다. IPX/SPX 프로토콜을 사용하는 NetWare클라이언트가 Windows서버에 접근하기 위해서는 서버에 MS의 CSNW(Client Services for NetWare)가 실행되고 있어야 하지만 Windows Server 2003의 64-bits는 지원받지 못한다. 또 CSNW는 NWLink와 연계되어 Windows 클라이언트들이 NetWare 서버의 프린터, 파일, 그리고 리소스에 직접 로그온해서 연결되게 한다. 그러나 Windows와 NetWare가 TCP/IP를 사용하면 CSNW나 NWLink를 설치하지 않고 MS의 Client for Networks와 Novell의 Client Services for NetWare를 사용하면 된다.

Windows Server 2003이 UNIX나 Linux, Mac OS X와 연계되기 위해서는 TCP/IP 프로토콜이 있으면 되지만 디렉토리 구조가 같아야 파일을 교환할 수 있다. 만일 UNIX가 LDAP 표준을 따르지 않는다면 MS의 UNIX 타입 AD 소프트웨어인 Windows Services for UNIX를 실행해서 UNIX 클라이언트가 Windows 서버의 리소스를 이용하게 해준다. 또 Windows 클라이언트가 UNIX 서버에 액세스하게 해주는 Samba와 같은 소프트웨어들도 있다.

CHAPTER

09 네트워크 운영체제(part II) [UNIX(Linux, Mac OS X)와 NetWare]

CompTIA Network+

1 UNIX(Linux, Mac OS X)

MS의 Windows와 Novell의 NetWare와 더불어 UNIX도 유명한 NOS이다. 이 NOS들은 서버가 리소스를 공유하게 해주는데 UNIX는 공유 방법이 전혀 다르다. UNIX는 1969년 AT&T Bell Labs의 연구진들이 개발한 이후 1970년대 초 TCP/IP를 주도해나간 NOS로써, 현재 대부분 인터넷서버는 UNIX이다. 이 UNIX의 효율성과 유연성이 UNIX의 성장을 촉진시켰다. 하지만 UNIX서버의 관리와 통제는 단일 소프트웨어 벤더에 의한 것이 아니기 때문에 Windows나 NetWare와 다르게 여러 벤더들은 자신만의 UNIX를 보유하고 있다. 또 UNIX의 특성을 지닌 여러 NOS 소프트웨어가 공개소스로 배포되고 있기도 한데 Linux가 그 예로써, UNIX와 차이가 별로 없다. 그러므로 UNIX나 Linux 중 한 가지만 제대로 알고 있으면 다른 것들도 쉽게 이해할 수 있게 된다.

1.1 간략한 UNIX 역사

1960년대 후반 몇몇 프로그래머들이 사용중인 프로그래밍 환경, 즉 매번 일련의 지시어를 작성하고 입력시킨 뒤 결과를 기다리는 번거로움을 없애고자 실시간으로 상호작용(interactive)하는 프로그램을 생각하게 되었다. 그리고 사용자의 입장에서 미리 정의된 프로그램 구조도 연구하게 되었는데, 데이터파일 내에서의 파일구조와 데이터 저장을 위한 파일 포맷이다. Bell Labs 연구소의 Ken Thompson과 Dennis Ritchie는 New Jersey의 Murray Hill에서 완전히 새로운 프로그래밍 환경을 개발하기 시작했고, 가장 낮은 레벨의 운영체제를 만들어 냈는데 이것이 UNIX의 효시이다.

1970년대 AT&T는 공영기관이라서 컴퓨터와 소프트웨어를 상품으로 판매할 수 없었기 때문에 Bell Labs에서 만든 소스코드(사람이 이해할 수 있는 컴퓨터 프로그램)를 정상적인 라이센싱 비용을 내고 구매하게 했다. 이 소스코드는 매우 빠르게 퍼져나갔고 전 세계의 많은 대학과 연구소 프로그래머들이 자신들의 실험머신에 설치했다. 이 초기 Bell Labs의 UNIX를 System V라고 부른다. 특히 여기에 많은 관심을 보인 곳이 미국 California에 있는 Berkeley대학으로, 몇 가지 유용한 특성을 추가해서 만든 것이 BSD(Berkeley Software Distribution)이다. 현재 UNIX 소스코드의 판권을 가진 회사가 The SCO Group인데, UNIX 시스템을 만드는 원료를 가지고 있는 셈이다.

UNIX 운영체제를 처음부터 만드는 것은 금지되어 있고, The SCO Group으로부터 라이센싱 비용을 지불하고 소스코드를 수정해서 만들 수 있다. 또 The Open Group라는 비영리단체가 UNIX 상표권을 소유하고 있다. The SCO Group으로부터 라이센스한 코드를 변형시켜 만든 시스템은 The Open Group이 테스트한 뒤 UNIX로 불리게 된다. 예를 들어 IBM은 The SCO Group에 라이센스비용을 지불하고 소스코드를 변형해서 The Open Group의 테스트를 받은 뒤 상표등록을 하고 UNIX 운영체제인 AIX를 가지게 되었다.

1.2 UNIX 종류

UNIX에 있는 여러 버전을 보통 플레버(flavors)라고 부른다. 다음은 UNIX 플레버들이 공통으로 가지고 있는 특징이다. ① 동시에 여러 사용자들이 로그온하게 하고, ② 동시에 여러 프로그램들이 실행되게 하며, ③ 필요 시 디스크 파티션을 마운트(mount)하게 해서, ④ 파일과 디렉토리 액세스와 수정 권한을 줄 수 있어야 하며, ⑤ 하드웨어 장치와 파일, 그리고 실행하는 프로그램을 통해 데이터를 주고받을 수 있어야 한다. ⑥ 실행되고 있는 프로그램을 방해하지 않고 또 다른 프로그램이 실행될 수 있어야 하고, ⑦ 다양한 프로그래밍 언어로 된 서브시스템을 지원해야 하며, ⑧ UNIX 시스템의 소스코드는 다른 곳에서도 사용할 수 있는 전이성을 가지고 있어야 하며, ⑨ 사용자가 쉽게 구성할 수 있도록 X Window system을 가져야 한다 등이다. 보통 UNIX는 프로프리에터리(proprietary : 벤더 종속적)이거나 오픈 소스(open source : 누구나 자유로이 사용) 중 하나이다.

1) 벤더 종속적(Proprietary) UNIX

많은 하드웨어와 소프트웨어 벤더들이 UNIX 서버를 지원한다고 마케팅하고 있지만 실제로 UNIX 운영체제는 단 세 곳에서 독점하고 있는 실정이다. Apple Computers, Sun Microsystems, 그리고 IBM인데 이들은 수백만 달러에 이르는 소스코드 라이센스비용을 지불하고 또한 막대한 연구비용을 들여 자체적으로 개발한 UNIX 운영체제를 소유하고 있다. Apple사 것을 Mac OS X Server라고 하며, 자사의 PowerPC 계열의 CPU에서 실행되는데 Intel 기반 CPU에서도 실행된다. Sun사 것은 Solaris라고 부르는데 자사의 SPARC 계열의 CPU에서 실행되지만, 지금은 Intel 기반의 CPU에서도 잘 실행된다. 또 IBM의 AIX도 PowerPC 계열의 CPU에서 실행되게 되어 있다. Apple사와 IBM이 같은 CPU인 PowerPC를 사용하지만 소프트웨어와 하드웨어는 서로 호환되지 않는다. CPU는 MS-Intel, SUN-Sparc, 그리고 IBM과 Apple-PowerPC로 구별될 수 있다.

벤더 종속적 UNIX는 다음과 같은 특징이 있다. ① 완벽한 서비스 지원과 ② 최적화된 소프트웨어와 하드웨어 지원, ③ 그리고 리거시한 제품과의 호환성, ④ 정기적인 업데이트를 주기적으로 받을 수 있다 등이다. 하지만 사용자가 소스코드에 접근할 수 없기 때문에 사용자환경에 적합한 시스템으로 따로 구성하기 힘들다.

2) 공개(Open-Source) UNIX

최근에는 누구나 공개된 소스를 이용해서 UNIX기반 운영체제를 개발하는 추세인데, 비록 소수의 전문가에 의해 개발되지만 라이센스 비용 없이 누구나가 소스를 이용하게 했기 때문에 이런 일이 가능하다. 사실 이런 움직임은 Windows 계열에서도 활발히 논의 중이다. MS는 Windows의 소스를 철저하게 숨기고 있지만 UNIX는 오랫동안 공개해 오고 있다.

이렇게 만들어지는 UNIX기반 운영체제를 공개 소프트웨어나 자유배포 소프트웨어로 부르는데 GNU(GNU's Not UNIX)와 BSD, Linux가 포함된다. 이들은 특징과 기능에서 약간씩 다를 수밖에 없으므로 여러 플레버를 만들어냈다. RedHat, Fedora Core, SUSE, Mandrake 등이 Linux계열에 속하는데, 사용료는 내지 않지만 구매하면 몇 가지 편리함을 더해주기도 한다. 예를 들어 RedHat Enterprise버전을 구매하면 CD-ROM에 여러 소프트웨어 패키지와 RedHat 서비스지원 권리, 문서 등을 묶어서 준다.

아마도 벤더 종속적 UNIX와 공개 UNIX의 차이는 소프트웨어 사용에 있을 것이다. 벤더 종속적인 UNIX에서는 로얄티를 내고 사용하는 것이라서 함부로 소프트웨어가 공개되지 못하지만, 공개 UNIX와 Linux는 자유로이 소스코드를 받아서 변형해서 사용할 수 있다. 예를 들어 로봇통제 프로그램을 공개 UNIX나 Linux에서 사용한다면 작업장의 실정에 맞게 소프트웨어를 변형해서 사용할 수 있다는 얘기이다. 또 이 공개형은 MS의 Intel, SUN의 Sparc, Apple과 IBM의 PowerPC 등 어느 CPU에서도 잘 실행된다. 이에 반해 벤더 종속적인 UNIX는 제한적으로 자사제품에서만 실행된다.

1.3 UNIX의 세 가지 버전(flavors)

이제 Solaris, Linux, Mac OS X에 대해서 알아보자.

1 Solaris－Sun Microsystems의 UNIX로써 Sparc기반 CPU 서버에서 실행된다. 사용자 편이 중심의 운영체제로써 수년에 걸쳐 많은 진보가 있어 왔고, 대부분 고성능 응용프로그램에 채택되어져 세계적으로 사용되고 있다. 기상예측 시스템이나 수 테라바이트 데이터베이스 운영, 환경모델링 프로그램 등에서 쓰이고 있다.

2 Linux－UNIX 환경을 따르므로 대단히 안정적이지만 무료이다. Linus Torvalds가 1991년 핀란드 컴퓨터공학부 2학년생일 때 개발했다. Torvalds는 그것을 인터넷에 게시했고 열렬한, UNIX 팬과 프로그래머들에 의해 곧 보강되었다. 현재 Linux는 전 세계적으로 파일, 프린터, 웹서버로 사용되고 있으며 IBM, HP, SUN 등 자체적인 UNIX를 보유하고 있는 회사들도 Linux를 포용하고 지원하고 있다.

3 Mac OS X－최근에 UNIX 시장에 나온 것으로 Apple사가 2001년 봄에 출시했는데, 이전 버전인 AppleShare IP를 대체한 것이다. 전형적인 Apple Mac 스타일의 인터페

이스를 가지고 있으며, Apple의 Xserve와 Power Mac 머신에서 실행된다. 이 PowerPC CPU 계열 서버는 마케팅회사와 고성능 하드웨어, 그리고 Mac 머신에 익숙한 사용자를 위한 버전이다.

모든 UNIX 계열 시스템은 TCP/IP 프로토콜 계열과 네트워킹을 위한 모든 인프라를 지원하는데, TCP/IP 프로토콜 외에 IPX/SPX나 AppleTalk 등도 지원한다. 또 UNIX를 사용한다면 라우팅, 방화벽, DNS 서비스, DHCP 서비스 등을 위한 프로그램도 가지게 된다. Windows Server 2003과 NetWare처럼 UNIX도 여러 네트워크 프로토콜과 이더넷, 토큰링, FDDI와 무선 LAN 등 여러 물리적 매체를 지원하며 같은 네트워크에 있는 다른 NOS와 호환을 위해 다양한 응용프로그램과 도구들을 가지고 있다.

UNIX 타입 시스템은 최근의 여러 네트워크에서 있을 수 있는 확장, 변경, 그리고 안정성에 대해 좋은 선택이 될 수 있다. UNIX의 여러 소스들은 수천의 개발자들에 의해 수년에 걸쳐 안정적으로 진보되어왔고 재부팅 없이도 시스템의 구성을 변경할 수 있으며, 시스템이 작동되는 동안에도 설정을 변경할 수 있게 했다. 예를 들어 백업 테이프드라이버에 액세스할 필요가 있을 때 시스템을 재시작하지 않고도 테이프드라이버를 사용하게 하거나 사용 불가능하게 설정할 수 있다. 이런 기능은 메모리를 완벽하게 효율적으로 사용하고 있다는 한 예가 될 수 있다.

1.4 UNIX 서버 하드웨어

Windows Server 2003에 비해 UNIX 서버의 하드웨어는 그리 엄격하지 않다. 그렇지만 한 가지 큰 차이는 UNIX 타입의 OS는 서버로도 워크스테이션으로 사용될 수 있다는 것이다(Windows는 서버계열과 워크스테이션의 OS를 구분하고 있다). 그러므로 UNIX OS의 하드웨어는 사용하고자 하는 버전에 따라 달라지고 여러 플레버에 따라 GUI를 선택할 수 있다(Windows에서는 반드시 마우스를 사용하는 GUI를 가진다). UNIX의 CLI(Command Line Interface)는 시스템 리소스나 메모리를 매우 적게 사용해서 일부 관리자들은 CLI를 UNIX의 최대 장점으로 여기기도 한다. 항상 더 많은 메모리와 하드디스크 공간이 필요한지 여부는 오랜 시간 응용프로그램 등을 실행해보고 나면 판단이 설 것이다.

1) Solaris 서버

Solaris는 SUN Sparc 프로세서나 Intel 프로세서에서 실행되는데, 다음 표에 Solaris v10의 최소 하드웨어 요구를 나열했다. Intel과의 호환을 좀 더 알아보려면 www.sun.com/software/solaris/specs.html을 참조하면 된다.

요소	요 구	비 고
플랫폼	Sun UltraSPARC 64-bits와 Fujitsu SPARC 64 or AMD or Intel Pentium 계열	Solaris x86은 또한 AMD Opteron과 Intel 64-bits 프로세서 지원
메모리	512MB의 RAM	더 나은 성능을 위해 RAM 추가 고려
하드디스크	5~7GB	
NIC	Solaris 지원 NIC(SPARC 시스템에 포함)	
CD-ROM/DVD-ROM	Solaris 지원 CD-ROM or DVD-ROM (SPARC 시스템에 포함)	

2) Linux 서버

Linux 버전에 따라 다른데, 다음에 최소 요구사항을 표로 나열했다. 더 필요한 사항은 www.tldp.org/HOWTO/HOWTO-INDEX/hardware.html을 참조하면 된다.

요소	요 구	비 고
프로세서	Intel 호환 x86	최근 Linux 커널 버전(2.0과 그 이상)은 32개 Intel 프로세서까지 지원
메모리	64MB RAM	더 나은 성능을 위해 RAM 추가 고려 ; 대부분 네트워크 관리자는 256MB 이상 RAM을 선호

요소	요 구	비 고
하드디스크	Linux 지원 최소 여유 2GB	대부분 서버 설치는 10GB 여유 권장
NIC	Linux 지원 NIC	
CD-ROM	HCL에 있는 CD-ROM	Linux 최신 버전은 SCSI, IDE와 ATAPI CD-ROM 지원
플로피디스크	부팅 가능한 CD-ROM이 없을 때 3.5 인치 플로피 한두 개	설치 시 응급조치 디스켓 만들 때 유용함
지시장치	옵션	GUI 요소를 설치할 때만 필요함

3) Mac OS X 서버

이는 Apple Mac 하드웨어에서 실행되는데 Solaris와 Linux처럼 메모리와 저장 공간, 기타 하드웨어도 서버에서 실행하는 응용프로그램에 달려 있다. 다음에 정리해 두었다.

요소	요 구	비 고
시스템	Xserve Power Mac G3, G4, or G5, iMac or eMac	
메모리	256MB의 RAM	여러 작업을 위해서 RAM 추가 고려
하드디스크	여유 공간 4GB	응용프로그램을 위해 대용량 하드디스크 고려
NIC	모든 Mac 서버에 포함됨	
CD-ROM/ DVD-ROM	모든 Mac 서버에 포함됨	

1.5 UNIX 특징

UNIX는 NetWare나 Windows Server 2003과 같은 NOS이지만 차이가 있다. UNIX 네트워킹에 대해서 알아보자.

1) 멀티프로세싱

프로세스는 메모리에서 실행되고 있는 프로그램 인스턴스(instance)로 나타내는데, UNIX 타입 시스템도 프로세스와 더불어 프로세스의 하위세트인 쓰레드(thread)를 지원한다. 최신 NOS의 효율성을 위한 멀티프로세스와 쓰레드는 메모리 공간에 각 프로세스를 할당해주고 모든 프로그램이 이 리소스에 액세스하는 방식을 사용한다. 이렇게 각 프로세스를 따로 할당해 줌으로써 서로 간섭을 일으키지 않게 해서 한 프로그램이 예상치 않게 끝나도 다른 프로세스는 영향을 받지 않게 된다. Windows Server 2003처럼 UNIX 계열도 SMP(Symmetric MultiProcessing)를 지원하는데 UNIX 플레버에 따라 프로세서 수가 다르다. Solaris는 서버당 128개의 프로세서를 지원하며(실제로 이런 머신은 없다), Linux는 32개, Mac OS X는 2개를 지원한다.

2) 메모리 모듈

초기부터 UNIX 계열은 물리적 메모리와 가상메모리를 효율적으로 사용해 왔다. Windows Server 2003처럼 UNIX도 각 응용프로그램에게 각각 메모리 영역을 할당해 주어서 프로그램들이 메모리를 서로 공유하는 비효율성을 없애려고 했다. 예를 들어 5명이 UNIX 서버에서 FTP를 사용하고 있다면 5개의 FTP 프로그램 인스턴스가 실행되고 있을 것이고, 각 사용자는 FTP 프로그램의 일부를(이를 개인 데이터영역(private date region)이라고 부름) 자신에게 할당된 메모리 영역 안에서 이용하고 있는 셈이다. 프로그램은 5개의 인스턴스에 의해 공유된 채 메모리에 남아있다. 이 경우 한 사용자에게 FTP 프로그램 할당된 메모리를 독점시켜 한 인스턴스가 있게 하는 것보다 5명 사용자가 메모리를 조금씩 나눠쓰면서 작업해서 5개 인스턴스를 실행시키는 것이 작업효율면에서 더 좋다. 최근에는 32-bits를 사용해서 프로그램이 4GB의 메모리까지 액세스하게 했고 CPU도 64-bits를 지원하므로 18EB(Exabytes : 2^62)까지 처리하게 했는데 180억×10억이다. 가상메모리도 Windows 시스템에서와 같이 하드디스크 공간에 pagefile.sys로 놓이게 한다.

3) 커널(Kernel)

UNIX 시스템의 핵심을 커널이라고 부르는데 커널은 머신이 부팅될 때 메모리에 로드된다. 커널은 하드디스크, 메모리, 키보드와 같은 하드웨어에 액세스하는 것을 조절해 주는 기능으로 필요에 따라서 이 커널모듈을 로드하거나 언로드할 수 있다. 예를 들어 하드디스크에 있는 파일을 읽거나 쓰게 하는 지시를 가지고 있는 파일이 UNIX 커널모듈이다. Solaris 커널은 Bell Labs의 AT&T UNIX 소프트웨어에서 파생된 것이고 Linux 커널은 Linus Torvalds가 UNIX 소프트웨어를 응용해서 1991년 발표한 것이다. Mac OS X 커널(XNU라고 부름)은 Mach라는 운영체제에서 나온 것으로 Carnegie Mellon 대학에서 2000년대 초에 발표한 것이다.

4) 시스템 파일과 디렉토리 구조

UNIX 시스템은 계층적 파일시스템을 가진 첫번째 운영체제였다. 디렉토리에 다른 디렉토리와 파일이 들어있는 시스템으로 그 당시에는 가히 혁명적인 발상이었다. 현재 대부분 운영체제가 이 방식을 사용하고 있는데, MS와 Novell의 모든 시스템도 그러하다. 다음이 전형적인 UNIX 파일시스템이다.

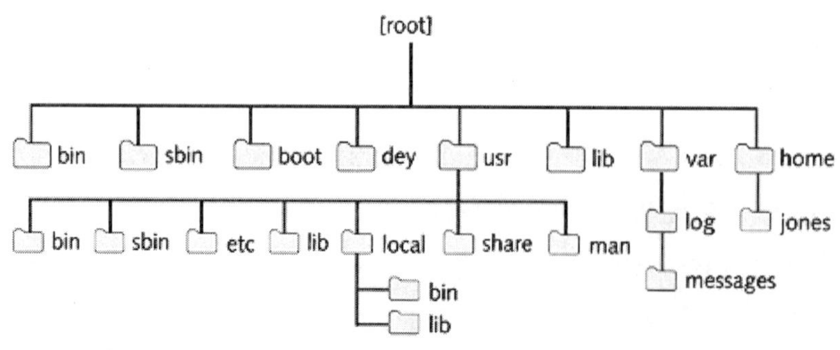

<UNIX의 계층적 파일시스템>

UNIX에서 /boot 디렉토리가 커널과 기타 시스템 system.ini 파일들을 가지고 있고, /bin과 /sbin 디렉토리에는 응용프로그램과 서비스가 들어있다(/sbin은 시스템 초기화 파일들이 있어서 사용자가 이용할 일은 거의 없다). /var 디렉토리는 사용자명, 읽지 않은 E-mail, 인쇄되지 않은 프린터잡 등 변수데이터를 가지고 있고, /var/log/messages는 시스템 로그메시지를 가지고 있다. /home에는 사용자 로그인 디렉토리가 있는데(Mac OS X에서는 /Users

에 있다), 새로운 사용자 계정을 만들면 시스템이 그 사용자에게 /home을 부여해 준다. 그러므로 새로운 사용자 userA는 /home/userA(Mac OS X에서는 /Users/userA)을 UNIX에서 홈 디렉토리로 가지게 된다.

5) 시스템 파일서비스

UNIX의 파일서비스는 디스크 파일시스템과 네트워크 파일시스템을 가지고 있다. 디스크 파일시스템은 하드드라이브에 있는 정보를 조직하고 네트워크 파일시스템은 사용자에게 네트워크를 통해 다른 서버의 파일에 접근하게 한다.

(1) 디스크 파일시스템

디스크 파일시스템은 논리적 구조와 소프트웨어를 통해 파일 조직과 관리, 액세스를 처리하는 운영체제의 기능으로 Windows Server 2003의 FAT, NTFS 등과 같은 것이다. UNIX도 여러 파일시스템을 지원하는데 Linux의 원래 파일시스템은 ext3([서드 익스텐디드]로 읽는다)이다. Solaris는 UFS(UNIX File System)이며, Mac OS X는 HFS+(Hierarchical File System)이다. UNIX 계열에서는 FAT와 NTFS 파일시스템으로 포맷해도 되므로 네트워크를 통해서 이런 파일시스템에 액세스할 수 있다.

(2) 네트워크 파일시스템

네트워크 파일시스템은 UNIX 계열의 시스템이 네트워크를 통해서 Windows나 NetWare와 같은 시스템에 액세스할 수 있게 해주는데, Sun의 NFS(Network File System)은 UNIX에 의해 지원되는 유명한 원격접속 파일시스템이다. 그러므로 UNIX와 UNIX 계열의 시스템들은 이 NFS를 이용해서 네트워크상에서 파일을 공유하거나 액세스하고 있다. 또 다른 네트워크 파일시스템으로 Samba가 있는데, Windows SMB와 CIFS 파일시스템 프로토콜을 설치해주는 공개 응용프로그램이다. Samba는 Solaris와 대부분 Linux, Mac OS X에 디폴트로 설치된다. Apple사의 Macintosh 머신들은 AFP(Apple File Protocol)를 오래 전부터 내장하고 있으며, Mac OS X Server는 NFS와 Samba 네트워크 파일시스템을 지원한다. AFP도 주요한 네트워크 파일시스템이다. Mac OS X Server머신에선 AFP를 사용해야 리거시한 Macintosh 머신들과 통신할 수 있다.

1.6 UNIX 명령어

UNIX 계열의 머신과 통신하는 주요한 방법은 명령어를 사용하는 것인데, 명령어를 타자하면 쉘(shell)로도 알려진 명령어 해석기(command interpreter)가 실행되어서 UNIX 머신이 이해하는 언어로 바꿔준다. 다른 말로 해서 명령어 해석기는 다른 프로그램에서 실행되므로 파일 글로빙(file globbing)도 지원해서 입력했던 명령어를 다시 보여주기도 한다. 명령어들은 /bin/sh에 들어있다. 쉘을 효율적으로 사용하려면 기본적인 명령어들은 알고 있어야 한다.

모든 UNIX 계열 시스템은 UNIX 명령어를 모두 설명해 주는 매뉴얼페이지(manual pages or man pages)를 가지고 있어서 명령어의 기능과 적절한 실행을 설명해주므로 참조하면 된다. UNIX 플레버에 따라 조금씩 다르지만 다음과 같이 아홉 개 분야로 나눌 수 있다.

1. Section 1－명령어 화면에 보통 입력하는 명령어들
2. Section 2~5－프로그래머의 인터페이스 문서
3. Section 6－UNIX에 들어있는 게임과 놀이 문서
4. Section 7－장치 드라이버
5. Section 8－관리를 위해 관리자가 사용하는 명령어들
6. Section 9－장치 드라이버를 쓸 때 프로그래머가 사용하는 UNIX 커널기능 문서

UNIX 명령어 화면에서 man 명령어를 타자하면 맨페이지를 볼 수 있다. 예를 들어 telnet에 관해서 알고 싶으면 man telnet하면 된다. 어떤 상황에서 어떤 명령어를 사용할지 모른다면 apropos를 타자하면 상황에 맞는 맨페이지 명령어를 나열해준다. 예를 들어 apropos list를 타자하면 맨페이지에 들어있는 키워드 list가 포함된 명령어를 모두 보여준다. 이 중에서 원하는 명령어를 골라 man xxx하면 해당 맨페이지가 뜰 것이다. 명령어는 일반 언어와 비슷한데 date와 같은 명령어는 일상용어이다. 형용사, 명사, 부사를 사용해서 좀 더 상세한 명령어를 만들 수도 있는데, 만일 “5일 동안에 접속했었던 현재 디렉토리의 모든 파일이름을 보여라”와 같은 명령은 find . -type f -atime -5 -print하면 된다. UNIX는 대소문자를 구별하므로 명령어를 사용할 때 주의해야 한다.

보통 명령어는 동사로 되어 있고 보고자 하는 결과는 명사로 되어 있을 것이다. 예를 들

어 ls index.html은 index.html로 된 파일을 list하라는 명령인데 부사나 형용사로 좀 더 유연하게 해주려면 -뒤에 써주면 된다. 이를 파일 글로빙이라고 하며 Windows나 DOS에서 와일드 문자와 같은 역할이다. 물론 ?이나 *와 같은 문자를 이용할 수도 있다. ls -la*에서 l은 파일크기, 만든 날짜 등에 관한 파일정보를 보이라는 것이며, a*는 a로 시작되는 모든 문자를 보이라는 뜻이다. ls -l도 명령어이고 ls -a*도 명령어인데 이를 합친 ls –la*도 명령어이다.

UNIX와 Windows의 명령어 차이는 디렉토리를 분리하는 문자인데, Windows는 \(backslash)를 사용하지만 UNIX는 /(forward slash)를 사용한다. Windows에서 telnet을 사용하려면 windows\system32\telnet.exe으로 가야 하는데 UNIX에서는 /usr/bin/telnet에 있다. 다음에 많이 쓰이는 명령어를 일부 보였다.

명령어	기 능
date	현재 시간과 날짜를 보여줌
ls -la	현재 디렉토리의 모든 파일을 보여줌
ps -ef	현재 실행중인 프로그램의 세부사항을 보여줌
find dir_filename -print	dir 디렉토리에서 파일명을 찾고 찾는 파일의 경로를 보여줌
cat file	파일의 내용을 보여줌
cd /d1/d2/d3	현재 디렉토리를 /dir1/dir2에 있는 dir3로 바꿈
cp file1 file2	file1을 file2명으로 복사함
rm file	파일을 삭제함(영구 삭제로 휴지통에서나 기타 방법으로 복구가 불가함)
mv file1 file2	file1을 file2로 이동하거나(이름을 변경함)
mkdir dir	dir이란 새로운 디렉토리를 만듦
rmdir dir	dir이란 디렉토리를 지움
who	현재 로그온한 사용자들 리스트를 보임
vi file	파일을 편집하기 위해 시각적 편집기 vi를 사용함

명령어	기 능
lpr file	디폴트 프린터로 파일을 프린트하는데 lpr은 파일을 프린터 큐(aueue)에 놓음. 실제 파일은 UNIX 프린터 서비스인 lpd(line printer daemon)로 인쇄됨
grep "string" file	file이라는 파일에서 문자열을 찾음
ifconfig	네트워크 인터페이스 구성을 보여주는데 IP 주소, MAC 주소, 그리고 시스템의 모든 NIC의 통계를 보여줌
netstat -r	시스템의 TCP/IP 네트워크 라우팅 테이블을 보여줌
sort filename	filename의 내용을 알파벳순으로 정렬함
man "command"	"command"의 맨페이지를 보여줌
chmod rights file	file의 접근권한을 rights로 변경함
chgrp group file	file이 속한 그룹을 group으로 변경함
telnet host	host에 가상 터미널연결을 시작함(host는 IP주소거나 호스트명임)
ftp host	FTP를 사용해서 host에 파일 송수신을 시작함(host는 IP주소거나 호스트명임)
startx	X Window 시스템을 시작함
kill process	실행중인 해당 ID의 process를 중지함
tail file	file의 마지막 10줄을 보여줌
exit	실행중인 명령어 해석기를 중지시키고 로그온한 뒤 처음 시작된 명령어 해석기라면 시스템에서 로그오프함

※ UNIX 명령어에서 약자를 많이 볼 수 있는데 copy를 cp, concatenate를 cat로 줄이는 식이다. 또한 머리자만 쓰기도 하는데 general regular expression parser는 grep로 File Transfer Protocol은 ftp로 줄여 쓴다. 맨페이지를 참조하면 이런 약자를 많이 보게 된다. Synopsis Section에서 원래 명령어를 볼 수 있다.

가장 많이 사용하는 UNIX 명령어는 ls인데, 다음의 것들을 기억하고 있으면 좋다.

① 파일네임, ② 파일크기, ③ 파일생성 날짜와 시간, ④ 마지막으로 액세스된 파일의 날짜와 시간, ⑤ 마지막으로 수정된 파일의 날짜와 시간, ⑥ 파일에 대한 별명(aliases)이나 링크, ⑦ 파일을 소유자를 구별하는 숫자, ⑧ 파일이 속한 그룹을 구별하는 숫자, ⑨ 소유

자, 그룹, 기타 접근권한 숫자 등이다.

각 파일은 파일네임만 제외하고 시스템 속 i-node(information node) 파일에 저장되어 있고, 각 디스크파티션의 처음에 디스크 내의 실제 파일 저장위치에 관한 포인터(pointer)를 가지는 이 i-node를 위한 공간이 있다. 파일네임은 파일을 저장하고 있는 디렉토리에 저장되어 있다. 아래는 ls -l해서 나온 결과화면에 보이는데 맨 왼쪽의 “drwxr-xr-x” 등은 허가 권한을 표시한다. 그 첫번째가 파일타입인데 d는 디렉토리며, -은 구조화되어 있지 않은 워드나 스프레드쉬트와 같은 파일이다. l은 단축키와 같은 심볼릭 링크파일이고, b는 디스크 파티션과 같은 블록 장치파일이며, c는 시리얼포트와 같은 장치파일이다.

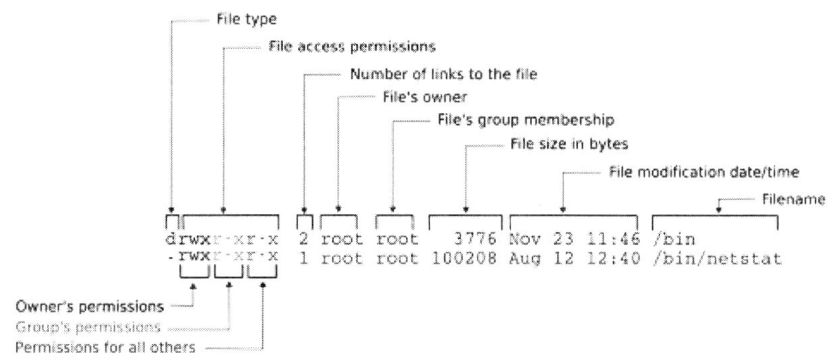

〈ls –l 결과화면〉

또한 UNIX에서는 pipe라는 강력한 명령어가 있는데 수직선 |을 사용하며, 어느 명령어의 결과가 다음 명령어의 입력 값이 되게 한다. 두 세 개의 명령어가 함께 입력될 때를 pipeline이라고 한다. 그래서 UNIX에서는 여러 명령어 줄을 연속적인 한 줄로 만들 수 있다. 예를 들어 ps -ef |grep “/bin/sh” 해서 실행되고 있는 프로그램의 프로세스 ID를 알아낼 수 있다.

1.7 UNIX 서버 설치하기

Sun의 Sparc 서버는 Solaris가 미리 설치되어져 판매되며, Apple의 Xserve 서버도 Mac OS X가 미리 설치되어져 판매된다. 그렇지만 Linux를 설치한다면 처음부터 설치해서 구성해주어야 한다. 여기서는 Linux RedHat에서 제공하는 Fedora Core를 일반 PC에 설치해 보기로 한다. 설치 CD/DVD를 이용할 것이다. 다른 NOS에서도 그랬지만 설치할 때 계획부터 잘 잡아야 한다.

1) Linux 설치 계획하기

앞에서 Windows Server 2003 설치를 살펴보았는데 그런 사항들은 Linux를 설치할 때도 같다. Linux는 일단 서버를 설치하고 난 뒤 변경하기 쉽지만 그래도 서비스 중단을 피할 수 있게끔 미리 준비를 잘 해두는 것이 좋다. 다음 사항을 생각해 본 뒤 설치를 진행한다.

1. 서버의 명칭은 무엇으로 하나?－Windows Server 2003과 NetWare 시스템에서보다 Linux에서 머신명칭은 그다지 중요하지 않지만 DNS와 같은 네트워크 네임서비스에 가입시켜야 하므로 (네트워크상에서 IP주소보다 DNS네임이 사용자가 기억하기 쉽다) 최대 32자까지 고려해서 만드는데 [ ].:;=+*‘?_<>는 사용할 수 없다.
2. 서버의 IP주소는 무엇으로 하나?－보통 관리자는 워크스테이션은 자동으로 IP주소를 얻게 구성하지만 일부 응용프로그램에서 서버의 이름보다 서버의 IP주소를 지정해 주어야 하므로 정적인 IP를 사용한다. 서브넷마스크와 게이트웨이의 IP주소도 정해주어야 하고 서버의 도메인 네임서버의 IP주소도 정해주어야 한다.
3. 비디오카드의 종류는 무엇인가?－Linux 시스템의 installer가 비디오카드를 스스로 감지해서 드라이버를 설치해 준다. 하지만 비디오카드 리스트에서 선택할 수도 있다.
4. 관리자 패스워드는 무엇으로 하나?－Linux가 디폴트로 관리자 패스워드를 “root”로 정해주지만, 추측하기 어려운 패스워드로 관리자의 패스워드를 변경해 준다.
5. 이런 모든 정보를 어떻게 기억하나?－중간에 설정한 값들을 잘 기록해 두어야 한다. 이외에도 키보드와 마우스, 시간대, 로그온 사용자명 등을 지정해 주어야 한다.

2) Fedora Core 설치하고 구성하기

네트워크를 통해서 설치해도 일반 DVD-ROM으로 설치하는 것과 다를 바 없는데, ① 우선 DVD-ROM이 첫번째 부팅디스크가 되도록 BIOS 설정화면에서 조정해 준 뒤, 설치를 진행한다. ② 부팅되면 환영인사와 더불어 설치를 진행해 나아가는데, 왼쪽 창에 과정에 대한 설명이 뜬다. ③ 여기에서 언어선택, 자판배열, 서버타입 등을 정하게 되는데 Personal Workstation, Desktop, 혹은 Custom 중에서 선택한다. ④ 디스크 파티션정보를 선택하고, ⑤ 멀티부팅인지 부팅옵션을 선택하고, ⑥ 네트워크 인터페이스를 구성하고, ⑦ 네트워크 방화벽과 서버의 보안수준을 정하고, ⑧ 필요시 언어를 추가해주고, ⑨ 시간과 시간대를 설정한 뒤, ⑩ 관리자 root의 패스워드를 설정한다. ⑪ 이제 Fedora Core는 대여섯 가지 카테고리로 되어 있는 Package Selection Group 선택박스를 보이는데, 여기서 '데스크톱 범위'에 있는 그래픽 데스크톱을 선택하면 안 된다(서버라서 CLI를 주로 사용할 것이다. 사용자 워크스테이션이라면 Xwindow나 KDE를 선택하면 된다). ⑫ 이제 Fedora Core Installer는 하드디스크를 포맷하고 ⑬ 소프트웨어들을 하드디스크에 복사해온다. 이 과정은 하드웨어에 따라서 60분 정도가 걸릴 수도 있다. ⑭ 비디오카드와 모니터 타입을 감지해서 설치하고 ⑮ 리부팅한다. 이제 네트워크 사용자들에게 서비스할 준비가 된 것이다.

1.8 UNIX 서버 관리하기

Windows Server 2003과 NetWare와 같이 UNIX 타입의 시스템도 사용자명과 패스워드를 사용해서 클라이언트가 네트워크에 연결되므로, 사용자에게 그룹에 액세스할 권한을 할당하고 여러 그룹의 멤버가 되게 해야 한다. 예를 들어 mail이란 그룹은 전자메일에 액세스하게 하는 그룹이다. 사용자와 그룹을 UNIX와 Linux 시스템에 추가하기 위해서 그룹을 추가하는 **groupadd**와 사용자를 추가하는 **useradd** 명령어를 사용하면 된다. 하지만 Mac OS X에서는 조금 다르다. 차례로 알아보자.

1) Linux와 Solaris에서 사용자와 그룹설정

Linux와 Solaris 시스템에서 **groupadd** 명령어는 새로운 그룹 ID를 만들고 각 그룹에게 유일한 숫자를 부여한다. Linux와 UNIX 시스템에 관리자 root권한으로 로그온한 뒤 작업하면 된다. 예를 들어 thebaes라는 그룹을 만든다고 하면, ① **groupadd thebaes**를 타자하면 thebaes그룹이 만들어진다. 또 **useradd** 명령어는 새로운 사용자 ID를 만드는데 사용자

ID를 만든 뒤 여러 그룹에 넣을 수 있다. 이제 새로운 사용자 sukey를 만든 다음 thebaes 그룹에 넣는다면 -g옵션으로 사용자의 원래 그룹(사용자이므로 users그룹)을 정하고 -G옵션으로 사용자가 속할 그룹(여기서는 thebaes)을 정해준다. useradd로는 사용자의 패스워드는 정해주지 못하므로 passwd 명령어로 사용자 sukey의 패스워드를 정해준다. ① useradd -m -g users -G thebaes sukey를 타자한다. ② 그리고 passwd sukey를 타자해서 패스워드를 물어오면 패스워드를 넣어주는데 보안을 위해 *로 표시된다. ③ 패스워드를 한 번 더 타자하라고 요구하면 패스워드를 똑같이 넣어준다. 패스워드에 대해서 더 알고 싶으면 man passwd를 타자하면 맨페이지가 나타날 것이다.

2) Mac OS X서버에서 사용자와 그룹설정

Mac OS X서버에서 사용자와 그룹을 정하려면 Workgroup Manager 응용프로그램을 사용하면 되는데 내장된 GUI화면이다. 새로운 그룹을 만들고 이름과 숫자 ID를 그룹에 정해준다. thebaes라는 그룹을 만들어 보자. ① 이제 Mac OS X서버에 관리자 권한을 가진 사용자로 로그온한다. ② Doc에서 Workgroup Manager Connect를 실행하면 화면이 열리는데 Address에 정해준 서버의 이름이 나와 있어야 한다. ③ User Name박스에 관리자명을 타자하고 Password 박스에 패스워드를 넣는다. ④ 그리고 Connect를 클릭하면 Workgroup Manager가 열리고 사용자명이 디폴트로 선택되어 있다. ⑤ group account를 클릭한다. ⑥ 화면이 열리면 New Group을 클릭하고 ⑦ Name 박스에 thebaes를 타자한다. Short Names 박스에 thebaes가 떠야 한다. ⑧ Save를 클릭해서 저장한다.

Workgroup Manager가 실행되고 있다면 사용자를 만들어 보자. 위의 ①~④를 반복하는데 사용자계정 화면이 열려 있어야 한다. ⑤ Workgroup Manager의 툴바에서 New User를 클릭한다. ⑥ 옵션 선택창이 뜨면 Basic을 선택해서 Name, User ID, Short Names상자에 이미 들어있는 디폴드 값을 삭제한다. ⑦ Name 박스에 사용자명을 타자하는데 여기서는 sukey kim이다. 255자 이내로 정해주며 대소문자 구별한다. ⑧ User ID박스에 1025를 타자하는데 사용자의 리소스에 관한 권한으로 100~2,147,483,640범위이다. ⑨ Short Names 박스에 sukey를 타자하는데 사용자의 홈 디렉토리의 이름이 되며, 서버에서 그룹멤버쉽에 이용될 것이다. ⑩ sukey의 패스워드를 Password 박스에 타자하고 ⑪ Verify 상자에 한 번 더 똑같이 타자해준다. ⑫ 이제 이 사용자를 서버관리자, 도메인관리자, 서버에 로그인 중에서 선택하게 하는데 체크박스에서 log in을 선택해준다. ⑬ Save를 클릭해서 저장한다.

이제 사용자 sukey kim을 thebaes그룹에 넣어보자. ① Workgroup Manager에서 사용자 sukey kim이 선택되어져 있으면 Groups [탭]을 클릭한다. ② Other Groups 리스트 옆에 있는 +기호 속의 add 아이콘을 클릭하면 오른쪽에 그룹리스트가 서랍식으로 열린다. ③ 그룹리스트 중 thebaes를 더블클릭하면 Other Groups for user sukey kim이 보일 것이다. ④ Save를 클릭하고 저장한다. ⑤ Workgroup Manager 창을 닫는다.

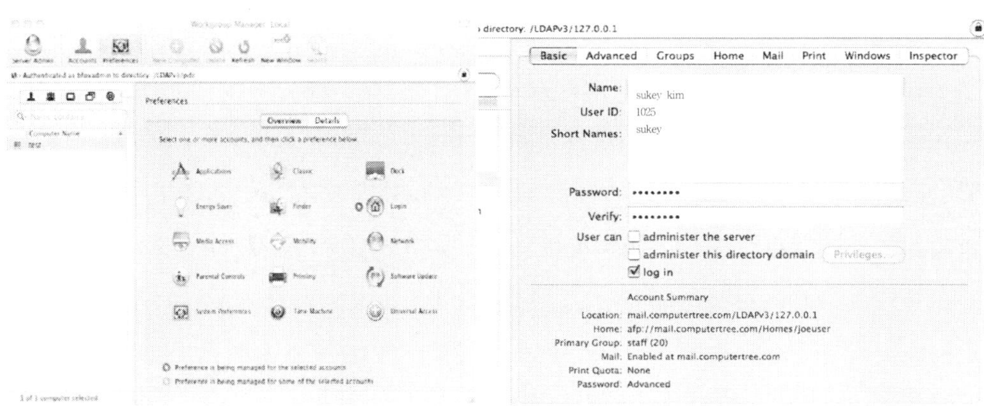

〈Workgroup Manager 화면〉

3) 파일 접근허가 변경하기

UNIX 계열에서는 사용자와 그룹에게 파일과 디렉토리에 대한 허가를 줌으로써 리소스 액세스를 제한하는데, 모든 파일은 소유자가 있고 어느 그룹의 멤버이다. 소유자(owner)는 스스로에게, 그룹에게 혹은 다른 누구에게 허가를 주거나 다시 뺏을 수 있다.

그룹	programs에 대한 권한	grades에 대한 권한	staffs에 대한 권한
teachers	읽기, 수정	모든 권한	없음
students	읽기	없음	없음
administrators	없음	읽기, 수정	모든 권한

예를 들어 어느 초등학교에서 사용자 sukey가 그룹 teachers에게 속한다고 하자. 이제 programs 디렉토리를 만들고 선생님들이 여기에 새로운 파일들을 넣어두게 하며, 학생들은 이 파일들을 보기만 하고 삭제하거나 수정할 수 없게 한다면 위의 표와 같게 되는데 Linux, UNIX, Solaris에서도 똑같다. 하지만 Mac OS X에서는 다른 방법을 사용한다.

(1) Linux와 Solaris에서 파일접근 허가 변경하기

Linux 시스템에 로그온되어 있다면 exit을 타자해서 끝낸다. 다시 사용자 sukey로 로그온한다면 sukey를 타자하고 패스워드를 넣고 로그온한다. 명령어 프롬프트가 나오면 programs 디렉토리를 만들기 위해서 mkdir programs를 타자한다. 이제 ls -l해서 이 디렉토리가 users에 속해 있는지 확인한다. sukey는 사용자이므로 처음 그룹은 users에 속하게 된다. chgrp teachers programs를 타자해서 programs 디렉토리 소유자를 teachers 그룹으로 바꿔준다. ls -l해서 programs 디렉토리가 teachers 그룹에 속해 있는지 확인해본다.

programs 디렉토리를 만들고 teachers에게 할당해 주었다. 이제 programs에 들어있는 파일들에 액세스해야 하는데, teachers 그룹의 멤버는 programs에서 파일을 만들고 삭제할 수 있지만 다른 이들은 액세스가 제한되어져야 한다. 이를 위해서 다른 이들의 허가는 모두 제거하고 teachers 그룹에게만 허가를 주어야 한다. 파일과 디렉토리의 허가를 바꾸려면 chmod를 사용하는데 파일의 소유자 u(user)와 파일의 그룹 g(group), 그리고 다른 이들 o(others)를 이용한다. 또 읽기 r(write)과 쓰기 w(write), 그리고 실행 x(execute)를 조합해서 사용하는데 +를 써서 권한을 부여하고 -를 써서 권한을 제거한다. 필요하면 man chmod를 참고하면 된다.

programs 디렉토리의 허가를 바꾸려면, ① 사용자 sukey는 teachers 디렉토리에 속해 있으므로 chmod g+w programs하면 teachers 그룹이 programs 디렉토리에 액세스할 수 있게 된다. ② 이제 이 programs 디렉토리에 다른 사용자들의 읽기와 쓰기를 제한해야 하므로 chmod o-rw programs를 타자한다. ls -l해서 보면 programs 디렉토리에 들어있는 허가를 볼 수 있는데 drwxrwx--x와 같을 것이다. 처음 d는 programs가 디렉토리며, 다음 세 자리 wxr은 사용자 sukey의 권한인데 모두 할 수 있고, 그 다음 세 개 rwx는 사용자 sukey가 속한 teachers 그룹의 권한인데 모두 할 수 있으며, --x는 students와 같이 다른 이들의 권한인데 실행만 할 수 있다는 뜻이다.

(2) Mac OS X에서 파일접근 허가 변경하기

앞에서 본 바와 같이 Mac OS X에서의 파일과 디렉토리 허가는 GUI 인터페이스에서 실행할 수 있는데, ① Finder를 열고 서버의 하드디스크를 나타내는 아이콘을 클릭한다. ② Shared Items 폴더를 클릭하고, ③ File메뉴를 클릭하고, Get Info를 클릭하면 ④ Shared Items Info 대화상자가 나타난다. ⑤ Ownership & Permissions를 클릭해서 확장한다. ⑥ 그리고 Details 옆에 있는 삼각형을 클릭한다. ⑦ 열쇠 모양 아이콘을 클릭해서 그룹을 변경한다. ⑧ Owner 옆에 있는 드롭다운 리스트에서 관리자급 사용자를 선택한다. ⑨ Authenticate 대화상자에 패스워드를 넣고 OK를 클릭한다. ⑩ Group 옆의 드롭다운 리스트에서 Read & Write를 선택한다. ⑪ Shared Items Info 대화상자를 닫는다.

4) UNIX 타입 서버에 접속하기

오랫동안 네트워크 관리자와 프로그래머는 Windows 네트워킹 도구와 Windows 프로그래밍 도구를 사용해서 TCP/IP 이외의 프로토콜도 UNIX 기반 시스템을 다른 운영체제와 연결시키기 위해서 계속해서 노력해 왔다. 하지만 최근 시스템들은 TCP/IP 계열과 잘 작동해서 UNIX 계열의 머신에 기본적으로 연결이 가능하다. 그러나 Windows 시스템과 UNIX 시스템이 TCP/IP로 통신은 되지만 파일시스템까지 교환하지는 못한다. 이를 위해 Samba를 UNIX 시스템에 설치하면 이 UNIX 시스템이 Windows 계열의 파일과 프린터 공유 서버로 완전하게 작동되어서 Windows 클라이언트들이 UNIX 서버에 있는 리소스에 접속할 수 있다. 물론 UNIX 시스템에 로그온한 사용자들도 네트워크에 있는 Windows 서버 리소스를 사용할 수 있게 된다. 이를 위해서 Windows 서버에는 파일공유 프로토콜인 SMB(Server Message Block)와 인터넷 파일시스템인 CIFS(Common Internet File System) 프로토콜이 시행되고 있어야 하는데, 둘 다 Windows OS에 들어있다. Mac OS X Server도 Samba가 내장되어 있지만 Windows Services가 추가로 필요하고, 내장 Server Manager라는 GUI 응용프로그램을 사용해야 작업할 수 있다.

최근 UNIX 플레버, Linux, Mac OS X Server는 LDAP에 기반한 디렉토리 서비스를 지원하며, Solaris는 Java System Directory Server Enterprise Edition에 LDAP를 가지고 있다. 유명한 Linux 배포판에는 디렉토리 서비스를 위해서 OpenLDAP라는 공개소스를 가지고 있고, Mac OS X Server도 Open Directory를 가지고 있는데 Apple의 OpenLDAP인

셈이다. UNIX 계열의 머신은 완전한 인터넷도구를 가지고 있어서 웹서버나 FTP 서버, 혹은 메일서버로 사용될 수 있고 또 TCP/IP를 이용해서 원격에서 접속하게 해준다. 이런 연결은 Telnet으로도 가능한데, TCP/IP가 실행되는 클라이언트는 Telnet을 통해 UNIX 계열 서버에 연결할 수 있다.

다음은 Telnet을 이용해서 Windows XP가 UNIX 계열 서버에 접속하는 법이다. ① 우선 Windows Telnet Client를 실행하기 위해서 '시작'→프로그램→보조프로그램→'명령프롬프트'로 가서 ② telnet을 타자하면 Microsoft Telnet>이 된다. ③ open UNIX_서버의_IP주소를 타자한다. ④ 사용자명을 타자하고 엔터하면 패스워드를 묻는데 패스워드를 넣어준다. ⑤ 이제 > 쉘로 바뀌는데 원격에서 Telnet을 통해 UNIX 시스템에 로그인한 것이다. ls -l / 을 타자하면 결과를 볼 수 있다. ⑥ exit을 타자해서 Telnet 세션을 닫는다.

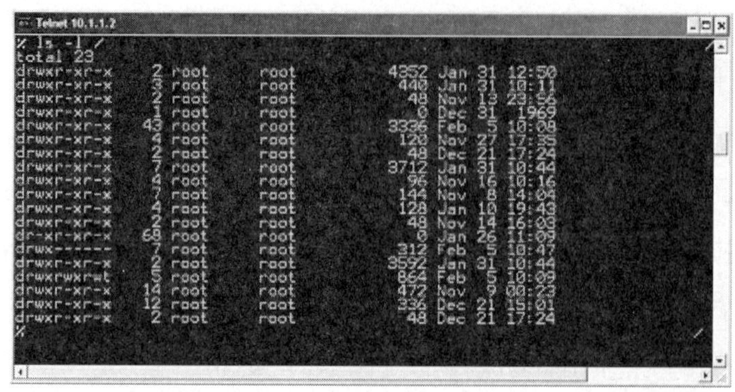

〈ls -l / 결과화면〉

2 NetWare 서버

이미 두 가지 유명한 NOS인 Windows Server 2003와 UNIX 계열의 Linux를 알아보았고, 이제 또 다른 중요한 NOS인 Novell사의 NetWare에 대해서 알아보자. NetWare는 Windows Server 2003과 UNIX, Linux, 그리고 Mac OS X Server와 유사점을 가지고 있는데 계층적 파일구조, GUI를 통한 리소스관리, 서버 최적화 기법을 사용한다. 모두 서버/

클라이언트 시스템으로 파일과 프린터 공유, 원격접속, E-mail과 인터넷연결을 지원한다. NetWare 6.5 버전에서는 Linux처럼 공개소스 요소들도 소개했는데, 결과적으로 NetWare도 앞으로는 Linux 커널에 기반을 두게 될 것 같다.

2.1 NetWare 소개

1983년 Novell이 최초 NetWare NOS를 출시했을 때 여러 조직들이 앞 다투어 이를 NOS로 채택했었다. 그리고 몇 년 지나서 NetWare는 기존의 IPX/SPX와 함께 TCP/IP에서 실행되게 했고 파일과 리소스 관리, 인터넷 연결, 재난극복, 그리고 다른 OS와의 연결에 GUI를 사용했다. NetWare는 쉬운 관리환경과 사용하기 편리함, 유연함, 호환성, 그리고 스캘러빌리티(sacalability) 등으로 인해 네트워크 관리자들에게서 선풍적인 인기를 끌었다. 아직도 일부 관리자들은 오래되고 안정적이고 최초로 파일과 프린터 공유를 가능하게 했었던 NetWare를 선호한다. 또한 빠른 성능, 신뢰할 만한 서비스, 강력한 벤더지원 등에 힘입어 인기를 더해갔다. 하지만 지난 십여 년 간 NOS시장에서 80% 정도를 Windows, UNIX, Linux 등에게 내주고 말았다.

네트워크에서 NetWare는 NetWare 3.x(3.0, 3.1, 3.2)와 4.x(4.0), 6.x까지 볼 수 있다. NetWare 3.x까지는 IPS/XPS가 필요하지만 intraNetWare로 불리는 4.11 이후부터는 TCP/IP로 통신할 수 있게 해서 웹서버, IP주소, FTP 등 인터넷관련 서비스를 시작했다. 그리고 4.0, 4.1, 4.11부터 DOS식 명령어 화면을 그래픽 화면으로 바꾸었고 4.x부터는 여러 서버가 들어있는 대규모 네트워크를 지원하게 했다. 1998년 버전 5.0을 발표했고, 이어서 5.1, 5.11을 출시했는데 NetWare 5.x이다. 이것이 TCP/IP를 전적으로 채택한 Novell 최초의 NOS이며, Java에 근거한 GUI를 선보였다. 이어서 버전 6.0, 6.5가 나왔는데 NetWare 6.x이다. 여기서 Novell은 또 한 번 특성을 바꿨다.

NetWare 6.5는 ① 멀티프로세서와 멀티태스킹, 그리고 동기식 멀티프로세싱을 지원하게 했고, ② 물리적 메모리와 가상메모리를 지원하며, ③ 네트워크를 조직하고 관리하는데 포괄적 시스템인 eDirectory(NDS로 부름)를 사용했고, ④ 여러 리소스와 사용자들을 중앙에서 관리하게 했으며, ⑤ 최신의 여러 프로토콜을 지원하고, ⑥ 다른 NOS와 그 클라이언트들이 완벽하게 호환되게 했으며, ⑦ 웹기반 등 원격접속을 지원하며, ⑧ 클러스터링 서비스를 지원하고, ⑨ 서버성능 모니터링과 자동백업, 리소스 도구 등을 탑재했고, ⑩ 여러 NOS로부터 액세스될 수 있는 고성능 파일시스템과 대규모 저장공간을 지원했다.

또한 이 버전에서 새로운 기술도 선보였는데, ① eDirectory와 그 오브젝트를 관리하게 하는 브라우저기반의 iManager, ② Windows NT 도메인과 Server 2000, 2003 서버의 AD와 NetWare 디렉토리가 동기화되어 중앙에서 관리되게 하는 DirXML, ③ 서버가 실행되면서 자동으로 연속백업을 하게 했고, ④ 여러 서버에 흩어져 있는 동일한 데이터와 파일정보를 공유하게 하는(한 서버에 있는 응용프로그램을 여러 서버가 공유해서 자신들의 클라이언트들에게 나눠주는) Server Consolidation Utility, ⑤ Apache와 MySQL과 같이 유명한 공개소스 웹 개발 도구를 채택했고, ⑥ 서버에 있는 파일과 로컬에 있는 파일, 네트워크 프린터와 프린팅 잡, E-mail 등을 쉽게 동기화시켜주는 브라우저기반 도구인 Virtual Office와 ⑦ WAN에 연결된 원격 브랜치가 본사의 서버에 문제가 있어도 동일한 eDirectory를 가지고 독립적으로 작동되게 한 Branch Office, ⑧ 그리고 Linux 기반 서버와 클라이언트들이 NetWare 클라이언트들과 네트워크 관리도구를 사용하게 해주는 Nterprise를 소개했다.

하지만 이런 강력한 기능의 NetWare가 모든 조직에 다 적합한 것은 아니다. 예를 들어 대규모 조직에서 대부분 시스템이 MS IIS(Internet Information Services)나 Exchange Server를 사용하고 있다면 Novell의 NetWare 시스템으로 전환하는데 드는 관리자 훈련과 서비스 공백, 기존 인프라교체 등이 보통 일이 아니다. 따라서 응용프로그램 등과 테이프백업 장치들을 여러 NOS에서 미리 테스트해봄으로써 것이 이들이 자신의 시스템에 적합한지 평가해 본 뒤 그것을 기반으로 해서 시스템 설계가 이뤄지만 착오가 없을 것이다. 만일 Novell의 NetWare를 선택했다면 http://www.support.novell.com 지원 사이트에서 Novell 네트워크에 관한 전문지식과 알려진 버그, 문제 해결법 등에 관한 많은 정보를 얻을 수 있다.

MCSE(Microsystem Certified Network Engineer)가 Windows Server 2003을 학습해서 취득하는 MS의 자격증이라면 CNEs(Certified NetWare Engineers)가 NetWare 6.x를 학습해서 취득하는 Novell의 자격증이다.

2.2 NetWare 서버 하드웨어

네트워크에서 보통 서버는 클라이언트 머신보다 더 많은 하드디스크와 메모리, 더 빠른 프로세서를 가져야 한다고 알고 있다. 서버에는 또한 여분의 NIC, 모뎀, 저장공간, 그리고 예비전력, 다중 CPU 등이 있기도 하다. 다음은 Novell에서 정한 최소요구 하드웨어 성능이다.

요소	요 구
프로세서	Pentium II, AMD K7, or 더 나은 프로세서로 IBM or IBM 호환 PC (NetWare 6.5는 32개 CPU까지 지원 가능)
메모리	512MB의 RAM(1GB 권장)
하드디스크	파일시스템을 위해 최소 2GB 여유 공간 필요(4GB 권장)
NIC	네트워크 타입에 맞는 NIC로 드라이버 지원 가능한 것
CD-ROM	필요함
지시장치	옵션이지만 GUI 콘솔 사용 시 필요함
플로피드라이브	옵션

많은 네트워크 환경에서 소프트웨어 벤더들이 항상 이 최소 요구조건보다 더 좋은 하드웨어를 권하는 것은 당연하다. 다음 것들을 생각해 보고 서버성능을 결정하자. ① 서버에 얼마나 많은 클라이언트가 접속하나? ② 어느 응용프로그램이 실행되나? ③ 서버에 얼마나 많은 서비스와 어떤 서비스가 실행되나? ④ 각 사용자는 얼마만큼의 저장공간을 필요로 하나? ⑤ 얼마나 시스템은 다운타임을 견딜 수 있나? ⑥ 회사는 무엇을 지원할 수 있나? 등이다. 가장 중요한 고려사항은 어느 응용프로그램이 서버에서 실행되느냐일 것이다. 단지 파일과 프린터 공유만 한다면 값싼 서버도 될 수 있지만 웹서비스나 원격접속, 클러스터링 등 서비스를 제공한다면 어림도 없다. 모든 서비스마다 프로세스마다 독립적인 저장공간과 메모리, 프로세서를 필요로 하기 때문이다. Novell의 문서를 참조하는 것이 도움이 될 것이다.

2.3 NetWare 6.5 살펴보기

NetWare는 다른 NOS와 여러 유사점들을 가지고 있지만 물론 다른 점들도 가지고 있다. 이들에 대해서 알아보자.

1) NetWare Integrated Kernel(NetWare 내장커널)

NetWare 6.5의 핵심은 NetWare Integrated Kernel인데, 모든 중요한 서버 프로세스를 감시하는 역할을 한다. 예를 들어 멀티프로세싱, 멀티태스킹, 그리고 서버의 인터럽트(interrupt), 메모리, I/O(Input/Output) 기능 등에 관여한다. 커널은 서버가 부팅될 때 서버의 DOS 파티션에서 실행되는 server.exe 프로그램에서 시작되므로, 모든 NetWare 6.5 서버는 DOS 파티션을 가지고 있어야 한다. 또 동기식 멀티프로세싱을 지원하는데 이 내장커널이 프로세서에게 작업을 분배해 준다. 버전 4.x와 그 이상에서는 한 서버에 32개의 CPU까지 지원해주어서 서버가 동시에 여러 응용프로그램을 실행하고 있을 때 서버의 성능을 증가시켜준다. 그러므로 프로세서를 집중적으로 소비하는 프로그램이 많이 실행되는 서버에서는 하드웨어 구성이 중요하다. 이런 서버머신에 CPU를 여러 개 장착하면 별도의 구성없이 NetWare가 알아서 인식하고 구성해준다.

NetWare 내장커널은 또한 각 응용프로그램과 서버에서 사용되는 NLM(NetWare Loadable Modules)을 필요에 따라서 로드/언로드해서 프로토콜을 지원하거나 웹 퍼블리쉬와 같은 다양한 서비스를 제공해서 일단의 프로그램들을 실행시키는데, 각 NLM은 서버의 메모리와 프로세서 리소스를 사용한다. 만일 GroupWise E-mail과 Scheduler 소프트웨어를 사용한다면 서버는 추가적인 NLM을 필요로 하게 되고, 또 BorderManager를 설치한다면 또 다른 NLM가 추가되어야 한다. 따라서 사용되는 NLM의 리소스 크기는 NLM 크기와 사용하는 프로그램의 복잡함에 달려있다. NetWare 설치동안에 관리자가 어느 서비스를 서버에서 실행하느냐에 따라 적절한 NLM이 선택되면, 그 뒤로 매번 서버가 부팅될 때마다 server.exe가 선택된 NLM을 로드해서 커널이 NetWare를 실행하게 한다. 실제로 NLM이 메모리에 로드되고 나면 커널의 일부가 되어 작동하는 셈이다.

네트워크 관리자는 서버의 콘솔(console)을 통해서 NLM을 로드/언로드할 수 있는데, 콘솔은 서버 인터페이스로 네트워크 관리자가 디스크나 프로토콜, 바인딩, 시스템 리소스 등

서버 설정을 수정하거나 모듈을 로드하게 해준다. 관리자에게 서버운영을 통제하게 하는 도구로 서버머신에서나 네트워크상의 다른 머신에서 Monitor를 통해 텍스트나 오브젝트, 디렉토리까지 관리하게 해주는 ConsoleOne은 그래픽 모드에서 콘솔을 이용할 수 있게 한다. ConsoleOne은 Windows의 MMC와 유사한데 서버나 그 서버와 동일한 네트워크상의 다른 머신에서 실행될 수 있다. 이 콘솔은 XServer의 메인메뉴 속에 들어 있는데, XServer는 NetWare 6.5의 그래픽한 데스크톱으로 서버머신이 부팅되면 자동으로 실행된다. 클라이언트 머신에서 ConsoleOne를 이용하려면 Console One 클라이언트 프로그램이 먼저 설치되어져 있어야 한다.

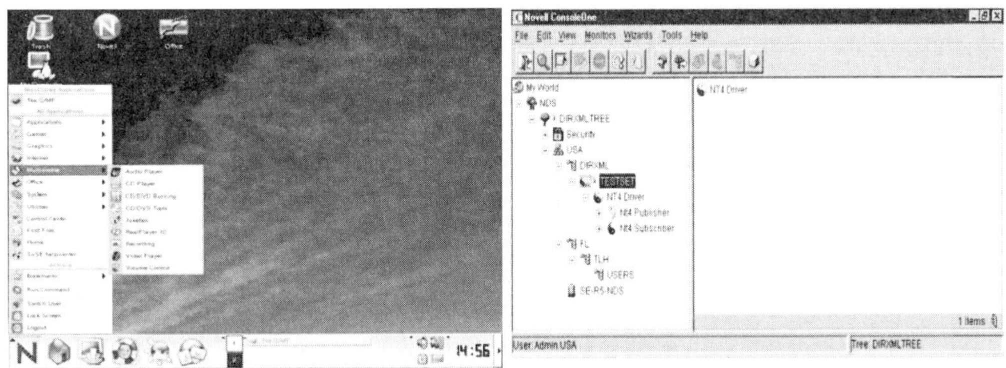

〈XServer와 ConsoleOne 화면〉

네트워크상의 다른 머신에서 웹브라우저를 통해 콘솔에 액세스하려면 Remote Manager를 사용해야 하는데, 예를 들어 네트워크 관리자가 브랜치 오피스에 문제가 있어서 출장갔을 때 본사 IT부서에서 문제가 발생했다고 하자. ConsoleOne은 IT부서에서만 사용하므로 브랜치 오피스에는 없을 것이다. 이런 경우 브랜치 오피스에서 Remote Manager를 사용해서 본사 머신에 연결하면 Remote Manager의 Health Monitor 화면이 뜰 것이다. 관리자는 이 콘솔을 잘 활용할 수 있어야 하는데 그래픽과 명령어 모두에 익숙해야 한다.

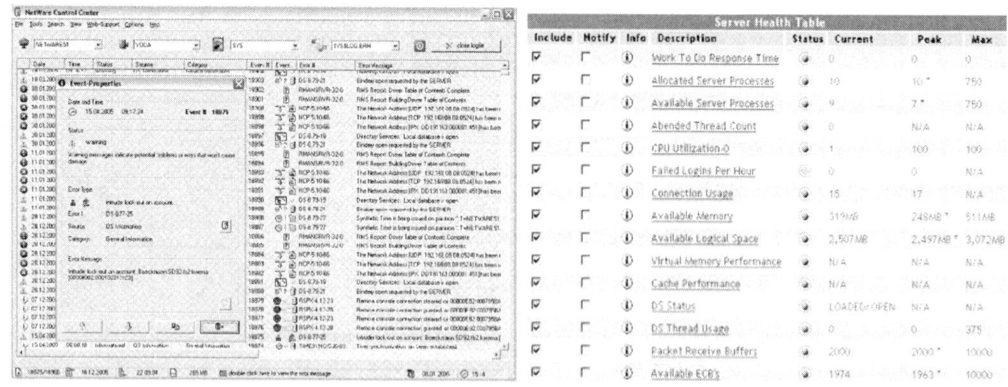

〈Health Monitor 화면과 표시된 서버 상태〉

2) 파일시스템

파일시스템이란 파일을 조직하고, 관리하며, 액세스하게 해주는 것을 말한다. NetWare 6.5에서 이용하는 형식이 NSS(Novell Storage Services)인데, NetWare 설치과정 중에 디폴트로 설치된다. 물론 리거시한 FAT 등도 TFS(Traditional File Services) 도구를 통해서 지원하지만 여러 제한이 있어서 NSS를 사용하기 권한다.

NSS는 다음과 같은 특징이 있다. ① 64-bits 데이터액세스 인터페이스와 8TB까지 파일과 데이터를 지원하며, ② 단일 디렉토리에 1조 파일까지 저장하며, ③ 파일압축과, ④ 사용자와 디렉토리 제한을 설정할 수 있으며, ⑤ 발전된 재난대비와, ⑥ 메모리의 효율적 이용, ⑦ 브라우저 기반 볼륨관리와, ⑧ 볼륨을 여러 저장장치로 분할해 줄 수 있다.

NetWare 6.5가 실행되는 머신은 네 개의 파티션을 지원하며, 이 중 한 곳은 DOS 파티션이어야 한다. 이 DOS 파티션이 주 부트파티션으로 NetWare 내장커널인 server.exe 파일이 실행되는 곳이다. 그리고 또 한 파티션이 있어야 NetWare의 데이터와 프로그램이 저장될 수 있다. 일단 파티션이 끝나면 볼륨 수에는 제한이 없다.

Windows 운영체제와 같이 NetWare도 서버의 파일과 디렉토리를 조직하기 위해서 볼륨을 사용하는데, 설치과정 동안 자동으로 SYS라는 볼륨이 만들어진다. DATA나 APPS와 같은 볼륨을 따로 만들 수도 있다. 볼륨구조를 네트워크 상황에 맞게 디자인해야 성능과 보안, 확장, 데이터 공유에서 효율적인데 SYS볼륨에 시스템파일이 들어있고 DATA볼륨에 모든 사용자들의 파일이 저장되게 하면 파일 백업이나 파일 액세스를 쉽게 관리할 수 있다.

다시 한 번 강조하지만 서버 볼륨과 디렉토리 구조를 잘 설계해야 한다. 일단 설정이 끝나면 나중에 변경하기 어렵기 때문이다.

NSS의 특징 중 하나가 여러 디스크(하드디스크와 CD-ROM도)에 흩어져 있는 저장공간을 묶어서 저장 풀(storage pool)을 만들 수 있다는 것인데, 설치과정 중에 디폴트 풀이 만들어져 SYS볼륨과 공유되며 역시 SYS라고 불린다. 나중에 관리자가 이 풀의 특성을 변경하거나 새로운 풀을 만들 수 있다. 이 풀을 사용하는 이유는 유연성에 있는데, 만일 사용중인 하드디스크에 공간이 부족하다면 새로운 하드디스크를 추가해서 SYS 풀에 넣거나 USB 외장 하드디스크 등을 달아서 풀의 크기를 늘려도 된다. 이렇게 함으로써 다운타임 없이 서비스를 계속할 수 있게 된다. 다음 그림에서 보면 Server2의 Disk2와 Server1의 Disk1과 외장 CD-ROM이 저장 풀로 묶여있다.

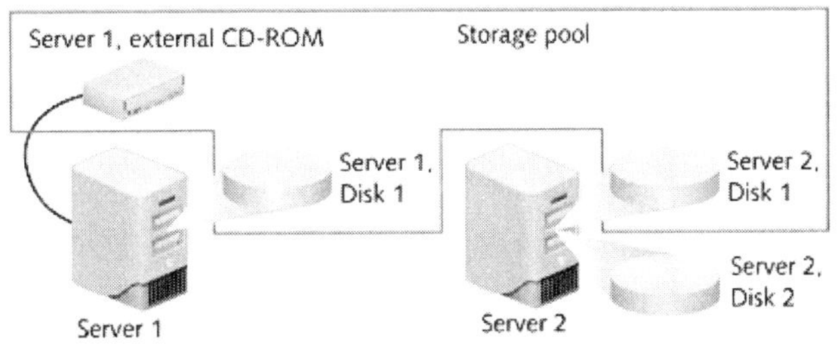

〈저장 풀〉

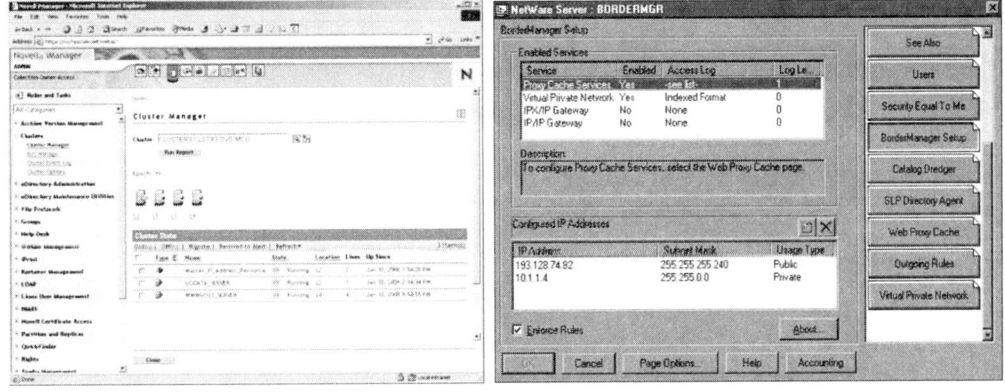

〈iManager와 BorderManager〉

NetWare에선 하드디스크도 하나의 오브젝트로 취급되는데, NSS 오브젝트를 다루기 위해서 네트워크 관리자는 브라우저기반의 iManager를 사용한다. 이 iManager는 GUI 인터페이스로 모든 오브젝트를 다루는데 사용자와 그룹도 처리해 준다.

3) eDirectory

eDirectory는 NetWare 6.5의 디렉토리 데이터베이스인데 여러 서버와 저장장치, 사용자, 볼륨, 그룹, 프린터 등 리소스를 조직하고 관리해 주는 시스템이다. 예전 버전에서는 NDS(NetWare Directory Services)가 이런 역할을 했었다. 이것은 Windows의 AD와 유사한데 네트워크상의 모든 오브젝트를 별개의 속성을 가진 개체로 취급한다. 오브젝트는 사용자나 프린터와 같이 클래스에 속하는데, eDirectory 데이터베이스에 속한 각 오브젝트는 iManager 도구로 통제할 수 있다. AD처럼 eDirectory 정보도 LDAP를 지원하는 데이터베이스에 저장되어 있어서 인터넷 디렉토리 및 다른 NOS와 정보교환이 가능하다. 하지만 서버의 하드디스크와 관련되어 있지 않아서 NetWare 서버가 네트워크상의 모든 트리와 오브젝트 정보를 가진 eDirectory.db라는 데이터베이스를 직접 가지고 있지 않다. 실제로 이것은 감춰진 저장공간에 저장되어 있는데–여러 서버에 배포되어 있다. 재난대비를 위해서 eDirectory는 AD처럼 네트워크상의 여러 서버에 복제된다. 이렇게 함으로써 eDirectory 데이터베이스를 가지고 있는 어느 한 서버에 문제가 생겨도 다른 서버를 통해서 사용자들은 지속적인 서비스를 받을 수 있다는 뜻이다.

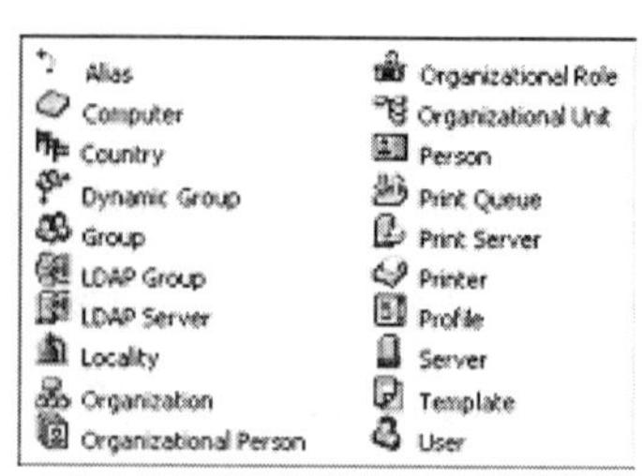

<eDirectory 오브젝트>

(1) 스키마(Schema)

AD처럼 eDirectory에서 스키마라는 것은 사용자나 프린터와 같이 정의된 오브젝트 클래스와 속성을 말하는데, NetWare 6.5에선 기본 스키마(base schema)라고 불리는 가장 간단한 스키마가 eDirectory와 함께 설치된다. 이것은 네트워크에서 흔히 사용되는 오브젝트 클래스와 속성으로 구성되어 있고, 네트워크 관리자가 이 기본 스키마에 클래스나 속성을 추가해서 확장스키마(extended schema)를 만들기도 한다. 예를 들어 사원번호를 사용자 오브젝트에 추가하면 eDirectory에 있는 모든 직원 오브젝트(기본 스키마)에는 사원번호 필드가 생기게 된다(확장 스키마). MS에서는 이런 속성을 attributes라고 하고 Novell은 properties 라고 한다.

(2) 트리(Trees)와 OU(Organizational Units)

NetWare를 네트워크에 처음 설치하면 eDirectory 데이터베이스가 만들어지는데, 나중에 서버나 리소스를 네트워크에 추가하거나 하면 이 eDirectory에 계층적구조로 가입되게 된다. Novell은 eDirectory 트리를 eDirectory 내의 오브젝트를 표현하는 논리적 계층구조로 설정해서 AD의 도메인트리 같게 구성한다. 실제 모양은 나무를 뒤집어 놓은 형태가 되는데 root가 맨 위에 있고 여러 브랜치가 아래쪽으로 퍼져 나간다. eDirectory는 오직 하나의 루트를 가지고 있는데 이 루트도 트리오브젝트에 속한다. 만일 TheBaes Manufacturing을 위한 네트워크를 설계한다면 NetWare 6.5가 서버에 설치될 때 트리오브젝트 네임도 TheBaes가 될 것이다. root 밑에는 organization 오브젝트가 OU(혹은 컨테이너) 형태로 가지처럼 계층적으로 뻗어 내려갈 것이다. AD에서처럼 OU의 목적은 논리적으로 트리를 나누어 동일한 유형의 오브젝트들을 가지게 한 것이다. OU는 지리적 위치, 부서, 전문분야, 보안인증, 혹은 다른 내부적인 목적에 의해서 사용자나 리소스를 조직하는데 사용되는데 예를 들어 TheBaes Manufacturing의 eDirectory 트리의 루트는 TheBaes로 불릴 것이고, 그 밑의 부서 OU들은 회계, 정비, 자재, 선적 등으로 불릴 수 있겠다. 만일 TheBaes가 작은 조직이라면 사용자들과 리소스는 좀 더 큰 operations란 OU로 묶일 수 있고, operations OU 안에 있는 각 부서는 그룹을 통해서 구별될 수 있다.

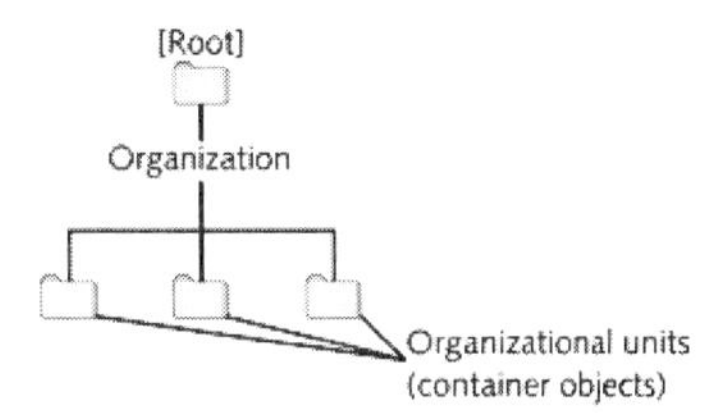

〈간단한 eDirectory 트리〉

다음 그림을 참조하라. 오브젝트를 묶는 두 방법을 보였는데, 실제로 여러 방법으로 eDirectory를 구성할 수 있다. 계층적 리소스와 OU는 네트워크 관리자가 주의해서 계획해야 한다. 트리의 루트를 옮기면 브랜치 오브젝트는 더 많은 브랜치 오브젝트가 되거나 리프(leaf) 오브젝트가 되게 된다. 리프 오브젝트는 디렉토리 내에서 다른 오브젝트를 가지지 않은 오브젝트를 말한다.

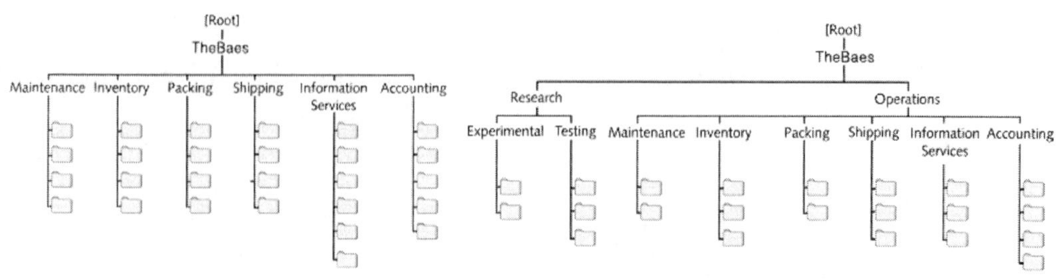

<eDirectory 트리에서 오브젝트 그룹화하기>

예를 들어 프린터 큐(queue)는 리프 오브젝트인데 오직 프린터 큐만 다루기 때문이다. 사용자도 리프 오브젝트인데 다른 오브젝트를 가지거나 관리하지 않고 네트워크 사용자라는 것만 나타내기 때문이다. 사용자, 그룹, 프로필, 템플레이트, 그리고 별칭(alias)과 같이 사용자 관련 리프들이 있고 프린터, 큐, 그리고 프린터 서버 등 프린터 관련 리프들이 있게 된다. Novell 패키지에 들어있는 GroupWise와 같은 도구가 리프 오브젝트를 트리에 넣게 해서 eDirectory 구조에 들어있는 모든 Novell 제품관리를 중앙에서 쉽게 하게 한다. 다음 그림은 여러 브랜치와 리프 오브젝트가 있는 복잡한 eDirectory 트리를 보인 것이다.

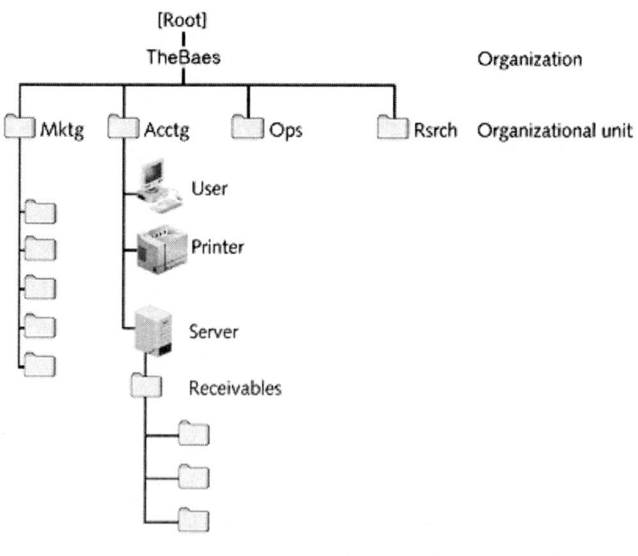

<조금 복잡한 eDirectory 트리>

(3) 명명규칙(Naming Conventions)

eDirectory 트리 안에 있는 각 오브젝트는 트리 내 어디에 오브젝트가 속해 있는지 알려주는 컨텍스트(context)가 있다. 오브젝트의 OU명과 조직명으로 구성되며 컨텍스트 내에서는 마침표(.)로 구별하는데, 오브젝트의 위치 주소를 나타낸다고 보면 된다. 컨텍스트는 형식(typeful)과 무형식(typeless)으로 구별하는데 형식은 조직과 OU를 표시해서 길게 나타내는 방법으로, TheBaes 제조사의 회계부서의 수납에서 일하는 JJai라는 사용자는 OU=수납.OU=회계.O=thebaes다(여기서 OU는 Organizational Unit이며 O는 Organization이다).

LDAP도 이 형식을 사용하지만 OU와 O의 구별을 마침표보다 쉼표(,)로 구별한다. 무형식은 'OU='와 'O='를 없앤 모양으로 위의 예는 수납.회계.thebaes로 표시된다. 이런 표시법으로 사용자 JJai는 TheBaes라는 조직 내의 회계OU 내의 수납OU에 속해있다는 것을 알게 된다. 복잡한 eDirectory가 있는 대규모 조직에서 사용자 컨텍스트는 매우 길어질 수 있는데, 사용자는 사용자명으로 로그온만 하면 되므로 몰라도 되지만, 네트워크 관리자는 사용자의 클라이언트 소프트웨어를 구성해서 각 사용자가 속한 컨텍스트와 조직을 이해하고 있어야 한다. 이런 규칙은 Windows Server 2003의 이름규칙과 유사하다. 이제 NetWare 6.5의 eDirectory 안에 들어있는 오브젝트를 조직하고 관리하는 법을 이해했다면 NetWare를 설치할 차례이다.

2.4 설치 준비하기

설치하기 전에 계획을 잘 짜두는 것이 매우 중요한데 이를 허술히 하면 네트워크의 성능저하, 사용자 이용이 불가한 다운타임 증가 등으로 이어지고 나중에 후임 네트워크 관리자가 매우 애를 먹게 된다. 다음의 내용을 먼저 잘 살펴보자. Linux나 Windows 설치할 때와 비슷하지만 Windows는 AD를 사용했고 NetWAre는 eDirectory를 사용한다.

1. 서버가 eDirectory 트리 어디에 적합할까?－이것은 eDirectory 내에서 서버의 역할에 따라서 달라지는데 만일 교실의 학생들이 프린트하는 것만 지원한다면 서버는 작은 교실OU에 속해도 될 것이나, 대학에서 모든 컴퓨터학과 교수들이 네트워크에 접속하는데 사용된다면 트리의 컴퓨터OU에 속하면 될 것이고, 전체 대학 내의 메일서버로 사용된다면 루트에서 벗어나 Mail이라는 자체 OU를 가져야 할 것이다. 분명히 설치

하기 전에 조직의 트리 및 OU와 리프 오브젝트를 위한 정책이 서있어야 한다. 서버의 eDirectory트리 내의 위치가 접속과 관리에 영향을 미친다. 서버의 컨텍스트를 구축한 뒤에는 변경이 불가하기 때문이다.

2 서버의 이름은 무엇으로 하나?-확실하고 설명적인 이름으로 다른 서버들과 구별되는 것으로 하면 된다. 지리적, 기능적으로 붙이면 되는데 O(조직)와 OU의 이름은 다를 수도 있다. 예를 들어 대학의 eDirectory 안에 있는 컴퓨터학부의 서버이름은 COM_DEPT이만 루트 밑에 있는 EngCollege OU에 속해져서 COM OU일 수도 있다.

3 서버는 몇 개의 NIC를 가지며 어떤 종류를 사용하나?-먼저 설치 전에 NIC의 드라이버와 점검 소프트웨어를 가지고 있어야 한다. 보통 운영체제가 감지하고 드라이버를 설치해 주지만 만약을 위해 IRQ, I/O 주소, 메모리주소 등도 염두에 두어야 한다.

4 서버는 어떤 서비스와 프로토콜을 사용하나?-어느 프로토콜이 사용되는지 알아두어야 하는데 TCP/IP만 있으면 거의 해결되지만, 리거시한 운영체제와 통신해야 할 필요가 있다면 그에 따른 프로토콜을 별도로 설치해야 한다.

5 관리자 패스워드는 어떻게 하나?-설치 중에 관리자 ID를 묻는데 디폴트로 Admin이 된다. 관리자 패스워드는 크랙하기 어려운 것으로 정해서 변경시켜 두어야 한다.

6 서버는 어느 디스크컨트롤러를 가지나?-설치과정 중에 자동으로 하드디스크와 CD-ROM을 감지하는데 만약을 위해서 드라이버를 준비해 두어야 한다. 시스템 BIOS를 보면 정확한 종류가 나와 있다.

7 서버는 얼마나 많은 저장공간을 가져야 하나?-설치 중에 서버 볼륨의 크기, 숫자, 이름 등을 요구하는데 SYS는 자동으로 디폴트 볼륨을 할당받는다. 다른 볼륨의 크기를 조정하려면 SYS 볼륨의 크기를 조절하면 된다.

8 서버는 어떤 패턴을 가지게 되나?-설치 중에 서버의 타입을 정하게 하는데 이를 패턴(pattern)이라고 한다. 중요 서비스인 파일시스템 도구와 eDirectory 서비스 공유만 제공해주는 Basic NetWare File Server, 선택한 서비스만 설치해서 제공하는 Customized NetWare Server, 혹은 기존 서버의 데이터와 디렉토리 정보를 받아주는 Pre-Migration Server 중에서 선택할 수 있다. 또 백업서버, 웹서버, 프린트서버 중에서 선택할 수도 있고 eDirectory, ConsoleOne, Remote Manager 등 관리도구들은 어느 경우든지 디폴트로 설치되므로 그대로 하면 된다.

9 어느 라이센스를 가져야 하나?-설치과정 동안에 라이센스 디스크나 파일을 요구하는데 NetWare 서버가 있는 사이트의 모든 로그온 사용자들에게 라이센스를 자동으로 주는(25만 개까지) 퍼사이트(per site)와, 어느 사용자든 서버에 로그온할 수 있지만 동시에 로그온할 수 있는 사용자 수를 제한하는 퍼서버(per server), 그리고 라이센스를 가져야만 서버에 로그온하게 하는 퍼유저(per user)가 있다. 만일 NetWare 서버를 클러스터링한다면 전체가 커다란 서버군이 되어 라이센스 문제가 복잡해지는데, Novell의 지원을 받으면 된다.

10 어떻게 이런 것들을 기억하나?-설치하면서 설정한 것들을 잘 메모해 두어야 한다.

또한 라이센스 동의문서를 읽거나, 시간대, IP주소 정보, 선택적인 인증서버 역할 등도 정해두어야 한다.

2.5 설치와 구성하기

이제 설치 전에 충분한 계획을 잡았으면 설치를 진행한다.

1) 설치 과정

설치는 보통 CD-ROM이나 네트워크를 통해 이뤄지는데, ① 머신이 부팅되면 INSTALL 프로그램이 CD-ROM에서 실행된다. BIOS에서 CD-ROM이 첫번째 부팅순서로 잡혀 있는지 확인해야 하며, Windows가 실행중인 상태에서나 Windows에 있는 DOS에서 실행하면 안 된다. ② 우선 텍스트모드에서 진행되는데 언어 선택과 지역 선택, ③ 그리고 소프트웨어 동의(여기에는 Novell의 서드파티 소프트웨어 패키지인 JReport Runtime이 사용된다), ④ 설치를 디폴트로 할 것인지(나중에 변경할 수 있다) 수동으로 할 것인지 정하게 한다. ⑤ 부트파티션을 준비할 때 디폴트로 선택했다면 4GB의 SYS볼륨이 만들어지고 ⑥ LAN, 디스크, 비디오 드라이버 등을 감지한다. 이제 필요한 파일들을 하드디스크에 복사해 오는데, ⑦ 우선 하드웨어들을 점검하고 드라이버를 잡아준 뒤, ⑧ NetWare 시스템파일들을 복사해 온다. 이제부터 그래픽화면으로 바뀐다. ⑨ 서버의 패턴을 선택하면(Customized를 선택했다면 설치하고자 하는 요소를 선택하게 한다) 설치할 서버의 세부사항을 보여준다. ⑩

파일복사를 선택하면, ⑪ 두 번째 CD인 NetWare Products를 넣으라고 한다. 이제 서버를 설정하게 하는데, ⑫ 서버이름을 정하고, ⑬ 암호화를 사용하게 하고, ⑭ 각 NIC에 네트워크 프로토콜을 정하는데 TCP/IP와 IP주소 등이다. ⑮ 서버의 호스트명과 도메인네임을 정하고, ⑯ 서버의 시간대를 정하고, ⑰ 새로운 eDirectory를 만들 것인지 기존 eDirectory 트리에 가입할 것인지 정하게 하며, ⑱ eDirectory정보를 넣게 하는데 OU도 만들 수 있다. ⑲ 관리자ID와 패스워드를 정하게 하고, ⑳ 서버의 라이센스 선택과, ㉑ 로그온 방법 혹은 eDirectory 트리에 인증 받는 방법(NDS 로그인방법 등)을 정하게 한다. 이런 정보들을 모두 제공하면 ㉒ 설치프로그램이 선택한 보안에 따라 파일들을 복사해 오고, ㉓ 리부팅하게 된다. 서버를 수동으로 시작하게 한다면 명령어 프롬프트에서 server를 타자하면 된다.

디폴트로 설치프로그램은 eDirectory 트리, SYS 볼륨, SYS 풀, 파일시스템 내의 모든 파일들과 eDirecotry 트리 내의 모든 오브젝트를 감독할 권한을 갖는 Admin이란 관리자 ID와 [Public]이란 그룹이 만들어져 있을 것이다.

2) 사용자와 그룹 설정하기

사용자가 NetWare 네트워크에 로그인해서 리소스를 공유하기 전에 사용자 오브젝트를 포함해 기타 오브젝트들을 eDirectory트리에 추가해 주어야 한다. 그것들의 속성을 수정하거나 NetWare 스키마를 확장할 필요도 있는데 설치과정 동안 디폴트로 설치되는 ConsoleOne과 Remote Manager, 혹은 선택적으로 설치되는 iManager를 통해서 할 수 있다. 이들은 NetWare 서버에 연결된 같은 네트워크상의 어느 워크스테이션에서도 실행될 수 있다. ConsoleOne를 실행하려면 클라이언트 머신에도 ConsoleOne이 실행되고 있어야 하며, 서버에 있는 프로토콜(TCP/IP나 IPX/SPX 등)도 있어야 한다. Remote Manager와 iManager를 위해서는 클라이언트 머신에 TCP/IP와 웹브라우저(Internet Explorer 5.0 이상이나 Netscape 4.5 이상)만 있으면 된다. 작업은 관리자와 같은 권한을 가지고 있어야 사용자와 그룹을 만들 수 있다.

Remote Manager를 실행하려면 웹브라우저에 NetWare서버의 IP주소를 입력하고 포트는 8008로 해준다. 예를 들어 NetWare서버의 IP주소가 10.11.11.11이라면 URL은 https://10.11.11.11:8008하면 된다. NetWare Remote Manger 로그인화면이 열리면 로그온하는데 관리자ID와 패스워드를 넣고 나서 서버, 볼륨, 제한적인 eDirectory 관리를 할 수 있다.

iManager를 실행하려면 웹브라우저에 NetWare 서버의 /nps/imanager.html을 추가해주면 되는데, 앞의 예에서처럼 URL에 https://10.11.11.11/nps/imanager.html하면 된다. NetWare iManager 로그인화면이 열리면 로그온하는데 관리자ID와 패스워드를 넣어주고 나면 제한적인 eDirectory 관리를 할 수 있다. ConsoleOne과 Remote Manager에서도 사용자와 그룹을 만들 수 있지만 Novell은 iManager를 사용할 것을 권한다.

(1) 사용자 오브젝트 만들기

iManager에서 사용자를 만들어 보자. ① 관리자 권한으로 로그온하고 iManager 화면이 열리면 왼쪽 창의 기능리스트를 본다. ② 쭉 내려가서 사용자(Users)가 있는 곳에서 사용자 만들기(Create User)를 클릭한다. ③ 사용자 만들기 화면이 열리면 사용자명, 성, 이름, 컨텍스트를 타자하는데 사용자가 서버에 자신의 데이터를 둘 홈 디렉토리, 패스워드, 개인정보 등 사용자의 추가적인 정보도 넣을 수도 있다. 사용자는 디폴트로 홈 디렉토리와 하위 디렉토리에 모든 권한을 가지게 된다. 또 패스워드를 지정하지 않으면 패스워드 없이 로그온할 수 있다. ④ 사용자의 모든 정보를 입력한 뒤 OK를 누르면 "Complete: The Create User request succeeded."라는 문구를 보인다. ⑤ OK해서 iManager창을 닫는다.

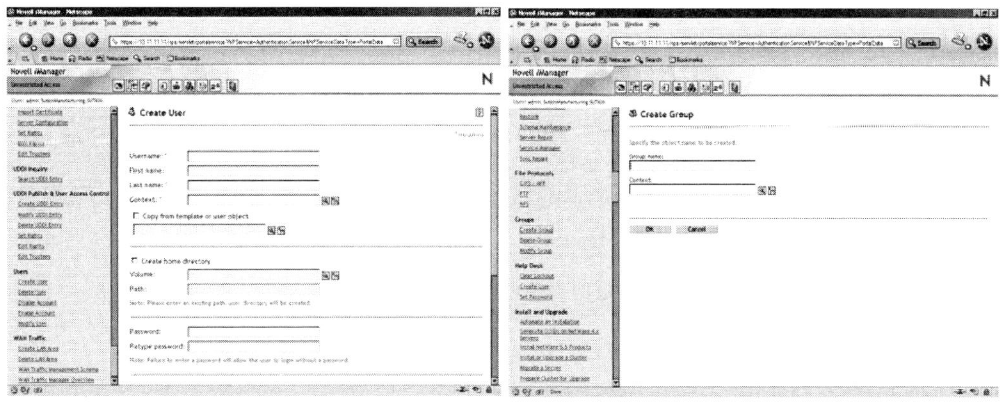

<사용자와 그룹을 만드는 iManager 화면>

(2) 그룹 오브젝트 만들기

위와 같이 ① 관리자 권한으로 iManager에 로그온한 뒤, iManager 화면이 열리면 왼쪽 창의 기능리스트를 본다. ② 쭉 내려가서 그룹(Groups)이 있는 곳에서 그룹 만들기(Create Group)를 클릭한다. ③ 그룹 만들기 화면이 열리면 그룹명, 컨텍스트를 타자하고, ④ OK를 누르면 "Complete: The Create Group request succeeded."라는 문구를 보인다. 이 그룹의 디폴트 속성을 변경하기 위해 ⑤ 변경(Modify)을 클릭한다. ⑥ 개체변경(Modify Object)이 나타나며 많은 텍스트상자가 보인다. ⑦ Members를 선택하고 이 그룹에 속할 오브젝트를 찾기 위해, ⑧ Object Selectors 아이콘을 클릭한다. 창이 열리면 ⑨ Browse를 누르고 이 그룹에 넣을 사용자 오브젝트를 찾을 때까지 eDirectory 트리를 브라우징한다. ⑩ 추가하고자 하는 사용자 오브젝트가 나오면 사용자를 추가한다. ⑪ OK를 눌러 iManager 창을 닫는다.

eDirectory의 오브젝트를 만들고 나서 속성을 바꿀 수도 있는데, 만일 직원 중의 한 명이 성을 바꿨다면 사용자(User) 오브젝트에서 수정하면 되고, 사용자나 그룹의 변경은 iManager의 Modify User나 Modify Group을 이용하면 된다. 만일 리프 오브젝트가 있다면 오브젝트를 삭제할 수 없으므로 OU를 삭제하려면 우선 들어있는 모든 하위 오브젝트들을 삭제한 뒤에 삭제할 수 있다.

2.6 클라이언트 서비스

NetWare 6.5는 서버와 다양한 리소스에 접근하는 여러 타입의 클라이언트를 지원해주는데 액세스방법은 전통적인 클라이언트 액세스, 네이티브 파일액세스, 그리고 브라우저기반 액세스로 나눌 수 있다. 이들에 대해서 살펴보자.

1) 전통적인 클라이언트 액세스

이전 버전의 NetWare에서는 Windows, Macintosh, UNIX 기반 클라이언트가 NetWare 서버에 로그온하기 위해서는 Novell의 클라이언트 프로그램을 설치(Windows 9x는 Novell Client for Windows 9x, Windows XP는 Novell Client for Windows NT/2000/XP를 사용)

해야만 했었지만 지금은 별도의 프로그램이 필요 없으나 Novell의 웹사이트에서 다운받을 수도 있다. 하지만 클라이언트에 프로토콜 설치와 서버와 클라이언트에서의 구성은 필요하다. 대부분 클라이언트 소프트웨어는 워크스테이션이 부팅되면 로그온 화면이 뜬다. 고급(Advanced) 옵션으로 가면 어디에 사용자의 컨텍스트와 서버가 있는지 알 수 있다. 클라이언트 소프트웨어는 CD-ROM이나 Novell의 웹사이트로부터 다운받아서 설치할 수 있는데, 개별적으로 수많은 클라이언트 머신들에 이 소프트웨어를 설치한다는 것은 매우 힘든 일이므로 Novell은 이를 자동으로 설치하거나 업데이트해주는 도구를 제공하는데 LAN을 통하거나 인터넷을 통해 NetWare 서버가 직접 실행해준다. 하지만 다음 두 방법에서는 이런 소프트웨어 없이도 NetWare 서버에 연결되게 해준다.

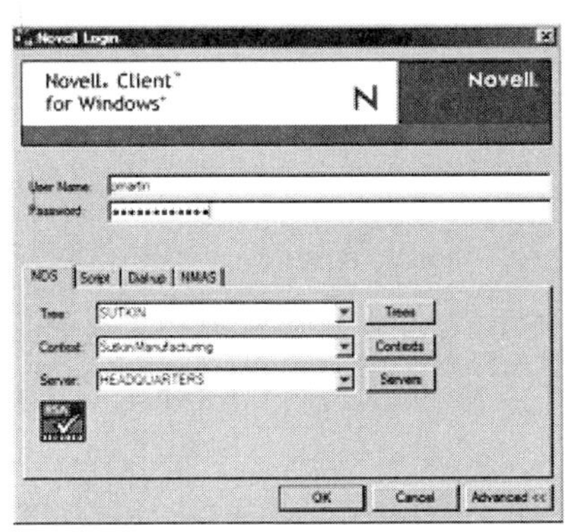

<Novell 로그인 대화상자>

2) 네이티브 파일액세스

NetWare 6.5는 NSS(Novell Storage Services)를 사용하는데, NSS는 파일, 디렉토리, 그리고 볼륨 등을 관리하기 위한 Novell의 파일시스템이다. 클라이언트의 네이티브 파일액세스 프로토콜을 사용해서 NSS에 직접 액세스하게 클라이언트를 지원한다. 예를 들어 Linux 클라이언트는 UNIX 계열 시스템에서 사용하는 NFS(Network File System), Windows 클라이언트는 Windows 파일액세스 프로토콜인 CIFS(Common Internet File System), Macintosh 클라이언트는 Macintosh 파일액세스 프로토콜 AFP(AppleTalk Filing Protocol or Apple File Protocol)을 사용해서 NetWare 6.5 서버 리소스에 액세스할 수 있다.

서버와 클라이언트에 동일한 파일액세스 프로토콜을 사용한다면 Windows XP 클라이언트도 Windows Server 2003뿐만 아니라 RedHat Linux 서버와도 연결될 수 있다. 모든 파일액세스 프로토콜은 NetWare 6.5를 설치할 때 디폴트로 설치되지만, 네트워크 관리자는 각 프로토콜을 위해 네트워크 공유를 설정해주어야 하는데 iManager 도구를 사용한다. 예를 들어 NetWare 6.5 서버를 Basic File Server로 설치했고 여러 대의 Windows 클라이언트가 NetWare 네트워크에 있는 상황에서 NetWare 서버의 하드디스크가 Windows 클라이언트에서 보이게 하려면 ① iManager에 로그온한 뒤, ② File Protocols에서 CIFS/AFP를 선택하고, ③ 디렉토리를 정하고, ④ 공유네임과, ⑤ 디렉토리가 전체 도메인에 공유될지 특정 워크그룹에만 공유될지를 정해준다. ⑥ 이제 NetWare 서버의 공유된 리소스가 Windows 클라이언트의 '내 네트워크 환경'에 나타날 것이다.

비록 이들 서버액세스 방법은 특정 클라이언트 소프트웨어를 필요로 하진 않지만 클라이언트는 서버에서 사용하는 파일액세스 프로토콜과 소프트웨어를 이용해야만 서버에 연결될 수 있다. 예를 들어 Windows 클라이언트는 TCP/IP 프로토콜과 Client for Microsoft Networks가 실행되고 있어야 한다. 하지만 Windows 클라이언트에 Windows 네이티브 파일시스템 액세스 프로토콜인 CIFS를 설치하는 대신 HTTP와 FTP와 같은 인터넷 프로토콜을 사용하는 NetDrive를 설치해도 NetWare 6.5 서버의 디렉토리에 접속할 수 있는데, NetDrive를 사용하기 전에 워크스테이션엔 NetDrive 클라이언트 소프트웨어가 반드시 설치되어 있어야 한다.

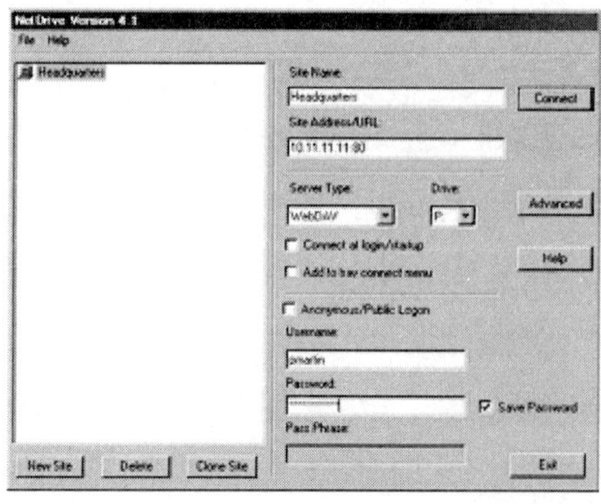

〈NetDrive 연결화면〉

이 둘이 설치되고 나면 NetDrive는 Windows 사용자들이 NetWare 서버에 연결해서 디렉토리를 검색하고 Windows Explorer를 통해 파일을 관리하게 한다. NetDrive 클라이언트는 GUI FTP 클라이언트와 유사한 화면이다.

3) 브라우저 기반 액세스

사용자가 웹브라우저를 사용해서 NetWare 6.5의 파일과 디렉토리에 액세스하는 것이 아마도 가장 쉬운 방법일 것이다. 디렉토리를 검색하고 파일을 관리하는데 Novell의 Net Storage 도구를 사용할 수 있다. NetStorage를 사용하는 데는 TCP/IP만 설치되고 구성되어 있으면 되는데 HTTP를 사용하기 때문이다. 서버의 IP주소나 호스트네임과 /NetStorage를 URL에 이용하면 되는데 서버의 IP주소가 10.11.11.11이면 URL은 https://10.11.11.11/NetStorage하면 된다. 이제 NetStorage가 로그인 화면을 띄운다. 로그온 인증을 받으면 서버의 파일과 폴더를 볼 수 있게 된다. 네트워크 관리자의 입장에서 보면 네이티브 파일액세스 프로토콜보다 이 NetStorage가 더 많은 일을 하게 해주므로 iManager를 통해서 NetStorage를 설치하고 구성해 두는 것이 좋겠다.

2.7 다른 NOS와 연결하기

여러 NOS가 공존하는 네트워크의 관리도 예전보다 훨씬 쉬워졌다. 이것은 Novell과 Microsoft가 LDAP 니렉토리 표준을 함께 지원하며 사용자 친화적인 도구들을 운영체제에 내장시켰기 때문이기도 하다. DirXML은 Novell의 eDirectory와 Windows의 AD나 Widows NT 도메인을 위한 도구로 NetWare와 Windows에서 구성되어 한 디렉토리에서 업데이트되면 다른 디렉토리들도 동기화된다. 네트워크 관리자는 DirXML을 구성해서 AD나 eDirectory의 디렉토리 정보가 정상적인 소스인지 인증하게 하며, 사용자들이 네트워크에 일단 로그온하면 AD나 eDirectory의 오브젝트를 사용할 수 있게 한다. 또 이 도구가 클라이언트 액세스도구와 함께 사용되면 사용자들은 자신들이 액세스한 프로그램, 데이터, 장치가 NetWare에 있는지 Windows에 있는지 알기도 힘들게 된다.

Linux에 있는 사용자들이 NetWare에 쉽게 액세스하게 하려고 Novell은 Nterprise Linux

Services라는 패키지 도구와 프로그램을 제공하는데 Linux 클라이언트가 eDirectory에 쉽게 액세스하게 하는 도구와 브라우저 기반 파일과 프린터 서비스, DirXML, 그리고 Linux 서버 개발도구들로 구성되어 있다. 하지만 Linux도 TCP/IP를 사용하므로 Linux 클라이언트는 NetStorage를 통해 NetWare 서버에 쉽게 액세스할 수 있다.

최근 Novell은 Linux 소프트웨어를 만들고 분배하는 두 회사를 인수해 Novell의 차세대 버전인 NetWare 7.0을 만드는데 NetWare와 Linux 커널을 묶었다. 이 말은 NetWare가 Linux 시스템에서(혹은 DOS에서도) 실행되게 한다는 뜻으로, Linux와 NetWare는 별도의 소프트웨어 지원이나 구성없이도 완전히 호환되게 되었다. GSNW(Gateway Service for NetWare)와 CSNW(Client Service for NetWare), FPNW(File and Print Services for NetWare)가 있어야 예전엔 다른 운영체제와 호환될 수 있었다.

CHAPTER

10 네트워크 관리

CompTIA Network+

네트워크가 하루에 작업한 것들을 전송하고 저장하는 성격을 띠게 됨으로써 그에 따른 위험도 충분히 검토되어져야만 한다. 데이터가 네트워크상에서 변하지 않고 추출될 때까지 안전하게 있을 것이라고 생각해서는 안 된다. 네트워크에서 적절한 NOS와 하드웨어 및 소프트웨어를 선택했고 신뢰할 만하고 성능 좋은 네트워크를 구축했어도 서버의 하드디스크에 있는 중요한 데이터가 손상되지 않을 것이며, 악의적인 직원에 의해 네트워크 사보타지가 없을 것이라고도 생각하지 않는 것이 좋다. 네트워크상의 데이터를 보호하는 방법은 네트워크 기술발전과 더불어 네트워크 변화, 바이러스와 같은 네트워크 위협 등에 대처하는 예방적 기술과 함께 진보되었다. 이 장에서는 무결성과 가용성 그리고 네트워크의 확장과 변화에 따른 관리기법 등을 알아본다.

1 무결성과 가용성(Integrity and Availability)

우선 이 용어가 무엇인지 알아야 한다. 무결성이란 네트워크 프로그램, 데이터, 서비스, 장치, 그리고 연결 등이 건전하다는 것을 의미하는데, 네트워크의 무결성을 확신하기 위해서 네트워크를 사용하지 못하게 하는 그 어느것으로부터라도 보호되어져야 한다. 이것과 근접하게 연관된 용어가 가용성인데, 파일이나 시스템 가용성이란 승인된 사용자가 지속적으로 신뢰할 만하게 네트워크에 액세스될 수 있는 것을 말한다. 예를 들어 직원들이 네트워크에 로그온해서 필요한 프로그램과 데이터를 99.99% 사용하게 해주는 서버는 단지 98%만 사용하게 하는 서버에 비해 더 가용성이 있다고 말할 수 있다. 고도의 가용성을 얻기 위해서 네트워크 설계를 잘 하고 시스템을 잘 구성해야 하는 것은 물론 데이터 백업, 재난대비용 여분의 부품과 장치들, 네트워크를 사용 못하게 하는 잠재적인 침입자들로부터의 보호방책 등이 있어야 한다.

1.1 무결성과 가용성 위협요소들

여러 가지 현상들이 이 무결성과 가용성을 침해하는데 보안규정 위반, 홍수, 태풍 등 자연재해와 악의적인 침입, 전력 장애, 그리고 사람의 실수 등이다. 모든 네트워크 관리자는 건강한 네트워크를 설계할 때 이런 것들을 염두에 두어야 한다. 예를 들어 병원 같은 곳에서는 데이터의 무결성과 가용성이 매우 중요하다는 것을 쉽게 알 수 있는데 환자의 상태에 대한 과거 진료기록과 의학적 참조사항 검토, 그리고 수술용 화상카메라의 네트워크상 작동, 그리고 중요한 환자상태 원격관리 모니터 등은 환자의 생명과 직결되는 중요한 사항들이다. 사용자들의 컴퓨터를 관리해 본 적이 있다면 사용자들이 무의식적으로 데이터나 응용프로그램, 소프트웨어 구성, 심지어 하드웨어에까지 피해를 입히는 것을 자주 볼 수 있는데 네트워크도 마찬가지로 사용자들의 부주의 등을 통해서 해를 당할 수 있기 때문에 관리자가 계속해서 주의 깊게 지켜보며 보호해야 한다. 데이터 보호가 매우 중요하다는 것을 결코 잊어서는 안 된다.

비록 네트워크상의 모든 타입의 취약점을 알 수는 없지만 대부분 해가 되는 일(events)에 대해서는 보호조치를 가지고 있어야 한다. 다음은 네트워크를 보호하는 가이드라인이다.

1. 오직 네트워크 관리자만 NOS를 설치하고 응용프로그램, 시스템파일을 수정하게 한다 – 정규사용자(그룹 사용자나 게스트 사용자)에게 권한을 줄 때 주의해야 한다. 하지만 너무나 제한적인 규제는 사용자를 불편하게 한다. 그렇다고 너무 여유로운 권한을 할당해도 문제가 된다.

2 승인받지 않은 액세스나 변화를 모니터한다–주기적으로 server.exe와 같은 특정한 파일이 언제 사용되는지/사용되었는지 등을 모니터링해서 점검하는데 변경이 있으면 관리자를 호출하거나 E-mail을 보내게 설정할 수 있다.

3 변경관리 시스템에서 승인받지 않은 시스템변경을 기록한다–네트워크 문제해결에서 변경사항을 알고 있는 것이 매우 중요한데, 시스템변경을 기록해두면 동료들도 네트워크에서 일어난 일에 대해 이해하기 쉬워지며 동일한 피해로부터 보호할 수 있게 된다. 예를 들어 Linux 서버가 시그널입력을 받아내지 못한다면, 회선과 시스템에 대해 전체적으로 점검하려 들기 전에 변경관리 로그를 살펴보면 NOS 업데이트가 원인인 것을 알 수 있게 되어 문제가 업데이트 소스에 있음을 짐작하게 한다.

4 여분의 요소를 설치한다–여분(redundancy)이란 데이터 저장, 프로세싱 혹은 전송할 준비가 된 상태로 한 요소 이상을 추가 설치하는 것을 말한다. 이것은 어느 한 지점에서의 문제를 즉시 처리하게 하는데, 인터넷 연결이나 서버의 하드디스크 등과 같이 중요한 요소들도 즉시 사용될 준비가 된 채 여분으로 준비해 두는 것이 좋다.

5 네트워크를 주기적으로 점검한다–예방이 네트워크 다운타임에 대한 최대 방어책이다. 네트워크에 대한 베이스라인 설정과 모니터링을 통해 네트워크 가용성과 무결성에 관해 예상되는 문제를 알아볼 수 있다. 예를 들어 네트워크 모니터링이 세그먼트 급증을 경고하면 네트워크 분석기로 점검해서 예방적 조치를 취함으로써(예를 들어 대용량 파일을 받는 사용자를 강제 로그아웃시킴) 문제를 해결할 수 있다.

6 시스템 성능, 에러로그 등을 주기적으로 체크한다–시스템 에러와 성능추이를 추적해 둠으로써 하드디스크 실패와 시스템 다운을 미리 막을 수 있다. 디폴트로 모든 NOS는 에러로그를 유지하는데, Linux 경우는 /var/log 디렉토리에 'messages'로 DNS와 다른 프로그램들의 시스템 서비스에 대한 에러를 저장하고 있다. 이런 로그가 어디에 있고 어떻게 해석하는지 네트워크 관리자라면 반드시 알고 있어야 한다.

7 백업과 부팅, 응급조치 디스켓을 늘 지니고 있어야 한다–시스템 크래시로 파일시스템과 중요한 부팅파일이 손상되면 부팅이나 응급조치 디스켓으로 시스템을 복원시켜야 하는데, 그렇지 못하면 시스템을 모두 재설치해야 한다. 어쩔 수 없이 재설치할 때라도 가장 빠르게 복구할 수 있도록 테스트 머신에서 연습해 두어야 한다. 데이터뿐만 아니라 장치드라이버와 환경설정 등도 백업해 두어야 한다.

8 보안증진 대책과 재난극복 정책 등을 가지고 있어야 한다-관리자는 네트워크에서 사용자들이 업무 이외에 인터넷으로 무슨 일을 하는지 관심을 가지고 살펴보아야 하는데, 예를 들어 게임 등을 다운로드하는 것을 금하는 정책을 세우고 사용자들이 파일을 변경하거나 수정하지 못하게 함으로써 실제로 다운로드 못하게 설정해 두어야 한다. 이런 조치들은 네트워크 무결성과 가용성을 위한 첫 단계지만 매우 중요하다.

1.2 바이러스(Viruses)

엄격히 말해서 바이러스는 스스로 복제한 뒤 네트워크 연결을 통해서나 플로피디스켓, CD-ROM, 혹은 컴팩트 플래시카드 등 외장 저장매체를 교환할 때 더 많은 컴퓨터를 감염시키고자 하는 악의적 의도를 가진 프로그램이다. 바이러스는 사용자도 모르는 사이에 저장공간에 복사되는데, 파일이나 시스템에 피해를 주기도 하고 화면에 귀찮은 메시지나 그림을 보이거나 컴퓨터에 비프음을 내기도 한다. 일부 바이러스는 컴퓨터에 피해를 주지 않으면서 무한정 시스템에 상주하기도 한다. 여러 프로그램과 시스템에 원치 않는 잠재적인 피해를 입히는 것을 바이러스라고 부르지만, 기술적으로 이 기준에 맞지 않는 것들도 바이러스라고 부르기도 한다.

예를 들어 자신을 속여 뭔가 유용한 것처럼 보이게 하지만 시스템에 실제로 해를 입히는 트로이목마(Trojan horse)가 있는데, 스스로 복제하지 않으므로 바이러스라고 부르지 않는다. E-mail 등을 통해서 새로운 게임이라고 다운받게 하지만 실제로는 사용자의 하드디스크에 있는 데이터를 삭제하거나 E-mail 프로그램에 있는 모든 주소록의 사용자들에게 스스로 스팸메일을 보낸다. 여러 바이러스 타입에 대해서 알아보고 네트워크에 해를 입히는 악성프로그램과 전파방법, 그리고 방어하는 법에 대해서 알아보자. 바이러스는 어느 NOS라도 언제든지 공격할 수 있다.

1) 바이러스 타입(Types)

사실상 네트워크에 심각한 피해를 입히는 바이러스는 몇 가지 종류밖에 되지 않지만, 그 변종이 많아서 수천 가지 종류의 바이러스가 있게 된다. 바이러스는 어디에 상주하는지와 어떻게 자신을 전파하는지에 따라서 구별되는데, 안티바이러스 프로그램에 감지되지 않는 바이러스도 있다. 바이러스를 만드는 프로그래머들은 자주 기존의 바이러스 프로그램을 살짝 변형시킨 버전으로 안티바이러스에 의해 감지되지 않게 해서 바이러스처럼 보이지 않게도 하지만, 본질적으로 바이러스는 서로 연관된 것이 많다. 안티바이러스 프로그램을 만드는 프로그래머들은 업데이트를 통해 이 새로운 버전들을 또 걸러내고, 바이러스 프로그래머들은 또 변형시켜 내놓고… 이런 순환이 계속되는데 무한할 것이다. 변형이 어떠하든 간에 모든 바이러스는 다음 범주에 속한다.

1. 부트섹터(Boot sector) 바이러스－이것은 컴퓨터 하드디스크의 부트섹터에 머무르며 컴퓨터가 부팅될 때 바이러스가 컴퓨터의 시스템파일 대신 실행되는 경우이다. 보통 이 바이러스는 외부 저장매체로부터 하드디스크로 유입되는데 그 파괴력에 따라서 다양한 종류가 있다. 어떤 것들은 화면에 컴퓨터가 감염되었다는 메시지만 보여주기도 하고 어떤 것들은 메시지도 보여주지 않으면서 은밀히 시스템파일이나 데이터를 파괴해서 컴퓨터 파일에 전혀 접근하지 못하게도 한다. POLYBOOT-B(혹은 WXY.B나 WXY-B로도 알려짐), Michelangelo, 그리고 1991년 미국 걸프전 때 미군 컴퓨터를 마비시켰던 Stoned가 이 바이러스로 유명하고 현재도 많은 변종이 있다. 퇴치법은 깨끗한 시스템파일이 들어있는 쓰기 방지된 디스켓으로 머신을 재부팅시키고 나서 안티바이러스 프로그램으로 제거하면 된다.
2. 매크로(Macro) 바이러스－이것은 워드프로세싱이나 스프레드시트 프로그램과 같이 매크로(반복적 농작을 규정한 것)의 형태를 가지고 있는데 사용자가 이들 프로그램을 이용할 때 실행된다. 예를 들어 매크로 바이러스가 들어있는 워드문서를 E-mail에 첨부로 보내면 수신자가 문서를 열 때 이 매크로가 실행되어 그 열어본 워드로 작성되고 실행되는 이후의 모든 문서가 감염되게 된다. 실행파일 이외로 데이터를 감염시킨 최초의 바이러스이며, 만들기도 쉽고 사용자들이 데이터파일 공유를 많이 하면서부터 빠르게 나타나서 전파된다.
3. 파일 감염(File infected) 바이러스－이것은 자신을 실행파일에 붙여서 그 파일이 실행될 때 바이러스가 자신을 메모리에 복사한 다음 다른 실행파일이 실행되면 그 파일로 복사되는 식으로 해서 퍼져나가는데, 일부 바이러스는 백그라운드에서 실행되는 프린터나 화면보호기 등 프로그램에 붙기도 한다. 이 바이러스는 메모리에 상주하므로 컴

퓨터에서 실행하는 거의 모든 프로그램을 감염시켜 전체 시스템을 재설치하게도 한다. 증상으로는 파일 크기가 급속히 커지거나 아이콘이 변경되는 경우도 있고 프로그램을 실행할 때 이상한 메시지가 뜨게도 한다. 프로그램을 실행하지 못하게 하는 경우도 많은데 하드디스크 전체를 덮어씌우는 위험한 Vacsina와 WoodGoblin, 그리고 해는 없지만 이상한 메시지를 보이며 파일 사이즈를 변경시키는 Harmony.A가 이 형태로 유명하다.

4 웜(Worms)-기술적으로 웜은 바이러스에 해당되지 않고 프로그램에 해당되는데, 독립적으로 움직이며 컴퓨터와 네트워크를 이동한다. E-mail 등 어느 형태의 전송으로도 이동이 가능하며, 바이러스처럼 다른 프로그램을 변형시키진 않으나 바이러스를 옮길 순 있다. 바이러스를 숨기거나 옮기기 때문에 인터넷에서 파일을 교환하거나 E-mail을 주고받을 때 주의해야 한다. W32/Klez와 그 변형은 TCP와 UDP포트를 통해서 이동된다. 이 웜의 증상은 파일에 해를 주거나 이상한 팝업메시지가 뜨거나 이상하게 머신이 행동할 때이다.

5 트로이 목마-이것은 실제로 바이러스가 아니고 원래는 유용한 목적(제조사의 원격 점검 등의 목적)으로 만들어진 프로그램으로, 근원을 알 수 없는 실행파일을 다운받을 때 감염되기 쉽다. 그러므로 NIC 등의 드라이버를 다운받을 때 해당 제조사의 웹사이트에서 다운받는 것이 안전하다. 또 절대로 근본을 알 수 없는 메시지나 E-mail에 첨부된 실행파일을 실행해서는 안 된다.

6 네트워크 바이러스-이것은 자신을 네트워크 프로토콜, 명령어, 메시지 프로그램, 데이터 링크 등을 통해 전파시키는데, 모든 바이러스가 네트워크를 통해 전파될 수 있지만 이 바이러스는 특히 FTP 파일전송에 붙거나 웹서버를 통해 네트워크에 전파되게 고안된 것이다. 또 다른 형태는 MS의 Outlook 메시지를 통해서도 퍼지기도 한다. 컴퓨터가 이상한 행동을 하거나 파일에 해를 주는 증상으로 나타난다.

7 보트(Bots)-또 다른 바이러스 전파형태가 이 보트인데, 네트워크에서 이 보트는 사람이 시작하게 하거나 멈추지 못하며 자동으로 실행되어서 로봇(robot)으로도 부른다. 시스템 사이를 자동으로 이동하는 형태도 있는데 사용자는 전혀 모른 채 실행파일을 다운받아서 실행하게 된다. 많은 로봇은 IRC(Internet Relay Chat)를 통해서 퍼져나가는데 인터넷에서 주로 사용하는 채팅프로토콜이다. 채팅룸은 IRC 서버가 있어서

IRC 클라이언트가 보내는 메시지를 브로드캐스트로 채팅에 참여한 모두에게 전파하거나 특정인에게 전파하는 역할을 한다. 로봇은 이 점을 이용해서 감염된 채팅자가 채팅룸에 있는 모든 이들에게 데이터나 명령어, 실행파일을 보냄으로써 퍼지게 한다. 이런 면에서는 웜은 트로이와 같다. 로봇이 클라이언트의 하드디스크에 파일을 복사해서 그 시스템을 파괴한 뒤 감염시킬 다른 시스템을 물색한다. 이 로봇은 은밀하고 빠르게 전파되므로 알아내기도 어렵다.

2) 바이러스의 특성(Characteristics)

위에서 열거한 바이러스들은 다음과 같은 특징을 가지고 있는데 감지하기 어렵고 제거하기도 어렵다. 안티바이러스 프로그램을 수시로 업데이트하고 근원을 알 수 없는 파일은 함부로 다운받거나 실행하지 않는 수밖에 없다.

1. 암호화(encryption) – 일부 바이러스는 감지를 피하려고 암호화되어져 있다. 대부분 바이러스 스캐닝 소프트웨어는 바이러스를 구분해주는 문자열로 감지하는데, 이렇게 암호화된 바이러스는 안티바이러스 프로그램도 감지하기 어렵다.
2. 은밀성(stealth) – 일부 바이러스는 자신을 숨겨서 감지되지 않게 하는데, 자신을 정당한 프로그램처럼 보이게도 한다.
3. 변종성(polymorphism) – 일부 바이러스는 새로운 시스템에 접근할 때마다 자신의 크기와 내부 지시어의 특징을 바꾸어 감지하기 어렵게 한다. 일부 변종은 복잡한 알고리즘을 사용해서 변종을 감지하기 어렵게 비정상적인 명령어 형태를 가지고 있다. 가장 알아내기도 어렵고 위험하기도 하다.
4. 시간종속성(time-dependence) – 일부 바이러스는 특정 시간과 날짜에 작동되는데 time-bomb로도 알려져 있다. 정해진 때까지 잠잠히 있다가 그때가 되면 파괴적으로 변한다. 한 시간마다 스피커에서 비프음이 울리거나 월급날에 맞춰 작동되기도 한다.

바이러스는 위에서 열거한 특징 중 한 가지 이상을 가지고 있는데, Natas바이러스는 예를 들어 변종성과 은밀성을 모두 가지고 있으며 매우 파괴적이다. 수백 개의 바이러스가 매달 세상에 나오는데 모든 바이러스를 일일이 추적하긴 어렵지만, 적어도 이런 바이러스들에 대한 상세한 정보를 제공하는 곳을 수시로 방문해서 정보를 얻고 자신의 시스템에 대한 대비를 해두는 것이 관리자로써 중요한 책무이다. 여러 곳이 있을 수 있지만 McAfee의 Virus Information Library(www.us.mcafee.com/virusInfo/default.asp) 사이트를 권한다.

3) 바이러스에서 보호하기(protection)

단지 네트워크에 바이러스 스캐닝프로그램을 설치하는 것만으로는 충분치 않을 때가 많다. 사용하는 환경에 가장 잘 맞는 프로그램을 설치해야 하며, 네트워크 모니터링과 지속적인 업데이트 그리고 사용자 교육도 필요하다.

(1) 안티바이러스 소프트웨어

바이러스가 시스템에 있는 것을 사용자가 즉시 눈치채지 못해도, 머신이 이상하게 행동하거나 바이러스 코드때문에 이상한 전자서명을 요구하는 화면이 뜨는 등 바이러스의 존재감은 어떻게 해서든지 드러나기 마련인데, 후자의 경우는 안티바이러스 소프트웨어에 의해 감지되지만 사용자도 머신의 이상한 행동으로 알 수 있다.

다음과 같은 현상을 보이면 바이러스로 의심된다. ① 알 수 없는 파일 크기의 증가, ② 알 수 없는 시스템 성능저하(프로그램이 열리거나 저장될 때 오래 걸림 등), ③ 별다른 원인 없이 에러메시지가 뜨는 경우, ④ 시스템 메모리가 원인 모르게 손실될 때, ⑤ 주기적으로 예상치 않게 리부팅될 때, ⑥ 화면이 출렁거릴 때 등이다. 그렇지만 바이러스가 파일을 손상시킬 때까지 모를 수도 있다. 바이러스는 암호화를 사용하거나 변종을 만들어서 자신을 감출 수 있지만 안티바이러스 소프트웨어 프로그래머는 늘 그것들과 보조를 맞추어 대응하고 있는데 다음과 같은 일을 한다.

1. 서명스캐닝(signature scanning)을 통해서 바이러스를 감지하는데 바이러스 서명(바이러스 타입을 코드화한 것)과 내용을 비교하는 방법이다. 이 서명 데이터베이스는 늘 업데이트되기 때문에 새로운 바이러스가 나타나면 잡아낼 수 있다. 안티바이러스 소프트웨어 벤더의 웹사이트에서 자동으로 업데이트되게 설정해 둘 수 있다.
2. 무결성체크(integrity checking)를 통해서 바이러스를 감지하는데, 현재 가지고 있는 파일이나 디스크의 특성과 이런 파일이나 디스크를 새로이 추출해서 그 내용을 비교해보고 특성이 변경되었는지 체크하는 방법이다. 이 방법으로 체크섬(check-sum)을 가장 많이 사용하는데, 스텔스바이러스 등은 감지해내기 어렵기도 하다.

3 모니터링(Monitoring)해서 예상치 못한 파일변경이나 바이러스 같은 행동을 감지한다.

4 업데이터(update)와 수정을 주기적으로 실행해서 중앙화된 네트워크 콘솔로부터 바이러스를 감지하는데, 벤더는 적어도 한 달에 한 번 업데이트를 제공하며 기술지원도 해준다.

5 휴리스틱스캐닝(heuristic scanning)이라는 방법을 사용해서 바이러스와 같은 행동을 모니터링해서 잘못된 바이러스 경고를 막을 수 있다. 잘못된 바이러스 경고를 막고 유효한 바이러스만 지속적으로 보고하게 하는 일도 네트워크 관리면에서 중요한데, 2003년에 스스로 전파되는 SoBig 웜 바이러스를 서명 데이터베이스에 등록되기 전이 스캐닝방법으로 막은 적이 있다. 또 일부 소프트웨어에 바이러스 프로그램이 동봉되어져 오기도 하는데, 잘 알려진 유명한 안티바이러스 프로그램을 사용하는 것이 현명하다.

어느 안티바이러스 프로그램을 사용하느냐는 네트워크 환경에 달려있다고 했는데, 예를 들어 회사에서 네트워크상의 모든 데스크톱에 사용자가 응용프로그램 파일을 다운받아 자신의 하드디스크에 설치하지 못하게 안티바이러스 보안프로그램을 설치한다면 매우 비효율적이며 모든 노드가 계속해서 바이러스를 감시하므로 사용자 머신의 성능도 매우 느려질 것이다. 하지만 학생들이 사용하는 실습실 네트워크에는 수백 명의 학생들이 자신들의 디스켓을 사용할 것이므로 적어도 하루에 한 번 이상은 스캐닝하게 해야 할 것이다.

그러면 어느 방식이 좋을까? 문제는 소프트웨어 프로그램을 어디에 설치하느냐인데, 서버에 설치하면 서버를 통한 모든 패킷의 출입을 감시하기 때문에 네트워크의 성능이 느려질 것이다. 따라서 네트워크의 취약점을 알아낸 뒤 네트워크의 성능을 최대한으로 유지하고 최대한 외부로부터 방어할 수 있는 곳에 설치하는 것이 좋다. 유명한 안티바이러스 프로그램으로는 F-Secure의 Anti-Virus, McAfee의 Virus Scan, Computer Associates의 eTrust Antivirus Scanner, Tend Micro의 PC-cillin, Symantec의 (Norton) AntiVirus 그리고 Ahn 연구소의 V3 등이 있다. 또 MS의 워드나 엑셀과 같은 응용프로그램은 매크로와 같은 바이러스가 있을 때 경고를 해준다.

(2) 안티바이러스 정책

시스템은 안티바이러스 프로그램으로만 안전해질 수 없다. 대부분 컴퓨터 바이러스 프로그램은 일부 응용프로그램에 의해 상호 실행에 제한을 받을 수 있기 때문에 네트워크상의 사용자들은 각자 보안에 늘 주의하고 있어야 한다. 안티바이러스에 관한 정책과 프로그램 설치, 파일공유, 그리고 플로피디스켓 사용 등에 관한 정책도 있어야 한다. 가장 효율적인 방법은 네트워크 관리자만 시스템을 관리하는 것이다. 안티바이러스 정책에는 다음 것들이 들어있다.

1. 조직 내의 모든 머신은 바이러스 감지와 제거를 위한 정기적인 스캔 프로그램이 필요하다. 이 프로그램은 중앙에서 관리되고 배포되어져야 하며 최신 상태로 유지되어 있어야 한다.
2. 사용자들은 안티바이러스 프로그램을 사용불가로 하거나 변경해서는 안 된다.
3. 사용자들은 안티바이러스 프로그램이 바이러스를 감지하면 어떻게 대처해야 하는지를 알고 있어야 한다. 예를 들어 사용자는 하던 작업을 멈추고 헬프데스크 등의 도움을 받아 더 이상 시스템이 감염되는 것을 막아야 한다.
4. 안티바이러스 대응팀이 조직되어져야 하며 바이러스에 대한 필요한 조치를 마련해 두어야 한다. 이 팀이 안티바이러스 프로그램을 선택하고, 소프트웨어를 업데이트시켜 두어야 하며, 사용자들을 교육시키고, 바이러스 감염이 발생했을 때 대응해야 한다.
5. 사용자들은 자신들의 시스템에 승인되지 않은 프로그램을 설치해서는 안 되며, 정책상 게임 등이 허용되었을 때는 먼저 바이러스 스캐닝을 한 뒤 기술자가 게임을 설치하게 한다.
6. 시스템에 심각한 바이러스 위협이 있을 때 전체 네트워크에 바이러스 경고가 울리게 설정되어져야 하며, 어떻게 추가 감염을 막을 수 있는지 등도 교육되어 있어야 한다.

이런 안티바이러스 정책의 초안이 잡혀지면 이런 조치들이 사용자를 제한하는 것이 아니라 네트워크의 자료를 보호하는 것이며, 시스템이 다운되는 것을 막는다는 것을 사용자들에게 교육시킨다. 가능하면 자동으로 안티바이러스 프로그램이 설치/업데이트되게 해서 사용자들이 바이러스 감지를 알게 해야 한다. 사용자들에게 새로운 디스크를 넣을 때마다 바이러스 스캐닝을 하도록 지시해도 자주 잊기 때문에 관리자가 신경써야 할 몫이 된다.

4) 사기바이러스 (Virus Hoaxes)

인터넷 사용자 커뮤니티에 심각한 바이러스가 돈다는 루머가 돌은 뒤 새로운 바이러스가 사용자의 시스템에 들어와 있다는 매우 위험한 가짜 경고가 뜰 수 있는데 이를 사기바이러스라고 한다. 이런 사기바이러스는 괜한 공포만 주므로 무시되어야 하는데 오히려 주변에 서로들 경고함으로써 더욱 퍼지기도 한다. 이런 사기바이러스 메시지를 받으면 www.icsalabs.com/htm/communities/antivirus/hoaxes에서 소스를 확인해보면 된다. 이 사이트는 사기바이러스의 증세도 알려준다. 그러므로 사기바이러스 경고메시지 등을 받으면 그냥 무시하면 된다. 하지만 첨부파일에 들어있는 사기바이러스를 실행하면 오히려 문제가 생길 수도 있다. 근원을 알 수 없는 프로그램은 받지도 말고 실행해서도 안 된다.

1.3 재난대비(Fault Tolerance)

안티바이러스에 대해 주의하는 것 이외에도 데이터의 무결성과 가용성을 유지하는 방법이 재난대비이다. 재난대비는 예견치 않던 하드웨어와 소프트웨어의 고장에도 불구하고 시스템이 지속적으로 작동되게 하는 조치를 말한다. 실패(failure)와 결함(fault)을 구별해서 알아두는 것이 필요하다. 실패는 주어진 시간 안에 특정한 시스템 성능이 나지 않는 것을 말하는데 어느 것이 예상된 대로 계획된 대로 실행되지 않는 것을 말하며, 예를 들어 차가 고장 나서 멈춰버리는 것과 같다. 결함은 시스템의 어느 요소가 정상적으로 작동되지 않는 것을 말하는데, 실패로 진행되는 과정이라고 볼 수 있다. 예를 들어 차에서 엔진오일이 새는 것과 같아서 나중에 차는 고장으로 멈추게 될 것이다. 재난대비의 목적은 이런 시스템의 실패를 막는 것이다.

재난대비는 여러 단계가 있는데 최적의 상태는 서비스와 파일이 지속적으로 제공되는 것이다. 가장 높은 레벨에서는 전기가 끊어지는 경우와 같이 심각한 문제에도 불구하고 영향받지 않은 채 시스템이나 서비스가 유지되는 것으로, 이 경우 백업전력을 사용하거나 발전장치로 전기를 계속 공급하는 것이 재난대비가 된다. 덜 위험한 경우로는 NIC가 제대로 작동하지 않는 것을 예로 들 수 있는데, 여분의 NIC와 드라이버를 준비해 둠으로써 재난대비가 될 수 있다. 네트워크는 여러모로 모니터링되고 관리되고 있어야 한다.

1) 환경

서버나 라우터, WAN 링크 등에 대한 재난대비를 고려하고 있다면 그 장치가 작동되고 있는 환경도 생각해 보아야 한다. 과도한 열이나 습기, 회선손상, 부분적 파괴, 그리고 자연재해 등이 이들 장비에 문제를 일으킬 수 있으므로 장비가 들어있는 통신실이나 장비실은 적절한 환기와 온도·습도 조절 시스템이 갖추어져 있어야 하며 잠금장치가 있어야 하는데, 제조사의 권장을 따르면 된다. 습도와 온도 알림기능을 가진 장치를 사용해도 좋다.

2) 전원

어디에 거주하든지 전기가 완전히 나가는 블랙아웃(blackout)과 전압이 떨어져 어두워지는 브라운아웃(brownout, 혹은 새그(sag))을 경험해 봤을 것이다. 태풍이나 강추위 혹은 전력회사에서 점검 등으로 인한 전력의 불안정에 대해서도 네트워크 관리자는 대비해두어야 한다. 지속적으로 전력을 제공해주는 UPS(Uninterruptible Power Supply)와 발전기(electrical generator) 등을 알아본다.

(1) 전력결함

원인이 무엇이던 간에 전력이 없어지거나 최적인 상태보다 작으면 네트워크에서 치명적이다. 다음은 장비에 해를 주는 전력결함이다.

1. 서지(surge)－번개, 태양의 열, 혹은 전기문제 등으로 전압이 순간 약간 높아지는 서지는 수천분의 일 초 정도 지속되는데 컴퓨터 전력의 질을 떨어뜨린다. 이를 예방하기 위해서 서지프로텍터(surge protector)를 사용하는데 과잉의 전압을 장치로부터 접지(ground)시켜준다. 이것이 없으면 시스템은 일 년에도 몇 번씩 서지문제에 접하게 될 것이다. 한편 전압이 순간적으로 치솟는 것을 스파이크(spike)라고 한다.
2. 잡음(noise)－네트워크의 다른 장치나 전자기 간섭으로 인해 전압레벨에 기복이 있는 것으로, 일부 잡음은 전기회선에서 어쩔 수 없는 것이기도 하지만 과도한 잡음은 전력공급기가 정상적으로 작동되지 못하게 하거나 프로그램이나 데이터파일을 손상시키기도 하며 마더보드나 전자회로를 망가뜨리기도 한다. 형광등이나 레이저 프린터를 작동시키면 전기시스템에 잡음을 유발하게 된다. 이런 잡음이 없는 전력을 클린전력(clean power)이라고 하는데, 전기필터(electrical filter)를 지나게 해서 장치에 전력을

공급하면 된다.

3 브라운아웃(brownout) – 전압이 순간적으로 조금 떨어지는 것을 말하는데 새그(sag)라고도 한다. 과도한 작업을 처리하는 경우 이런 현상이 생길 수 있는데 전등이 어두워지는 것과 같다. 컴퓨터 장비에 심각한 영향을 미친다.

4 블랙아웃(blackout) – 완전히 전력이 나간 경우로 네트워크에 영향을 끼칠 수도 안 끼칠 수도 있는데, 서버를 업그레이드하다가 블랙아웃을 당하면 재부팅도 되지 않아 완전히 새로 설치해야 하지만 파일서버가 한가할 때 블랙아웃을 만나면 즉시 복구된다.

이런 전력문제는 네트워크 장비나 가용성에 나쁜 영향을 미치므로 네트워크 관리자가 많은 시간과 돈을 들여 전력을 안정시키려 드는 것은 당연하다. 다음과 같은 것들을 고려한다.

(2) UPS(Uninterruptible Power Supplies)

네트워크 장치가 전력을 잃지 않는 방법으로 제일 많이 사용하는 것이 UPS인데 배터리 백업파워로 장비들에게 전력을 공급하는 형태이므로 벽에서 나오는 전기보다 깨끗하고 안정적인 전력을 공급할 수 있으며, 블랙아웃 등과 같은 경우에도 백업배터리로 일정시간 정해진 만큼 지속적으로 전력을 공급할 수 있다. 깨끗한 전력을 공급하게 하는 라인필터링(line filtering)과 서지나 스파이크를 막아주는 파워 서프레서(power suppressor) 기능도 겸하고 있다. 배터리 지속시간과 지원하는 장비 수, 기타 기능이 포함된 여부 등으로 가격도 천차만별이다.

<오프라인과 온라인 UPS>

UPS에는 대기(standby)와 온라인(online) 두 가지가 있는데, 대기 UPS는 벽에서 전원이 끊어지면 순간적으로 백업배터리에서 전력을 공급하는 형태로 다시 벽에서 전기가 공급되면 백업파워 상태로 돌아간다. 하지만 벽으로부터의 전력이 끊어지면 컴퓨터가 하던 작업

을 잃게 되고 재부팅되므로 엄격한 의미로는 지속적으로 전력을 공급한다고 말하기 어려워 오프라인(offline) UPS라고 부르는데, 가격도 온라인 UPS에 비해 무척 싸다. 온라인 UPS는 벽에서 나오는 전력이 늘 이 백업배터리를 충전시키고 있고 장치들은 항상 이 배터리로만 전력을 공급받고 있으므로 벽의 전기가 끊어져도 장치들은 전혀 알 수 없게 된다. 그러므로 오프라인 UPS처럼 전력이 벽으로부터 백업배터리로 전환되는 틈이 전혀 없다. 또 잡음, 서지, 새그 등을 모두 제거해 준다. 물론 가격도 비싸다.

다음 사항을 검토하고 UPS를 선택하면 좋다.

1 백업전력 지속시간－시스템에 더 많은 전력이 필요할수록 더 강력한 UPS가 필요한데, 예를 들어 1.4VA(Volt-Amp)=1W로 보면 된다. 보통 머신 1개가 300W를 소비한다면 UPS는 420W(1.4×300) 용량이 되어야 한다. 또 몇 대의 노드를 함께 연결한다면 모두 합해서 UPS 용량을 정하면 된다.

2 장치가 실행될 백업파워 기간－장치가 더 오래 실행되기 원하는 만큼 UPS도 용량이 커져야 한다. 예를 들어 중간정도의 서버가 600VA UPS로 20분간 지속시킨다면 1200VA UPS는 90분간 지속시킬 것이다. 지역 전기회사의 전력다운 타임이 평균적으로 얼마 만큼인지 미리 알아보고 정하는 것도 좋겠다.

3 라인 컨디셔닝(line conditioning)－UPS는 라인 노이즈를 제거하기 위해서 라인 필터링과 서지를 억제하는 서지 서프레서를 제공하는데 제조사에서 UPS에 따라 필터링되는 량을 표시하며, 노이즈 필터링은 특정 주파수에서 몇 데시벨(dB)이라고 표시한다.

4 비용－용량이 크기와 추가적인 기능에 따라 비용이 달라지는데 보통 한 서버를 5~10분 지속시키는 것은 100~300달러고, 정교한 한 라우터를 세 시간 지속시키는 UPS는 200~3,000달러이다. 데이터센터의 머신들을 대 여섯 시간동안 지속시키는 UPS는 수십 만 달러이다. 예산 때문에 저렴하고 브랜드 없는 제품을 사서는 안 된다. UPS 제조사는 테스트할 수 있게 장비를 일정기간 대여해 주므로 구매결정에 도움이 된다. APC, Deltec, MGE, Powerware, Tripp Lite 등이 유명한 UPS 제조업체이다.

(3) 발전기(Generators)

만일 조직이 한 순간도 서비스나 다른 이유로 전력공백을 감당하게 할 수 없다면 발전기를 고려해 보아야 한다. 발전기는 디젤이나 액체 프로판가스, 천연 가스 혹은 증기로 작동되는데, 서지프로텍터는 제공하지 않지만 노이즈필터는 제공한다. ISP회사나 통신회사의 데이터센터에서는 발전기가 일반적으로 준비되어져 있다. 발전기는 전력이 끊어지는 경우와 클린파워를 제공하기 위해서 UPS와 결합되기도 한다. 발전기가 작동되기 전까지 보통 3분이 걸리는데 그 기간 동안 UPS가 작동되게 한다.

보통 시스템에 필요한 총 전력량으로 발전기 용량을 견적내는데 고용량 디젤이나 가스 발전기는 며칠씩도 전력을 공급할 수 있고 비용은 1만~300만 달러 사이이다. 대규모 웹 비즈니스를 하는 회사는 전력문제로 인해서 분당 1백만 달러의 손실을 보기도 한다. 그러므로 전력에 대한 이런 투자는 반드시 필요한 일이다. 발전기를 대여할 수도 있으므로 지역 전력회사에 문의해보면 된다.

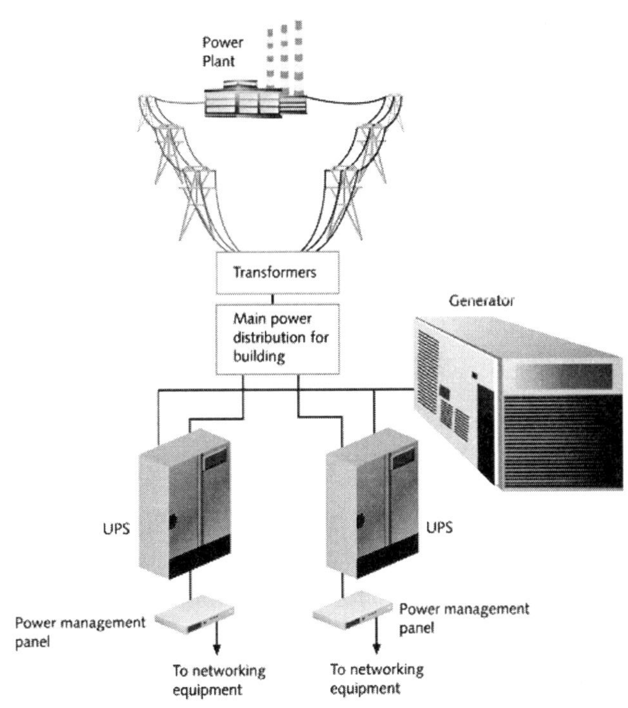

〈네트워크의 UPS와 발전기〉

3) 토폴로지와 연결성

이미 토폴로지를 알아보았는데 각 형태에 따라 나름대로의 장/단점을 원래 가지고 있다. 그러므로 데이터를 링크시키기 전에 네트워크를 충분히 평가해 두어야 한다. 네트워크 디자인을 통한 재난극복은 한 지점에서 다른 지점으로 이동하는 데이터 경로를 여러 개 설정함으로써 한 경로가 실패해도 다른 경로를 이용할 수 있게 데이터 전송에러를 없게 해야 한다. LAN에선 스타 토폴로지와 병렬 백본이 재난대비가 되며, WAN에서는 완전혼합(full mesh) 토폴로지가 재난대비가 되는 구조이고, 부분혼합 토폴로지는 완전한 재난대비책이 되지 못한다. 또 다른 고급 재난대비책은 주로 백본에서 사용하는 이중 광케이블 링으로 SONET에서 사용되는 토큰버스 토폴로지인데, 프라이머리 링이 실패해도 세컨더리 링이 역할을 대신하므로 데이터 전송에 문제가 없다. 혼합 토폴로지와 SONET 링은 대규모 네트워크에서 사용될 수 있는 고급기법이며, 인터넷과 데이터백업 보조연결에도 하나 이상의 연결을 가지고 있어야 한다.

예를 하나 들어보자. 데이터 서비스를 하는 PayNTime이란 회사는 대규모 정유회사의 급료를 처리하는 일을 하는데 매일같이 클라이언트들에게서 T1링크를 통해 업데이트된 급료정보를 받는다. 매 목요일마다 이 정보를 모아서 2,000개의 수표를 끊어서 각 주유소에 밤으로 전송한다. 만일 정유회사와 이 회사 사이의 T1 링크가 홍수로 고장나서 목요일에 사용하지 못하게 되면 어떻게 되겠는가? 그래서 각 주유소의 직원들이 급료를 받지 못하면 또 어떻게 되겠는가? 여분의 연결선이 없다면 아마도 이 모든 일을 수동으로 전국의 각 주유소마다 돌아다니면서 혹은 전화로 정보를 얻어 와야 할 것이다! 이 경우 정유회사와 PayNTime 회사 사이에 또 다른 여분의 연결선이 있어야 하는데 그것도 서로 다른 ISP회사와 계약해야 한다. 연결 회선에 문제가 있을 수도 있지만 ISP회사 내에서 문제가 생길 수도 있기 때문이다. 아니면 적어도 한 ISP회사에서 두 개의 별개 경로로 연결되게 해야 한다. 또 네트워크 설계를 통해서 두 회사 간에도 다른 경로로 데이터 전송이 이뤄지게 해놓아야 한다.

여분의 회선은 사업을 부드럽게 진행시키며 회선 문제로 인한 금전적 손실을 최소화시킨다. 하지만 추가비용에 대한 문제가 있다. 이 예에서와 같다면 추가적으로 한 회선을 더 임대해서 쓰는데 월 700달러 정도를 지출해야 한다. 일 년으로 계산하고 여러 주유소나 정유소와 거래한다면 그 비용이 만만치 않을 것이다. 하지만 이것을 일종의 보험으로 생각한다면 투자할 만한 가치는 충분히 있다. 만일 PayNTime이 정유회사뿐만 아니라 자동차 회사의 급료업무도 하게 되어 매주 급료수표를 발행해주는 일이 추가되었다면, 이 두 회사와의 관계가 더욱 중요하므로 ISP와 계약을 맺고 클라이언트들과 VPN을 고려해 볼 수도 있다. 회사는 재난대비를 위한 추가비용 등을 ISP에 위임하고 사업에만 전념하는 것이 나을 수 있다. 그런데 LAN이나 WAN의 한 세그먼트를 서로 연결할 때 사용하는 장비에 문제가 있으면 어떻게 될까? 전용선 등은 ISP와 사용자에게서 끝나기 때문에 양쪽에서 종단처리가 있어야 한다. 그래서 LAN이나 WAN의 연결링크에 대해서도 재난대비가 있어야 한다.

네트워크 토폴로지이외에도 네트워크 연결에 대한 재난대비가 있어야 하는데, 회사의 네트워크 관리자가 ISP와 VPN을 구축하기로 정하고 ISP로부터 PayNTime의 데이터룸까지 다른 고객들의 데이터 전송이 T1 연결로 충분하다고 결정했다면 아래 그림처럼 될 것이다.

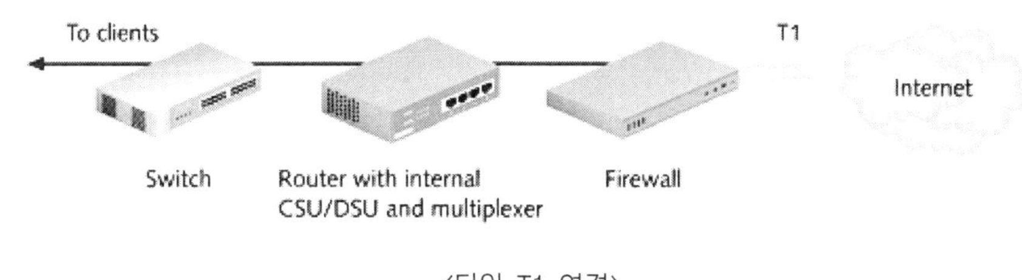

〈단일 T1 연결〉

위 그림에서 보면 여러 연결지점이 있다. T1연결도 문제가 발생할 수 있고 방화벽, 라우터, CSU/DSU, 멀티플렉서나 스위치에서도 문제가 있을 수 있다. 또 이들 기기의 전력공급과 NIC, 회로보드 등에서 문제가 있을 수 있다. 그러므로 중요한 라우터나 스위치에도 재난대비가 있어야 하는데 NIC, 전원공급기, 냉각팬, 인터페이스, I/O 모듈 등 모든 것들이 동일한 부품으로 자동 페일오버(fail-over)되게 해야 한다.

예를 들어 한 라우터의 NIC가 고장나면 페일오버가 그 라우터의 다른 NIC가 자동으로 역할을 대신하게 구성되어져 있어야 한다. 머신이 작동되는 동안에도 동일한 부품을 갈아끼울 수 있는 핫 스와핑(hot swapping) 부품을 사용하면 재난대비가 될 것이다. 그러므로 중요한 장비의 부품은 페일오버가 가능한 것이나 핫 스와핑한 부품을 구입하도록 한다. 하지만 페일오버하거나 핫 스와핑한 부품이 모든 문제를 처리하진 못한다. 연결 자체에 문제가 있을 때도 대책이 있어야 하는데 장비에 아무리 재난대비가 잘 되어 있어도 링크가 나

뻐면 소용없게 된다. 하지만 다음 그림에서처럼 똑같은 두 개의 연결을 가지면 이를 해결할 수 있다.

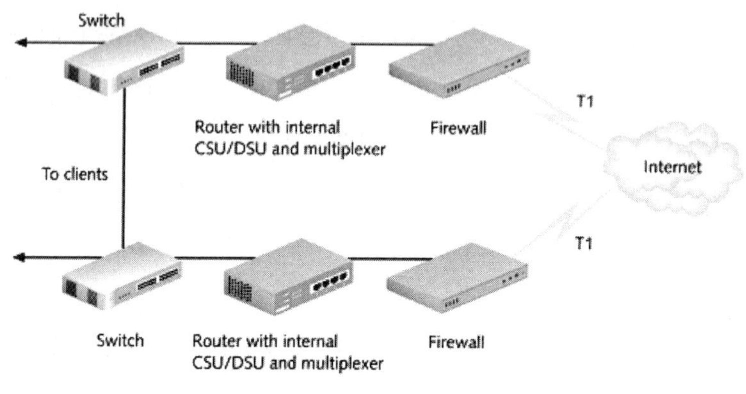

〈완전한 재난대비 T1 연결〉

더군다나 이런 이중연결을 가지면 재난대비뿐만 아니라 자동으로 트래픽이 여러 링크로 분산되어져 프로세서가 최적으로 응답하게 하는 로드밸런싱(load balancing)을 이룰 수 있고, 단일연결에서 있을 수 있는 병목현상을 없애므로 더욱 네트워크 성능이 증대된다. 만일 이런 시스템이 고비용이라 망설여진다면, 저비용의 프레임릴레이(Frame Relay)나 DSL 혹은 DUN(Dial Up Networking)으로 프라이머리 링크에 문제가 있을 때 자동적으로 연결되게 설정해두면 대안이 될 수 있다.

4) 서버

다른 장치들처럼 서버도 재난대비로 구축되어져야 한다. 전체 LAN의 사용자 인증과 같이 중요한 역할을 하는 서버는 여분의 NIC나 프로세서, 하드디스크 등이 있어야 하는데 이런 여분의 부품들은 해당 부품이 고장났을 때 진가를 발휘하게 된다. 예를 들어 두 개의 100Mbps NIC를 가진 서버는 비록 로드발랜싱이 재난대비는 아니지만, 바쁠 때 46Mbps만 전달되는 데이터를 두 개로 나누어 전송하면 거의 100Mbps의 성능을 낼 수 있게 되므로 서버의 반응도 그만큼 빨라지는 효과와 한 NIC가 고장나도 서비스에 문제가 없게 한다. 다음은 서버를 좀 더 기술적으로 재난대비가 되게 하는 방법들이다.

(1) 미러링(Mirroring)

이 방법은 재난대비 기법으로 한 장치나 요소가 복제되어 똑같이 작동하게 하는 것이다. 한 서버의 전송과 저장이 똑같이 다른 서버에서도 동시에 일어나서 두 서버의 내용과 작동이 동일해지는데 서로 초고속 연결선으로 묶여 있어 갭이 거의 없다. 소프트웨어도 두 서버에서 함께 실행되며 작업도 계속적으로 동기화되어져 한 서버가 고장나더라도 다른 서버가 그 기능을 자연스럽게 대신하므로 문제가 없게 된다. 이렇게 한 지점으로부터 다른 지점으로 동적 복사가 일어나는 것을 복제(replication)라고 한다. 물론 한 서버에서 다른 서버로 복제되는 동안 시간차이가 존재할 수 있고 네트워크 성능에 영향을 끼칠 수 있지만, 한 서버에 문제가 있을 때 클라이언트 서비스에 영향을 미치지 않고 지속적으로 지원할 수 있다면 서버가 고장난 상태를 가정해봤을 때 약간의 시차는 얼마든지 감당할 수 있는 부분이 될 것이다.

복제 서버는 나란히 옆에 놓일 수도 있고 다른 곳에 놓일 수도 있는데, 상황에 따라 다르다. 한 서버가 고장난 다른 서버의 일을 떠맡는 시차는 보통 15~90초인데 사실 이 기간 동안엔 미러링이 불가하다. 서버가 다운되면 사용자는 연결을 잃게 될 것이며 전송중인 데이터도 실종되거나 손상될 것이다. 또 사이트끼리 미러링할 때 비용도 들게 된다. 그래서 미러링 소프트웨어를 제조하는 Availl, Legato Systems, LinkPro와 NSI software 등은 소프트웨어 비용이 비싸지만 하드웨어 마운팅 비용도 포함되어 있다. 하지만 사실 이 하드웨어라는 것이 단지 테이프레코더같이 모든 데이터를 동시에 기록해서 메인서버의 실패에 항시 대비하게 한 것이다. 대부분 웹 사이드도 이 미러링 기법을 사용한다.

(2) 클러스터링(Clustering)

이 기법도 재난대비 기술인데 여러 서버를 묶어서 단일서버처럼 행동하게 한다. 이 경우 묶인 서버들은 프로세싱을 함께 처리하므로 사용자들에게는 하나의 서버처럼 보이게 되는데, 한 서버가 고장나도 다른 서버가 데이터 전송과 저장을 자동으로 떠맡기 때문에 사용자들은 전혀 눈치채지 못한다. 하지만 각 서버는 서로 독립적으로 동작하고 있어서 대규모 네트워크에선 미러링보다 비용면에서 더 효율적이다. 서로 고장여부를 확인하기 위해 주기적으로 확인시그널을 보내 통신하는데, 한 서버가 응답하지 않으면 클러스터링 소프트웨어가 즉시 페일오버(fail-over)로 들어가 고장난 서버의 리소스 등에 관한 정보를 다른 나머지 서버들이 가지게 하는데 시간은 수 초~1분정도 걸릴 수 있다. 미러링과 다르게 사용자들은 이런 서버끼리의 전환을 눈치채지 못한다. 나중에 고장난 서버가 되돌아오면 다른 서버들이 자동으로 그 서버를 다시 클러스터링에 가입시켜 함께 작업한다. 한 가지 단점이라면 클러스터링되는 서버들이 지리적으로 가까워야 한다는 것으로, 정확한 거리는 사용하는 소프트웨어에 달려있다. 보통 같은 데이터룸에 들어있는 서버끼리 클러스터링을 구성하지만 어떤 경우에는 1~2km 떨어져 있을 수도 있다. 제조사는 가까이 놓여있는 것을 권장한다. 미러링에 비해 클러스터링에 들어있는 서버는 독자적으로 데이터를 처리하면서도 필요하면 고장난 다른 서버의 역할을 떠맡을 준비를 하고 있어서 가설비용과 성능면에서 매우 효율적이라고 할 수 있다. 미러링처럼 하드웨어와 소프트웨어로 클러스터링을 구성하는데 Novell NetWare 5.x와 6.x, 그리고 MS Windows Server 2003은 상호 서버 클러스터링을 지원한다. 클러스터링은 1990년대 초부터 UNIX계열의 운영체제에서 사용해오고 있던 기법이다.

5) 저장 공간

서버의 가용성과 재난대비에 관련해서 데이터 저장공간에도 이런 조치들이 필요하다. 이제 저장된 데이터와 응용프로그램이 안전하게 있을 수 있는 방법들을 알아보자.

(1) RAID(Redundant Array of Independent Disks)

RAID는 공유된 데이터와 응용프로그램을 위한 재난대비로 하드디스크들을 묶는 것이다. 이렇게 묶인 하드디스크들을 에레이(array)라고 부르고, RAID 구성을 통해 함께 작동하게 한 것을 "RAID 드라이브"라고 부른다. 시스템에서는 여러 하드디스크가 묶여 RAID 드라이브를 이룬 것이 하나의 논리적 디스크로 보인다. 한 디스크에서 문제가 발생해도 다른 디스크에는 영향을 미치지 않으며, 저장용량과 저장속도를 매우 빠르게 해준다. 여러 가지 RAID기법이 있다. RAID는 데이터 추출 가용성과 무결성을 보장하는 중요한 방법으로 서버에서 주로 쓰인다.

RAID는 하드웨어와 소프트웨어로 구성되는데, 하드웨어 RAID는 여러 디스크와 별도의 디스크 컨트롤러로 구성되어져 SCSI처럼 서버 인터페이스의 RAID 디스크 컨트롤러로 통제된다. 서버 NOS에서 하드웨어 RAID 어레이는 하나의 저장장치로 보이게 된다. 소프트웨어 RAID는 가상적으로 하드디스크를 RAID기법으로 통제하는 소프트웨어를 말하는데, 별도의 컨트롤러나 하드디스크 어레이가 필요하지 않기 때문에 저렴하다. 예전에는 하드디스크 RAID가 빨랐지만 지금은 프로세서가 좋아져서 소프트웨어 RAID도 좋은 성능을 낸다. 소프트웨어 RAID는 NOS에 포함되어 있거나 서드파티 프로그램을 사용해서 구성한다. Windows Server 2003에는 디스크관리자에서 RAID를 구성하게 해주고, NetWare 6.5에서는 NetWare Storage Services에 있으며 iManager로 구성할 수 있다. RedHat Linux에서는 Disk Druid 도구에서 통제할 수 있다.

다음에 그 종류를 살펴보자.

1 RAID0 - Striping

이 기법은 데이터를 64KB 블록으로 쓰는데 RAID의 가장 단순한 형태로써 어레이의 모든 디스크에 고루 쓰인다. 하지만 한 디스크가 고장나면 그 곳에 있는 데이터에 액세스하지 못하기 때문에 재난대비는 되지 못하지만, 여러 디스크를 효율적으로 사용하게 한다. 여러 디스크 컨트롤러를 사용하므로 동시에 여러 디스크에 지시가 내려질 수 있어서 데이터 입출성능이 매우 좋아 모든 RAID 중에서 최고성능을 낸다. 다음 그림에서 보는 바와 같이 64KB 단위로 데이터가 쓰여지는데, 만일 128KB의 데이터를 쓴다면 두 디스크에 각각 64KB씩 쓰일 것이다. 가장 설치하기 쉽지만 재난대비가 되지 못하므로 중요한 서버에서는 사용할 수 없다.

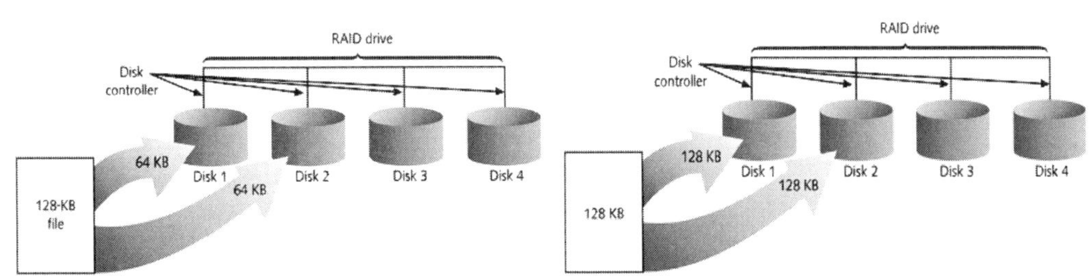

〈RAID0과 RAID1〉

2 RAID1 - Mirroring

이 형태는 미러링 기법을 사용하므로 재난대비가 가능한데, 한 디스크에 쓰여지는 데이터가 다른 디스크에도 자동으로 똑같이 쓰인다. 예를 들어 128KB의 데이터를 저장한다면 두 곳에 똑같이 128KB씩 쓰이는데, 데이터가 동시에 따로 저장되므로 자동백업이 되는 셈이다. 만일 한 디스크가 고장나면 다른 디스크 컨트롤러가 자동으로 디스크를 미러링해서 사용자는 눈치채지 못한다. 고장난 디스크가 복구되면 관리자가 다시 어레이되도록 동기화시켜 주어야 한다. 단순함과 완전한 여분의 데이터를 가지는 장점이 있지만 똑같은 디스크를 사용하므로 비용이 들고 똑같이 동시에 여러 곳에 데이터를 저장하므로 CPU 리소스를 많이 잡는 편이다. 미러링처럼 소프트웨어로도 구성할 수 있다.

듀플렉싱(Duplexing) 기법도 있는데 미러링과 같이 데이터가 여러 디스크로 동시에 저장된다. 하지만 여기서는 각 디스크를 각 디스크 컨트롤러가 따로따로 통제해서 디스크 컨트롤러 고장에 대비한 재난대비가 되게 하며, 미러링보다 데이터 입출도 더 빠르다. 반대로 미러링에선 디스크 컨트롤러가 하나라서 이것이 고장나면 모든 디스크에 액세스할 수 없게 된다.

3 RAID3 - Striping with Parity ECC

이 기법은 스트리핑에 특수한 ECC(Error Correction Code)를 넣었는데, ECC는 에러를 발견해서 수정해주는 알고리즘으로 패리티 에러수정 코드이다. 패리티(parity)는 홀수 혹은 짝수 패리티(0 혹은 1)로 정해서 1-byte에 1-bit를 넣어 데이터의 무결성을 알아내는 방법이다. 예를 들어 01110010이란 데이터가 전송될 때 짝수 패리티라면 데이터 내의 1의 숫자가 짝수이어야 하는데, 데이터비트(1의 숫자)가 네 개이므로 짝수가 되어서 패리티비트 0을 넣어 데이터가 무결하다고 표시한다. 하지만 00111101이란 데이터는 데이터비트가 다섯 개므로 홀수이어서 여기에 패리티비트 1을 넣어 짝수가 되게 해서 에러가 있다고 표시해 준다. 패리티는 데이터의 무결성만 말해주지 프로토콜이나 데이터 타입, 전송방식 등을 표현해주진 않는다. 데이터는 패리티비트까지 함께 저장되며 나중에 추출될 때도 함께 추출되는데, 이 패리티가 일치하지 않으면(예를 들어 데이터는 홀수인데 시스템은 짝수 패리티를 사용한다면) 데이터가 손상되었다고 본다. 이렇게 데이터 패리티와 시스템 패리티를 비교하는 것을 패리티 에러체킹이라고 부른다. 전체 데이터는 9bits로 된다.

RAID3에서 패리티 에러체킹은 데이터가 디스크 어레이에 쓰일 때 실행되는데, 에러를 감지하면 RAID가 자동으로 에러를 수정해준다. 또 데이터가 쓰이거나 읽힐 때 매우 빠른 속도로 처리하므로 비디오 데이터 전송 등에서 탁월한 성능을 낸다. 하지만 패리티정보가 단일 디스크에 있으므로 이곳에 문제가 생기면 에러 수정이 곤란해 재난대비는 되지 못한다.

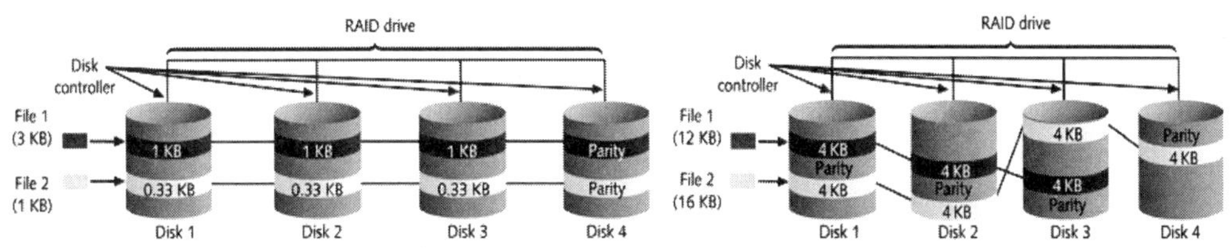

〈RAID3과 RAID5〉

4 RAID5 - Striping with Distributed Parity

이 기법은 RAID3과 비슷하지만 여러 가지 장점이 있다. 우선 패리티정보가 어느 한 디스크에 쓰이지 않고 여러 디스크에 나뉘어 쓰이기 때문에 재난대비가 확실하고 데이터도 빠르게 쓸 수 있으며, 문제가 있는 디스크를 시스템에 영향을 주지 않고 교체할 수 있다. 디스크가 교체되고 나면 RAID 컨트롤러 소프트웨어가 다른 곳에 있는 패리티정보로 정상적인 디스크에 있던 부분 데이터를 고장났었던 디스크에 되돌려 놓는다. 그래서 네트워크 관리자는 RAID5 시스템을 핫스페어(hot spare)로 만들어 디스크나 파티션이 어레이의 일부가 되게 해서 RAID 디스크에 문제가 있을 때만 사용한다. 즉, 핫 스와파블한 부품을 이중으로 설치해서 오리지널 부품에 문제가 있을 때 시스템장애 없이 즉시 예비부품이 그 역할을 대신하게 한다. 이에 비해서 콜드스페어(cold spare)는 예비부품이 함께 설치되지 않고 문제가 있을 때에 교체하는 것을 말하는데 시스템장애가 있게 된다. 최소 3개의 디스크가 있어야 구성될 수 있다.

(2) NAS(Network Attached Storage)

이것은 네트워크의 중앙에서 관리되는 재난대비 저장장치나 저장장치 그룹을 말하는데

RAID와 다르다. 서버가 디스크 어레이를 통제하고 네트워크에 연결하는 RAID에 비해 NAS는 자체적인 인터페이스를 가지고 LAN에 연결된다. NAS는 데이터를 공유하고 있는 서버로 볼 수도 있는데, 서버를 사용하는 것보다 NAS 저장공간을 사용할 때의 이점은 서버는 프린팅, 로그온 인증 등 다른 작업도 하지만 NAS는 파일을 제공하고 저장하는데만 최적화된 자체 시스템을 가지고 있어서 서버보다 빠른 데이터 입출이 가능하다는 것이다. 또 다른 장점은 시스템 장애를 일으키지 않고 저장공간을 확대할 수 있다는 점인데, 1TB를 사용하다가 3TB가 필요하다면 2TB의 디스크를 사용자 로그오프나 NAS를 끄지 않고도 그대로 장착할 수 있다. 장착하고 나면 NAS가 자동으로 인식해서 사용하게 해준다. 서버에서 장치를 끄고 하드디스크를 장착하고 포맷 등을 해주고 NOS가 인식하게 해서 디렉토리나 파일 등을 추가하고 필요시 허가를 부여하는 것에 비하면 매우 간단하다.

NAS가 자체 파일시스템을 가지고 별도의 장치로 인식되지만 네트워크에서 클라이언트와 직접 통신할 순 없다! 사용자들은 일단 LAN에 있는 파일서버에게 파일을 요청하면 파일서버가 그 요청대로 NAS에게 파일을 요청하고 NAS가 보내주면 파일서버가 가져와서 클라이언트에게 전해준다. 미들웨어방식과 유사하다.

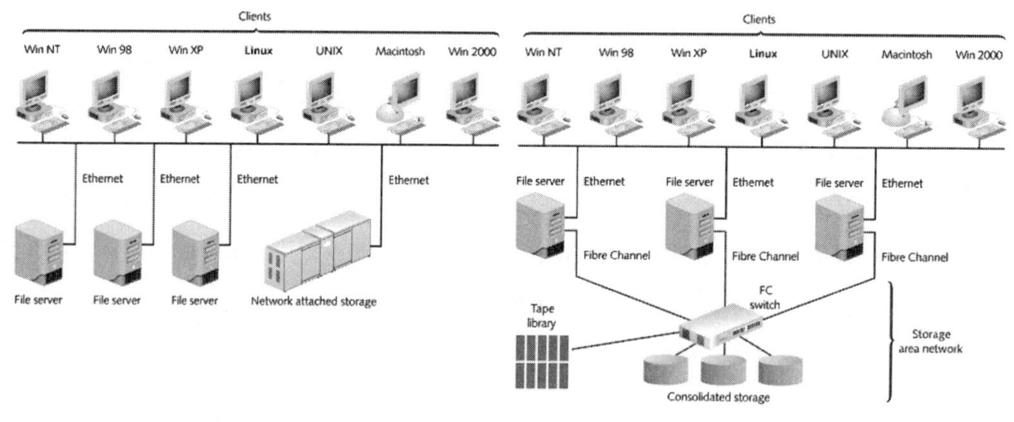

<NAS와 SAN>

NAS는 재난대비뿐만 아니라 빠른 데이터액세스를 위해서 대규모 네트워크에서 주로 사용되는데, 예를 들어 ISP가 이 NAS를 사용해서 고객의 웹페이지를 저장해 둔다. NAS는 TCP/IP만 지원되면 어느 타입의 데이터라도 저장할 수 있으므로 여러 OS가 섞여있는 시

스템에서 유용하다. Network Appliance, Inc.와 EMC Corporation이 주된 제조사인데 HP와 Dell도 이 장비를 판매한다.

(3) SAN(Storage Area Networks)

NAS는 별도의 장치로 인식되어서 네트워크에서 클라이언트의 요청을 받아 파일서버가 NAS와 통신하지만, SAN은 다른 네트워크나 클라이언트들과 직접 통신할 수 있는 별도의 저장장치이다. SAN은 여러 저장장치들이 각각 서버와 연결되어 있는 시스템인데 이런 구조는 WAN 토폴로지와 유사한다. 만일 SAN에 있는 한 저장장치가 고장나면 서버가 자동으로 SAN에 있는 다른 저장장치에서 데이터를 추출해준다. SAN은 훌륭한 재난대비를 제공할 뿐만 아니라 광채널(Fiber Channel) 전송방법을 사용하고 프로프리에터리(proprietary)한 프로토콜을 가지고 있기 때문에 매우 빠르다. 광채널은 SAN 내부의 장치들을 연결할 뿐만 아니라 다른 네트워크에 있는 SAN도 연결해주어 2Gbps를 처리할 수 있다. 이런 독특한 전송방법을 가지고 있기 때문에 100Base-TX의 서버/클라이언트 네트워크에서처럼 전송속도에 제한이 없고, 서버/클라이언트 시스템을 이루지 않으므로 브로드캐스트나 ACK 등 오버헤드도 전혀 없다. 또 데이터 백업이나 추출에서도 트래픽을 전혀 유발하지 않는다.

SAN은 자신이 서비스해주는 LAN과 별도의 위치에 있을 수도 있으므로 또 다른 재난대비를 제공한다. 예를 들어 메인오피스가 홍수나 화재로 시스템에 문제가 생겨도 별도의 위치에 있는 SAN은 영향을 받지 않게 되므로 저장된 데이터는 무사할 수 있다. 이렇게 별도의 장소에 위치한 SAN은 ISP의 데이터센터로 사용되기도 하는데, 여분의 재난대비와 데이디관리의 외부용역(outsourcing) 등이 가능해서 별도 직원이 따로 관리할 필요가 없어진다. NAS처럼 SAN도 스케일러블(scalable)을 제공하는데 SAN을 구성한 뒤 서버나 사용자들에게 장애를 일으키지 않고 얼마든지 새로운 저장공간이나 장치를 추가할 수 있다. 또한 SAN은 NAS나 서버/클라이언트 모델보다 더욱 빠른 데이터 입출을 할 수 있다. 하지만 SAN은 매우 고가이다. 작은 SAN은 10만 달러이지만 대규모 SAN은 6~700만 달러에 이른다. 더군다나 SAN은 NAS나 RAID보다 복잡하므로 관리자가 충분히 훈련이 되어 있어야 설치/관리할 수 있다. 데이터베이스, 자재관리, 판매관리, 급료대장, 직원기록 등 대용량 저장공간과 매우 빠른 데이터 입출을 위해서는 SAN이 최적의 선택이다.

1.4 데이터 백업(Data Backup)

컴퓨터 분야에서 근무한다면, 아니 꼭 관리자가 아니라고 해도 컴퓨터를 활용하는 사람이라면 격언과 같은 "주기적으로 백업하라!"라는 말을 자주 들어봤을 것이다. 백업이란 데이터나 프로그램 파일을 추출하거나 안전하게 보관하기 위한 작업을 말한다. 백업을 해두지 않으면 하드디스크 고장이나 홍수, 화재 등으로 모든 자료를 잃을 수 있다. 아무리 재난대비가 잘 되어 있어도 자료는 별도의 매체에 백업해서 별도의 장소에 저장해 두어야 한다.

어느 날 출근해서 보니 데이터, 프로그램, 설정, 사용자 ID나 패스워드 그리고 NOS까지 모든 것이 사라져 버렸다면 어떻게 될까? 어떻게 모든 것이 사라졌는지는 중요하지 않다. 중요한 것은 모든 것이 원래대로 복구될 때까지 업무를 볼 수 없다는 것과 NOS를 설치하기 시작해서 각종 프로그램을 다시 설치하고 사용자 ID와 패스워드를 유추해서 알아내고 가입했던 그룹과 권한도 알아내야 하고, … 생각하기도 끔찍할 것이다. 이럴 때 동료에게 무엇을 말해줄 수 있을까? '정기적으로 백업을 제대로 해두지 않았기 때문이야…'라고 한탄할 것이다. 백업할 때 여러 옵션이 있을 수 있는데 사용하는 소프트웨어와 하드웨어, 저장매체 등에 따라 혹은 회사의 방침에 따라 달라진다. 백업은 NOS에 의하거나 서드파티 소프트웨어에 의해 이뤄진다. 이제부터 백업매체와 방법, 무엇을 어디에 백업하는지 등에 대해서 알아보자.

1) 백업매체와 방법

백업방법과 매체를 선택할 때 여러 가지 중에서 선택할 수 있는데 각각 나름대로 장단점이 있다. 다음 것들을 고려한 뒤에 결정하자.

1 백업드라이브와 매체가 충분한 저장용량을 가지고 있나?
2 백업 소프트웨어와 하드웨어를 신뢰할 수 있나?
3 백업 소프트웨어가 에러체크를 해주나?
4 시스템이 백업과 복원과정을 충분히 감당할 수 있나?
5 데이터 저장능력에 비해 하드웨어, 소프트웨어, 그리고 저장매체의 가격은 적절한가?

6 백업 하드웨어와 소프트웨어는 기존 네트워크의 하드웨어와 소프트웨어와 잘 호환될 수 있나?

7 백업하거나 복원할 때 관리자가 늘 곁에 있어야 하나?

8 백업 하드웨어, 소프트웨어, 그리고 저장매체가 네트워크 확장과 잘 들어맞나?

(1) 광학매체

손쉬운 방법이 레이저로 데이터를 기록하고 저장하게 해주는 광학매체인데, 보통 CD-ROM이나 DVD를 이용한다. 쓰기 가능한 CD/DVD-ROM 장치와 기록할 CD나 DVD 매체 그리고 이에 딸린 소프트웨어만 있으면 된다. CD-R(Recordable)은 한 번 쓸 수 있는 매체이고, CD-RW(ReWriteable)은 여러 번 기록할 수 있는 매체로 각각 650~800MB까지 지원한다. 이 방법은 표준적인 포맷이며 거의 모든 머신에서 이 장치 드라이브를 지원하므로 손쉽게 널리 사용될 수 있지만 저장 공간이 작은 것이 흠이다.

단일레이어 DVD-R(Recordable)은 단면이 4.7GB까지 지원하고 양면저장이 가능하면 9GB까지 가능하지만, 양면을 더블레이어로 기록하면 17GB까지도 가능하다. DVD-R은 비디오 DVD와 다른데 Dell, HP, Hitachi, Panasonic, Philips, Pioneer, 그리고 Sony 같은 DVD 제조사는 자신들의 DVD 포맷을 표준으로 삼으려는 노력을 기울이고 있다. 그러므로 DVD 매체에 백업할 때에는 제조사 표준포맷을 확인해 보아야 한다. 하지만 CD-R/DVD-R에서 백업할 때 단점은 데이터를 백업할 때와 추출할 때, 테이프나 디스크에서 작업할 때보다 시간이 더 걸린다는 것과 사람이 옆에 있어야 한다는 점이다.

(2) 테이프매체

네트워킹 초기에 가장 인기 있던 백업방법이 테이프백업이었는데 데이터를 자장매체에 기록하는 것이다. 비교적 조작이 쉽고 매우 커다란 용량을 저장할 수 있으며, 거의 자동적으로 작업을 실행하므로 다시 최근에 유행하고 있다. 파일서버나 전용, 혹은 네트워크 워크스테이션에 연결해 놓기만 하면 소프트웨어가 알아서 인식하고 백업을 수행해준다. 여기에 사

<테이프매체>

용되는 테이프는 예전에 주로 보던 작은 카세트테이프처럼 생겼지만 대단히 질이 좋아서 신뢰할 만한 저장매체이다.

비교적 작은 네트워크에서는 단독 테이프드라이브가 각 서버에 부착될 수도 있지만 대규모 네트워크에서는 중앙에 테이프드라이브가 놓여져 하위 시스템의 모든 데이터를 백업하게 구성된다. 백업 드라이브는 한가한 서버에 연결해서 가급적 네트워크 트래픽의 병목현상을 일으키지 않게 하는데, 수 TB에 이르는 자재관리와 제품정보 등을 가진 글로벌한 제조회사와 같은 대규모 네트워크에서는 볼트(vault)로 불리는 로봇이 자재창고에서처럼 테이프 저장라이브러리에서 테이프를 꺼내고 저장하는 일을 하기도 한다.

테이프 저장 소프트웨어 제품으로는 Computer Associates의 ARCserve, Dantz Development Corporation의 Retrospect, HP의 Colorado와 OmniBack, NovaStor Corporation의 NovaBACKUP, 그리고 Veritas Software의 Backup Exec 등이 있는데 Exabyte, IBM, Quantum, Seagate, 그리고 Sony 등에서도 만들고 있다. 사용하는 네트워크 환경에 맞는 테이프드라이브 선택은 제조사나 소프트웨어 벤더와 상의하는 것이 좋겠다.

(3) 외장 디스크매체

또 다른 데이터 백업매체는 외장 디스크드라이버를 사용하는 것인데 USB, PC Card, FireWire나 Compact Flash 포트에 일시적으로 저장해서 사용한다. 이들 장치들은 이동식 디스크(removable disk)라고 불리는데 4GB 정도의 작은 용량(현재는 32G까지도 있음)은 내장된 서킷보드를 통해 랩톱이나 데스크톱에 끼워 사용하며, 일단 연결되면 시스템에 있는 하나의 하드디스크처럼 직접 데이터를 입출할 수 있다. 하지만 대규모 백업을 위해서 네트워크 관리자는 백업통제와 고용량으로 빠른 쓰기와 읽기가 가능한 외장 디스크를 원하게 된다. 예를 들어 Iomega의 REV드라이버는 작은 하드디스크를 내장한 카트리지로 90GB를 지원해주는데, 테이프나 광학백업보다 빠르며 여기에 딸린 소프트웨어가 자동백업과 백업 스케줄 관리뿐만 아니라 압축백업과 백업된 데이터를 비교해서 백업의 성공여부도 확인해준다. 또 다른 제조사인 LaCie는 500GB까지 지원하는 테이프백업 장치를 만든다. 외장 백업드라이브는 쉬운 사용과 빠른 데이터 전송을 지원하지만 네트워크에서는 속도가 더 빠른 안정된 고정식 디스크 백업장치를 더 선호한다.

(4) 네트워크 백업

데이터를 이동식디스크나 매체에 저장하는 대신 네트워크상의 다른 장소에 저장할 수 있는데, 예를 들어 조직의 메일서버에 있는 모든 사용자 계정을 복사해서 네트워크에 있는 다른 서버에 저장해두면 같은 서버에 두었을 때 문제가 생겨서 원본과 복사본 모두 잃는 일은 없게 된다. 만일 조직이 WAN을 사용한다면 백업파일들을 다른 지점에 저장하는 것이 좋다. 또 SAN이나 NAS에 저장해두는 것도 좋은 방법이 된다. 대부분 조직에서는 백업을 자동으로 처리하고 관리하는 유틸리티를 사용한다. 만일 WAN이나 SAN/NAS를 사용하지 않는다면 온라인백업도 권할 만하다.

온라인백업은 인터넷을 통해 서비스 회사의 저장 공간에 데이터를 저장해 두는 것으로, 실제 네트워크에서는 클라이언트 소프트웨어만 설치해서 운영하면 된다. 공개망을 지나기 때문에 특별한 보안책이 있어야 하지만, 기술지원을 별도로 받지 않아도 언제든지 백업과 복원을 전적으로 자동으로 실행할 수 있어서 매우 편리하다. Webhard와 같은 곳이 대표적인 온라인 저장공간이다. 조직에 문제가 생겼을 때 온라인 백업회사가 CD-ROM에 필요한 서버의 데이터를 넣어서 보내준다. 온라인 백업회사를 선정할 때는 신뢰도, 보안연결, 빠르기, 기술지원 등과 정확하고 빠른 복원을 테스트해보고 정하는 것이 중요하다.

2) 백업전략

서버 데이터를 백업하는 방식을 선택했다면 최대한 데이터를 보호할 수 있는 백업전략을 세워야 한다. 이 전략은 모든 IT직원이 볼 수 있는 곳에 게시해 두어야 하는데 다음과 같은 문제를 검토해 보아야 한다. ① 어느 데이터가 백업되어져야 하나? ② 어느 순환 계획으로 백업해야 하나? ③ 낮 혹은 밤 언제 백업하나? ④ 백업의 정확도는 어떻게 점검하나? ⑤ 어디에 얼마동안 백업매체에 저장되나? ⑥ 백업을 누가 책임지나? ⑦ 얼마동안 백업파일을 저장해 두나? ⑧ 백업과 복원기록 문서는 어디에 두어야 하나? 등이다.

비용과 백업에 드는 노력에 따라서 여러 가지 백업방법이 고려될 수 있다. 우선 아카이브 비트(archive bit)를 이해해야 한다. 아카이브 비트는 파일속성 체크('on')와 언체크('off')를 말하는데, 파일이 백업되어져야 하는지를 알려준다. 파일이 만들어지거나 변경되면 운영체제는 자동으로 파일의 아카이브 비트를 on으로 설정해서 백업되게 하는데 다음과 같은 백업방법이 있다.

1. 풀백업(Full Backup) – 데이터가 새로 만들어졌는지 변경된 것인지 구분하지 않고 모든 서버의 모든 데이터를 저장매체에 백업한다. 백업이 모두 되었으므로 파일들의 아카이브 비트는 off로 표시된다.
2. 증가백업(Incremental Backup) – 마지막 풀백업을 한 뒤 변경된 파일만 백업하는데, 아카이브 비트가 on으로 되어 있는 것만 백업해준다. 백업 뒤에 모든 파일의 아카이브 비트를 체크하지 않는다.
3. 차등백업(Differential Backup) – 마지막 풀백업을 한 뒤 변경된 파일만 백업하는데, 변경여부와 무관하게 그 정보가 다음번 백업에 표시된다. 다시 말해서 백업한 뒤 파일의 아카이브 비트를 체크한다.

네트워크 백업을 취급할 때 백업 순환계획을 짜두는 것이 필요한데 언제 얼마나 자주할 것인지 정하는 일이다. 이런 계획을 세워 둠으로써 데이터를 신뢰할 수 있고 네트워크 성능과 관리에 부담을 주지 않게 한다. 예를 들어 모든 업무가 종결되어 네트워크 성능에 부담이 없는 밤에 백업을 실행한다는 것이 좋은 전략이 된다. 하지만 네트워크가 2TB의 데이터를 저장하고 있으며 매달 2GB씩 데이터가 늘어난다면 밤새 백업한다고 아침까지 끝날 수 있을까? 테이프 디스크는 몇 개가 있어야 할까? 이런 것들을 고려해 본다면 백업할 계획을 짤 수 있을 것이다.

몇 가지 백업계획을 설정할 수도 있지만 가장 보편적인 것은 "할아버지(매달)-아버지(매주)-아들(매일)"이라고 불리는 방법을 사용하는 것인데, 매일같이 증가백업(월~목), 매주말 풀백업(금요일마다), 그리고 마지막 날 풀백업의 세 가지를 매월 실행하는 것이다. 이 계획에 의하면 백업테이프를 재사용할 수도 있는데 첫 주 월요일~목요일까지 증가분 백업 뒤 금요일엔 풀백업을 해서 그 주간의 모든 증가분 백업데이터를 대신하게 하고, 이 테이프들을 둘째 주 월요일부터 재사용하고…, 이런 식으로 해서 매주 월요일부터 재사용할 수 있게 된다. 이렇게 첫 주, 둘째 주…로 해서 매달 말 풀백업을 하면 네 주간의 풀백업을 모두 대신하는 것이 된다. 이를 예로 들어, 8월로 이름해서 저장한다. 그러면 지금껏 사용한 모든 테이프들을 다음 달부터 재사용할 수 있다. 이런 식으로 해서 8월 첫 주 테이프를 9월 첫 주에 재사용할 수 있다. 매달 말에 해놓은 풀백업은 분기별로 또 풀백업해서 정리해 두면 모든 테이프들을 재사용할 수 있게 된다. 그러면 월별로 저장되는 테이프는 일 년에 12

개가 되고 분기별로 정리한다면 4개만 생긴다.

	Monday	Tuesday	Wednesday	Thursday	Friday
Week 1	A	A	A	A	B
Week 2	A	A	A	A	B
Week 3	A	A	A	A	B
Week 4	A	A	A	A	B
Week 5	A	A	C		

One month of backups

A = Incremental "son" backup (daily)
B = Full "father" backup (weekly)
C = Full "grandfather" backup (monthly)

〈할아버지-아버지-아들 백업계획〉

이렇게 백업 순환계획을 세웠다면 백업활동에 대한 백업로그를 작성하는데 백업날짜, 백업구별(요일, 주, 월 등), 백업종류(증가, 풀 등), 백업문서 분류(관리부, 영업부 등)와 저장된 장소 등이 들어있어야 한다. 이런 정보들이 서버에 문제가 있을 때 즉시 복구하게 해준다. "아무리 강조해도 지나칠 바 없다"는 말이 딱 맞는 경우이다.

마지막으로 백업한 자료의 정확성을 검토하는 것인데, 때때로 데이터를 복원해 보는 훈련도 해 두어야 한다. 네트워크 관리자가 평소에 백업을 복원해 보는 연습을 안 해두면, 중요한 백업파일이 어디에 저장되어 있는지 어떻게 복원하는지 몰라서 애를 먹고 업무상 손실은 말할 것도 없으며 관리자의 경력에 흠이 생기는 경우가 많다.

1.5 재난극복(Disaster Recovery)

재난극복이란 전체 네트워크에서 단일지점 고장이나 일단의 그룹 사용자들이 네트워크를 사용하지 못하는 경우 중요한 기능이나 데이터를 복원하는 과정을 말하는데, 비교적 사소한 문제뿐만 아니라 대규모로 문제가 생겼을 때 복원하는 계획이어야 한다.

1) 재난극복 계획하기

재난극복 과정은 최악의 가정으로부터 시작되는데 태풍이나 지진뿐만 아니라 전쟁, 테러 공격 등에 의한 네트워크 인프라 파괴까지 광범위한데 컴퓨터시스템, 전력, 전화시스템 등을 교체하거나 복구하는 것을 처리할 복구팀이 지정되어져야 하고, 서비스지속을 목적으로 한다. 보통 다음 것들을 염두에 두고 계획을 짠다.

1. 재난이 발생했을 때 연락할 수 있는 긴급 조력자(coordinator)의 전화번호나 휴대폰번호를 알아두어야 하며, 다른 직원들의 책임과 임무도 정해져 있어야 한다.
2. 데이터와 서버가 백업되어져 있는지 확인해서 얼마나 백업이 자주 되었는지(최근 것까지 데이터가 신뢰할 수 있는지) 알아야 하며, 백업파일들이 어디에 저장되어져 있는지와 어떻게 빠르게 가장 최근 것까지 복원될 수 있는지 등을 점검해 둔다.
3. 네트워크 토폴로지, 재난대비 등의 정책에 따라 ISP나 로컬 전화회사 등 서비스지원 회사도 같은 피해를 입었는지 조사해 둔다.
4. 주기적으로 재난대비 모의훈련을 실시해서 재난극복 기법을 몸으로 익힌다.
5. 비상시 직원과 고객에게 연락할 수 있어야 하므로 비상전화 등도 여분으로 확보하고 있어야 한다.

이런 충분한 준비만이 재난이 닥쳤을 때 중요한 데이터 피해를 최소화할 수 있고, 고객의 신뢰를 얻을 수 있으며 보험회사 등도 호의적으로 바라보게 된다.

2) 재난복구

재난복구에 관한 여러 가지 계획은 직원 수, 하드웨어, 소프트웨어, 투자비용 등에 따라 달라질 수 있다. 또한 얼마나 빨리 복구하느냐도 중요한 복구요인에 포함되는데, 어떻게 보면 네트워크 설비가 있는 건물의 피해보다 인터넷 웹사이트의 서비스 불능이 더 큰 문제가 될 수도 있다. 회사는 대부분 재난극복 사이트를 가지고 있기도 한데 다른 도시에 사무실을 임대해 두거나 전문적으로 복구서비스를 제공하는 회사와 계약해 두는 식이다. 여기에는 콜드사이트, 웜사이트, 그리고 핫사이트 세 가지 종류가 있다.

(1) 콜드사이트(Cold Site)

콜드사이트는 네트워크 연결에 필요한 컴퓨터, 장비와 연결 등이 갖추어져 있지만 적절한 구성이나 업데이트, 연결은 되어있지 않으므로 기능을 복구하는데 시간이 걸린다. 예를 들어 파일과 프린트, 메일, 백업서버가 있고 인터넷 게이트웨이, DNS, DHCP 서버가 있으며 25명의 직원에 4대의 프린터, 라우터, 스위치, 두 개의 액세스포인트가 ISP에 연결되어져 있는 소규모 비즈니스의 콜드사이트라도 재난복구에 대비해서 우선 NOS가 설치된 4대의 서버가 있어야 하고 환경에 맞게 적절한 구성과 데이터가 준비되어 있어야 한다. 또 라우터와 스위치, 두 AP도 환경에 맞게 구성되어 있어야 하고 인터넷 연결은 안 해두지만 백업계획과 저장매체는 준비해 두어야 한다. 이런 것들을 준비해 두었다가 재난이 닥쳤을 때 모든 구성을 다시하고 ISP에 연결하고, … 적어도 몇 주는 걸린다.

(2) 웜사이트(Warm Site)

웜사이트는 네트워크 연결에 필요한 컴퓨터, 각종 장비와 연결 등이 갖추어져 있으며 일부는 적절한 구성과 업데이트, 연결이 갖추어져 있는 상태로 데이터센터의 각 서버가 주간이나 월간 단위로 그대로 복제되게 구성되어 있고 매 월 1일에 업데이트시켜 둔다. 만일 월 중간에 재난이 발생하면 백업되어져 있는 지난 월간과 주간 백업데이터로 가장 빠르게 복구할 수 있게 해둔다. 여기서의 복구는 몇 시간에서 수일이 걸릴 수도 있다.

(3) 핫사이트(Hot Site)

핫사이트는 네트워크 연결과 필요한 컴퓨터, 각종 장비와 연결 등이 갖추어져 있고 적절한 구성과 업데이트, 연결이 되어져 있는, 실제 사용 환경과 똑같은 상태로 늘 유지되는 사이트를 말한다. 예를 들어 WAN상에서 두 곳의 데이터센터 내의 서버를 똑같이 미러링해 두는 방식으로, 재난복구는 수 시간 내로 완성될 것이지만 비용은 가장 많이 들게 된다.

2 프로젝트 관리

효율적이고 안정적인 네트워크 설계를 위해서 여러 가지를 고려해야 하는데, 이 장에서는 그런 요소들을 모아서 기존 네트워크나 신규 네트워크를 효율적으로 구성하는 방법을 알아보자. 첫 단계는 계획을 짜는 일인데 계획을 짤 때도 프로젝트관리 기법에 따라야 한다. 네트워크는 가설된 뒤라도 계속해서 변경되고 수정되기 때문에 유동적이다. 사용자 증가 등으로 인한 내적인 요소 변경과 불필요한 라우터 제거와 같은 외적인 요소를 연구하고 실행한 뒤 이런 변경의 영향을 확인해 보아야 하는데 매우 많은 시간이 들게 된다. 이런 것들을 종합적으로 관리하고 검토하는 프로젝트 매니징 기법을 알아보자.

2.1 프로젝트 관리

네트워크를 처음부터 가설하든지 기존 네트워크를 변경하든지 간에 하드웨어나 소프트웨어를 구매하기 전에 계획을 잘 짜야 하는데 직원, 예산, 기간, 그리고 기타 요소들로 주어진 범위 안에서 어느 특정 목적을 이뤄가는 과정을 프로젝트 관리라고 한다. 예를 들어 Solaris v10을 업그레이드하거나 CAT3 회선을 CAT6으로 업그레이드할 때 프로젝트 매니저를 고용할 수 있다. 프로젝트 매니저는 고급 기술자로 여겨진다.

각 프로젝트 매니저는 주어진 목적을 이루기 위해서 나름대로의 방법들을 가지고 있을 수 있는데, 보통 다음과 같은 질문들에 답하면서 방법을 찾아낸다. ① 주어진 프로젝트가 실행 가능한 것인가? ② 이 프로젝트에 접근하기 위해서 무엇이 필요한가? ③ 이 프로젝트의 목적은 무엇인가? ④ 목적을 이루기 위해서 무슨 일을 해야 하나? ⑤ 얼마나 오래 걸릴 것이며 어느 순서로 진행해야 하나? ⑥ 목적을 이루기 위해서 어느 리소스가 필요하며 비용은 얼마나 들까? ⑦ 누가 참여해야 하고 어떤 기술이 필요한가? ⑧ 프로젝트에 관해서 직원들과 어떻게 협의할 것인가? ⑨ 완성 후 프로젝트가 목적대로 되어 있는지 어떻게 알 수 있나? 등이다.

대부분 프로젝트는 몇 단계로 나뉘는데 각각은 질문에 대한 대답의 형식으로 이뤄진다. 보통 프로젝트는 네 단계로 나눌 수 있다. 착수, 구체화, 실행, 그리고 해결이다. 착수(Initiation) 단계는 프로젝트가 실행 가능한 것인지, 필요한 요소들의 평가와 참여할 멤버들의 검토가 있는 과정이고, 목적의 구체화(Specification) 단계는 소요되는 비용, 리소스, 협의방법, 작업에 대한 질문들이 있는 과정이며, 실행(Implementation) 단계는 실제 프로젝트를 이행해 가는 과정이다. 마지막 해결(Resolution)은 프로젝트가 끝나서 성공여부를 시험하고 평가하는 과정으로 볼 수 있다.

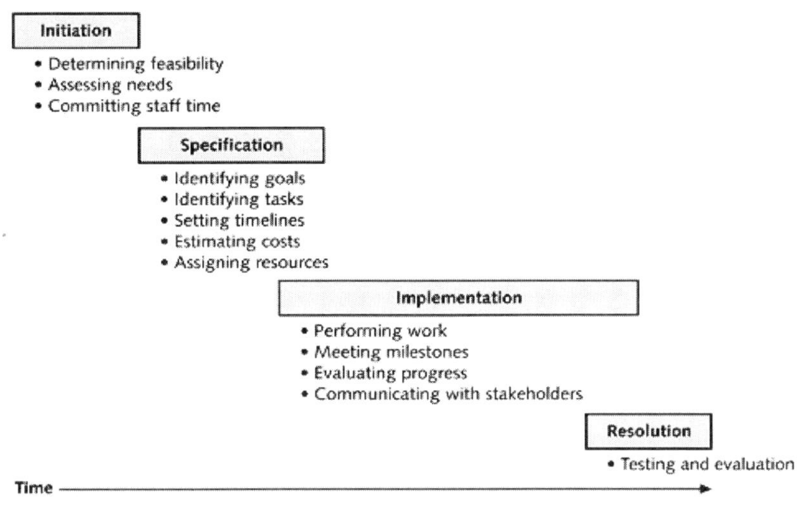

〈프로젝트 단계〉

프로젝트가 진행되는 동안 몇 군데를 수시로 평가해야 한다. 프로젝트 계획을 짤 때 일정표(milestone)는 주요 작업의 처리나 작업들의 종료를 표시한 참조점으로 프로젝트의 진척도를 측정하는데 쓰인다. 예를 들어 e-Biz 웹서버를 구축한다고 했을 때 일정표에 따라 서버 프로그램을 설치하고 난 뒤와 구성하고 난 뒤 이들을 점검해 봄으로써 전체 프로젝트의 성공과 실패 여부를 가름할 수 있다.

2.2 실행 타당성 점검하기

프로젝트에 시간과 돈을 투자하기 전에 프로젝트가 실현 가능한지 검토해 보아야 한다. 보통 네트워크에 관련된 기술자들은 더 빠르고 안정된 시스템을 원하기 때문에 현실적인 비용과 그에 대한 이득을 깊게 생각해보지도 않고 프로젝트를 밀어붙이는 경우가 많다. 타당성연구(feasibility study)는 프로젝트의 비용과 이득을 따져서 만족할 만한 결과가 도출되는지 판단하는 과정이다. 기업에서는 이런 진단을 위한 컨설턴트를 고용하기도 하는데 비용과 이득에 대한 냉철한 검토과정이 따른다.

예를 들어 9개로 네트워크된 학교를 관리하는 교육청 네트워크 관리자가 있다고 해보자. 한 행정동과 한 개 고교, 두 개 중학교, 그리고 다섯 개의 초등학교로 구성된 네트워크인데

LAN과 인터넷 연결이 느리고 머신들의 성능도 느리다는 불평을 자주 듣고 있다. 이 사실은 관리자도 알고 있는 사항이라 다른 스태프들과 함께 시스템 업그레이드를 고려해 보게 될 것이다. 하지만 학교 위원회가 다른 긴급한 문제들로 인해 이 프로젝트에 충분한 예산을 집행해 줄지 알 수 없고, 업그레이드 기간 동안 학생들과 교직원들이 컴퓨터를 이용할 수 없다는 것도 고려해본 뒤 다음과 같은 요소들을 검토하고 실행 가능성을 따져본다.

1 장비, 연결, 컨설팅 비용 등 제반 금액
2 프로젝트에 참여하는 직원들의 훈련, 평가, 시간 등
3 프로젝트 기간
4 더 나은 네트워크 가설로 인한 생산성 향상과 공사기간 동안 손실되는 생산성 감소의 비교검토
5 소요되는 비용대비 생산성 향상

이런 것들을 따져서 프로젝트 실시 여부를 결정한다. 실현 가능하다고 결론나면 다음은 필요성 평가에 대한 구체적인 실행계획을 짠다.

2.3 필요성 검토하기

모든 직원들이 E-mail 서버가 너무 느려서 교체해야 한다거나 학생들이 교실 컴퓨터와 LAN 서버의 연결이 너무 느려서 업그레이드 해달라고 요청했을 때, 네트워크 변경 프로젝트는 일단의 평가단에 의해 이런 필요성들에 대한 검토를 거쳐야 한다. 네트워크가 업그레이드 되어져야 하며 어떤 식으로 되어져야 한다는 의견이 나오기 이전에 네트워크 관리자는 미리 좀 더 객관적이고 철저한 연구를 통해 설득력 있는 의견을 가지고 있어야 한다. 필요성 검토는 제안된 변경에 대한 이유와 객관성을 분명히 하는 과정으로써 사용자들의 의견과 검토할 실제 데이터자료가 있어야 한다. 네트워크 베이스라인 데이터도 있어야 하고 평가범위와 변경의 목적이 분명히 드러나 있는 것이어야 한다. 다음과 같은 질문으로 필요성 검토를 할 수 있겠다.

1 요청된 필요성이 옳은 것인지 혹은 다른 필요성을 가장한 것은 아닌지?
2 요청된 필요성은 해결될 수 있는 것인지?

3 그 필요성이 충분히 중요한 것인지? 필요성이 해결되면 생산성은 측정될 수 있는지?

4 그 필요성이 해결되고 나면 다른 필요성은 없는지? 이 해결책으로 다른 필요성도 만족되는지?

5 필요하다고 말하는 사람들이 이런 변경에 만족해 할지? 어떤 해결책이 그들을 더 만족하게 할지?

네트워크의 필요성 요구는 사용자와 네트워크 성능, 가용성, 스캘러빌러티, 무결성, 그리고 보안적인 측면에서 조사되어져야 하는데 한두 명의 의견으로 거대한 프로젝트를 실행해서는 안 된다. 사전에 철저히 조사해 두어야 한다. 사용자들의 의견으로만 프로젝트를 계획하면 네트워크 성능면에서 문제가 생길 수도 있다. 이에 대한 좋은 방법은 가능한 한 여러 사용자들을 만나서 의견을 들어보는 것인데, 핵심적인 질문을 던져야 한다. 만일 충분히 질문을 한다면 프로젝트에 관한 범위를 구체적으로 좁혀나갈 수 있게 될 것이다. 사용자들이 무엇을 원하는지 이외에도 왜 그런 필요가 나왔는지, 어떤 식으로 처리되어져야 할지, 어떤 것이 최우선적인 것인지, 다른 것들이 먼저 해결되어져야 하는지(종속성) 등에 관한 질문도 도움이 될 것이다. 모든 사용자들의 의견이 반영된 프로젝트는 현실적으로 불가능하지만 사용자들의 대답에서 가장 필요로 하는 우선순위를 가려내고, 일반적으로 요구하는 것들을 추려내고, 대부분 사용자들이 요구하는 것을 가려내어 어떻게 진행하는 것이 좋은지 등을 잘 선별하는 일이 중요하다.

위의 학교 예에서, 프로젝트의 방향을 잡았어도 네트워크 관리자들의 의견조율도 필요한데, 네트워크의 성능을 높이는데 있어서 어떤 이는 기존의 스위치를 완전한 100Base-TX로 바꾸자는 의견이 있을 수도 있고, 어떤 이는 기존의 CAT5를 광케이블로 모두 바꾸자는 의견도 있을 수도 있다. 이런 경우에는 예산과 가설의 용이함, 그리고 문제해결을 위한 기술적인 최적의 해결책 등을 검토하면 되는데 사전 테스트도 요긴하다. 또 초등학교와 고등학교에서의 최우선 과제가 실습실에 있는 컴퓨터들과 행정부에 있는 데이터센터 서버의 연결이 너무 느려서 응용프로그램을 실행하는데 보통 3분 걸리는 것이라면 이것을 1분으로 줄이는 일일 것이고, 중학교의 실습용 컴퓨터는 인터넷에 연결되고 화면이 갱신되는데 30초가 걸린다면 이를 10초로 줄이는 것이 중학교의 최우선적인 일이 될 것이다. 이런 필요성들을 검토해서 거기에 알맞은 프로젝트를 세우면 된다.

2.4 프로젝트 목표 세우기

프로젝트 목표를 세워놓으면 프로젝트가 제 길을 이탈하지 않고 유지하게 되며 나중에 프로젝트가 성공적인지 평가할 수 있게 된다. 우선은 넓은 범위로 시작해서 점차 좁혀나가서 목적이 차차 이뤄지게 한다. 위의 학교 예에서 프로젝트의 목표는 네트워크와 인터넷의 성능을 늘리는 것인데 이 목표 밑에 인터넷 대역폭 증가나 전국망을 가진 ISP로 전환, 자주 액세스하는 웹페이지를 빠르게 전환해 주는 프록시서버의 도입 등 몇 개의 목표가 추가될 수 있다. 이런 특정적인 것들 이외에도 프로젝트 목표가 타당성 연구를 통해 주어진 기간, 예산 안에서 프로젝트가 완성될지 결정해야 한다. 정해진 틀 속에서 프로젝트를 완성하지 못하면 프로젝트에 참여한 팀원, 관리자, 사용자들의 지지를 잃을 수도 있다.

후원자(sponsors)란 재원을 할당해주는 관리자와 기타 사람들로써 프로젝트를 지지하는 사람들을 말하는데, 위 학교의 예에서는 교장 선생님들과 재단 사람들일 수 있다. 후원자들은 프로젝트에 참여하거나 감독할 필요는 없지만 프로젝트를 완성하는데 필요한 재원마련과 프로젝트의 마감시한 연장 로비라든지 벤더와의 계약흥정 등의 일 등을 한다. 이런 후원자를 잃으면 프로젝트가 실패할 가능성이 커진다. 후원자는 또한 많은 이해당사자(stakeholder)이기도 한데 프로젝트에 따라 영향을 받는 이들을 말한다. 위 학교 예에서 선생님, 관리자, 교직원과 심지언 네트워크를 사용하는 학생들도 이해당사자에 속한다. 분명한 목표를 가지고 있지 않은 프로젝트는 비효율적으로 되거나 프로젝트에 참여한 팀원들 사이에서도 의견이 달라지거나 충분치 못한 재정지원에 빠지게 하는데, 프로젝트의 결과를 놓고도 성공과 실패에 관한 의견이 분분하게도 한다. 후원자와 이해당사자를 비롯한 프로젝트 팀원들과도 충분히 상의해서 프로젝트 목표를 분명히 세웠다면 이제 프로젝트 계획을 세울 때다.

2.5 프로젝트 계획 짜기

프로젝트 계획이란 프로젝트의 세부사항들을 조직하는 것으로 기한이나 중요한 작업 등을 정하는 과정이다. 간단한 프로젝트는 워드나 엑셀 등으로 작성할 수 있지만, 대규모 프로젝트는 MS의 Project나 PrimaVera의 Project Planner와 같은 프로젝트 관리프로그램을 사용하면 된다. 작업을 넣고 작업담당자와 일정, 리소스할당, 완성날짜 등을 입력하면 소규모에서 대규모 프로젝트까지 충분히 사용자에게 맞추어 작성할 수 있게 되어 있다.

1) 작업과 일정

프로젝트는 특정한 몇 개 작업으로 나눌 수 있고 큰 작업은 또 작은 작업으로 나뉠 수 있다. 예를 들어 위 학교의 예에서 행정동의 백본 CAT5를 모두 광케이블로 바꾼다면 커다란 작업이 되게 된다. 그러므로 이 프로젝트는 케이블작업 문서화, 광케이블 구매, 광케이블 연결장치 구매, 작업기간 동안 네트워크 다운타임에 대한 대책, CAT5 케이블 제거, 광케이블 설치, 변경 테스트 등 다시 여러 하위 작업들로 나뉠 수 있다. 수행할 작업을 알았다면 각 작업에 따라 기간과 시작일, 마감일, 그리고 하위작업을 프로젝트 계획에 포함시켜야 한다. 일정, 작업 우선순위 등을 정했어도 가용한 리소스에 의해 일정이 바뀔 수도 있으므로 이 역시 고려해 두어야 한다. 또 이전에 이런 종류의 작업일정은 어땠는지, 계절적 요소는 어떠한지 등 경험과 이전의 유사한 프로젝트를 검토해 보아야 한다. 일정을 정할 때는 간트차트(Gantt chart)를 이용해서 작성하면 좋다. 다음은 프로젝트 관리를 위한 MS Project와 일정관리를 위한 Gantt 차트 예이다.

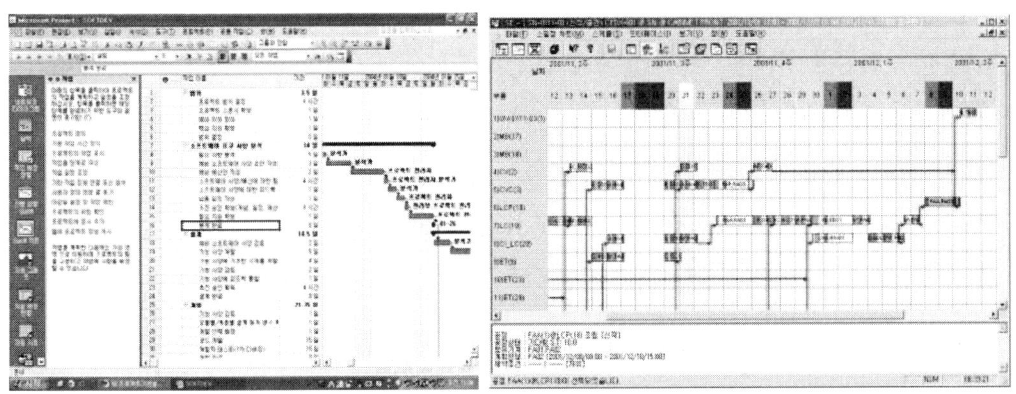

<MS Project와 Gantt 차트>

마감시한을 맞추는 것이 매우 힘들 때가 많은데, 이럴 때에는 완성시점으로부터 역으로 일정을 조절하는 것도 한 방법이 된다. 이런 요소들 외에도 프로젝트 계획은 작업종속성,

다른 프로젝트와의 연계 등 유동성이 있으므로 대부분 프로젝트 소프트웨어는 작성자가 임의의 칸을 만들어 필요한 작업을 추가할 수 있게 한다. 예를 들어 매우 큰 웹사이트 구축 프로젝트를 한다면 각 프로젝트 단계마다 진척된 웹사이트를 문서와 링크해서 일정과 그 진척도를 포함시킬 수 있다.

2) 협의하기

프로젝트에 대해 정기적인 협의가 없다면 혼란스러울 것이다. 협의는 모든 팀원들이 프로젝트의 목적과 예산, 마감기한 등을 서로 알고 협력함으로써 팀워크를 다지는 기회가 되며 중복되는 노력의 낭비를 막고 실수를 예방하게 한다. 프로젝트 매니저는 프로젝트 참여자들이 정기적이고 효율적인 협의를 할 수 있게 조정자 역할을 해야 하며 모든 이해당사자들과도 지속적으로 협의를 해야 한다. 사소하고 작은 변경이라도 네트워크에서 사용자나 네트워크 성능에 영향을 끼치게 되므로 이해 당사자들에게 알려야 할 때도 있다. 예를 들어 파일서버로 사용하는 Novell NetWare를 업그레이드하고 클라이언트 버전도 업그레이드 했다면 사용자들이 로그온 스크린이 달라져서 혼란스러워 할 수 있으므로 미리 알려야 하지만, CAT3를 CAT6로 바꿨을 때에는 사용자들이 특별히 눈치채지 못할 것이므로 일부러 알릴 필요까지는 없겠다.

주요한 네트워크 변경은 사용자들에게 알려야만 하는데 다음의 경우이다.

1. 사용자들의 네트워크 액세스방법이 달라질 때
2. 변경기간 동안 데이터가 어떻게 보호되는지 사용자들이 궁금해 할 때
3. 변경기간 동안 사용자들이 네트워크에 로그온하는 방법이 달라질 때
4. 변경으로 인해 사용자들이 새로운 기술을 배워야 할 때

이런 모든 정보를 제공하는 일이 귀찮을 수 있지만 이렇게 함으로써 추진하는 프로젝트를 다른 이들이 부정적인 시각으로 보지 않게 된다는 것을 기억해야 한다. 이런 정보 제공 시간을 줄이기 위해서 대규모 회의를 갖거나 메일을 이용할 수도 있다. 사용자들의 이용환경에 많은 변경이 가해진다면 사용자 대표를 프로젝트에 참여시키는 것도 좋은 방법이 될 것이다.

3) 계획하기

아무리 잘 짜인 프로젝트 계획이라도 예상치 못한 요소로 인해 다른 방향으로 갈 수도 있는데, 예산이 줄어들어서 프로젝트에 참여한 인원이 도중에 그만두는 경우 그가 맡았던 소프트웨어가 예상한 대로 작동되지 않을 수도 있다. 이런 요소들은 마감시한을 못 지키게 하거나 원래 목표대로 프로젝트가 완성되지 못하게 한다. 이런 상황에 대한 대비도 중요하므로 프로젝트 초기에 지속계획(contingency plan)을 세워두어야 한다. 지속계획이란 프로젝트의 목표와 마감일을 어기게 하는 예상치 못한 일들로 인한 위험부담을 각 단계에서 최소화하는 것이다.

예를 들어 위 학교의 예에서 서버를 교체해야 할 때인데 두 달 전부터 주문해 놓은 서버가 아직 도착하지 않았는데, 학생들이 1주일 뒤에 개학한다면 어떻게 해야 할까? 이럴 때는 벤더와 상의해서 비슷한 성능의 서버로 바꿔 빠르게 배송되게 부탁해야 할 것이다. 이런 변경은 설치과정에서 수정되어서 서버 업그레이드 작업이 완성된 예가 될 것이다.

4) 파일럿 네트워크(pilot network) 사용하기

대규모 네트워크나 시스템 가설에서 가장 좋은 방법 중 하나는 회사의 환경과 동일한 소규모의 네트워크 환경을 만들고 우선 테스트해보는 일인데, 이렇게 대규모 실제 네트워크를 대신하는 소규모 네트워크를 파이럿 네트워크라고 한다. 비록 소규모지만 대규모 네트워크의 하드웨어, 소프트웨어, 연결, 구성, 그리고 부하(load) 등은 동일하다. 가능하면 이 소규모 파일럿 네트워크는 실제 대규모 네트워크와 동일한 연결을 제공하는 곳에서 가설하는 것이 좋다. 다음은 파일럿 네트워크를 가설하는 방법이다.

1. 라우터나 워크스테이션 등 적어도 각 타입의 한 장비는 들어있어야 한다.
2. 네트워크는 동일한 전송방법과 속도이어야 한다.
3. 세그먼트 숫자, 프로토콜, 주소체계 등을 유사하게 맞추어야 하며 실제 노드 수에는 미치지 못하지만 비슷한 트래픽을 유발시켜야 한다.
4. 실제와 똑같은 서버와 클라이언트 소프트웨어를 설치하고 구성해야 한다.
5. 이 파일럿 네트워크를 구성하고 난 뒤 적어도 성능과 보안, 가용성 등을 2주간 테스트해 보아야 한다.

6 이 파일럿 네트워크는 테스트용이므로 실제 네트워크와 연결해서는 안 되며, 실제 네트워크와 분리해서 서로 영향 받지 않게 해두어야 한다.

이 테스트용 파일럿 네트워크를 통해서 관리자 자신이 훈련될 수 있고 하드웨어와 소프트웨어의 성능을 점검할 수 있으며, 수집된 자료들을 문서화해서 차후 도움이 되게 해두어야 한다.

2.6 테스트와 평가

프로젝트의 각 주요한 단계가 끝날 때마다 원래 목표와 잘 들어맞는지 평가해야 한다. 수행한 것을 성공적으로 평가하기 위해서는 상대적인 방법과 기준으로 테스트플랜을 마련해 두어야 하는데, 예를 들어 성능테스트 네트워크를 실제와 똑같은 구성으로 해서 Windows Server 2003의 Network Monitor로 여러 가지 프로그램을 테스트해서 비교해볼 수 있다. 이 경우 5분 동안 한 워크스테이션과 서버가 주고받은 패킷수를 알아내는 것도 한 방법이 되는데, 트래픽 등에 변화를 줌으로써 그 변화가 성공적인지 부분성공인지 실패인지 판단할 수 있다. 때로는 의도하지 않던 결과를 가져와서 다른 필요를 만들어내는 경우도 있다. 또 프로젝트가 성공인지도 알아내야 하는데, 위의 학교 예에서 성능테스트는 서버, 백본, 그리고 인터넷 연결이 업그레이드된 뒤 중학교 학생들과 선생님들에 의해 네트워크 연결 후 화면갱신이 얼마나 빨라졌는지와 고등학교 학생들에게서 프로그램 연결이 얼마나 개선되었는지 등을 측정해 두어야 한다. 이렇게 수치나 정량화로 표시된 결과가 프로젝트 평가에서 중요하다. 또한 이런 기회를 통해서 서버나 스위치, 라우터 등 장비의 설정이 그 동안 잘못되어져 있었기 때문에 네트워크에 혼잡이 있었다는 것을 아는 기회가 되기도 한다.

3 네트워크 관리

네트워크 관리란, 네트워크 전문가들에겐 분야별로 서로 다른 것들을 의미할 수도 있지만 광범위하게 말하면 네트워크에 관한 평가, 모니터링, 그리고 유지라고 말할 수 있다. 대규모 네트워크에서 관리자는 네트워크 관리프로그램을 실행해서 장치와 연결을 점검하고 예정된 대로 시스템 성능이 발휘되고 있는지 지속적으로 점검한다. 만일 어느 장치가 제대로 작동하지 않거나 전혀 작동하지 않으면 관리프로그램이 즉시 경고를 발하고 해당 장치에 대해서 조치를 취하게 한다. 하지만 소규모 네트워크에서는 포괄적인 네트워크 관리가 현실적으로 어려워서 저렴한 관리도구로 장치와 연결을 일정기간마다 점검하게 된다. 보안감사(security audit)와 변경관리(change management)와 같은 네트워크 관리에 몇 가지 규칙이 있지만 궁극적인 목표는 “네트워크 다운타임을 없애는 것”이다. 이상적인 것은 네트워크 관리자가 문제들을 사전에 예상해서 막는 것인데, 예를 들어 네트워크 사용이 어느 한계에 이르면 스위치에 트래픽이 넘치게 된다는 것을 예상하고 장치가 느려지거나 연결이 끊어지기 전에 스위치의 용량을 미리 늘려 놓거나 더 좋은 것으로 교체해두는 일 등이다. 이 모든 일들은 우선 네트워크의 베이스라인을 알아두는 것부터 시작된다.

3.1 베이스라인 측정

베이스라인이란 네트워크 운영의 현재 상태에 대한 기록으로 베이스라인 측정은 네트워크백본의 이용도, 일 일당 혹은 시간당 사용자들의 로그온 수, 네트워크에서 실행중인 프로토콜 수, 충돌, 너무 크거나 작은 패킷 등 네트워크 에러 수, 사용되는 네트워크 프로그램의 빈도수, 그리고 사용자들이 가장 많이 소비하는 대역폭정보 등이 몇 주에 걸쳐 관찰된 통계이다. 다음은 6주에 걸친 일 일 네트워크 베이스라인이다.

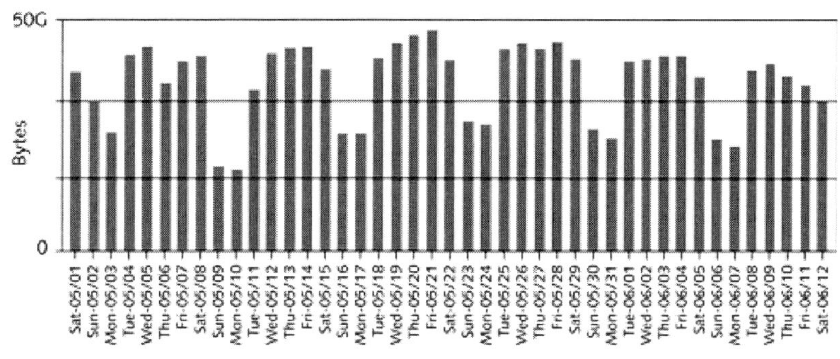

〈네트워크 베이스라인 예〉

베이스라인 측정으로 이전의 네트워크 성능과 변경된 나중의 네트워크 성능이 비교되어 성능 증가/감소를 어림잡게 해주는데, 베이스라인을 보고 변경이 시스템에 어떤 영향을 끼쳤는지 알 수 있다. 각 네트워크는 나름대로의 측정요소를 정할 수 있는데 사용자와 네트워크에 가장 중요한 요소들이 들어있어야 한다. 예를 들어 현재 500명의 사용자가 있는데 평일 10:00~2:00 사이에 백본의 트래픽이 50% 증가된다면 이것도 네트워크의 베이스라인으로 사용될 수 있다. 그러므로 회사가 만일 200명의 사용자를 네트워크에 더 추가하기로 결정했을 때 추가한 뒤에도 현재와 같은 네트워크성능을 기대한다면 추가된 인원의 비율은 40%(200/500)에 해당되므로 백본의 능력도 40%만큼 늘려놓아야 할 것이다.

네트워크 베이스라인에 대해 더 많은 정보를 얻으면 얻을수록(더 오래 데이터를 모을수록) 네트워크에 대해서 더 많은 예상을 할 수 있다. 네트워크 패턴은 예측하기 어려운데 사용자의 습관이나 새로운 기술에 대한 영향 또는 주어진 기간 동안의 리소스요청 등을 정확히 예상할 수 없기 때문이다. 위 예에서 새로 들어온 200명의 사용자는 기존 500명의 사용자과 네트워크 이용 습관이 같지 않을 수도 있으므로 네트워크 변경예측이 다소 기대와 다를 수도 있다.

그러면 네트워크의 베이스라인을 어떻게 얻을 수 있을까? 비록 이론적으로는 네트워크 모니터링 도구나 네트워크 분석도구를 이용해서 일정한 간격으로 기록하면 된다고 하지만 보통은 베이스라인을 얻어내는 몇 가지 도구를 사용한다. 여기엔 무료로부터 하드웨어와 소프트웨어가 결합된 고가의 제품까지 다양하다. 소형 네트워크에서 중요한 응용프로그램 한 두개 정도만 돌린다면 저렴한 것도 좋지만 WAN으로 묶여 있는 대규모 네트워크에서 여러 중요한 프로그램들이 실행된다면 고가를 장만해서 통계치를 얻는 것도 좋은 투자이다. 이런 고가의 장비들은 각 노드에서 나오는 트래픽을 따로 잡아주고 프로토콜과 에러에 따라서 트래픽을 필터링해주고 여러 네트워크 세그먼트의 트래픽들도 분석해준다. 베이스라인 평가는 다음과 같이 한다.

1. 물리적 토폴로지-어느 타입의 LAN이나 WAN을 사용하고 있나? 버스, 스타, 링, 하이브리드, 혼합, 혹은 조합? 어느 타입의 백본을 사용하고 있나? 붕괴, 분산, 병렬, 직렬, 혹은 조합? 어느 타입의 케이블링을 사용하고 있나? 동축, UTP/STP, 광?
2. 액세스 방법-어느 전송방법을 사용하나? 이더넷, 토큰 링, 무선, 혹은 혼합? 전송방법은 어떤가? 서킷스위치드인가 패킷스위치드인가?

3 프로토콜-서버, 노드, 그리고 연결 장치는 무슨 프로토콜을 사용하나?

4 장치-네트워크를 연결할 때 얼마나 많은 장비를 사용하나? 스위치, 라우터, 허브, 게이트웨이, 방화벽, AP(Access Point), 서버, UPS, 프린터, 백업장치? 물리적으로 어디에 위치하고 있나? 그것들의 모델명과 버전은?

5 운영체제-네트워크와 데스크톱은 어느 운영체제를 사용하나? 각 장치는 무슨 운영체제 버전을 사용하나? 라우터와 같은 연결 장치는 어느 운영체제 버전을 사용하나?

6 응용프로그램-클라이언트와 서버는 어느 응용프로그램을 사용하나? 응용프로그램은 어디에 저장되어 사용되나? 어느 때 실행되나?

만일 이런 정보들을 모아서 중앙지점에 저장하고 있지 않다면 네트워크의 복잡함과 규모에 따라서는 이를 모으고 정리하는데 몇 명이 몇 주가 걸릴 수도 있다. 통신회사도 가보아야 하고 모든 워크스테이션에 다니며 일일이 점검해야 하며, 하드웨어 소프트웨어 영수증도 일일이 확인하고 WAN으로 멀리 떨어져 있는 사이트로 출장가고, … 상상이나 해보라! 이런 정보들을 잘 저축한 다음 일정한 포맷으로 조직해 놓으면 업데이트도 쉽고 최신의 베이스라인을 유지하기도 쉽다.

3.2 성능과 재난대비

베이스라인을 완성한 다음 응용프로그램을 설치해야 한다. 여기에는 얼마나 잘 링크와 장치가 기대에 충족되는지를 보이는 성능관리(performance management)와 장치와 링크, 요소의 오류신호를 감지하는 오류관리(fault management) 두 가지가 있다. 이 두 가지를 조직하려면 대규모 네트워크관리 소프트웨어를 사용해야 하는데 HP의 Openview, IBM의 NetView, Cisco의 CiscoWorks도 있지만 그 외에 다른 종류도 무수히 많다. 이들은 모두 유사한 구조를 가지고 있는데 적어도 하나의 네트워크 관리콘솔을 가지고 있다. 폴링(polling)이란 기법으로 여러 장치들에 관한 데이터를 정기적으로 모으고 각 관리 장치는 네트워크관리 에이전트(agent) 소프트웨어를 실행해서 장치운영에 관한 정보를 모아 네트워크 관리 응용프로그램 콘솔에게 전달한다. 에이전트는 정보를 모으는 동안 네트워크 성능저하를 우려해 많은 리소스를 사용하진 않는다.

관리장치(managed device)는 프로세서, 메모리, 하드디스크, NIC 등 성능과 용도를 가지고 있는 요소를 포함해 관리되는 여러 오브젝트로 구성되는데, 예를 들어 서버에서 에이전트는 얼마나 많은 사용자가 연결되어져 있는지 어느 때 얼마만큼의 프로세서 리소스가 사용되는지 등을 측정한다. 관리장치의 데이터는 MIB(Management Information Base)에 모여진다.

에이전트는 여러 응용층 프로토콜 중 하나인 SNMP(Simple Network Management Protocol)를 통해서 관리장치에 관한 정보를 교환하는데, SNMP는 TCP/IP 계열로 TCP에서 실행될 수도 있지만 주로 UDP로 포트 161에서 작동된다. 데이터가 모아진 뒤 네트워크관리 응용프로그램은 관리자에게 여러 가지 방법으로 이를 보여주며, 데이터를 분석해준다. 데이터를 보여주는 도구 중 한 가지가 Solarwinds의 Orion 네트워크관리 소프트웨어인데 완전히 작동하는 링크나 장치는 초록, 부분적으로 작동되는 것들은 노랑, 그리고 고장난 것들은 빨강으로 표시해서 지도형태로 보여주기도 한다. 유연성으로 인해 오히려 복잡해질 수도 있으므로 네트워크관리 소프트웨어는 유용한 정보들만 모아서 표시하도록 설정해서 사용해야 하고 이들을 해석할 수 있어야 한다.

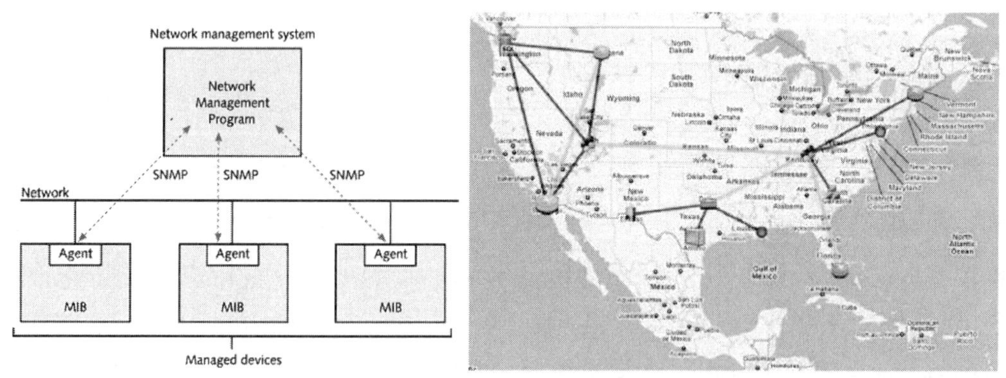

〈네트워크관리 소프트웨어와 Solarwinds' Orion〉

예를 들어 보통 30초 간격으로 자신을 광고하는 모든 라우터의 정보를 다 모으게 한다면 오히려 복잡해지므로 유용한 데이터와 과도한 처리 정보들만 모아서 보이도록 구성하는 것이 좋은데, SNMP기반으로 라우터 프로세서가 75% 이상일 때만 정보를 보이거나 5분마다

NIC를 지나는 트래픽 량을 보이게 설정하는 것이 좋겠다.

성능과 오류 관리모니터링은 구성이 복잡하지 않다. WAN에서 주로 사용되는 것으로 MRTG(MultiRouter Traffic Grapher)가 있는데, SNMP를 사용하는 명령어기반 도구로 장치에서 정보를 끌어와 로그파일로 저장하고 HTML로 보여준다. 이 소프트웨어는 1990년대 초 Tobias Oetiker에 의해 만들어졌는데, UNIX와 Windows 운영체제에서 잘 작동하며 어느 타입의 장치에서도 데이터를 모아 그래프로 보여준다.

다음 그림은 하루 동안 WAN을 지나는 트래픽과 8일간에 걸친 동일한 WAN 링크의 트래픽 량을 보여준다.

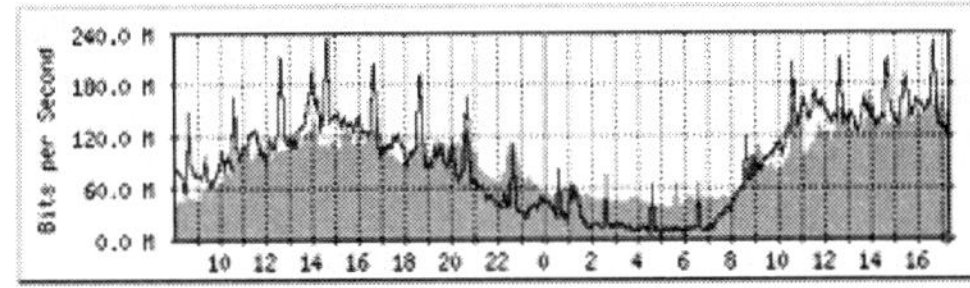

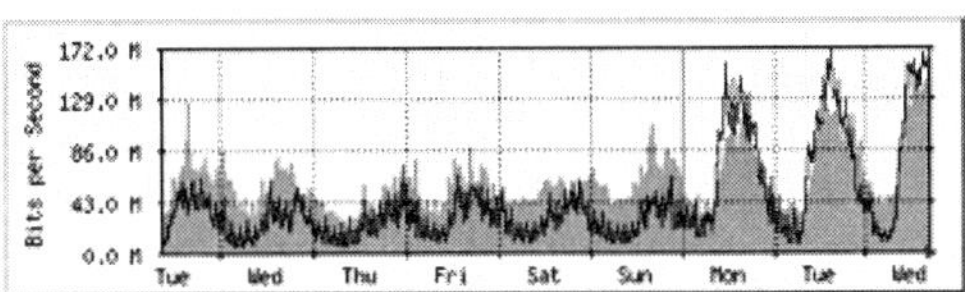

〈MRTG〉

3.3 재산관리

네트워크 평가 중에서 중요한 또 한 가지가 네트워크에 있는 하드웨어와 소프트웨어를 추적해서 확인해 두는 일인데, 이를 재산관리(asset management)라고 한다. 이를 위한 첫 단계가 네트워크상의 각 노드에 대한 인벤토리(inventory)를 가지고 있는 것으로 모든 노드의 숫자와 각 장치의 구성파일, 모델번호, 시리얼번호, 위치, 기술지원 연락처 등에 관한 것들이다. 또 소프트웨어 구매에 따른 버전넘버, 벤더명, 라이센싱, 그리고 기술지원 연락처 등도 기록해 두어야 한다. 베이스라인 도구처럼 재산관리 도구도 조직의 필요에 따라 달라지는데 간단히 엑셀과 같은 프로그램으로 기록해도 되지만, 자동으로 모든 장치들을 검색해서 데이터베이스에 정보를 저장해주는 응용프로그램도 있다. 어느 경우든지 이런 정보는 전체적으로 모여져 기록되어야 네트워크 관리자들이 공유하고 문제가 있을 때 도움을 받을 수 있게 된다. 또한 이 재산관리 기록들은 하드웨어나 소프트웨어에 변경이 있을 때 수시로 업데이트되어져서 최신 상태로 유지되어 있어야 한다.

재산관리는 네트워크상에서 어느 장치가 어디에 있는지 알게 함으로써 네트워크 관리와 문제해결을 매우 빠르게 해준다. 예를 들어 보안상 이유로 2년 전에 산 라우터의 운영체제를 업그레이드할 필요가 있을 때 얼마나 많은 라우터가 설치되어져 있는지, 이미 소프트웨어 업그레이드가 되어 있는지, 또는 어디에 위치하고 있는지 등에 관한 정보를 알고 있어야 한다. 하지만 최신 재산관리 시스템은 일일이 이런 일들을 하지 않아도 필요한 정보를 모아서 전해주며, 네트워크 관리자에게 비용과 어느 타입의 하드웨어와 소프트웨어를 사용하는 것이 유리한지도 알려준다. 예를 들어 관리직원의 50%가 고장난 NIC 수리로 시간을 보내는 상황에서 모든 NIC를 아예 전부 교체하기로 결정했다면 재산관리 소프트웨어가 얼마나 많은 NIC가 업그레이드되어져야 하는지 알려줄 수 있고, 장비 임대기간 정보도 가지고 있어서 임대만료가 되어 가면 경고메시지도 보내준다.

4 소프트웨어 변경

만일 데스크톱 컴퓨터를 잘 이해하고 있다면 시스템을 최적으로 운영하는 한 가지 방법이 소프트웨어를 업그레이드하는 일이라는 것을 알고 있을 것이다. 네트워크에는 소프트웨어의 특정부분을 보완하거나 증진시키는 패치(patch)와 현재 코드에 중요한 변경을 가하는 업그레이드(upgrades), 그리고 현재 코드에 중대하거나 사소한 변경을 가하는 수정(revision)을 통해 소프트웨어 변경을 준다.

각각이 조금은 다를 수 있지만 다음 사항들을 공통으로 가지고 있다. ① 우선 변경이 필요한지 판단하고, ② 변경을 제안하는 목적을 살펴보고 다른 응용프로그램에게 어떤 영향을 끼치는지 혹은 문제가 있을 때 변경이 되돌려질 수 있는지 등을 알아본 뒤, ③ 전체 사용자에게 적용할지 일부 사용자에게 적용할지를 결정하고, 또 중앙에서 배포할 수 있는지 아니면 각 머신에서 실행해야 하는지 알아본 다음, ④ 변경을 가하기로 결정했다면 시스템 관리자, 헬프데스크, 그리고 사용자들에게 통보하고 비즈니스가 없을 때 작업스케줄을 잡는다. ⑤ 만일을 대비해서 시스템과 소프트웨어를 백업해 둔 다음, ⑥ 변경작업을 하는 동안 사용자 로그온을 막아 시스템에 접근하지 못하게 하고, ⑦ 패치나 수정을 가하는 동안 지침서를 가까이 두고 참고하며 설치한다. ⑧ 변경을 가한 다음, 늘 하던 대로 작업을 해서 충분히 테스트해보는데 혹시 예상치 않았던 문제가 생기는지 주의해서 살펴본다. ⑨ 만일 변경이 성공적이면 사용자들을 시스템에 로그온하게 하지만 성공적이지 않으면 이전 버전으로 되돌린다. ⑩ 시스템관리자와 헬프데스크, 사용자들에게 통보해서 변경이 끝났음을 알리는데 만일 되돌렸다면 그 이유도 설명한다. ⑪ 변경관리기록 시스템에 이런 사실들을 기록해 둔다.

일반적으로 소프트웨어 업그레이드와 패치는 벤더의 추천을 따르는 것이 좋은데, 벤더는 자신이 판매한 웹브라우저에 보안과 같은 문제가 발견되면 고객에게 경고를 발하고 즉시 패치를 제공한다. 혹은 고객이 수시로 벤더의 웹사이트를 방문해서 업그레이드받을 수도 있다. 하지만 어떤 방식이든 패치나 업그레이드한 뒤 시스템을 구성하고 나서 문제가 발생하면 고객의 책임이다. 이런 변경은 때때로 새로운 문제를 시스템에 안겨줄 수도 있으므로 만약을 대비해서 소프트웨어를 롤백(rollback)할 수 있어야 한다. 이제 네트워크 유지를 위한 소프트웨어 변경을 좀 더 알아보자.

4.1 패치

패치란 소프트웨어 응용프로그램의 특정부분을 수정하고 증진하여 강화시키는 것을 말한다. 이것은 프로그램의 일부만 변경하는 것으로 대부분 나머지 코드는 그대로 놔둔다는 면에서 업그레이드나 수정과 다르다. 그리고 소프트웨어 벤더에 의해 무료로 배포되는데 코드에 있는 버그를 잡기나 기능을 조금 강화시킨 것이다. 네트워크에서 서버의 NOS 패치를 때때로 해주어야 할 경우가 있다. 예를 들어 NetWare 6.5를 실행하는 서버는 크러스터된 서버들을 백업하기 위해서는 패치되어 있어야 한다. MS에서는 중요한 패치를 서비스팩이란 이름으로 내놓고 있다. 패치는 NOS에만 있는 것이 아니다. 예를 들어 Cisco 스위치가 토큰링 네트워크에서 IP 멀티캐스트를 하려면 패치되야 한다. 또 중앙에서 프린터를 통제하기 위해서 프린터 관리프로그램에 패치해야 할 수도 있다.

Windows Server 2003에서 서비스팩을 설치한 뒤 서버 설치 CD를 넣으라는 메시지가 나오는데 하드웨어 드라이버와 하드웨어 파일을 얻으려는 것이다. 하지만 이렇게 하면 업그레이드된 파일이 서비스팩에 의해 덮여 쓰여서 서비스팩을 또다시 설치해야 한다. 그러므로 우선 하드웨어 업그레이드를 한 뒤 서비스팩을 설치하는 것이 좋다.

패치 설치는 새로 응용프로그램 소프트웨어를 설치하는 것과 다르지 않은데, 패치에는 패치 목적과 설치 지시사항이 텍스트문서로 들어있다. 중요한 시스템변경을 위한 패치에선 사전에 반드시 시스템과 필요한 파일들을 백업해 두어야 한다. 비록 벤더가 미리 충분히 테스트하고 출시했겠지만 그 테스트환경이 사용자의 환경과 같을 수 없기 때문인데 특히 NOS를 패치할 때 주의한다. 일부 패치프로그램은 설치과정 중에 시스템을 백업해 주기도 하지만 언제라도 패치를 롤백할 수 있어야 한다. 또한 패치는 사용자들이 네트워크에 로그온하지 않을 때 실시해야 한다. 패치가 즉시 끝난다고 생각하지만 항상 그런 것은 아니며 사용자 파일에 영향을 줄 수도 있으므로 사용자들을 머신에서 물러나게 한 뒤 작업해야 한다.

벤더문서를 참조해서 제대로 설치해야 하는데, 패치가 끝나고 나면 원하던 목적대로 성능을 내는지 충분히 테스트해보아야 한다. 일부 패치는 시스템파일 구성을 다시 하거나 머신을 재부팅하게 할 수도 있다. 특히 패치가 예견치 않았던 문제를 일으키는지 주의해서 관찰한 뒤 안전하다고 확신하고 나서 사용자들을 시스템에 로그인하게 한다. 주기적으로 벤더의 웹사이트를 방문해 기술지원을 받거나 기술지원 메일을 받아 볼 수도 있다. 네트워크에 있는 NOS나 응용프로그램, 사용자 프로그램 패치가 늘 최신정보를 받아볼 수 있게 정책으로 해두어야 한다. 대규모 네트워크라면 서버들과 연결 장치들, 응용프로그램들에 대한 패치를 관리하는 전문 관리자들 따로 두기도 한다.

4.2 업그레이드

소프트웨어 업그레이드는 벤더에 의해 무료로도 배포될 수 있는데, 소프트웨어 패키지의 현재 코드에 중요한 변경이 있거나 기존 프로그램을 완전히 대체하는 것일 수도 있다. 일반적으로 업그레이드는 이전 버전에서 생긴 버그를 고치거나 기능을 추가하는 목적으로 배포된다. 예를 들어 Netscape를 최신버전으로 업그레이드하면 더 강력한 SSL 암호화 서비스를 제공받을 수 있다. 버그(bug)란 클라이언트 소프트웨어의 프로그래밍적인 결함으로 일부가 제대로 작동하지 않는 것을 말한다. 이 말은 최초의 디지털 컴퓨터 머신에 나방이 들어가 전기 작동체에 갇혀 문제를 일으킨 적이 있기 때문에 붙여진 이름이란다.

1) 클라이언트 응용프로그램

업그레이드가 대부분 기능을 바꾸는 것이냐 단순히 버그만 잡아내는 것이냐에 따라 업그레이드가 여러 가지로 달라지는데, 클라이언트 소프트웨어를 변경하기 전에 업그레이드에 관한 문서를 읽어보는 것이 중요하다. 최상의 상태로 업그레이드할 수 있는 방법과 어떤 선행조치가 필요한지 혹은 변경이 어떤 영향을 미칠 것인지 등에 관한 정보가 들어있다. 이 과정은 사용자에게 바로 반영되기도 해서 어떨 때에는 네트워크 로그온 인터페이스가 완전히 바뀌게도 하고 사용자 워크스테이션의 시스템파일들을 완전히 덮어쓰기 때문에 다른 프로그램에게 악영향을 끼쳐서 다른 프로그램이 실행되지 않게도 한다. 예를 들어 Windows XP의 전화연결 네트워킹을 업그레이드하면 오래된 Hitel이 작동되지 않게 되는데, 이럴 때에는 그 소프트웨어도 업그레이드시켜야 한다. 다른 것들과 마찬가지로 단독 워크스테이션에서 미리 충분히 테스트한 뒤 모든 머신들에게 배포해야 한다. 클라이언트 머신들은 자동으로 백업되지 않는 경우가 대부분이라서 클라이언트 소프트웨어를 가까이에 두고 문제가 보이면 재설치하든지 해야 한다.

워크스테이션별로 일일이 업그레이드하거나 소프트웨어 배포프로그램을 사용해서 중앙에서 네트워크를 타고 동시에 수행하는 방법도 있다. 소프트웨어 배포프로그램을 사용하면 편리할 수도 있지만 그 많은 클라이언트 머신들의 하드웨어 소프트웨어들이 모두 이 업그레이드 프로그램과 잘 호환될까? 모바일사용자들에게도 잘 적용될까? 이런 문제들을 모두 검토해 보아야 한다. 또 업그레이드하기 전에 사용자들에게 업그레이드에 대해 충분히 설명하고 어떤 변화가 있을지도 알려주어야 한다.

2) 공유 응용프로그램 업그레이드

클라이언트 소프트웨어 업그레이드처럼 응용프로그램 업그레이드도 소프트웨어와 관련된 문제를 고치거나 기능을 강화하기 위해 응용프로그램의 전부나 일부를 변경하는 것이다. 하지만 공유된 응용프로그램 업그레이드는 네트워크에서 사용자들이 공유하는 소프트웨어에 적용되는 것이어서 한 번의 변경으로 모든 사용자들에게 영향을 끼치게 된다. 그러므로 좀 더 주의를 기울여야 하는데, 사전에 이 업그레이드가 필요한 것인지 잠재적인 영향은 없을지 충분히 연구하고 테스트한 뒤에 설치해야 한다. 하지만 근본적으로는 클라이언트 소프트웨어 변경이나 네트워크상의 공유 응용프로그램 변경은 다를 바가 없다. 미리 사용자들에게 네트워크에 로그온하지 않게 한 다음 모든 사용자들과 다른 관리자에게 변경을 알려주어야 한다.

응용프로그램은 주로 기능강화 목적으로 업그레이드를 많이 하기 때문에 편리함을 주기 위함이지 필요를 주기 위함이 아닌 경우가 많으므로 업그레이드에 드는 시간과 비용, 노력 등이 클라이언트 소프트웨어나 공유 응용프로그램 등의 필요성과 충분히 비교 검토되어야 한다. 네트워크 운영시간을 빼앗기 때문에 이 문제는 매우 중요하다. 예를 들어 Adobe Photoshop 프로그램에서 곡선그리기가 잘 안 된다는 사용자의 불만에 대한 업그레이드와 회사 웹사이트에 동영상이 지원되지 않는 것에 대한 업그레이드는 다른 비중으로 처리되야 할 문제이다. 중요한 응용프로그램 업그레이드를 하고 나서 사용자에게 충분한 설명을 해야 할 때도 있다. 예를 들어 워드프로그램을 업그레이드하고 나서 회사 정책상 외국어를 다운받지 못하게 했다는 것을 사용자에게 알려주어야 하는 것 등이다.

3) NOS 업그레이드

아마도 가장 중요한 네트워크상의 업그레이드는 NOS 업그레이드일 것이다. 매우 중요하고 심각한 영향을 끼칠 수 있는 일이며, 서버와 클라이언트의 사용환경을 바꾸는 일이 될 수도 있어서 충분히 연구하고 조사하고 엄격한 테스트 뒤에 실시해야 한다. 아마도 프로젝트로 진행해야 할 수도 있다. NOS 업그레이드도 다른 소프트웨어 업그레이드와 마찬가지로 주의해야 하지만 다음과 같은 추가적인 것들을 고려해야 한다.

① 사용자 ID, 그룹, 권한, 그리고 정책도 업그레이드되나? ② 서버의 파일, 프린터, 그리고 디렉토리 액세스도 업그레이드되나? ③ 서버의 응용프로그램과 클라이언트의 상호작용도 업그레이드되나? ④ 서버의 구성파일, 프로토콜, 그리고 서비스도 업그레이드되나? ⑤ 업그레이드가 네트워크상의 다른 장치들에게 영향을 끼치나? ⑥ 테스트환경에서 업그레이드된 소프트웨어가 얼마나 정확히 테스트되나? ⑦ 시스템이 더욱 효율적이기 위해서 새로운 NOS가 정말 유익한가? ⑧ 업그레이드하는 과정에 NOS 제조사의 기술지원은 어떻게 되나? ⑨ 업그레이드할 충분한 시간은 있나? ⑩ 업그레이드 과정에 리거시한 NOS 파일이 저장되서 문제가 있을 때 되돌릴 수 있나? ⑪ 사용자, 헬프디스크, 그리고 시스템 관리자에게 업그레이드로 인해 운영과 추가적인 관리가 필요할 수 있다는 것을 확인시켰나? 등이다.

위 질문들은 NOS를 업그레이드하기 전에 물어야 할 중요한 것들로 사용하는 네트워크 환경에 따라서 달라질 수 있다. 예를 들어 새로운 회사를 하나 더 운영하게 되었다면 업그레이드가 새 회사의 NOS와 파일시스템과도 잘 호환되는지 어떤지 등에 관한 정보가 추가로 필요하게 된다. 업그레이드하기 전에 이런 문제들도 검토해 두고 조치를 취해야 두 시스템이 잘 연동될 것이다. NOS 업그레이드는 복잡하고 중요한 변경이므로 적은 예산과 촉박한 기간 등으로 부담을 가지고 추진되어서는 안 된다. 다음 것을 생각해 보자.

1 조사 – 제조사와 인터넷 게시판, PC 잡지나 기타 여러 소스로부터 NOS에 관한 정보를 모으고 업그레이드 가격을 조사한다. 업그레이드했을 때 이익과 위험도 분석한다.

2 프로젝트 계획 – 충분한 시간과 예산을 가지고 프로젝트 계획을 짠다. 스태프를 위한 업무할당, 일정 등이 들어 있어야 한다.

3 제안 – 제품의 평가제안서를 작성하고 받아들여지면, 구매해서 설치할 준비를 한다. 다음 것들이 들어 있어야 한다. ① 평가 동안 NOS가 현재 네트워크 모니터링 소프트웨어와 호환되는지와 같은 질문에 답해보고, ② 평가와 최종승인을 지원해 줄 스태프를 지명하고, ③ 승인되면 변경을 가할 일정과 계획을 짜둔다. ④ 또 변경을 수행할 프로젝트 계획을 짜고, ⑤ 비용과 업그레이드했을 때 이익과 위험을 장단기로 살펴보고, ⑥ 업그레이드를 시행하는데 있어서 찬성과 반대 의견을 들어보고, ⑦ 소프트웨어 구매와 변경실시를 계획해둔다.

4 평가 – 제안한 프로젝트를 상사가 승인해서 업그레이드를 추진해 나아간다면, 우선 NOS 평가판을 주문하고 실제 서버와 비슷한 서버머신에 테스트용으로 설치해서 몇몇 샘플 사용자 ID와 그룹을 만들어 실제 네트워크에 적용되는지 알아본다. 물론 응용프로그램과 서비스도 서버에 설치해야 한다. 그 다음 평가과정으로 기술부와 프로젝트 이해 당사자들에게 클라이언트 소프트웨어를 배포해서 샘플 사용자 ID와 그룹으로 주어진 기간 동안 작업해보게 한 뒤 의견을 제출받는데, 특히 사용자 인터페이스에 주의하며 서버의 반응, 응용프로그램의 작동, 시스템의 응답시간, 새로운 특성들에 변화가 있는지 조사한다.

5 훈련 – 최초 평가로 인해 업그레이드를 결정했다면 네트워크 관계자가 새로운 NOS에 대해서 훈련받게 해야 한다. 새로운 NOS를 설치하기 한 주 전부터 훈련이 되어야 새로운 기술을 잘 받아들이게 된다.

6 설치 전－변경을 가하기 전에 업그레이드에 대한 대략적인 프로젝트를 계획하는데 새로운 시스템으로 사용자계정, 그룹, 그리고 권한이동이 잘 되는지 확인하고, 새로운 NOS의 디렉토리를 결정하며 필요하면 볼륨을 만들어야 한다. 그리고 현재서버에서 어느 응용프로그램, 파일, 그리고 디렉토리를 전송할지도 결정해야 한다. 업그레이드하기 몇 주 전부터 사용자와 헬프데스크, 그리고 다른 네트워킹 관리자에게 어떤 변화가 예상되는지와 일정에 대해 설명해 두어야 한다. 사용자들은 서버에 있는 사용자 파일들을 백업해두거나 불필요한 파일들을 지워야하며, 관리자들도 서버에 있는 불필요한 프로그램들을 삭제해야 한다. 필요하면 클라이언트 머신의 소프트웨어도 미리 업그레이드해둔다. 업그레이드 며칠 전에 작업이 얼마나 걸린다고 미리 말해두고 서버 다운타임 기간도 공시해 둔다.

7 설치－네트워크에 사용자가 없을 때 업그레이드를 실시하는데 소프트웨어 정보를 모으고 프로젝트 계획서와 소프트웨어 CD/DVD-ROM, 서버 부팅디스켓 등을 준비해 둔다. 시스템을 끄기 전에 다시 한 번 주의해서 모든 사용자의 로그온을 막는다. 그리고 모든 서버의 하드디스크를 백업프로그램을 이용해서 백업해 둔다. 이제 제조사의 지침서에 따라서 업그레이드를 실행한다.

8 설치 후－업그레이드 서버에서 응용프로그램과 기능이 성공적인지 확인해야 하는데, 업그레이드가 성공적이라면 사용자와 스태프, 관리자 등에게 알려서 시스템에 로그온하게 하고 업그레이드된 서버의 효율을 확인하게 한다. 필요하면 에러를 찾아내고 문제를 해결해야 한다.

4) 업그레이드 되돌리기

만일 소프트웨어 업그레이드가 현재 시스템에 문제를 일으키면 업그레이드 프로세스를 역으로 진행해야 한다. 이런 과정을 백레벨링(backleveling)이라고 하는데, 이 과정은 업그레이드와 네트워크 환경에 따라서 달라진다. 특별한 규정은 없지만 다음과 같은 소프트웨어 벤더의 지침을 따르면 안전하게 되돌릴 수 있다. 만일 NOS를 백레벨링한다면 전문가의 도움을 받아서 수행 할 수도 있다. 다음 표에 정리해 두었다.

업그레이드 타입	되돌리는 옵션
운영시스템 패치	패치의 자동 언인스톨 도구를 사용함
클라이언트 소프트웨어 업그레이드	업그레이드의 자동 언인스톨 도구를 사용하거나 업그레이드 위에 이전 버전을 재설치함
공유 응용프로그램 업그레이드	응용프로그램의 자동 언인스톨 도구를 사용하거나 프로그램의 이전 설치본을 완전히 유지해서 업그레이드 위에 재설치함
운영시스템 업그레이드	업그레이드하기 전에 시스템을 완전히 백업해두고, 되돌리기 위해서 백업으로부터 전체 시스템을 복원하며 마지막 수단으로 운영체제 업그레이드를 언인스톨함

5 하드웨어와 물리적 기반 변경

네트워크 요소가 고장나거나 제대로 작동되지 않을 때 하드웨어와 물리적 변경이 필요하지만, 용량 업그레이드나 성능 증가 혹은 네트워크에 새로운 기능 추가를 위해서 하는 경우도 많다. 기존 시스템을 강화하기 위해서 네트워크 백본을 대체하는 것과 같은 일반적이고 널리 쓰이는 하드웨어 변경에 대해서 알아보자.

하드웨어 변경은 소프트웨어 변경과 비슷한데 철저한 계획이 성공적인 업그레이드의 열쇠이므로 다음의 것들을 고려해 둔다.

1. 업그레이드 변경이 반드시 필요한지 결정한다.
2. 업그레이드가 다른 장치, 기능, 그리고 사용자들에게 미치는 잠정적인 영향을 연구한다.
3. 만일 변경을 가한다면 시스템관리자, 헬프데스크 요원, 사용자들에게 알리고 비즈니스 시간이 끝났을 때 작업하게 계획한다.
4. 가능하면 라우터, 스위치, 그리고 서버와 같은 대부분 하드웨어의 현재 구성을 백업해 두고 구성을 프린팅해 두어도 좋다.
5. 사용자들이 시스템에 액세스하지 못하게 한다.
6. 설치 지시서와 하드웨어 문서를 가까이 두고 참조한다.

7 변경을 가한다.

8 변경을 가한 뒤 충분히 하드웨어를 테스트하는데, 정상적인 사용 때보다 더 큰 부하(load)를 줘서 예상치 못했던 영향이 있는지 확인한다.

9 만일 변경이 성공적이라면 장치에 다시 액세스할 수 있지만, 만일 성공적이지 못하다면 장치를 분리하고 예전 장치를 다시 장착한다.

10 시스템 관리자와 헬프데스크, 사용자들에게 변경이 완성됐다고 알리고, 변경이 실패했으면 그 이유도 설명한다.

11 변경관리 시스템에 변경을 기록한다.

5.1 장비 추가 혹은 업그레이드

네트워크에서 하드웨어를 업그레이드하거나 추가할 때 어려운 점은 그 하드웨어를 예전에 다뤄본 적이 있느냐에 달려 있는데, 예를 들어 회사에서 늘 Cisco 스위치를 사용해 왔었다면 새로운 Cisco 스위치를 네트워크에 가입시키는 일은 채 몇 분도 걸리지 않고 사용자들에게도 문제를 일으키지 않지만 Cisco VPN 라우터를 새로 가입시킨다면 설치 전에 충분히 연구하고 평가하고 테스트해 보아야 한다. 하드웨어 산업에서도 장비가 매우 빠르게 진화하고 있으므로 기존에 사용하던 것과 동일한 장비를 구입하기 어려울 수도 있으므로 한 번에 필요한 여러 장비를 일괄 구매하는 것이 저렴하기도 하고 같은 기종을 확보해 둔다는 이점도 있다. 좋은 평판을 가지고 있는 여러 벤더들로부터 인정된 장치들을 구매해야 한다. 관리자가 한 가지 장치와 모델만 잘 알고 있는 것은 회사에서 볼 때 별로 도움이 안 된다. 관리자는 그러므로 여러 장비의 다양한 모델을 잘 다룰 수 있어야 한다.

네트워크에 추가하거나 업그레이드하는 각 장치는 타입에 따라 각각 준비와 설치가 다를 수 있다. 벤더의 지침서를 잘 이해하고 실제 테스트해 보는 것이 새로운 장치를 제대로 잘 구성하고 관리하는 지름길이다.

다음은 장치별로 네트워크에 손상을 최소한으로 해서 하드웨어를 업그레이드하거나 추가하는 일반적이 방법이다.

1 워크스테이션－네트워크에 워크스테이션을 추가하는 것은 가장 쉬운 일이다. 새로운 워크스테이션이 네트워크에 액세스할 때 일부 사용자들은 영향을 받을 수도 있지만 대부분 사용자들은 이와 무관하다. 만일 조직에 디스크이미지와 같이 표준화된 네트워크 워크스테이션의 기준이 있다면 추가도 쉽고 빠르게 된다. 네트워크 다운타임이 없기 때문에 사용자들이나 관리자에게 특별히 알리지 않고도 작업할 수 있는 일이다.

2 프린터－이 장치도 네트워크에 추가하기 쉽지만 공유와 구성이 필요하기 때문에 워크스테이션 추가보다 약간 복잡하다. 비록 여러 사용자들과 연관은 있지만 설치가 조직에게 그리 중대한 영향을 끼치진 않는다. 그러므로 프린트 공유를 이용할 사용자들에게는 알릴 수도 있지만 모든 사용자들에게 통보할 필요는 없다. 그리고 사용자들을 네트워크에 제한할 필요도 없다.

3 허브와 AP－단일 허브와 AP(Access Point)는 1~64명까지 서비스해 주는데, 실제 작동시키기 전까지 네트워크에 영향을 미치지 않기 때문에 사용자들에게 알릴 필요는 없다. 하지만 기존 장치를 업그레이드하거나 바꾸는 것이라면 네트워크 다운타임이 있어서 사용자들에게 알려야 한다. 또 트래픽과 주소 등을 사전에 조사해 두어야 한다. 예를 들어 24명 용량의 허브를 60명 용량의 허브로 늘린다면 24포트를 64포트 허브로 바꾸기만 하면 되지만, 세그먼트에 60명의 IP주소가 할당되어져 있는지 확인부터 해야 한다. 그렇지 않으면 일부 사용자들이 네트워크에 액세스할 수 없기 때문이다.

4 서버－서버 추가나 업그레이드는 매우 신중해야 하므로 충분한 예상과 계획을 가지고 진행해야 한다. 새로운 서버를 설치하기 전에 NOS뿐만 아니라 하드웨어 장치들과 연결문제도 신경 써두어야 한다. 서버는 네트워크 트래픽이 한가하거나 없을 때 또 사용자의 네트워크 접근을 막은 채 실행해야 한다. 서버의 NIC나 메모리 등을 업그레이드하는 것도 새로운 서버 머신을 추가하는 것만큼 철저한 준비를 해야 한다. 역시 비즈니스 시간대가 아닐 때 실행하며 사용자들이 네트워크에 접근을 막고 실행한다.

5 스위치와 라우터－스위치나 라우터를 네트워크에 추가하거나 업그레이드하는 일은 더욱 복잡한데, 통신실에 새로운 자리를 마련해야 할 수 있으며 사용자들에게 커다란 영향을 끼칠 수 있으므로(만일 게이트웨이 라우터를 변경할 때 여분의 게이트웨이를 준비하지 않았다면 모든 사용자들이 네트워크에서 로그아웃되고 인터넷연결이 끊어질

것이다) 시행 전에 모든 사용자들에게 변경을 알려야 한다. 적어도 몇 주 전부터 계획을 세워야 하며 대 여섯 시간의 다운타임도 예상해야 한다. 가격도 고가이므로 취급하거나 구성할 때 주의해야 하고 서로 몇 가지 다른 기능으로(라우터는 게이트웨이와 방화벽, 프록시 서버 등으로 사용될 수 있으며, 스위치도 VPN과 일반 스위치로 사용될 수 있다) 사용하기도 하므로 제조사의 지침을 잘 따라서 설치와 구성을 해주어야 한다.

서버에 새로운 CPU를 추가하거나, 라우터에 새로운 NIC를 추가할 때, 프린터에 메모리를 추가할 때도 서비스에 영향을 미치지만 벤더의 품질보증도 염두에 두어야 한다. 동일한 브랜드를 구매하지 않으면 서비스지원을 못 받는 수도 많다. 하지만 무엇보다 네트워크에 새로운 장치를 추가하거나 업그레이드할 때 안전에 유의해야 한다. 머신이 켜진 상태에서 부품을 장착하거나 분해하지 말라. 보석이나 날카로운 부품을 몸에 지니고 작업하지 말 것이며, 니트(knit) 의류나 헐렁한 상의를 입은 채 작업해서도 안 된다. 머신의 부품과 정전기가 일어날 수 있으니 주의하고 장비가 무거우면 혼자서 들려고 애쓰지 마라. 장비의 온도, 습기, 환기, 정전기 등은 제조사 문서를 참조해서 따른다.

5.2 케이블 업그레이드

케이블링 업그레이드도 충분한 사전계획을 가지고 실행해야 하며, 네트워크 규모에 따라서 다르지만 기존 케이블링 철거와 가설에 시간이 많이 드는 일이다. 케이블링이 오래된 것이고 가설이 제대로 문서화되어 있지 않거나 구조적으로 되어 있지 않으면 케이블 배치를 이해하기 힘들어서 문제가 있을 때 해결하기도 어렵게 된다. 대규모 네트워크의 케이블링 업그레이드는 복잡한 일이므로 업그레이드하기 전에 우선 기존의 케이블링을 문서화해두는 것이 필요한데, 시간 등에 쫓기면 케이블링 작업을 해 나아가면서 문서화해두는 것도 좋다.

여기서의 변경은 모든 사용자들에게 영향을 미치기 때문에 단계별로 업그레이드를 진행해야 하는데, 예를 들어 첫 주에는 1층, 둘째 주에는 2층, … 이런 식으로 작업해 나아간다. 또 업무에 따라서 케이블링 작업의 우선순위를 둘 수도 있다. 예를 들어 경리부는 매월 말일에만 외부 네트워크를 주로 사용한다면 작업일정을 천천히 잡고, 건물관리를 위해 HVAC 통제시스템에 1Gbps로 연결되어질 관리부에는 우선적으로 작업해 줄 수도 있다. 케이블링에 따라서 NIC나 허브를 함께 바꿀 수도 있다. 대부분 경우 작은 네트워크는 스스로 케이블링 작업을 하지만 대규모 조직에서는 이런 작업의 전문가와 계약해서 진행시킨다. 하지만 네트워크 전문가는 바닥 밑이나 천정 위로 지나가는 네트워크 회선의 진로를 알고 있어야 한다.

5.3 백본 업그레이드

네트워크 하드웨어에 관련된 포괄적이고 복잡한 업그레이드는 대부분 백본 업그레이드인데 라우터, 서버나 스위치에 연결된 LAN과 WAN의 주요 데이터회선을 말한다. 백본 업그레이드에는 많은 계획이 필요할 뿐 아니라 여러 인원이 투입되어져야 하는 중요한 투자이다. 라우터의 NIC나 일부 케이블링 작업과 같이 부분적인 일일 수도 있지만 전체적인 백본의 변경은 네트워크 전체를 변화시킨다. 토큰링을 이더넷으로 바꾼다든지 느린 장비를 빠른 장비로 교환한다든지 라우터를 VPN이 가능한 스위치로 바꾼다든지 해서 더 나은 신뢰, 보안, 지속성, 신규 응용프로그램 지원 등이 제공되게 하거나, 리거시한 이더넷 기술을 Gigabit 이더넷으로 바꾼다든지 화상회의를 위해 CAT5를 광케이블로 바꾼다든지 하는 일이다. 만일 여러 가지 네트워킹 기법들을 잘 이해하고 있다면 백본 업그레이드를 어디까지 할 수 있는지 판단할 수 있다. 예를 들어 토큰링을 이더넷으로 바꾼다면 허브나 MAU, 스위치, 라우터 등도 함께 교환해야만 하고 모든 워크스테이션과 프린터 등의 NIC도 바꾸고 설정도 변경해 주어야만 이더넷과 작동된다. 작은 네트워크에서 이런 변경은 며칠이면 될 수 있지만 대규모 네트워크에서는 전담팀이 몇 달에 걸쳐 하는 작업량이다.

백본 업그레이드는 고비용과 많은 시간이 드는 작업이므로 관리자가 첫번째 할 일은 그런 작업의 정당성을 주변에 설득시키는 것이다. 그만큼 돈과 시간을 들일 가치가 있나? 1~2년 더 기다리면 더 나은 기술과 저비용으로 현재 예상하는 것과 같이 할 수도 있지 않을까? 이런 의문들이 있을 수 있지만 기다릴 필요가 없다. 네트워크 기술은 항상 변하기 마련이다. 또 어떤 백본 디자인이 최적인지도 연구해야 하는데 네트워크의 장래 확장용량과 분산인지 붕괴인지 백본타입을 결정하고, 스위치나 라우터와 같은 장비와 서브네팅을 할 것인지 등도 결정해 두어야 한다. 백본 업그레이드를 하기로 결정했다면 업그레이드에 관한 프로젝트 계획을 세우고, 필요하면 전문 컨트렉터를 고용해서 RFP(Request For Proposal)을 제시하며 한 부분씩 업그레이드하는 논리적인 프로세스를 전체적으로 세워놓을 수도 있다.

5.4 하드웨어 변경 되돌리기

소프트웨어 업그레이드에서와 같이 하드웨어 업그레이드도 되돌릴 수 있으며, 필요하면 예전 하드웨어로 재설치할 수 있다. 만일 고장난 장치를 교체하는 것이 아니고 업그레이드하는 것이라면 예전 장치를 그대로 가지고 있어야 업그레이드한 뒤 문제가 있을 때 되돌릴 수 있다.

CHAPTER

11 네트워크 문제해결

CompTIA Network+

이제까지 어떻게 네트워크가 작동되는지 알아보았는데, 복잡한 시스템에서 늘 그렇듯이 예상한대로 시스템이 실행되는 것만은 아니다. 자동차나 집, 어느 프로젝트에서와 같이 네트워크에서도 여러 가지 잘못이 있을 수 있으므로 네트워크 관리자는 네트워크를 관리하고 업그레이드하는 것보다 문제를 해결하는데 더 많은 시간을 보내기 일쑤이다. 어떤 문제들은 사전에 경고를 보이기도 하지만 대부분 순간적으로 잘못되기도 한다. 문제에 대한 최선책은 예방인데 자동차를 정기적으로 혹은 주행거리에 따라서 점검하듯이 네트워크도 주기적으로 모니터링해서 상태를 보아야 한다.

또 아무리 잘 모니터링하고 있는 시스템이라고 해도 예상치 않던 문제가 발생되기 마련이다. 예를 들어 회사 시스템엔 문제가 없어도 통신회사가 땅을 파다가 회사의 전용선을 건드려 끊어 놓는 수도 있다. 이 장에서는 네트워크 문제를 진단하고, 다양한 도구를 사용해서 논리적으로 문제를 해결하는 법을 알아보자.

1 문제해결 방법

문제를 성공적으로 해결하는 사람은 논리적이고 방법론적으로 문제를 풀어 나간다. 우선 기본적인 문제해결 방법들을 알아보고 일반적인 문제해결 단계를 알아보자. 물론 여기에 나열한 것만이 유일한 해결책은 아니다. 예를 들어 케이블링이 낙후된 것을 평소에 잘 알고 있었다면 어느 네트워크 세그먼트에 연결문제가 발생했을 때 그 세그먼트의 하드웨어와 소프트웨어 등을 여러모로 진단해보는 대신에 케이블을 교체해서 문제를 간단히 해결할 수도 있다.

일반적으로 다음 단계를 따르는 것이 하드웨어와 소프트웨어 교체나 각종 진단도구를 사용하는 등 시간과 비용을 낭비하지 않고 빠르게 문제를 해결하게 한다.

1. 증상과 잠재적인 원인을 알아낸다－사용자들로부터 알아낸 것과 시스템의 경고문구들로부터 알아낸 것들을 기록해서 가까이 두고 수시로 참고한다.
2. 문제가 있는 영역을 알아낸다－네트워크의 모든 사용자들이 항상 겪는 문제인지 특정 영역의 문제인지, 특정 작업을 하는 사용자들에게만 생기는 문제인지, 혹은 특정 시간대에만 생기는 문제인지 등을 확인하고 이 문제가 단일 문제인지 여러 문제들을 함축하고 있는 것인지도 확인해둔다.
3. 변경된 것을 확인해 본다－최근에 변경된 하드웨어와 소프트웨어가 문제의 원인이 될 수도 있기 때문이다.
4. 가장 있을 법한 원인을 찾아낸다－다음과 같이 해본다.
   ⓐ 사용자 실수를 확인한다.
   ⓑ 문제를 다시 일으켜 본다.
   ⓒ 네트워크 연결을 확인하여(NIC나 케이블, 장치 전원 등) 문제 있는 장치로부터 백본까지 조사해 나간다.
   ⓓ 네트워크 연결의 논리적 무결성(네트워크 주소, 프로토콜 바인딩, 소프트웨어 설치 등)을 확인한다.
5. 실행계획과 해결책을 짜고 모든 잠재적인 영향에 대비한다－만일 IP주소를 재 할당한다면 서버에서 IP주소를 변경했을 때 클라이언트에게 어떤 영향을 끼치게 되는지, 혹

은 워크스테이션에서 사용하고 있는 클라이언트 소프트웨어를 업그레이드했을 때 사용자들의 업무에 어떤 영향을 끼치는지 등이다.

6 결과를 테스트한다-실행된 결과가 성공적이었는지 확인한다.

7 해결책의 결과와 영향을 알아낸다-테스트한 결과를 토대로 판단한다.

8 해결책과 해결과정을 문서화한다-관리자와 관계자가 문제의 원인과 해결한 방법을 알게끔 작성해야 한다. 이 정보를 중앙지점에 보관해서 수시로 참고되게 해야 한다.

9 기타-위의 여덟 가지 방법 이외에도, 너무나 명백해서 간과하기 쉬운 것들에 오히려 주의해야 하는데, 케이블과 장비의 NIC가 케이블로 잘 연결되어 있는지, 장비의 전원은 들어와 있는지와 같은 것들이다. 이런 것들을 먼저 확인해보아야 한다.

1.1 증상과 잠재적 원인 확인

네트워크의 문제를 해결할 때 첫 단계가 문제의 특이 증상을 알아내는 것인데, 이것을 통해 원인을 유추할 수 있다. 예를 들어 사용자가 네트워크에 로그온할 수 없는 것이 증상이라면 원인이 NIC, 케이블, 허브 혹은 라우터가 고장나거나, 클라이언트 소프트웨어의 구성 잘못, 혹은 서버 고장, 사용자 에러 등으로 유추할 수 있고 전원이나 프린터, 인터넷 연결, E-mail 서버 등의 고장은 원인이 아닌 것을 알게 된다. 다음의 질문에 답함으로써 네트워크 문제의 원인을 알 수 있다.

1 네트워크 액세스에 문제를 끼치나?

2 네트워크 성능에 문제를 끼치나?

3 데이터나 프로그램에 문제를 끼치나? 혹은 둘 다에?

4 만일 프로그램에 문제를 끼친다면 로컬 프로그램인가, 네트워크 프로그램인가? 아니면 여러 네트워크의 프로그램들인가?

5 사용자가 특정 에러메시지를 보고한 적은 있나?

6 문제의 영향을 받은 것이 한 사용자인가, 여러 사용자인가?

7 문제의 증상이 일시적인가, 지속적으로 나타나는가?

기술적인 문제해결의 한 가지 위험성은 증상만 보고 성급히 결론에 도달하는 것인데, 만일 경리과에서 네트워크 프린팅을 못한다는 보고를 3번 받은 뒤 네트워크 관리자가 경리과 프린터의 IP 문제라고 결론내고 준비를 하는데 잠시 후 총무과에서도 네트워크 프린팅을 할 수 없다는 연락을 받았다면, 이는 전체 네트워크 문제일 가능성이 더 크다. 그러므로 증상을 본 뒤 사용자와 시스템, 네트워크의 이상행동, 에러메시지 등을 잘 연구한 다음에 결론을 내는 것이 합당하다. 각 증상은 물론 서로 관련된 것일 수도 있지만 따로따로 구별해서 생각해 보는 것이 더 많은 문제를 만들지 않는다. 사용자들이 보고한 에러메시지를 적어놓는 습관을 가져야 하는데, 모니터 화면에 나타난 대로 읽어달라고 요청하거나 키보드의 'PrtSc'를 눌러 프린팅하게 하면 더욱 좋다. 이들을 파일로 저장해서 나중에 유사한 문제를 해결할 때 도움이 되게 한다.

1.2 문제 확인

문제의 증상을 알아내면 문제가 사용자나 그룹에게 영향을 끼치고 있는지 특정 시간대에만 문제를 일으키는지를 알아낼 수 있다. 예를 들어 문제가 무선네트워크 세그먼트의 사용자들에게만 영향을 끼친다면 어느 한 AP에 문제가 있다고 결론 낼 수 있고, 만일 문제가 한 사용자에게만 발생한다면 그 사용자 워크스테이션의 NIC 문제거나 소프트웨어 구성에 문제가 있다는 결론을 낼 수 있다. 우선 그 증상이 얼마나 많은 네트워크 사용자나 세그먼트에게 영향을 끼치는지를 알아야 하는데, ① 한 사용자나 워크스테이션인가? ② 워크그룹인가? ③ 부서인가? ④ 조직 내의 한 지점에서인가? ⑤ 전체 조직에서인가? 등을 물어 범위를 좁혀나간 뒤 다음과 같은 문제 원인의 범위를 결정하는 질문을 하는데, ① 언제 문제가 시작되었나? ② 네트워크, 서버, 혹은 워크스테이션이 이전에는 잘 작동되었는지? ③ 증상이 한 시간 전부터인가 혹은 어제부터 나타났나? ④ 증상이 오랫동안 간헐적으로 나타났나? ⑤ 증상이 하루, 한 주, 한 달, 혹은 일 년 중 특정한 때만 나타나나? 등이다.

증상을 구별하는 것처럼 문제에 의해 영향을 받은 부분을 좁혀나가면 어떤 것들은 배제되어 문제로 초점이 맞춰지기도 하는데, 특히 네트워크 문제인지 사용자 문제인지를 구별하는데 도움이 된다. 만일 어느 한 층이나 한 부서에서의 문제라면 해당 네트워크에 서비스를 제공하는 세그먼트, 라우터 인터페이스, 케이블링, 혹은 서버를 점검해 보면 되고, 어느 한 사용자의 문제라면, 예를 들어 점심시간에 영상뉴스를 보느라고 해당 세그먼트의 대역폭을 거의 소진한데서 온 문제인지 알게 된다. 만일 원격지에 있는 사용자에게 영향을 끼치는 문제라면 WAN 링크와 라우터 인터페이스를 조사해보면 된다. 또 문제가 모든 부서의 모든 사용자들에게 영향을 끼치고 있다면 심각한 문제가 생긴 것으로, 중앙 스위치나 백본 연결 등을 조사해 보아야 한다.

심각한 문제를 포함해 모든 네트워크 문제는 문제의 범위를 구별해주는 질문에 답하는 방식으로 해서 정확하게 문제를 해결할 방법론을 가지고 있어야 한다. 예를 들어 어느 사용자가 메일서버에서 자신의 E-mail을 가져오지 못한다고 불평할 때 언제 문제가 시작되었는지, 그 사용자만 그런지, 그 부서 전체가 그런 문제를 겪고 있는지, 그리고 어떤 에러메시지를 받았는지 등을 물어보면서 원인을 알아보는데 "문제가 10분 전에 시작되었어요.", "우리 부서 모두가 그렇습니다.", "실은 오늘아침 제 머신에 그래픽 프로그램을 설치했어요." 등의 대답으로부터 문제의 원인이 아닌 것을 배제해 나가면 문제의 범위가 그룹 전체라는 것과 10분 전에 문제가 시작되었다는 것으로 좁혀지므로 각 워크스테이션을 검사하는 것보다 네트워크 세그먼트를 검사해보는 것이 나은 해결책이 된다.

문제가 발생한 시간과 빈도를 앎으로써 더 세부적인 문제를 발견하는 계기가 되기도 한다. 예를 들어 네트워크 사용자들이 아침 08:30경에 서버에 로그온하려고 할 때 네트워크 성능이 너무 느리다고 불평한다면 일시에 많은 요청을 처리할 수 있게 서버 리소스를 늘려야겠다고 생각할 수 있으며, 만약 매 목요일 점심 때마다 네트워크에 문제가 있다고 들으면 건물의 전력시스템과 관련된 것으로 라우터, 서버 등 장치에 영향을 끼쳐서 그럴 것이라고 생각할 수 있다.

문제와 관련된 영역을 구별하는 것이 다음 단계인데 언제나 명확하게 구별되는 것은 아니다. 여기에 한 예가 있는데, 어느 작은 도시의 무선네트워크를 관리하는 시청 엔지니어가 한 병원의 높은 옥상에 무선네트워크 스프레드스펙트럼 RF 무선링크 송수신기를 설치해서 다른 비즈니스업체들에게 연결해주었다. 하지만 해가 있을 때에는 작동이 잘 되는데 해만 지면 작동이 되지 않는다는 보고를 받았다. 그 엔지니어는 조사해본 뒤 무선네트워크에는 문제가 없다고 결정을 내리고 병원 관계자들과 이런저런 얘기를 하다가 병원 건물 외부에 야간 보안카메라를 설치했다는 얘기를 들었다. 보안카메라도 무선링크와 같은 RF 주파수를 사용하기 때문에 야간에 작동되는 보안카메라가 무선링크를 간섭하고 있었던 것이다.

1.3 변경 확인

최근에 수행한 네트워크의 변경도 네트워크 문제해결 과정의 일부에 속하는데, 다음과 같은 질문들을 하면서 문제의 원인을 좁혀 나아간다.

1. 서버, 워크스테이션, 혹은 연결 장치의 운영체제나 구성이 변경되었나?
2. 서버, 워크스테이션, 혹은 연결 장치에 새로운 요소가 추가되었나?
3. 서버, 워크스테이션, 혹은 연결 장치에서 어느 요소들이 제거되었나?
4. 새로운 사용자나 세그먼트가 네트워크에 추가되었나?
5. 서버, 워크스테이션, 혹은 연결 장치가 새로운 장소로 이전되었나?
6. 서버, 워크스테이션, 혹은 연결 장치가 교체되었나?
7. 서버, 워크스테이션, 혹은 연결 장치에 새로운 소프트웨어가 설치되었나?
8. 서버, 워크스테이션, 혹은 연결 장치에서 어느 소프트웨어가 제거되었나?

만일 네트워크에서의 변경이 문제를 일으켰다고 의심되면 하드웨어나 소프트웨어를 이전 상태로 되돌려서 문제를 해결하거나, 변경으로 인한 문제를 해결하는 것 둘 중 하나를 선택해야만 할 것이다. 둘 다 위험할 수 있지만 이전 상태로 되돌리는 것이 시간과 위험을 줄이는 방법으로 더 좋아 보인다. 그렇지만 문제를 고치는 것이 최상의 해결책이므로 만일 변경으로 생겨난 문제해결이 쉽다고 판단되면 우선 문제를 고쳐보는데, 예전으로 되돌리는 일도 쉽지 않다면 발생된 문제를 해결하는 것 외에 달리 선택이 없다. 실은 네트워크 장치나 소프트웨어를 이전상태로 되돌리는 것도 주의해야 하는데 만일 메모리를 증가 시켰다가 문제가 있어서 되돌릴 때 이전 메모리 모듈을 가지고 있어야 하며, 장치의 드라이버나 응용프로그램 구성도 백업해 두었다가 다시 되돌릴 때 사용해야 한다.

네트워크에서 변경된 것을 알아내기 위해서 IT 관계자들은 변경기록을 유지하고 있어야 한다. 목적과 일자, 변경사항 등을 자세히 기록해 둘수록 문제를 해결하는데 시간과 수고를 절약할 수 있고 관계인들이 항시 열람할 수 있다. 예를 들어 파일서버의 변경기록을 데이터베이스에 넣고 웹기반으로 데이터를 입출하게 해두면 IT 요원이 어디서 일하든 쉽게 접근해서 정보를 열람할 수 있을 것이다. 네트워크변경은 예상치 못한 문제를 자주 일으키는데, 예를 들어 영업부의 여섯 사용자를 가진 그룹이 인터넷에 연결하지 못한다는 문제를 들었을 때 변경기록으로부터 최근에 통신실에 있는 영업부의 스위치가 다른 데로 옮겨진 사실을 알았다면 다른 수고를 들이지 않고 옮긴 스위치에 문제가 있음을 쉽게 알 수 있을 것이다. 아마도 백본에 스위치가 제대로 연결되어져 있지 않았거나, 옮기다가 구성이 변경되었거나, 혹은 장치가 손상을 입었을 가능성이 많다.

1.4 가장 가능성 있는 원인 선택

문제의 범위를 알아내고 네트워크에 가해진 최근의 변경을 알아냈다면 문제의 원인을 파악할 수 있겠다. 다음은 문제의 원인을 알아내는 몇 가지 방법이다.

1) 사용자 실수

문제의 범위와 문제의 원인을 어느 정도 정확하게 예측한 뒤 작업하고 있다고 하지만 여전히 네트워크에 액세스할 수 없거나 파일을 저장하지 못하거나 E-mail을 받을 수 없다는 얘기를 들을 수 있다. 예를 들어 대소문자를 구별하는 패스워드에 Caps Lock가 되어 있는지도 모르고 계속 패스워드를 틀리게 타자해서 '패스워드가 맞지 않는다'는 에러메시지를 받고 시스템이 록(lock)된 것일 수도 있다. 이런 사용자의 실수는 심각한 문제가 아니므로 수정하기도 쉽다. 네트워크에 로그온하지 못하는 것은 사용자의 실수 때문인 경우가 많은데, 늘 하던 습관이 들어있어서 로그온 방법이 변경됐을 때 어떻게 해야 할지 모르는 경우가 많다.

그러므로 정상적으로 로그오프하고 로그온하는 것 등을 교육시켜야 할 수도 있지만, 교육을 통해 배웠어도 습관적으로 행동하는 경향때문에 배운 대로 하지 못할 때가 많다. 가장 좋은 방법은 사용자를 관찰하거나 때로는 사용자가 로그온 실패를 호소할 때 전화상으로 차분히 알려주는 것인데, 화면에 무엇이 떠있는지 묻고 방법을 일러주고 또 다음으로 무엇이 화면에 뜨는지 묻고 방법을 일러주는 것이다. 만일 사용자의 실수가 아니라면 이런 과정을 통해 얻은 정보가 그 문제해결의 열쇠가 되기도 한다.

2) 문제 재생

문제의 원인을 아는 가장 좋은 방법 중 하나가 문제의 증상을 다시 만들어 보는 것인데, 만일 증상을 다시 만들 수 없다면 원인은 한번 발생한 것이거나 사용자가 잘못 작동시켰기 때문인 것으로 이해할 수 있다. 문제를 접한 사용자명으로 로그온하든지 관리자급으로 로그온해서 문제를 다시 만들어 볼 수도 있는데, 사용자명으로 할 때만 문제의 증상이 나타난다면 사용자의 권한에 문제가 있는 것일 수 있다. 예를 들어 사용자가 금요일까지 서버의 엑셀프로그램에 들어가서 작업을 했었는데 월요일에 그 파일을 열 수 없다고 했을 때 관리자계정으로 들어가서 작업파일을 열 수 있다면 사용자 권한에 문제가 있는 것이다. 이때는 사용자의 권한을 점검해보면 알 수 있다. 혹은 누군가가 주말에 그 사용자를 읽고 수정할 수 있는 권한을 가진 그룹에서 빼버렸을 수도 있다. 다음의 질문에 답함으로써 문제의 증상이 다시 만들어질 수 있는지 확인할 수 있다.

1. 매번 증상을 다시 만들 수 있나? 만일 그렇다면 그 증상은 지속적인가?
2. 어느 때라도 그 증상을 다시 만들 수 있나?
3. 특정한 어느 때만 증상이 만들어지나? 예를 들어 다른 사용자명 혹은 다른 머신에서 로그온했을 때도 그 증상이 여전히 나타나나?
4. 소프트웨어 문제라면 그 어느 프로그램이 여러 번 열리거나 다른 파일이 열려 있을 때도 증상이 지속되나?
5. 증상을 만들려고 할 때 안 만들어지나? 한번만 나타났었나?

문제의 증상을 다시 만들려고 할 때 동일한 작업도 몇 가지 방법으로 수행될 수 있으므로 문제를 호소한 사용자와 똑같은 과정으로 만들어 보아야 한다. 예를 들어 워드작업에서 문서를 저장할 때 도구메뉴에서 할 수도 있고 키보드 자판조합으로 하거나 마우스 오른쪽 클릭으로 할 수도 있기 때문이다. 로그온도 명령어로 하거나 클라이언트 소프트웨어나 내장 스크립트를 이용해서 할 수 있다. 그러므로 사용자가 했던 방법으로 문제의 증상을 만들어야 한다는 것이다. 사용자가 웹 서치하는 도중 갑자기 인터넷 연결이 끊어진다면 사용자의 워크스테이션에서 똑같이 작업해서 어느 사이트를 방문했을 때인지 어느 프로그램이 실행되고 있을 때인지 등 문제를 직접 겪어 보아야 원인을 더 쉽게 찾을 수 있게 된다. 하지만 원인이 네트워크에 심각한 문제를 유발할 수 있는 것이라고 생각되면 증상을 다시 재현할 수 없는 일이므로, 웹이나 벤더의 문서를 참고해서 문제를 해결해야 할 것이다. 전원 문제거나 바이러스 문제라면 어떻게 문제를 다시 만들 수 있을까? 전원을 내려 보거나 바이러스를 다시 퍼뜨려볼 수도 없는 일이다.

1.5 물리적 연결확인

네트워크 문제의 반 이상은 물리적 연결이나 케이블링, NIC, 리피터나 허브 등 물리층에서 발생한다는 통계도 있다. 물리층에서 유선과 무선 시그널을 통제하므로 이 층에서의 문제와 그 증상을 잘 알아두는 것이 좋다.

1) 물리층 문제의 증상

주로 물리적 연결문제는 계속해서 혹은 간헐적으로 연결이 끊어지거나 네트워크에 관련된 기능이상 현상으로 나타나는데 다음과 같은 원인일 수 있다.

1. 네트워크 세그먼트가 IEEE의 최대거리 규정(100Base-TX는 100m까지)을 넘는지
2. 유선/무선 시그널링에 잡음(EMI 소스, 적절치 못한 접지, 혹은 혼선 등)이 영향을 끼치는지
3. 부적절한 터미네이터 혹은 불량하거나 느슨하거나 꽉 조여지지 않은 커넥터인지
4. 구부러지거나 벗겨지거나 손상된 케이블인지
5. 불량한 NIC인지

보통 물리적 연결문제는 응용프로그램 이상, 소프트웨어 사용불능, 네트워크 성능저하, 프로토콜 에러 등으로 이어지지는 않지만 일부 소프트웨어 에러를 일으키기도 한다. 예를 들어 사용자가 파일서버엔 로그온할 수 있지만 데이터베이스를 쿼리할 때 데이터베이스를 사용할 수 없거나 찾을 수 없다는 에러 메시지가 나올 수 있다. 이런 경우 데이터베이스가 다른 서버 머신에 있다면 그 데이터베이스 서버와 연결문제일 수 있다.

2) 물리층 문제 진단

다음 질문에 답하면서 물리적 연결문제와 관련된 문제의 원인을 알아내 보자.

1. 장치가 켜져 있나?
2. NIC가 적절히 끼워져 있나?
3. 무선 NIC라면 안테나가 켜져 있나?
4. 장치의 네트워크케이블이 NIC와 월잭(wall jack)에 제대로 끼워져 있나?
5. 패치케이블이 펀치다운 블록과 패치판넬의 허브와 스위치에 제대로 끼워져 있나?
6. 허브, 라우터, 혹은 스위치가 백본에 제대로 연결되어져 있나?
7. 모든 케이블은 좋은 상태인가?
8. 모든 커넥터가 좋은 상태이며 적절히 연결되어져 있나?
9. 네트워크의 최대길이가 IEEE 802 규정에 맞나?
10. 모든 장치가 제대로 네트워크 타입과 속도에 맞게 구성되어져 있나?

물리적 무결성을 위해 할 첫번째 일은 양 쪽이 제대로 연결되어 있나 확인하는 것으로, 사용자가 네트워크에 로그온할 수 없다면 우선 패스워드를 옳게 입력했나 확인한 뒤 사용자 워크스테이션의 NIC와 패치케이블, 그리고 허브 등의 연결상태를 점검해보는 것이 우선적으로 할 일이다. 장치간 연결확인 이외에도 이 연결에 쓰이는 하드웨어의 무결성도 확인해야 하는데 월잭 케이블에 이상은 없는지, NIC가 마더보드에 잘 끼워져 있고 연결부위가 훼손되지는 않았는지 등이 오히려 문제 해결에서 발견하기 어려운 점들일 때도 있다.

3) 논리적 연결확인

물리적 연결을 확인한 뒤 펌웨어와 소프트웨어 구성, 세팅, 설치, 권한 등을 검사하고 증상의 타입에 따라 네트워크 응용프로그램과 네트워크 운영체제 혹은 NIC의 IRQ 등 하드웨어 구성도 검사하는 논리적 연결확인을 수행해야 한다. 다음 질문에 답하는 식으로 해서 논리적 연결문제를 구별해낼 수 있다.

1. 손상되거나 없어진 파일이나 장치 드라이버를 나타내는 에러 메시지인가?
2. 메모리 등 충분치 못한 리소스나 기능을 나타내는 에러 메시지인가?
3. 운영체제, 구성설정 혹은 응용프로그램이 최근에 변경되었거나 삭제되었나?
4. 특정 응용프로그램이나 그와 유사한 응용프로그램에서만 문제가 나타나나?

5 문제가 계속해서 나타나나?

6 한 사용자나 한 그룹에만 문제가 나타나나?

보통 논리적 연결문제는 복잡하고 외부로 드러나지 않기 때문에 물리적 연결문제보다 구별하고 해결하기 더 어려운데, 예를 들어 어느 사용자가 지난 두 시간동안 네트워크에 로그온하지 못했다고 불평해서 사용자의 워크스테이션에서 사용자명과 관리자명으로 로그온해보니 문제가 없었다. 두 시간 전에 어느 프로그램을 설치했었는지 물었을 때 아무것도 하지 않았다고 했고, 연결 등을 점검했을 때도 모든 것이 정상적이었다면 어떻게 해야 할까? 이땐 논리적 연결을 점검해 보아야 한다. NIC의 IRQ 리소스 충돌과 같은 설정오류, 잘못된 데이터율과 같은 구성오류, 적절치 못한 클라이언트 소프트웨어나 프로토콜, 서비스 구성 등의 소프트웨어적인 문제를 검사해 보아야 한다. 클라이언트의 로그온 화면도 보아야 하고, 잘못된 서버에 로그온하는지도 확인해야 한다. 사용자 소프트웨어 구성을 변경해서 사용자가 로그온하게 할 수도 있다.

1.6 부품 교환

만일 문제가 네트워크 부품에 있다면 정상 작동되는 부품으로 바꿔서 테스트해보면 된다. 많은 경우 이런 방법이 문제를 빠르게 해결하기도 하므로 다른 방법 시행 전에 먼저 해보기를 권한다. 적어도 어느 부품에서 문제가 있는지 알아낼 수 있다. 예를 들어 어느 사용자가 네트워크에 연결할 수 없다면 모든 연결이 제대로 되어 있는지 확인한 뒤 기존 네트워크 케이블을 새 케이블로 바꿔서 연결을 테스트헤 보면 생각 외로 문제를 빠르게 해결할 수도 있다. 네트워크 케이블 교환뿐만 아니라 스위치 포트에 연결되는 패치케이블이나 데이터 잭도 교환해서 테스트해볼 수 있다. 포트와 데이터 잭, NIC 등은 비교적 쉽게 교환해서 테스트할 수 있지만 수많은 사용자들이 연결되어져 있는 스위치나 라우터는 다운타임이 수 시간 될 수도 있어서 쉽게 테스트하기 힘들지만, 전체 네트워크에 문제가 있다면 실행할 수밖에 없다. 비용이 들어도 부품을 교환하는 한 가지 방법은 여분의 장치를 설치해 두는 것이다. 서버에 NIC를 두 개 설치하고 구성해두면 한 NIC에 문제가 있을 때 즉시 다른 하나가 역할을 대신하게 되어서 네트워크 다운타임이 몇 분도 되지 않을 수 있다.

반드시 동일한 부품으로 교환해야 문제가 발생하지 않는다.

1.7 잠재적 영향을 포함한 실행계획과 해결책

네트워크 문제를 충분히 검토한 뒤 해결책 실행을 연구해야 하는데, 우선 해결책이 사용자나 네트워크 기능에 어떤 영향을 끼치는지 알아두어야 한다.

1) 범위(Scope)

알아두어야 할 가장 중요한 것은 우선 변경이 적용되는 범위이다. 예를 들어 워크스테이션과 허브를 연결하는 케이블을 교체한다면 한 사용자에게만 영향을 끼칠 것이나, 서버와 스위치간 케이블을 교체한다면 모든 사용자들에게 영향을 끼치게 된다. 해결책이 단일 워크스테이션이나 워크그룹, 혹은 전체 네트워크에 해당되던 간에 해결책을 실행하기 전에 먼저 범위를 살펴야 한다. 문제가 긴급한 것이 아니면 여러 사용자에게 영향을 끼치지 않는 시간대에 여유를 가지고 조직적으로 정확하게 실행을 하는 것이 좋다.

2) 다른 문제 발생(Trade-Off)

범위와 더불어 또 다른 문제 발생에 대해서도 생각해 보아야만 한다. 다른 말로 해서 어느 해결책으로 한 그룹의 사용자들이 정상적으로 시스템을 이용할 수 있게 되었지만, 다른 사용자들이 그 영향을 받아 오히려 문제를 가질 수도 있다는 뜻이다. 예를 들어 디자인하는 회사의 네트워크 관리자가 10명의 신입사원에게 Windows XP 워크스테이션을 지급하고 디자인 프로그램을 사용하게 하기 위해 소프트웨어 벤더에게 문의했더니 프로그램을 Windows XP에 최적인 상태로 파일서버에서 업데이트시키면 시스템이 더 잘 돌아간다고 해서 파일서버에 해당 프로그램을 구매해서 설치했다. 하지만 다음 순간 이제껏 잘 사용해 오던 기존의 Windows 2000 워크스테이션 사용자들이 프로그램을 사용할 수 없다고 말해올 수 있다는 뜻이다.

한 가지 해결책을 사용했더니 다른 문제가 발생한 경우이다. 미리 벤더에게 이런 상황을 설명했더라면 Windows 2000 사용자를 위한 기존 소프트웨어는 그대로 놔두고 새로운 Windows XP 사용자들을 위해 다른 디렉토리에 해당 프로그램을 설치해서 이용하게 하면 될 일이었다.

3) 보안(Security)

사용자나 그룹을 위해서 네트워크 액세스나 리소스 이용을 추가/제거하면서 오히려 시스템 보안에 역효과를 내는 경우가 많다. 사용자가 늘 액세스하던 데이터 파일이나 응용프로그램에 더 이상 액세스하지 못하는 수도 있을 수 있지만, 최악의 경우엔 시스템의 취약점이 되어서 외부침입을 받을 수도 있다는 것이다.

4) 스캘러빌러티(Scalability)

해결책으로 사용하고자 하는 방법이 스캘러빌러티에 문제를 가져오지 않는지 연구해 보아야 하는데, 해결책이 임시방편적인 것인지 향후 몇 년을 보고 네트워크 확장을 고려해서 하는 것인지를 충분히 생각해 보아야 한다. 하지만 임시방편적인 방법이 항상 나쁜 것은 아니다. 예를 들어 어느 날 사용자들이 모두 네트워크에 로그온하지 못한다고 해서 시스템을 조사해본 결과 인터넷 게이트웨이 장비에 문제가 있다는 것을 알았다. 아직 게이트웨이 장비가 보증기간이라 벤더에게 연락했더니 동일한 기종이 현재 없어서 임시로 다른 것으로 문제없이 해주겠다고 한다면, 동일한 기종이 나올 때까지 작업을 못하는 것보다 우선 그 방법을 사용해서 작업을 계속하게 하는 편이 더 좋은 선택이 된다.

5) 비용(Cost)

해결책을 실행할 때 고려해 보아야 할 문제 중 하나가 금액인데, 오작동하는 NIC교체나 패치케이블 교환은 비용이 별로 들지 않지만 소프트웨어나 하드웨어 교체로 인해 금액이 엄청나게 든다면 그 해결책을 심각하게 재고해 보아야 한다. 예를 들어 네트워크 성능이 느리다는 불평을 계속 듣는다면 400대의 네트워크 NIC를 모두 교체하거나 케이블을 교체하는 것 등을 연구해 볼 수 있다. 하지만 부품비용과 작업 인건비도 엄청나게 들 것이다. 또 일 년 정도 지나서 워크스테이션을 모두 교체할 계획을 가지고 있다면 이런 경우 느린 세그먼트에 스위치를 넣어주거나 주로 응용프로그램을 가지고 있는 서버를 강력한 것으로 한 대만 교체하는 것이 비용면에서 좋은 선택이 될 수 있다.

6) 벤더정보 이용

일부 네트워크 관리자들은 장치의 지시서를 읽어보지도 않고 장치를 설치하거나 구성하는 것을 자랑하기도 하지만, 모든 에너지와 가능성을 소진하고 나서야 지침서를 읽어보기도 한다. 벤더의 하드웨어나 소프트웨어 지침서를 잠시 읽어보는 것이야 말로 시간절약과 올바른 구성을 위해서 중요하다. NIC 점퍼세팅이나 라우터의 명령어, 옵션선택, NOS의 문제해결 팁 등은 매우 요긴하게 쓰일 수 있다. 문서화된 지침서 이외에도 대부분 벤더들은 온라인 문제해결을 무료로 제공하고 있으므로 이용하면 된다.

예를 들어 MS, Novell, RedHat과 Apple과 같은 NOS벤더들은 에러메시지나 문제설명을 통해 데이터베이스에서 문제해결책을 찾게 해주며, 제조사인 3Com, HP, Cisco, IBM과 Intel 등도 자사 장비에 대한 문제해결책을 웹포맷으로 제공한다. 문서에서 정확한 정보를 찾을 수 없다면 웹서치를 통해서 더 많은 정보를 얻을 수 있다. 매뉴얼을 읽은 뒤 의문점이 있으면 벤더의 기술자와 통화할 수 있는데, 문제별 요금청구와 시간당 요금청구 두 가지가 있으므로 기술지원 비용 지불 전에 조건을 잘 읽어보아야 한다. 벤더 기술자가 알려준 방법이 최적의 방법이 아니라고 느끼면 직장동료나 다른 기술자들과 상의해도 되고, 웹상에 기술요청을 올려 상담받을 수도 있다. 네트워크 장비나 소프트웨어 벤더의 회사명, 지원 웹사이트 주소, 기술지원 정책 등이 들어 있는 연락처를 늘 가까이 두고 수시로 참고할 수 있어야 한다.

1.8 해결책 시행하기

끝으로 제안된 해결책의 영향을 여러 면으로 조사했다면 해결책을 시행할 단계이다. 하지만 이 실행은 사용자의 로그온화면을 바꾸는 것처럼 간단할 수도 있고 서버의 하드디스크 교환처럼 길 수도 있다. 어느 경우라도 해결책을 시행하는 것은 결과 예상과 인내를 요구한다. 문제를 찾을 때처럼 해결 프로세스에 더욱 방법론적이나 논리적으로 접근할수록 더욱 효율적으로 된다. 만일 문제 해결책으로 치명적인 결과로 나온다면 가능한 한 빨리 해결해야 한다. 다음은 안전하고 신뢰할 만한 해결책 시행지침이다.

1 조사한 모든 문제의 증상들을 문서화해서 가까이 둔다.
2 장치에 소프트웨어를 재설치한다면 기존 소프트웨어 설치를 백업하며, 장치의 하드웨어를 변경한다면 새로운 해결책에 문제가 있을 때를 대비해서 예전 것을 놔둔다. 또 장치나 프로그램의 구성을 변경한다면 현재 구성을 기록하거나 프린팅해둔다. 비록 사소한 변경이라도 오리지널 상태를 기록해 둔다. 예를 들어 어느 사용자를 관리부 그룹에 추가할 때도 원래 있었던 영업부 그룹을 기록에 남겨둔다.
3 해결책으로 생각한 변경, 교환, 이동, 혹은 추가를 시행할 때 시행기록을 자세히 남겨서 나중에 데이터베이스에 기록해 둔다.
4 결과를 테스트한다.
5 작업지역을 떠나기 전에 깨끗이 치워둔다.
6 해결책으로 문제를 고쳤다면 증상과 문제, 해결책을 자세히 기록한 뒤 문제해결 데이터베이스에 기록해 둔다.
7 문제 해결책이 중대한 변경을 가져왔거나 심각한 문제를 해결한 것이라면 하루 이틀 후에 다시 문제 해결을 확인해서 추가적인 문제가 발생하지 않았는지 확인한다.

보안위협 때문에 글로벌 VPN 구성을 바꾸는 등 대규모 문제 해결책을 실행하고 나서 오히려 문제가 더 커지면 단계별로 변경을 되돌릴 수 있어야 하며, 업그레이드 중에 문제가 발생하면 모든 사용자들에게 영향을 끼치기 전에 손봐야 한다. 또 실시한 해결책이 최선의 방법이었는지 확인할 수도 있는데, 예를 들어 원격라우터를 재구성하기 위해서 로컬 라우터에 로그온한 뒤 원격 사무실에 있는 라우터 구성을 손볼 수도 있지만 추가적인 보안 문제를 일으킬 수 있으므로 원격 사무실의 IT 직원에게 현장에서 라우터구성을 부탁하는 편이 더 나은 방법이다.

1.9 결과 테스트

해결책을 시행한 뒤에는 반드시 결과를 테스트해서 문제가 제대로 해결했는지 확인해야 한다. 물론 테스팅은 해결방법에 따라서 달라지는데, 예를 들어 스위치 포트와 패치 판넬 사이의 케이블을 교체했었다면 패치케이블에 물려있는 장치에서 확인해보면 즉시 알 수 있다. 만일 장치가 제대로 작동되지 않는다면 물리적이나 논리적인 연결에 문제가 있는 것일 수 있다. 이럴 때에는 하드웨어나 소프트웨어 진단 장치로 알아보아도 된다. 또 테스트는 지리적으로 이루어질 수도 있는데, 만일 네 부서를 연결하는 스위치를 교체했다면 네 부서 모두에서 연결을 확인해 보아야 한다. 혹은 시행 뒤 즉시 테스트할 수 없을 때도 있는데, 예를 들어 서버가 사용자들의 데이터베이스 쿼리를 처리할 때 응답속도가 느려서 프로세서를 두 개 더 추가해서 동기식 멀티프로세싱 능력을 가지게 했을 땐 어느 정도 시간이 지나서 사용자들의 데이터베이스 쿼리가 최고에 이를 때 효과를 알 수 있다.

1.10 해결책의 결과와 효과 확인

해결책 테스트가 끝나면 어떻게 왜 그 해결책이 성공했는지, 사용자들과 기능에 어떤 영향을 끼쳤는지 등을 알아내야 한다. 예를 들어 LAN에 저장된 파일을 열거나 저장할 때 서버의 속도가 너무 느려서 더 빠른 CPU와 더 큰 용량의 RAM과 HDD, 이중 NIC를 가진 서버로 교체하고 난 뒤엔 사용자들이 작업하기 어떤지 알아두어야 한다. 만일 모든 것이 좋다면 이 해결책은 서버와 클라이언트에게 80%의 성능증가를 가져왔다는 식으로 효과를 알아두어야 한다. 하지만 가장 중요한 것은 예상치 않았던 부정적인 결과를 가져왔을 때인데, 예를 들어 어느 사용자가 E-mail 서버로부터 메일을 꺼내지 못한다고 해서 메일서버에서 그 사용자의 로그온 권한을 변경했는데 알고 보니 IP 주소 충돌이 문제였었다면, IP 주소문제를 해결하고 나서 변경했었던 사용자의 권한을 되돌려놓지 않으면 여전히 사용자는 다른 E-mail 문제를 가지고 있게 될 것이다. 이렇게 해결책을 수행하고 나서 테스트한 뒤에 문제해결 및 결과를 데이터베이스에 기록해 두어야 한다.

1.11 해결책과 해결과정 문서화

비록 혼자서 100대의 워크스테이션과 10여대의 네트워크 장비를 관리한다고 해도 모든 문제의 증상과 원인 유추, 해결책 시행 및 결과를 일일이 기록해 두어야 한다. 자신이 수행한 것뿐만 아니라 지원받았거나 웹사이트 정보를 이용한 것 모두 필요하게 된다. 나중에

이 모든 것들을 기억할 수 없기도 하거니와 네트워크 관리자도 직장을 바꿀 수 있기 때문에 후임자에게 많은 도움이 되는 자료가 될 것이다. 이 자료를 중앙 데이터베이스 서버 등에 저장해서 모든 네트워크 요원들이 참조할 수 있게 해둔다.

1) 문제해결 요원

네트워크 문제해결엔 많은 요원이 참여될 수 있는데, 아마도 헬프데스크 요원이 처음으로 사용자에게서 문제가 있다는 보고를 받을 수 있다. 워드, 스트레드쉬트, 프로젝트 기획, 스케줄링이나 그래픽 소프트웨어를 사용하는 대규모 조직에서는 각 분야별 헬프데스크 요원이 문제를 처리 해주기도 하므로 문제해결의 1차 요원이 된다. 문제를 보고받을 때 데이터베이스에 입력하면서 문제에 대해 계속 대화하는 중에 문제를 진단하고 간단한 것은 전화상으로 해결하게 하지만, 문제가 희귀하고 복잡하면 네트워크에 대해서 더 알고 있는 2차 레벨 요원에게 전해준다(간단한 로그온 문제라면 헬프데스크 어낼리스트가 대소문자를 구별했느냐 등의 질문으로 사용자에게 도움을 줄 수 있지만, 파일서버상의 문제라고 판단되면 두 번째 어낼리스트에게 문제해결을 넘긴다). 모든 헬프데스크에는 1차, 2차 레벨 지원 어낼리스트(analyst)가 있고 헬프데스크 코디네이터(coordinator)가 있는데, 문제가 올바른 팀에게 전해지게 하며 근무일정을 정해서 효율적으로 헬프데스크가 돌아가게 한다. 문제해결을 책임지는 3차 레벨 지원 요원도 있다.

2) 문제와 해결책 기록

문제를 기록하기 위해서 조직들은 콜 트래킹(call tracking or helpdesk software)이라는 소프트웨어 프로그램을 사용하는데, 사용자에게 편리한 그래픽 인터페이스로 문제와 관련된 모든 정보를 사용자에게 물어보게 되어 있는 프로그램이다. 각 문제에 대해 고유 숫자를 할당해서 콜러(caller), 문제이름, 해결하는데 드는 시간, 일반적인 해결책 등을 가지고 있다. 대부분 사용자는 이 프로그램을 쉽게 커스터마이징(customizing)해서 사용자의 네트워크 환경에 잘 맞게 구성해서 사용하는데 만일 정유회사에서 사용한다면 발전소의 유통통제 소프트웨어에서 있을 수 있는 문제필드를 추가할 수 있다. 문제를 자유롭게 텍스트 폼으로 입력하면 해결책을 알려주는 기능도 가지고 있고 어떤 것들은 웹폼 인터페이스를 가지고 있기도 하다. 일반적으로 이런 소프트웨어는 다음과 같은 사항들을 가지고 있다.

1. 문제를 알려온 사용자의 이름, 부서와 전화번호 등
2. 문제가 소프트웨어인지 하드웨어인지에 관한 정보
3. 문제가 소프트웨어에 관한 것이라면 패키지 명, 하드웨어에 관한 것이라면 장치나 구성요소 명
4. 처음 알았을 때 문제의 증상
5. 네트워크 지원요원의 이름과 전화번호
6. 문제를 푸는데 소요되는 대략의 시간
7. 문제의 해결책

보통 회사에서는 문제를 보고받는 헬프데스크를 운영하는데, 기초적인 지식을 가지고 있는 요원들로 구성되어 있다. 심각한 문제해결을 위해선 더 많은 지식과 네트워크를 잘 알고 있는 요원들이 필요하게 되는데, 헬프데스크 요원들이 문제를 제대로 잘 정리해서 넘겨주어야 문제해결이 빠르고 정확해질 수 있다. 하지만 네트워크 관리요원들은 헬프데스크 요원들이 일차적으로 기본적인 문제해결을 할 수 있도록 지원서비스 리스트(supported service list)를 제공해 주어야 하는데, 조직 내에서 지원받을 수 있는 소프트에어 패키지와 모든 서비스, 1차와 2차 레벨 지원요원의 연락처 등이 들어있다. 이런 것들이 네트워크에 문제가 있을 때 빠르게 처리하는 과정의 일부이다.

3) 변경통보

중대한 네트워크 문제를 해결한 뒤 콜 트래킹시스템에 해결책을 반드시 기록해 두고 다른 동료들에게도 알려서 중복되게 작업하지 않게 하며, 문제를 고치기 위해서 시행했던 변경도 기록하고 동료에게 알려야 한다. 변경기록은 매우 중요하다. 만일 150명의 사용자가 WAN으로 묶여 있는 네트워크에 세 곳 브랜치가 있고 5명의 네트워크 관리자가 있다고 하자. 회사 중역이 중요한 고객과의 미팅 때문에 한 브랜치에 가서 회사 재무표를 인쇄하려고 했는데 각 브랜치는 그 브랜치 사용자들만 네트워크 프린팅을 사용할 수 있게 설정해 놓아서 외부인은 인쇄가 불가능했다.

한 관리자가 이 문제를 연락받고 즉시 모든 사용자에게 네트워크 프린팅을 허용하게 했

지만 이런 사실을 다른 관리자들에게 알리지 않았다면 어떻게 될까? 사용자들이 주의하지 않으면 서울 브랜치에서 프린팅한 인쇄물이 부산 브랜치에서 나오는 등 엉망이 될 것이다. Guest계정으로도 인쇄할 수 있을 것이며, 외부인이 네트워크에 침입할 수 있는 보안문제도 만든 셈이 된다. 그래서 대규모 네트워크에서는 네트워크에서 변경된 것들을 문서화해서 중앙에서 관리하는 소프트웨어나 프로세스인 변경관리 시스템으로 변경을 추적하게 한다. 데이터베이스나 그래픽으로 변경을 표시해 둔 뒤 필요하면 되돌리거나 다르게 변경하게 한다. 작은 규모에서는 워드문서에라도 변경을 기록해서 언제든지 참고할 수 있게 해야 한다. 변경관리에는 다음의 것들이 포함된다.

1. 네트워크 서버나 장치에 가한 소프트웨어 업그레이드나 추가
2. 네트워크 서버나 장치에 가한 하드웨어요소 업그레이드나 추가
3. 새로운 서버 등 네트워크에 가한 새로운 하드웨어 추가
4. 네트워크 장치에 가한 서버의 호스트네임이나 IP주소와 같은 속성변경
5. 사용자 그룹에 가한 권한 증가나 감소
6. 물리적으로 가한 네트워크 장치 이동
7. 한 서버에서 다른 서버로 사용자 계정과 파일, 디렉토리 이동
8. 새로운 백업 스케줄이나 새로운 DNS서버 주소 등 프로세스 변경
9. 새로운 벤더정책이나 새로운 하드웨어 구입처 등 벤더와 관계 변경

사용자 패스워드 변경, 새로운 디렉토리 생성, 네트워크 드라이버매핑 변경 등과 같은 사소한 사항들은 기록할 필요가 없지만 회사마다 기록할 사항들을 정해두기도 한다.

1.12 장래 문제 예방

이제껏 알아본 네트워크 관리, 문서화, 보안, 혹은 업그레이드 등을 통해서 네트워크 문제는 피할 수 있다는 것을 알아보았는데, 모든 문제를 막을 순 없지만 많은 문제를 피할 수는 있다. 신체 건강처럼 네트워크 건강의 최상의 처방은 예방이다. 예를 들어 네트워크 리소스에 접근하는 사용자들의 권한에서 오는 문제를 피하기 위해서 다양한 그룹을 만들어 권한을 할당한 뒤 동료 관리자들에게 이런 그룹들을 만든 이유를 설명하고, 네트워크 세그

먼트의 과도한 사용을 예방하기 위해 네트워크 모니터링이나 필터링을 통해 문제를 구별하는 등 주기적으로 네트워크 성능을 체크하며, 네트워크 과부하를 막기 위해 추가적인 대역폭을 통신회사로부터 구입한다든지 함으로써 생길 수 있는 문제를 예방한다. 네트워크에 대해서 더 알수록 예방할 지식이 더 생겨나게 된다.

2 문제해결 도구들

네트워크 문제해결을 위한 몇 가지 도구들을 이미 살펴보았는데, 사용자 워크스테이션의 연결을 확인하기 위해서 네트워크상의 다른 호스트에 ping을 해보는 것 등이었다. 하지만 네트워크 문제를 좀 더 자세히 알아내기 위해선 전문적인 네트워크 도구들을 사용하는 것이 좋은데, 단일 케이블 문제를 알아내기 위해 연결성을 확인해주는 것부터 네트워크를 지나는 모든 패킷을 가로채서 보여주는 프로토콜분석기 등이 있다. 사용하는 네트워크의 특성과 알아내고자 하는 문제에 따라 사용하는 도구가 다르다.

2.1 크로스오버 케이블(Cross-over Cable)

크로스오버 케이블에는 커넥터의 송수신 와이어 쌍(pair)이 반대로 되어 있어서 중간에 연결 장치 없이 두 기기간의 연결을 확인하게 해준다. 노드의 NIC가 제대로 시그널을 주고받는지 빠르고 쉽게 알려주는데, 예를 들어 얼마 전부터 네트워크 연결이 끊어졌다 이어졌다 하다가 지금은 완전히 연결이 끊어졌다고 보고한 사용자에게 우선 그 사용자만 이런 문제를 가지고 있는 것인지 확인해본 뒤, 만일 그렇다면 사용자 워크스테이션의 하드웨어나 소프트웨어 문제이거나 허브 등의 연결에 문제가 있는 것으로 잠정 진단할 수 있다. 보통 관리자가 가지고 다니는 노트북에는 문제 진단 프로그램이 있으므로 사용자 워크스테이션의 NIC에 있는 케이블을 빼내어 관리자 노트북에 연결해서 작동이 되지 않으면 사용자 워크스테이션의 케이블에 문제가 있는 것으로 판단할 수 있는데, 이 경우 관리자 노트북대신 크로스오버 케이블을 끼워 테스트해 보아도 된다. 새로운 패치케이블로 바꿔주면 즉시 문제를 해결할 수 있을 것이다.

2.2 톤 제네레이터(Tone Generator)와 톤 로케이터(Tone Locater)

보통 네트워크 관리자는 통신실에 있는 포트나 회선 종단에 라벨(label)을 붙여서 용도와 변경을 쉽게 알게 하는데, 변경과 그 문서화에 많은 시간이 소비되므로 통신실의 상황을 제대로 문서화해놓지 못하는 경우가 많다. 이럴 경우 톤 제네레이터와 톤 로케이터를 사용해서 수백 쌍의 회선종단 중에서 한 회선의 문제를 알아낼 수 있는데, 톤 제네레이터는 회선 쌍에 신호를 발생시키는 작은 전자장치이고 톤 로케이터는 회선 쌍에서 전기적인 활동을 감지해서 신호를 발생시키는 장치이다. 케이블 한 쪽에는 톤 제네레이터를 물리고 다른 한쪽에는 톤 로케이터를 물려놓으면 회선이 끊어진 부분을 알아낼 수 있다. 물론 시행착오적으로 여러 회선에 물려보면서 신호가 나는 회선을 찾아내야 한다. 이 두 조합을 '팍스와 하운드(fox and hound)'라고도 부르는데, 톤 로케이터(사냥개)가 톤 제네레이터(여우)를 추적하기 때문에 붙여진 이름이다. 이것은 어디서 회선이 끊어졌는지 알려줄 뿐이지 케이블 특성이나 IEEE에서 정한 길이 이상 여부 등을 알려주지는 못한다. 하지만 톤 제네레이터를 네트워크에 물려있는 장치에 연결해서는 안 되는데, 전기를 이동시키기 때문에 네트워크 장치나 어댑터에게 손상을 줄 수 있기 때문이다.

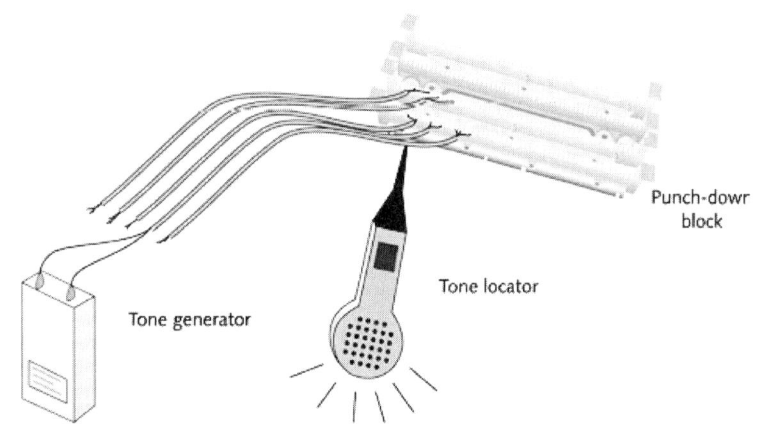

〈톤 제네레이터와 톤 로케이터〉

2.3 멀티미터(Multimeter)

케이블 테스팅도구는 케이블 설치뿐만 아니라 네트워크 문제해결에서도 유용한 도구인데, 불량한 케이블은 자주 문제를 일으키기 때문이다. 케이블이 불량하면 패킷을 잃어버리거나 네트워크 연결이 끊어지기도 한다. 가장 흔히 쓰이는 케이블 테스팅도구가 멀티미터인데 전지회로 점검과 저항, 전압 등을 재는데 사용된다.

〈멀티미터〉

네트워크 회선에서 신호를 만드는 전압을 잴 때는 볼트미터(voltmeter)를 사용하고, 흐르는 전류의 저항을 잴 때는 옴미터(ohmmeter)를 사용해서 측정한다. 또 전기회로의 신호 흐름을 통제하는 저항의 일종인 임피던스(impedance)도 옴미터를 사용해서 회선의 문제를 찾아내는데 쓰인다. 신호를 보내고 해석하기 위해서는 적당량의 임피던스가 회선에 있어야 하지만 너무 높거나 낮으면 회선에 장애가 있는 것이다. 이로 인해 흐름이 멈추거나 정지되는 곳이 표시되게 한다. 전압이나 저항, 임피던스 등을 따로 측정하는 기기를 사용할 수도 있지만 멀티미터를 사용하면 이들을 모두 측정할 수 있다.

멀티미터로 ① 네트워크상의 한 노드에서 다른 노드로 신호가 제대로 전달되는지, ② 회선에 잡음이 있는지(과도한 전압이 생김으로써), ③ 동축케이블에서 저항이 얼마나 되는지와 ④ 터미네이터가 제대로 작동되고 있는지, ④ 회선에 단락된 곳은 없는지(저항이 무한대로 나오거나 전압이 없어져서) 등을 측정할 수 있다. 멀티미터는 정밀도와 기능에 따라 여러 종류가 있는데, 단순히 전압만 재는 30달러짜리도 있지만 단락된 곳을 찾아주는 4,000달러짜리도 있다.

2.4 케이블 연결 테스터

물리층에 문제가 있는 여부는 케이블이 제대로 신호를 전달하고 있는지는 테스트해보면 간단히 알 수 있는데, 케이블의 연속성을 점검하는 이런 도구를 케이블체커(cable checkers) 혹은 연속성 테스터(continuity testers)라고 부르기도 하지만 그냥 케이블테스터라고 일반적으로 부른다. 케이블 성능도 측정할 수 있다. 연속성 테스터를 동축케이블에 사용할 땐 한쪽 끝(베이스유닛)에 소량의 전압을 준 뒤 다른 끝(원격유닛)에서 감지되는 전압을 측정하는데, 소리로 듣게 해주거나 인디케이터 불빛으로 표시해준다. 또 UTP/STP 회선 쌍이 TIA/EIA 568의 케이블 표준에 정해져 있는 대로 제대로 연결되어 있는지도 검사해 주고, 사용하는 케이블이 10Base-T, 100Base-TX나 1000Base-T 이더넷인지도 알려준다. 또한 광케이블을 측정할 수도 있는데, 회선에 전압을 만드는 대신 한 끝에서 빛 파장을 보내고 상대 끝에서 수신되는 것을 측정하는 방식이다. 광케이블과 동축케이블 모두에서 사용되는 테스터도 있다. 중요한 것은 연속성 테스터기를 연결 장치에 물려 놓은 채 케이블을 측정하면 안 된다. 대부분 가볍고 9V 배터리로 수 시간 사용할 수 있으며, 100~300달러 정도에 구입할 수 있다. Fluke, Belkin, Paladin이나 Microtest 등에서 제조하고 있다.

2.5 케이블 성능 테스터

케이블에서 전류 이외의 것을 측정하고자 한다면 케이블 성능 테스터기를 사용하면 되는데, 연속성 테스터와 정교함과 가격면에서 다르다. 성능 테스터기는 연속성 테스터기처럼 ① 연속성과 결함을 찾아내는데 사용되기도 하지만, ② 연결장치나 종단지점, 혹은 회선 단락지점까지의 거리측정과, ③ 감쇠, ④ 혼선, ⑤ 종단장치의 저항과 임피던스, ⑥ 그리고 케이블이 CAT3, 5, 5e, 6, 그리고 7 표준에 맞는 여부, ⑦ 프린터케이블의 테스트 결과, ⑧ 혹은 데이터베이스에 데이터저장의 성공과 실패여부, ⑨ 케이블 길이에 따른 감쇠와 혼선 등을 그래픽으로 표시해 준다.

정교한 성능 테스터기로 TDR(Time Domain Reflectometer)이 있는데, 케이블에 신호를 발생시켜 신호가 TDR로 되돌아오는 것을 측정하는 방식이다. 신호가 TDR로 오는 도중에 커넥터, 크림프(crimps), 구부러짐, 회선 단락(short), 케이블 매치 등에 오류가 있으면 신호가 변형되므로 돌아온 신호의 상태와 걸린 시간을 분석해서 케이블 결함을 알아낸다. 동축케이블 네트워크에서는 종단장치가 제대로 되어 있는지 검사해주고 노드와 세그먼트간 거리도 측정해준다.

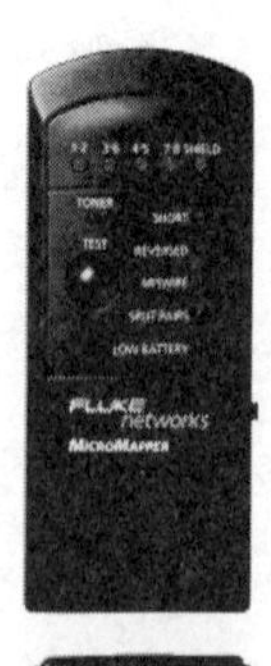

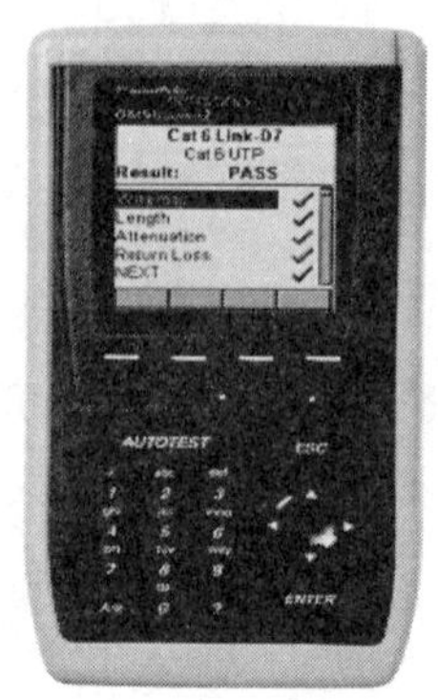

〈연속성 테스터기와 성능 테스터기〉

동축케이블과 UTP/STP 네트워크뿐만 아니라 광케이블 네트워크의 성능도 측정해 주는 OTDR(Optical Time Domain Reflectometer)도 있다. TDR이 하는 기능과 비슷하지만 전기신호를 발생하는 대신 서로 다른 빛 파장을 만들어서 측정한다. 정교함 때문에 동축케이블과 광케이블에서 사용되는 성능 테스터기는 연속성 테스터기보다 더 비싸서 5,000~8,000달러 정도 되고, 저가형은 1,000~4,000달러 정도면 구입할 수 있다. Fluke와 Microtest 등에서 생산한다.

2.6 네트워크 모니터

네트워크 모니터는 네트워크에 묶여있는 서버와 클라이언트 사이의 트래픽을 연속적으로 모니터해주는 소프트웨어 기반 도구이다. 보통 전송층에서 작동하는데 지나가는 각 프레임의 프로토콜을 잡아서 해석해주지만 안에 있는 데이터를 분석하진 못한다. 데이터를 붙잡아서 어느 순간의 네트워크 활동을 스냅샷하거나 일정기간 네트워크 활동을 기록해 나간다. 일부 NOS는 이 도구를 내장하고 있는데 MS의 Windows NT와 2000, Server 2003엔 Network Monitor가 들어있고, Novell의 NetWare 5.x와 6.x엔 NLM(NetWare Loadable Module)인 NETMON이 들어있다. 혹은 수백 가지 모니터링 도구들을 무료로 다운받을 수도 있다.

모니터링과 분석도구를 제대로 이용하려면 NIC를 브로드캐스트라고 볼 수 있는 불규칙 모드(promiscuous mode)로 설정해주면 해당 노드로 오가는 패킷뿐만 아니라 네트워크를 지나가는 모든 패킷을 볼 수 있는데, NIC가 지원해 주는 기종이어야 한다. 일부 모니터링 도구는 NIC 브랜드를 지정해 주기까지 한다. 네트워크 모니터링 도구는 대부분 기능이 비슷하고 그래픽으로 결과를 보여주는데, 보통 다음과 같은 기능들을 가지고 있다. ① 세그먼트의 네트워크 트래픽을 연속적으로 모니터하고, ② 세그먼트에 전송되는 네트워크 데이터를 잡아내고, ③ 특정노드에서 입출되는 프레임을 잡아내고, ④ 선택된 타입의 데이터와 전송량을 보임으로써 네트워크 상태를 재현하고, ⑤ 네트워크 활동에 관한 통계를 내준다. 또 ⑥ 세그먼트의 모든 네트워크 노드들을 보여주고, ⑦ 성능, 충돌률 등을 포함해 정상상태에서 네트워크 작동을 기록한 베이스라인을 세워주고, ⑧ 트래픽 데이터를 저장하고 보고서를 만들며, ⑨ 트래픽이 정한 수위를 넘으면 경고를 발하게 하는 등이다.

데이터를 캡처하면 네트워크 문제를 해결하는데 도움이 될까? 이제껏 잘 돌아가던 네트워크가 갑자기 9:00가 되었을 때 무척 느려졌다면 이유가 무엇일까? 이럴 때 한 워크스테이션에 5분마다 네트워크를 지나가는 모든 데이터를 캡처하게 설정해둔 네트워크 모니터링 도구가 큰 도움이 된다. 이제 캡처한 프레임을 분류하고 트래픽 크기에 따라서 노드들을 정렬하면 어느 노드가 엄청난 량의 패킷을 주고받는지(비디오 파일을 다운받는 등) 알 수 있으며, 서버에 해커가 침입해서 네트워크에 데이터 플러드(flood)로 공격하고 있는지도 알 수 있게 된다. 네트워크 모니터와 프로토콜 분석기를 선택하기 전에 이런 도구들이 구별해내는 데이터 에러를 알고 있어야 하는데, 다음은 비정상적인 데이터 패턴과 패킷이다.

1. 로컬 충돌(local collisions)－두 개 이상의 스테이션이 동시에 데이터를 전송할 때 빌생하는 충돌로, 이더넷에서 적은 수치는 문제가 없지만 이상할 정도로 높은 충돌률은 케이블이나 라우팅문제이다.
2. 지연 충돌(late collisions)－보통 네트워크에서 감지되는데 주소 재설정 등으로 지연되어 일반적인 윈도우타임이 넘는 충돌로, NIC나 트랜스미터에 결함이 있는 스테이션이거나 케이블 길이 등 구성이 잘못되어서 충돌이 너무 늦게 감지되는 경우에 발생한다.
3. 외소 패킷(runts)－매체의 최소크기보다 더 적은 패킷으로, 예를 들어 이더넷 패킷은 64-bytes보다 작으면 이 외소 패킷으로 보는데 충돌 때문에 발생한다.

4 거대 패킷(giants)－매체의 최대크기보다 더 큰 패킷으로, 예를 들어 이더넷 패킷은 1518-bytes보다 크면 거대 패킷으로 본다.

5 알 수 없는 패킷(jabber)－보통 전기신호를 제대로 처리 못하는 장치가 나머지 네트워크에 영향을 끼쳐서 만들어지는 패킷으로, 네트워크 분석기는 이런 장치를 구별해내서 패킷을 재전송하고 효율적으로 네트워크를 멈추게 한다. 보통 결함 있는 NIC 때문에 생기지만 외부 전기 간섭에 의해 만들어지기도 한다.

6 음성 프레임순서체크(negative frame sequence checks)－소스노드와 수신노드에서의 CRC(Cyclic Redundancy Check)값이 일치하지 않은 경우로 LAN 인터페이스, 케이블의 잡음, 혹은 전송문제 때문에 발생하는데, 특히 높은 음성 CRC 수치는 과도한 충돌이나 손상된 데이터를 전송하는 스테이션 때문에 생겨난다.

7 유령 패킷(ghost)－실제는 데이터 패킷이 아닌데 회선의 전압을 장치가 잘못 해석해서 데이터로 오해한 경우이다. 데이터 프레임과 다르게 시작구분자가 없다.

2.7 프로토콜 분석기

프로토콜 분석기는 네트워크 분석기로도 불리는데, 트래픽을 캡처하는 도구이지만 프레임도 분석하며 응용층에서 작동한다. 예를 들어 프로토콜 분석기는 TCP/IP를 사용하는 프레임을 구별할 뿐만 아니라 워크스테이션이 서버에게 ARP 요청을 했는지도 알아주고, 2진법과 16진법 프레임의 페이로드(payload)를 분석해서 우리가 이해할 수 있는 폼으로 해석해 준다. 이는 암호화되지 않은 패스워드가 네트워크를 통해 지나가면 이를 캡처해서 보여준다는 얘기이다. 대부분은 단독 PC에서 실행되지만 일부 프로그램은 설치할 NIC도 동봉되어져 있고 운영체제가 별도로 있기도 하다. 네트워크 모니터링 소프트웨어처럼 프로토콜 분석기 소프트웨어도 많은 발전이 있어 왔는데 대표적인 프로그램이 Ethereal이다. 프로토콜 분석기는 네트워크 모니터와 유사하게 작동하지만 네트워크 문제를 재현하기 위해서 트래픽을 만들어 내기도 하고, 동시에 여러 세그먼트를 모니터링할 수 있으며, 다양한 프로토콜과 토폴로지를 지원하며, 그래픽화면으로 네트워크 흐름을 쉽게 분석하게 해준다.

일부 프로토콜 분석기는 하드웨어 기반으로 작동하기도 하는데 그 선두주자가 Sniffer Technologies로 Sniffer라는 브랜드명으로 계속 발전시켜 왔는데, 자체적인 운영체제를 가지고 있으며 Windows에서 제공하는 장치드라이버가 아니라 자체적인 NIC 드라이버를 내장하고 있다. 네트워크 관리자들은 이 하드웨어 기반 프로토콜 분석기를 스니퍼라고 부른다. 랩톱처럼 생겼지만 자체적인 NIC와 분석프로그램을 내장하고 있다. 네트워크에 액세스해서 문제를 알아내는 것이 유일한 기능으로 다른 것들을 지원하지 않는다. 여러 용도로 사용자환경에 잘 맞게 되어져 있고 이더넷과 토큰링 네트워크를 주로 분석해주지만 어떤 것은 광케이블 시스템이나 무선네트워크에 적합하게 된 것도 있다. 가격은 보통 1만~3만 불에 이른다.

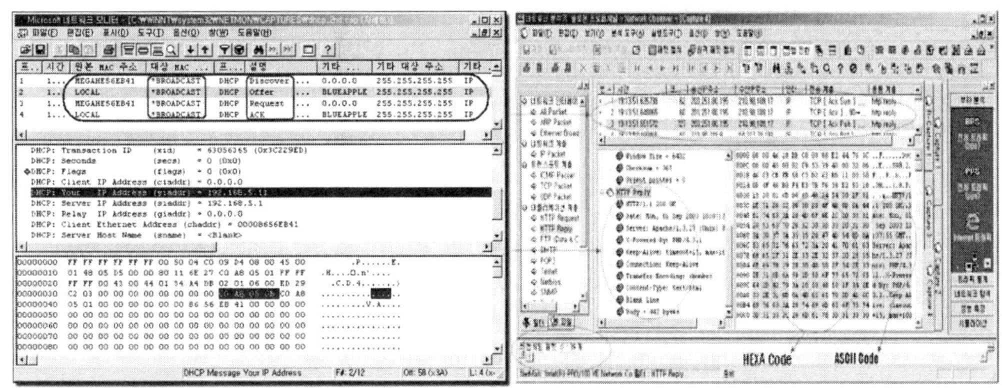

〈네트워크 모니터와 프로토콜 분석기 화면〉

프로토콜 분석기는 하지만 필요 이상의 정보를 모으기 때문에 때때로 위험하기도 하다. 이런 위험을 피하기 위해서 수집할 데이터에 필터를 걸어두는데, 예를 들어 어느 워크스테이션이 과도한 트래픽을 만들고 있다면 그 워크스테이션의 MAC 주소로 출입하는 패킷만 모으게 필터링을 걸 수 있고 게이트웨이의 TCP/IP가 의심스럽다면 게이트웨이의 MAC 주소로 출입하는 TCP/IP 프레임만 모으고 다른 프로토콜들은 무시하는 필터를 걸어두면 된다. 네트워크에 늘 다니는 트래픽에 관한 정보를 모으려면, 예를 들어 매일 아침 9:00와 12:00시 두 번 정기적으로 데이터를 모으는 것으로 필터해서 평균치를 보면 될 것이다. 이 데이터로 베이스라인을 구성하고 앞으로의 트래픽을 분석해 나가면 된다. 한 가지 주의할 것은 스위치는 네트워크를 포트별로 세그먼트하므로 프로토콜 분석기가 해당 포트의 세그먼트만 분석해서 효율이 떨어질 수 있다. 이럴 때는 스위치 구성을 변경해서 트래픽을 라우팅되게 하면 스위치의 모든 트래픽을 분석기가 감지할 수 있게 된다.

2.8 무선네트워크 테스터

케이블 연결 테스터기와 성능 테스터기는 당연히 네트워크상의 무선연결, 무선 스테이션, 혹은 AP에 대해서서는 알 수 없으므로 무선 NIC와 무선프로토콜에 대해서 알려주는 도구가 필요하게 된다. Windows XP 등에서 '무선연결'을 오른쪽 클릭하고 '상태'로 들어가면 '무선 네트워크연결' 화면으로 들어가게 되는데 [일반]탭에서 연결기간과 신호의 세기, 속도와 주고받은 패킷 수 등을 알 수 있다. 하지만 이 정보는 매우 제한적이고 로컬 워크스테이션에만 적용되므로 일정 지역 안에 있는 모든 AP와 무선스테이션의 무선신호를 감지해서, AP가 제대로 작동하고 있고 AP가 잘 위치하고 있으며 또한 주어진 주파수대에서 스테이션과 AP가 제대로 통신하고 있는지 등을 알아내는 도구가 필요할 수 있다. 어떤 프로그램은 AP와 스테이션 사이의 연결을 확인해주고 데이터 전송을 캡처해서 성능이 좋은지 오류가 있는지 보여주기도 하고 또 어떤 프로그램은 무선신호의 품질을 평가하는 스펙트럼분석기(spectrum analyzer)를 내장하고 있어서 어느 AP에서 가장 간섭이 큰지 알아내기도 한다. 이런 도구들은 AP 제조사에서 제공하거나 무료로 다운받을 수 있는데, 보통 다음과 같은 것들을 측정해 준다.

<무선네트워크 도구>

1. AP와 스테이션 사이의 전송과 통신하는 채널을 확인해준다.
2. 신호의 세기를 측정하며 AP의 범위를 알려준다.
3. 감쇠, 신호 손실, 잡음과 같은 것들의 영향을 표시해준다.
4. 신호세기 정보를 해석해서 적절한 AP 위치를 good이나 poor로 평가해서 표시해준다.

5 AP 사이를 이동할 때 적절한 연계를 이뤄준다.

6 무선 AP와 스테이션 사이의 트래픽교환을 캡처해서 해석해준다.

7 전송량을 측정해서 데이터전송 에러를 평가해준다.

8 주파수대로 각 채널의 특성을 해석해서 가장 깨끗한 채널을 표시해준다.

일부 회사는 랩톱보다 이동성이 더 좋고 무선네트워크의 상태를 평가하는 목적만 가진 측정도구를 만드는데 소프트웨어 도구처럼 무선신호 감지, 데이터 캡처, 스펙트럼분석 등 무선네트워크를 평가할 수 있는 모든 도구들이 간단한 그래픽 인터페이스로 내장되어 있다. 또 워크스테이션의 NIC보다 더 강력한 안테나를 가지고 있어서 건물전체나 각 층에서 무선신호를 잡아낼 수도 있다. 보통 무선 테스트도구는 무선네트워크의 문제해결뿐만 아니라 무선 LAN에서 최적의 AP 위치를 찾아주는 사이트 선택도구로도 쓰인다.

CHAPTER

12 네트워크 보안

CompTIA Network+

초기 컴퓨팅에서는 보안이 설정된 메인프레임이 중앙 호스트와 데이터 저장소 역할을 하고 제한된 권한을 가진 터미널만 접속할 수 있었기 때문에 네트워크 보안이 크게 문제되지 않았었다. 하지만 지금은 이기종(heterogeneous) 시스템들과 지리적으로 널리 분산되어 있는 네트워크로 인해 네트워크 오용이 더 많을 수밖에 없는 형태이다. 가장 크고 이기종이 많이 섞여 있는 네트워크가 인터넷이라고 알고 있으면 이해하기 쉬울 것이다. 수백만 곳에 이르는 접근점과 수백만 대의 서버, 수백만 킬로미터에 이르는 전송경로, 그러므로 수백만 곳의 취약점이 있게 마련이다. 너무나 많은 네트워크가 인터넷에 접속되어 있기 때문에 인터넷을 통해 수많은 이들이 어느 조직에 액세스해서 데이터를 훔치고 파괴할 수 있는 위협이 늘 도사리고 있다. 여기서는 네트워크 위협을 알아보고 그런 위협을 어떻게 다루며, 효율적인 보안정책을 통해 조직의 보안을 어떻게 설계하고 관리하는지 등을 살펴본다.

1 보안 감사(Security Audits)

네트워크 보안에 시간과 돈을 쓰기 전에 사용하는 네트워크의 보안위험에 대해서 먼저 알아야 한다. 네트워크에 가해지는 위험을 앎으로써 데이터나 프로그램 손실, 네트워크에 액세스할 위험 등을 파악해서 대책을 세워야 한다. 조직의 타입에 따라서 각각의 보안책이 마련되는데, 대규모 금융회사라면 모든 고객이 자신의 금융내역을 온라인으로 볼 수 있어야 하기 때문에 이런 데이터와 접속으로 인한 네트워크 위험도 더 커지게 된다. 만일 승인되지 않은 누군가가 네트워크에 들어와 다른 사람의 이런 자료를 보고 수정할 수 있다면 어떻게 되겠는가? 하지만 소규모 자동차 판매소라면 인터넷에 연결되지 않고 로컬 LAN으로 재고와 판매실적 자료만 관리할 것이므로 만약 승인되지 않은 누군가가 네트워크에 들어와도 크게 데이터에 관해 걱정할 일이 없을 수도 있다. 보안위험을 고려할 때 "무엇이 지금 위험한가?"와 "이 자료들이 없어지거나 손상되었을 때 어떻게 비즈니스가 유지될 수 있나?" 이 두 가지 기본적인 질문이 답이 될 것이다.

모든 조직은 보안 감사를 통해 보안위험에 접근하는데, 네트워크의 각 요소들을 점검해서 보호하는 방법을 결정하게 된다. 보안 감사는 적어도 매해 실시되어져야 하며 분기별로 실시되면 더 좋다. 특히 네트워크에 중대한 변경을 가한 뒤에는 반드시 실시해야 한다. 각 위협에 대한 보안 감사는 잠재적인 위험의 정도를 평가해서 있을 법한 경우를 대비하게 한다. 위협은 조직의 전체 네트워크를 다운시키거나 회사의 기밀문서를 빼가는 식으로 심각한 것일 수도 있고, 한두 사용자가 네트워크에 로그온해서 사소한 문서를 빼가는 정도로 미미한 것일 수도 있다. 위협의 정도가 심할수록 보안을 설정하는 기준도 엄격해져야 한다. 만일 IT부서가 충분한 기술과 시간을 가지고 주기적으로 보안 감사를 실시하고 있다면 최상이지만, 여의치 못할 때는 외부 컨설턴트에게 의뢰할 수도 있다. 오히려 외부인에게 의뢰하면 내부 네트워크를 너무 잘 알고 있는 내부인이 간과하기 쉬운 부분까지 객관적으로 네트워크를 진단해서 취약점을 알려줄 수도 있다. 비용은 들겠지만 회사가 보유하고 있는 데이터의 가치와 비교해보면 판단이 쉽게 서는 문제이다.

2 보안 위험(Security Risks)

자연재난이나 바이러스, 전력 끊김 등으로 인해 네트워크상의 데이터, 프로그램, 하드웨어가 손상을 받을 수 있지만 보안침해(security breach)도 역시 쉽고 빠르게 피해를 입힐 수 있다. 네트워크 보안을 관리하기 위해서 우선 네트워크가 입을 피해의 타입을 알아내야 하는데, 네트워크의 기술적인 관리운용의 실패도 있을 수 있지만 직원들의 무의식적인 패스워드 노출이나 보안정책이 제대로 시행되지 않아서 발생하는 문제도 있을 수 있다.

보통 용어 자체로 해커(hacker)는 컴퓨터 내부의 하드웨어와 소프트웨어, 프로그래밍을 잘 알고 있어서 자신의 컴퓨터 기술을 비범하게 사용하는 사람이라는 칭찬의 의미를 가지고 있는데, 이런 컴퓨터 기술로 데이터나 시스템을 파괴하는 사람은 크래커(cracker)라고 불린다. 요즘에는 해커와 크래커를 혼용해서 모두 '해커'로 부른다.

각 보안위협에 대해서 알게 되면, 그런 기술들로 자신의 네트워크가 얼마나 피해를 입을 수 있고 어떻게 막을 수 있는지, 또 다른 보안위협과 어떻게 관련되는지를 알게 된다. 강력한 침입자는 한 가지 기술로 네트워크에 들어와 두 번째, 세 번째 기술로 데이터와 시스템에 손상을 준다는 것을 알고 있어야 한다. 예를 들어 해커가 어느 사용자를 눈여겨보고 있다가 패스워드를 알아내거나, 패스워드 크래킹 프로그램을 사용해서 패스워드를 알아낸 뒤 시스템에 들어가 엄청난 트래픽을 일으키는 프로그램 등을 심어놓아 네트워크 연결 장치를 불통으로 만들어 놓을 수도 있다.

2.1 사람 관련

사람의 실수, 소홀, 성급함 등이 네트워크 침해사고 원인의 반 이상을 차지하는데, 해커가 네트워크에 침해할 때 사용하는 패스워드는 대부분 사용자에게 물어보고 얻어낸다고 한다. 예를 들어 침입자가 기술자인 척하며 직원에게 네트워크 문제를 해결하기 위해서 패스워드가 필요하다고 물어서 패스워드를 얻어내는 식이다. 이런 기법을 소셜엔지니어링(social engineering)이라고 하는데, 사교적인 관계를 이용하는 기법이기 때문에 붙여진 명칭이다.

다음과 같이 사람과 관련된 것들이 있다.

1. 침입자나 공격자는 패스워드를 얻기 위해 소셜엔지니어링이나 스누핑(snooping)을 사용한다.
2. 관리자가 파일서버에 액세스하는 사용자 ID나 그룹, 그들의 권한을 잘못 설정해서 파일과 로그온에 취약점을 만들기도 한다.
3. 관리자가 토폴로지와 하드웨어 구성을 보안에 취약하게 설정해 놓았다.

4 관리자가 NOS와 응용프로그램 구성을 보안에 취약하게 설정해 놓았다.

5 보안정책의 문서화와 적절한 협의를 하지 않아서 부주의와 실수로 파일과 네트워크 액세스에 취약점을 만들었다.

6 회사에 불만을 가진 이들이 파일과 액세스 권한을 남용한다.

7 네트워크에 로그온한 채 머신이나 터미널을 놔두어서 승인받지 않은 침입자가 그 머신으로 네트워크에 들어간다.

8 사용자와 관리자가 추측하기 쉬운 패스워드를 사용한다.

9 컴퓨터실의 문의 열어두고 나가서 침입자가 서버룸 등으로 들어간다.

10 디스크나 백업테이프를 일반 쓰레기통에 버린다.

11 관리자가 회사를 떠난 사용자의 네트워크 액세스와 파일 등에 대한 권한을 삭제하지 않았다.

12 사용자가 패스워드를 적어놓거나 알기 쉬운 곳에 붙여두었다.

사람은 실수를 하게 마련이고 여러 관계 속에 있으므로 해커는 이런 것들을 악용해서 가장 손쉽게 네트워크에 침입한다. 예를 들어 A씨는 최근에 은행에 다니다가 해고되었는데 회사에 많은 불만을 가지고 있다. 네트워크 관리자가 A씨의 네트워크 액세스 계정을 이미 없애버렸지만, A씨는 회사에 아직 친구들이 많고 절친한 친구의 패스워드와 로그온 ID를 알고 있다. 점심약속이라도 한 것처럼 회사에 들어와 친구의 머신에 앉아서 로그온하거나, 만일 회사가 WAN을 통해 원격액세스를 지원한다면 집에서라도 친구의 ID와 패스워드로 회사시스템에 들어가 이번 달 급료명세서를 삭제하거나 계좌이체를 시키는 등의 일을 저지를 수 있다.

2.2 전송과 하드웨어 관련

물리층, 데이터링크층, 그리고 네트워크층이 가지고 있는 고유한 보안위험이 있는데 이들 층에 전송매체, NIC, 허브, 이더넷과 같은 네트워크 액세스방법, 그리고 브리지, 스위치, 라우터 등 장비가 자리하고 있기 때문이다. 하지만 이들 층을 통한 침입은 고도의 기술을 가지고 있어야 한다. 예를 들어 스위치를 통해서 침입하려면 침입자는 스위치 포트에 스니퍼

(sniffer)와 같은 장치를 물려야 하는데 쉽지 않은 일이다. 그리고 이들 층은 하드웨어와 소프트웨어가 섞여서 작동되므로, 예를 들어 서로 다른 타입의 네트워크를 연결해 주는 라우터에 침입하려면 우선 하드웨어인 라우터의 취약점을 알아서 소프트웨어인 TCP/IP 플러드(flood)를 사용해서 라우터를 불능상태로 만들어야 한다.

다음은 하드웨어에 있는 고유한 위험들이다.

1. 전송이 가로채일 수 있다(무선 스프레드스펙트럼이나 광케이블 기반 전송은 가로채기가 좀 어렵다).
2. T1이나 DSL과 같은 공중망 임대회선은 건물이나 CO(Central Office)에서 원격 스위칭장비가 있는 지점인 Demarc에서 취약하다.
3. 전체 세그먼트에 브로드캐스팅하는 허브는 점대점으로 통신하는 스위치에 비해 더 취약하다.
4. 사용하지 않는 허브, 스위치, 라우터, 혹은 서버 등의 포트는 사용불가로 설정되어져 있어야 한다. Telnet으로 접근되는 라우터의 구성 포트가 취약할 수 있다.
5. 라우터에 의해 NAT 등으로 내부 서브넷이 감춰지지 않으면 외부에서 사용자의 사설 IP주소를 읽을 수 있다.
6. 네트워크에 원격접속을 위한 모뎀도 적절히 보호되어 있지 않으면 취약점이 된다.
7. 통신과 원격접속을 위한 전화접속 서버도 주의하지 않으면 외부에서 모니터링될 수 있다.
8. 중요한 데이터가 들어있는 서버가 오픈된 워크스테이션들과 같이 외부에 노출되어 있으면 위험할 수 있다.
9. 스위치, 라우터, 서버 등의 패스워드는 추측하기 힘든 것으로 되어져야 하는데, 만일 제품 출고시 디폴트세팅을 그대로 놔두었다면 너무 위험하다.

만일 해커가 도서관에 있는 데이터베이스 서버와 E-mail 서버를 해킹하고자 한다면 어떻게 할까? 우선 도서관의 서버는 외부에서 웹상으로도 서치가 가능하게 되어져 있으므로 포트스캐닝과 같은 프로그램을 이용해서 데이터베이스 서버의 사용 중이지 않으면서 열린 포트를 찾아내어 들어간 다음, 시스템파일들이나 데이터베이스 파일들을 삭제하는 프로그램을 심어두고 하루 이틀 뒤에 작동되게 할 것이다. 또 데이터베이스 서버에 패스워드크랙 프로그램을 실행해서 메일서버의 관리자 패스워드를 알아낸 뒤 메일서버도 같은 식으로 공격해서 마비시킬 수 있다. 포트 하나를 소홀히 관리해서 여러 시스템이 붕괴되는 큰 혼란이 초래된 셈이다.

2.3 프로토콜과 소프트웨어 관련

하드웨어처럼 소프트웨어도 안전하게 구성되어 있어야 한다. OSI 모델의 상위층인 응용, 표현, 세션, 그리고 전송층의 고유한 취약점을 알아보자. 앞에서 말한 바와 같이 하드웨어와 소프트웨어의 취약점을 명확히 구분하기 힘든데, 소프트웨어인 프로토콜이 하드웨어인 장치에 들어가 작동되기 때문이다. 예를 들어 하드웨어인 라우터가 적절히 구성되지 않으면 해커는 소프트웨어인 TCP/IP를 이용해서 네트워크에 액세스한다. 하지만 운영체제나 응용프로그램과 같은 소프트웨어에서는 조금 다른데, 대부분 관리자가 파일접근 권한을 잘 이해하지 못하거나 보안설정이 미숙해서 취약점을 만들었을 때만 가능하다. 아무리 최고의 암호화를 적용하고 서버룸에 보안장치를 하며 보안정책을 시행하고 패스워드를 강력하게 만들어도 승인받지 않은 사용자가 중요한 파일과 소프트웨어에 접근할 수 있다면 이것들이 아무 소용이 없다. 다음은 네트워킹 프로토콜과 소프트웨어에 있는 고유한 위험들이다.

1. TCP/IP는 몇 가지 취약점을 가지고 있는데, IP주소가 쉽게 잘못될 수 있고, 체크섬을 믿을 수 없으며, UDP는 인증을 필요로 하지 않고, TCP도 약한 인증만 있으면 된다.
2. 서버들 간의 신뢰관계가 오히려 전체 네트워크의 취약점이 되어 해커가 들어와서 전체 네트워크를 볼 수 있게 한다.
3. NOS는 시스템 보안의 결함이라고 할 수 있는 '백도어'를 만들어 두는데, 이것이 해커에게 이용당하면 심각한 문제를 일으킬 수 있다.
4. 서버 NOS의 명령어 입력창으로 그대로 놔두면 해커가 파괴적인 명령어를 실행할 수 있다.
5. 관리자가 NOS나 응용프로그램을 설치한 뒤 언제나 최적의 상태가 아닐 수도 있는 디폴트세팅인 채로 시스템을 운영한다면 문제가 클 수 있다. 예를 들어 디폴트인 Administrator 계정을 그대로 놔두면 해커에게 시스템의 반을 붕괴하게 만든 셈이다.

6 데이터베이스와 웹기반 폼 사이의 전송은 가로채이기 쉽다.

관리자가 소프트웨어를 설치한 뒤 디폴트세팅을 그대로 놔두면 안 된다. 예를 들어 네트워크 관리자로 일하고 있는 회사에 컴퓨터 전공 학생들이 시스템을 견학왔다고 하자. 대화 중 지루함을 느낀 한 학생이 Windows XP 컴퓨터에 앉아서 시스템을 보았는데 이 워크스테이션에 SQL 서버를 통제하는 관리자 소프트웨어가 실행되고 있었고 관리자가 SQL 서버의 관리자계정인 sa를 바꾸지 않고 디폴트인 채 놔두었다면, 또 이 SQL 서버는 설치 때 패스워드를 묻지 않으므로 디폴트로 패스워드도 없다. 따라서 학생은 sa로 SQL 서버 관리자로 패스워드 없이 로그온해서 SQL 서버에 있는 직원정보, 급료명세서, 기타 모든 자료를 보며 온갖 짓을 다 할 수 있다!

2.4 인터넷 액세스 관련

비록 인터넷으로 인해 일반인들도 해킹과 같은 네트워크 보안문제를 인식하기도 하지만, 실제 보안문제는 인터넷이라는 외적인 요인보다 인터넷을 사용하는 우리들의 내적인 요인에 의한다. 사용자들은 인터넷에 접속할 때 주의해야 하는데, 유명한 웹사이트도 스크립트를 실행하는 버그를 가지고 있어서 사용자들이 해당 사이트에서 서치하는 동안 스크립트에 쓰여진 대로 사용자 머신이 실행해서 해를 주는데 사용자의 정보를 빼가는 스크립트도 있다. 해커는 신기술로 접근하므로 전혀 예상하지 못했던 일이 생기기도 한다. 그러므로 늘 새로운 인터넷 관련 보안위협을 점검하고 패치 등으로 소프트웨어를 정기적으로 업데이트해서 인터넷을 현명하게 사용해야 한다. 인터넷 관련 보안문제는 다음과 같다.

1 방화벽이 적절하게 구성되지 않으면 시스템을 보호하지 못할 수도 있다. 외부인이 내부 IP주소를 얻어(IP 스푸핑(spoofing)을 통해) 인터넷을 통해 내부 네트워크에 정당하게 들어가기도 하며, 외부에서 내부 LAN으로 승인되지 않은 패킷을 들여보내 기본적인 방화벽의 기능을 간단히 무용지물로 만들 수도 있다. 방화벽을 적절히 구성하는 것이야말로 웹기반 공격을 막는 최적의 선택이다.

2 사용자가 인터넷을 통해 Telnet이나 FTP로 연결할 때 사용자 ID와 패스워드는 암호화되지 않은 평문장으로 전송되는데, 네트워크 모니터링도구나 사용자 로그온 메시지

만 보도록 고안된 프로그램이 이를 가로챈 뒤 나중에 정당한 사용자처럼 네트워크에 들어갈 수 있다.

3 해커는 뉴스그룹이나 메일링리스트, 혹은 웹상에서 작성된 폼에서 사용자 ID를 가로채서 알아내기도 한다.

4 사용자가 채팅룸에 로그온되어 있을 때 다른 네트워크 사용자가 알 수 없는 문자로 화면을 채우게 하는 명령어를 보낸 뒤 채팅에서 로그아웃하게 하는 플래싱(flashing) 공격을 하기도 한다.

5 해커는 인터넷을 통해 다른 시스템에 들어간 뒤 데이터 전송이 넘치게 해서 시스템이 기능을 발휘하지 못하게 하는 DoS(Denial of Service) 공격을 하는데, 예를 들어 분당 수천의 E-mail 메시지를 시스템에 보내는 식으로 간단히 할 수 있다. 이에 대한 대응은 공격당한 서버를 끄고 방화벽을 재구성해서 공격하는 머신의 신호입력을 막는 수밖에 없다. DoS는 소프트웨어가 제대로 기능을 하지 못할 때도 생기므로 네트워크 보안을 유지하기 위해서 정기적으로 소프트웨어를 업데이트시키는 것이 중요한 조치가 된다.

3 효율적인 보안정책

조직을 초토화시킬 수도 있는 네트워크 보안침해는 사람의 실수를 이용한다고 했는데, 잘 짜인 보안정책을 통해서 이런 상황을 최소화하는 방법을 알아보자. 보안정책이란 보안 목표, 위험, 인증수준, 보안대응팀 조직과 각자의 책임 등을 확인해주고 보안침해가 있을 때 어떻게 대응하는지 등을 정한 것인데, 하드웨어나 소프트웨어가 어떻게 설치되고 구성되어져야 하는지 또 어떤 구조와 프로토콜이 있어야 하는지 등은 규정하지 않는다. 이런 것들은 네트워크 관리자 등이 회사의 실정에 맞게 논의해서 정한다.

3.1 보안정책 목표

보안정책을 초안하기 전에 왜 보안정책이 필요한지 어떻게 조직에 도움이 되는지 등을 이해해야 하는데, 보안정책의 목표는 다음과 같다.

1. 승인받은 사용자들은 필요한 리소스에 접근할 수 있어야 한다.
2. 승인받지 않은 사용자들은 데이터, 프로그램, 혹은 시스템에 접근할 수 없어야 한다.
3. 조직 내부나 외부의 승인받지 않은 사용자들로부터 중요한 데이터가 보호되어 있어야 한다.
4. 하드웨어와 소프트웨어는 우발적으로도 손상을 입어서는 안 된다.
5. 하드웨어와 소프트웨어는 고의적으로도 손상을 입어서는 안 된다.
6. 네트워크와 시스템은 어느 타입의 위협에도 신속히 대응되거나 위협에 견딜 수 있는 환경으로 설정되어 있어야 한다.
7. 데이터 무결성과 시스템 보안을 유지함에 있어서 각 개인의 책임이 규정되어져 있어야 한다.

하지만 회사의 보안정책만으로는 컴퓨터와 네트워크에 대해 완전한 보호책이 될 수 없다. 보안정책의 목표를 정의한 뒤 이를 달성할 수 있는 전략을 세워야 한다. 우선 네트워크 관리자를 포함한 여러 부서의 매니저와 보안에 관련된 사람들로 구성된 위원회를 구성하는데, 더 많은 결정권자들이 모일수록 설정된 보안정책은 더 지지를 얻게 될 것이다. 이 위원회에서 보안 코디네이터를 임명하고 보안정책을 만들게 된다. 보안정책에는 조직의 특정 위험도 다뤄야 하는데, 이를 위해서 보안 감사를 실시해서 드러난 각 위협에 대한 정도와 발생 가능성을 평가하고 취약점을 알아내면 보안 코디네이터가 각 사람에게 위협의 레벨에 따라 대응하는 책임을 분배한다.

3.2 보안정책 내용

위협을 알아낸 다음 그것들을 관리할 책임이 할당되고 나면 정책의 틀이 만들어진다. 여기에는 패스워드 정책, 소프트웨어 설치 정책, 기밀문서와 중요문서 정책, 네트워크접속 정책, 원격접속 정책, E-mail 사용 정책, 인터넷 사용 정책, 모뎀 사용 정책, 원격지접속 정책, 컴퓨터룸 접근 정책 등이 포함될 수 있다. 이런 작업이 지루하기도 하지만 회사의 보안에 대한 입장과 비중을 실어주게 되므로 중요한 과정이다.

그 다음에는 사용자들에게 할 수 있는 일과 해서는 안 되는 일을 설명하고, 이런 것들이 회사의 보안에 어떻게 영향을 끼치는지 등에 관해 설명한다. 분명하고 정기적인 회의를 통해 보안의식을 제대로 갖게 한다. 보안침해 사례가 들어있는 사내신문을 만들어 정기간행물로 돌려도 직원들의 보안의식을 고취하는데 도움이 될 것이다. 혹은 '패스워드 정책'이나 '이상한 E- mail 메시지를 받았을 때' 등 사용자들에게만 해당되는 정책을 별도로 만들어 공지하면 보안에 대해 거부감 없이 자신들이 알아야 할 것들만 분명히 알 수 있게 되어서 효과가 더 있을 수도 있다. 특히 이 정책에는 보안으로 지켜져야 하는 기밀사항이 노출됐을 때 회사는 어떤 영향을 받게 되는지가 분명히 명시되어져야 하는데, 경쟁사가 유리하게 되고 회사는 고객들의 신뢰를 잃고 회사의 지위가 추락하고 회사의 기능이 마비된다는 것 등을 알려야 한다. 이런 기밀사항은 회사의 사장단이나 볼 수 있는 'top secret'과 기밀사항을 수정하고 만들 수 있는 이들만 볼 수 있는 'confidential' 등으로 분류되기도 한다.

3.3 대응정책

마지막으로 보안정책은 보안침해가 있을 때 계획적인 대응이 있어야 하는데, 대응팀이 있고 각자 역할이 주어진 구성원들이 보안정책, 위험, 조치들을 제대로 할 수 있어야 한다. 이들은 주기적으로 실제와 같은 훈련을 통해서 맡은 역할에 숙달되어 있어야 하는데 역할은 다음과 같다.

1. 최초자-문제를 처음 알거나 발견한 사람으로부터 연락을 받은 이로 기술지원 전문가를 연결해 주고난 뒤 매니저에게 보고한다. 사고 시간과 증상, 기타 관련 사항 등을 기록하는데 클라이언트나 사용자들의 전화를 받는 헬프데스크에서 주로 이 역할을 한다.
2. 매니저-매니저는 문제를 해결하는데 필요한 자원을 조정해주는 역할을 하는데, 내부에서 전문가를 찾지 못하면 외부에서 부를 수도 있다. 보안정책이 지켜지고 있는지와 조직 내의 모든 사용자가 이런 상황을 알고 있는지 등을 계속 모니터링하면서 발생한 문제를 홍보 전문가와 계속 협의한다.
3. 기술지원 전문가-기술지원 전문가는 문제해결에만 집중한다. 문제가 해결되면 어떤 조치를 취했는지 기록하고 재발 방지를 위해서 매니저와 협의한다. 규모가 있는 조직

에서는 이 부서에 많은 인원이 배치된다.

4 홍보 전문가-문제와 대응을 알고 있으며 조직의 홍보를 맡고 있다.

문제를 해결하고 나선 문제를 재검토하고 앞으로의 예방책을 찾아야 하고, 보안정책 이외에도 네트워크 설계, 운영체제 취약점, 물리적 취약점 등도 재검토해야 한다.

4 물리적 보안

네트워크 보안에서 중요한 일이 물리적 요소에 접근을 제한하는 것인데, 승인된 IT전문가만 서버룸에 드나들 수 있어야 한다. 보안정책으로 서버룸 통제를 규정했어도 서버룸을 잠궈두지 않으면 회사 방문객이 들어와 서버룸에서 장비를 훔치거나 데이터를 조작할 수 있다. 사실 서버룸만 중요한 것이 아니다. 허브나 스위치 같은 장치, 로그온된 워크스테이션, 회사 건물로 들어오는 수많은 회선들, … 모두가 보안에 포함되어져야 한다. 잠금장치는 물리적이거나 전자적일 수 있는데, 출입자는 전자 접근 배지(badge)를 착용하게 되어 있다. 이 배지는 소유자가 출입할 수 있도록 프로그램되어져 있는데 다음 그림을 참고하라.

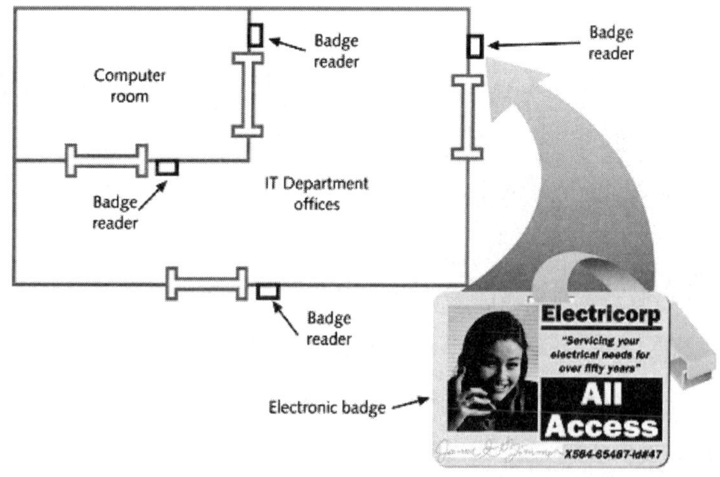

〈배지 접근 보안시스템〉

전자배지 접근시스템 이외에도 매우 저렴한 숫자패드 키록(key lock)도 있고 사람의 홍채(iris), 지문 등으로 출입자를 확인해주는 고가의 생체인식 접근시스템도 있다. 경비원이 있는 게이트, 철망, 벽 등도 보안장비라고 할 수 있다. 또 CCTV와 감시카메라(surveillance camera)가 컴퓨터실, 통신실, 자재실 등에 들어있어서 중앙 보안통제실에선 감시카메라나 CCTV에 연결된 여러 화면을 동시에 보고 보안침해를 즉시 알 수 있다. 비디오 녹화를 통해서 보안침해 시간과 장소, 사람 등을 기록해 둔다. 다른 보안조치와 마찬가지로 물리적 보안에서도 가장 중요한 것은 계획을 세워두는 일인데, 보안 감사 등을 통해 다음과 같은 질문들로 계획을 세울 수 있다.

1 보호되어져야 할 가장 중요하고 민감한 데이터가 들어있는 룸은 어디인가?
2 침입자는 컴퓨터룸, 통신실, 케이블룸, 데이터 저장실, 혹은 복도, 계단 등으로 들어와서 무슨 일을 하나?
3 승인받은 출입자는 어디까지 출입할 수 있나? 어디서 그들을 확인하나? 출입시간과 장소에 제한을 두나? ID나 키를 분실하면 어떤 순서로 누가 재발급하나?
4 직원들이 보안지역을 들고날 때 보안사항을 지키나?
5 보안카드 등은 위조하기 어렵나?
6 감독자나 보안요원들이 주기적으로 보안사항을 점검하나?
7 이런 여러 가지 접근제한 등이 항상 시스템을 보호해주나? 접근제한 방법이 자주 변경되나?
8 물리적 보안침해가 있을 때 대응방법이 문서화되어 있나?

그리고 머신이 노후해서 처분할 때 무엇을 잃을 수 있는지-하드디스크의 정보가 완전히 삭제되었는지 혹시 특수 프로그램으로 복원될 수는 없는지 등도 점검해 보아야 한다. 일부 전문가들은 하드디스크를 녹여버리라고 충고하기도 한다.

5 네트워크 설계상 보안

하드웨어에 물리적 접근과 연결 제한은 보안정책의 일부일 뿐이다. 컴퓨터룸의 통제를 아무리 강하게 하고 사용자들에게 아무리 강력한 패스워드를 사용하라고 요구해도 LAN이나 WAN이 어설프게 디자인되어 있으면 침해사고가 있을 수 있다. 내부 LAN을 외부침입으로부터 보호할 수 있는 최상의 방법은 내부 LAN을 외부와 연결하지 않는 것인데, 요즘의 비즈니스형태에서는 상상하기 힘든 일이다. 또 다른 방법으로는 모든 외부로 연결되는 LAN 포인트마다 제한을 가하는 것인데 하드웨어와 설계를 통한 보안으로 가능하다.

5.1 방화벽(Firewalls)

방화벽은 특수한 장비거나 특정 소프트웨어가 설치된 컴퓨터로서 네트워크를 지나다니는 트래픽을 거르거나 막는다. 방화벽은 보통 하드웨어와 소프트웨어의 조합으로 구성되는데, 두 사설 네트워크 사이나 사설 네트워크와 공개 네트워크(인터넷) 사이에 자리한다. 여러 종류의 방화벽이 있고 여러 가지 방법으로 구성될 수 있다.

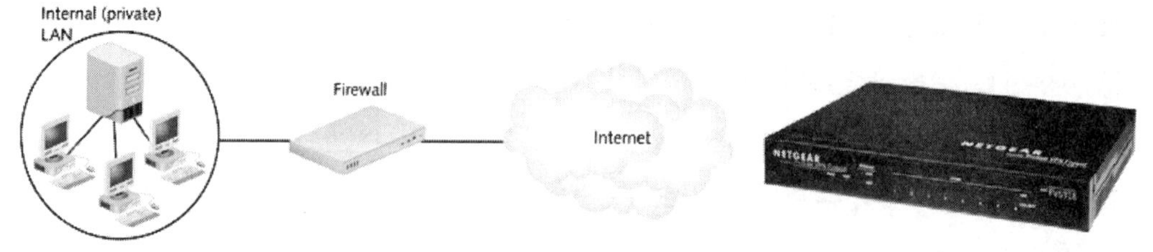

〈방화벽 구성과 방화벽 장비〉

가장 단순한 방화벽 형태가 패킷필터링(packet-filtering) 방화벽인데, 라우터 장비나 라우터 기능을 하는 방화벽 소프트웨어가 설치된 워크스테이션으로 들어오는 모든 패킷의 헤더를 점검해서 설정기준에 비춰보아 목적지로 보낼지 판단한다. 필터링 조건에 합당하지 않으면 방화벽이 패킷을 버리고 맞으면 목적지로 보낸다. 그래서 패킷필터링을 스크리닝(screening) 방화벽으로도 부른다. 소프트웨어 방화벽은 Linux에서 사용하는 IP Tables, Checkpoint사의 Firewall-1, McAfee사와 Symantec사의 Firewall 등이 있다. 패킷필터링 방화벽은 LAN으로 들어오는 트래픽을 막을 뿐만 아니라 LAN에서 나가는 패킷도 막을 수 있으므로 웜(worm) 등이 퍼져 나가는 것을 막아준다. 또 입력신호만 주로 받고 내보내는 신호가 거의 없는 웹서버에도 특정 타입으로 나가는 신호를 막아 놓을 수 있다.

방화벽은 보안에 위협을 줄 수 있는 대부분의 패킷을 막는 디폴트세팅을 가지고 출시되므로 네트워크 관리자는 사용 환경에 맞게 이를 수정해야 하는데, 추가적으로 포트를 막거나 포트로 들고나는 패킷의 허용여부 기준을 따로 정하는 식으로 통제한다. 여기에는 다음과 같은 허용과 거부 기준을 가지고 있다.

1 소스와 목적지 IP주소
2 소스와 목적지 포트(TCP/UDP 연결, FTP, Telnet, ARP, ICMP 등)
3 IP헤더의 플래그(SYN이나 ACK 등)
4 UDP나 ICMP 프로토콜을 사용하는 전송
5 새로운 데이터스트림이나 연속 패킷의 처음 패킷
6 사설 네트워크로 드나드는 패킷

이런 옵션을 토대로 네트워크 관리자는 방화벽을 구성해서, 예를 들어 "196.57"로 시작되지 않거나 해당 네트워크의 ID로 시작되지 않는 IP주소가 라우터나 서버로 가는 것을 막는다. 또 잘 알려진 FTP(포트20, 21) 포트 등을 라우터 설정으로 막을 수도 있다. 이렇게 함으로써 해커가 "196.57"로 시작하는 내부 IP주소를 알아내더라도 FTP포트 20으로 들어올 수 없게 된다. 방화벽에서뿐만 아니라 서버, 라우터 등 포트를 사용하는 어느 장치에서도 포트를 막을 수 있다. 예를 들어 웹서버를 설치하고 테스트하는 중이라면 포트 80을 막아서 누구도 들어오지 못하게 할 수 있다. 방화벽에는 패킷필터링 이외에도 다음과 같은 설정을 할 수 있다.

1 방화벽이 암호화를 지원하나?
2 방화벽이 사용자 인증을 지원하나?
3 방화벽이 SNMP와 같은 표준 프로토콜을 사용해서 중앙에서 통제하게 하나?
4 방화벽으로 드나드는 접속규칙을 쉽게 설정할 수 있나?
5 방화벽이 OSI 모델의 데이터링크와 전송층뿐만 아니라 최상위 층까지 필터링을 지원하나?
6 방화벽이 로그(logging)와 감사(auditing) 능력을 가지고 있나?
7 방화벽이 내부 LAN주소를 외부에 감춰주는 기능(NAT 역할)이 있나?

방화벽은 대부분 VPN에서 설정되는데, 만일 서울과 부산사무소에 VPN을 통해 연결한다면 부산사무소 LAN이 서울사무소의 트래픽만 통과시키기 위해서 인터넷과 부산사무소 사이에 패킷필터링 방화벽을 설치해서 서울에서 오는 IP와 일치되는 패킷만 통과시키도록 방화벽을 구성해주면 될 것이다. 마치 회원제 클럽에서 회원만 출입시키는 것과 마찬가지로 모든 출입자의 ID를 조사하지만 회원만 통과시킨다. 그렇다고 방화벽을 구매해서 사설 LAN과 인터넷 사이에 설치하면 보안이 증대될 것이라고 기대해서는 안 된다.

우선 어느 트래픽을 필터할지 결정하고 거기에 따라서 방화벽을 구성하는데만 몇 주가 걸린다. 너무 엄격해서 승인된 사용자가 데이터를 주고받기 힘들게 해서도 안 되고 너무 느슨해서 네트워크 침해가 있어서도 안 된다. 또 예외도 설정해 주어야 하는데, 예를 들어 서울 본사에 있는 인사과 직원이 부산사무소에 가서 직원을 뽑는다면 서울 본사에 있는 급료 명세서를 보기 위해서 부산사무소에서 서울 본사 서버로 접속해야 할 것이다. 서울 본사의 네트워크 관리자는 서울과 부산 사이에 있는 방화벽에 예외를 설정해서 인사과 직원이 사용하는 부산 워크스테이션의 IP주소가 일시적으로 서울 본사 방화벽을 통과하게 해주어야 할 것이다. 네트워크 전문가들은 이렇게 방화벽의 필터링 규칙에 예외를 허용하는 설정을 'punching a hole'이라고 부른다.

패킷필터링 방화벽은 네트워크층에서 작동하므로 오직 네트워크층만 검사하기 때문에 방화벽을 물리적으로 침해하는 것은 알 수 없다. 예를 들어 웹서버는 포트 80으로만 들어오는 요청을 받아들이기 때문에 패킷필터링 방화벽은 들어오는 패킷의 헤더만 보고 판단한다. 따라서 순수한 웹 서치를 위한 요청과 악의적인 목적을 가지고 웹서치를 하는 해커의 요청을 구별하지 못하기 때문에 더 나은 보안을 위해선 요청을 검사할 수 있는 더 상위층의 장비가 필요하게 된다.

5.2 프록시 서버(Proxy Server)

방화벽을 통해서 네트워크층과 전송층의 보안을 증가시키는 방법이 패킷필터링 방화벽과 프록시 서버를 조합해서 운영하는 것인데, 프록시 서버란 네트워크의 내부와 외부 사이에 위치하면서 드나드는 모든 요청 트래픽을 검사해서 중개하는 역할을 하는 네트워크 호스트에 설치된 소프트웨어이다. 프록시 서비스를 실행하는 머신을 프록시 서버라고 부르는데 응용층 게이트웨이나 응용프로그램 게이트웨이, 혹은 간단히 프록시라고도 부른다. 프록시 서버는 응용층에서 보안을 관리하는데 마치 대통령 대신 외무부장관이 각국을 다니며 대통령의 뜻을 전하고 대통령에게 전하는 뜻을 대신 받아오는 역할이 프록시이다.

프록시 서버는 내부 네트워크보다 인터넷과 같은 외부 네트워크에 표시된다. 비록 프록시 서버가 외부에서는 내부 네트워크의 서버 대신 표시되지만 실제로는 내부 LAN에 대한 또 다른 필터링 기능을 하는 것으로, 외부에서 내부 네트워크의 주소를 보지 못하게 하는 것이 주된 임무이다(이 점에선 NAT와 역할이 같다). 내부 LAN의 한 사용자가 인터넷을 통해 메일을 보낸다면 이 메일을 프록시 서버가 받아 자신의 IP주소를 헤더에 넣고 재구성해서 방화벽으로 보낸다. 방화벽은 이 재구성된 패킷을 받아 목적지로 보낸다(방화벽은 프록시 서버로부터 오는 패킷을 받게 설정되어져 있다). 중간에 누가 가로채더라도 실제 송신자의 IP주소는 알 수 없고 프록시 서버의 IP주소만 알 수 있을 것이다. 이 LAN에서 나가는 모든 패킷의 주소는 이 프록시 서버의 IP주소로만 표시된다. 이런 프록시 서버 소프트웨어를 만드는 회사로는 Squid(UNIX용), Novell의 BorderManager, 그리고 MS의 ISA (Internet Security and Acceleration) Server 2000 등이 있다.

또 프록시 서버는 파일을 캐시(cache)해서 외부에 있는 리소스에 액세스하는 속도를 증가시켜준다. 예를 들어 프록시 서버는 내부 LAN과 웹서버 사이에 있으면서 최근에 접속한 웹사이트들을 캐시해서 지니고 있다가, LAN 사용자가 웹서버로 해당 사이트를 보고자 하면 바로 꺼내서 보게 해줌으로서 요청이나 응답이 WAN을 타고 전달되는 시간을 줄여준다. 그래서 프록시 서버를 캐싱서버(caching server)라고도 부른다.

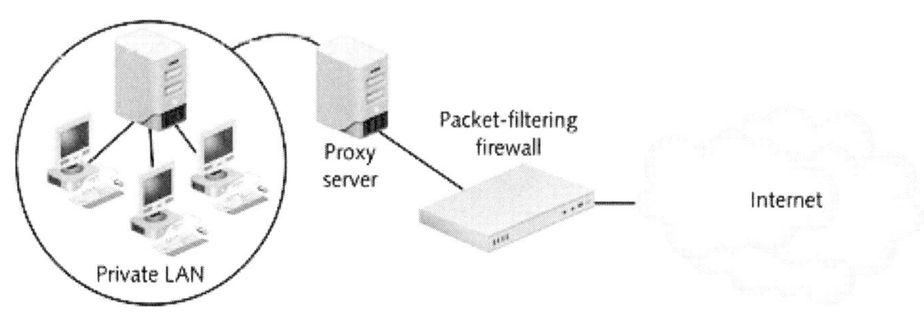

〈WAN에서 프록시 서버〉

보통 방화벽과 프록시 서버는 한 장치에 같이 들어있을 때가 많은데, 방화벽을 구매해서 특정 타입의 트래픽을 막는 방화벽 역할을 하게 할 뿐만 아니라 LAN을 떠나는 패킷의 주소를 변경시키는 프록시의 역할도 겸하게 한다.

5.3 원격접속(Remote Access)

많은 회사에서 직원들이 외부에서 이동하면서 업무를 보는 일이 많아지고 있는데 벤더들이나 통신회사, 영업이 주된 비즈니스인 업체에서 특히 그렇다. 그러므로 이들 직원들이 업무상 원격에서 LAN이나 WAN으로 회사 내부 네트워크로 들어오는 일이 많아지는데, LAN이나 WAN 접속점이 보안에 취약하므로 이를 위한 대책이 필요하다.

1) 원격통제(Remote Control)

원격통제 시스템은 원격지 사용자를 내부 시스템에 연결시켜서 시스템 리소스를 사용하게 하므로 보안이 중요해진다. 대부분 원격통제 프로그램(e.g, Symantec의 pcAnywhere 등)은 그래서 보안에 역점을 두고 있다. 원격통제를 허용하게 하려면 보안 감사를 통해 취약점을 알아내고 그것들에 대응하는 구성을 적절히 해주어야 한다. 대부분 보안 프로그램은 다음과 같은 특징을 가지고 있다.

1. 호스트 시스템에 들어가기 위한 사용자명과 패스워드가 있어야 한다.
2. 호스트 시스템에는 콜백(call back)기능이 있어야 하는데, 원격사용자가 호스트에 전화를 걸고 사용자명을 입력한 뒤 전화를 끊으면 호스트 시스템이 미리 정해져 있는 번호로(승인된 사용자의 모뎀번호로) 전화를 되걸어서 해커가 사용자 ID와 패스워드를 알아낸다고 해도 침입할 수 없게 한다.
3. 원격사용자와 호스트 시스템 사이의 전송을 암호화해준다.
4. 원격사용자가 작업을 마칠 때까지 호스트 머신의 화면이 빈 것으로 보이게 해서 우연히 지나가는 사람이 무슨 작업을 하는지 알지 못하게 한다.
5. 호스트 시스템에서 키보드와 마우스 조작을 못하게 함으로써 단순 터미널 역할로 원격 사용자에게만 반응하게 한다.

6 원격사용자가 연결을 끊으면 호스트 시스템을 재시작함으로써 원격 접속자가 로그오프하기 전의 세션을 다른 이가 보지 못하고 액세스하지 못하게 한다.

2) 전화연결 네트워킹(Dial-Up Networking)

원격접속의 또 다른 방법이 전화연결 네트워킹인데 원격서버에 전화로 연결하는 것이다. 전화연결 네트워킹은 원격통제와 다른데, 원격접속 서버를 통해서 연결된 원격 스테이션을 자신의 네트워크에 있는 머신처럼 보이게 한다. 전화연결 네트워킹 보안은 사용자 크레덴셜을 강력하게 확인해서 이뤄진다. 원격접속 서버는 다음의 특징을 가지고 있다.

1 사용자명과 패스워드로 인증한다.
2 모든 전화연결, 소스, 그리고 연결시간을 통제할 수 있다.
3 최초 연결 시 콜백 기능을 가지고 있다.
4 중앙에서 전화연결 사용자와 그 권한을 통제할 수 있다.

6 NOS 보안

네트워크 운영체제로 Novell을 사용하든지 MS, Mac, Linux 혹은 UNIX를 사용하든 간에 NOS는 네트워크에서 사용자의 권한을 제한하는 기본 보안설정을 하므로 서버에 사용자들이 액세스해서 이용할 수 있는 리소스가 무엇인지 알아야 한다. 이런 권한을 공개권한(public rights)으로 부르는데, 네트워크에 아무 위협을 주지 않고 마음껏 이용할 수 있기 때문이다. 하지만 이 공개권한의 범주는 매우 적어서 서버에 있는 프로그램을 보고 실행하거나 공유 디렉토리에 있는 파일에 읽기 권한이 주어지는 정도이다. 하지만 네트워크 관리자는 사용자들을 보안레벨에 의해 그룹으로 묶어서 추가적인 권한을 주기도 한다. 예를 들어 학교에서라면 학생들의 네트워크상 권한과 교직원의 권한은 다를 수밖에 없다. 그러므로 학생들을 그룹으로 묶어 파일을 읽는 권한만 주고 교직원들은 따로 그룹으로 묶어 파일을 관리하거나 수정하고 만들 수 있는 권한을 별도로 주어야 할 것이다.

6.1 로그온 제한

사용자가 서버의 파일이나 디렉토리에 액세스하는 것을 제한하는 것과 더불어 서버의 리소스를 사용하는데도 제한을 가해야만 한다. 다음은 네트워크 관리자가 네트워크 보안을 강화하는 예이다.

1 시간대-일부 사용자는 하루 일과시간에만 로그온할 수 있게 한다. 예를 들어 08:30~6:00로 제한을 두어서 승인받지 않은 해커 등이 획득한 사용자 ID로 늦은 시간에 로그온하는 것을 막는다.

2 로그온 총 시간-일부 사용자의 하루에 로그온해서 있을 수 있는 시간을 제한한다. 이렇게 함으로서 임시 사용자의 로그온에 대한 보안을 강화할 수 있는데, 예를 들어 일부 직원에게 훈련을 실시한다고 했을 때 훈련 프로그램을 관리자 서버에 두고 훈련생들의 계정을 만들어 하루에 총 4시간만 로그온하게 하면 쓸데없이 관리자 머신에 오래 머물지 못할 것이다.

3 소스주소-승인된 사용자가 있는 세그먼트나 워크스테이션에서만 로그온하게 허용한다. 이렇게 하면 외부에서 해커 등이 로그온을 시도하지 못할 것이다.

4 성공하지 못한 로그온 시도-보통 해커는 도용한 사용자명을 가지고 반복적으로 패스워드를 유추해서 여러 번 로그온 시도를 하게 되는데, 연속적인 로그온 실패를 3회 정도로 제한해서 시스템을 막아버리면 해커가 침입시도를 하지 못하게 될 것이다. 승인된 사용자가 3회 로그온 실패로 시스템에 들어갈 수 없게 되었다면 관리자에게 연락해서 승인 절차를 밟아 다시 로그온하면 된다.

6.2 패스워드(Passwords)

안전한 패스워드를 선택하는 것이 중요한데, 많은 사용자들은 기억하기 쉽고 짧은 패스워드를 여전히 사용하고 있다. 사용자에게 쉬운 패스워드라면 해커에게도 쉬운 패스워드가 될 것이다. 다음은 조직에서 사용하는 패스워드 전략이다. 특히 네트워크 관리자의 패스워드는 매우 중요하므로 주의해서 잘 선택해야 한다.

1. 새로운 프로그램이나 장치를 설치하고 나서 그것들에게 설정되어져 있는 디폴트 패스워드를 반드시 바꾼다. 예를 들어 라우터를 설치하고 나면 관리자 패스워드가 '모델명'이거나 '1234'일 때가 많은데 이를 바꿔준다.
2. 사용자명, 별명, 생일, 기념일, 애완동물 이름, 애들 이름, 배우자명, 사용자 ID나 전화번호, 주소 등 다른 이들이 유추할 수 있는 이름이나 숫자를 사용해서는 안 된다.
3. 사전에 나오는 단어를 사용해서도 안 되는데, 사용자 ID와 사전의 모든 이름을 조합해서 패스워드를 찾아내는 방식을 사전식 공격이라고 한다.
4. 패스워드를 8자 이상으로 정한다. 길면 길수록 더 좋다. 일부 관리자들은 8자 이상에서 최대 숫자까지 정하는 정책을 의무화하기도 한다. 16자 이상을 권한다.
5. 숫자와 문자를 섞어서 사용한다. - 이나 ! 와 같은 특수문자를 사용할 수도 있다. 또한 패스워드는 대소문자를 구별하므로 대문자와 소문자를 조합해서 만들어도 좋다.
6. 패스워드를 적어놓거나 다른 사람과 공유하지 않는다.
7. 적어도 60일마다 패스워드를 변경한다. 네트워크 관리자는 강제적으로 모든 사용자의 패스워드를 60일마다 변경하게 조치할 수 있다. 민감한 자료가 들어있는 서버 등에서는 더 자주 패스워드를 변경해 준다.
8. 패스워드를 재사용하지 않는다.

패스워드 만드는 법은 패스워드 정책에 따라 조직 구성원 모두에게 충분히 전달되어져야 한다. 사용자들이 복잡한 패스워드에 대해서 불평할 수도 있지만 회사의 기밀보호를 위한 일임을 잘 설득하면 될 것이다. 필자가 잘 알고 있는 어느 은행의 CIO는 다음과 같은 패스워드 전략을 일러주었다. 돼지띠에 08월 06일생이라면 패스워드를 Zero608PigDDi 식으로 정해서 쓴다는 것이다.

7 암호화(Encryption)

암호화란 알고리즘을 역으로 사용해야만(데이터 복호화(decryption)라고 함) 읽을 수 있게 데이터를 흩트려 놓는 포맷으로 만드는 알고리즘을 말한다. 암호화의 목적은 정보의 비밀성을 유지하는데 있다. 여러 종류의 암호화가 있는데 새로운 암호화 기법이 나오면 그를 크랙하는 코드도 나오기 마련이다. 암호화는 데이터 도난에 대비한 물리적 보안(e.g, 컴퓨터룸 보안장치 등)과 네트워크 설계를 통한 보안(e.g, 패킷필터링 등)에 이은 마지막 조치로 보면 된다. 암호화는 하드디스크와 같이 매체에 저장되거나 통신채널을 통해 전송되는 데이터를 보호하는데 다음과 같은 것을 보장해 준다.

1. 송신자가 전송한 뒤 수신자가 받기 전까지 데이터가 수정되지 않았다.
2. 데이터는 반드시 목적지 수신자만 볼 수 있다.
3. 목적지 수신자가 받은 데이터는 송신자가 보낸 그대로이며 중간에 침입자에게 가로채여지지 않았다.

7.1 키 암호화

가장 유명한 암호화 알고리즘이 키(key : 문자의 랜덤열(random string))를 원문장에 넣는 방식인데, 여러 가지 다른 방식으로 몇 번이고 반복해서 독특한 데이터 비트를 만들어낸다. 흩어진 데이터블록을 암호문(ciphertext)이라고 하며, 키가 길수록 암호문은 풀어지기 어렵게 된다.

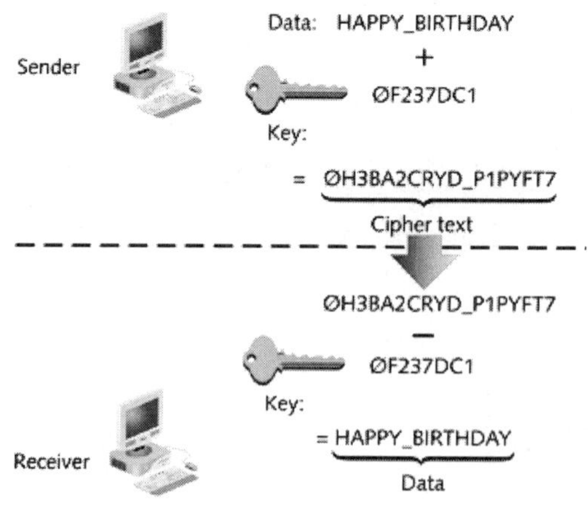

〈키 암호화와 복호화〉

예를 들어 128-bits키는 2^128개의 가능한 문자가 만들어지지만, 16-bits키는 2^16개의 문자만 만들어낼 수 있다. 해커는 암호화된 키를 무수한 문자조합으로 풀어보는 강제식 공격(brute force attack)으로 크랙하려고 시도한다. 16-bits는 별도의 복잡한 프로그램을 사용하지 않고도 풀 수 있지만, 128-bits는 시간도 오래 걸리고 풀기도 쉽지 않은 것이 당연하다. 1-bit만 추가되어도 2^1배만큼 크랙하기 어렵게 되므로 130-bits를 사용하면 128-bit에 비해 2^2배만큼 크랙이 어렵다. 키 암호화 과정은 암호화한 사용자나 프로그램만이 암호문을 풀 수 있게 되어 있고, 실제 키 암호화는 몇 번에 걸쳐 일어난다.

키는 필요한 만큼 랜덤하게 만들어지는데 암호화 소프트웨어가 암호화를 통제한다. 예를 들어 E-mail 프로그램이나 웹브라우저 프로그램도 데이터를 암호화하기 위한 키를 만들기도 하지만, 특별한 프로그램을 사용해서 키를 만들어 데이터가 전송되기 전이나 저장되기 전에 암호화해준다.

1) 사설키(Private Key) 암호화

키 암호화는 사설키 암호화와 공개키 암호화 두 가지로 나눌 수 있는데, 사설키 암호화에선 데이터가 송신자와 수신자만 아는 단일키로 암호화하므로 대칭식 암호화라고 부른다. 예를 들어 A가 비밀메시지를 B에게 사설키로 암호화해서 보낸다면 A는 이 키를 B와 공유해야 한다. A는 선택한 사설키를 메시지와 섞어서 암호화한 뒤 메시지를 B에게 보낸다. 이제 B는 암호화된 A의 메시지를 받으면 A가 사용했던 것과 동일한 프로그램(공유된 사설키)으로 메시지를 풀어서 원문을 읽는다.

가장 인기 있는 사설 혹은 대칭키 암호화는 Data Encryption Standard(DES([데즈]라고 발음)에 기반하고 있는데, 56-bits키를 사용하며 1970년대 IBM에서 만들었다. DES가 만들어졌을 때엔 56-bits 암호화로도 충분히 견고한 것이지만, 지금은 하루 이틀이면 크랙될 수 있다. 그래서 DES는 두 개 혹은 세 개의 다른 키를 사용해서 세 번 암호화하는 방법을 사용하게 했는데 Triple DES(3DES)라고 부른다.

AES(Advanced Encryption Standard)는 DES보다 더 최신 암호화 기법으로 128-, 160-, 192-, 혹은 256-bits를 사용해서 여러 번 암호화한다. 여기에 사용되는 알고리즘이 Rijndael로 이 기법을 만든 두 명의 벨기에 학자 Vincent Rijmen과 Joan Daemen의 이름을 딴 것이다. 이 AES는 DES보다 강력하고 3DES보다 더 빠르게 암호화하므로 고도의 보안을 요하는 군대통신에서 DES를 대체하고 있다.

하지만 사설키의 문제는 송수신자가 키를 공유해야 한다는 것인데, 예를 들어 송신자 A는 수신자 B에게 자신의 키를 말하거나 E-mail로 키 프로그램을 보내야 한다. 하지만 이 방법이 안전하지 않아서 공개키가 사설키와 함께 쓰이게 했는데 이를 공개키 암호화라고 한다.

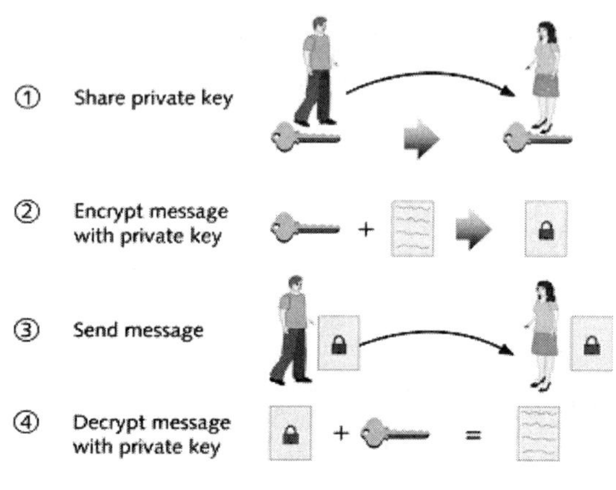
① Share private key
② Encrypt message with private key
③ Send message
④ Decrypt message with private key

〈사설키 암호화〉

2) 공개키(Public Key) 암호화

공개키 암호화에서 데이터는 두 개의 키를 사용하는데 하나는 사용자만 아는 사설키이고, 또 하나는 사용자가 공개하는 공개키이다. 사용자의 공개키는 사용자에게 물어보거나 공개키 서버를 사용하는 서드파티로부터 알아낼 수 있는데, 공개키 서버란 인터넷에 있는 공개적인 서버로 전화번호부처럼 누구나 볼 수 있게 공개키가 나열되어 있어서 누구나 액세스해서 사용자의 공개키를 볼 수 있다.

예를 들어 A가 공개키 암호화를 사용해서 B에게 문서를 보낸다고 하자. A는 이미 사설키와 공개키를 가지고 있는데, 공개키는 인터넷 공개키 서버에 저장해 두고 있고 사설키는 자신이 가지고 있다. A가 B에게 메시지를 보내기 전에 B는 반드시 A의 공개키를 알아야만 하므로, A는 B에게 공개키가 어디 있다고 말해주어야 한다. 이제 A는 메시지를 작성하고 공개키 서버에서 자신의 공개키를 가져와 작성한 메시지를 암호화 프로그램으로 흩어서 암호화된 메시지를 B에게 보낸다. B는 메시지를 받으면 B의 암호화 소프트웨어가 A의 공개키로 암호화된 메시지임을 알아채고(달리 말하면 공개키와 사설키가 서로 협력관계이다), A의 사설키로 메시지를 풀게 된다.

송신자 A가 작성한 메시지는 A의 공개키에 의해 암호화되어져 보내지고, 수신자 B는 A의 사설키로 복호화한다. 반대로 B의 메시지에 A가 암호화된 메시지로 답장하려면 A는 반드시 B의 공개키를 얻어야 한다. 이렇게 공개키와 사설키 조합을 키쌍(key pair)이라고 부른다. 사설키 암호화에서 A는 키쌍을 가지고 있지만 사설키만 지니고 있고 공개키는 B와 같이 자신에게 암호문을 보내고자 하는 일반에게 공개되어 있다. 공개키는 두 개의 다른 키를 요구하므로 비대칭 암호화라고 부른다.

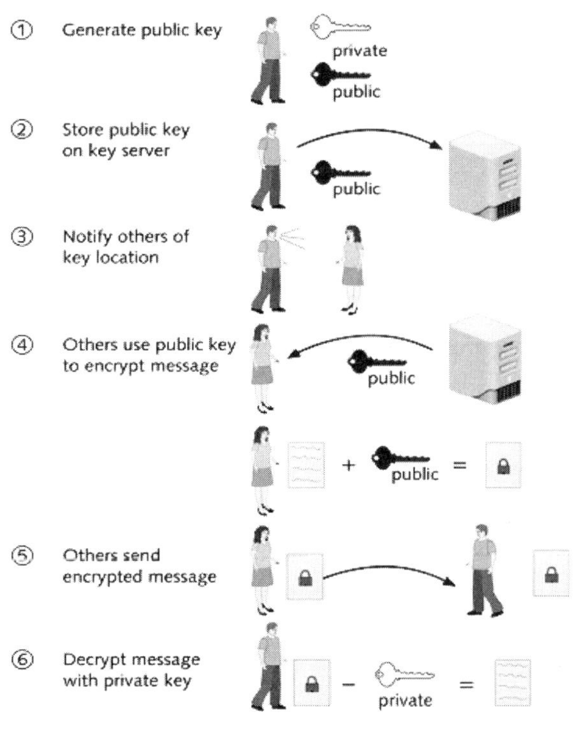
① Generate public key
private
public
② Store public key on key server
public
③ Notify others of key location
④ Others use public key to encrypt message
public
+
public
=
⑤ Others send encrypted message
⑥ Decrypt message with private key
–
private
=

〈공개키 암호화〉

사설 공개키의 이런 공개적인 성격 때문에 사설키보다 더 취약할 수도 있다. 그래서 공개키 알고리즘은 더 긴 키값을 사용하는데, 1975년 Whitfield Diffie와 Martin Hellman에 의해 최초의 공개(비대칭)키 알고리즘이 만들어졌는데 Diffie-Hellman으로 부른다. 또다른 유명한 공개키 기법이 1977년 Ronald Rivest, Adi Shamir, 그리고 Leonard Adleman에 의해 만들어졌는데 RSA라고 부른다. 이 기법은 1과 자신의 숫자 이외에는 나눠지 않는(소수라고 함) 두 개의 커다란 자연수를 선택한 뒤 서로 곱해서 키를 만들어 낸다. RSA는 인터넷 안전거래에서 사용되며 컴퓨터가 데이터 스트림을 만들어낼 때 이 키와 데이터를 여러 번 섞어서 키를 암호화하는 RC4와 연합해서 사용될 수 있다. RC4 키는 2,048-bits까지 늘어날 수 있고 매우 안전해서 E-mail과 Lotus Notes나 Netscape와 같은 웹브라우저에서 사용된다.

많은 사설키와 공개키, 공개키 저장소로 인해 사용자들은 더 쉬운 키 관리방법을 필요로 하게 되었는데, 전자인증서(DC : Digital Certificate)가 한 가지 방법이다. 전자인증서는 패스워드와 공개키와 함께 개인 확인정보를 가지고 있는 암호화된 파일인데, 전자인증서의 개인 공개키가 전자적 서명으로 송신자를 확인해 준다. 예를 들어 인터넷에서 VeriSign과 같은 인증서 제공자는 자신들의 서버에 사용자 A의 전자인증서를 저장하고 있다가(전자상거래에서 주문을 했을 때와 같이) 비용청구를 위해 사용자 A가 암호화된 메시지를 보내면 수신자에게 이 인증서를 통해 사용자 A의 청구가 맞는다고 보증해 준다.

7.2 PGP(Pretty Good Privacy)

보통 우리가 E-mail을 주고받을 때 별로 의심하지 않고 친구(실제로 그 친구로부터 온 것이 아닐 수도 있는데)로부터 온 메일을 받아서, 상대가 메일을 보낸 시간과 도착한 시간의 차이 등을 따지지 않고(중간에 누가 조작해서 보냈기 때문에 시차가 있을 수도 있는데), 메일을 열어본다. 실제로 메일 교환은 매우 안전하지 않다. 메일이 평문장으로 보내진다면 누구나 중간에 가로채서 읽을 수 있고, 수신자가 알고 있는 송신자인 척하며 메일을 보낼 수도 있다. 우습게도 사용자 A의 E-mail 주소인 hopus1@hotmail.com을 실제 사용자 A가 아닌 누구라도 이 주소를 사용해서 문서를 보낼 수 있다. 남의 휴대폰으로 전송자를 자기 이름으로 해서 보낼 수 있는 것과 마찬가지이다.

안전한 컴퓨터 E-mail 전송을 위해서 1990년대 초 컴퓨터 과학자인 Phil Zimmerman이 PGP를 개발했는데, E-mail 송신자를 확인해주는 공개키 암호화 시스템으로 전송중 E-mail을 암호화해준다. 지금 PGP는 공개소스와 벤더 종속적 소스 모두를 MIT에서 관리하고 있으며 출시된 이후로 E-mail 암호화에 널리 쓰이고 있다. PGP는 E-mail 이외에도 저장장치(하드디스크 등)에 있는 데이터도 암호화하며, 응용프로그램(인터넷 전화 등)도 암호화할 수 있다.

7.3 SSL(Secure Sockets Layer)

SSL은 공개키 암호화로 서버와 클라이언트 사이의 TCP/IP 전송을 암호화하는 기법인데, 웹페이지와 웹폼 데이터를 암호화한다. 예를 들어 전자상거래에서 주문정보는 대부분 SSL로 보내질만큼 널리 사용되고 있다. Netscape나 Explorer도 SSL을 포함하고 있다. 웹 서치를 할 때 HTTP로 시작되는 URL주소는 HTTP 프로토콜을 사용해서 포트 80으로 들어오는 요청을 처리한다는 뜻이고, 웹페이지 URL이 HTTPS로 시작되는 것은 SSL 암호화로 서버와 클라이언트의 데이터전송을 처리한다는 뜻으로 HTTPS는 포트 443을 사용해서 요청을 처리한다. 웹 서버와 클라이언트 사이에서 SSL연결이 이뤄지고 나면 클라이언트 브라우저의 상태표시줄 오른쪽 끝에 패드록(padlock)이 나타난다(나타나지 않는 브라우저도 있지만 대부분 유명한 브라우저는 표시해 준다).

〈패드록〉

서버와 클라이언트가 SSL 연결을 할 때마다 서버와 클라이언트는 서로 합의한 암호화로 유일한 SSL세션을 시작하는데, 클라이언트가 서버에 연결되어 있는 동안 계속해서 데이터를 안전하게 교환하게 한다. SSL세션은 SSL 안에 들어있는 몇 가지 프로토콜 중 하나인 SSL 협상프로토콜(handshake protocol)에 의해 만들어지는데, 클라이언트와 서버가 서로 인증하고 어떻게 안전하게 데이터를 교환할 것인지 정하게 한다. 예를 들어 웹에 연결해서 은행 URL을 통해 은행계좌를 열면 웹브라우저가 협상프로토콜로 SSL연결을 초기화하고 서버에게 client_hello라는 특수한 메시지를 보내는데, 클라이언트 브라우저가 어느 레벨의 보안을 지원하며 무슨 타입의 암호(e.g, Diffie-Hellman이나 RSA)를 풀 수 있는지 등의 정보가 들어있다. 또한 랜덤한 숫자를 만들어 클라이언트를 구별해주고 또 다른 숫자를 만들어 SSL세션을 구별해 준다.

이제 서버는 클라이언트의 요청을 잘 받았다는 확인과 암호화 방법 등에 동의한다는

server_hello 메시지로 응답하는데, 웹서버가 선택하는 암호화 방법에 따라서 클라이언트 브라우저에게 공개키나 전자인증서를 발급한다. 이런 것들에 서로 동의한 다음 서버와 클라이언트는 데이터를 교환한다. SSL은 원래 Netscape에서 개발했는데 IETF가 SSL을 TLS(Transport Layer Security)라는 프로토콜로 표준화한 뒤로 SSL은 여러 벤더에게서 사용되고 있다. IETF는 TCP전송뿐만 아니라 UDP전송에서도 사용되는 SSL을 개발하고 있다. Netscape 6.0과 Explorer 5.0 이상에서 지원하는 TLS은 SSL과 조금 다른 암호화 알고리즘을 사용하지만 대부분은 비슷하다.

7.4 SSH(Secure SHell)

원격연결을 통해서 호스트에 연결하는 TCP/IP 도구인 Telnet을 앞에서 알아보았는데, 예를 들어 네트워크 관리자가 회사의 어느 브랜치에서 본사의 라우터 설정을 변경해야 한다면 VPN 등에서 라우터에 Telnet으로 연결하고 명령어로 라우터 구성을 변경할 것이다. 하지만 Telnet은 연결에 보안이 거의 없으며(인증과정이 없음) 데이터 전송에도 보안이 없다(암호화가 없음). 하지만 바로 SSH가 이 두 가지 문제를 해결했다. SSH로 호스트에 안전하게 로그온해서 명령어를 실행하고 파일을 복사하거나 세션 동안 교환되는 데이터를 암호화해줌으로써 인증받지 않은 호스트의 접속, IP 스푸핑, 전송중 데이터 하이재킹, 그리고 해커가 자신의 호스트를 감추기 위해 네임서버 레코드를 위조하는 DNS 스푸핑 등을 막아준다. 버전에 따라 SSH는 DES, DES3, RSA, 케버러스, 혹은 다른 어떤 암호화 알고리즘도 사용할 수 있다.

SSH는 SSH Communication Security에서 개발했으며 사용에 따른 라이센스 비용을 요구하지만, 오픈소스인 OpenSSH가 모든 컴퓨터 플랫폼에 맞게 개발되어져 있다. 안전한 전송을 위해 SSH를 사용하려면 서버와 클라이언트 모두에게 설치되어져 있어야 하는데 UNIX에선 쉘 프롬프트, Windows에선 명령어 프롬프트로 Telnet처럼 사용할 수 있지만 그래픽으로 사용하게 하는 프로그램도 있다. SSH는 최근 UNIX, Linux, Mac OS X서버와 클라이언트 운영체제에 내장되어 있다.

Windows 기반 운영체제에서는 PuTTy나 Tectia와 같은 무료 GUI SSH 클라이언트를 다운받아 사용할 수 있다. 안전한 SSH연결을 이루기 전에 클라이언트 워크스테이션에 사설키와 공개키를 ssh keygen 명령어로(혹은 SSH 그래픽 프로그램에선 메뉴 선택으로) 발급받아야 하는데, 이 두 키는 하드디스크에 각각 다른 암호화된 파일로 저장된다. 그 다음 연결하고자 하는 호스트에게 공개키를 전송하고, 마지막으로 SSH로 호스트와 연결하면 된다. UNIX 기반에서는 slogin -l user_name host_name 명령어로 이뤄지는데, user_name은 클라이언트명이고 host_name은 연결하고자 하는 호스트명이다. 클라이언트와 호스트는 공개키를 교환해서 서로 인증하고 연결이 완성된다. 그래픽 기반에서는 SSH 클라이언트 응용프로그램의 메뉴 옵션에 따르면 된다.

SSH는 여러 가지로 구성할 수 있는데, 예를 들어 클라이언트와 서버 사이의 암호화에 여러 가지 암호화 방법 중 한 가지를 사용하게 하거나, 클라이언트가 패스워드와 함께 키를 넣게도 할 수 있다. 또 포트포워딩(port forwarding)을 통해 FTP와 같은 일상적인 전송을 안전한 "SSH-안전포트"로 전송하게 한다. 이런 것들이 SSH를 단순한 로그온과 파일전송 이상의 것이 되게 해서 HTTP트래픽을 안전한 SSH연결로 바꿔주게끔 되었다.

7.5 SCP(Secure CoPy)와 SFTP(Secure FTP)

OpenSSH는 SCP 도구로 확장되는데 호스트에서 파일을 안전하게 복사하게 한다. SCP는 사용자명과 패스워드를 전송할 때 암호화되지 않는 FTP와 같은 파일전송 프로토콜을 점차 대체해 나가고 있다. 따라서 대부분 UNIX, Linux, 그리고 Mac OS X서버와 클라이언트 운영체제에 SCP를 포함한 OpenSSH 패키지가 들어있다. Windows에는 SCP가 다 들어있지 않지만 WinSCP와 같은 무료 SCP 응용프로그램을 이용할 수 있다. SCP는 사용하기 쉬운데 UNIX 기반에서는 scp file_name1 file_name2(file_name1은 소스호스트에 있는 파일명이고, file_name2는 클라이언트로 옮겨지는 파일명이다)를 사용하면 된다. 예를 들어 서버에 있는 파일을 클라이언트 워크스테이션에 복사하려면, 서버에 있는 사용자명과 서버의 호스트명을 넣어주어 scp user_name@host_name: file_name1 file_name2하면 된다. 그래픽 기반에서는 SSH나 SCP 클라이언트 프로그램의 옵션 메뉴를 사용하면 된다.

만일 시스템이 OpenSSH를 사용하지 않는다면 SCP보다 SFTP를 사용하면 된다. SFTP는 SCP와 조금 다른데 파일복사 이외의 작업도 지원해준다. FTP처럼 SFTP도 우선 호스트와 연결을 설정하고 나서 원격사용자가 호스트에 있는 디렉토리, 파일 등을 브라우징해서 파일을 복사하게 한다. UNIX 기반에서는 sftp host_name을 쉘 프롬프트에서 입력해서 연결한 뒤 파일을 복사하려면 get file_name1 file_name2하면 된다. quit를 타자하고 엔터키를 누르면 세션이 종료된다. 그래픽 기반에서는 SSH나 SFTP 클라이언트의 메뉴 옵션을 따라하면 된다.

7.6 IPSec(Internet Protocol Security)

IPSec 프로토콜은 TCP/IP 전송의 암호화, 인증, 그리고 키관리를 정의하는데 IPv4를 개선한 IPv6의 표준이다. IPSec는 데이터스트림에 암호화를 거는 것이 아니라, 모든 IP패킷의 헤더에 보안정보를 추가해서 실제로 패킷 전체가 암호화되게 한 뒤 데이터를 전송한다. 그러므로 네트워크층에서 작동한다.

IPSec는 인증을 두 단계로 하는데 첫 단계는 두 노드가 사용할 키에 관해 동의한 키 관리로 UDP 포트 500에서 실행되는 서비스인 IKE(Internet Key Exchange)를 사용한다. 두 노드가 키 타입에 동의하면 IKE가 두 번째 단계인 암호화를 시작한다. 여기서 IPSec는 두 가지 타입의 암호화를 사용하는데, 공개키를 사용해서 IP패킷의 데이터 페이로드를 인증해주는 암호화 기법인 AH(Authentication Header)와 ESP(Encapsulating Security Payload)이다. EPS는 IP패킷 전체를 암호화해서 보안을 더욱 높인다. IPSec는 TCP/IP 전송에서 사용되지만 라우터와 VPN과 같은 장치에서도 쓰인다. VPN은 취약한 공개망을 통해 데이터를 전송하므로 엄격한 암호화와 인증이 필요하다.

8 인증 프로토콜

인증(Authentication)이란 사용자의 크레덴셜(보통 사용자명과 패스워드)을 확인하는 과정으로, 사용자에게 네트워크에 있는 리소스에 접속할 수 있는 권한을 준다. 인증 프로토콜에는 몇 가지가 있는데 어떤 암호화 기법을 사용하느냐에 따라 다르다.

8.1 RADIUS와 TACACS

전화접속 연결이 있는 곳에선 사용자 ID와 패스워드가 관리되어야 하는데, 사용자를 인증하는 이 서비스를 RADIUS(Remote Authentication Dial-In User Service)라고 한다. RADIUS는 UDP를 사용해서 중앙에서 여러 사용자들을 관리하는 IETF 표준방식으로 인증만 전담하는 RADIUS 서버와 원격액세스 서버에 설치되는 소프트웨어를 말한다. 하지만 RADIUS가 원격액세스 서버(RAS : Remote Access Server)의 기능을 대신하는 것이 아니라 사용자 로그온 때 RAS와 함께 작동하는 것이다. RADIUS는 전화연결 네트워킹에서 주로 사용된다.

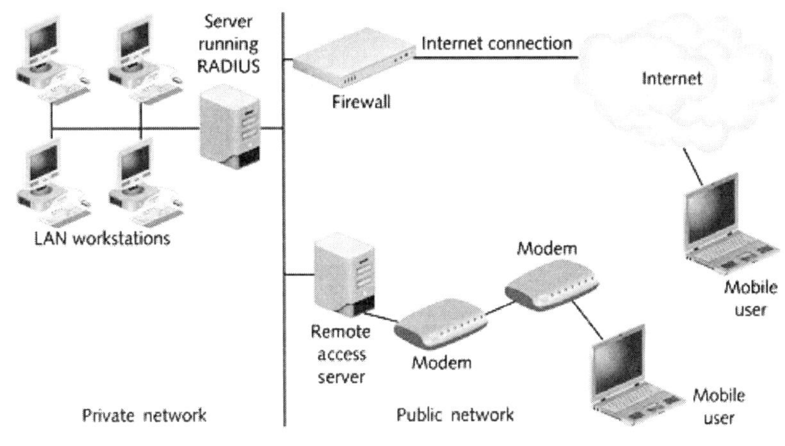

〈중앙식 인증을 담당하는 RADIUS〉

RADIUS 서버는 매우 스케일러블해서 수백 대의 모뎀도 수용할 수 있으므로 ISP가 이 RADIUS 서버를 사용해서 수많은 사용자들을 전화연결로 인터넷에 접속하게 하며, 여러 조직들도 원격과 모바일 사용자들을 위해서 이 방식을 사용한다. 또 RADIUS는 사용자 ID와 패스워드를 평문장으로 전송하지 않아서 더 나은 보안 인증을 제공한다. RADIUS는 UNIX, Linux, Windows 그리고 NetWare 네트워크에서 작동한다. 이와 유사한 리거시한 중앙인증 방식에 TACACS(Terminal Access Controller Access Control System)이 있다.

8.2 PAP(Password Authentication Protocol)

원격접속 프로토콜로 오래된 PPP(Point-to-Point Protocol)가 있는데 데이터링크층에서 작동된다. 하지만 PPP만으로는 안전한 연결을 제공하지 못하기 때문에 인증 프로토콜을 따로 필요로 하게 된다. 실제로 PPP와 함께 작동하는 여러 프로토콜이 있다. PAP에서는 PPP를 통해서 서버와 연결된 클라이언트가 암호화되지 않은 평문장으로 인증을 요청한다. 서버는 사용자 데이터베이스에서 요청한 사용자를 비교한 뒤 일치하면 인증승인을 보내서 클라이언트의 서버접속을 허가하는 2단계 방식을 사용한다. PAP는 공격자가 강제식공격(brute force attack)으로 크레덴셜을 풀어낼 수도 있는 평문장으로 전송하는 단순인증 프로토콜로써, 안전한 방식이 아니라서 최근에는 별로 사용되지 않는다.

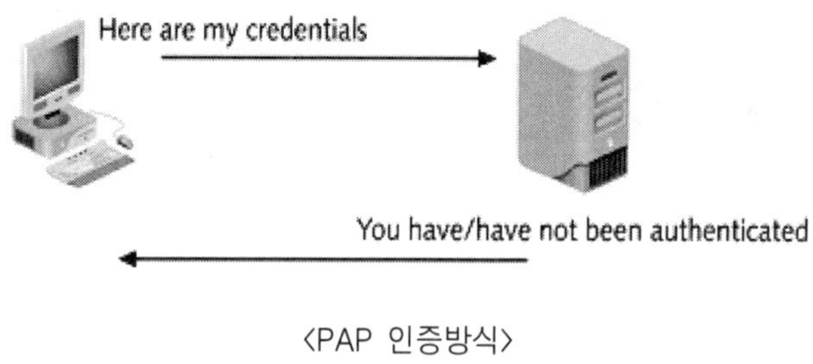

〈PAP 인증방식〉

8.3 CHAP와 MS-CHAP

CHAP(Challenge Handshake Authentication Protocol)도 또 다른 PPP의 인증 프로토콜인데 PAP와 다르게 사용자명과 패스워드를 암호화해서 서버에게 요청한다. PAP는 2단계이지만 CHAP는 3단계로 인증하므로 세 방향 협상(three-way handshake)으로 부른다. CHAP에서는 우선 클라이언트가 원격서버에 전화연결 PPP를 통해 연결되면 서버는 클라이언트에게 챌린지(challenge)라는 임의의 문자열을 만들어 보낸다. 두 번째 단계로 클라이언트는 이 챌린지에 패스워드를 실어 암호화한 뒤 새로운 문자열로 서버에 보내는데, 서버도 한편으로 클라이언트가 사용하는 것과 같은 암호화 방식으로 클라이언트의 패스워드와 챌린지를 합친 문자열을 암호화해둔다. 세 번째 단계에서 서버는 클라이언트가 보낸 암호화된 문자열과 자신이 가지고 있는 암호화된 문자열을 비교해서 일치하면 클라이언트를 승인하는 방식이다.

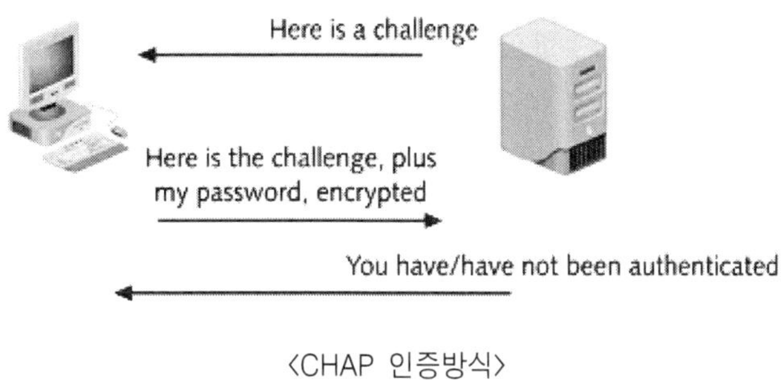

〈CHAP 인증방식〉

PAP에 비해 CHAP는 패스워드를 평문장으로 보내거나 패스워드만 암호화하지 않는다. 이것과 유사한 방식이 MS-CHAP인데 MS가 Windows기반에서 사용하게 개발한 것이다. 하지만 CHAP과 MS-CHAP인증도 네트워크에서 가로채여져 암호화된 패스워드가 풀릴 수 있다. 이를 대비해서 MS는 MS-CHAP v2를 내놓았는데, 수신자 서버와 송신자 클라이언트에서 같은 암호화 문자열을 사용하지 않고 상호인증 방식을 사용하게 했다. 상호인증(mutual authentication)이란 양쪽에서 서로의 크레덴셜을 인증하는 방식인데, 서버가 클라이언트를 인증하듯이 클라이언트도 서버를 인증해서 한층 강화된 암호화 인증을 제공한다. MS-CHAP v2는 Windows 98, NT 4.0, 2000, XP, Server 2003에서 VPN연결에 사용되지만 Windows 2000, XP, Server 2003은 전화연결에도 MS-CHAP v2를 지원한다. Windows XP는 디폴트로 PAP, CHAP, MS-CHAP, 그리고 MS-CHAP v2를 전화연결에 지원한다.

8.4 EAP(Extensible Authentication Protocol)

EAP도 PPP계열의 프로토콜인데 앞의 PAP이나 CHAP와는 다르게 인증 프로토콜이 아니라 서버와 클라이언트를 인증해주는 메커니즘이다. 자체적으로 암호화와 인증을 실행하지 않고 다른 인증과 암호화 기법과 연동된다. CHAP처럼 EAP도 서버와 같은 인증자를 필요로 하는데 여러 요청을 클라이언트에게 보내서 인증을 진행한다. 인증서버는 처음 요청에서 클라이언트에게 어느 인증타입을 요청하고 이어서 인증정보를 요청한다. 클라이언트는 서버가 요청한 대로 지정된 포맷으로 정보를 보내서 서버의 요청과 일치하면 인증된다. EAP는 매우 유연해서 최근의 모든 운영체제에서 지원된다. 예를 들어 비록 전형적인 크레덴셜이 사용자명과 패스워드지만 EAP는 망막이나 지문과 같은 생체인식도 사용하게 해서 신기술과도 잘 적용되며 무선암호화도 지원한다. 무선 LAN인 경우 EAP는 리거시한 암호화와 인증 프로토콜을 사용해서도 더욱 안전한 연결을 무선장치들에게 제공할 수 있다.

8.5 케버러스(Kerberos)

케버러스는 클라이언트를 확인해주고 클라이언트가 로그온한 뒤 안전하게 데이터를 교환하게 키 암호화를 사용하는 교차 플랫폼 인증 프로토콜이다. 사설키를 이용해서 암호화하는데 NOS의 암호화에 비해 월등한 보안을 제공해준다. NOS에서는 클라이언트가 NOS 내의 데이터베이스에 있는 자료와 비교되어 인증되지만, 케버러스는 자동으로 클라이언트를 신뢰하지 않고 마치 해외에 들어갈 때 패스포트로 상대를 신임하듯이 서드파티에게서 인증을 받아올 것을 요구한다. 케버러스 통신은 사용자를 인증할 뿐만 아니라 네트워크에 있는 어느 장치에 의해서도 복호화되지 못하는 암호화를 지원한다. 클라이언트가 케버러스를 어떻게 사용하는지 이해하기 위해서 몇 가지 용어를 알아야 한다.

처음 클라이언트 인증을 위해 키를 발급하는 서버를 KDC(Key Distribution Center)라고 하며, KDC는 클라이언트가 자신을 증명하는데 사용할 임시 크레덴셜인 티켓(ticket)을 발급하는 AS(Authentication Service)를 실행시키는데 티켓은 최초 확인을 하는데만 사용되므로 일반 키와 다르다. 케버러스 클라이언트를 본인(principal)이라고 부른다.

케버러스는 액세스하고자 하는 클라이언트를 서버에 연결시켜주는 일을 하는데 서버와 클라이언트 둘 다 인증서비스에 키를 등록해야 한다. 예를 들어 사용자 A라는 본인과 theBaes라는 서버가 있을 때 사용자 A는 평상시처럼 네트워크에 로그온한 뒤 본인명과 패스워드로 케버러스 인증서버에 로그온을 시도하면(하지만 Windows 2000 Server와 Server 2003에서는 KDC가 디폴트로 사용자의 도메인 컨트롤러이기 때문에 별도의 케버러스 인증서버에 로그온할 필요는 없다), KDC는 사용자 A가 자신의 데이터베이스에 들어 있고 올바른 패스워드를 제공했기 때문에 KDC에서 실행되는 AS가 랜덤하게 세션 키(session key) 두 개를 생성해서 하나는 사용자 A에게 주고 또 하나는 theBaes 서버에게 준다. 또 사용자 A가 theBaes 서버 서비스를 사용할 수 있게 티켓을 발급하는데, 사용자 A의 사설키에 의해 복호화되는 서비스키가 들어 있다. AS가 이 티켓을 사용자 A에게 보내면 사용자 A는 사설키로 이 세션키를 복호화해서 자신의 요청에 관한 타임스탬프(time stamp)를 만들고, 복호화한 세션키로 타임스탬프를 암호화한다. 암호화된 이 타임스탬프가 인증자(authenticator)이다. 이 타임스탬프는 정말 theBaes 서버 서비스 이용이 사용자 A의 요청에 의한 것인지 티켓을 확인해준다. 다음으로 사용자 A는 티켓과 인증자를 케버러스 인증서버에게 보낸다. 서버 서비스는 사설키로 이 티켓을 복호화하고 세션키로 인증자를 복호화하면 마지막으로 KDC는 서버 서비스 요청자가 사용자 A 본인이라는 것을 확인해준다. 이것이 게버러스 인증절차인데, 사용자가 서버 서비스요청을 할 때마다 이런 긴 절차가 진행되어야 하는 복잡함 때문에 케버러스는 KDC에서 실행되는 별도의 AS인 TGS(Ticket-Granting Service)라는 응용프로그램을 개발했다.

클라이언트가 새로운 서버 서비스를 요청할 때마다 TGS에게 새로운 티켓 발급을 요청할 필요없이 TGS가 클라이언트에게 TGT(Ticket-Granting Ticket)을 발부한다. 클라이언트는 TGT를 받은 뒤 어느 때라도 서버 서비스요청을 할 때 AS가 아니라 TGS에게 요청해서 응답을 받는데, 사용자의 개인키가 아닌 AS가 TGS와 함께 사용하게 한 세션키로 티켓을 암호화한다. 이 응답 안에는 일반 서비스에서 사용될 수 있는 세션키가 들어 있다. 나머지 과정은 위에서와 같다. 케버러스는 MIT에서 개발되었고 무료로 코드를 제공해서 여러 소프트웨어 벤더들도 Linux처럼 자신들의 케버러스 버전을 가지고 있다.

9 무선네트워크 보안

무선전송은 특별히 도청에 취약한데, 예를 들어 해커는 무선네트워크 시그널을 찾아내기 위해서 무선데이터 송수신을 캡처하게 구성된 노트북으로 여기저기 다니면서 신호를 잡아내는 워 드라이빙(war driving)을 실행한다. 때로는 이 워 드라이빙으로 네트워크에서 이동하는 시그널을 무척 잘 잡아낼 수 있어서 최근에 한 해커동호회가 유명한 체인마켓의 취약점을 찾아내어 보안 위험성을 알려주기도 했다. 직원이 고객의 구매내역에 들어있는 크레

딧카드 정보를 늘 혼잡한 유선으로 입력하는 대신 무선등록기에 평문장으로 AP를 통해서 전송한 것을 우연히 주차장에서 패킷분석 프로그램이 실행되고 있던 해커의 노트북으로 순식간에 수십 건의 정보가 들어왔던 것이다.

9.1 WEP(Wired Equivalent Privacy)

대부분 조직들이 802.11 프로토콜 표준을 WLAN에서 사용하고 있는데 802.11 디폴트 표준은 보안에 취약하다. 또 대부분 AP도 클라이언트에게 인증을 제공하지 않아서 클라이언트는 AP가 브로드캐스팅하는 SSID만 받으면 통신할 수 있다. 그래서 네트워크 관리자는 AP가 SSID를 브로드캐스트하지 못하도록 구성해 두기도 하지만, 사용자 입장에서 보면 SSID를 받기 어려워 불평이 많게 된다. 그래서 802.11는 선택적으로 WEP를 사용하게 해서 전송되는 데이터를 암호화해주고 사용자를 인증하게 했다. 사용자 머신에 WEP를 구성하면 AP와 연동되는 네트워크 키(network key) 문자열이 만들어져서 사용자가 AP를 통해 네트워크에 접속할 때 이 네트워크 키를 AP에게 제공해야 한다. Windows XP에는 네트워크 키가 무선통신 속성의 일부로 저장되어져 있다. 초기 WEP는 64-bits 네트워크 키를 사용했기 때문에 강제식 공격에 약해서 최근에는 128-bits 네트워크 키를 사용한다. WEP는 사용자인증과 데이터 교환을 위해 공유키를 사용하는데 단일키보다 발견될 염려가 많고, 물리층과 데이터링크층에서 작동되므로 엔드노드끼리 안전한 전송을 보장해주지 못하는 단점이 있다.

9.2 IEEE 802.11i와 WPA(Wi-Fi Protected Access)

WEP이 비교적 안전하지 못하기 때문에 IEEE는 새로운 무선보안 프로토콜을 만들었다. 802.11i는 더욱 강력하고 랜덤하게 동적으로 모든 전송에 키를 발급하는 EAP를 사용한다. EAP는 WEP보다 더 복잡하게 무선네트워크에 로그온하게 하는데 802.11i에서는 ① 무선스테이션이 AP에게 요청을 하면, ② AP는 스테이션이 원격 액세스서버로부터 인증받을 때까지 원격 액세스서버와 스테이션 사이에서 프록시 역할을 해서 두 장치 사이의 직접적인 데이터 교환을 막는다. 어느 스테이션으로부터 데이터를 받으면 AP는 데이터를 다시 꾸려서 원격 액세스서버에게 보내고, 원격서버로부터 온 데이터도 다시 꾸려서 스테이션에 다시 보내므로 802.11i는 상호인증이 필요하게 된다. ③ 상호인증 뒤에는 원격 액세스서버가 AP에게 클라이언트로부터 온 패킷을 다시 꾸리지 않고 네트워크로 보내게 한다. ④ 이제 서버와 클라이언트는 암호화 계획에 맞춰 서로 암호키에 동의한 뒤 데이터를 암호화하는데 802.11i는 AES 암호화를 사용해서 데이터스트림 속에 있는 각 패킷을 섞는다. 보안 때문에 802.11i는 무선통신에서 WEP를 점차 대체하는 추세이다.

WPA(Wi-Fi Protected Access)는 802.11i 표준의 하위세트로 802.11i를 지원하는 무선장치의 호환성을 보장해주는 비영리단체인 Wi-Fi동맹(Wi-Fi Alliance)이 지원하고 있다. 하지만 Wi-Fi동맹은 802.11i가 WEP를 대체하기 전에 WPA를 출시했기 때문에 WPA는 802.11i 인증을 따르는데 AES보다 RC4 암호화를 사용한다. 802.11i 이후 Wi-Fi동맹은 업데이트된 WPA2를 출시했는데, WPA 프로토콜과 호환되는 것 외에는 802.11i와 모든 면에서 같다. WPA, WPA2, 그리고 802.11i를 지원하기 위해서는 AP와 무선 NIC의 펌웨어나 드라이버가 업데이트되어야 한다.

CHAPTER

13 연습문제

CompTIA Network+

001. 재난극복 동안 컴퓨터장비만 지원받게 되어 있는 시설을 무엇으로 부르나?

a. hot site
b. cold site
c. warm site
d. off site

002. 디스크 미러링(mirroring)은 RAID(Redundant Array of Independent Disks) 몇 번으로 부르나?

a. 0
b. 1
c. 3
d. 5

003. 사용자가 인터넷 라우팅에 필터링(filtering)을 걸어놓았는데 원격 POP3 서버가 메일클라이언트에게 응답하지 않았다면 무엇이 문제일까?

a. DHCP(Dynamic Host Configuration Protocol) 서버가 다운되었다.
b. 인터넷 라우터가 포트25를 막았다.
c. 인터넷 라우터가 포트110을 막았다.
d. 프록시 서버가 메일요청을 막았다.

004. RAID0을 설치하려면 몇 개의 하드디스크가 필요한가?

a. 1
b. 2
c. 3
d. 4

005. 회사가 인트라넷(Intranet)을 가설하고자 한다. 네트워크에서 인트라넷 서버는 어디에 자리해야 하나?

a. 방화벽 밖에
b. DMZ(MeMilitarized Zone) 안에
c. LAN 안에
d. DMZ안에 인터넷으로부터 포트80으로

006. 가정 사용자가 한 정적 IP주소를 가지고 있는데 192.168.0.1 주소범위를 사용하고자 한다면 다음 중 어느 기술을 반드시 사용해야 하는가?

a. PPP(Point-to-Point Protocol)
b. SLIP(Serial Line Internet Protocol)
c. RADIUS(Remote Authentication Dial-In User Service)
d. 프록시 서버

007. 방화벽을 사용할 때 이점을 2개 골라라.

a. LAN 리소스를 보호한다.
b. 하드웨어 고장을 보호한다.
c. 재난대비(fault-tolerance) 보안을 제공한다.
d. 네트워크 보안을 제공한다.
e. 물리적 보안을 제공한다.

008. 회사가 웹서버에 안전한 주문시스템을 설정하고자 한다. 다음 중 어느 프로토콜을 설치해야 하나?

a. SSL(Secure Socket Layer)
b. IPSec(Internet Protocol Security)
c. S/MIME(Secure/MultIPurpose Internet Mail Extensions)
d. Kerberos

009. 다음 하드웨어 장치 중 통신실에 있는 기술자가 전기적인 신호를 회선에 보내서 회선의 위치를 알게 하는 것은?

a. 톤제네레이터

b. 톤로케이터

c. 크로스오버(crossover) 케이블

d. 패킷스니퍼(sniffer)

010. 다음 중 P2P(Peer-To-Peer) 네트워크에서 파일 서비스를 제공하는 장비는?

a. 방화벽

b. 라우터

c. 게이트웨이

d. 워크스테이션

011. www.comptia.com을 풀어주는 서비스는?

a. DHCP(Dynamic Host Configuration Protocol)

b. DNS(Domain Name Service)

c. WINS(Windows Internet Name Service)

d. NAT(Network Address Translation)

012. VLAN(Virtual LAN)은 다음 중 무엇을 만드나?

a. 브로드캐스트도메인

b. 충돌 도메인

c. IP주소

d. MAC(Media Access Control) 주소

013. 다음 중 NetBIOS(Network Basic Input/Output System)를 디폴트 프로토콜로 사용하는 운영체제는?

a. MS Windows 2000

b. MS Windows NT 3.x

c. Novell NetWare 5.0

d. Novell NetWare 3.x

014. 결과가 다음과 같이 나오게 하는 명령어는?

```
1. pgw(129.6.80.254) * 4ms 3ms
2. 129.6.1.245(129.6.1.245) 4ms 3ms *
3. 129.6.2.252(129.6.2.252) 5ms 5ms 4ms
```

a. ping

b. arp

c. nslookup

d. traceroute

015. Novell의 Directory Service 로그온에서 OU=Managers OU=Middle O=theBAES는 사용자의 무엇으로 알려져 있나?

a. context
b. preferred service
c. Novell Directory Service schema
d. FQDN(Fully Qualified Distinguished Name)

016. 네트워크상의 워크스테이션이 서버에 접속하지 못하고 있다면 문제해결을 위해서 가장 먼저 사용해보아야 할 도구는?

a. arp
b. tracert/traceroute
c. IPconfig/ifconfig
d. netstat

017. 네트워크상의 한 호스트에 ping을 한 결과가 "host unreachable"로 나왔다면 이 메시지의 원인은 무엇일까?

a. 호스트가 다른 네트워크에 있다.
b. 호스트가 같은 서브넷에 있다.
c. 경로에 있는 라우터가 잘못 구성되어져 있다.
d. 라우터가 디폴트 게이트웨이로 구성되어져 있다.

018. 관리자가 재난대비를 위해서 네트워크에 새로운 DNS(Domain Name Service) 서버를 추가했다. 관리자는 DHCP(Dynamic Host Configuration Protocol) 클라이언트가 이 새로운 서버를 사용하게 하려면 무엇을 구성해 주어야 하나?

a. 클라이언트에게 정적 IP를 주고 DNS 서버 리스트에 새로운 DNS 서버 IP를 준다.
b. DHCP 서버가 클라이언트의 세팅을 설정하게 한다.
c. DHCP 서버의 IP 임대기간을 늘린다.
d. WINS와 새로운 DNS를 연계하는 설정을 해준다.

019. 네트워크 통계치를 받는 동안 관리자가 DNS 트래픽이 필요 이상으로 높은 것을 알았다면 이 트래픽을 줄이는 방법은?

a. DNS 서버의 TTL(Time To Lice)을 늘린다.
b. DNS 서버의 TTL을 줄인다.
c. DHCP 서버의 IP 임대기간을 늘린다.
d. DHCP 서버의 IP 임대기간을 줄인다.

020. 스트레이트(straight) CAT3 케이블로 두 라우터를 연결하고 있는데 두 라우터의 링크불빛이 계속 초록빛이며 네트워크 트래픽은 멈춰 있다. 다음 중 어느 것이 문제일까?

a. 케이블이 끊어졌다.

b. CAT5 케이블이 필요하다.

c. 크로스오버(crossover) 케이블을 사용해야 한다.

d. 두 라우터가 서로 다른 브랜드이기 때문이다.

021. 전화연결 인터넷을 이용하던 사용자가 PPPoE(Point-to-Point Protocol over Ethernet) DSL(Digital Subscriber Line) 서비스로 변경했다. E-mail을 보내려고 했을 때 "relay forbdden"이란 에러 메시지를 받았다. E-mail을 받을 수는 있는데 보낼 수 없다면 어떻게 해야 하나?

a. DSL 공급자의 E-mail 서버에 SMTP(Simple Mail Transfer Protocol)가 있는지 확인한다.

b. 사용자의 E-mail 디폴트 프로토콜을 POP3로 바꾼다.

c. DSL 공급자의 모뎀이 SMTP 트래픽을 막고 있지 않은지 확인한다.

d. 외부로 나가는 SMTP 서버 주소를 DSL 공급자로 바꿔준다.

022. 다음 중 네트워크 관리자가 원격 도메인의 메일서버를 확인하게 하는 도구는?

a. nslookup/dig

b. nbtstat

c. tracert/traceroute

d. netstat

023. 관리자가 인터넷에 연결된 방화벽을 설정하는데 포트번호 100번 이하는 모두 막는 변경을 하고 났더니 사용자들로부터 항의가 많았다. 무엇이 문제일까?

a. NTP(Network Time Protocol)

b. NNTP(Network News Transport Protocol)

c. POP3(Post Office Protocol Version3)

d. HTTP(HyperText Transfer Protocol)

024. 여러 가지 종류의 케이블을 사용하는 스타토폴로지에서는 어떤 타입의 허브를 사용해서 모든 클라이언트 머신들을 연결할 수 있나?

a. 액티브허브

b. 패시브허브

c. 멀티포트 리피터허브

d. 하이브리드허브

025. 회사에 MS Windows 2000 서버, Novell NetWare 4.0 서버를 최근에 추가했다. 그런데 Windows 2000 서버가 NetWare 4.0 서버에 전혀 액세스하지 못하고 있다면 어떻게 해 주어야 하나?

a. NetBEUI(Network Basic Input/Output Extended User Interface)를 Windows 2000 서버에 설치한다.
b. NetBEUI를 NetWare 4.0 서버에 설치한다.
c. NWLink를 Windows 2000 서버에 설치한다.
d. NWLink를 NetWare 4.0 서버에 설치한다.

026. 10대의 머신을 가지고 있는 소규모 네트워크에 케이블모뎀과 라우터를 사용해서 인터넷 연결과 클라이언트에게 서비스를 제공하고 있는데, 몇 주가 지나고 나서 라우터의 충돌 LED(Light Emitting Diode)가 깜박거리지 않고 그대로 켜져만 있다. 무엇이 문제이며 제일 먼저 무엇부터 해 보아야 하나?

a. 트래픽에 너무 많은 충돌이 있으므로 각 머신의 NIC(Network Interface Card)를 확인해서 브로드캐스팅하는 것을 찾아 바꿔준다.
b. 라우터 수신포트가 허용하는 것보다 케이블모뎀이 더 빠른 속도로 패킷을 받고 있으므로 레벨을 맞추기 위해서 버퍼 쓰레시홀드(threshold) 한계를 낮춰준다.
c. 라우터의 모뎀연결 링크가 죽었으므로 모뎀과 라우터를 재시작해준다.
d. 라우터가 외부공격에 취약하므로 라우터의 레지스트리를 수정해서 불법 IP가 들어오지 않게 한다.

027. 네트워크의 사설 IP주소를 설정하고 난 뒤 한 워크스테이션에서 중복된 IP주소가 있다는 메시지를 받았을 때 관리자가 할 수 있는 손쉬운 방법은?

a. DNS를 사용한다.
b. WINS를 사용한다.
c. DHCP를 사용한다.
d. ARP를 사용한다.

028. 대여섯 Windows 9x머신이 LAN에 있는데 모두 서로에게 ping을 할 수 있다. 하지만 머신 한 대가 네트워크에서 파일과 프린터 공유를 하지 못하고 있다면 이 문제를 해결할 수 있는 도구는?

a. traceroute
b. nbtstat
c. netstat
d. ifconfig

029. 한 사용자가 자신의 시스템에는 잘 로그온할 수 있지만 사용자 프로필에 있는 네트워크 공유 매핑(mapping)을 볼 수 없다고 한다. 무엇이 문제일까?

a. 사용자가 오래된 패스워드를 사용하므로 공유매핑이 요구하는 새로운 패스워드로 바꾸면 된다.

b. 사용자가 제대로 로그온하고 나서 로컬매핑을 다시 하고 저장해야 한다.

c. 사용자가 제대로 로그온하지 않아서 디폴트 사용자 프로필에 공유된 매핑이 보이지 않은 것이다.

d. 사용자가 빠른 로그온 대신 로그온을 해서 네트워크매핑을 복구해야 한다.

030. 논리적 링토폴로지를 사용하는 네트워크에서 전체 네트워크가 작동되지 않고 있다면 주된 문제의 원인은 무엇인가?

a. 스테이션 중 한 대의 IP주소가 잘못되어 있다.

b. 스테이션 중 한 대가 꺼져 있다.

c. 링에 물리적인 단절이 있다.

d. 링이 과도한 트래픽을 처리하고 있다.

031. 무선네트워크에서 이따금씩 네트워크 연결이 끊어지는데 랩톱머신을 조금 움직이면 다시 잘 연결되곤 한다. 이 문제를 어떻게 해결하면 되나?

a. AP(Access Point)에 두 번째 안테나를 설치한다.

b. 안테나 확장케이블의 길이를 줄인다.

c. AP의 SSID(Service Set IDentifier)를 변경한다.

d. 잡음을 줄이기 위해서 AP의 전력설정을 바꾼다.

032. 네트워크에 연결된 원격 브랜치가 다른 곳으로 옮겨졌다. 브랜치에 있는 모든 장비의 위치도 옮겨졌으나 서버는 정상 작동되고 있다. 그렇지만 본사에서 브랜치 서버에 IP주소로는 접속할 수 있지만 호스명으로는 접속하지 못하고 있다면 문제의 원인을 알아보는 도구는 어느 것이 적당할까?

a. arp

b. netstat

c. tracert

d. nslookup

033. OSI(Open Systems Interconnect) 모델 중에서 어느 층이 포맷과 코드 변환을 해주나?

a. 전송층
b. 데이터링크층
c. 응용층
d. 표현층

034. 다음 중 네트워크에서 서브네팅을 해주는 이유로 타당한 것은?

a. TCP/IP 충돌을 최소화하려고
b. 네트워크를 작은 브로드캐스트 도메인으로 나누려고
c. DCHP로 얻은 주소를 정적주소로 나누려고
d. 멀티캐스트(multicast)통신 트래픽을 허용하기 위해서

035. 다음 중 TCP/IP만 전송하는 프로토콜은?

a. PPP(Point-to-Point Protocol)
b. RAS(Remote Access Service)
c. VPN(Virtual Private Network)
d. SLIP(Serial Line Internet Protocol)

036. 다음 중에서 인터넷을 통한 안전한 통신을 제공해 주는 프로토콜은?

a. RAS(Remote Access Service)
b. RDP(Remote Desktop Protocol)
c. SLIP(Serial Line Internet Protocol)
d. VPN(Virtual Private Network)

037. 네트워크카드의 물리적 주소 00:B0:D0:5A:E1:B5에서 5A:E1:B5는 무엇을 의미하나?

a. 장치 ID
b. 장치타입
c. 장치 제조사
d. 장치의 네트워크주소

038. DHCP처럼 중앙에서 이름풀이를 해주는 WINS(Window Internet Name Service)는 다음 중 어느 것을 대신한 것인가?

a. SMB(Server Message Block)
b. HOSTS 파일
c. LMHOSTS 파일
d. 스크립트

039. RADIUS(Remote Authentication Dial-Up User Service)는 원격접속을 위한 무엇을 제공하나?

a. 암호화
b. 확인
c. 주소
d. 터널링

040. 관리자가 SMTP(Simple Mail Transfer Protocol)을 확인하기 위해서 Telnet을 사용하려고 한다. 몇 번 포트를 이용해야 하나?

a. 20
b. 23
c. 25
d. 80

041. HTTPS(HyperText Transfer Protocol Secure)는 다음 중 어느 것을 이용하나?

a. SSL(Secure Sockets Layer)
b. IPSec(Internet Protocol Security)
c. L2TP(Layer 2 Tunneling Protocol)
d. Kerberos

042. 네트워크에 DHCP가 실행되는 로그(rogue) 게이트웨이가 설치되어 있다. 만일 내부 머신들에 고정 IP가 주어졌다면 네트워크에 무슨 문제가 발생할까?

a. 인터넷 연결이 불가할 것이다.
b. 머신들의 IP주소가 변경될 것이다.
c. 라우터 사이에 라우팅루프(routing loop)가 발생할 것이다.
d. 아무 문제없다.

043. 토큰링 네트워크 관리자가 밤새 ISA 네트워크카드를 PCI 네트워크카드로 변경하고 나서 아침에 사용자들로부터 어제까진 네트워크에 들어갈 수 있었는데 지금은 들어갈 수 없다는 말을 들었다면 무엇을 해보아야 하나?

a. MAU(Multistation Access Unit)이 정상인지 확인한다.
b. 프로세서 속도를 확인한다.
c. 사용자 패스워드가 정확한지 확인한다.
d. 네트워크카드 속도가 네트워크와 맞는지 확인한다.

044. 네트워크 관리자가 밤새 회계부서와 영업부서 사이의 라우터에 패킷필터링을 걸어 두었는데 배치스크립트(batch script)를 영업부서에서 회계부서의 FTP(File Transfer Protocol)로 보내야 하는데 실패했다면 무엇을 점검해 보아야 하나?

a. 라우터의 포트21이 열려 있는지 확인해본다.
b. 배치스크립트가 낮에 실행되게 설정해 두어야 한다.
c. ICMP(Internet Control Message Protocol)이 라우터에서 실행되는지 확인한다.
d. 배치스크립트를 권한을 높여 실행한다.

045. 관리자가 패킷을 캡처하는 도구를 사용해서 네트워크 문제를 해결하려고 한다. 패킷을 캡처해서 보니 브로드캐스트와 자신에게서 나온 패킷밖에 없었다면 무엇이 문제인가?

a. 다른 패킷을 캡처할 권한이 없었다.
b. 스위치에 연결된 머신에서 패킷을 캡처했다.
c. 라우터가 워크스테이션으로 가는 패킷을 차단했다.
d. 평가판 소프트웨어를 사용해서 패킷을 캡처했다.

046. DHCP를 사용해서 PDC(Primary Domain Controller)와 BDC(Backup Domain Controller)에 각각 IP주소 192.168.0.1~102.168.0.254와 넷마스크 255.255.255.0을 할당했는데 DHCP에 에러가 떴다면 어떻게 이 문제를 해결할 것인가?

a. IP주소 충돌을 막기 위해 디폴트 서브넷을 255.255.0.0으로 바꾸어 IP주소를 늘린다.
b. 머신은 IP주소를 메모리상에 저장하고 있는데 IP주소를 갱신하기 위해서 머신을 재부팅한다.
c. 서버의 BooP(Boot Protocol)를 구성해서 IP가 이 범위로 할당되기 전에 서브넷을 분할한다.
d. 192.168.0.1~192.168.0.127로 PDC를 해주고 192.168.0.128~192.168.0.254로 BDC를 해주어서 주소범위를 분할해준다.

047. 다음 중에서 가장 전자기장(electromagnetic) 간섭을 받기 쉬운 것은?

a. CAT5e UTP 케이블
b. RG-58 동축케이블
c. SMF(Single Mode Fiber) 광케이블
d. MMF(Multi Mode Fiber) 광케이블

048. DSL 모뎀에서 연결이 끊어져 관리자가 네트워크 세팅을 변경해서 연결을 복구했는데, 세팅은 IP주소기 128.210.5.21이고 서브넷이 255.0.0.0이녀 세이트웨이가 128.210.5.1이며 DNS 서버가 128.210.5.11이다. 이 정보로부터 세팅이 변경된 부분은 어디인가?

a. IP주소
b. 서브넷마스크
c. 게이트웨이
d. DNS 서버

049. 100Base-TX를 사용해서 워크스테이션끼리 직접연결을 할 때 사용하는 케이블은?

a. 동축케이블
b. CAT3 스트레이트 케이블
c. CAT5 크로스오버 케이블
d. CAT5 스트레이트 케이블

050. 네트워크상 한 워크스테이션이 중복된 IP주소를 가지고 있다는 메시지를 보였다면 가설(hypothesis)를 세운 뒤 무엇을 해서 문제해결을 하나?

a. 실행계획(action pla)을 테스트하고 관찰한다.
b. 에러에 관한 주변 사실들을 모은다.
c. 실행계획을 실시한다.
d. 해결책과 처리과정(process)을 기록한다.

051. Mainframe과 LAN을 연결할 때 사용하는 장치는?

a. 브리지
b. 게이트웨이
c. 트랜시버(Tranceiver)
d. 방화벽

052. 다음 중에서 펀치다운블록(punch down block)에서 종단처리되지 않는 것은?

a. STP(Shielded Twisted Pair) 케이블
b. MMF(Multi Mode Fiber) 광케이블
c. UTP(Unshielded Twisted Pair) 케이블
d. CAT3 케이블

053. 다음 중 MMF를 사용하는 기가비트이더넷 세그먼트의 최대 길이는?

a. 100m
b. 250m
c. 550m
d. 3,000m

054. 다음 중에서 웹 캐시(cache) 서비스를 하는 것은?

a. 프록시
b. DHCP
c. DNS
d. 방화벽

055. UDP(User Datagram Protocol)가 작동되는 OSI모델 층은?

a. 세션층
b. 네트워크층
c. 물리층
d. 전송층

056. MS 클라이언트에 NWLink IPX/SPX 프로토콜을 사용하도록 구성했는데 이 클라이언트가 네트워크상에 있는 4대의 NetWare 서버 중 2대밖에 볼 수 없었다. 그래서 클라이언트의 프레임타입을 조정해서 4대를 모두 보이고자 한다. 무엇을 조정해야 하나?

a. 프레임타입을 802.3이나 802.2로 한다.

b. 프레임타입을 자동 프레임타입감지로 한다.

c. 프레임타입을 802.3으로 한다.

d. 프레임타입을 NetBIOS로 한다.

057. 다음 중 IPv6의 특징이 아닌 것은?

a. 패킷 라벨링(labeling)

b. 더 적은 헤더(header)

c. 증가된 인증과 보안

d. 더 큰 서브넷마스크

058. 사용자용 프린터를 공유하기 위해 관리자가 네트워크 게이트웨이를 설치하고 Windows 서버와 NetWare서버에 NWGateway라는 계정을 만든 뒤, 사용자들에게 게이트웨이에 접근권한을 할당했다. 일부 사용자들이 더 많은 권한을 가지고 프린트 잡을 수정할 수 없게 하기 위해서 어떻게 하면 될까?

a. 각 서버에 한 계정만 만들어 프린터 잡 수정권한을 가지게 하고 다른 모든 사용자들은 수정할 권한을 가지지 않게 하면 된다.

b. 각 사용자가 NetWare서버에 계정을 가지고 프린터 잡 수정권한을 가지게 한다.

c. 각 사용자가 Windows서버에 계정을 가지고 프린터 잡 수정권한을 가지게 한다.

d. Windows와 NetWare에 별개의 프린트 큐(aueue)를 만들고 사용자들이 수정권한을 가지게 한다.

059. 지역 서비스사업자의 T1(혹은 E1) 네트워크에게 연결하기 위해서 필요한 장비는?

a. NIC

b. ISDN

c. CSU/DSU

d. WAP

060. 네트워크 관리자가 네 개의 VLAN을 스위치에 설치했다. 다음 중 어느 장치만 VLAN을 통과할 수 있나?

a. 라우터

b. 다른 스위치

c. 허브

d. 브리지

061. 사용자가 네트워크에서 리소스를 공유하기 위해서는 물리적으로 연결되는 이외에 무엇이 필요하나?

a. 호스트네임과 리소스네임으로 매핑한다.

b. 리소스 접근권한이 있어야 한다.

c. AD(Active Directory)에 가입되어져 있어야 한다.

d. DNS에 들어 있어야 한다.

062. 다음 중 어느 전화연결 프로토콜이 회선을 통해 여러 LAN 프로토콜을 지나갈 수 있나?

a. PPP

b. SLIP

c. RADIUS

d. TCP/IP

063. 한 사용자가 네트워크에 들어갈 수 없다고 말한다. 그 사용자는 다른 노드에 ping을 할 수 없고 IPconfig도 다른 서브넷에 들어있는 IP를 보여주지 못하면 무엇이 문제일까?

a. DHCP서버가 DNS와 연결되어져 있지 않다.

b. 누군가가 DHCP를 추가했다.

c. WINS가 오프라인이다.

d. DNS가 오프라인이다.

064. 네트워크 관리자가 새로운 도메인에 새로운 메일서버를 설치했다. 다음 중 E-mail이 인터넷을 통해 들어오려면 어느 DNS 레코드가 먼저 만들어져 있어야 하나?

a. A 레코드

b. MX(Mail Exchanger) 레코드

c. MX와 CNAME(Canonical Name) 레코드

d. MS와 A 레코드

065. CompTIA 도메인에 있는 파일서버의 워크그룹에 속한 한 사용자 SYBae가 로그온하려고 한다. 이 파일서버에 로그온하기 위한 크레덴셜(credential)은?

a. SYBae

b. \\SYBae

c. \\CompTIA\SYBae

d. CompTIA\SYBae

066. 사용자가 FTP서버에 액세스하려고 했지만 방화벽에서 포트21이 막혀있음을 알고 포트21을 풀었는데도 여전히 FTP에 들어가지 못하고 있다면 무엇이 문제일까?

a. TFTP(Trivial FTP)가 설치되어 있지 않다.

b. NFS(Network File System)이 설치되어 있지 않다.

c. 포트20도 열려 있어야 한다.

d. 포트23도 열려 있어야 한다.

067. 다음 중 중앙 LAN으로 들어오는 원격액세스를 인증하는 기능의 표준은?

a. 802.5 b. 802.1x

c. 802.3 d. 802.4

068. 다음 중 IP에 관련된 에러를 보고하는 프로토콜은?

a. ICMP(Internet Control Message Protocol)

b. IGMP(Internet Group Multicast Protocol)

c. SNMP(Simple Network Management Protocol)

d. SMTP(Simple Mail Transfer Protocol)

069. 사용자가 호스트머신에 있는 웹사이트에 들어갈 수 없다고 한다. 호스트네임으로 ping과 telnet은 가능했다면 무엇이 문제일까?

a. 호스트머신이 DNS 엔트리를 가지고 있지 않다.

b. 호스트머신의 HTTP가 다운됐다.

c. 호스트머신이 WINS 엔트리를 가지고 있지 않다.

d. 호스트머신이 다운됐다.

070. 다음의 결과화면을 보여주는 명령어는?

```
Active Connections
  Proto   Local Address    Foreign Address   State
  TCP     CompA:3006       192.168.0.2       Established
  TCP     CompA:3021       192.168.0.246     Established
```

a. nbtstat
b. netstat
c. arp a
d. IPconfig

071. 패킷필터링 방화벽은 OSI 모델의 어느 층에서 작동하나?

a. 네트워크와 전송층
b. 네트워크와 데이터링크층
c. 전송과 세션층
d. 물리와 데이터링크층

072. 만일 사설키와 공개키를 사용하는 인증프로토콜이 설치되었다면 다음 중 어느 프로토콜인가?

a. L2TP(Layer 2 Tunneling Protocol)
b. Kerberos
c. IPSec(Internet Protocol Security)
d. PPTP(Point-to-Point Tunneling Protocol)

073. 다음 네트워크 장비 중 상위 세 개 층에서 작동하며 다른 구조의 네트워크를 묶어주는 것은?

a. 라우터
b. 방화벽
c. 게이트웨이
d. 모뎀

074. 워크스테이션에 SMTP 바이러스가 의심되어서 SMTP 소켓이 열려 있나 확인해보려고 한다. E-mail 프로그램이 실행되고 있지 않다면 다음 중 어느 도구를 사용하면 될까?

a. netstat
b. nbtstat
c. arp
d. nslookup

075. 관리자가 머신에 새로운 NIC를 설치하고 허브에 연결했다. NIC가 제대로 작동하고 네트워크에 연결되었다면 NIC의 불빛이 어떠한 상태일까?

a. 황색이 이따금씩 깜빡거리고 초록색은 늘 들어와 있다.
b. 황색이 이따금씩 깜빡거리고 초록은 늘 들어와 있는데 데이터가 전송되면 둘 다 꺼진다.
c. 황색은 늘 들어와 있고 초록색은 이따금씩 깜빡거린다.
d. 황색은 늘 들어와 있고 초록색은 이따금씩 깜빡거리는데 데이터가 전송되면 둘 다 꺼진다.

076. 네트워크에 세 대의 Windows 2003 서버가 있고 한 대의 NetWare 서버, 그리고 열 대의 Windows 2000 클라이언트 머신들이 있는데 Windows 서버와 클라이언트에 NWLink를 설치했다. 그런데 Windows 클라이언트들이 NetWare 서버에 로그온하지 못한다면 무엇을 NetWare 서버에서 해주어야 하나?

a. CSNW(Client Services for NetWare)를 Windows 2000 서버에 설치해주어야 한다.
b. CSNW를 Windows 클라이언트에 설치해주어야 한다.
c. GSNW(Gateway Services for NetWare)를 NetWare 서버에 설치해주어야 한다.
d. GSNW를 Windows 클라이언트에 설치해주어야 한다.

077. 네트워크 공유폴더에 액세스한 사용자가 인증을 받고 폴더공유에 관한 모든 권한(full rights)를 가지게 되었다. 하지만 파일을 열었을 때 수정할 수 없었다면 무엇이 문제일까?

a. 파일접근을 막기 위해 GPO(Group Policy Object)를 통해 그룹권한이 변경되었다.
b. 요청된 파일이 캐시메모리에 들어있어서 수정될 수 없다.
c. 파일이 다른 사용자에 의해 열려 있어 읽을 수밖에 없다.
d. 파일이 트리 디렉토리에 있지 않고 백업소스에 들어 있어서 그렇다.

078. 관리자가 새로운 DSL을 위해 디마크(Demarc)까지 회선을 연장한 뒤 종단장치를 걸려고 한다면 무슨 도구를 사용해야 하나?

a. 멀티미터
b. 광테스터기
c. BERT(Bit-Error Rate Test)기
d. 펀치다운(punch down)기

079. PAP(Password Authentication Protocol)은 PPP(Point-to-Point Protocol) 세션을 안전하게 해주는데 무슨 기법을 사용하나?

a. 패스워드에 비밀키를 제공한다.
b. 사용자명과 패스워드에 비밀키를 제공한다.
c. 사용자명과 패스워드를 이중 암호화한다.
d. 사용자명과 패스워드를 평문장으로 전한다.

080. ICS(Internet Connection Sharing) 네트워크가 설정되었는데 클라이언트1과 클라이언트2가 인터넷에 액세스하지 못한다면 무엇이 문제일까?

a. Windows 98의 Second Edition이 ICS를 지원하지 않기 때문이다.
b. 두 번째 NIC가 ICS 호스트머신에 설치되어져야 한다.
c. Windows 95B가 ICS를 지원하지 않기 때문이다.
d. 두 번째 NIC가 클라이언트1과 클라이언트2에 설치되어져야 한다.

081. 다음 중 Windows 클라이언트를 NetWare4.1 서버에 있는 파일에 액세스하게 해주는 Windows 2000 서버에 설치되는 프로토콜은?

a. CSNW(Client Services for NetWare)
b. GSNW(Gateway Services for NetWare)
c. NNC(Novell NetWare Client)
d. DNS(Domain Name Service)

082. Mac OS X 서버가 케버러스(kerberos)를 사용해서 사용자를 인증하는 네트워크에서 Mac OS X 사용자가 네트워크 연결을 할 수 없다고 한다면 네트워크 관리자는 어떻게 이 문제를 풀어야 하나?

a. 사용자의 머신에 Mac OS X용 케버러스 클라이언트 소프트웨어를 설치한다.
b. 네트워크 타임서버를 사용해서 모든 케버러스용 시간을 동기화한다.
c. 사용자 머신의 IP주소를 서비스에 액세스할 수 있게 확인한다.
d. 위의 것 모두 해당된다.

083. CompTIA.com의 네트워크에는 무선 802.11g를 사용하는 여러 워크스테이션이 있는데, 매일 점심시간엔 인터넷 연결이 되지 않는다는 불평을 듣는다. 관리자로서 어떻게 해보아야 하나?

a. WAP를 802.11b WAP로 바꿔본다.
b. WAP 주변의 무선주파수간섭을 줄여본다.
c. 무선 워크스테이션과 WAP가 Ad-hoc 모드에서 연결되게 구성한다.
d. WAP을 직접 네트워크에 연결한다.

084. 다음 중에서 동적 포트본딩(dynamic port bonding)을 지원하는 것은?

a. 트렁킹(trunking)
b. 802.1q
c. LACP(Local Area Clustering Path)
d. Spanning Tree

085. 다음 중에서 5.0GHz 주파수에서 작동하는 무선장비는?

a. Bluetooth
b. IEEE 801.11b
c. IEEE 802.11b
d. IEEE 802.11a

086. 원격지에 있는 400명의 사용자를 한 가지 공개 IP주소로 인터넷에 연결시키고자 한다면 다음 중 어느 기법을 사용해야 하나?

a. VPN
b. NAT
c. PAT
d. Frame-relay

087. 다음 중 어느 무선장치끼리 호환될 수 있나?

a. IEEE 802.11a와 b
b. IEEE 802.11a와 g
c. IEEE 802.11b와 g
d. IEEE 802.11a, b, g 모두

088. IrDA는 다음 중 어느 것을 사용하나?

a. 2.4GHz
b. 5.0GHz
c. 적외선
d. 자외선

089. 전화연결 모뎀에서 사용하는 커넥터는?

a. RS-232
b. RJ-45
c. RG-6
d. RJ-11

090. MAC주소에서 처음 세 16진법 숫자는 무엇을 나다내나?

a. 장치ID
b. BIA(Burned-In Address)
c. SSID(Security Set IDentifier)
d. OUI(Organizationally Unique Identifier)

091. 다음 중 Omni 안테나를 사용하기에 적합한 상황 두 가지를 고른다면?

a. 호스트들을 WAP에 연결할 때
b. 랩톱 사용자를 위한 로밍(roaming) 액세스에서
c. 두 WAP을 브리지할 때
d. 실외에서
e. 위성에서

092. 802.11 네트워크에서 패킷 충돌을 막기 위해 사용하는 기법은?

a. CSMA/CD
b. CSMA/CA
c. Token Ring
d. Ad-hoc

093. 다음 중 데이터 암호화를 지원해주는 층은?

a. 전송층
b. 세션층
c. 표현층
d. 응용층

094. 네트워크에 새로운 DHCP 서버를 추가하고 나서 워크스테이션들의 IP주소를 확인해 보았더니 일부 워크스테이션의 IP주소가 DHCP서버에서 정한 범위의 주소가 아니었다. 하지만 이들은 여전히 네트워크 리소스를 이용할 수 있다면 무엇 때문일까?

a. 이들 머신들이 정적 IP주소를 가지고 있기 때문이다.
b. 새로운 DHCP서버를 재부팅하지 않았기 때문이다.
c. 이들 머신들이 재부팅되지 않았기 때문이다.
d. 이들 머신들의 NIC를 업그레이드하지 않았기 때문이다.

095. 회사의 중요한 기밀문서를 가지고 있는 워크스테이션이 서버룸에 있는데 통제되고 있다. 이 머신에 침입이 있었음을 알게 하는 정책은?

a. 사용자 정책
b. 감사 정책
c. 인터넷 사용 정책
d. 하드웨어 정책

096. 다음 중 각 OSI 모델의 설명으로 맞는 것은?

a. 전송층은 네트워크와 응용프로그램 사이의 인터페이스와 여러 가지 네트워크 서비스표준을 정하는 역할을 한다.
b. 세션층은 세션을 성립시키고 유지하는 역할을 한다.
c. 표현층은 프로토콜을 선택하고 에러복구와 흐름통제 역할을 한다.
d. 응용층은 낮은 층의 데이터를 상위층이 이해할 수 있는 포맷으로 변경하는 역할을 한다.

097. 스위치에 있는 한 포트를 어느 그룹의 일부로 만들고 같은 스위치에 있는 또 한 포트를 다른 그룹의 일원으로 만들게 하는 기법을 무엇이라고 하나?

a. 프록시(proxy)
b. 트렁킹(Trunking)
c. VLAN
d. VPN

098. 다음 중 UDP를 사용하는 오브젝트는?

a. FTP서버에 파일 업로드할 때
b. 일반적인 LAN 트래픽에
c. 서버와 서버 연결에
d. 화상회의(video conference)에

099. 네트워크상의 한 워크스테이션이 LAN에 있는 다른 워크스테이션의 공유리소스에는 접근할 수 있는데 LAN 서버에는 접근할 수 없다고 한다. 하지만 LAN 서버에 있는 다른 서비스에는 접근할 수 있다고 한다. 무엇이 문제일까?

a. 그 워크스테이션이 LAN 서버 도메인에 로그온되어 있지 않다.
b. 그 워크스테이션의 게이트웨이가 잘못 설정되어져 있다.
c. 그 워크스테이션에 DNS가 설치되어져 있지 않다.
d. 그 워크스테이션의 서브넷마스크가 잘못 설정되어져 있다.

100. 다음 중 네트워크 트래픽을 검사하는 도구는?

a. 네트워크 모니터
b. 패킷필터링
c. 패킷분석기
d. 포트스캐닝

101. 다음 중 Bindery Services(or Novell Directory Services(NDS))에서 사용하는 프로토콜은?

a. TCP/IP
b. IPS/SPX
c. AppleTalk
d. NetBEUI

102. 다음 장치 중 네 대의 머신을 단일 케이블 모뎀에 연결하게 하는 것은?

a. 4포트 WAP
b. 4포트 무선라우터
c. 4포트 허브
d. 4포트 스위치

103. 메일전송에 쓰이는 SMTP(Simple Mail Transfer Protocol)는 OSI 모델의 어느 층에서 작동하나?

a. 응용층
b. 표현층
c. 전송층
d. 네트워크층

104. 10Base-T와 100Base-T의 주요한 차이는?

a. 100Base-T는 STP케이블을 사용한다.
b. 이더넷프레임에서 헤더가 작다.
c. 이더넷 프레임에서 타이밍이 작다.
d. 100Base-T 프레임이 더 많은 데이터를 가진다.

105. 프록시(proxy) 서버는 한편으로 무엇으로 불리나?

a. 방화벽(firewall) 서버
b. 가상(virtual) 서버
c. 캐싱(caching) 서버
d. 원격(remote access) 서버

106. 다음 중 유효한 IP주소가 아닌 것은?

a. 192.168.0.1
b. 10.24.12.0
c. 156.144.226.123
d. 172.192.4.256

107. 다음 VPN 프로토콜 중에서 포트1723 이상에서 데이터레벨에서 암호화를 해주는 것은?

a. PPTP
b. RAS
c. SLIP
d. PPPoE

108. 다음 중에서 네트워크 세팅과정과 네트워크 관리를 간단하게 해주는 것은?

a. IPCONF
b. ZEROCONF
c. ZERODAY
d. NETMON

109. 많은 사용자들이 특정 웹사이트에 접속할 수 없다고 한다. 네트워크 관리자가 첫번째로 할 일은?

a. 워크스테이션에서 패킷을 캡처한다.
b. 내용 필터링(content filtering)을 사용불가로 한다.
c. 각 워크스테이션에서 이벤트로그(event log)를 확인한다.
d. 방화벽로그(firewall log)를 확인한다.

110. 다음 중에서 무선네트워크 암호화를 가장 잘 지원하는 것은?

a. WEP　　b. ESSID

c. WAP　　d. WPA2

111. 다음 중에서 서브네팅을 하는 이유로 타당하지 않은 것은?

a. 대규모 네트워크를 분할하기 위해서

b. Class A 네트워크주소가 지원할 수 있는 호스트 수를 늘리려고

c. 네트워크 트래픽을 줄이고 네트워크 혼잡을 최소화하려고

d. IP주소 사용에 여유를 주려고

112. 웹기반으로 고객이나 협력업체의 사용자들이 회사 네트워크의 방화벽을 통과해서 허용된 리소스에 액세스하게 해주는 기법을 무엇이라 부르나?

a. 인트라넷(Intranet)　　b. 익스트라넷(Extranet)

c. 피코넷(Piconet)　　d. 스니커넷(Sneakernet)

113. 다음 라우팅 프로토콜 중 차등경로(unequal path)에 로드밸런싱(load balancing)을 해주는 것은?

a. RIPv2　　b. EIGRP

c. OSPF　　d. RIP

114. 다음 중 빠른 인터넷 브라우징을 지원하며 추가적인 필터링을 제공하는 서비스는?

a. 펌웨어　　b. 원격접속

c. 패킷필터링　　d. 프록시

115. CIDR(Classless Inter-Domain Routing)은 IP주소를 조정해서 사용자에게 IP주소를 할당해주고 인터넷에 IP패킷을 라우팅하는데 사용된다. IP주소 220.100.100.100에 서브넷 255.255.255.0에 CIDR가 적용되면 다음 중 어느 형태가 될까?

a. 220.100.100.100/32　　b. 220.100.100.100/24

c. 220.100.100.100/16　　d. 220.100.100.100/8

116. Windows 서비스에서 웹서버에 사용되는 NOS(Network Operating System)은?

a. .NET　　b. IIS
c. SQL　　d. XML

117. DHCP 서버는 사용자 워크스테이션이 가지고 있는 IP주소를 어떻게 구별하나?

a. MAC　　b. WINS
c. NetBEUI　　d. NetBIOS

118. 다음 중 DHCP 서버가 설정해주지 못하는 것은?

a. IP주소, 서브넷마스크와 디폴트 게이트웨이
b. WINS 서버의 IP주소
c. DNS 서버의 IP주소
d. MAC 주소

119. 다음 중 어느 프로토콜이 사용자의 집에 있는 머신을 사무실에 있는 머신처럼 사용하게 해주나?

a. RAS　　b. SLIP
c. RDP　　d. VPN

120. 안티바이러스는 컴퓨터 바이러스를 구별해서 제거해 줄 뿐만 아니라 여러 가지 해로운 컴퓨터 소프트웨어를 모아서 악성웨어(malware)로 구별해주는 소프트웨어인데, 안티 소프트웨어 프로그램의 기본적인 기능을 다음 중에서 무엇이라고 부르나?

a. 알려진 바이러스 위치를 사용해서
b. 알려진 바이러스 이름을 사용해서
c. 알려진 바이러스 서명을 사용해서
d. 알려진 바이러스 파일 크기를 사용해서

121. 문제가 발생한 지점을 알아낸 다음 무엇을 해야 하나?

a. 가장 가능성 있는 원인을 선택한다.　　b. 변경이 있었는지 확인한다.
c. 해결책을 시행한다.　　d. 해결책을 테스트해본다.

122. 사용자가 인터넷에는 접속할 수 있는데 내부 웹사이트는 볼 수 없다면 무엇이 문제일까?

a. 인트라넷이 다운됐다.

b. DHCP에 의해 주어진 DNS주소가 잘못됐다.

c. 인트라넷의 DNS 엔트리가 인증받지 않았다.

d. 디폴트 게이트웨이가 잘못됐다.

123. 무선장치를 컴퓨터와 동기화시키기 위해서(장치는 1m 이내에 있어야 동기화가 완성된다) 클라이언트가 사용하는 무선장치는?

a. WiFi

b. 시리얼

c. 적외선

d. 블루투스

124. 시스템 관리자가 테이프 드라이버를 사용해서 일요일에 풀백업(full backup)을 하고 일요일만 제외하고 매일 증가분백업(incremental backup)을 했다. 백업은 10:00am에 시작해서 12:00pm에 끝나는데, 수요일 밤에 시스템이 크래시(crash)되었다면 어느 테이프를 사용해서 복원할 수 있나?

a. 일요일 풀백업과 수요일 백업분

b. 일요일 풀백업과 화요일과 목요일 백업분

c. 일요일 풀백업과 월요일, 화요일, 수요일 백업분

d. 일요일 풀백업과 월요일, 화요일, 수요일, 그리고 목요일 백업분

125. 웹서버와 클라이언트 브라우저 사이의 전송을 암호화할 때 사용하는 프로토콜은?

a. IPSec

b. SSL

c. PPTP

d. L2TP

126. 물리적 네트워크주소를 논리적 네트워크주소로 바꿔주는 것은?

a. RARP

b. ARP

c. BootP

d. MAC

127. 스위치 장비에서 초록빛이 깜빡이다가 황색으로 바뀌었다면 문제는 무엇일까?

a. 충돌이 발생했다.

b. 크로스오버 케이블이 끼워졌다.

c. 패킷 송수신 중이다.

d. 포트를 사용할 수 없다.

128. 두 개의 VLAN을 연결해주는 라우터가 고장나면 어떻게 될까?

a. 전체 네트워크가 다운된다.

b. 네트워크는 그대로 정상적이다.

c. 라우터에 연결된 워크스테이션들이 영향을 받는다.

d. VLAN 사이의 통신이 영향을 받는다.

129. E-mail을 수신하기 위해서는 방화벽에 어느 포트가 열려져 있어야 하나?

a. 포트21
b. 포트25
c. 포트80
d. 포트110

130. 관리자가 Windows 워크스테이션을 Mac OS X 서버에 연결하려고 한다. OS X 서버는 Windows 파일공유가 사용되게 설정되어져 있다면 Windows 클라이언트는 어느 프로토콜을 사용해야 OS X 서버에 접속할 수 있나?

a. LPD
b. SMB
c. LDAP
d. NWLink

131. 다음 중 HTTPS가 사용하는 포트는?

a. 포트22
b. 포트80
c. 포트143
d. 포트443

132. 브로드캐스트 도메인에 영향을 주지 않고 추가적인 충돌도메인을 만드는 장치는?

a. 매체 컨버터
b. 브리지
c. 라우터
d. 허브

133. 다음 중 포트22를 사용하는 프로토콜은?

a. SSH
b. Telnet
c. SFTP
d. HTTPS

134. 광케이블 연결을 테스트하는데 가장 많이 사용하는 것은?

a. Toner Probe
b. Butt Set
c. OTDR
d. Multimeter

135. 5대의 워크스테이션과 2대의 서버를 100Base-T 네트워크로 연결하려면 어느 토폴로지가 적당할까?

a. Star　　b. Bus
c. Ring　　d. FDDI

136. 다음 WAN 기술 중에서 SOHO 환경에서 주로 사용되는 것으로 스플리터(splitter)를 필요로 하는 것은?

a. ATM　　b. Frame relay
c. T1　　d. DSL

137. 다음 중 NetBIOS 이름을 IP주소로 바꿔주는 것은?

a. DHCP　　b. DNS
c. NAT　　d. WINS

138. 다음 중 CAT3와 CAT5를 구별하는 방법은?

a. 와이어 수　　b. 와이어쌍 색깔
c. 인치당 와이어 꼬임수　　d. 쉴드(shield) 여부

139. 다음 중 전송층에서 논리적 주소기반으로 라우팅을 해주는 장비는?

a. Layer 3 스위치　　b. Layer 2 스위치
c. Layer 2 허브　　d. Layer 1 NIC

140. 다음 라우팅 프로토콜 중에서 라우팅테이블을 만드는데 'AS-경로'를 사용하는 것은?

a. RIP　　b. IGRP
c. OSPF　　d. BGP

141. 다음 중 고속용이면서 백본에서 주로 사용되는 것은?

a. MMF　　b. RG-59
c. RG-6　　d. SMF

142. Windows 운영체제를 사용하는 클라이언트가 UNIX 서버에 있는 리소스를 사용하지 못하고 있다면 무엇이 문제일까?

a. NDS가 UNIX 서버에 설치되지 않았다.

b. AFS가 UNIX 서버에 설치되지 않았다.

c. IIS가 UNIX 서버에 설치되지 않았다.

d. Samba가 UNIX 서버에 설치되지 않았다.

143. T1의 최대 속도는?

a. 1.544Mbps
b. 2.048Mbps
c. 44.736Mbps
d. 274.176Mbps

144. 다음 원격액세스 프로토콜에 대해서 맞는 것은?

a. SLIP은 에러체킹과 패킷주소를 지원하지 않지만 점대점(point-to-point) 연결에 쓰인다.

b. PPTP를 사용하는 네트워크는 WAN링크로 인터넷을 사용하기 때문에 외부공격에 취약하다.

c. SLIP처럼 PPP는 에러체킹은 지원하지 않지만 구성하기 쉽다.

d. PPP는 서버와 클라이언트 사이의 인증절차와 암호화, 압축을 지원한다.

145. 다음 중에서 암호화되지 않은 사용자명과 패스워드를 사용하는 것은?

a. PAP
b. CHAP
c. RADIUS
d. MS-CHAP

146. Mac OS X 서버는 Open Directory 2를 사용해서 LDAP 디렉토리와 호환되게 하는데, 다음 중 어느 인증방법을 사용하나?

a. PAP
b. Kerberos
c. CHAP
d. EAP

147. 다음 라우팅 프로토콜 중에서 15 hop로 제한하는 것은?

a. OSPF
b. RIP
c. BGP
d. IGRP

148. 다음 논리적 토폴로지 중에서 분산인증을 사용하는 것은?

a. VPN
b. 클라이언트/서버
c. VLAN
d. P2P

149. 다음 중 어느 장비가 IP주소 10.0.0.100/25에서 10.0.0.200/25에 있는 호스트로 트래픽을 전달하는데 사용되나?

a. DNS 서버
b. 라우터
c. 허브
d. Layer 2 스위치

150. 사용자가 호스트머신에 있는 웹사이트를 열 수 없어서 ping과 telnet을 해보았는데 연결이 되었다면 무엇이 문제일까?

a. 호스트의 HTTP가 다운됐다.
b. 호스트가 다운됐다.
c. 호스트가 DNS 엔트리에 없다.
d. 호스트가 WINS 엔트리에 없다.

151. 다음 중 Novell NetWare에 대한 설명으로 틀린 것은?

a. Novell NetWare는 리소스 액세스와 인증을 위해서 NDS(Novell Directory Services)를 사용한다.
b. Novell NetWare는 로그온 프로세스에 공개키를 사용하므로 서버와 클라이언트 사이에 패스워드가 평문장으로 보내지지 않는다.
c. Novell NetWare는 NSA(National Security Agency)에서 C2 Red Book 보안으로 인증받은 유일한 NOS(Network Operating System)이다.
d. Novell NetWare는 네트워크 운영체제 중에서 가장 호환성이 적다.

152. WAP를 설치한 뒤 다음 중 어느 것으로 설치를 확인해 보아야 하나?

a. 현장조사(site survey)를 실시한다.
b. 다운로드 테스트를 한다.
c. 프로토콜 분석기로 확인해본다.
d. 회선과 연결해본다.

153. 다음 중 광케이블 이더넷에 사용되는 케이블 표준은?

a. 1000Base-T
b. 10Base-T
c. 1000Base-CX
d. 100Base-TX

154. 다음 중에서 호스트당 적어도 물리적으로 두 개의 연결을 가지는 형태는?

a. 스타
b. 링
c. 버스
d. 부분 메시(mesh)

155. 왜 SOHO의 무선라우터가 방화벽 역할을 하게 되나?

a. 나가는 패킷만 필터링하므로
b. 두 개의 논리적 네트워크로 분리하므로
c. 라우터가 MAC 필터링을 하므로
d. 여러 네트워크가 ICMP로 연결되어 있으므로

156. 다음 중에서 GSNW(Gateway Services for NetWare)가 하는 일은?

a. Windows 클라이언트가 Windows NT 서버를 통해 NetWare 서버에 있는 리소스를 사용하게 함.
b. Windows 클라이언트가 NetWare 서버에 사용자계정과 권한만 있다면 NetWare 서버에 있는 리소스를 직접 이용하게 함.
c. Novell 클라이언트가 Windows NT 서버에 있는 리소스를 이용하게 함.
d. Mac OS X 클라이언트가 NetWare 서버에 있는 리소스를 이용하게 함.

157. 다음 중 Novell 클라이언트가 Windows NT 서버에 있는 리소스를 이용하게 하는 것은?

a. GSNW(Gateway Services for NetWare)
b. CSNW(Client Services for NetWare)
c. FPNW(File and Print Services for NetWare)
d. CMN(Client for Microsoft Networks)

158. 다음 중 SMB(Server Message Block) 프로토콜이 가능하게 하는 것은?

a. Linux 클라이언트가 Mac OS X 서버에 있는 파일과 프린터를 이용하게 함.
b. Windows 클라이언트가 UNIX 서버에 있는 파일과 프린터를 이용하게 함.
c. Novell 클라이언트가 Windows NT 서버에 있는 파일과 프린터를 이용하게 함.
d. Mac OS X 클라이언트가 NetWare 서버에 있는 파일과 프린터를 이용하게 함.

159. 다음 중 맞는 설명은?

a. Windows 2003은 LDAP(Lightweight Directory Access Protocol)을 사용해서 리소스 액세스와 인증을 받는다.

b. Mac OS X는 사용자를 중앙 데이터베이스에서 인증하기 위해 AD(Active Directory)를 사용한다.

c. UNIX는 NSA(National Security Agency)에서 C2 Red Book보안으로 인증받은 유일한 네트워크 운영체제이다.

d. Novell NetWare는 TCP/IP, FTP, HTTP와 LPR 등과 같은 인터넷 표준 프로토콜을 주로 사용한다.

160. 다음과 같은 결과가 나오게 하는 명령어는?

```
Interface: 172.30.0.102 ---0x1003
  Internet Address     Physical Address       Type
  172.30.0.5           00-30-48-5B-82-8C      dynamic
```

a. arp -a

b. arp -s

c. netstat -s

d. netstat -a

161. Windows 네트워크에서 사용자들이 네트워크 파일서버의 리소스를 이용할 수 없다고 한다. 관리자가 IP주소로 ping을 해 보았더니 네트워크 리소스에 연결할 수 있었다면 무엇이 문제일까?

a. 파일서버가 오프라인이다.

b. 도메인컨트롤러가 응답하지 않는다.

c. DNS 서버가 제대로 이름풀이를 하지 못하고 있다.

d. DHCP 서버가 IP주소를 제대로 할당해주지 않았다.

162. 머신의 NIC가 정상적으로 작동하지 못하는 것을 막기 위해서 두 개의 NIC를 구성해서 한 NIC고장에 대비하는 방식을 무엇이라고 하나?

a. 데이터 리던단시(redundancy)

b. 풀 듀플렉스모드(full duplex mode)

c. 하드웨어티밍(hardware teaming)

d. 연속작동모드(constantly awake mode)

163. IEEE 표준에서 포트인증을 하는 기준은?

a. 802.1p
b. 802.1q
c. 802.1s
d. 802.1x

164. 서브넷마스크 255.255.255.248에서 유효한 IP주소 수는?

a. 4
b. 5
c. 6
d. 7

165. 다음 프로토콜에서 그룹을 구별하는데 존(zone)을 사용하는 것은?

a. AppleTalk
b. NetBEUI
c. TCP/IP
d. IPX/SPX

166. 사용자들이 무선네트워크가 느리며 사용자들이 알지 못하는 공유폴더가 보이고 액세스할 수 있다면 무엇이 문제일까?

a. 무선NIC에 결함이 있다.
b. SSID 브로드캐스트에 결함이 있다.
c. 사용자들이 잘못된 SSID에 연결되어 있다.
d. 무선라우터가 적절히 구성되어져 있지 않다.

167. 구조화 와이어링(structured wiring) 시스템이 점차로 인기를 끌고 있다. 음성과 데이터를 위해서 CAT5를 사용하고 비디오를 위해서 RG-6 동축케이블을 사용하는데 이더넷시스템에서 주로 사용되는 구조화 와이어링은?

a. 66블록
b. 110블록
c. 스마트잭
d. 25페어케이블

168. 다음 중 동축케이블에서 연결성을 확인하는데 사용되는 장치는?

a. TDR(Time-Domain Reflectometer)
b. 멀티미터(multimeter)
c. 와이어크램프(wire cramp)
d. 광테스터기(optical tester)

169. 'fox and hound'라고 불리는 테스트장치는?

a. wire map tester
b. optical tester
c. tone generator and tone locator
d. TDR

170. 회사에서 새로 두 건물 사이를 802.11g로 point-to-point 연결을 했는데 성능이 너무 느렸다. 현재 건물의 지붕에는 전방향(omini-directional) 안테나를 사용하는 무선브리지가 있다. 어떻게 하면 성능이 좋아질까?

a. 양쪽에 양방향(bi-directional) 증폭기를 설치한다.
b. 양쪽에 무선브리지의 홉(hop) 수를 조정한다.
c. 무선브리지를 WAP(Wireless Access Point)로 바꾼다.
d. 전방향안테나를 야기(Yagi)안테나로 바꾼다.

171. ping 127.0.0.1하고 나서 "Unable to contact IP driver, error code 2"라는 에러메시지를 받았다면 어떻게 이 문제를 해결할까?

a. DNS 캐시를 없앤다.
b. NetBEUI를 설치한다.
c. TCP/IP를 설치한다.
d. IP주소를 방출한다.

172. Wire Map은 UTP 패치케이블에서 무엇을 하는데 사용되나?

a. 전압과 저항
b. 전송와이어의 단절(break)과 단락(short)
c. 통신도청(eavesdrop)
d. 단절위치

173. 다음 중 Windows 2003 서버에 원격접속하는데 사용되지 않는 것은?

a. SLIP(Serial Line Internet Protocol)
b. PPP(Point-to-Point Protocol)
c. PPTP(Point-to-Point Tunneling Protocol)
d. RAS(Remote Access Services)

174. 다음 중 30개의 64Kbps 채널을 갖는 WAN 기법은?

a. E-1
b. T-1
c. ATM
d. MPLS

175. 다음 중에서 연결을 위해 T1을 스위치에 더 가깝게 배치하는데 사용되는 것은?

a. 스마트잭 b. 25페어 케이블
c. Demarc 확장선 d. 패치판넬

176. 브로드밴드 원격접속을 위해서 PSTN(Public Switched Telephone Network)과 PPPoE (Point- to-Point Protocol over Ethernet) 프로토콜을 사용한다면 다음 중 어느 기술을 사용해야 하나?

a. 아날로그 모뎀 b. 케이블 모뎀
c. DSL 모뎀 d. 이것들 모두 아니다.

177. 데이터압축은 OSI 모델 어느 층에서 일어나나?

a. 세션층 b. 전송층
c. 표현층 d. 응용층

178. 다음 중 PSTN을 사용하지 않는 원격접속 연결은?

a. 아날로그 모뎀 b. 케이블 모뎀
c. DSL 모뎀 d. ISDN 모뎀

179. 데이터센터 서버의 전력이 몇 시간째 들어오지 않고 있다. 앞으로 이런 문제를 당하지 않으려면 어떻게 해야 하나?

a. 모든 스위치를 발전기에 연결한다. b. 모든 스위치를 백업배터리에 연결한다.
c. 데이터센터 전력을 발전기에 연결한다. d. 데이터센터 전력을 UPS에 연결한다.

180. 15대의 클라이언트머신과 3대의 프린터, 2대의 서버가 있는 무선네트워크에서 2대의 클라이언트머신과 1대 프린터의 위치가 옮겨지고 나서 네트워크 연결에 문제가 있었다면 어떻게 조치해야 하나?

a. 옮긴 노드들을 원래대로 옮긴다.
b. 옮긴 노드들을 도메인에 다시 가입시킨다.
c. 새로운 WAP를 가입시킨다.
d. 옮긴 노드들을 유선네트워크에 연결시킨다.

181. 서버를 원격에서 안전하게 관리하게 하는 프로토콜은?

a. Telnet
b. SSH
c. SFTP
d. HTTPS

182. 다음 중 방화벽의 기능이 아닌 것 두 개를 골라라.

a. 액세스컨트롤 리스트
b. 동적 패킷필터링
c. 바이러스 보호
d. 인증
e. 웹서버 캐시
f. 내부네트워크 보호

183. 178.0.0.0네트워크에서 정해지는 브로드캐스트 주소와 게이트웨이 주소는?

a. 178.255.255.255와 178.0.0.1
b. 178.0.0.255와 178.0.0.1
c. 178.255.255.254와 178.0.0.1
d. 178.0.0.254와 178.0.0.1

184. NDS(NetWare Directory Services) 트리 안에 프린트큐(print queue) 오브젝트를 만들고 나서 시스템관리자는 프린터잡(printer job)을 만들었다. 하지만 사용자들이 프린터에 연결할 수 없다면 무엇인 문제일까?

a. 각 사용자에게 프로파일(profile) 오브젝트가 만들어져야 한다.
b. 컨테이너(container) 오브젝트가 프린터 오브젝트와 연결되어져 있어야 한다.
c. 프린트큐가 프린트 오브젝트와 연결되어져 있어야 한다.
d. 글로벌 빈스크립트(global bin scrIPt)가 프린터 오브젝트와 연결되어져 있어야 한다.

185. 다음 중 E-mail 트래픽 프로토콜과 무관한 것은?

a. IMAP4
b. SMTP
c. POP3
d. NTP

186. 다음 중 프록시 서버에서 수행할 수 없는 기능은?

a. NAT(Network Address Translation)
b. 웹페이지 캐싱(caching)
c. 패킷필터링(packet filtering)
d. 데이터 암호화(data encryption)

187. 다음 중에서 66블록(block)을 통신회사에 연결하는 케이블타입은?

a. 광케이블
b. 25페어(pair)
c. 100페어(pair)
d. CAT6

188. 네트워크에 NAT(Network Address Translation)을 지원하기 위해 프록시 서버를 설정하고 안전한 인터넷 연결을 위해서 IPSec를 설치했다. 하지만 이후로 인터넷 연결이 되지 않았다면 무엇이 원인일까?

a. NAT는 IPSec를 지원하지 못한다.
b. 프록시가 포트80을 막았다.
c. 프록시가 포트1293을 막았다.
d. 프록시가 포트 8080을 막았다.

189. 다음 중 방화벽에서 포트25와 포트110을 막았을 때 어느 서비스가 불가능해지나?

a. FTP를 통한 파일 송수신
b. 인터넷 뉴스그룹 업로드/다운로드
c. E-mail 송수신
d. 인터넷 브라우징

190. VLAN(Virtual LAN)을 사용하는 목적은?

a. 네트워크의 브로드캐스트 트래픽을 줄이기 위해서
b. 외부로부터 내부 네트워크의 호스트를 보호하기 위해서
c. 네트워크 대역폭사용을 제한하기 위해서
d. 네트워크 세그먼트 수를 줄이기 위해서

191. 다음 중 인트라넷(Intranet)을 가장 잘 설명한 것은?

a. 공개망을 통해 접속할 수 있는 사설망
b. 인터넷 응용프로그램을 지원하고 사용자들을 연결하기 위해 공개망을 사용하지 않는 사설망
c. 인터넷 응용프로그램을 지원하고 공개망을 사용하지만 내부에서 공개망에 접속하는 것을 제한하는 사설망
d. 데이터패킷을 공개망을 통해 전송하며 데이터 캡슐화와 사용자 데이터 암호화를 지원하는 프로토콜을 캡슐화하는 네트워크

192. 다음 중에서 가장 지연(latency)이 큰 연결은?

a. 광 b. 위성
c. DSL d. 케이블

193. 다음 중에서 IEEE가 정한 1300nm(nanometer) 광선을 사용하는 표준은?

a. 1000Base-LX와 10GBase-LR b. 1000Base-CX와 1000Base-T
c. 1000Base-SX와 10GBase-SR d. 1GBase-ER과 10GBase-SR

194. 회사에 찾아온 친구에게 자기가 지금 바쁘니까 대신 E-mail을 확인해달라고 부탁해서 친구가 컴퓨터에 앉아 E-mail을 확인하면서 회사의 네트워크를 들여다보았다면 이것은 어떤 공격인가?

a. Main-in-the-middle 공격 b. Smurf 공격
c. Social Engineering 공격 d. Rogue access point 공격

195. 회사에서 새로운 인트라넷 웹서버를 구축했는데 클라이언트들은 DNS를 통해서 인트라넷 서버에 접속할 수 있다. 관리자는 클라이언트가 자동으로 새로운 서버에 접속하게 하려고 DNS가 새 서버의 IP주소를 참조하게 했다. 하지만 일부는 여전히 오래된 서버에 접속하고 있다면 무엇이 문제인가?

a. 문제 있는 사용자들의 워크스테이션이 이전 서버의 IP주소를 캐시하고 있다.
b. 문제 있는 사용자들의 워크스테이션이 이전 서버의 WINS주소를 캐시하고 있다.
b. 문제 있는 사용자들의 워크스테이션이 이전 서버의 DHCP주소를 캐시하고 있다.
b. 문제 있는 사용자들의 워크스테이션이 이전 서버의 IPX주소를 캐시하고 있다.

196. 안티바이러스 소프트웨어는 언제 E-mail을 스캐닝해서 바이러스 감염여부를 알려주나?

a. E-mail을 받을 때 b. E-mail을 보낼 때
c. E-mail을 열 때 d. 이것들 모두 아니다

197. 다음 중 바이러스에 감염되지 않는 파일 확장자는?

a. .txt b. .com
c. .dll d. .exe

198. 디스크 재난대비로 두 개의 디스크와 한 컨트롤러를 사용하는 방식을 무엇이라고 부르나?

a. 듀플렉싱(duplexing)
b. 미러링(mirroring)
c. 스트리핑(strIPing)
d. 이미징(imaging)

199. 크로스오버(crossover) 케이블에서 꼬인(twisted) 케이블 쌍(pair)수는?

a. 한 쌍
b. 두 쌍
c. 세 쌍
d. 네 쌍

200. 다음 중에서 안티바이러스 소프트웨어에서 발견되는 바이러스 정의파일(definition file)을 올바르게 설명한 것은?

a. 바이러스이름과 일반적인 위치에 관한 데이터베이스
b. 알려진 각 바이러스에 대한 바이러스서명(signature) 혹은 지문(fingerprint) 데이터베이스
c. 레지스트리 엔트리(entry) 위치와 용도에 관한 데이터베이스
d. 모든 면역파일(quarantined file) 리스트

201. 회사를 방문한 손님이 자신의 랩톱머신을 무선네트워크로 사용하고자 하므로 무선용 DHCP를 구성하고 임시로 WEP 키를 할당했는데도 인터넷에 연결되지 못했다면 이유가 무엇일까?

a. WAP에서 MAC필터링이 사용되고 있다.
b. 랩톱이 802.11b와 802.11g 둘 다 사용하기 때문이다.
c. DNS 서버가 제대로 작동하지 못하고 있다.
d. 네트워크가 무선연결 범위에서 벗어났다.

202. 네트워크에서 안전한 데이터교환에 사용되는 SSH(Secure SHell)은 어느 포트를 사용하나?

a. 포트21
b. 포트22
c. 포트23
d. 포트25

203. 다음 설명 중 틀린 것은?

a. SPS(Standby Power Supply)는 회선의 전압을 모니터하고 있다가 전력이 나갔을 때 전원을 회선으로부터 백업배터리로 전환시켜 준다.

b. UPS(Uninterruptible Power Supply)는 회선 대신 백업배터리로부터 계속적으로 전력을 공급받는다.

c. 라인컨디셔너(Line Conditioner)는 UPS와 서지프로텍터처럼 깨끗한 전력을 공급해주는 전력교정기술이 사용되는 정교한 장치이다.

d. 서지프로텍터(surge protector)는 서지(surge), 스파이크(spike)와 전력이 나갔을 때 장비를 보호하는데 쓰인다.

204. IPSec는 데이터스트림에서 각 IP 패킷을 인증하고 암호화해서 IP 통신을 안전하게 하는데 쓰이는데, OSI 모델의 어느 층에서 작동하나?

a. 물리층
b. 데이터링크층
c. 네트워크층
d. 전송층

205. 다음 중에서 SFF(Small Form Factor) 광커넥터는?

a. MT-RJ(Mechanical Transfer-Registered Jack)과 LC(Local Connector)
b. ST(Straight TIP)과 SC(Standard Connector)
c. RJ-45(Registered Jack)와 BNC(Bayonet Neill Concelman)
d. Series-A와 Series-B

206. TDR(Time Domain Reflectometer)는 UTP/STP나 동축케이블의 단락된 위치를 알아내는데 사용되는데 작동원리는?

a. 패킷이 되돌아오는 시간
b. 전압이 바뀌는 지점
c. 전류가 바뀌는 부분
d. 파장이 되돌아오는 시간

207. 인트라넷 웹서버를 두는 곳은?

a. DMZ 안에
b. 포트80은 열어두고 DMZ 안에
c. 내부 LAN에
d. 방화벽 밖에

208. 관리자가 펌웨어를 전송하게 하는 라우터나 스위치의 포트는?

a. 포트80　　b. 포트32
c. 포트69　　d. 포트 142

209. 다음 FDDI(Fiber Distributed Data Interface)에 대한 설명으로 맞는 것은?

a. 미디어 액세스방법으로 CSMA/CD를 사용한다.
b. 토큰이 두 선으로 돌 수 있다.
c. 최대 전송속도가 54Kbps이다.
d. 최대 전송거리가 1km이다.

210. 프록시 서버는 응용층에서 작동하지만 방화벽은 응용층과 어디에서 작동하나?

a. 물리층　　b. 데이터링크층
c. 네트워크층　　d. 전송층

211. 다음 백업방법 중에서 백업된 파일의 아카이브비트(archaive bit)를 없애지 않는 것은?

a. 차등(differential)　　b. 증가(incremental)
c. 풀(full)　　d. 노멀(normal)

212. 사설 네트워크에서 20대의 워크스테이션에 IP주소를 설정하고 테스트해보니 IP주소 충돌이 있다고 한다. 똑같은 IP주소를 가지고 있는 머신들을 알아보는 명령어는?

a. ping　　b. arp -a
c. IPconfig /all　　d. netuse /all

213. 다음 중 E-mail이 보여진 뒤에도 E-mail 서버에 남아 있게 하는 프로토콜은?

a. IMAP4　　b. POP3
c. SMTP　　d. SSL

214. 관리자가 네트워크에 네 개의 VLAN을 스위치에 설정했다. 다음 중 어느 장비를 통한 트래픽이 VLAN 사이를 지나갈 수 있나?

a. 라우터　　b. 다른 스위치
c. 허브　　d. 이것들 모두 아니다

215. RARP 프로토콜의 용도는?

a. IP주소를 MAC주소로 매핑한다.
b. MAC주소를 IP주소로 매핑한다.
c. 호스트명을 IP주소로 매핑한다.
d. 호스트명을 NetBIOS명으로 매핑한다.

216. IPconfig도구의 용도는?

a. 네트워크에서 두 노드의 연결을 확인한다.
b. IP주소를 MAC주소로 매핑해준다.
c. 로컬머신의 IP주소 구성과 MAC주소를 보여준다.
d. 로컬머신에 연결된 TCP/IP 노드들을 보여준다.

217. 무선네트워크에서 도메인레벨의 인증방법은?

a. TKI
b. WEP
c. WAP
d. RADIUS

218. VLAN 트렁킹(trunking)에 대한 설명으로 맞는 것은?

a. VLAN 브로드캐스팅 도메인이다.
b. 여러 스위치가 모인 VLAN이다.
c. 라우터에 적용된 VLAN이다.
d. VLAN 포트별이다.

219. 다음 중 Gigabit 네트워크에서 주로 사용되는 케이블은?

a. CAT1
b. CAT3
c. CAT5e
d. CAT6

220. 네트워크 문제를 해결할 때 첫번째로 할 일은?

a. 가장 원인이 될 만한 것을 유추한다.
b. 최근 변경된 것이 무엇인지 조사한다.
c. 문제의 영향을 받은 지역을 조사한다.
d. 증상이 무엇인지 조사한다.

221. 멀티모드 광케이블에서 사용하는 케이블은?

a. 10GBase-SR
b. 1000Base-CX
c. 10GBase-ER
d. 10GBase-LR

222. 다음 중 스캘러빌러티(scalability)가 가장 좋은 토폴로지는?

a. 매시(mesh)
b. 스타(star)
c. 링(ring)
d. 버스(bus)

223. FDDI(Fiber Distributed Data Interface)는 세그먼트 거리가 200km까지 가능한데 전송속도는 얼마인가?

a. 1Mbps
b. 100Mbps
c. 1Gbps
d. 10Gbps

224. EAP(Extensible Authentication Protocol)은 무선네트워크와 점대점 연결에서 인증방법으로 널리 쓰이는데 무선네트워크에서 다음 중 어느 것을 인증하는데 쓰이나?

a. SSL
b. SSH
c. HTTPS
d. PPP

225. 포트123은 어느 서비스를 위해 사용되나?

a. ICMP
b. SMTP
c. NNTP
d. NTP

226. 다음 중 DNS 서버를 확인해주는 도구는?

a. dig
b. nbtstat
c. nslookup
d. netstat

227. 관리자가 네트워크에 새로운 워크스테이션과 서버를 몇 대 추가한 후로 브로트캐스트 때문에 네트워크 성능이 많이 느려졌다면 다음 중 어느 장치로 브로드캐스트를 막을 수 있나?

a. 라우터
b. 방화벽
c. 스위치
d. 게이트웨이

228. 토큰링에서 패치케이블은 어디에 쓰일 수 있나?

a. 호스트에서 스위치로
b. MAU 사이에
c. 호스트 사이에
d. 호스트에서 허브로

229. Windows 시스템과 Macintosh 시스템 사이의 파일전송 호환을 위해 어떤 프로토콜이 사용되어져야 하는지 두 개를 골라라.

a. AFP
b. LDAP
c. SNMP
d. SMB
e. Samba

230. 어느 사용자가 인터넷에는 잘 연결되지만 은행사이트에 연결을 시도하면 사이트는 잘 뜨는데 은행업무를 볼 수 없다고 한다면 이유가 무엇일까?

a. 은행사이트는 CHAP이 사용불가로 되어져 있다.
b. DNS가 은행의 도메인네임을 풀어주지 못하고 있다.
c. NetBEUI는 금융거래사이트에서 사용되지 못한다.
d. 은행사이트는 고객 브라우저가 128-bits 암호화를 사용하게 한다.

231. IP주소는 32-bits인데 MAC주소는 몇 비트인가?

a. 12-bits
b. 28-bits
c. 48-bits
d. 64-bits

232. 무선네트워크 장치에 잘못된 WEP(Wired Equivalent Privacy) 키를 넣었다면 다음 중 어느 증상이 생길까?

a. 데이터가 전송되지만 수신은 불가해진다.
b. 네트워크에 액세스할 수 없다.
c. 데이터가 수신되지만 전송은 불가하다.
d. SSID(Service Set IDentifier)를 통해서 네트워크에 액세스할 수 있다.

233. 다음 중 패킷흐름에 오버헤드(overhead)를 가장 적게 주는 것은?

a. UDP
b. IP
c. TCP
d. IPX

234. 다음 중에서 가장 큰 대역폭을 제공하는 것은?

a. T1
b. ISDN
c. X.25
d. OC-x

235. 어느 사용자가 SOHO에 무선네트워크를 확장하려고 하는데 다음 중 가장 관리하기 쉬운 방법은?

a. 혼잡을 막기 위해서 새로운 라우터를 추가한다.
b. 사무실 끝에 리피터를 추가한다.
c. 사무실 중앙에 WAP를 추가한다.
d. 802.11n 라우터를 추가하고 모든 NIC를 이 라우터에 맞춘다.

236. 다음 광회선 중에서 가장 긴 파형을 제공하는 것은?

a. 1000Base-SX
b. 10GBase-ER
c. 10GBase-LR
d. 10GBase-SR

237. 새로운 케이블 모뎀을 구입해서 100Base-T 스위치에 연결하려고 한다. 다음 중 어느 케이블이 적절한가?

a. 스트레이트 CAT5e패치케이블과 시리얼케이블
b. 크로스오버 CAT5e패치케이블과 RG-6 동축케이블
c. 스트레이트 CAT5e패치케이블과 RG-6 동축케이블
d. 크로스오버 CAT5e패치케이블과 시리얼케이블

238. 본사 네트워크 관리자가 신규 브랜치에 10.44.210.0/24네트워크를 할당했다. 브랜치의 관리자가 음성과 워크스테이션, 그리고 서버를 위해서 세 개의 VLAN을 구성하려고 하는데 50대의 워크스테이션과 50대의 IP폰, 그리고 10여대의 서버가 브랜치에 있다. 관리자는 어떻게 이 블록을 브랜치에 할당해야 하나?

a. 블록을 서브넷하지 말고 모든 VLAN에 /24를 사용한다.
b. 블록을 /25로 나누고 음성과 워크스테이션 VLAN에 하나씩 할당한다.
c. 관리자는 서버와 워크스테이션 VLAN을 위해서 더 많은 네트워크를 요청한다.
d. 블록을 /26으로 나누고 각 VLAN에 하나씩 할당한다.

【정답】

1. b
2. b
3. c
4. b
5. c
6. d
7. a,d
8. a
9. a
10. d
11. b
12. a
13. b
14. d
15. a
16. c
17. c
18. b
19. a
20. c
21. d
22. a
23. d
24. d
25. c
26. a
27. c
28. b
29. d
30. c
31. a
32. d
33. d
34. b
35. d
36. d
37. a
38. c
39. b
40. c
41. a
42. d
43. d
44. a
45. b
46. d
47. a
48. b
49. c
50. c
51. b
52. b
53. c
54. a
55. d
56. a
57. d
58. a
59. c
60. a
61. b
62. a
63. b
64. d
65. d
66. c
67. b
68. a
69. b
70. b
71. a
72. b
73. c
74. b
75. a
76. b
77. c
78. d
79. d
80. b
81. b
82. b
83. b
84. c
85. c
86. b
87. c
88. c
89. d
90. d
91. a,b
92. b
93. c
94. a
95. b
96. b
97. c
98. d
99. a
100. a
101. b
102. b
103. a
104. c
105. c
106. d
107. a
108. b
109. d
110. d
111. a
112. b
113. b
114. d
115. b
116. b
117. a
118. d
119. c
120. c
121. b
122. a
123. c
124. c
125. b
126. a
127. a
128. d
129. d
130. b
131. d
132. b
133. a
134. c
135. a
136. d
137. d
138. c
139. a
140. d
141. a
142. d
143. a
144. d
145. a
146. b
147. b
148. d
149. b
150. a
151. d
152. a
153. b
154. b
155. b
156. a
157. c
158. b
159. d
160. a
161. c
162. c
163. d
164. c
165. a
166. c
167. b
168. a
169. c
170. d
171. c
172. b
173. a
174. a
175. a
176. c
177. c
178. b
179. c
180. c
181. b
182. d,e
183. a
184. c
185. d
186. d
187. b
188. a
189. a
190. c
191. a
192. b
193. b
194. a
195. c
196. a
197. a
198. b
199. b
200. b
201. a
202. b
203. d
204. d
205. c
206. d
207. c
208. c
209. b
210. c
211. a
212. b
213. a
214. a
215. b
216. c
217. d
218. b
219. d
220. d
221. a
222. b
223. b
224. d
225. d
226. c
227. a
228. b
229. a,d
230. d
231. c
232. b
233. a
234. d
235. c
236. b
237. b
238. d

저자와 협의
인지 생략

The Computing Technology Industry Association
CompTIA Network+

2011년 11월 5일 제1판제1발행
2013년 4월 5일 제1판제2발행

저 자 배 동 규
발행인 나 영 찬

발행처 **기전연구사**

서울특별시 동대문구 신설동 104의 29
전 화 : 2235-0791/2238-7744/2234-9703
FAX : 2252-4559
등 록 : 1974. 5. 13. 제5-12호

정가 22,000원

ISBN 978-89-336-0844-9 93560
www.gijeon.co.kr